中級財務會計

徐蓉 著

前 言

《中級財務會計》吸收了國內優秀財務會計教材的精華，結合會計業務實際編寫而成。本書在編寫過程中突出了以下特點：第一，以最新的企業會計準則為編寫依據。本書遵循中國最新的企業會計準則，各項會計業務的處理既闡述了理論依據又示範了實務方法。第二，以會計的基本理論為基礎。本書以會計的基本理論為基礎，著重論述了各會計要素確認、計量的基本原則，從理論上講清楚了各項業務的處理方法，使學生不但「知其然」，而且「知其所以然」。第三，注重理論聯繫實際。本書很好地處理了會計理論與中國實際相結合的問題。各章的例題都以中國上市公司會計實務為基礎，並結合中國的具體企業會計準則加以說明。

本書的內容由四大模塊組成。第一模塊為財務會計基本理論概述，即第一章，主要介紹財務會計的目標、基本假設等；第二模塊系統闡釋了會計六大要素的確認與計量及其相應的會計處理，這是本書的主體內容，包括第二章至第十三章；第三模塊為財務報告的編製，即第十四章，包括「四表一註」等內容；第四模塊為會計調整，即第十五章，主要介紹會計政策、會計估計及其變更、差錯更正和資產負債表日後事項等內容。

本書適用於會計學專業大學生教學，同時也可供企業經濟管理人員，尤其是會計人員培訓和自學之用。本書是在初級財務會計的基本理論、基本方法的基礎上，對財務會計理論和方法的進一步深化。因此，本書旨在承前啓後，使本書成為從初級財務會計課程過渡到會計專業課程的一座橋樑。

本書在編寫過程中，得到了出版社的大力支持和熱心幫助，同時會計學院的老師們也給本書提出了很多寶貴的意見，在此一併表示衷心的感謝。

本書由徐蓉主編，負責對全書的總纂、修改與統稿。具體編寫分工如下：

李志鳳編寫第一章、第二章、第三章、第九章；徐蓉編寫第四章、第十一章、第十三章、第十四章；陳蒙夢編寫第五章、第六章、第七章、第十二章；郭美娣編寫第八章、第十章、第十五章。

本書凝結了我們的辛勤和探索，但不足之處在所難免，歡迎廣大讀者和同行批評指正。

編　者

目 錄

第一章　財務會計概念框架

第一節　財務會計概述

一、財務會計的特徵

財務會計是企業會計的一個重要組成部分，它是運用簿記系統的專門方法，以通用的會計原則為指導，對企業資金運動進行監督和控制，旨在為投資者、債權人提供會計信息的對外報告會計。財務會計同管理會計相配合併共同服務於市場經濟條件下的現代企業。財務會計作為傳統會計的發展，同旨在向企業內部管理當局提供經營決策所需信息的管理會計不同，財務會計旨在向企業外部的投資人、債權人和其他與企業有利害關係的外部集團，提供投資決策、信貸決策和其他類似決策所需的會計信息。這種會計信息最終表現為通用的會計報表和其他會計報告。財務會計與管理會計相比有如下幾個方面的特徵：

（一）財務會計以計量和傳送信息為主要目標

財務會計不同於管理會計的特點之一是財務會計的目標主要是向企業的投資者、債權人、政府部門以及社會公眾提供會計信息，從信息的性質看，財務會計主要是反應企業整體情況並著重歷史信息。從信息的使用者看，財務會計信息的使用者主要是外部使用者，包括投資人、債權人、社會公眾和政府部門等。從信息的用途看，使用者主要是利用信息瞭解企業的財務狀況和經營成果。管理會計的目標則側重於規劃未來，對企業的重大經營活動進行預測和決策以及加強事中控制。

（二）財務會計以會計報告為工作核心

財務會計作為一個會計信息系統，以會計報表作為最終成果。會計信息最終通過會計報表反應出來。因此，財務報告是財務會計工作的核心。現代財務會計編製的會計報表是以公認會計原則為指導而編製的通用會計報表，現代財務會計將會計報表的編製放在最突出的地位。管理會計並不把編製會計報表當成主要目標，只是為企業的經營決策提供有選擇的或特定的管理信息，其業績報告也不對外公開發布。

（三）財務會計仍然以傳統會計模式作為數據處理和信息加工的基本方法

為了提供通用的會計報表，財務會計還要運用成熟的傳統會計模式作為處理和加工信息的方法。傳統會計模式是歷史成本模式，其特點如下：

(1) 會計反應依據復式簿記系統。復式簿記系統以帳戶和復式記帳為核心，以憑證和帳簿組織為形式，包括序時記錄、分類記錄、試算平衡、調整分錄和對帳結帳等一系列步驟。

(2) 收入與費用的確認以權責發生制為基礎。財務會計對收入的確認採用實現原則，對費用的確認也採用實現原則，而不是等到企業收入或付出現金時才確認和記錄。

(3) 會計計量遵循歷史成本原則。歷史成本原則的核心是指資產、負債等要素應按交易或事項發生時確認的交換價格作為最初入帳的計量標準。

（四）財務會計以公認會計原則和行業會計制度為指導

公認會計原則是指導財務會計工作的基本原理和準則，是組織會計活動、處理會計業務的規範。公認會計原則由基本會計準則和具體會計準則組成。作為補充，根據不同的行業特點，國家相關部門又制定了不同的行業會計制度。這些都是中國財務會計必須遵循的規範。管理會計則不必嚴格遵守公認會計原則。

二、財務會計的目標

財務會計的目標是財務會計概念框架的出發點，也是財務會計工作的落腳點。財務會計的目標也稱財務報告目標或財務報表目標，是指在一定的會計環境中，人們期望通過會計活動達到的結果。其主要解決以下兩個問題：第一，向誰提供會計信息，或者說誰是會計信息的使用者；第二，提供什麼樣的會計信息，即會計信息的使用者需要什麼樣的會計信息。

財務報告的目標最初是向資源所有者（股東）如實反應資源的受託者（經營者）對受託資源的管理和使用情況，即反應企業管理層受託責任的履行情況，從而有助於評價企業的經營管理狀況和資源使用的有效性，人們將其稱為受託責任觀。隨著股份制經濟的發展和資本市場的完善，會計信息的使用者及其對會計信息的需求也發生了極大的變化。因此，財務報告的目標主要強調向財務報告的使用者提供對其決策有用的信息，即企業編製財務報告的目的主要是滿足財務報告使用者的信息需要，有助於財務報告使用者做出經濟決策。人們將這種觀點稱為決策有用觀。受託責任觀與決策有用觀並不矛盾，財務報告既可以滿足其使用者做出經濟決策的需要，也可以反應企業管理層受託責任的履行情況。各個國家財務報告目標的區別主要是兩者的側重點不同，因此許多國家都提出了雙重目標，中國就是其中之一。中國的財務會計的目標是向財務會計報告使用者提供與企業財務狀況、經營成果和現金流量等有關的會計信息，反應企業管理層受託責任履行情況，有助於財務會計報告使用者做出經濟決策。簡言之，財務會計的目標包括兩個方面：一方面，向財務報告使用者提供對決策有用的信息；另一方面，如實反應企業管理層受託責任的履行情況。根據這一目標的要求，財務報告提供的會計信息應當如實反應企業擁有或控制的經濟資源，對經濟資源的要求權以及經濟資源要求權的變化情況；如實反應企業各項收入、費用、利得和損失的金額及其變動情況；如實反應企業各項經營活動、投資活動和籌資活動所形成的現金流入和現金流出情況等，從而有助於投資者、債權人以及其他使用者正確合理地評價企業的財務狀況、做出合理的經濟決策，有助於評價企業經營管理層受託責任的履行情況和資源的使用效率。根據財務會計的目標，財務會計的作用具體來說可以概括為以下幾個方面：

（一）幫助投資者和債權人做出合理的決策

財務會計的最主要目標就是幫助投資者和債權人做出合理的投資和信貸決策。一般認為，最為關注企業會計信息的莫過於投資者和債權人。這類會計信息使用者的決策對資源的分配具有重大影響。此外，符合投資者和債權人需要的信息，一般對其他使用者也是有用的。因此，財務會計把服務於投資者和債權人作為其主要目標。投資者和債權人需要的經濟信息包括企業某一時日的財務狀況、某一期間的經營績效和財務狀況的變動。但從決策有用性的觀點看，不論是投資者還是債權人甚至企業職工，其經濟利益都同企業未來的現金流動密切相關。例如，投資者應分得的股利、債權人應得到的貸款本金及利息、職工應得的工資和獎金等，都需要預期現金流量的信息。

（二）考評企業管理當局管理資源的責任和績效

企業的經濟資源均為投資者與債權人所提供，委託企業經營者保管和經營，投資者和債權人與經營者之間存在著一種委託代理關係。投資者和債權人要隨時瞭解和掌握企業經營者管理和運用其資源的情況，以便考評經營者的經營績效，適時改變投資方向或更換經營者。這就要求企業財務報告提供這方面的信息，說明企業的經營者怎樣管理和使用資源，向所有者報告其經營管理情況，以便明確經營責任。

（三）為國家提供宏觀調控需要的特殊信息

國家是國民經濟的組織者與管理者，為了達到這一目標，國家要從一切企業編報的會計報表中獲取進行宏觀調控所需的特殊信息。國家不僅是通用報表的使用者，而且是特殊報表的使用者。

（四）為企業經營者提供經營管理需要的各種信息

企業管理人員也要利用企業的會計信息對企業的生產經營進行管理。通過對企業財務狀況、收入與成本費用的分析，企業管理人員可以發現企業在生產經營中存在的問題，以便採取措施，改進經營狀況。財務會計信息系統應怎樣處理數據和加工信息、最後將提供什麼樣的財務報表在很大程度上取決於會計目標，目標指引著財務會計信息系統的運行方向。

三、財務會計信息的使用者

一個企業必須發布各種各樣的會計信息，以滿足信息使用者的需要，這些會計信息需求因企業的規模、是否由公眾持股以及管理政策不同而有所差異。有些會計信息的需求可能是由法律規定的。例如，所得稅法規要求每個企業的會計系統能夠計量該企業應稅收入並對企業所得稅申報單中每個項目的性質和來源進行解釋；證券法規要求股份公司依照規定編製財務報表，報送中國證監會，並提供給公眾。有些會計信息需求是由於實際需要而產生的。例如，每個企業需要知道應向每個客戶收取的金額和欠每個債權人的金額。

總體來說，會計信息需求來自企業外部和內部兩個方面，它們分別是會計信息的外部使用者和內部使用者。

（一）會計信息的外部使用者

會計信息的外部使用者是與企業具有利益關係的個人和其他企業，但它們不參與該企業的日常管理。其具體包括：

（1）股東。企業的股東最關心企業的經營情況，他們需要評價過去和預測未來。有關年度財務報告是滿足這些需要的最重要的手段，季度財務報告、半年度財務報告也是管理部門向股東報告的重要形式。向股東提供這些報告是會計信息系統的傳統職責，股東借助財務報告反應的常規信息，獲得有關股票交易和股利支付的情況，從而做出決策。

（2）債權人。企業的債權人對企業的信譽、償債能力以及企業的未來發展是非常關心的。企業的財務報告是這些信息的一個重要來源。債權人需要的有關借貸業務的常規信息是通過與借款單位的會計信息交換得來的。

（3）政府機關。政府的許多機關需要有關企業的信息。稅務機關需要有關企業的利潤和向國家繳納稅款的信息；社會保障機關需要有關企業繳納各項社會保障基金的信息；國有企業必須向國家財政、審計機關提供財務報告，以便接受經濟監督；很多外國政府需要經營國際業務的企業報告企業在其國家從事的經濟活動的信息。

（4）職工。作為一個利益群體，職工個人期望定期收到工資和薪金，並同時得到有關企業為個人提供社會保障的各類基金方的信息和企業的某些綜合性信息，如工資平均水準、福利金和利潤等，職工代表大會、工會也會代表職工要求得到這些信息，這些信息的大部分是由會計信息系統提供的。

(5) 供應商。企業往往有很多的原材料、產成品或可供銷售的商品。採取賒銷方式的供應商需要瞭解客戶的經營穩定性、信用狀況以及支付能力等方面的信息。

(6) 顧客。在市場經濟體制下，企業的顧客可以說是最重要的外部利益群體。顧客對於信息的需要，包括有關企業及其產品的信息，如價格、性能、企業信譽、企業商業信用方面的政策、可得到的折扣額、支付的到期日以及所欠金額等。這些常規的信息一般也是由會計系統提供。

以上列舉了企業外部需要會計信息的主要集團，除這些集團以外尚有許多其他集團需要這種信息。其包括：

(1) 信用代理人。這種機構專門公布有關公司信用的信息。

(2) 工商業協會。這種機構公布某一個行業的有關信息需要利用會計信息進行行業管理。

(3) 競爭者。它們對公司的價格政策和獲利能力感興趣。

(4) 企業組織所在的社區。

(5) 財務分析師，他們向委託人提出投資建議。

(6) 關心公司某個方面經濟活動的公民。

向企業外部的使用者提供的會計信息，絕大部分是屬於「強制性的」或「必需的」。例如，向政府機構報送的應稅收益和代扣稅款的報表以及向股東報送的財務報告，都屬於強制性的信息。又如，向顧客提供的有關產品的信息和帳單、向貸款人提供的信用能力信息屬於必需的信息，會計報告的這些信息具有一定程度的強制性。需要指出的是，企業向外界提供的決策性信息是由管理當局提供的，但管理當局並不是提供會計信息的唯一渠道，但外界做決策依據的會計信息的公允性和準確性，最後必須而且只能由企業最高管理當局負責。但僅提供一套單一的財務信息滿足如此眾多的使用者的需求即使有可能，也是相當困難的。因此，對外財務報告主要面向兩個團體——投資者和債權人，包括當前的與潛在的投資者和債權人，兩者是主要的財務信息外部使用者。企業通過滿足投資者和債權人的財務信息需求，也為很多其他財務信息使用者提供了有用的信息。另外，某些財務信息的外部使用者，如政府機構，能夠得到公眾通常無法取得的信息，因此其不像投資者和債權人那樣依賴公開的信息。

(二) 會計信息的內部使用者

一個企業組織的各級管理部門為了履行職責都需要信息，不論是負責完成全公司目標的最高級管理部門，還是負責完成一項具體目標的某一個經營管理部門。目前，會計是為大多數企業和組織提供「正式」會計信息的主要信息系統。所謂正式的信息系統，是指其對指定信息的生成和報告負有明確的職責。會計信息系統對收集的全部數據進行加工，將信息報送給企業管理部門；管理部門收到並利用這些信息做出有關決策。管理部門的決策又反過來影響企業組織內部的經營管理，包括對會計信息系統的影響，同時也影響著企業組織與其外部環境的關係。企業的內部員工也要使用會計信息。會計信息內部使用者包括董事會，首席執行官（CEO），首席財務官（CFO），副董事長（主管信息系統、人力資源、財務等），經營部門經理，分廠經理，分部經理，生產線主管等。每位員工使用會計信息的具體目標不同，但這些目標的宗旨是一樣的，都是幫助企業實現其總體的戰略和任務。所有企業都遵循與其會計信息系統設計有關的規則以確保會計信息的規範性並保護企業的資產，但是關於報告的類型或能產生的會計信息種類並沒有什麼規則。只要快速地審視一個企業的內部流程，就會看到在員工決策過程中產生和使用的會計信息的多樣性。與外部的信息需要相比，向內部報送的會計信息顯然具有較多的「自由性」。因此，設計滿足企業經營管理需要的會計信息系統，比設計外部報表面臨著更大的困難。

四、財務會計信息的質量要求

財務會計是一個信息系統，其目標主要是通過財務報告向投資者（股東）、債權人等會計信息的使用者提供財務信息。但是，財務會計信息要滿足會計信息使用者的需要，還必須達到一定的質量要求。只有具備特定質量要求的會計信息，才能實現財務會計的目標。會計信息質量要求是保證企業財務會計信息質量的基本規範，是使財務會計信息有助於會計信息使用者決策應具備的質量特徵。會計信息的質量和財務會計的目標緊密相關，會計目標決定了會計信息的質量要求，而會計信息的質量要求則保證了財務報告目標的實現。

根據《企業會計準則——基本準則》的規定，會計信息質量要求包括可靠性、相關性、可理解性、可比性、實質重於形式、重要性、謹慎性、及時性。

（一）可靠性

可靠性要求企業應當以實際發生的交易或事項為依據進行會計確認、計量和報告，如實反應符合確認和計量要求的各項會計要素及其他相關信息，保證會計信息的真實可靠、內容完整。會計信息只有真實可靠，才值得財務會計報告使用者信賴。否則，不真實、不可靠的會計信息不僅對會計信息使用者無益，而且還可能誤導其經濟決策。

可靠性有三個條件：一是真實性，即財務會計計量或描述的應與被計量或被描述的經濟活動、現象是一致的；二是可驗證性，即不同的會計人員對企業發生的交易或事項，使用同樣的確認和計量方法，可以得到相同的結果；三是中立性，即會計信息應不偏不倚，不帶主觀成分，將真相如實和盤托出，企業在制定會計政策、選擇會計方法時要保持中立，不偏向企業相關利益集團中的任何一方，不追求預定的結果。

（二）相關性

相關性要求企業提供的會計信息應當與財務報告使用者的經濟決策需要相關，有助於財務報告使用者對企業過去、現在或未來的情況做出評價或預測。

會計信息是否有用、是否具有價值，關鍵是看其與使用者的決策需要是否相關。這取決於兩個因素：一是預測價值，即相關的會計信息能夠幫助會計信息使用者預測企業未來的財務狀況、經營成果和現金流量。例如，企業提供的利潤信息應該有助於投資者預測企業未來的利潤。二是反饋價值，即相關的會計信息能夠幫助使用者評價企業過去的決策，證實或修正過去的有關預測。例如，企業提供的利潤信息應該能夠有助於投資者對企業過去的經營情況或決策執行情況進行評價。

應當指出的是，會計信息的可靠性和相關性常常是相互衝突的，但這並不意味兩者是對立的。在有些情況下，可靠性和相關性是可以達到統一的。在實踐中，會計信息應當在保證可靠性的基礎上，盡可能地做到相關性，以滿足會計信息使用者的決策需要。

（三）可理解性

可理解性要求企業提供的會計信息清晰明了，便於財務報告使用者理解和使用。信息若不能被使用者理解，質量再好也沒有任何用處，信息能否被使用者理解取決於信息本身是否易懂，也取決於使用者理解信息的能力強弱。提供會計信息的目的在於幫助信息使用者進行經濟決策，而要使使用者有效地使用會計信息，就應當讓其瞭解會計信息的內涵。這就要求會計信息應當簡單明瞭，容易為使用者所理解。只有這樣，才能提高會計信息的有用性，實現財務會計的目標。當然，要真正發揮會計信息的作用，還需要信息使用者具備一定的會計專業知識。

(四) 可比性

企業提供的會計信息應當具有可比性，同一企業不同時期發生的相同或相似的交易或事項，應當採用一致的會計政策，不得隨意變更。可比性要求企業提供的會計信息相互可比。具體而言，可比性包括以下兩個方面的要求：

一是同一企業在不同時期提供的會計信息應該相互可比。這要求同一企業在不同時期發生的相同或相似的交易或事項，應當採用一致的會計政策，不得隨意變更；確需變更的，應當在報表附註中予以說明。這樣做的目的就是便於會計信息使用者不僅瞭解企業在某一時期的經營成果和財務狀況，而且還能夠瞭解企業在不同時期的財務狀況、經營成果和現金流量的變化趨勢，全面、客觀評價企業的過去，預測企業的未來，以做出決策。

二是不同的企業在同一時期提供的信息應該相互可比。這要求不同企業對於發生相同或相似的交易或事項，應當採用規定的會計政策，確保會計信息口徑一致、相互可比。其目的主要是便於會計信息使用者對不同的企業進行比較分析。例如，根據《企業會計準則第 1 號——存貨》的規定，企業可以在先進先出法、加權平均法或個別計價法中選擇一種方法來確定發出存貨的成本。那麼企業只能在這幾種方法中進行選擇，如果某企業選擇了加權平均法來確定發出存貨的成本，原則上就不能再隨意變更。

當然，強調可比性並不要求企業採用的會計政策絕對不變。如果原採用的會計政策已不符合相關性的要求，或者用其他的會計政策能夠產生更為可靠或相關的信息，那麼企業可以變更原有的會計政策，但必須在報表附註中對這一變更予以說明。

(五) 實質重於形式

信息如果要真實反應其擬反應的交易或事項，那就必須根據它們的實質和經濟現實，而不僅僅是根據它們的法律形式進行核算和反應。實質重於形式要求企業應按照交易或事項的經濟實質進行會計處理，不應僅以交易或事項的法律形式為依據。

在大多數情況下，企業發生的交易或事項的經濟性質與法律形式是一致的。但隨著市場經濟的不斷發展，經濟現象日趨複雜，某些交易或事項的經濟實質存在著與其法律形式明顯不一致的情形。例如，在融資租賃業務中，就法律形式而言，該租賃資產的所有權在租賃期內屬於出租方所有，承租人在沒有購買該資產之前不能擁有資產的所有權。然而，就經濟實質而言，按照租賃合同的規定，承租人在租賃期內可以控制和使用該資產，並控制該資產在未來創造的經濟利益。正是鑒於這樣的經濟實質，現行會計實務中應當將融資租入的固定資產視為承租方的資產加以反應。

(六) 重要性

重要性是指當一項會計信息被遺漏或被錯誤表達時，可能影響依賴該信息的人做出的判斷，即該項信息重要性大到足以影響決策。重要性和相關性都會影響到決策，前者側重於數量上的影響，後者側重於質量上的影響。

重要性要求企業提供的會計信息應當能夠反應與企業財務狀況、經營成果和現金流量等有關的所有重要的交易或事項。一種交易或事項是否重要，其判斷標準是這些交易或事項所產生的會計信息是否會對會計信息使用者的經濟決策產生重要影響，至於哪些項目應視為重要性項目，則取決於企業本身的規模與會計人員的職業判斷。一般企業可以從項目的性質和金額兩方面加以判斷。從性質方面來說，當某一事項可能對報表使用者的決策產生影響時，該事項就屬於重要事項；從金額方面來看，當某一事項的數量達到一定金額時，就屬於重要事項。

企業在會計處理中對交易或事項應當區別其重要程度，採用不同的會計處理方式。對於對會計信息有重要影響的重要的會計事項，企業必須按照規定的程序和方法進行處理，並在財務會計報告中予以充分、準確、詳細的披露；對於不重要的會計事項，企業可以採用簡化的會計處理程序和方法。例如，短期銀行借款利息如果金額較小，企業可以不用按月計提利息費用，而是在實際支付時直接計入當期損益。

（七）謹慎性

謹慎性也稱為穩健性，謹慎性要求企業對交易或事項進行會計確認、計量和報告時應當保持應有的謹慎，不應高估資產或收益、低估負債或費用。

謹慎性與企業生產經營中的不確定性和面臨的風險有關。在市場經濟條件下，企業的生產經營活動和財務活動往往面臨著諸多的風險和不確定性，如商品賒銷可能發生的壞帳損失、存貨因市場價格下跌而產生的跌價損失等，這些事項都有可能對企業的財務狀況產生影響。企業如果不對這些可能發生的損失及費用進行預先處理，就可能導致資產和收益被高估，從而損害企業的財務實力，最終對企業的正常經營活動產生影響。可以看出，謹慎性要求是對歷史成本計量原則的修正。

謹慎性要求企業在面臨不確定因素時應保持應有的謹慎，要充分估計各種可能的費用和損失，使財務報告的結果較企業實際的情形更為謹慎，而不是更為樂觀。

應該注意的是，謹慎性要求並不意味著可以故意高估費用和損失，或者故意低估資產和收益。企業如果這樣做的話，就不符合會計信息質量的可靠性和相關性要求，就會損害會計信息的質量，從而對會計信息使用者的決策產生誤導，這是企業會計準則所不准許的。

（八）及時性

及時性要求企業對已經發生的交易或事項應當及時進行會計確認、計量和報告，不得提前或延後。

會計信息對會計信息使用者的經濟決策是有時效性的，其價值會隨著時間的流逝而降低。這就要求企業在會計確認、計量和報告中必須滿足及時性的要求。為滿足及時性的要求，企業應該及時收集已經發生的交易或事項的會計信息，按照企業會計準則的要求及時處理這些會計信息，編製財務報告，並及時傳遞會計信息。例如，中國上市公司被要求在年度結束後的 4 個月內發布年度報告，這就是為了保證上市公司年度報告會計信息的及時性。

第二節　會計的基本假設和會計確認、計量的基礎

一、會計的基本假設

會計所處的環境極為複雜，會計面對的是變化不定的社會經濟環境。會計人員在會計核算過程中，面對這些變化不定的經濟環境，就不得不做出一些合理的假設，對會計核算的對象及環境做出一些基本規定，即建立會計核算的基本前提，也稱為會計假設。

會計假設不是毫無根據的虛構設想，而是在長期的會計實踐中，人們逐步認識和總結形成的，是對客觀情況合乎事理的推斷。會計假設定了會計核算工作賴以存在的一些基本前提條件，是企業設計和選擇會計方法的重要依據。只有規定了這些會計假設，會計核算才能得以正常進行下去。因此，會計假設既是會計核算的基本依據，又是制定會計準則和會計核算制度的重要指導思想。會計的基本假設如下：

（一）會計主體

會計主體又稱會計實體，是指會計工作為之服務的特定單位。會計主體可以是一個特定的企業，也可以是一個企業的某一特定分部（如分廠、分公司、門市部等），還可以是由若干家企業通過控股關係組織起來的集團公司，甚至可以是一個具有經濟業務的特定非營利組織。

會計主體假設認為，一個會計主體不僅和其他主體相對獨立，而且獨立於所有者之外。會計為之服務的對象是一個獨立的特定經濟實體，這一假設包含了以下意思：對於企業會計來說，核算的只能是企業本身的生產經營活動，企業的會計核算只能站在企業自身的角度，來反應核算經濟活動。確定會計主體，就是要明確為誰核算、核算誰的經濟業務。為此，會計核算應當以企業發生的各項經濟業務為對象，記錄和反應企業本身的各項生產經營活動。這是因為企業的生產經營活動是由各項具體的經濟活動構成的，而每項經濟活動都是與其他有關經濟活動相聯繫的，企業本身的經濟活動也總是與其他企業或單位的經濟活動相聯繫的。為了正確地計量和確認資產、負債和所有者權益以及企業的收益，企業必須以會計為之服務的特定實體的權利義務為界限，相對獨立於其他主體。企業的經濟活動獨立於企業的投資者。

會計主體主要規定會計核算的範圍，它不僅要求會計核算應當區分自身的經濟活動與其他企業或單位的經濟活動，而且必須區分企業的經濟活動與投資者的經濟活動。企業會計記錄和會計報表涉及的只是企業主體的活動。例如，當企業所有者與經營者為同一個人時，由於會計為之服務的對象是企業，就需要把企業主的個人消費與企業開支分開，及時結算企業與業主之間的往來，否則就無法計量企業的費用和利潤，也無法進行經濟效益的分析和比較。因此，從根本上來講，將企業作為會計主體來進行核算，反應了企業經營者正確計算並嚴格考核企業盈虧的要求。另外，從進一步記錄財產和收支的角度來看，所有者的財產一旦投入某一個企業，就應在帳簿上獨立地記錄，分清那些與企業的生產經營無關而屬於所有者本人的財產收支或其他經濟往來。會計主體與法律主體（法人）是有區別的。會計主體可以是法人，如企事業單位；也可以是非法人，如獨資企業或合夥企業。例如，獨資企業與合夥企業通常不具有法人資格，它們擁有的財產和負擔的債務在法律上仍視為業主或合夥人的財產與債務，但會計核算則把它們作為獨立的會計主體來處理。又如，集團公司由若干具有法人地位的企業組成，但在編製集團公司合併報表時，只能把集團公司看成一個獨立的會計主體，需要採用特定的方法把集團公司所屬企業之間的債權、債務相互抵銷並扣除由於所屬企業之間的銷售活動而產生的利潤。

（二）持續經營

持續經營是指企業或會計主體的生產經營活動將無限期地延續下去。也就是說，在可預見的未來，企業或會計主體不會進行清算。從企業經營的存續時間來看，存在兩種可能：一種是企業在近期可能面臨破產清算；另一種是在可預見的將來，企業會持續經營下去。不同的可能性決定了企業採用不同的方法進行核算。為了使會計核算中使用的會計處理方法保持穩定，保證企業會計記錄和會計報表真實可靠，因此，《企業會計準則——基本準則》第六條規定：「企業會計確認、計量和報告應當以持續經營為前提。」也就是說，企業或會計主體可以在持續經營的基礎上，使用其擁有的各種資源，依照原來的償還條件來償還其負擔的各種債務。會計核算上使用的一系列的會計處理方法都是建立在持續經營的前提基礎上的，從而解決了很多常見的財產計價和收益確認問題。例如，由於假定企業可以持續不斷地經營下去，企業的資產價值將以歷史成本計價，而不是採取現行市價或清算價格。正由於企業以持續經營為假設前提，企業才可以採用權責發生製作為確認收入或費用的標誌，而不以收付貨幣資金為依據。由於企業持續經營前提的存在，企業才產生資本保全的問題，從而產生了會計核算中正確區分資本性支出與收益性支出的必要。

（三）會計分期

會計分期是指將企業持續不斷的生產經營活動分割為一定的期間，據以結算帳目和編製會計報表，從而及時地提供有關財務狀況和經營成果的會計信息。持續經營假定意味著企業經營活動在時間的長河中無休止地運行，那麼在會計實踐活動中，會計人員提供的會計信息應從何時開始，又在何時終止呢？顯然，企業要等到經營活動全部結束時，再進行盈虧核算和編製報表是不可能的。因此，會計核算應當劃分會計期間，即人為地將持續不斷的企業生產經營活動劃分為一個個首尾接、等間距的會計期間。會計期間通常為一年，可以是日曆年，也可以是營業年。中國規定以日曆年作為企業的會計年度，即以公歷 1 月 1 日至 12 月 31 日為一個會計年度。此外，企業還需要按半年、季、月編製報表，即把半年、季度、月份也作為一種會計期間。

會計期間的劃分對確定會計核算程序和方法具有極為重要的作用，由於有了會計期間才產生了本期與非本期的區別，由於有了本期與非本期的區別才產生了權責發生制和收付實現制，才使不同類型的會計主體有了記帳的基準。例如，劃分會計期間後，企業就產生了某些成本，要在不同的會計期間進行攤銷，分別列為當期費用和下期費用的問題。採用權責發生制會計後，企業對一些收入和費用按照權責關係需要在本期或以後會計期間進行分配，確定其歸屬的會計期間。因此，企業需要在會計處理上運用預收、應收、應付等會計方法。

（四）貨幣計量

貨幣計量是指企業在會計核算過程中採用貨幣為計量單位，記錄、反應企業的經營情況。企業在日常的經營活動中，有大量錯綜複雜的經濟業務。在企業的整個生產經營活動中涉及的業務又表現為一定的實物形態，如廠房、機器設備、現金、各種存貨等。它們的實物形態不同，可以採用的計量方式也多種多樣。為了全面反應企業的生產經營活動，會計核算客觀上需要一種統一的計量單位作為會計核算的計量尺度。因此，會計核算就必然選擇貨幣作為會計核算的計量單位，以貨幣形式來反應企業的生產經營活動的全過程，這就產生了貨幣計量這一會計核算前提。根據企業會計準則的規定，會計核算應以人民幣為記帳本位幣。

二、會計確認、計量的基礎

企業應當以權責發生制為基礎進行會計確認、計量和報告，而不應以收付實現制為基礎，權責發生制同時也是企業確認收益的基本原則。權責發生制是指凡是當期已經實現的收入和已經發生或應負擔的費用，不論款項是否收付，都應作為當期收入和費用處理；凡是不屬於當期的收入和費用，即使款項已經在當期收付，也不應作為當期的收入和費用。按照權責發生制，企業對收入的確認應以實現為原則，判斷收入是否實現，主要看產品是否已經完成銷售過程、勞務是否已經提供，如果產品已經完成銷售過程、勞務已經提供，並已取得收款的權利，收入就算實現，不管是否已經收到貨款，都應計入當期收入；對費用的確認應以發生為原則，判斷費用是否發生，主要看與其相關的收入是否已經實現，費用應與收入相配比。如果某項收入已經實現，那麼與其相關的費用就已經發生，而不管這項費用是否已經付出。企業在確認收入的同時確認與之相關的費用。與權責發生制相對應的是收付實現制。在收付實現制下，企業對收入和費用的入帳完全按照款項實際收到或支付的日期為基礎來確定它們的歸屬期。企業根據權責發生制進行收入與成本費用的核算，能夠更加準確地反應特定會計期間真實的財務狀況及經營成果。

第三節　會計確認與會計要素

為了實現財務會計的目標，企業必須使用財務會計特有的技術，即會計確認和會計計量。財務會計的主要內容就是對會計六大要素的確認與計量和財務報告的編製。因此，會計確認與會計計量是財務會計的核心內容。在現代會計中會計確認和會計計量既有區別又有聯繫。

一、會計確認

會計確認是指把一個事項作為資產、負債、收入和費用等正式加以記錄和列入財務報表的過程。會計確認包括用文字和數字來描述一個項目，其數額包括在財務報表的合計數之內。會計確認還包括對項目後發生變動清除的確認。會計確認實際上是分兩次進行的，即第一次解決會計的記錄問題，第二次解決財務報表的披露問題。前者稱為初始確認，後者稱為再確認

（一）會計確認的標準

為了做好會計的初始確認和再確認，企業應當遵循會計確認的標準。會計確認的標準是對會計確認行為的基本約束，指明瞭解決各種會計確認問題的方向。會計確認的標準是從會計信息質量的特徵推導得出的，同時又有助於形成財務報告要素的定義，有助於解決編製財務報告的各種問題。美國財務會計準則委員會（FASB）於 1984 年在第 5 號財務會計概念公告《企業財務報表項目的確認和計量》中提出了會計確認的四個標準，即可定義性、可計量性、相關性和可靠性。

1. 可定義性

所謂可定義性，是指被確認的項目應符合財務報表某個要素的定義。例如，確認的資產必須符合資產的定義，確認的債務必須符合負債的定義，確認的收入、費用也必須符合相關要素的定義。

2. 可計量性

所謂可計量性，是指被確認的項目應具有一相關的計量屬性，足以充分可靠地予以計量。具體來說就是被確認的會計要素必須能夠用貨幣進行計量，凡是不能可靠地用貨幣計量的要素就不能加以確認。

3. 相關性

這裡所說的相關性與前面會計信息質量要求中提到的相關性是一個概念。就是說被確認的會計要素應當對信息的使用者有用，確認會計信息必須與使用者的信息需求密切聯繫起來，不同使用者的決策可能需要不同的會計信息。因此，企業應根據相關性進行會計確認，在確認時應盡量排除不相關的會計信息，確認相關的會計信息。

4. 可靠性

這裡所說的可靠性與前面會計信息質量要求中提到的可靠性是一個概念。就是說被確認的會計信息是真實的、可驗證的和不偏不倚的。不可靠的會計信息在會計上是不能予以確認的。

（二）會計確認的時間基礎

會計確認的時間基礎是指對會計要素確認的時間，對資產負債來說，是否即期確認；對收入費用來說，是否在發生的當期確認。會計確認的時間基礎，對收入和費用而言比對資產和負債更為重要，因為收入和費用的確認更為複雜。資產和負債通常都是單項交易，屬於時點概念，因此只要交易成立，符合資產要素和負債要素的確認標準，就

可以進行確認。收入和費用則不同，它們是反應企業經營業績的期間概念。在一個會計期間內，會計主體會發生許多筆收入和費用，過程的起點和結束時間參差不齊，發生的收入和費用同其實現的期間經常出現跨期。因此，收入和費用有兩種確認的基礎可供選擇：一是收付實現制，二是權責發生制。現代財務會計的確認基礎是權責發生制，即收取收入的權利發生時確認收入、支付費用的義務發生時確認費用。收入以實現為原則，費用以配比為原則。

權責發生制並不僅僅是收入和費用的確認基礎，同時也是資產和負債的確認基礎，每當確認一項收入時，會計必然同時以相同的金額確認一項資產的增加或一項負債的減少；每當確認一項費用時，會計必然同時以相同的金額確認一項資產的減少或一項負債的增加。

二、會計要素

財務報告的構成要素稱為會計要素，它是按照交易或事項的經濟特徵對會計對象的具體內容所做的基本分類。會計要素按性質可分為反應企業在某一時點財務狀況的要素，如資產、負債和所有者權益；反應企業在某一時期經營成果的要素，如收入、費用和利潤。會計要素既是會計確認和計量的依據，也是確定財務報表內容和結構的基礎。

應該注意的是，不同的會計準則制定機構對會計要素的規定，在名稱、數量以及定義等方面均有所不同。例如，國際會計準則定義的會計要素分為五類：資產、負債、所有者權益、收益和費用；美國會計準則定義的會計要素分為十類：資產、負債、所有者權益、業主投資、業主分派、收入、費用、利得、損失和綜合收益。中國《企業會計準則——基本準則》將會計要素分為六類：資產、負債、所有者權益、收入、費用和利潤。

（一）資產

1. 資產的定義及其特徵

資產是指企業過去的交易或事項形成的、由企業擁有或控制的、預期會給企業帶來經濟利益的資源。資產具有以下特徵：

（1）資產是由過去的交易或事項形成的。資產應當由過去的交易或事項形成，因此能否形成資產，首先應判斷形成該資產的交易或事項是否已經發生。企業不能根據未發生的交易或事項（如未履行的合同）來確認資產。

（2）資產應該為企業所擁有或控制。作為資產，企業要擁有該項資源的所有權，或者雖然沒有擁有該項資源的所有權，但能夠控制該項資源。由此可見，擁有所有權並不是確認資產的絕對標準。如果企業不享有某項資產的所有權，但能夠控制該項資源，能夠享有與該項資源所有權有關的經濟利益，並承擔相應的風險，那麼企業也應該將其作為資產予以確認、計量和報告，如融資租入固定資產。

（3）資產預期會給企業帶來經濟利益。資產預期會給企業帶來經濟利益是指資產具有直接或間接為企業未來的現金淨流入而做出貢獻的能力。這種貢獻既可以直接增加企業未來的現金流入，也可以表現為現金流出的減少。

資產預期能為企業帶來經濟利益是資產的一項重要特徵。如果一項經濟資源不能夠為企業帶來未來的經濟利益，那麼就不應該再將其列為企業的資產。例如，企業已報廢的存貨。

2. 資產的確認條件

將一項資源確認為資產，除應當符合資產的定義之外，還需要同時滿足以下兩個條件：

（1）與該資源有關的經濟利益很可能流入企業。資產的本質特徵是能夠為企業帶來經濟利益。但是由於經濟環境瞬息萬變，與資產有關的經濟利益能否流入企業或能夠流入多少具有不確定性。因此，資產的確認應與經濟利益流入的不確定程度的判斷結合起來。如果編製財務報表時取得的證據表明與該經濟資源有關的利益很可能流入企業，那麼企業就應該將其確認為資產；反之，就不應該確認。

（2）該資源的成本或價值能夠可靠計量。可計量性是所有會計要素確認的重要前提，資產的確認也是如此。只有當有關資產的成本或價值能夠可靠計量時，資產才能予以確認。

3. 資產的分類

在資產負債表中，資產通常按流動性劃分為流動性資產和非流動性資產。所謂流動性，就是資產轉化為現金或被耗用的速度。

流動資產是指那些可以合理預計在一個營業週期或自資產負債表日起一年內轉化為現金，或者被銷售、耗用的資產，主要包括貨幣資金、應收及預付帳款、存貨等。

非流動資產是指除上述流動資產之外的所有其他資產，主要包括持有至到期投資、長期股權投資、固定資產、無形資產等。

（二）負債

1. 負債的定義及其特徵

負債是指企業過去的交易或事項形成的、預期會導致經濟利益流出企業的現時義務。負債具有以下特徵：

（1）負債是企業承擔的現時義務。負債必須是企業承擔的現時義務，這是負債的一個基本特徵。現時義務是指企業在現行條件下已承擔的義務。未來發生的交易或事項形成的義務，不屬於現時義務，不應確認為負債。

（2）負債的清償會導致經濟利益流出企業。負債作為企業的一項現時義務，其最終的履行會導致經濟利益流出企業。如果不會導致經濟利益流出企業，就不符合負債的定義。企業履行義務導致經濟利益流出企業的方式具體可表現為交付資產、提供勞務或將負債轉為資本等。

（3）負債是過去的交易或事項形成的。負債應當由企業過去的交易或事項形成，即只有過去的交易或事項才形成負債，企業將在未來發生的承諾、簽訂的合同等交易，不形成負債。

2. 負債的確認條件

企業要將一項現時義務確認為負債，該現時義務首先要符合負債的定義，除此之外，還需要同時滿足以下兩個條件：

（1）與該義務有關的經濟利益很可能流出企業。

（2）未來流出企業的經濟利益的金額能夠可靠計量。

3. 負債的分類

負債按償還期限的長短可分為流動負債和非流動負債。流動負債是指需要在一年或長於一年的一個營業週期內償還的負債，主要包括短期借款、應付或預收帳款、應付職工薪酬、應交稅費、應付股利等。非流動負債是指不滿足上述條件的其他負債，主要包括長期借款、長期應付款、應付債券等。

（三）所有者權益

所有者權益是指企業的資產扣除負債後由所有者享有的剩餘權益，即所有者對企業淨資產的要求權。按照中國企業會計準則的規定，基於公司制的特點，所有者權益主要分為以下幾個部分：實收資本（或股本）、其他權益工具、資本公積、其他綜合收益、盈餘公積和未分配利潤。

實收資本（或股本）是指投資者按照公司章程或合同、協議的約定，認繳或實際投入企業的資本，也是企業在工商管理部門登記的註冊資本。所有者在該部分的占資比例是其參與股東大會表決和利潤分配的主要依據。

其他權益工具是指企業發行的除普通股以外的歸類為權益工具的各類金融工具，如優先股。

資本公積包括資本溢價（或股本溢價）與其他資本公積。資本溢價（或股本溢價）是指企業收到投資者投入資本超過其在企業註冊資本（或股本）中所占份額的部分；其他資本公積是指除股本溢價（或資本溢價）以外的資本公積，如以權益結算的股份支付中產生的資本公積。

其他綜合收益是指企業根據企業會計準則的規定未在當期損益中確認的各項利得和損失，如可供出售金融資產公允價值變動。其他綜合收益具體可分為以下兩類：一類是以後會計期間不能重分類進損益的其他綜合收益項目，另一類是以後會計期間在滿足規定條件時重分類進損益的其他綜合收益項目。

盈餘公積是企業按照規定從淨利潤中提取的各種累積資金，包括法定盈餘公積和任意盈餘公積。

未分配利潤是指企業尚未分配、留存以後年度分配的累計留存利潤（或累計虧損）。

盈餘公積和未分配利潤又合稱為留存收益。

所有者權益從來源看包括所有者投入的資本、直接計入所有者權益的利得和損失、留存收益。在所有者權益的上述分類中，實收資本（或股本）、資本溢價（或股本溢價）以及其他權益工具是所有者投入的資本，而其他資本公積、其他綜合收益、盈餘公積和未分配利潤則是企業在生產經營過程中形成的。

從數量上看，所有者權益=資產-負債，因此所有者權益只是數學運算的結果。也就是說，所有者權益的金額取決於資產和負債的計量，它不需要像資產和負債一樣進行專門的計量，而是通過資產和負債的計量間接進行的。

（四）收入

1. 收入的定義及特徵

收入是指企業在日常活動中形成的、會導致所有者權益增加的、與所有者投入資本無關的經濟利益的總流入。收入不包括為第三方或客戶代收的款項。收入具有以下特徵：

（1）收入是企業日常活動中產生的。日常活動是指企業為完成其經營目標而從事的經常性活動以及與之相關的活動，如工業企業製造和銷售品。如果是企業非日常活動形成的經濟利益的流入就不能確定為收入，而應當作為利得。

利得和收入都屬於企業的收益，但收入是從企業的日常活動中取得的，而利得是從偶發的經濟業務中取得的，屬於不經過經營過程就能夠取得或不曾期望獲得的收益，如企業接受的捐贈或出售固定資產而取得的收益等。

（2）收入會導致經濟利益的流入，該流入不包括所有者投入的資本。收入應當會導致經濟利益的流入，這種流入可能表現為企業資產的增加，如銀行存款的增加、應收帳款的增加，也可能導致企業負債的減少，如預收帳款的減少，或者兩者兼而有之。但是，所有者投入資本也會導致企業經濟利益的流入，而所有者投入資本不應確認為收入，應當將其直接確認為所有者權益。

（3）收入最終會導致所有者權益的增加。與收入相關的經濟利益的流入最終會導致所有者權益的增加，不會導致所有者權益增加的經濟利益的流入（如借入款項）不符合收入的定義，不應確認為收入。

2. 收入的確認條件

收入的確認除了符合收入的定義以外，還應當滿足嚴格的確認條件。收入的確認至少應當同時滿足下列條件：

(1) 與收入有關的經濟利益很可能流入企業。

(2) 經濟利益流入企業的結果可能導致企業資產的增加或負債的減少。

(3) 經濟利益流入的金額能夠可靠計量。

(五) 費用

1. 費用的定義和特徵

費用是指企業在日常活動中發生的、會導致所有者權益減少的、與向投資者分配利潤無關的經濟利益的總流出。費用具有以下特徵：

(1) 費用是企業在日常活動中發生的經濟利益流出。經濟利益的流出是否在日常活動中產生是區分費用與損失的一大特徵。費用應當是企業在日常活動中發生的。非日常活動中形成的經濟利益的流出不能確認為費用，應當作為損失，如工業企業出售固定資產淨損失。

(2) 費用會導致經濟利益的總流出，該流出不包括向所有者分配利潤。費用最終會導致經濟利益的流出，從而導致資產的減少或負債的增加。但是，向投資者分配利潤導致的經濟利益的流出屬於所有者權益的抵減項目，不應確認為費用。

(3) 費用最終會導致所有者權益的減少。與費用相關的經濟利益的流出最終會導致所有者權益的減少，不會導致所有者權益減少的經濟利益的流出不符合費用的定義，不應確認為費用。

2. 費用的確認條件

費用的確認除了必須符合費用的定義以外，還應當滿足嚴格的確認條件。費用的確認至少應當同時滿足下列條件：

(1) 與費用有關的經濟利益很可能流出企業。

(2) 經濟利益流出企業的結果可能導致企業資產的減少或負債的增加。

(3) 經濟利益流出的金額能夠可靠計量。

(六) 利潤

利潤是企業在一定會計期間的經營成果，反應了企業在一定期間的經營業績。因此，利潤通常是評價企業管理者的一項重要指標，也是投資者、債權人做出經濟決策的重要參考指標。

利潤在數量上等於收入減去費用後的淨額以及直接計入當期利潤的利得和損失。因此，利潤金額的確定主要取決於收入、費用、利得和損失的計量。其中，收入減去費用後的淨額反應的是企業日常活動的業績；直接計入當期利潤的利得和損失反應的是企業非日常活動的業績。企業應該嚴格區分收入和利得、費用和損失，不能相互混淆，以便更全面地反應企業的經營業績。

以上六大財務報告要素相互影響、密切聯繫，全面綜合地反應了企業的經濟活動。

第四節　會計計量

會計計量與會計確認是密不可分的，沒有純粹的會計確認，也沒有純粹的會計計量，因此必須將兩者結合起來才有意義。所謂會計計量，是指將符合確認條件的會計要素登記入帳，並列報於財務報表且確定其金額的過程。計量是一個模式，它由兩個要素構成，即計量單位和計量屬性。

一、計量單位

任何計量都必須先確定採用的計量單位，對會計計量來說，計量必須以貨幣為計量單位。作為計量單位的貨幣通常是指某國、某地區的法定貨幣，如人民幣、美元、日元等。在不存在惡性通貨膨脹的情況下，一國（地區）一般都以名義貨幣作為會計的計量單位。按名義貨幣計量的特點是無論各個時期貨幣的實際購買力如何發生變動，會計計量都採用固定的貨幣單位，即不調整不同時期貨幣的購買力。

二、計量屬性

計量屬性是指被計量對象的特性或外在表現形式，即被計量對象予以數量化的特徵。從某種意義上講，一種計量模式區別於另一種計量模式的標準就是計量屬性。會計的計量屬性主要包括歷史成本、重置成本、可變現淨值、現值和公允價值等。

（一）歷史成本

歷史成本又稱實際成本，是指企業取得或建造某項財產物資時實際支付的現金及現金等價物。在歷史成本計量模式下，資產按照其購置時支付的現金或現金等價物的金額，或者按照購置資產時付出的對價的公允價值計量。負債按照其因承擔現時義務而實際收到的款項或資產的金額，或者承擔現時義務的合同金額，或者按照日常活動中為償還負債預期需要支付的現金或現金等價物的金額計量。

（二）重置成本

重置成本是指如果在現時重新取得相同的資產或與其相當的資產將會支付的現金或現金等價物，或者說在本期重購或重置持有資產的成本，也叫現行成本。重置成本更具有相關性，有利於資本保全。在重置成本計量模式下，資產按照其正常對外銷售所能收到現金或現金等價物的金額計量。負債按照現在償付該項債務所需支付的現金或現金等價物的金額計量。

（三）可變現淨值

可變現淨值是指資產在正常經營狀態下可帶來的未來現金流入或將要支付的現金流出，又稱為預期脫手價格。在可變現淨值計量模式下，資產按照正常對外銷售所能收到現金或現金等價物的金額扣減該資產至完工時估計將要發生的成本、估計的銷售費用以及相關稅費後的金額計量。

（四）現值

現值是指在正常經營狀態下資產帶來的未來現金流入量的現值，減去為取得現金流入所需的現金流出量現值。在現值計量模式下，資產按照預計從其持續使用和最終處置中產生的未來淨現金流入量的折現金額計量；負債按照預計期限內需要償還的未來淨現金流出量的折現金額計量。該計量屬性考慮了貨幣的時間價值，最能反應資產的經濟價值，與經濟決策更具有相關性，但其可靠性較差。

（五）公允價值

公允價值是指市場參與者在計量日發生的有序交易中，出售一項資產所能收到或轉移一項負債所需支付的價格。

市場參與者是指在相關資產或負債的主要市場（或最有利市場）中，同時具備下列特徵的買方和賣方：

（1）市場參與者應當相互獨立，不存在《企業會計準則第 36 號——關聯方披露》所述的關聯方關係。

（2）市場參與者應當熟悉情況，能夠根據可取得的信息對相關資產或負債以及交易具備合理認知。

(3) 市場參與者應當有能力並自願進行相關資產或負債的交易。

有序交易是指在計量日前一段時期內相關資產或負債具有慣常市場活動的交易。企業以公允價值計量相關資產或負債，應當考慮該資產或負債的特徵。相關資產或負債的特徵是指市場參與者在計量日對該資產或負債進行定價時考慮的特徵，包括資產狀況及所在位置、對資產出售或使用的限制等。

企業以公允價值計量相關資產或負債，應假定出售資產或轉移負債的有序交易在相關資產或負債的主要市場進行。不存在主要市場的，企業應當假定該交易在相關資產或負債的最有利市場進行。

主要市場是指相關資產或負債交易量最大和交易活躍程度最高的市場。最有利市場是指在考慮交易費用和運輸費用後，能夠以最高金額出售相關資產或以最低金額轉移相關負債的市場。其中，交易費用是指在相關資產或負債的主要市場（或最有利市場）中，發生的可以直接歸屬於資產出售或負債轉移的費用。交易費用是直接由交易引起的、交易所必需的、不出售資產或不轉移負債就不會發生的費用。

三、各種計量屬性之間的關係

在各種會計計量屬性中，歷史成本通常反應的是資產或負債過去的價值，而重置成本、可變現淨值、現值和公允價值通常反應的是資產或負債的現時成本或者現時價值，是與歷史成本相對應的計量屬性。但它們之間具有密切的聯繫，一般來說，歷史成本可能是過去環境下某項資產或負債的公允價值，而在當前環境下某項資產或負債的公允價值也許就是未來環境下某項資產或負債的歷史成本。公允價值可以是重置成本，也可以是可變現淨值和以公允價值為計量目的的現值，但必須同時滿足公允價值的三個條件。

第二章　貨幣資金

第一節　貨幣資金概述

一、貨幣資金的概念

貨幣資金是指可以立即投入流通，用以購買商品或勞務，或者用以償還債務的交換媒介物。在流動資產中，貨幣資金的流動性最強，並且是唯一能夠直接轉化為其他任何資產形態的流動性資產，也是唯一能夠代表企業現實購買力水準的資產。貨幣資金構成資產負債表流動資產項目的主要內容，也是現金流量的主體。為了確保生產經營活動的正常進行，企業必須擁有一定數量的貨幣資金，以便購買材料、繳納稅費、發放工資、支付利息及股利或進行投資等。企業擁有的貨幣資金量是分析判斷企業償債能力與支付能力的重要指標。

二、貨幣資金的內容

貨幣資金一般包括庫存現金、存放於銀行或其他金融機構的活期存款以及本票存款和匯票存款等可以立即支付使用的媒介。凡是不能立即支付使用的（如銀行凍結存款等），一般不能視為貨幣資金。

從內容上看，貨幣資金包括庫存現金、銀行存款和其他貨幣資金，具體如圖 2-1 所示。

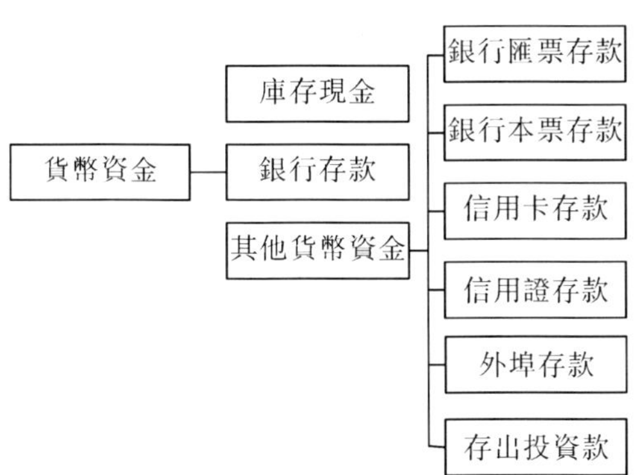

圖 2-1　貨幣資金的構成圖

第二節　庫存現金

一、庫存現金的管理

(一) 現金的定義及特徵

現金是通用的交換媒介，也是對其他資產計量的一般尺度。現金轉化為企業其他形式的資產一般是沒有任何難度的。難以即時轉化為現金或因為一定條件的限制而不能作為現金來使用的項目不包括在現金之內。例如，企業持有的金融市場的各種基金、存款證以及其他類似的短期有價證券；欠款客戶出具的遠期支票；因出票人存款不足而被銀行退回或出票人通知銀行停止付款的支票；各種借據和職工借支的差旅費；郵票；等等。

會計上的現金有狹義的現金和廣義的現金之分。狹義的現金僅指庫存現金，即企業金庫中存放的現金，包括人們經常接觸的紙幣和硬幣等。廣義的現金包括庫存現金、銀行存款以及其他可以普遍接受的流通手段。這些流通手段主要包括以下內容：

(1) 銀行本票，即銀行開具並支付的票據。

(2) 銀行匯票，即銀行開具的指示另一銀行支付給顧客指定收款人的票據。

(3) 保付支票，即由銀行存款戶出具並由銀行擔保付款的支票。

(4) 個人支票，即在銀行立有戶頭的個人開具的支票。

(5) 郵政匯票，即郵局在辦理匯兌業務時出具並承付的票據。

(6) 旅行支票，即銀行發行的具有固定面額供持票人在旅途中支付使用的支票。

目前，國際慣例中的現金概念是指廣義的現金。在中國的會計慣例中，狹義的現金概念與廣義的現金概念並存。企業處理的日常交易業務中使用的是狹義的現金概念，如企業的零星銷售業務收到的現金、日常支出業務支付的現金等。企業提供的財務報告(現金流量表) 以及金融資產涉及的現金為廣義的現金概念。與國際上流行的廣義的現金概念相比，中國的廣義的現金概念包括的內容還要廣泛一些，還包括現金等價物。本章中的現金為狹義的現金概念。

現金作為貨幣資金的重要組成部分，具有如下特徵：

(1) 貨幣性，即現金具有的貨幣屬性，起著交易的媒介、價值衡量的尺度、會計記錄的貨幣單位的作用。

(2) 通用性，即現金可以被企業直接用來支付其各項費用或償還其各項債務。

(3) 流動性，即現金的使用一般不受任何約定的限制，可以在一定範圍內自由流動。現金是企業資產中流動性最強的貨幣性資產。流動性主要是指資產轉換成現金或負債到期清償所需的時間，也指企業資源及負債接近現金的程度。

(二) 庫存現金的使用範圍與庫存現金的限額

一個企業日常的支出業務既多又複雜，現金的通用性並不是指現金可以被用來支付企業的任何支出業務。現金的使用要遵循其使用範圍的規定。這是現金管理的一項重要內容。中國國務院出抬的《現金管理暫行條例》對現金的使用範圍有明確的規定。《現金管理暫行條例》規定了在銀行開立帳戶的企業可以用現金辦理結算的具體經濟業務。這些經濟業務包括以下幾個方面：

(1) 職工工資、津貼。

(2) 個人勞動報酬。

(3) 根據國家規定頒發給個人的科學技術、文化藝術、體育等各種獎金。

(4) 各種勞保、福利費用以及國家規定的對個人的其他支出。

(5) 向個人收購農副產品和其他物資的價款。

(6) 出差人員必須隨身攜帶的差旅費。

(7) 結算起點以下的零星支出（結算起點為 1,000 元）。

(8) 中國人民銀行確定需要支付現金的其他支出。

根據《內部會計控制規範——貨幣資金（試行）》的規定，一個企業必須根據《現金管理暫行條例》的規定，結合本單位的實際情況，確定本單位現金的使用範圍。不屬於現金開支範圍的業務應當通過銀行辦理轉帳結算。

為了滿足企業日常零星開支所需的現金，企業的庫存現金都要由銀行根據企業的實際需要核定一個最高限額，這個最高限額一般要滿足一個企業 3~5 天的日常零星開支所需的現金，邊遠地區和交通不便地區的企業庫存現金可多於 5 天但最多不超過 15 天的日常零星開支所需的現金。企業每日的現金結存數不得超過核定的限額，超過的部分應當及時送存銀行，企業如需增加或減少庫存限額的，應當向開戶銀行提出申請，由開戶銀行核定。

(三) 庫存現金的內部控制

現金的流動性決定了現金內部控制的必要性。除了個人的道德與法治觀念的建立之外，一個企業必須強調它的現金內部控制，要嚴格執行現金內部控制的措施與手段，建立健全現金的內部控制制度，這樣才能防止現金的丟失、被盜以及違法亂紀行為的發生，從而保持現金流動的合理性、安全性，提高現金的使用效果與獲利能力。現金的內部控制包括以下幾方面的內容：

1. 遵循職能分開原則

庫存現金的管理與帳務的記錄應分開進行，不能由一個人兼任。企業庫存現金收支與保管應由出納人員負責。經管現金的出納人員不得兼管收入、費用、債權、債務等帳簿的登記工作以及會計稽核和會計檔案保管工作。填寫銀行結算憑證的有關印鑒不能集中由出納人員保管，應實行印鑒分管制度。這樣做的目的是便於分清責任，形成一種互相牽制的控制機制，防止挪用現金以及隱藏流入的現金。

2. 現金收付的交易必須有合法的原始憑證

企業收到現金時要有現金收入的原始憑證，以保證現金收入的來源合法；企業支付現金時要按規定的授權程序進行，除小額零星支出需要用庫存現金外，其他應盡可能少用現鈔，而用支票付款，同時要有確鑿的原始憑證，以保證支付的有效性。企業對涉及現金收付交易的經濟業務要根據原始憑證編製收付款憑證，並要在原始憑證與收付款憑證上蓋上「現金收訖」與「現金付訖」印章。

3. 建立收據和發票的領用制度

企業領用的收據和發票必須登記數量和起訖編號，由領用人員簽字；收回收據和發票存根，由保管人員辦理簽收手續；對空白收據和發票應定期檢查，以防止短缺。

4. 加強監督與檢查

對庫存現金，企業除了要求出納人員應做到日清月結之外，企業的審計部門及會計部門的領導對現金的管理工作要進行經常性與突擊性的監督和檢查，包括現金收入與支出的所有記錄。企業對發現的現金溢餘與短缺，必須認真及時地查明原因，並按規定的要求進行處理。

5. 企業的出納人員應定期進行輪換，不得一人長期從事出納工作

一個人長期從事一項工作會形成惰性，不利於提高工作效率，同時可能會隱藏工作中的一些問題和不足。出納工作每日都與資金打交道，時間長了容易產生麻痺和僥幸心理，增加犯罪的機會和可能。通過人員的及時輪換，企業不僅可以避免上述情況的出

現，而且對工作人員本身也是一種保護，因此及時進行人員的輪換是非常必要的。

（四）庫存現金的帳目管理

企業必須建立健全庫存現金帳目，除應設置庫存現金總分類帳戶對庫存現金進行總分類核算以外，還必須設置庫存現金日記帳進行庫存現金收支的明細核算，逐筆登記現金收入和支出，做到帳目日清日結、帳款相符。

1. 現金的序時核算

現金的序時核算是指根據現金的收支業務逐日逐筆地記錄現金的增減及結存情況。企業通過設置與登記庫存現金日記帳進行序時核算。庫存現金日記帳是核算和監督現金日常收付結存情況的序時帳簿。通過庫存現金日記帳，企業可以全面、連續地瞭解和掌握企業每日庫存現金的收支動態和庫存現金餘額，為日常分析、檢查企業的現金收支活動提供資料。

庫存現金日記帳一般採用收入、付出以及結存三欄式格式，見表 2-1。

表 2-1　庫存現金日記帳　　單位：元

2×19 年		憑證種類及號數	摘要	對方科目	收入	付出	結存
月	日						
5	31		本月合計				650
6	1	現收 601	零星銷售收入	主營業務收入	702		
	1	現付 602	王剛差旅費	備用金		500	
	1	銀付 601	提取現金	銀行存款	1,000		
	1	現付 602	購買辦公用品	管理費用		200	
			本日合計		1,702	700	1,652

庫存現金日記帳的收入欄和付出欄是根據審核簽字後的現金收款付款憑證和從銀行提取現金時填製的銀行存款付款憑證，按照經濟業務發生的時間順序，由出納人員逐日逐筆地進行登記的。為了簡化庫存現金日記帳的登記手續，對同一天發生的相同經濟業務，企業可以匯總一筆登記。

每日終了時，出納人員應做好以下各項工作：

（1）出納人員應在庫存現金日記帳上結出「本日收入」合計和「本日付出」合計，然後計算出本日餘額，計入「結存」欄。本日餘額的計算公式如下：

本日餘額=昨日餘額+本日收入合計-本日付出合計。

（2）出納人員應以庫存現金日記帳上的本日餘額與庫存現金的實有額相核對，兩者應一致。若不一致，出納人員應及時查明原因，進行調整，做到帳實相符。

（3）出納人員應以庫存現金日記帳上的本日餘額與庫存現金的限額相比較，超過限額數，要及時送存銀行；不足限額部分，應向銀行提取，以保證日常開支的需要。在每月終了時，出納人員應在庫存現金日記帳上結出月末餘額，並同庫存現金總帳科目的月末餘額核對相符。

庫存現金日記帳的格式也可以採用多欄式庫存現金日記帳。在此種格式下，每月月末，企業要結出與「庫存現金」科目相對應的各科目的發生額合計數，並據以登記有關總帳科目。由於採用多欄式庫存現金日記帳時涉及的欄目很多，因此企業對庫存現金的收入和支出一般都分別設置日記帳予以核算，即庫存現金收入日記帳和庫存現金支出日記帳。多欄式庫存現金日記帳能夠如實反應收入現金的來源和支出現金的用途情況，簡化憑證編製手續。現金收入日記帳是按照現金收入對方科目設置專欄的。每日終了，為了計算庫存現金的結存額，出納人員核對帳款，需要把庫存現金支出日記帳中的本日貸方合計數過入收入日記帳。

有外幣現金的企業應分別按人民幣現金、各種外幣現金設置庫存現金日記帳進行序時核算。

2. 現金的總分類核算

企業發生現金的收付業務，必須取得或填製原始憑證，以其作為收付款的書面證明。例如，企業從銀行提取現金，要簽發現金支票，以支票存根作為提取現金的證明；將現金存入銀行，要填寫進帳單，以銀行加蓋印章後退回的進帳單回單作為存入現金的證明；收進零星小額銷售款，應以銷售部門開出的發票副本作為收款證明；支付職工差旅費的借款，要取得經有關領導批准的借款單，作為付款的證明；等等。所有這些作為收付款證明的原始憑證，財會部門要進行認真的審核。財會部門在審核時應注意每筆款項收支是否符合現金管理制度的規定、是否符合開支標準、是否有批准的計劃、原始憑證中規定的項目是否填寫齊全、數字是否正確、手續是否完備等。財會部門通過審核無誤的原始憑證填製收款憑證或付款憑證，辦理現金收支業務。出納人員在收付現金以後，應在記帳憑證或原始憑證上加蓋「收訖」或「付訖」的戳記表示款項已經收付，根據經過審核簽字後的收付款憑證登記帳簿。

收款憑證和付款憑證是用於庫存現金和銀行存款收付業務核算的依據。為了避免填製憑證和記帳的重複，企業在實際工作中對於從銀行提取現金或將現金存入銀行時，應按照收付款業務涉及的貸方科目填製記帳憑證。例如，企業從銀行提取現金時只填製銀行存款付款憑證，作為借記「庫存現金」科目和貸記「銀行存款」科目的依據，不再填製現金收款憑證；將現金存入銀行時，只填製現金付款憑證，作為借記「銀行存款」科目和貸記「庫存現金」科目的依據，不再填製銀行存款收款憑證。

二、庫存現金的會計處理

（一）現金的收付

為了總括地反應和監督企業庫存現金的收支結存情況，企業需要設置「庫存現金」科目。該科目借方登記現金收入數，貸方登記現金付出數，餘額在借方，反應庫存現金的實有數。庫存現金總帳科目的登記，可以根據現金收付款憑證和從銀行提取現金時填製的銀行存款付款憑證逐筆登記。但是在現金收付款業務較多的情況下，這樣登記必然會加大工作量，因此在實際工作中，企業一般是把現金收付款憑證按照對方科目進行歸類，定期（10 天或半月）填製匯總收付款憑證，據以登記庫存現金總帳科目。

企業內部各部門週轉使用的備用金，通過「其他應收款」帳戶核算，或者單獨設置「備用金」帳戶核算，不在「庫存現金」帳戶中核算。

1. 現金收入的核算

現金收入的內容主要有從銀行提取現金、職工出差報銷時交回的剩餘借款、收取結算起點以下的零星收入款、收取對個人的罰款、無法查明原因的現金溢餘等。收取現金時，企業應根據其來源記入「庫存現金」帳戶及相關帳戶。

【例 2-1】天河公司從開戶銀行提取現金 40,000 元備用。其帳務處理如下：

借：庫存現金　　40,000

　貸：銀行存款　　40,000

【例 2-2】天河公司出租包裝物收到租金（現金）500 元及增值稅 65 元。其帳務處理如下：

借：庫存現金 565

貸：其他業務收入 500

應交稅費——應交增值稅（銷項稅額） 65

【例 2-3】 天河公司向個人銷售產品，收到現金共計 678 元，其中價款為 600 元，增值稅稅款為 78 元。其帳務處理如下：

借：庫存現金 678

貸：主營業務收入 600

應交稅費——應交增值稅（銷項稅額） 78

2. 現金支出的核算

企業應當嚴格按照國家有關現金管理制度的規定，在准許的範圍內，辦理現金支出業務。企業按照現金開支範圍的規定支付現金時，應根據其用途記入相關帳戶和「庫存現金」帳戶。

【例 2-4】 天河公司管理部門職工李芳出差預借差旅費 1,500 元。其帳務處理如下：

借：其他應收款——李芳 1,500

貸：庫存現金 1,500

【例 2-5】 接 **【例 2-4】**，李芳報銷差旅費 1,200 元，餘款交回現金。天河公司帳務處理如下：

借：庫存現金 300

管理費用 1,200

貸：其他應收款——李芳 1,500

【例 2-6】 天河公司以現金支付職工工資 30,000 元。其帳務處理如下：

借：應付職工薪酬——工資 30,000

貸：庫存現金 30,000

（二）備用金

備用金是指企業預付給職工和內部有關單位用作差旅費、零星採購和零星開支、事後需要報銷的款項。備用金業務在企業日常的現金收支業務中佔有很大的比重，因此企業對於備用金的預借和報銷，既要有利於企業各項經濟業務的正常進行，又要建立必要的手續、制度，並認真執行。

有關備用金的預借、使用和報銷的手續、制度基本內容如下：職工預借備用金時，要填寫一式三聯的「借款單」，說明借款的用途和金額，經本部門和有關領導的批准後，方可領取；職工預借備用金的數額應根據實際需要確定，數額較大的借款，應以信匯和電匯的方式解決，防止攜帶過多的現金，預借的備用金應嚴格按照規定的用途使用，不得購買私人物資；職工使用備用金辦事完畢，要在規定期限內到財會部門報銷，剩餘備用金要及時交回，不得拖欠，報銷時應由報銷人填寫「報銷單」並附有關原始憑證，經有關領導審批。

企業的財會部門對於備用金的預借、使用和報銷負有重要責任，要嚴格掌握，認真進行審核；執行國家有關財經制度，不得任意提高開支標準，對於違反國家規定的開支，應堅持原則，拒絕支付或不予報銷。

備用金的總分類核算，應設置「其他應收款」科目，它是資產類科目，用來核算企業除應收票據、應收帳款、預付帳款以外的其他各種應收款項或暫付款項，包括各種賠款、罰款、存儲保證金、備用金、應向職工收取的各種墊付款項等。在備用金數額較大或業務較多的企業可以將備用金業務從「其他應收款」科目中劃分出來，單獨設置「備用金」科目進行核算。

備用金的明細分類核算一般是按領取備用金的單位或個人設置三欄式明細帳，根據預借和報銷憑證進行登記。有的企業為了簡化核算手續，用借款單的第三聯代替明細帳（借款單第一聯是存根，第二聯由出納據以付款），報銷和交回現金時，予以註銷。

備用金的管理辦法一般有兩種：一是隨借隨用、用後報銷制度，適用於不經常使用備用金的單位和個人；二是定額備用金制度，適用於經常使用備用金的單位和個人。定額備用金制度的特點是對經常使用備用金的部門或車間，分別規定一個備用金定額。企業按定額撥付現金時，登記到「其他應收款」或「備用金」科目的借方和「庫存現金」科目的貸方。報銷時，財會部門根據報銷單據付給現金，補足用掉數額，使備用金仍保持原有的定額數。報銷的金額直接登記到「庫存現金」科目的貸方和有關科目的借方，不需要通過「其他應收款」或「備用金」科目核算。

1. 隨借隨用、用後報銷制度業務示例

【例 2-7】天河公司行政管理部門職工陳杰於 2×19 年 6 月 8 日因公出差預借備用金 400 元，實際支出 300 元，經審核應予以報銷，剩餘現金 100 元交回財會部門。

預借時，財會部門應根據審核的借款單填製現金付款憑證，會計分錄如下：

借：備用金——陳杰　400

　貸：庫存現金　400

報銷時，財會部門應根據審核的報銷單填製轉帳憑證，會計分錄如下：

借：管理費用　300

　貸：備用金——陳杰　300

剩餘現金交回財會部門時，財會部門應填製現金收款憑證，會計分錄如下：

借：庫存現金　100

　貸：備用金——陳杰　100

【例 2-8】天河公司行政管理部門職工李敏於 2×19 年 7 月 9 日因公出差預借備用金 700 元，實際支出 900 元，經審核應予以報銷。

預借時，財會部門應根據審核的借款單填製現金付款憑證，會計分錄如下：

借：備用金——李敏　700

　貸：庫存現金　700

報銷時，財會部門應根據審核的報銷單填製轉帳憑證，會計分錄如下：

借：管理費用　900

　貸：備用金——李敏　900

付出現金 200 元，財會部門填製現金付款憑證，會計分錄如下：

借：備用金——李敏　200

　貸：庫存現金　200

2. 定額備用金制度業務示例

【例 2-9】天河公司財會部門對供應部門實行定額備用金制度，根據核定的定額，付給定額備用金 2,200 元。天河公司帳務處理如下：

借：備用金——供應部門　2,200

　貸：庫存現金　2,200

【例 2-10】供應部門在一段時間內共發生備用金支出 1,900 元，持開支憑證到財會部門報銷。財會部門審核以後付給現金，補足定額。天河公司帳務處理如下：

借：管理費用　1,900

　貸：庫存現金　1,900

【例 2-11】財會部門因管理需要決定取消定額備用金制度。供應部門持尚未報銷的開支憑證 700 元和餘款 1,500 元，到會計部門辦理報銷和交回備用金的手續。天河公司帳務處理如下：

借：管理費用　　700

庫存現金　　1,500

貸：備用金——供應部門　　2,200

隨借隨用、用後報銷制度與定額備用金制度業務處理比較見表 2-2。

表 2-2　隨借隨用、用後報銷制度與定額備用金制度業務處理比較

備用金制度	預借	報銷	註銷備用金或其他應收款
隨借隨用、用後報銷	借：備用金 貸：庫存現金	借：管理費用 庫存現金 貸：備用金 （或貸：庫存現金）	報銷時已註銷
定額備用金	借：備用金 貸：庫存現金	借：管理費用 貸：庫存現金	取消定額備用金時註銷 借：管理費用 庫存現金 貸：備用金

（三）庫存現金的清查

為了保護現金的安全完整，做到帳實相符，企業必須做好現金的清查工作。現金清查的基本方法是清點庫存現金，並將現金實存數與庫存現金日記帳上的餘額進行核對。實存數是指企業金庫內實有的現款額，清查時不能用借條等單據來抵充現金。企業應於每日終了時查對庫存現金實存數與其帳面餘額是否相符。

定期或不定期清查時，企業一般應組成清查小組負責現金清查工作，清查人員應在出納人員在場時清點現金、核對帳實情況，並根據清查結果填製現金盤點報告單，註明實存數與帳面餘額。如發現現金帳實不符或有其他問題，清查人員應查明原因，報告主管負責人或上級領導部門處理。對於預付給職工或內部單位尚未使用的備用金或剩餘備用金，財會部門應及時催促報銷或交回。採用定額備用金制度的企業一般是在年終時進行一次清理，收回撥付的定額數，下一年度再根據實際需要重新規定定額，撥付現金。

為了防止挪用現金，各部門或車間必須配備備用金負責人進行管理，財會部門應進行抽查。財會部門對於現金清查中發現的帳實不符，即現金溢缺情況，通過「待處理財產損溢——待處理流動資產損溢」科目進行核算。財會部門在現金清查中發現短缺的現金，應按短缺的金額，借記「待處理財產損溢——待處理流動資產損溢」科目，貸記「庫存現金」科目；在現金清查中發現溢餘的現金，應按溢餘的金額，借記「庫存現金」科目，貸記「待處理財產損溢——待處理流動資產損溢」科目，待查明原因後按如下要求進行處理：

（1）如為現金短缺，屬於應由責任人賠償的部分，借記「其他應收款——應收現金短缺款」或「庫存現金」等科目，貸記「待處理財產損溢——待處理流動資產損溢」科目；屬於應由保險公司賠償的部分，借記「其他應收款——應收保險賠款」科目，貸記「待處理財產損溢——待處理流動資產損溢」科目；屬於無法查明的其他原因，根據管理權限，經批准後作為盤虧損失處理，借記「管理費用」科目，貸記「待處理財產損溢——待處理流動資產損溢」科目。

（2）如為現金溢餘，屬於應支付給有關人員或單位的，應借記「待處理財產損溢——待處理流動資產損溢」科目，貸記「其他應付款——應付現金溢餘」科目；屬於無法查明原因的現金溢餘，經批准後作為盤盈利得處理，借記「待處理財產損溢——待處理流動資產損溢」科目，貸記「營業外收入——盤盈利得」科目。

【例 2-12】 天河公司 2×19 年 5 月 10 日在對現金進行清查時，發現短缺 90 元。天河公司帳務處理如下：

借：待處理財產損溢——待處理流動資產損溢　　90
　貸：庫存現金　　90

【例 2-13】 上述現金短缺，無法查明原因，轉入管理費用。天河公司帳務處理如下：

借：管理費用　　90
　貸：待處理財產損溢——待處理流動資產損溢　　90

【例 2-14】 天河公司 2×19 年 6 月 15 日在對現金進行清查時，發生溢餘 100 元。天河公司帳務處理如下：

借：庫存現金　　100
　貸：待處理財產損溢——待處理流動資產損溢　　100

【例 2-15】 上述現金溢餘原因不明，經批准記入「營業外收入」科目。天河公司帳務處理如下：

借：待處理財產損溢——待處理流動資產損溢　　100
　貸：營業外收入——盤盈利得　　100

第三節　銀行存款

一、銀行存款的管理

（一）開立和使用銀行存款帳戶的規定

銀行存款是指企業存放於銀行或其他金融機構的貨幣資金。企業應當根據業務需要，按照規定在其所在地銀行開設帳戶，運用開設的帳戶，進行存款、取款以及各種收支轉帳業務的結算，《銀行帳戶管理辦法》將單位銀行結算帳戶分為四類：基本存款帳戶、一般存款帳戶、專用存款帳戶和臨時存款帳戶。

基本存款帳戶是指存款人因辦理日常轉帳結算和現金收付需要而開立的銀行結算帳戶。該類帳戶是存款人的主要帳戶，存款人日常經營活動的資金收付及其工資、獎金等現金的支取，都應通過該帳戶辦理。每一個企業只能選擇一家銀行的一個營業機構開立一個基本存款帳戶，不得在多家銀行機構開立基本存款帳戶。

一般存款帳戶是指存款人因借款或其他結算需要，在基本存款帳戶以外的銀行營業機構開立的銀行結算帳戶。該類帳戶可以辦理轉帳結算和現金繳存，但不得支取現金，一個企業不得在同一家銀行的幾個分支機構開立多個一般存款帳戶。

專用存款帳戶是指存款人按照法律、行政法規和規章的規定，為對其特定用途資金進行專項管理和使用而開立的銀行結算帳戶，如基本建設資金，社會保障基金，財政預算外資金，糧、棉、油收購資金，證券交易結算資金等。合格境外機構投資者在境內從事證券投資開立的人民幣特殊帳戶和人民幣結算資金帳戶納入專用存款帳戶管理。

臨時存款帳戶是指存款人因臨時需要並在規定期限內使用而開立的銀行結算帳戶，如設立臨時機構、異地臨時經營活動、註冊驗資等。該類帳戶用於辦理臨時機構以及存款人臨時經營活動發生的資金收付，並根據有關開戶證明文件確定的期限或存款人的需要確定其有效期限，最長不得超過 2 年。臨時存款帳戶支取現金，應按照國家現金管理的規定辦理。

為了加強對銀行結算帳戶的管理，國家對存款人開立基本存款帳戶、臨時存款帳戶和預算單位開立專用存款帳戶實行核准制度，經中國人民銀行核准後由開戶銀行核發開戶登記證，但存款人因註冊驗資需要開立的臨時存款帳戶除外。

（二）銀行結算紀律

企業在辦理存款帳戶以後，在使用帳戶時應嚴格執行銀行結算紀律的規定，具體內容包括：合法使用銀行帳戶，不得轉借給其他單位或個人使用；不得利用銀行帳戶進行非法活動；不得簽發沒有資金保證的票據和遠期支票，套取銀行信用；不得簽發、取得和轉讓沒有真實交易和債權債務的票據，套取銀行和他人資金；不得無理拒絕付款，任意占用他人資金；不得違反規定開立和使用帳戶。

（三）銀行轉帳結算方式

轉帳結算是指企業單位之間的款項收付不是動用現金，而是由銀行從付款單位的存款帳戶劃轉到收款單位的存款帳戶的貨幣清算行為。為了規範全國的銀行結算工作以及方便各企業間的國內與國際交易業務，中國人民銀行規定了可以使用的各種銀行轉帳結算方式。常見的銀行轉帳結算方式如下：

1. 銀行匯票

銀行匯票是指由出票銀行簽發的，由其在見票時按照實際結算金額無條件支付給收款人或持票人的票據，銀行匯票的出票銀行為銀行匯票的付款人。單位和個人各種款項的結算，都可以使用銀行匯票。銀行匯票可以用於轉帳，填明「現金」字樣的銀行匯票也可以用於支取現金。申請人或收款人為單位的，不得在銀行匯票申請書上填明「現金」字樣。

匯款單位（申請人）使用銀行匯票，應向出票銀行填寫銀行匯票申請書，填明收款人名稱、匯票金額、申請人名稱、申請日期等事項並簽章，簽章為其預留銀行的簽章。出票銀行受理銀行匯票申請書，收妥款項後簽發銀行匯票，並用壓數機壓印出票金額，將銀行匯票和解訖通知一併交給申請人。申請人應將銀行匯票和解訖通知一併交付給匯票上記明的收款人。收款人受理申請人交付的銀行匯票時，應在出票金額以內，根據實際需要的款項辦理結算，並將實際結算的金額和多餘金額準確、清晰地填入銀行匯票和解訖通知的有關欄內，到銀行辦理款項入帳手續。收款人可以將銀行匯票背書轉讓給被背書人。銀行匯票的背書轉讓以不超過出票金額的實際結算金額為準。未填寫實際結算金額或實際結算金額超過出票金額的銀行匯票，不得背書轉讓。銀行匯票的提示付款期限為自出票日起 1 個月，持票人超過付款期限提示付款的，銀行將不予受理。持票人向銀行提示付款時，必須同時提交銀行匯票和解訖通知，缺少任何一聯，銀行都不予受理。

銀行匯票喪失，失票人可以憑人民法院出具的其享有票據權利的證明，向出票銀行請求付款或退款。

2. 商業匯票

商業匯票是一種由出票人簽發的，委託付款人在指定日期無條件支付確定金額給收款人或持票人的票據。

在銀行開立存款帳戶的法人及其他組織之間必須具有真實的交易關係或債權債務關係才能使用商業匯票。商業匯票的付款期限由交易雙方商定，但最長不得超過 6 個月。定日付款的匯票付款期限自出票日起計算；出票後定期付款的匯票付款期限自出票日起按月計算；見票後定期付款的匯票付款期限自承兌或拒絕承兌日起按月計算。商業匯票的提示付款期限為自匯票到期日起 10 日內。存款人領購商業匯票，必須填寫票據和結算憑證領用單並加蓋預留銀行印鑒，存款帳戶結清時，必須將剩餘的空白商業匯票全部交回銀行註銷。商業匯票可以背書轉讓。符合條件的商業匯票的持票人可以持未到期的商業匯票連同貼現憑證，向銀行申請貼現。

商業匯票按承兌人不同可以分為商業承兌匯票和銀行承兌匯票兩種。

（1）商業承兌匯票。商業承兌匯票由銀行以外的付款人承兌。商業承兌匯票按交易雙方約定，由銷貨企業或購貨企業簽發，但由購貨企業承兌。承兌時，購貨企業應在匯票正面記載「承兌」字樣和承兌日期並簽章。承兌不得附有條件，否則視為拒絕承兌。匯票到期時，購貨企業的開戶銀行憑票將票款劃給銷貨企業或貼現銀行。

銷貨企業應在提示付款期限內通過開戶銀行委託收款或直接向付款人提示付款。對異地委託收款的，銷貨企業可以匡算郵程，提前通過開戶銀行委託收款。匯票到期時，如果購貨企業的存款不足以支付票款，開戶銀行應將匯票退還銷貨企業，銀行不負責付款，由購銷雙方自行處理。

(2) 銀行承兌匯票。銀行承兌匯票由銀行承兌，由在承兌銀行開立存款帳戶的存款人簽發。承兌銀行按票面金額向出票人收取 0.05%的手續費。

購貨企業應於匯票到期前將票款足額交存其開戶銀行，以備由承兌銀行在匯票到期日或到期日後的見票當日支付票款。銷貨企業應在匯票到期時將匯票連同進帳單送交開戶銀行以便轉帳收款。承兌銀行憑匯票將承兌款項無條件轉給銷貨企業，如果購貨企業於匯票到期日未能足額交存票款時，承兌銀行除憑票向持票人無條件付款外，對出票人尚未支付的匯票金額按照每天 0.05%計收罰息。

3. 銀行本票

銀行本票是由申請人將款項交存銀行，由銀行簽發並承諾在見票時辦理轉帳結算或無條件支付確定的金額給收款人或持票人的票據。

銀行本票由銀行簽發並保證兌付，而且見票即付，具有信譽高、支付功能強等特點。用銀行本購買材料物資，銷貨方可以見票發貨，購貨方可以憑票提貨；債權債務雙方可以憑票清償；收款人將本票交存銀行，銀行即可為其入帳。無論單位或個人，在同一票據交換區域支付各種款項，都可以使用銀行本票。

銀行本票分定額本票和不定額本票。定額本票面值分別為 1,000 元、5,000 元、10,000 元和 50,000 元。在票面劃去轉帳字樣的，為現金本票。

銀行本票的提示付款期限為自出票日起最長不超過 2 個月，在付款期內銀行本票見票即付。超過提示付款期限不獲付款的，可以在票據權利時效內向出票銀行做出說明，並提供本人身分證件或單位證明，交付銀行本票向銀行請求付款。

企業為支付購貨款等款項向銀行申請銀行本票時，應向銀行提交銀行本票申請書，填明收款人名稱、申請人名稱、支付金額、申請日期等項並簽章。申請人或收款人為單位的，銀行不予簽發現金銀行本票。出票銀行受理銀行本票申請書後，收妥款項簽發銀行本票。不定額銀行本票用壓數機壓印出票金額，出票銀行在銀行本票上簽章後交給申請人。申請人取得銀行本票後，即可向填明的收款單位辦理結算。收款單位可以根據需要在票據交換區域內背書轉讓銀行本票。收款企業在收到銀行本票時，應該在提示付款時在本票背面持票人向銀行提示付款簽章處加蓋預留銀行印鑒，同時填寫進帳單，連同銀行本票一併交開戶銀行轉帳。

4. 支票

支票是銀行的存款單位或存款人簽發給收款人，委託辦理支票存款業務的銀行在見票時辦理結算或無條件支付確定的金額給收款人或持票人的票據。

支票上印有「現金」字樣的為現金支票，現金支票只能用於支取現金。支票上印有「轉帳」字樣的為轉帳支票，轉帳支票只能用於轉帳。未印有「現金」或「轉帳」字樣的為普通支票，普通支票既可以用於支取現金，也可以用於轉帳。在普通支票左上角劃兩條平行線的，為劃線支票，劃線支票只能用於轉帳，不得支取現金。單位和個人在同一票據交換區域的各種款項結算，都可以使用支票。企業簽發現金支票和用於支取現金的普通支票，必須符合國家現金管理的規定。

支票的提示付款期限為自出票日起 10 日內，中國人民銀行另有規定的除外。超過提示付款期限的，持票人開戶銀行不予受理，付款人不予付款。轉帳支票可以根據需要在票據交換區域內背書轉讓。

存款人領購支票，必須填寫「票據和結算憑證領用單」並加蓋預留銀行印鑒。存款帳戶結清時，必須將剩餘的空白支票全部交回銀行註銷。

企業財會部門在簽發支票之前，出納人員應該認真查明銀行存款的帳面結餘數額，防止簽發超過存款餘額的空頭支票。簽發空頭支票，銀行除退票外，還應處以票面金額 5%但不低於 1,000 元的罰款。持票人有權要求出票人賠償支票金額 2%的賠償金。企業簽發支票時，應使用碳素墨水或墨汁，將支票上的各要素填寫齊全，並在支票上加蓋其預留銀行的印鑒。出票人預留銀行的印鑒是銀行審核支票付款的依據。銀行也可以與出票人約定使用支付密碼，作為銀行審核支付支票金額的條件。

5. 信用卡

信用卡是指商業銀行向個人和單位發行的，憑以向特約單位購物、消費和向銀行存取現金，且具有消費信用的特製載體卡片。

信用卡是銀行卡的一種。信用卡按使用對象分為單位卡和個人卡；按信譽等級分為金卡和普通卡。凡在中國境內金融機構開立基本存款帳戶的單位都可以申領單位卡。單位卡可以申領若干張，持卡人資格由申領單位法定代表人或其委託的代理人書面指定和註銷，持卡人不得出租或轉借信用卡。單位卡帳戶的資金一律從其基本存款帳戶轉帳存入，在使用過程中，企業需要向其帳戶續存資金的，也一律從其基本存款帳戶轉帳存入，不得交存現金，不得將銷貨收入的款項存入其帳戶。單位卡一律不得用於 10 萬元以上的商品交易、勞務供應款項的結算，不得支取現金。特約單位在每日營業終了後，應將當日受理的信用卡簽購單匯總，計算手續費和淨計金額，並填寫匯（總）計單和進帳單，連同簽購單一併送交收單銀行辦理進帳。

信用卡按是否向發卡銀行繳存備用金分為貸記卡、準貸記卡兩類。貸記卡是指發卡銀行給予持卡人一定的信用額度，持卡人可以在信用額度內先消費、後還款的信用卡，準貸記卡是指持卡人需先按發卡銀行要求交存一定金額的備用金，當備用金帳戶餘額不足支付時，可以在發卡銀行規定的信用額度內透支的信用卡。準貸記卡的透支期限最長為 60 天，貸記卡的首月最低還款額不得低於其當月透支餘額的 10%。

6. 匯兌

匯兌是匯款人委託銀行將款項支付給收款人的結算方式。單位和個人的各種款項的結算，都可以使用匯兌結算方式。

匯兌分為信匯、電匯兩種。信匯是指匯款人委託銀行通過郵寄方式將款項劃轉給收款人。電匯是指匯款人委託銀行通過電報方式將款項劃給收款人。這兩種匯兌方式由匯款人根據需要選擇使用。匯入銀行對開立存款帳戶的收款人應將匯給收款人的款項直接轉入收款人帳戶，並向其發出收帳通知。未在銀行開立存款帳戶的收款人，憑信匯、電匯的取款通知或「留行待取」的，向匯入銀行支取款項，必須交驗本人的身分證件，在信匯、電匯憑證上註明證件名稱、號碼以及發證機關，並在「收款人簽章」處簽章。信匯憑簽章支取的，收款人的簽章必須與預留信匯憑證上的簽章相符。支取現金的，信匯、電匯憑證上必須有按規定填明的「現金」字樣，才能辦理。未填明「現金」字樣，需要支取現金的，匯入銀行按照國家現金管理規定審查支付。轉帳支付的，原收款人向銀行填製支款憑證，並由本人交驗其身分證件辦理支付款項。該帳戶的款項只能轉入單位或個體工商戶的存款帳戶，嚴禁轉入儲蓄帳戶和信用卡帳戶。匯款人對匯出銀行尚未匯出的款項可以申請撤銷，對匯出銀行已經匯出的款項可以申請退匯。匯入銀行對收款人拒絕接受的匯款，應立即辦理退匯。匯入銀行對向收款人發出取款通知，經過 2 個月無法交付的匯款，應主動辦理退匯。

7. 委託收款

委託收款是收款人委託銀行向付款人收取款項的結算方式。無論單位還是個人都可以憑已承兌商業匯票、債券、存單等付款人債務證明辦理收取同城或異地款項。委託收款還適用於收取電費、電話費等付款人眾多且分散的公用事業費等有關款項。

委託收款結算款項劃回的方式分為郵寄和電報兩種，由收款人選擇使用。企業委託開戶銀行收款時，應填寫銀行印製的委託收款憑證和有關的債務證明。委託收款憑證要寫明付款單位名稱、收款單位名稱、帳號以及開戶銀行，委託收款金額的大小寫、款項內容、委託收款憑據名稱以及附寄單證張數等。企業的開戶銀行受理委託收款後，將委託收款憑證寄到交付款單位開戶銀行，由付款單位開戶銀行審核，並通知付款單位。付款單位收到銀行交給的委託收款憑證及債務證明，應簽收並在 3 天之內審查債務證明是否真實、是否是本單位的債務，確認之後通知銀行付款。付款單位應在收到委託收款通知的次日起 3 日內，主動通知銀行是否付款。如果不通知銀行，銀行視同企業同意付款，並在第 4 日從單位帳戶中付出此筆委託收款款項。付款人在 3 日內審查有關債務證明後，認為債務證明或與此有關的事項符合拒絕付款的規定，應出具拒絕付款理由書和委託收款憑證第五聯及持有的債務證明，向銀行提出拒絕付款。

8. 托收承付

托收承付是根據購銷合同由收款人發貨後委託銀行向異地付款人收取款項，由付款人向銀行承認付款的結算方式。

使用托收承付結算方式的收款單位和付款單位必須是國有企業、供銷合作社以及經營管理較好，並經開戶銀行審查同意的城鄉集體所有制工業企業。辦理托收承付結算的款項必須是商品交易以及因商品交易而產生的勞務供應的款項。代銷、寄銷、賒銷商品的款項，不得辦理托收承付結算。托收承付款項劃回方式分為郵寄和電報兩種，由收款人根據需要選擇使用；收款單位辦理托收承付，必須具有商品發出的證件或其他證明。托收承付結算每筆的金額起點為 10,000 元。新華書店系統每筆金額起點為 1,000 元。採用托收承付結算方式時，購銷雙方必須簽有符合《中華人民共和國合同法》規定的購銷合同，並在合同上寫明使用托收承付結算方式。銷貨企業按照購銷合同發貨後，填寫托收承付憑證，蓋章後連同發運證件（包括鐵路、航運、公路等運輸部門簽發運單、運單副本和郵局包裹回執）或其他符合托收承付結算的有關證明和交易單證送交開戶銀行辦理托收手續。銷貨企業開戶銀行接受委託後，將托收結算憑證回聯退給企業，作為企業進行帳務處理的依據，並將其他結算憑證寄往購貨單位開戶銀行，由購貨單位開戶銀行通知購貨單位承認付款。

購貨企業收到托收承付結算憑證和所附單據後，應立即審核是否符合訂貨合同的規定。按照《支付結算辦法》的規定，承付貨款分為驗單付款與驗貨付款兩種，這在雙方簽訂合同時約定。驗單付款是購貨企業根據經濟合同對銀行轉來的托收結算憑證、發票帳單、托運單以及代墊運雜費等單據進行了審查無誤後，即可承認付款。為了便於購貨企業對憑證的審核和籌措資金，《支付結算辦法》規定承付期為 3 天，從付款人開戶銀行發出承付通知的次日算起（承付期內遇法定節假日順延）。購貨企業在承付期內未向銀行表示拒絕付款，銀行即視作承付，並在承付期滿的次日（法定節假日順延）上午銀行開始營業時，將款項主動從付款人的帳戶內付出，按照銷貨企業指定的劃款方式，劃給銷貨企業。驗貨付款是購貨企業待貨物運達企業，對其進行檢驗，確認其與合同完全相符後才承認付款，為了滿足購貨企業組織驗貨的需要，《支付結算辦法》規定承付期為 10 天，從運輸部門向購貨企業發出提貨通知的次日算起。承付期內購貨企業未表示拒絕付款的，銀行視為同意承付，於10天期滿的次日（法定節假日順延）上午銀行開始營業時，將款項劃給收款人。為滿足購貨企業組織驗貨的需要，對收付雙方在合同中明確規定，並在托收憑證上註明驗貨付款期限的，銀行從其規定。

對於下列情況，付款人可以在承付期內向銀行提出全部或部分拒絕付款：

（1）沒有簽訂購銷合同或購銷合同未寫明托收承付結算方式的款項。

（2）未經雙方事先達成協議，收款人提前交貨或因逾期交貨付款人不再需要該項貨物的款項。

（3）未按合同規定的到貨地址發貨的款項。

（4）代銷、寄銷、賒銷商品的款項。

（5）驗單付款，發現所列貨物的品種、規格、數量、價格與合同規定不符，或者貨物已到，經查驗貨物與合同規定或發貨清單不符的款項。

（6）驗貨付款，經查驗貨物與合同規定或與發貨清單不符的款項。

（7）貨款已經支付或計算錯誤的款項。

不屬於上述情況的，購貨企業不得提出拒絕付款。購貨企業提出拒絕付款時，必須填寫拒絕付款理由書，註明拒絕付款理由，涉及合同的，應引證合同上的有關條款；屬於商品質量問題的，需要提交商品檢驗部門的檢驗證明；屬於商品數量問題的，需要提出數量問題的證明及其有關數量的記錄；屬於外貿部門進口商品的，應當憑國家商品檢驗或運輸等部門出具的證明，向開戶銀行辦理拒付手續。銀行同意部分或全部拒絕付款的，應在拒絕付款理由書上簽注意見，並將拒絕付款理由書、拒絕付款證明、拒絕付款商品清單和有關單證郵寄給收款人開戶銀行轉交銷貨企業。

付款人開戶銀行對付款人逾期支付的款項，根據逾期付款金額和逾期天數，按每天0.05%計算逾期付款賠償金。逾期付款天數從承付期滿日算起。銀行審查拒絕付款期間不算作付款人逾期付款時間，但對無理的拒絕付款而增加銀行審查時間的，從承付期滿日起計算逾期付款賠償金。賠償金實行定期扣付，每月計算一次，於次月3日內單獨劃給收款人。賠償金的扣付列為企業銷貨收入扣款順序的首位。付款人帳戶餘額不足支付時，應排列在工資之前，並對該帳戶採取「只收不付」的控制辦法，直至足額扣付賠償金後才准許辦理其他款項的支付，由此產生的經濟後果由付款人自負。

9. 信用證

信用證結算方式是國際結算的一種主要方式。經中國人民銀行批准經營結算業務的商業銀行總行及經商業銀行總行批准開辦信用證結算業務的分支機構可以辦理國內企業之間商品交易的信用證結算業務。

採用信用證結算方式的，收款單位收到信用證後，即備貨裝運，簽發有關發票帳單，連同運輸單據和信用證送交銀行，根據退還的信用證等有關憑證編製收款憑證；付款單位在接到開證行的通知時，根據付款的有關單據編製付款憑證。

二、銀行存款的會計處理

（一）銀行存款收付

為了總括核算和反應企業存入銀行和其他金融機構的各種存款，企業應設置「銀行存款」帳戶，其借方登記企業存款的增加額，貸方登記企業存款的減少額，期末借方餘額反應期末企業銀行存款的帳面餘額。

企業還必須設置銀行存款日記帳進行序時記錄。銀行存款應按銀行和其他金融機構的名稱與存款種類進行明細核算。有外幣存款的企業還應區分人民幣和外幣進行明細核算。

1. 銀行存款的序時核算

銀行存款的序時核算是指根據銀行存款的收支業務逐日逐筆地記錄銀行存款的增減及結存情況。銀行存款的序時核算的方法是設置與登記銀行存款日記帳。

銀行存款日記帳是核算和監督銀行存款日常收付結存情況的序時帳簿。通過銀行存款日記帳，企業可以全面、連續地瞭解和掌握每日銀行存款的收支動態和餘額，為日常分析、檢查企業的銀行存款收支活動提供資料。

銀行存款日記帳一般採用收入、付出以及結存三欄式格式，見表 2-3。

表 2-3　銀行存款日記帳　　單位：元

2×19 年		憑證種類及號數	摘要	對方科目	收入	付出	結存
月	日						
5	31		本月合計				78, 600
6	1	銀付 1	提取現金	庫存現金		10, 000	
	1	銀付 2	支付大地公司貨款	應付帳款		20, 000	
	1	銀收 1	收取 M 公司款	應收帳款	15, 000		
	1	銀付 3	支付差旅費	備用金		800	
			本日合計		15, 000	30, 800	62, 800

銀行存款日記帳應由財會部門出納人員根據銀行存款的收款憑證、付款憑證以及存入銀行現金時的現金付款憑證，按照經濟業務發生的先後順序，逐日逐筆登記，同時要逐日加計收入合計、付出合計和結存數，月末時還應結出本月收入、付出的合計數和月末結存數。

2. 銀行存款的總分類核算

銀行存款的總分類核算是為了總括地反應和監督企業在銀行開立結算帳戶的收支結存情況。在核算時，企業應設置「銀行存款」科目。這是一個資產類科目，用來核算企業存入銀行的各種存款。企業存入其他金融機構的存款，也在本科目內核算。企業的外埠存款、銀行本票存款、銀行匯票存款等在「其他貨幣資金」科目核算，不在本科目內核算。「銀行存款」科目可以根據銀行存款的收款憑證和付款憑證等登記。為了減少登記的工作量，在實際工作中，財會人員一般都是把收款憑證、付款憑證按照對方科目進行歸類，定期（10 天或半個月）填製匯總收款憑證和匯總付款憑證，據以登記銀行存款總帳科目。企業收入銀行存款時，借記「銀行存款」科目，貸記「庫存現金」「應收帳款」等科目；企業提取現金或支出存款時，借記「庫存現金」「應付帳款」等科目，貸記「銀行存款」科目。

【例 2-16】天河公司 2×19 年 7 月 2 日發生如下收入銀行存款業務：銷售商品收到銷售貨款 45, 200 元，其中應交增值稅 5, 200 元；收到購貨單位預交的購貨款 20, 000 元。天河公司帳務處理如下：

借：銀行存款　　65, 200
　貸：主營業務收入　　40, 000
　　應交稅費——應交增值稅（銷項稅額）　　5, 200
　　預收帳款　　20, 000

【例 2-17】天河公司 2×19 年 7 月 2 日發生如下支付銀行存款業務：採購生產產品用材料支付銀行存款 56, 500 元，其中增值稅進項稅額 6, 500 元；購買不需要安裝設備支付銀行存款 22, 600 元，其中增值稅進項稅額 2, 600 元，設備已運達企業；預付購買材料貨款 70,000 元。天河公司帳務處理如下：

借：材料採購　　50,000
　　應交稅費——應交增值稅（進項稅額）　　9,100
　　固定資產　　20,000
　　預付帳款　　70,000
　貸：銀行存款　　149,100

（二）銀行存款清查

企業的往來結算業務大部分通過銀行進行辦理，為了正確掌握銀行存款的實有數，企業需要定期將銀行存款日記帳的記錄與銀行轉來的對帳單進行核對，每月至少要核對一次，如兩者不符，應查明原因，予以調整。企業的銀行存款日記帳按時間的先後順序記錄了引起銀行存款增減變動的每一筆經濟業務，銀行轉給企業的對帳單列示了從上次對帳到本次對帳之間銀行對引起企業銀行存款增減變動的經濟業務所做的全部記錄。一般情況下，兩者是能夠核對相符的，但也有核對不符的情況。造成核對不符的原因有兩個方面：一是企業和銀行雙方存在一方或雙方同時記帳錯誤，如銀行將企業支票存款串戶記帳；或者銀行、企業記帳時發生數字書寫錯誤，如將數字 501 元記為 510 元等。二是存在未達帳項。未達帳項是指由於企業間的交易採用的結算方式涉及的收付款結算憑證在企業和銀行之間的傳遞存在著時間上的先後差別，造成一方已收到憑證並已入帳，而另一方尚未接到憑證仍未入帳的款項。很顯然，未達帳項會使銀行對帳單上的存款餘額同銀行存款日記帳的餘額不一致。未達帳項歸納起來，一般有如下四種情況：

第一，企業已收款記帳，而銀行尚未收款記帳。例如，企業將收到的轉帳支票存入銀行，但銀行尚未轉帳。

第二，企業已付款記帳，而銀行尚未付款記帳。例如，企業開出支票並已根據支票存根記帳，而持票人尚未到銀行取款或轉帳。

第三，銀行已收款記帳，而企業尚未收款記帳。例如，托收貨款，銀行已經入帳，而企業尚未收到收款通知。

第四，銀行已付款記帳，而企業尚未付款記帳。例如，借款利息，銀行已經劃款入帳，而企業尚未收到付款通知。

上述第一種情況、第四種情況會使得企業銀行存款日記帳餘額大於銀行對帳單存款餘額，第二種情況、第三種情況會使得企業銀行存款日記帳餘額小於銀行對帳單存款餘額。

如上所述，由於記帳錯誤和未達帳項的存在，銀行存款日記帳的餘額與銀行對帳單的餘額是不相等的。此時，銀行存款日記帳的餘額與銀行對帳單的餘額有可能都不能代表企業銀行存款的實有數。為了掌握企業銀行存款的實有數，企業在收到銀行轉來的對帳單以後，要仔細將企業銀行存款日記帳的記錄與對帳單的記錄進行核對，判明企業和銀行雙方是否有記帳錯誤，同時確定所有的未達帳項。經過上述工作以後，企業可以通過編製銀行存款餘額調節表的方法來確定銀行存款的實有數。

銀行存款餘額調節表的編製方法有以下三種：

第一種方法：根據錯記金額和未達帳項同時將銀行存款日記帳餘額和對帳單餘額調整到銀行存款實有數。計算公式如下：

銀行對帳單餘額+企業已收銀行未收款項-企業已付銀行未付款項+(或-)銀行錯減或錯增金額=企業銀行存款日記帳餘額+銀行已收企業未收款項-銀行已付企業未付款項+(或-)企業錯減或錯增金額

第二種方法：根據錯記金額和未達帳項，以銀行存款日記帳餘額為準，將對帳單餘額調整到銀行存款日記帳餘額。計算公式如下：

企業銀行存款日記帳餘額＝銀行對帳單餘額+企業已收銀行未收款項-企業已付銀行未付款項+(或-)銀行錯減或錯增金額-[銀行已收企業未收款項-銀行已付企業未付款項+(或-)企業錯減或錯增餘額]

第三種方法：根據錯記金額和未達帳項，以銀行對帳單餘額為準，將銀行存款日記帳餘額調整到銀行對帳單餘額。計算公式如下：

銀行對帳單餘額＝企業銀行存款日記帳餘額+銀行已收企業未收款項-銀行已付企業未付款項+(或-)銀行錯減或錯增金額-[企業已收銀行未收款項-企業已收銀行未收款項+(或-)銀行錯減或錯增金額]

從上述第二種方法、第三種方法的計算公式可以看出，它們的計算程序是正好相反的，但其共同點是計算的過程只能檢驗企業或銀行的錯記金額及未達帳項的確定是否準確，而不能確定企業銀行存款的實有數。第一種方法不僅能檢驗企業或銀行的錯記金額及未達帳項的確定是否準確，而且還能確定企業銀行存款的實有數。因此，實務上經常採用第一種方法。下面舉例說明第一種方法的應用過程。

【例 2-18】天河公司 2×19 年 12 月 31 日銀行存款日記帳的餘額為 42, 460 元，銀行對帳單的餘額為 46, 500 元。天河公司經過對銀行存款日記帳和對帳單的核對，發現的未達帳項及錯誤記帳情況如下：

（1）12 月 20 日，天河公司委託銀行收款，金額 3, 000 元，銀行已收妥入帳，但企業尚未收到收款通知。

（2）12 月，天河公司開出的轉帳支票共有 3 張，持票人尚未到銀行辦理轉帳手續，金額合計 8, 300 元。

（3）12 月 22 日，天河公司本月的一筆銷售貨款 3, 600 元存入銀行，出納誤記為 3, 060 元。

（4）12 月 25 日，銀行將天河公司存入的一筆款項串記至另一家公司帳戶中，金額為 2, 200 元。

（5）12 月 29 日，天河公司存入銀行支票一張，金額 2, 500 元，銀行已承辦。天河公司已憑回單記帳，銀行尚未記帳。

（6）12 月 31 日，銀行代付電費 3, 100 元，天河公司尚未收到付款通知。

天河公司根據上述資料編製銀行存款餘額調節表如表 2-4 所示。

表 2-4　銀行存款餘額調節表

2×19 年 12 月 31 日　　　　單位：元

項目	金額	項目	金額
銀行對帳單餘額	46, 500	企業銀行存款日記帳餘額	42, 460
加：		加：	
已存入銀行，但銀行尚未入帳款項	2, 500	銀行已收款入帳，但收款通知尚未收到，而未入帳的款項	3, 000
銀行誤記金額	2, 200	公司誤記金額	540
減：		減：	
支票已開出，但持票人尚未到銀行轉帳的款項	8, 300	銀行已付款入帳，但付款通知尚未到達企業，而未入帳的款項	3, 100
調整後的餘額	42, 900	調整後的餘額	42, 900

從表 2-4 可以看出，表中左右兩方調整後的餘額相等。這說明天河公司銀行存款的實有數既不是 46,500 元，也不是 42,460 元，而是 42,900 元。同時，這又說明對未達帳項以及企業與銀行雙方記帳錯誤的認定也是正確的。值得注意的是，對於銀行已經入帳，而企業尚未入帳的未達帳項，企業在收到有關收付款原始憑證後才能進行帳務處理，不能直接以銀行轉來的對帳單作為原始憑證記帳。

第四節　其他貨幣資金

一、其他貨幣資金的內容

其他貨幣資金是指除現金、銀行存款之外的貨幣資金，包括外埠存款、銀行匯票存款、銀行本票存款、信用卡存款、信用證保證金存款以及存出投資款等。

外埠存款是指企業到外地進行臨時或零星採購時匯往採購地銀行開立採購專戶的款項。

銀行匯票存款是指企業為取得銀行匯票按照規定存入銀行的款項。

銀行本票存款是指企業為取得銀行本票按照規定存入銀行的款項。

信用卡存款是指企業為取得信用卡按照規定存入銀行的款項。

信用證保證金存款是指企業為取得信用證按照規定存入銀行的保證金。

存出投資款是指企業已存入證券公司但尚未購買股票、基金等投資對象的款項。

二、其他貨幣資金的核算

為了總括地反應企業其他貨幣資金的增減變動和結存情況，企業應設置「其他貨幣資金」科目，以進行其他貨幣資金的總分類核算。同時，為了詳細反應企業各項其他貨幣資金的增減變動及結存情況，企業還應在「其他貨幣資金」總帳科目下按其他貨幣資金的組成內容分設明細科目，並且按外埠存款的開戶銀行、銀行匯票或銀行本票的收款單位等設置明細帳。

（一）外埠存款的核算

企業匯出款項時，必須填寫匯款委託書，加蓋「採購資金」字樣。匯入銀行對匯入的採購款項，以匯款單位名義開立採購帳戶。採購資金存款不計利息，除採購員差旅費可以支取少量現金外，一律轉帳。採購專戶只付不收，付完結束帳戶使用。

企業將款項委託當地銀行匯往採購地開立專戶時，應根據匯出款項憑證，借記「其他貨幣資金」科目，貸記「銀行存款」科目。外出採購人員報銷用外埠存款支付材料採購貨款等款項時，企業應根據供應單位發票帳單等憑證，借記「材料採購」或「原材料」「應交稅費」等科目，貸記「其他貨幣資金」科目。採購人員完成採購任務，將多餘的外埠存款轉回當地銀行時，應根據銀行的收款通知，借記「銀行存款」科目，貸記「其他貨幣資金」科目。

【例 2-19】天河公司 2×19 年 5 月 8 日因零星採購需要，將款項 60,000 元匯往上海並開立採購專戶，會計部門應根據銀行轉來的回單聯，填製記帳憑證。天河公司帳務處理如下：

借：其他貨幣資金——外埠存款　60,000
　貸：銀行存款　60,000

【例 2-20】2×19 年 5 月 18 日，會計部門收到採購員寄來的採購材料發票等憑證，貨物價款 56,500 元，其中增值稅 6,500 元。天河公司帳務處理如下：

借：材料採購　50,000
　　應交稅費——應交增值稅（進項稅額）　6,500
　貸：其他貨幣資金——外埠存款　56,500

【例 2-21】2×19 年 5 月 20 日，外地採購業務結束，採購員將剩餘採購資金 3,500 元轉回本地銀行，會計部門根據銀行轉來的收款通知填製記帳憑證。天河公司帳務處理如下：

借：銀行存款　　3,500
　貸：其他貨幣資金——外埠存款　　3,500

（二）銀行匯票存款的核算

企業向銀行提交銀行匯票委託書，並將款項交存開戶銀行，取得匯票後，根據銀行蓋章的委託書存根聯，借記「其他貨幣資金」科目，貸記「銀行存款」科目。企業用銀行匯票支付購貨款等款項後，應根據發票帳單等有關憑證，借記「材料採購」或「原材料」「應交稅費」等科目，貸記「其他貨幣資金」科目。銀行匯票使用完畢，企業應轉銷「其他貨幣資金」帳戶。如實際支付採購款項後銀行匯票有餘額，企業應根據退回的多餘款項的金額，借記「銀行存款」科目，貸記「其他貨幣資金」科目。當企業因匯票超過付款期或其他原因未曾使用而退還款項時，企業應借記「銀行存款」科目，貸記「其他貨幣資金」科目。

【例 2-22】2×19 年 6 月 10 日，天河公司向銀行提交銀行匯票委託書，並交存款項 50,000 元，銀行受理後簽發銀行匯票和解訖通知，天河公司根據銀行匯票委託書存根聯記帳。天河公司帳務處理如下：

借：其他貨幣資金——銀行匯票　　50,000
　貸：銀行存款　　50,000

【例 2-23】2×19 年 6 月 11 日，天河公司用銀行簽發的銀行匯票支付採購材料貨款 45,200 元，其中應交增值稅 5,200 元，天河公司記帳的原始憑證是銀行轉來的銀行匯票第四聯及所附發貨帳單等憑證。天河公司帳務處理如下：

借：材料採購　　40,000
　　應交稅費——應交增值稅（進項稅額）　　5,200
　貸：其他貨幣資金——銀行匯票　　45,200

【例 2-24】2×19 年 6 月 12 日，天河公司收到銀行退回的多餘款項收帳通知。天河公司帳務處理如下：

借：銀行存款　　4,800
　貸：其他貨幣資金——銀行匯票　　4,800

（三）銀行本票存款的核算

企業向銀行提交銀行本票申請書，並將款項交存銀行，取得銀行本票時，應根據銀行蓋章退回的申請書存根聯，借記「其他貨幣資金」科目，貸記「銀行存款」科目。企業用銀行本票支付購貨款等款項後，應根據發票帳單等有關憑證，借記「材料採購」或「原材料」「應交稅費」等科目，貸記「其他貨幣資金」科目。當企業因本票超過付款期等原因未曾使用而要求銀行退款時，企業應填製一式二聯的進帳單連同本票一併交給銀行，然後根據銀行收回本票時蓋章退回的一聯進帳單，借記「銀行存款」科目，貸記「其他貨幣資金」科目。

【例 2-25】天河公司向銀行申請銀行本票 20,000 元，後因產品質量等原因，該次採購沒有實現，銀行本票也超過了付款期限，退回了開戶銀行。天河公司帳務處理如下：

（1）申請辦理時：

借：其他貨幣資金——銀行本票　　20,000
　貸：銀行存款　　20,000

（2）超期退回款項時：

借：銀行存款　20,000

　貸：其他貨幣資金——銀行本票　20,000

（四）信用卡存款的核算

企業申領信用卡，按照有關規定填製申請表，並按銀行要求交存備用金，銀行開立信用卡存款帳戶，發給信用卡。企業根據銀行蓋章退回的交存備用金的進帳單，借記「其他貨幣資金」科目，貸記「銀行存款」科目。企業收到信用卡存款的付款憑證及相關發票帳單時，借記「管理費用」「材料採購」或「原材料」等科目，貸記「其他貨幣資金」科目。

【例 2-26】2×19 年 5 月 2 日，天河公司因開展經濟業務需要向銀行申請辦理信用卡，開出轉帳支票一張，金額 100,000 元，收到進帳單第一聯和信用卡。天河公司帳務處理如下：

借：其他貨幣資金——信用卡　100,000

　貸：銀行存款　100,000

【例 2-27】2×19 年 5 月 15 日，天河公司用信用卡購買辦公用品，支付 98,000 元。天河公司帳務處理如下：

借：管理費用　98,000

　貸：其他貨幣資金——信用卡　98,000

【例 2-28】2×19 年 6 月 8 日，天河公司因信用卡帳戶資金不足，開出轉帳支票一張以續存資金，金額 20,000 元。天河公司帳務處理如下：

借：其他貨幣資金——信用卡　20,000

　貸：銀行存款　20,000

（五）信用證保證金存款的核算

企業向銀行申請開出信用證用於支付供貨單位購貨款項時，根據開戶銀行蓋章退回的信用證委託書回單，借記「其他貨幣資金」科目，貸記「銀行存款」科目。企業購入貨物，收到供貨單位信用證結算憑證及所附發票帳單時，借記「材料採購」或「原材料」「應交稅費」等科目，貸記「其他貨幣資金」科目。企業收到未用完的信用證保證金存款餘款時，借記「銀行存款」科目，貸記「其他貨幣資金」科目。

【例 2-29】2×19 年 6 月 5 日，天河公司因從國外進口貨物向銀行申請使用國際信用證進行結算，並按規定開出轉帳支票向銀行繳納保證金 500,000 元，收到蓋章退回的進帳單第一聯。天河公司帳務處理如下：

借：其他貨幣資金——信用證保證金　500,000

　貸：銀行存款　500,000

【例 2-30】2×19 年 6 月 20 日，天河公司收到銀行轉來的進口貨物信用證通知書，根據海關出具的完稅憑證，進口貨物的成本 900,000 元，應交增值稅 117,000 元，貨物已驗收入庫。天河公司帳務處理如下：

借：原材料　900,000

　　應交稅費——應交增值稅（進項稅額）　117,000

　貸：其他貨幣資金——信用證保證金　500,000

　　銀行存款　517,000

（六）存出投資款的核算

企業向證券公司劃出資金時，應按實際劃出的金額，借記「其他貨幣資金」科目，貸記「銀行存款」科目。企業購買股票、債券時，按實際發生的金額，借記「交易性金融資產」「債權投資」等科目，貸記「其他貨幣資金」科目。

【例 2-31】2×19 年 3 月 5 日，天河公司擬利用閒置資金進行證券投資，向證券公司申請資金帳號，並開出轉帳支票劃出資金 5,000,000 元存入該帳號，以便購買股票、債券等。天河公司帳務處理如下：

借：其他貨幣資金——存出投資款　　5,000,000

　貸：銀行存款　　5,000,000

【例 2-32】2×19 年 3 月 15 日，天河公司利用證券投資帳戶從二級市場購買廣發銀行股票 200,000 股，每股市價 16 元，發生交易費用 5,000 元，作為交易性金融資產。天河公司帳務處理如下：

借：交易性金融資產　　3,200,000

　　投資收益　　5,000

　貸：其他貨幣資金——存出投資款　　3,205,000

第三章　存　貨

第一節　存貨概述

一、存貨的概念與特徵

企業為進行正常的生產經營活動，必須備置一定數量與質量的存貨。存貨是企業的一項重要的經濟資源，通常都占資產總額的相當比重。所謂存貨，是指企業在日常活動中持有以備出售的產成品或商品、處在生產過程中的在產品、在生產過程或提供勞務過程中耗用的材料和物料等。存貨具有如下主要特徵：

（一）存貨是一種具有物質實體的有形資產

存貨包括了原材料、在產品、產成品及商品、週轉材料等各類具有物質實體的材料物資，因此有別於金融資產、無形資產等沒有實物形態的資產。

（二）存貨屬於流動資產，具有較強的流動性

存貨通常都將在一年或超過一年的一個營業週期內被銷售或耗用，並不斷地被重置，因此屬於一項流動資產，具有較強的變現能力和較大的流動性，明顯不同於固定資產、在建工程等具有物質實體的非流動資產。存貨流動性的強弱，一般取決於企業生產經營週期的長短。

（三）存貨以在正常生產經營過程中被銷售或耗用為目的而取得

企業持有存貨的目的在於準備在正常經營過程中予以出售，如商品、產成品以及準備直接出售的半成品等；或者仍處在生產過程中，待制成產成品後再予以出售，如在產品、半成品等；或者將在生產過程或提供勞務過程中被耗用，如材料和物料、週轉材料等。企業在判斷一個資產項目是否屬於存貨時，必須考慮持有該資產的目的，即在生產經營過程中的用途或所起的作用。例如，企業為生產產品或提供勞務而購入的材料屬於存貨，但為建造固定資產而購入的材料就不屬於存貨。又如，對於生產和銷售機器設備的企業來說，機器設備屬於存貨；而對於使用機器設備進行產品生產的企業來說，機器設備則屬於固定資產。此外，企業為國家儲備的特種物資、專項物資等，並不參加企業的經營週轉，也不屬於存貨。

（四）存貨屬於非貨幣性資產，存在價值減損的可能性

存貨通常能夠在正常生產經營過程中被銷售或耗用，並最終轉換為貨幣資金。由於存貨的價值易受市場價格及其他因素變動的影響，其能夠轉換的貨幣資金數額不是固定的，具有較大的不確定性。當存貨長期不能被銷售或耗用時，存貨就有可能變為積壓物資或需要降價銷售，給企業帶來損失。

二、存貨的確認條件

前述存貨的定義及其特徵描述了存貨的經濟性質，但符合存貨定義的項目要確認為企業的存貨在資產負債表中列示，還應當同時滿足存貨確認的以下兩個條件，才能加以確認。

（一）與該存貨有關的經濟利益很可能流入企業

在通常情況下，隨著存貨實物的交付和存貨所有權的轉移，所有權上的主要風險和報酬也一併轉移。就銷貨方而言，存貨所有權的轉出一般可以表明其包含的經濟利益已經流出企業；就購貨方而言，存貨所有權的轉入一般可以表明其包含的經濟利益能夠流入企業。因此，存貨確認的一個重要標誌，就是企業擁有某項存貨的所有權。一般來說，凡是企業擁有所有權的貨物，無論存放何處，都應包括在本企業的存貨之中；尚未取得所有權或已將所有權轉移給其他企業的貨物，即使存放在本企業，也不應包括在本企業的存貨之中。需要注意的是，在有些交易方式下，存貨實物的交付及所有權的轉移與所有權上主要風險和報酬的轉移可能並不同步，此時存貨的確認應當注重交易的經濟實質，而不能僅僅依據其所有權的歸屬。例如，在售後回購交易方式下，銷貨方在銷售商品時，商品的所有權已經轉移給了購貨方，但由於銷貨方承諾將回購商品，因此仍然保留了商品所有權上的主要風險，交易的實質是銷貨方以商品為質押向購貨方融通資金，銷貨方通常並不確認銷售收入，所銷售的商品仍應包括在銷貨方的存貨之中。又如，在分期收款銷售方式下，銷貨方為了保證帳款如期收回，通常要在分期收款期限內保留商品的法定所有權，直至帳款全部收回，但從該項交易的經濟實質來看，當銷貨方將商品交付購貨方時，商品所有權上的主要風險和報酬已經轉移給了購貨方，銷售已經成立，銷貨方應確認銷售商品收入，並相應地結轉銷售成本，所銷售的商品應包括在購貨方的存貨之中。

（二）存貨的成本能夠可靠計量

存貨作為資產的重要組成部分，在確認時必須符合資產確認的基本條件，即成本能夠可靠計量。成本能夠可靠計量是指成本的計量必須以取得的確鑿、可靠的證據為依據並且具有可驗證性。如果存貨成本不能可靠計量，則存貨不能予以確認。例如，企業承諾購買的貨物，由於目前尚未發生實際的購買行為，無法取得證實其成本的確鑿、可靠的證據，因此不能確認為購買企業的存貨。

三、存貨的分類

存貨分佈於企業生產經營的各個環節，而且種類繁多、用途各異。為了加強存貨的管理，提供有用的會計信息，企業應當對存貨進行適當的分類。

（一）存貨按經濟用途分類

不同行業的企業，由於經濟業務的具體內容各不相同，因此存貨的構成也不盡相同。例如，服務性企業的主要業務是提供勞務，其存貨以辦公用品、家具用具以及少量消耗性的物料用品為主；商業企業的主要業務是商品購銷，其存貨以待銷售的商品為主，也包括少量的週轉材料和其他物料用品；工業企業的主要業務是生產和銷售產品，其存貨構成比較複雜，不僅包括各種將在生產經營過程中耗用的原材料、週轉材料，也包括仍然處在生產過程中的在產品，還包括準備出售的產成品。因此，存貨的具體內容和類別應依據企業所處行業的性質而定。以工業企業為例，存貨按經濟用途可做如下分類：

（1）原材料。原材料是指在生產過程中經加工改變其形態或性質並構成產品主要實體的各種原料及主要材料、輔助材料、外購半成品（外購件）、修理用備件（備品備件）、包裝材料、燃料等。

（2）在產品。在產品是指仍處於生產過程中的、尚未完工入庫的生產物，包括正處於各個生產工序尚未製造完成的在產品以及雖然已製造完成但尚未檢驗或雖然已檢驗但尚未辦理入庫手續的產成品。

（3）自制半成品。自制半成品是指在本企業已經經過一定生產過程的加工並經檢驗合格交付半成品倉庫保管，但尚未最終製造完成、仍需進一步加工的中間產品。自制半成品不包括從一個生產車間轉給另一個生產車間待繼續加工的在產品以及不能單獨計算成本的在產品。

（4）產成品。產成品是指已經完成全部生產過程並驗收入庫，可以按照合同規定的條件送交訂貨單位，或者可以作為商品對外銷售的產品。企業接受外來原材料加工製造的代製品和為外單位加工修理的代修品，製造和修理完成驗收入庫後，應視同企業的產成品。

（5）週轉材料。週轉材料是指企業能夠多次使用但不符合固定資產定義、不能確認為固定資產的各種材料，主要包括包裝物和低值易耗品。包裝物是指為了包裝本企業產品而儲備的各種包裝容器，如桶、箱、瓶、壇、袋等，其主要作用是盛裝、裝潢產品。低值易耗品是指在使用過程中基本保持其原有實物形態不變但單位價值相對較低、使用期限相對較短，或者在使用過程中容易損壞，因此不能確認為固定資產的各種用具物品，如工具、管理用具、玻璃器皿、勞動保護用品以及在經營過程中週轉使用的包裝容器等。

（二）存貨按存放地點分類

在生產經營過程中，企業不斷地購進、耗用和銷售存貨，因而存貨分佈於供、產、銷各個環節。存貨按其存放地點可做如下分類：

（1）在途存貨。在途存貨是指已經取得所有權但尚在運輸途中或雖然已運抵企業但尚未驗收入庫的各種材料物資及商品。

（2）在庫存貨。在庫存貨是指已經購進或生產完工並經過驗收入庫的各種原材料、週轉材料、半成品、產成品以及商品。

（3）在制存貨。在制存貨是指正處於本企業各生產工序加工製造過程中的在產品以及委託外單位加工但尚未完成的材料物資。

（4）在售存貨。在售存貨是指已發運給購貨方但尚不能完全滿足收入確認條件，因而仍應作為銷貨方存貨的發出商品、委託代銷商品等。

（三）存貨按取得方式分類

存貨按取得方式分類可以分為外購存貨、自制存貨、委託加工存貨、投資者投入的存貨以非貨幣性資產交換取得的存貨、通過債務重組取得的存貨、通過企業合併取得的存貨、盤盈的存貨等。

第二節　存貨的初始計量

存貨的初始計量是指企業在取得存貨時，對其入帳價值的確定。存貨的初始計量應以取得存貨的實際成本為基礎，實際成本包括採購成本、加工成本以及使存貨達到目前場所和狀態發生的其他成本。由於存貨的取得方式是多種多樣的，而在不同的取得方式下，存貨成本的具體構成內容並不完全相同。因此，存貨的實際成本應結合存貨的取得方式分別確定，作為存貨入帳的依據。

一、外購存貨

（一）外購存貨的成本

企業外購存貨主要包括原材料和商品。外購存貨的成本即存貨的採購成本，是指存貨從採購到入庫前發生的全部必要支出，包括購買價款、相關稅費、運輸費、裝卸費、保險費以及其他可歸屬於存貨採購成本的費用。

（1）購買價款。購買價款是指企業購入材料或商品的發票帳單上列明的價款，但不包括按規定可以抵扣的增值稅進項稅額。

（2）相關稅費。相關稅費是指進口關稅、購買存貨發生的消費稅、資源稅和不能從增值稅銷項稅額中抵扣的進項稅額等。

（3）其他可歸屬於存貨採購成本的費用。其他可歸屬於存貨採購成本的費用，即採購成本中除上述各項以外的可歸屬於存貨採購成本的費用，如在存貨採購過程中發生的倉儲費、包裝費、運輸途中的合理損耗、入庫前的挑選整理費用等。這些費用能分清負擔對象的，應直接計入存貨的採購成本；不能分清負擔對象的，應選擇合理的分配方法，分配計入有關存貨的採購成本。分配方法通常包括按所購存貨的重量、體積或採購價的比例進行分配。

（二）外購存貨的會計處理

企業外購的存貨，由於距離採購地點遠近不同、貨款結算方式不同等原因，可能形成貨款結算和存貨驗收入庫不是同步完成的情形；同時，外購存貨的結算方式可能是現金採購、賒購、預付款採購等。因此，企業外購的存貨應根據具體情況，分別進行會計處理。本節例題如無特別說明，都假定企業採用實際成本法對存貨進行日常核算。

1. 存貨驗收入庫和貨款結算同時完成

在存貨驗收入庫和貨款結算同時完成的情況下，企業應於支付貨款或開出、承兌商業匯票並且存貨驗收入庫後，根據發票帳單等結算憑證確定存貨採購成本，借記「原材料」「週轉材料」「庫存商品」等科目，按增值稅專用發票上註明的增值稅進項稅額，借記「應交稅費——應交增值稅（進項稅額）」科目，按實際支付的款項或應付款項，貸記「銀行存款」「應付帳款」「應付票據」等科目。

【例 3-1】天河公司購入一批原材料，增值稅專用發票上註明的材料價款為 60,000 元，增值稅進項稅額為 7,800 元。貨款已通過銀行轉帳支付，材料也已驗收入庫。天河公司帳務處理如下：

借：原材料	60,000	
應交稅費——應交增值稅（進項稅額）	7,800	
貸：銀行存款		67,800

2. 貨款已結算但存貨尚在運輸途中

對於已經付款或已經開出、承兌商業匯票，但存貨尚未到達或尚未驗收入庫的採購業務，企業應根據發票帳單等結算憑證，支付款項或開出商業匯票時，借記「在途物資」科目，按增值稅專用發票註明的增值稅進項稅額，借記「應交稅費——應交增值稅（進項稅額）」科目，按實際支付的款項或應付的款項，貸記「銀行存款」「應付帳款」「應付票據」等科目；待存貨運達企業並驗收入庫後，再根據有關驗貨憑證，借記「原材料」「週轉材料」「庫存商品」等科目，貸記「在途物資」科目。

【例 3-2】天河公司購入一批原材料，增值稅專用發票上註明的材料價款為 30,000 元，增值稅進項稅額為 3,900 元；同時，銷貨方代墊運雜費 3,200 元，其中准許抵扣的增值稅稅額為 220 元。上述貨款及銷貨方代墊的運雜費已通過銀行轉帳支付，材料尚在運輸途中。天河公司帳務處理如下：

（1）天河公司支付貨款，材料尚在運輸途中。

增值稅進項稅額 = 3,900+220 = 4,120（元）

原材料採購成本 = 30,000+（3,200−220）= 32,980（元）

借：在途物資　32,980
　應交稅費——應交增值稅（進項稅額）　4,120
　貸：銀行存款　37,100

（2）原材料運達企業，天河公司驗收入庫。

借：原材料　32,980
　貸：在途物資　32,980

3. 存貨已驗收入庫但結算憑證尚未到達

在存貨已運達企業並驗收入庫，但發票帳單等結算憑證尚未到達、貨款尚未結算的情況下，企業在收到存貨時可以先不進行會計處理。如果在本月內結算憑證能夠到達企業，則企業應在支付貨款或開出、承兌商業匯票後，按發票帳單等結算憑證確定的存貨成本，借記「原材料」「週轉材料」「庫存商品」等科目，按增值稅專用發票上註明的增值稅進項稅額，借記「應交稅費——應交增值稅（進項稅額）」科目，按實際支付的款項或應付款項，貸記「銀行存款」「應付帳款」「應付票據」等科目。

如果月末時結算憑證仍未到達，為全面反應資產及負債情況，企業應對收到的存貨按暫估價值入帳，借記「原材料」「週轉材料」「庫存商品」等科目，貸記「應付帳款——暫估應付帳款」科目，下月初再編製相同的紅字記帳憑證予以衝回；待結算憑證到達，企業付款或開出、承兌商業匯票後，按發票帳單等結算憑證確定的存貨成本，借記「原材料」「週轉材料」「庫存商品」等科目，按增值稅專用發票上註明的增值稅進項稅額，借記「應交稅費——應交增值稅（進項稅額）」科目，按實際支付的款項或應付款項，貸記「銀行存款」「應付帳款」「應付票據」等科目。

【例 3-3】2×19 年 3 月 28 日，天河公司購入一批原材料，材料已運達企業並已驗收入庫，但發票帳單等結算憑證尚未到達。月末時，該批貨物的結算憑證仍未到達，天河公司對該批材料估價 24,000 元入帳。4 月 3 日，結算憑證到達企業，增值稅專用發票上註明的原材料價款為 25,000 元，增值稅進項稅額為 3,250 元，貨款通過銀行轉帳支付。天河公司帳務處理如下：

（1）3 月 28 日，材料運達企業並驗收入庫，天河公司暫不進行會計處理。

（2）3 月 31 日，結算憑證仍未到達，天河公司對該批材料按暫估價值入帳。

借：原材料　24,000
　貸：應付帳款——暫估應付帳款　24,000

（3）4 月 1 日，天河公司編製紅字記帳憑證衝回估價入帳分錄。

借：原材料　[24,000][①]
　貸：應付帳款——暫估應付帳款　[24,000]

（4）4 月 3 日，天河公司收到結算憑證並支付貨款。

借：原材料　25,000
　應交稅費——應交增值稅（進項稅額）　3,250
　貸：銀行存款　28,250

4. 預付貨款方式購入存貨

在採用預付貨款方式購入存貨的情況下，企業應在預付貨款時，按照實際預付的金額，借記「預付帳款」科目，貸記「銀行存款」科目；購入的存貨驗收入庫時，按發票帳單等結算憑證確定的存貨成本，借記「原材料」「週轉材料」「庫存商品」等存貨科目，按增值稅專用發票上註明的增值稅進項稅額，借記「應交稅費——應交增值稅（進

① 註：全書紅字用方框表示。

項稅額）」科目，按存貨成本與增值稅進項稅額之和，貸記「預付帳款」科目。預付的貨款不足、需補付貨款時，企業按照補付的金額，借記「預付帳款」科目，貸記「銀行存款」科目；供貨方退回多付的貨款時，企業借記「銀行存款」科目，貸記「預付帳款」科目。

【例 3-4】2×19 年 6 月 20 日，天河公司向乙公司預付貨款 70,000 元，採購一批原材料。乙公司於 7 月 10 日交付所購材料，並開來增值稅專用發票，材料價款為 62,000 元，增值稅進項稅額為 8,060 元。7 月 12 日，天河公司將應補付的貨款 60 元通過銀行轉帳支付。天河公司帳務處理如下：

（1）6 月 20 日，天河公司預付貨款。

借：預付帳款——乙公司　　70,000
　貸：銀行存款　　70,000

（2）7 月 10 日，材料驗收入庫。

借：原材料　　62,000
　　應交稅費——應交增值稅（進項稅額）　　8,060
　貸：預付帳款——乙公司　　70,060

（3）7 月 12 日，天河公司補付貨款。

借：預付帳款——乙公司　　60
　貸：銀行存款　　60

5. 賒購方式購入存貨

在採用賒購方式購入存貨的情況下，企業應於存貨驗收入庫後，按發票帳單等結算憑證確定的存貨成本，借記「原材料」「週轉材料」「庫存商品」等科目，按增值稅專用發票上註明的增值稅進項稅額，借記「應交稅費——應交增值稅（進項稅額）」科目，按應付未付的貨款，貸記「應付帳款」科目；待支付款項或開出、承兌商業匯票後，再根據實際支付的貨款金額或應付票據面值，借記「應付帳款」科目，貸記「銀行存款」「應付票據」等科目。

【例 3-5】2×19 年 3 月 20 日，天河公司從乙公司賒購一批原材料，增值稅專用發票上註明的原材料價款為 60,000 元，增值稅進項稅額為 7,800 元。根據購貨合同的約定，乙公司應於 4 月 30 日之前支付貨款。天河公司帳務處理如下：

（1）3 月 20 日，天河公司賒購原材料。

借：原材料　　60,000
　　應交稅費——應交增值稅（進項稅額）　　7,800
　貸：應付帳款——乙公司　　67,800

（2）4 月 30 日，天河公司支付貨款。

借：應付帳款——乙公司　　67,800
　貸：銀行存款　　67,800

如果賒購附有現金折扣條件，則其會計處理有總價法和淨價法兩種方法。在總價法下，應付帳款按實際交易金額入帳，如果購貨方在現金折扣期限內付款，則取得的現金折扣應當作為購貨價格的扣減，調減購貨成本；在淨價法下，應付帳款按實際交易金額扣除現金折扣後的淨額入帳，如果購貨方超過現金折扣期限付款，則喪失的現金折扣應當作為購貨價格的增加，調增購貨成本。

【例 3-6】2×19 年 7 月 1 日，天河公司從乙公司賒購一批原材料，增值稅專用發票上註明的原材料價款為 80,000 元，增值稅進項稅額為 10,400 元。根據購貨合同的約定，天河公司應於 7 月 31 日之前支付貨款，並附有現金折扣條件：如果天河公司能在 10 日內付款，可按原材料價款（不含增值稅）的 2%享受現金折扣；如果天河公司超過 10 日但能在 20 日內付款，可按原材料價款（不含增值稅）的 1%享受現金折扣；如果天河公司超過 20 日付款則需要按交易金額全付。假定天河公司採用總價法，其帳務處理如下：

（1）7 月 1 日，天河公司賒購原材料。

借：原材料　80,000
　　應交稅費——應交增值稅（進項稅額）　10,400
　貸：應付帳款　90,400

（2）天河公司支付購貨款。

①假定天河公司於 7 月 10 日支付貨款。

現金折扣＝80,000×2%＝1,600（元）

實際付款金額＝90,400－1,600＝88,800（元）

借：應付帳款——乙公司　90,400
　貸：銀行存款　88,800
　　　原材料　1,600

②假定天河公司於 7 月 20 日支付貨款。

現金折扣＝80,000×1%＝800（元）

實際付款金額＝90,400－800＝89,600（元）

借：應付帳款——乙公司　90,400
　貸：銀行存款　89,600
　　　原材料　800

③假定天河公司於 7 月 31 日支付貸款。

借：應付帳款——乙公司　90,400
　貸：銀行存款　90,400

假定天河公司採用淨價法，其帳務處理如下：

（1）7 月 1 日，天河公司賒購原材料。

現金折扣＝80,000×2%＝1,600（元）

購貨淨額＝80,000－1,600＝78,400（元）

應付帳款＝90,400－1,600＝88,800（元）

借：原材料　78,400
　　應交稅費——應交增值稅（進項稅額）　10,400
　貸：應付帳款　88,800

（2）天河公司支付購貨款。

①假定天河公司於 7 月 10 日支付貨款。

借：應付帳款——乙公司　88,800
　貸：銀行存款　88,800

②假定天河公司於 7 月 20 日支付貨款。

借：應付帳款——乙公司　88,800
　　原材料　800
　貸：銀行存款　89,600

③假定天河公司於 7 月 31 日支付貨款。

借：應付帳款——乙公司　88,800
　　原材料　1,600
　貸：銀行存款　90,400

（三）外購存貨發生短缺的會計處理

企業在存貨採購過程中，如果發生了存貨短缺、毀損等情況，應及時查明原因，區別情況進行會計處理：

（1）屬於運輸途中的合理損耗，應計入有關存貨的採購成本。

（2）屬於供貨單位或運輸單位的責任造成的存貨短缺，應由責任人補足存貨或賠償貨款，不計入存貨的採購成本。

（3）屬於自然災害或意外事故等非常原因造成的存貨毀損，報經批准處理後，將扣除保險公司和過失人賠款後的淨損失，計入營業外支出。

企業尚待查明原因的短缺存貨，先將其成本轉入「待處理財產損溢」科目核算；待查明原因後，再按上述要求進行會計處理。上述短缺存貨涉及增值稅的，企業還應進行相應處理。

【例 3-7】天河公司從乙公司購入 A 材料 2,000 件，單位價格 80 元，增值稅專用發票上註明的增值稅進項稅額為 20,800 元，款項已通過銀行轉帳支付，但材料尚在運輸途中。待所購材料運達企業後，驗收時發現短缺 50 件，原因待查。天河公司帳務處理如下：

（1）天河公司支付貨款，材料尚在運輸途中。

	借	貸
借：在途物資	160,000	
應交稅費——應交增值稅（進項稅額）	20,800	
貸：銀行存款		180,800

（2）天河公司驗收時發現短缺，原因待查，其餘材料入庫。

	借	貸
借：原材料	156,000	
待處理財產損溢	4,000	
貸：在途物資		160,000

（3）材料短缺的原因查明，天河公司進行相應的會計處理。

①假定短缺的材料屬於運輸途中的合理損耗。

	借	貸
借：原材料	4,000	
貸：待處理財產損溢		4,000

②假定短缺的材料為乙公司發貨時少發，經協商，由其補足材料。

	借	貸
借：應付帳款——乙公司	4,000	
貸：待處理財產損溢		4,000

天河公司收到乙公司補發的材料。

	借	貸
借：原材料	4,000	
貸：應付帳款——乙公司		4,000

③假定短缺的材料為運輸單位責任造成，經協商，由其全額賠償。

	借	貸
借：其他應收款——××運輸單位	4,520	
貸：待處理財產損溢		4,000
應交稅費——應交增值稅（進項稅額轉出）		520

天河公司收到運輸單位的賠款。

	借	貸
借：銀行存款	4,520	
貸：其他應收款——××運輸單位		4,520

二、自制存貨

（一）自制存貨的成本

企業自制存貨的成本主要由採購成本和加工成本構成，某些存貨還包括使存貨達到目前場所和狀態發生的其他成本。其中，採購成本是由自制存貨使用或消耗的原材料採購成本轉移而來的，因此自制存貨成本計量的重點是確定存貨的加工成本。

加工成本是指存貨製造過程中發生的直接人工和製造費用。其中，直接人工是指企業在生產產品的過程中，向直接從事產品生產的工人支付的職工薪酬；製造費用是指企業為生產產品而發生的各項間接費用，包括企業生產部門（如生產車間）管理人員的職工薪酬、折舊費、辦公費、水電費、機物料消耗、勞動保護費、季節性和修理期間的停工損失等。

其他成本是指除採購成本、加工成本以外，使存貨達到目前場所和狀態發生的其他支出。例如，為特定客戶設計產品發生的、可以直接認定的設計費用；可直接歸屬於符合資本化條件的存貨、應當予以資本化的借款費用等。其中，符合資本化條件的存貨是指需要經過相當長時間的生產活動才能達到預定可銷售狀態的存貨。企業發生的一般產品設計費用以及不符合資本化條件的借款費用，應當計入當期損益。

企業在確定存貨成本時必須注意，發生的下列支出應當於發生時直接計入當期損益，不應當計入存貨成本：

（1）非正常消耗的直接材料、直接人工和製造費用。例如，企業超定額的廢品損失以及因自然災害而發生的直接材料、直接人工和製造費用損失。由於這些損失的發生無助於使該存貨達到目前的場所和狀態，因此不能計入存貨成本，而應將扣除殘料和保險賠款後的淨損失計入營業外支出。

（2）倉儲費用。這裡所說的倉儲費用是指存貨在採購入庫之後發生的倉儲費用，包括存貨在加工環節和銷售環節發生的一般倉儲費用。但是，在生產過程中為使存貨達到下一個生產階段所必需的倉儲費用，應當計入存貨成本。例如，釀造企業為使產品達到規定的質量標準，通常需要經過必要的儲存過程，其實質是產品生產過程的繼續，是使產品達到規定的質量標準必不可少的一個生產環節，相關倉儲費用屬於生產費用，應當計入存貨成本而不應計入當期損益。存貨在採購過程中發生的倉儲費用也應當計入存貨成本。

（3）不能歸屬於使存貨達到目前場所和狀態的其他支出。

（二）自制存貨的會計處理

企業自制並已驗收入庫的存貨，按計算確定的實際成本，借記「週轉材料」「庫存商品」等存貨科目，貸記「生產成本」科目。

【例 3-8】天河公司的基本生產車間製造完成一批產成品，已驗收入庫。經計算，該批產成品的實際成本為 80,000 元。天河公司帳務處理如下：

借：庫存商品	80,000	
貸：生產成本——基本生產成本		80,000

三、委託加工存貨

（一）委託加工存貨的成本

委託加工存貨的成本，一般包括加工過程中實際耗用的原材料或半成品成本、加工費、運輸費、裝卸費等以及按規定應計入加工成本的稅費。若委託方和受託方均為一般納稅人，則委託方支付的增值稅可以作為進項稅額抵扣；如果委託方和受託方有一方不是一般納稅人，則委託方支付的增值稅不能作為進項稅額抵扣，應計入加工成本。

（二）委託加工存貨的會計處理

企業撥付待加工的材料物資、委託其他單位加工存貨時，按發出材料物資的實際成本，借記「委託加工物資」科目，貸記「原材料」「庫存商品」等科目；支付加工費和往返運雜費時，借記「委託加工物資」科目，貸記「銀行存款」科目；應由受託加工方代收代交的增值稅，借記「應交稅費——應交增值稅（進項稅額）」科目，貸記「銀行存款」「應付帳款」等科目。需要交納消費稅的委託加工存貨，由受託加工方代收代交的消費稅，應區分以下情況處理：

（1）委託加工存貨收回後直接用於銷售，由受託加工方代收代交的消費稅應計入委託加工存貨成本，借記「委託加工物資」科目，貸記「銀行存款」「應付帳款」等科目，待銷售委託加工存貨時，不需要再交納消費稅。

（2）委託加工存貨收回後用於連續生產應稅消費品，由受託加工方代收代交的消費稅按規定准許抵扣的，借記「應交稅費——應交消費稅」科目，貸記「銀行存款」「應付帳款」等科目；待連續生產的應稅消費品生產完成並銷售時，從生產完成的應稅消費品應納消費稅額中抵扣。

委託加工的存貨加工完成、驗收入庫並收回剩餘物資時，按計算的委託加工存貨實際成本和剩餘物資實際成本，借記「原材料」「週轉材料」「庫存商品」等科目，貸記「委託加工物資」科目。

【例 3-9】天河公司發出一批 A 材料，委託乙公司加工成 B 材料（屬於應稅消費品）。天河公司發出 A 材料的實際成本為 25,000 元，支付加工費和往返運雜費 15,000 元，支付由受託加工方代收代交的增值稅 1,690 元、消費稅 4,000 元。委託加工的 B 材料收回後用於連續生產應稅消費品。天河公司帳務處理如下：

（1）天河公司發出委託加工的 A 材料。

	借方	貸方
借：委託加工物資	25,000	
貸：原材料——A 材料		25,000

（2）天河公司支付加工費和往返運雜費。

	借方	貸方
借：委託加工物資	15,000	
貸：銀行存款		15,000

（3）天河公司支付增值稅和消費稅。

	借方	貸方
借：應交稅費——應交增值稅（進項稅額）	1,690	
貸：銀行存款		1,690
借：應交稅費——應交消費稅	4,000	
貸：銀行存款		4,000

（4）天河公司收回加工完成的 B 材料。

B 材料的實際成本＝25,000+15,000＝40,000（元）

	借方	貸方
借：原材料——B 材料	40,000	
貸：委託加工物資		40,000

四、其他方式取得的存貨

企業取得存貨的其他方式主要包括接受投資者投入、接受捐贈、非貨幣性資產交換、債務重組、企業合併、盤盈等。

（一）投資者投入的存貨

投資者投入存貨的成本應當按照投資合同或協議約定的價值確定，但合同或協議約定價值不公允的除外。在投資合同或協議約定價值公允的情況下，按照該項存貨的公允價值作為其入帳價值。

【例 3-10】天河公司收到 A 股東作為資本金投入的一批原材料。增值稅專用發票上註明的原材料價格為 650,000 元，增值稅進項稅額為 84,500 元。經投資各方確認，A 股東的投入資本按原材料發票金額確定，可折換天河公司每股面值 1 元的普通股股票 500,000 股。天河公司帳務處理如下：

借：原材料　650,000
　　應交稅費——應交增值稅（進項稅額）　84,500
　貸：股本——A 股東　500,000
　　　資本公積——股本溢價　234,500

（二）接受捐贈取得的存貨

企業接受捐贈取得的存貨，主要指接受非關聯企業的捐贈，應當區分以下情況確定入帳成本：

（1）捐贈方提供了有關憑證（如發票、報關單、有關協議）的，按憑據上標明的金額加上應付的相關稅費作為入帳成本。

（2）捐贈方沒有提供有關憑證的，按如下順序確定入帳成本：

①同類或類似存貨存在活躍市場的，按同類或類似存貨的市場價格估計的金額，加上應支付的相關稅費，作為入帳成本；

②同類或類似存貨不存在活躍市場的，按該接受捐贈存貨預計未來現金流量的現值，作為入帳成本。

【例 3-11】天河公司接受乙公司（非關聯方）捐贈商品一批，乙公司提供的增值稅專用發票上註明的價格為 250,000 元，增值稅進項稅額為 32,500 元。天河公司帳務處理如下：

借：庫存商品　250,000
　　應交稅費——應交增值稅（進項稅額）　32,500
　貸：營業外收入——捐贈利得　282,500

（三）通過非貨幣性資產交換、債務重組、企業合併等方式取得的存貨

企業通過非貨幣性資產交換、債務重組、企業合併等方式取得的存貨，其成本應當分別按照《企業會計準則第 7 號——非貨幣性資產交換》《企業會計準則第 12 號——債務重組》《企業會計準則第 20 號——企業合併》等的規定確定。但是，該項存貨的後續計量和披露應當執行《企業會計準則第 1 號——存貨》的規定。

（四）盤盈的存貨

盤盈的存貨應按其重置成本作為入帳價值，並通過「待處理財產損溢——待處理流動資產損溢」帳戶進行會計處理，按管理權限報經批准後衝減當期管理費用。

第三節　存貨發出的計量

一、存貨成本流轉假設

企業取得存貨的目的是滿足生產和銷售的需要。隨著存貨的取得，存貨源源不斷地流入企業，而隨著存貨的銷售或耗用，存貨從一個生產經營環節流向另一個生產經營環節並最終流出企業。存貨的這種不斷流動，就形成了生產經營過程中的存貨流轉。

存貨流轉包括實物流轉和成本流轉兩個方面。從理論上說，存貨的成本流轉應當與實物流轉相一致，即取得存貨時確定的各項存貨入帳成本應當隨著各項存貨的銷售或耗用而同步結轉。但在會計實務中，由於存貨品種繁多，流進流出數量很大，而且同一存貨因不同時間、不同地點、不同方式取得而單位成本各異，很難保證存貨的成本流轉與實物流轉完全一致。因此，會計上可行的處理方法是按照一個假定的成本流轉方式來確定發出存貨的成本，而不強求存貨的成本流轉與實物流轉相一致，這就是存貨成本流轉假設。

採用不同的存貨成本流轉假設在期末結存存貨與本期發出存貨之間分配存貨成本，

就產生了不同的存貨計價方法，如個別計價法、先進先出法、月末一次加權平均法、移動加權平均法、後進先出法、最後進價法等。由於不同的存貨計價方法得出的計價結果各不相同，因此存貨計價方法的選擇將對企業的財務狀況和經營成果產生一定的影響。其主要體現在以下三個方面：

（1）存貨計價方法對損益計算有直接影響。如果期末存貨計價過低，就會低估當期收益，反之則會高估當期收益；如果期初存貨計價過低，就會高估當期收益，反之則會低估當期收益。

（2）存貨計價方法對資產負債表有關項目數額的計算有直接影響，包括流動資產總額所有者權益等項目。

（3）存貨計價方法對應納所得稅數額的計算有一定的影響。

二、發出存貨的計價方法

中國企業會計準則規定，企業在確定發出存貨的成本時，可以採用先進先出法、加權平均法（包括月末一次加權平均法和移動加權平均法）、個別計價法。企業應當根據實際情況，綜合考慮存貨的性質、實物流轉方式和管理的要求，選擇適當的存貨計價方法，合理確定發出存貨的實際成本。對於性質和用途相似的存貨，企業應當採用相同的存貨計價方法。存貨計價方法一旦選定，前後各期應當保持一致，並在會計報表附註中予以披露。

（一）先進先出法

先進先出法是以先入庫的存貨先發出去這一存貨成本流轉假設為前提，對先發出的存貨按先入庫的存貨單位成本計價，後發出的存貨按後入庫的存貨單位成本計價，據以確定本期發出存貨和期末結存存貨成本的一種方法。

【例 3-12】天河公司 2×19 年 5 月 A 商品的購進、發出和結存資料如表 3-1 所示。

表 3-1　存貨明細帳

存貨類別：　　　　　　　　　　　　　　　　計量單位：
存貨編號：　　　　　　　　　　　　　　　　最高存量：
存貨名稱及規格：A 商品　　　　　　　　　　最低存量：

2×19 年		摘要	收入			發出			結存		
月	日		數量（件）	單價（元）	金額（元）	數量（件）	單價（元）	金額（元）	數量（件）	單價（元）	金額（元）
5	1	期初結存							150	10	1, 500
	5	購進	100	12	1, 200				250		
	11	銷售				200			50		
	16	購進	200	14	2, 800				250		
	20	銷售				100			150		
	23	購進	100	15	1, 500				250		
	27	銷售				100			150		
	30	期末結存	400	—	5, 500	400	—		150		

天河公司採用先進先出法計算的 A 商品本月發出和月末結存成本如下：

5 月 11 日發出 A 商品成本 = 150×10+50×12 = 2, 100（元）

5 月 20 日發出 A 商品成本 = 50×12+50×14 = 1, 300（元）

5 月 27 日發出 A 商品成本 = 100×14 = 1, 400 （元）

月末結存 A 商品成本 = 50×14+100×15 = 2, 200 （元）

根據上述計算，本月 A 商品的收入、發出和結存情況如表 3-2 所示。

表 3-2　存貨明細帳（先進先出法）

存貨類別：　　　　　　　　　　　　計量單位：

存貨編號：　　　　　　　　　　　　最高存量：

存貨名稱及規格：A 商品　　　　　　最低存量：

2×19 年		摘要	收入			發出			結存		
月	日		數量（件）	單價（元）	金額（元）	數量（件）	單價（元）	金額（元）	數量（件）	單價（元）	金額（元）
5	1	期初結存							150	10	1, 500
	5	購進	100	12	1, 200				250		
	11	銷售				200		2, 100	50		600
	16	購進	200	14	2, 800				250		3, 400
	20	銷售				100		1, 300	150		2, 100
	23	購進	100	15	1, 500				250		3, 600
	27	銷售				100		1, 400	150		2, 200
	30	期末結存	400	—	5, 500	400	—	4, 800	150		2, 200

採用先進先出法進行存貨計價，可以隨時確定發出存貨的成本，從而保證了產品生產成本和銷售成本計算的及時性，並且期末存貨成本是按最近購貨成本確定的，比較接近現行的市場價值。但採用該方法計價，有時對同一批發出存貨要採用兩種或兩種以上的單位成本計價，計算繁瑣，對存貨進出頻繁的企業更是如此。從該方法對財務報告的影響來看，在物價上漲期間，企業會高估當期利潤和期末存貨價值；反之，企業會低估當期利潤和期末存貨價值。

（二）月末一次加權平均法

月末一次加權平均法是指以當月全部進貨數量加上月初存貨數量作為權數，去除當月全部進貨成本加上月初存貨成本，計算出存貨的加權平均單位成本，以此為基礎計算當月發出存貨的成本和期末存貨的成本的一種方法。加權平均單位成本以及本月發出存貨成本和月末結存存貨成本的計算公式如下：

$$加權平均單位成本=\frac{月初結存存貨成本+本月收入存貨成本}{月初結存存貨數量+本月收入存貨數量}$$

本月發出存貨成本 = 加權平均單位成本×本月發出存貨的數量

月末結存存貨成本 = 加權平均單位成本×本月結存存貨的數量

由於在計算加權平均單位成本時往往不能除盡，為了保證月末結存存貨的數量、單位成本與總成本的一致性，在實務中，企業應當先按加權平均單位成本計算月末結存存貨成本，然後倒減出本月發出存貨成本，將計算尾差擠入發出存貨成本。

月末結存存貨成本 = 加權平均單位成本×本月結存存貨的數量

本月發出存貨成本 =（月初結存存貨成本+本月收入存貨成本）-月末結存存貨成本

【例 3-13】天河公司 2×19 年 5 月 A 商品的購進、發出和結存資料如表 3-1 所示。天河公司採用月末一次加權平均法計算的 A 商品本月加權平均單位成本及本月發出和月末結存成本如下：

加權平均單位成本=(150×10+100×12+200×14+100×15)÷(150+100+200+100)=12.73（元/件）

月末結存 A 商品成本=150×12.73=1,909.5（元）

本月發出 A 商品成本=1,500+5,500−1,909.5=5,090.5（元）

根據上述計算，本月 A 商品的收入、發出和結存情況如表 3-3 所示。

表 3-3　存貨明細帳（月末一次加權平均法）

存貨類別：　　　　　　　　　　　　　　計量單位：

存貨編號：　　　　　　　　　　　　　　最高存量：

存貨名稱及規格：A 商品　　　　　　　　最低存量：

2×19 年		摘要	收入			發出			結存		
月	日		數量（件）	單價（元）	金額（元）	數量（件）	單價（元）	金額（元）	數量（件）	單價（元）	金額（元）
5	1	期初結存							150	10	1,500
	5	購進	100	12	1,200				250		
	11	銷售				200			50		
	16	購進	200	14	2,800				250		
	20	銷售				100			150		
	23	購進	100	15	1,500				250		
	27	銷售				100			150		
	30	期末結存	400	—	5,500	400	—	5,090.5	150	12.73	1,909.5

採用月末一次加權平均法，只在月末一次計算加權平均單位成本並結轉發出存貨成本即可，平時不對發出存貨計價，因此日常核算工作量較小，簡便易行，適用於存貨收發比較頻繁的企業。也正因為存貨計價集中在月末進行，所以平時無法提供發出存貨和結存存貨的單價與金額，不利於存貨的管理。

（三）移動加權平均法

移動加權平均法是指平時每入庫一批存貨，就以原有存貨數量和本批入庫存貨數量為權數，計算一個加權平均單位成本，據以對其後發出存貨進行計價的一種方法。移動加權平均單位成本以及本批發出存貨成本和期末結存存貨成本的計算公式如下：

$$移動加權平均單位成本=\frac{原有存貨成本+本批入庫存貨成本}{原有存貨數量+本批入庫存貨數量}$$

本批發出存貨成本=最近移動加權平均單位成本×本批發出存貨的數量

期末結存存貨成本=期末移動加權平均單位成本×本期結存存貨的數量

和月末一次加權平均法類似，採用移動加權平均法也應採用倒擠的方法，將計算尾差擠入發出存貨成本，即先按移動加權平均單位成本計算結存存貨成本，然後倒減出發出存貨成本，以保證各批發出存貨後以及期末時結存存貨的數量、單位成本與總成本的一致性。

【例 3-14】天河公司 2×19 年 5 月 A 商品的購進、發出和結存資料如表 3-1 所示。天河公司採用移動加權平均法計算的 A 商品本月移動加權平均單位成本及本月發出和月末結存成本如下：

5 月 5 日購進後移動加權平均單位成本=(150×10+100×12)÷(150+100)=10.8（元/件）

5 月 11 日結存 A 商品成本=10.8×50=540（元）

5 月 11 日發出 A 商品成本=1,500+1,200−540=2,160（元）

5 月 16 日購進後移動平均單位成本=(540+200×14)÷(50+200)=13.36（元/件）

5 月 20 日結存 A 商品成本 = 13.36×150 = 2,004（元）

5 月 20 日發出 A 商品成本 = 3,340−2,004 = 1,336（元）

5 月 23 日購進後移動平均單位成本 = (2,004+100×15) ÷ (150+100) = 14.016（元/件）

5 月 27 日結存 A 商品成本 = 14.016×150 = 2,102.4（元）

5 月 27 日發出 A 商品成本 = 3,504−2,102.4 = 1,401.6（元）

根據上述計算，本月 A 商品的收入、發出和結存情況如表 3-4 所示。

表 3-4　存貨明細帳（移動加權平均法）

存貨類別：　　　　　　計量單位：

存貨編號：　　　　　　最高存量：

存貨名稱及規格：A 商品　　　　　　最低存量：

2×19 年		摘要	收入			發出			結存		
月	日		數量（件）	單價（元）	金額（元）	數量（件）	單價（元）	金額（元）	數量（件）	單價（元）	金額（元）
5	1	期初結存							150	10	1,500
	5	購進	100	12	1,200				250	10.8	2,700
	11	銷售				200		2,160	50	10.8	540
	16	購進	200	14	2,800				250	13.36	3,340
	20	銷售				100		1,336	150	13.36	2,004
	23	購進	100	15	1,500				250	14.016	3,504
	27	銷售				100		1,401.6	150	14.016	2,102.4
	30	期末結存	400	—	5,500	400	—	4,897.6	150	14.016	2,102.4

採用移動加權平均法能及時提供發出存貨的成本和存貨的結餘情況，有利於成本控制和存貨的管理。但由於每次進貨都要計算一次加權平均單價，計算工作量較大，因此在採用手工記帳的情況下，該方法不適合存貨收發比較頻繁的企業使用。

（四）個別計價法

個別計價法又稱個別認定法、具體辨認法、分批實際法，其特徵是注重所收發存貨具體項目的實物流轉與成本流轉之間的聯繫，逐一辨認各批發出存貨和期末存貨所屬的購進批次或生產批次，分別按其購入或生產時確定的單位成本計算各批發出存貨和期末存貨的成本，即把每一種存貨的實際成本作為計算發出存貨成本和期末存貨成本的基礎。對於不能替代使用的存貨（為特定項目專門購入或製造的存貨）及提供的勞務，通常採用個別計價法確定發出存貨的成本。

【例 3-15】天河公司 2×19 年 5 月 A 商品的購進、發出和結存資料如表 3-1 所示。經過具體辨認，本期發出存貨的單位成本如下：5 月 11 日發出的 200 件存貨中，100 件系期初結存存貨，單位成本為 10 元，100 件系 5 日購入，單位成本為 12 元；5 月 20 日發出的 100 件存貨系 16 日購入，單位成本為 14 元；5 月 27 日發出的 100 件存貨中，50 件為期初結存，單位成本為 10 元，50 件為 23 日購入，單位成本為 15 元。天河公司採用個別計價法計算的 A 商品本月發出和月末結存成本如下：

5 月 11 日發出 A 商品成本 = 100×10+100×12 = 2,200（元）

5 月 20 日發出 A 商品成本 = 100×14 = 1,400（元）

5 月 27 日發出 A 商品成本 = 50×10+50×15 = 1,250（元）

月末結存 A 商品成本 = 100×14+50×15 = 2,150（元）

根據上述計算，本月 A 商品的收入、發出和結存情況如表 3-5 所示。

表 3-5 存貨明細帳（個別計價法）

存貨類別： 計量單位：
存貨編號： 最高存量：
存貨名稱及規格：A 商品 最低存量：

2×19 年		摘要	收入			發出			結存		
月	日		數量（件）	單價（元）	金額（元）	數量（件）	單價（元）	金額（元）	數量（件）	單價（元）	金額（元）
5	1	期初結存							150	10	1,500
	5	購進	100	12	1,200				250		2,700
	11	銷售				200		2,200	50		500
	16	購進	200	14	2,800				250		3,300
	20	銷售				100		1,400	150		1,900
	23	購進	100	15	1,500				250		3,400
	27	銷售				100		1,250	150		2,150
	30	期末結存	400	—	5,500	400	—		150		2,150

個別計價法的特點是成本流轉與實物流轉完全一致，其最能真實反應存貨的成本。但採用該方法卻有兩個明顯的不足之處：一是存貨品種及數量繁多的企業要為每一種存貨的不同批次都在實物上設置卡片進行記錄將是十分繁瑣的工作；二是企業管理人員可能會選擇不同的存貨記錄以操縱利潤。

一般來說，個別計價法只適用於不能替代使用的存貨或為特定項目專門購入或製造的存貨的計價以及品種數量不多、單位價值較高或體積較大、容易辨認的存貨計價，如房產、船舶、飛機、重型設備以及珠寶、名畫等貴重物品。這些存貨的品種和數量都不多，並且售價和成本之間的關係也非常密切。

三、發出存貨的會計處理

存貨是為了滿足企業生產經營的各種需要而儲備的，其經濟用途各異，消耗方式也各不相同。因此，企業應當根據各類存貨的用途及特點，選擇適當的會計處理方法，對發出的存貨進行會計處理。

（一）生產經營領用的原材料

在原材料按實際成本計價的情況下，發出原材料的實際成本應按一定的存貨計價方法計算確定。原材料在生產經營過程中領用後，其原有實物形態會發生改變乃至消失，其成本也隨之形成產品成本或直接轉化為費用。根據原材料的消耗特點，企業應按發出原材料的用途，將其成本直接計入相關資產成本或當期費用。領用原材料時，企業按計算確定的實際成本，借記「生產成本」「製造費用」「委託加工物資」「在建工程」「銷售費用」「管理費用」等科目，貸記「原材料」科目。

【例 3-16】天河公司本月領用原材料的實際成本為 250,000 元。其中，基本生產領用 150,000 元，輔助生產領用 70,000 元，生產車間一般耗用 20,000 元，在建工程領用 8,000 元，管理部門領用 2,000 元。天河公司帳務處理如下：

借：生產成本——基本生產成本 150,000
　　　　　　——輔助生產成本 70,000
　　製造費用 20,000

在建工程 8,000
管理費用 2,000
貸：原材料 250,000

（二）生產經營領用的週轉材料

週轉材料是指企業能夠多次使用、逐漸轉移其價值但仍保持原有形態、不確認為固定資產的材料，主要包括包裝物、低值易耗品以及建造承包商的鋼模板、木模板、腳手架等。

企業一般應設置「週轉材料」科目核算各種週轉材料的實際成本或計劃成本，對於包裝物和低值易耗品，也可以單獨設置「包裝物」「低值易耗品」明細科目分別核算企業的包裝物和低值易耗品。週轉材料種類繁多，分佈於生產經營的各個環節，具體用途各不相同，會計處理也不盡相同。

（1）生產部門領用的週轉材料，構成產品實體一部分的，其帳面價值應直接計入產品生產成本；屬於車間一般性物料消耗的，其帳面價值應計入製造費用。

（2）銷售部門領用的週轉材料，隨同商品出售但不單獨計價的，其帳面價值應計入銷售費用；隨同商品出售並單獨計價的，應視為材料銷售，將取得的收入作為其他業務收入，相應的週轉材料帳面價值計入其他業務成本。

（3）用於出租的週轉材料，收取的租金應作為其他業務收入並計算繳納增值稅，相應的週轉材料帳面價值應計入其他業務成本；用於出借的週轉材料，其帳面價值應計入銷售費用。

（4）管理部門領用的週轉材料，其帳面價值應計入管理費用。

企業應根據週轉材料的消耗方式、價值大小、耐用程度等，選擇適當的攤銷方法，將其帳面價值一次或分次計入有關成本費用。常用的週轉材料攤銷方法有一次轉銷法、五五攤銷法、分次攤銷法等。

1. 一次轉銷法

一次轉銷法是指企業在領用週轉材料時，將其帳面價值一次計入有關成本費用的一種方法。

採用這種方法，領用週轉材料時，企業應按其耗用部門及領用的週轉材料的帳面價值，借記「生產成本」「製造費用」「其他業務成本」「銷售費用」「管理費用」等科目，貸記「週轉材料」科目。週轉材料報廢時，企業應按其殘料價值衝減有關資產成本或當期損益，借記「原材料」「銀行存款」等科目，貸記「生產成本」「製造費用」「其他業務成本」「銷售費用」「管理費用」等科目。

一次轉銷法通常適用於價值較低或極易損壞的管理用具、小型工具和卡具、在單件小批生產方式下為製造某批訂貨所用的專用工具等低值易耗品以及生產領用的包裝物和隨同商品出售的包裝物。數量不多、金額較小且業務不頻繁的出租或出借包裝物，也可以採用一次轉銷法，應加強實物管理，並在備查簿上進行登記。

【例 3-17】天河公司的管理部門某月領用一批低值易耗品，帳面價值為 1,200 元，採用一次轉銷法。當月，天河公司報廢一批管理用低值易耗品，殘料作價 80 元，作為原材料入庫。天河公司帳務處理如下：

（1）領用低值易耗品。

借：管理費用 1,200
貸：週轉材料 1,200

（2）報廢低值易耗品，殘料作價入庫。

借：原材料 80
貸：管理費用 80

【例 3-18】天河公司領用一批包裝物，用於包裝對外銷售的產品，領用的包裝物不單獨計價收款。該批包裝物的帳面價值為 1,700 元。天河公司帳務處理如下：

借：銷售費用　　1,700
　貸：週轉材料　　1,700

2. 五五攤銷法

五五攤銷法是指企業在領用週轉材料時，先攤銷其帳面價值的 50%，待報廢時再攤銷其帳面價值的 50%的一種攤銷方法。

採用五五攤銷法，週轉材料應分別按「在庫」「在用」和「攤銷」進行明細核算。企業領用週轉材料時，按其帳面價值，借記「週轉材料——在用」科目，貸記「週轉材料——在庫」科目；同時，攤銷其帳面價值的 50%，借記「製造費用」「其他業務成本」「銷售費用」「管理費用」等科目，貸記「週轉材料——攤銷」科目。週轉材料報廢時，企業攤銷其餘 50%的帳面價值，借記「製造費用」「其他業務成本」「銷售費用」「管理費用」等科目，貸記「週轉材料——攤銷」科目；同時，轉銷週轉材料全部已提攤銷額，借記「週轉材料——攤銷」科目，貸記「週轉材料——在用」科目。報廢週轉材料的殘料價值應衝減有關成本費用，企業應借記「原材料」「銀行存款」等科目，貸記「製造費用」「其他業務成本」「銷售費用」「管理費用」等科目。

【例 3-19】天河公司領用了一批全新的包裝箱，無償提供給客戶週轉使用。包裝箱帳面價值為 50,000 元，採用五五攤銷法攤銷。該批包裝箱報廢時，殘料估價 2,000 元作為原材料入庫。天河公司帳務處理如下：

(1) 領用包裝箱並攤銷其帳面價值的 50%。

借：週轉材料——在用　　50,000
　貸：週轉材料——在庫　　50,000
借：銷售費用　　25,000
　貸：週轉材料——攤銷　　25,000

(2) 包裝箱報廢，攤銷其餘 50%的帳面價值並轉銷全部已提攤銷額。

借：銷售費用　　25,000
　貸：週轉材料——攤銷　　25,000
借：週轉材料——攤銷　　50,000
　貸：週轉材料——在用　　50,000

(3) 報廢包裝箱的殘料作價入庫。

借：原材料　　2,000
　貸：銷售費用　　2,000

【例 3-20】天河公司領用了一批帳面價值為 40,000 元的包裝桶，出租給客戶使用，並收取押金 56,500 元。租金於客戶退還包裝桶時，按實際使用時間計算並從押金中扣除。天河公司帳務處理如下：

(1) 領用包裝物並攤銷其帳面價值的 50%。

借：週轉材料——在用　　40,000
　貸：週轉材料——在庫　　40,000
借：其他業務成本　　20,000
　貸：週轉材料——攤銷　　20,000

(2) 收取包裝物押金。

借：銀行存款　　56,500
　貸：其他應付款　　56,500

(3) 客戶退還包裝物，計算收取租金 33,900 元，並退還其餘押金。

增值稅銷項稅額=[33,900÷(1+13%)]×13%=3,900（元）

租金收入=33,900-3,900=30,000（元）

借：其他應付款　　56,500

　貸：其他業務收入　　30,000

　　　應交稅費——應交增值稅（銷項稅額）　　3,900

　　　銀行存款　　22,600

如果客戶逾期未退還出租或出借的週轉材料，則應將沒收的押金視為銷售週轉材料取得的價款，計算相應的增值稅銷項稅額，並按扣除增值稅的金額確認其他業務收入；同時，企業應攤銷該週轉材料其餘 50%的帳面價值。

【例 3-21】根據**【例 3-20】**的資料，現假定客戶逾期未退還包裝物，天河公司沒收押金。天河公司帳務處理如下：

(1) 確認沒收押金取得的收入。

增值稅銷項稅額=[56,500÷(1+13%)]×13%=6,500（元）

其他業務收入=56,500-6,500=50,000（元）

借：其他應付款　　56,500

　貸：其他業務收入　　50,000

　　　應交稅費——應交增值稅（銷項稅額）　　6,500

(2) 攤銷其餘 50%的帳面價值並轉銷全部已提攤銷額。

借：其他業務成本　　20,000

　貸：週轉材料——攤銷　　20,000

借：週轉材料——攤銷　　40,000

　貸：週轉材料——在用　　40,000

採用五五攤銷法，雖然會計處理略顯繁瑣，但週轉材料在報廢之前始終有 50%的價值保留在帳面上，有利於加強對週轉材料的管理與核算。該方法適用於領用數量多、金額大的週轉材料攤銷。

3. 分次攤銷法

分次攤銷法是指根據週轉材料可供使用的估計次數，將其成本分期計入有關成本費用的一種攤銷方法。各期週轉材料攤銷額的計算公式如下：

$$\text{某期週轉材料攤銷額}=\frac{\text{週轉材料帳面價值}}{\text{預計可使用次數}}\times\text{該期實際使用次數}$$

分次攤銷法的核算原理與五五攤銷法相同，只是週轉材料的價值是分期計算攤銷的，而不是在領用和報廢時各攤銷一半。

【例 3-22】天河公司採用分次攤銷法進行低值易耗品的核算。2×19 年 6 月 1 日，生產部門領用一批低值易耗品，價值 50,000 元，預計使用 20 次。6 月末，該批低值易耗品已使用了 3 次。天河公司帳務處理如下：

(1) 領用低值易耗品並攤銷其帳面價值。

借：週轉材料——在用　　50,000

　貸：週轉材料——在庫　　50,000

本期應攤銷額=低值易耗品帳面價值÷預計使用次數×該期實際使用次數

=50,000÷20×3=7,500（元）

借：生產成本　　7,500

　貸：週轉材料——攤銷　　7,500

2×20 年 1 月末，該批低值易耗品使用 1 次，使用次數完畢，申請報廢，將殘料售出，收取價款 1,000 元存入銀行。

(2) 低值易耗品報廢，並攤銷其帳面價值。

借：生產成本　　2,500

　貸：週轉材料——攤銷　　2,500

借：銀行存款　　1,000

　貸：生產成本　　1,000

(3) 結轉週轉材料攤銷額。

借：週轉材料——攤銷　　50,000

　貸：週轉材料——在用　　50,000

(三) 銷售的存貨

1. 銷售的庫存商品等存貨

企業對外銷售的商品、產成品、自制半成品等存貨，取得的銷售收入構成其主營業務收入的，相應的存貨成本應計入主營業務成本。企業銷售存貨時，按從購貨方已收或應收的全部合同價款，借記「銀行存款」「應收帳款」等科目，按實現的營業收入，貸記「主營業務收入」科目，按增值稅銷項稅額，貸記「應交稅費——應交增值稅（銷項稅額)」科目；同時，按發出存貨的帳面價值結轉銷售成本，借記「主營業務成本」科目，貸記「庫存商品」等科目。

【例 3-23】天河公司銷售一批 A 產品，售價 15,000 元，增值稅銷項稅額 1,950 元，價款尚未收到。該批 A 產品的帳面價值為 12,000 元。天河公司帳務處理如下：

借：應收帳款　　16,950

　貸：主營業務收入　　15,000

　　　應交稅費——應交增值稅（銷項稅額)　　1,950

借：主營業務成本　　12,000

　貸：庫存商品　　12,000

2. 銷售的原材料等存貨

企業對外銷售的原材料、週轉材料等存貨，取得的銷售收入構成其附營業務收入的，相應的存貨成本應計其入他業務成本。企業銷售存貨時，按從購貨方已收或應收的全部合同價款，借記「銀行存款」「應收帳款」等科目，按實現的營業收入，貸記「其他業務收入」科目，按增值稅銷項稅額，貸記「應交稅費——應交增值稅（銷項稅額)」科目；同時，按發出存貨的帳面價值結轉銷售成本，借記「其他業務成本」科目，貸記「原材料」等科目。

【例 3-24】天河公司銷售一批原材料，售價 6,000 元，增值稅銷項稅額 780 元，價款已收存銀行。該批原材料的帳面價值為 5,500 元。天河公司帳務處理如下：

借：銀行存款　　6,780

　貸：其他業務收入　　6,000

　　　應交稅費——應交增值稅（銷項稅額)　　780

借：其他業務成本　　5,500

　貸：原材料　　5,500

第四節　計劃成本法

存貨採用實際成本進行日常核算，要求存貨的收入和發出憑證、明細分類帳、總分類帳全部按實際成本計價，這對於存貨品種、規格、數量繁多且收發頻繁的企業來說，日常核算工作量很大，核算成本較高，也會影響會計信息的及時性。為了簡化存貨的核算，企業可以採用計劃成本法對存貨的收入、發出以及結存進行日常核算。

一、計劃成本法的基本核算程序

計劃成本法是指存貨的日常收入、發出和結存都按預先制定的計劃成本計價，並設置「材料成本差異」科目登記實際成本與計劃成本之間的差異；月末，再通過對材料成本差異的分攤，將發出存貨的計劃成本和結存存貨的計劃成本調整為實際成本進行反應的一種核方法。採用計劃成本法進行存貨日常核算的基本程序如下：

（1）制定存貨的計劃成本目錄，規定存貨的分類以及各類存貨的名稱、規格、編號、計量單位和單位計劃成本。採用計劃成本法核算的前提是對每一品種、規格的存貨制定計劃成本。計劃成本是指在正常的市場條件下，企業取得存貨應當支付的合理成本，包括採購成本、加工成本和其他成本，其組成內容應當與實際成本完全一致。計劃成本一般由會計部門會同採購部門等共同制定，制定的計劃成本應盡可能接近實際，以利於發揮計劃成本的考核和控制功能。除特殊情況外，計劃成本在年度內一般不做調整。

（2）設置「材料成本差異」科目，登記存貨實際成本與計劃成本之間的差異，並區分「原材料」「週轉材料」等，按照類別或品種進行明細核算。企業取得存貨並形成差異時，實際成本高於計劃成本的超支差異，在「材料成本差異」科目的借方登記；實際成本低於計劃成本的節約差異，在「材料成本差異」科目的貸方登記；發出存貨並分攤差異時，超支差異從「材料成本差異」科目的貸方用藍字轉出，節約差異從「材料成本差異」科目的貸方用紅字轉出。企業也可以根據具體情況，在「原材料」「週轉材料」科目下設置「成本差異」明細科目進行核算。企業的產成品採用計劃成本法核算的，應單獨設置「產品成本差異」科目進行核算。

（3）設置「材料採購」科目，對購入存貨的實際成本與計劃成本進行計價對比。「材料採購」科目的借方登記購入存貨的實際成本，貸方登記購入存貨的計劃成本，並將計算的實際成本與計劃成本的差額轉入「材料成本差異」科目分類登記。

（4）存貨的日常收入與發出均按計劃成本計價，月末，企業通過存貨成本差異的分攤，將本月發出存貨的計劃成本和月末結存存貨的計劃成本調整為實際成本進行反應。

二、存貨的取得及成本差異的形成

（一）外購的存貨

企業外購的存貨必須通過專門設置的「材料採購」科目進行計價對比，以確定外購原材料實際成本與計劃成本的差異。企業購進存貨時，按確定的實際採購成本，借記「材料採購」科目，按增值稅專用發票上註明的增值稅進項稅額，借記「應交稅費——應交增值稅（進項稅額）」科目，按已支付或應支付的金額，貸記「銀行存款」「應付票據」「應付帳款」等科目。已購進的存貨驗收入庫時，企業按其計劃成本，借記「原材料」「週轉材料」等存貨科目，貸記「材料採購」科目。已購進並已驗收入庫的存貨，企業按實際成本大於計劃成本的超支差額，借記「材料成本差異」科目，貸記「材料採購」科目；按實際成本小於計劃成本的節約差額，借記「材料採購」科目，貸記「材料成本差異」科目。月末，企業對已驗收入庫但尚未收到發票帳單的存貨，按計劃成本暫估入帳，借記「原材料」等存貨科目，貸記「應付帳款——暫估應付帳款」科目，下月初再用紅字編製相同的會計分錄予以衝回；下月收到發票帳單並結算時，按正常的程序進行會計處理。

【例 3-25】天河公司的存貨採用計劃成本核算。2×19 年 3 月，天河公司發生下列材料採購業務：

(1) 3 月 5 日，天河公司購入一批原材料，增值稅專用發票上註明的價款為 100,000 元，增值稅進項稅額為 13,000 元。貨款已通過銀行轉帳支付，材料也已驗收入庫。該批原材料的計劃成本為 105,000 元。天河公司帳務處理如下：

借：材料採購　100,000
　　應交稅費——應交增值稅（進項稅額）　13,000
　貸：銀行存款　113,000

借：原材料　105,000
　貸：材料採購　105,000

借：材料採購　5,000
　貸：材料成本差異——原材料　5,000

(2) 3 月 10 日，天河公司購入一批原材料，增值稅專用發票上註明的價款為 160,000 元，增值稅進項稅額為 20,800 元。貨款已通過銀行轉帳支付，材料尚在運輸途中。天河公司帳務處理如下：

借：材料採購　160,000
　　應交稅費——應交增值稅（進項稅額）　20,800
　貸：銀行存款　180,800

(3) 3 月 16 日，天河公司購入一批原材料，材料已經運達企業並已驗收入庫，但發票等結算憑證尚未收到，貨款尚未支付。暫不做會計處理。

(4) 3 月 18 日，天河公司收到 3 月 10 日購進的原材料並驗收入庫。該批原材料的計劃成本為 150,000 元。天河公司帳務處理如下：

借：原材料　150,000
　貸：材料採購　150,000

借：材料成本差異——原材料　10,000
　貸：材料採購　10,000

(5) 3 月 22 日，天河公司收到 3 月 16 日已入庫原材料的發票等結算憑證，增值稅專用發票上註明的材料價款為 250,000 元，增值稅進項稅額為 32,500 元。天河公司開出一張商業匯票抵付。該批原材料的計劃成本為 243,000 元。天河公司帳務處理如下：

借：材料採購　250,000
　　應交稅費——應交增值稅（進項稅額）　32,500
　貸：應付票據　282,500

借：原材料　243,000
　貸：材料採購　243,000

借：材料成本差異——原材料　7,000
　貸：材料採購　7,000

(6) 3 月 25 日，天河公司購入一批原材料，增值稅專用發票上註明的價款為 200,000 元，增值稅進項稅額為 26,000 元。貨款已通過銀行轉帳支付，材料尚在運輸途中。天河公司帳務處理如下：

借：材料採購　200,000
　　應交稅費——應交增值稅（進項稅額）　26,000
　貸：銀行存款　226,000

(7) 3 月 27 日，天河公司購入一批原材料，材料已經運達企業並已驗收入庫，但發票等結算憑證尚未收到，貨款尚未支付。3 月 31 日，該批材料的結算憑證仍未到達，企

業按該批材料的計劃成本 80,000 元估價入帳。天河公司帳務處理如下:

借: 原材料　　80,000

　貸: 應付帳款——暫估應付帳款　　80,000

(8) 4月1日, 天河公司用紅字衝回上月末暫估入帳會計分錄。天河公司帳務處理如下:

借: 原材料　　[80,000]

　貸: 應付帳款——暫估應付帳款　　[80,000]

(9) 4月3日, 天河公司收到3月27日已入庫原材料的發票等結算憑證, 增值稅專用發票上註明的材料價款為 78,000 元, 增值稅進項稅額為 10,140 元, 貨款通過銀行轉帳支付。天河公司帳務處理如下:

借: 材料採購　　78,000

　　應交稅費——應交增值稅 (進項稅額)　　10,140

　貸: 銀行存款　　88,140

借: 原材料　　80,000

　貸: 材料採購　　80,000

借: 材料採購　　2,000

　貸: 材料成本差異——原材料　　2,000

(10) 4月5日, 天河公司收到3月25日購進的原材料並驗收入庫。該批原材料的計劃成本為 197,000 元。天河公司帳務處理如下:

借: 原材料　　197,000

　貸: 材料採購　　197,000

借: 材料成本差異——原材料　　3,000

　貸: 材料採購　　3,000

在會計實務中, 為了簡化收到存貨和結轉存貨成本差異的核算手續, 企業平時收到存貨時, 也可以先不記錄存貨的增加, 也不結轉形成的存貨成本差異; 月末時, 企業將本月已付款或已開出、承兌商業匯票並已驗收入庫的存貨, 按實際成本和計劃成本分別匯總, 一次登記本月存貨的增加, 並計算和結轉本月存貨成本差異。

(二) 其他方式取得的存貨

企業通過外購以外的其他方式取得的存貨, 不需要通過「材料採購」科目確定存貨成本差異, 而應直接按取得存貨的計劃成本, 借記「原材料」等存貨科目, 按確定的實際成本, 貸記「生產成本」「委託加工物資」等相關科目, 按實際成本與計劃成本之間的差額, 借記或貸記「材料成本差異」「產品成本差異」等科目。

【例 3-26】天河公司的基本生產車間本月製造完成一批產成品, 已驗收入庫, 計劃成本為 80,000 元。經計算, 該批產成品的實際成本為 82,000 元。天河公司帳務處理如下:

借: 庫存商品　　80,000

　　產品成本差異　　2,000

　貸: 生產成本——基本生產成本　　82,000

【例 3-27】天河公司的甲股東以一批原材料作價投資, 增值稅專用發票上註明的材料價款為 650,000 元, 增值稅進項稅額為 84,500 元, 投資各方確認按發票金額作為甲股東的投入資本, 可折換天河公司每股面值 1 元的股票 500,000 股。該批原材料的計劃本為 660,000 元。天河公司帳務處理如下：

借：原材料 660,000

應交稅費——應交增值稅（進項稅額） 84,500

貸：股本 500,000

資本公積——股本溢價 234,500

材料成本差異——原材料 10,000

三、存貨的發出及成本差異的分攤

企業採用計劃成本法對存貨進行日常核算，發出存貨時先按計劃成本計價，即按發出存貨計劃成本，借記「生產成本」「製造費用」「管理費用」等有關成本費用科目，貸記「原材料」等存貨科目；月末，再將月初結存存貨的成本差異和本月取得存貨形成的成本差異，在本月發出存貨和月末結存存貨之間進行分攤，將本月發出存貨和月末結存存貨的計劃成本調整為實際成本。計劃成本、成本差異與實際成本之間的關係如下：

實際成本＝計劃成本＋超支差異

或 ＝計劃成本－節約差異

為了便於存貨成本差異的分攤，企業應當計算材料成本差異率，作為分攤存貨成本差異的依據。材料成本差異率包括本月材料成本差異率和月初材料成本差異率兩種。其計算公式如下：

$$本月材料成本差異率=\frac{月初結存材料的成本差異+本月驗收入庫材料的成本差異}{月初結存材料的計劃成本+本月驗收入庫材料的計劃成本}\times 100\%$$

$$月初材料成本差異率=\frac{月初結存材料的成本差異}{月初結存材料的計劃成本}\times 100\%$$

企業應當區分原材料、週轉材料等，按照類別或品種對存貨成本差異進行明細核算，並計算相應的材料成本差異率，不能使用一個綜合差異率。在計算發出存貨應負擔的成本差異時，除委託外部加工發出的存貨可以使用月初材料成本差異率外，其他情況發出的存貨都應使用本月材料成本差異率；月初材料成本差異率與本月材料成本差異率相差不大的，也可按月初材料成本差異率計算。計算方法一經確定，不得隨意變更；如果確需變更，應在會計報表附註中予以說明。

本月發出存貨應負擔的成本差異及實際成本和月末結存存貨應負擔的成本差異及實際成本，可按如下公式計算：

本月發出存貨應負擔的成本差異＝發出存貨的計劃成本×材料成本差異率

本月發出存貨的實際成本＝發出存貨的計劃成本＋發出存貨應負擔的超支差異

或 ＝發出存貨的計劃成本－發出存貨應負擔的節約差異

月末結存存貨應負擔的成本差異＝結存存貨的計劃成本×材料成本差異率

月末結存存貨的實際成本＝結存存貨的計劃成本＋結存存貨應負擔的超支差異

或 ＝結存存貨的計劃成本－結存存貨應負擔的節約差異

發出存貨應負擔的成本差異必須按月分攤，不得在季末或年末一次分攤。企業在分攤發出存貨應負擔的成本差異時，按計算的各成本費用項目應負擔的差異金額，借記「生產成本」「製造費用」「管理費用」等有關成本費用科目，貸記「材料成本差異」科目。實際成本大於計劃成本的超支差異，用藍字登記；實際成本小於計劃成本的節約差異，用紅字登記。

本月發出存貨應負擔的成本差異從「材料成本差異」科目轉出之後，該科目的餘額為月末結存存貨應負擔的成本差異。企業在編製資產負債表時，月末結存存貨應負擔的成本差異應作為存貨的調整項目，企業將結存存貨的計劃成本調整為實際成本列示。

【例 3-28】天河公司原材料採用計劃成本計價，「原材料」帳戶期初餘額為 85,000 元，「材料成本差異」帳戶期初為貸方餘額 1,336 元。本月購入原材料的計劃成本 65,000 元，本月購入材料成本差異的發生額借貸方相抵後，為貸方淨發生額 854 元。本月生產 A 產品、B 產品耗用原材料的計劃成本分別為 52,000 元和 48,000 元，車間一般耗用原材料的計劃成本為 5,000 元，行政管理部門領用原材料的計劃成本為 1,000 元。天河公司帳務處理如下：

（1）結轉本月發出材料的計劃成本。

借：生產成本——A 產品	52,000	
——B 產品	48,000	
製造費用	5,000	
管理費用	1,000	
貸：原材料		106,000

（2）分攤本月發出材料應負擔的材料成本差異，計算如下：

$$本月材料成本差異率=\frac{-1,336-854}{85,000+65,000}\times100\%=-1.46\%$$

生產 A 產品應負擔的成本差異額 = 52,000×（-1.46%）= -759.2（元）

生產 B 產品應負擔的成本差異額 = 48,000×（-1.46%）= -700.8（元）

車間一般耗用應負擔的成本差異額 = 5,000×（-1.46%）= -73（元）

管理部門耗用應負擔的成本差異額 = 1,000×（-1.46%）= -14.6（元）

根據計算的結果，天河公司編製會計分錄如下：

借：生產成本——A 產品	759.2	
——B 產品	700.8	
製造費用	73	
管理費用	14.6	
貸：原材料		1,547.6

第五節　存貨的期末計量

為了使存貨符合資產的定義，從而在資產負債表中更合理地反應存貨的價值，資產負債表日，存貨應當按照成本與可變現淨值孰低法計量。

一、成本與可變現淨值孰低法的含義

成本與可變現淨值孰低法是指按照存貨的成本與可變現淨值兩者之中的較低者對期末存貨進行計量的一種方法。採用這種方法，當期末存貨的成本低於可變現淨值時，存貨仍按成本計量；當期末存貨的可變現淨值低於成本時，存貨則按可變現淨值計量，同時按照可變現淨值低於成本的差額計提存貨跌價準備，計入當期損益。

所謂成本，是指期末存貨的實際成本，即採用先進先出法、加權平均法等存貨計價方法，對發出存貨（或期末存貨）進行計量所確定的期末存貨帳面成本。如果存貨採用計劃成本法進行日常核算，則期末存貨的實際成本是指通過差異調整而確定的存貨成本。

所謂可變現淨值，是指在日常活動中，存貨的估計售價減去至完工時估計將要發生

的成本、估計的銷售費用以及相關稅費後的金額。存貨在日常銷售過程中，不僅會取得銷售收入，也會發生銷售費用和相關稅費。為使存貨達到預定可銷售狀態，企業還可能發生進一步的加工成本。這些銷售費用、相關稅費和加工成本都構成銷售存貨產生的現金流入的抵減項目，只有扣除了這些現金流出後，才能確定存貨的可變現淨值。因此，存貨的可變現淨值由存貨的估計售價、至完工時將要發生的成本、估計的銷售費用和估計的相關稅費等內容構成，是指存貨的預計未來淨現金流入量，而不是指存貨的估計售價或合同價。

採用成本與可變現淨值孰低法對期末存貨進行計量，當某項存貨的可變現淨值跌至成本以下時，表明該項存貨為企業帶來的未來經濟利益將低於帳面成本，企業應按可變現淨值低於成本的差額確認存貨跌價損失，並將其從存貨價值中扣除，否則就會虛計當期利潤和存貨價值；而當可變現淨值高於成本時，企業則不能按可變現淨值高於成本的金額確認這種尚未實現的存貨增值收益，否則也會虛計當期利潤和存貨價值。因此，成本與可變現淨值孰低法體現了謹慎性會計原則的要求。

二、可變現淨值的確定方法

存貨可變現淨值的確定必須有可靠的證據，而且應當以取得的確鑿證據為基礎，並且考慮持有存貨的目的、資產負債表日後事項的影響等因素。

（一）確定存貨可變現淨值應考慮的主要因素

1. 確定存貨的可變現淨值應以確鑿的證據為基礎

確定存貨可變現淨值的確鑿證據是指對確定存貨的可變現淨值有直接影響的客觀證明，如產品或商品的市場銷售價格、與企業產品或商品相同（或類似）商品的市場銷售價格、銷售方提供的有關資料和生產成本資料等。

2. 確定存貨的可變現淨值應考慮持有存貨的目的

根據存貨的定義，企業持有存貨有兩個基本目的，即持有以備出售和持有以備繼續加工或耗用。企業在確定存貨的可變現淨值時，應考慮持有存貨的目的。持有存貨的目的不同，可變現淨值的確定方法也不盡相同。

（1）持有以備出售的存貨。產成品、商品和準備處置的材料等直接用於出售的商品存貨，在正常生產經營過程中，應當以該存貨的估計售價減去估計的銷售費用和相關稅費後的金額，確定其可變現淨值。

（2）持有以備繼續加工或耗用的存貨。在正常生產經營過程中，此類存貨應當以所生產的產成品的估計售價減去至完工時估計將要發生的成本、估計的銷售費用和相關稅費後的金額，確定其可變現淨值。

3. 確定存貨的可變現淨值應考慮資產負債表日後事項的影響

確定存貨的可變現淨值，不僅要考慮資產負債表日與該存貨相關的價格與成本變動，而且還應考慮未來的相關事項。例如，某年年末，企業持有的甲商品市場售價為1,000,000元。根據可靠資料，甲商品的關稅將從下一年起大幅降低，受此影響，甲商品的市場售價將會下跌，預計到下一年第一季度末，甲商品市場售價很可能會跌至400,000元以下。企業在編製本年度的資產負債表時，有必要考慮這一未來的價格下跌因素對甲商品可變現淨值的影響。

（二）存貨估計售價的確定

在確定存貨的可變現淨值時，企業應合理確定估計售價、至完工將要發生的成本、估計的銷售費用和相關稅費。其中，存貨估計售價的確定對於計算存貨可變現淨值至關重要。企業應當根據存貨是否有約定銷售的合同，區別以下情況確定存貨的估計售價：

（1）為執行銷售合同或勞務合同而持有的存貨，通常應當以產成品或商品的合同價格作為其可變現淨值的計量基礎。如果企業與購買方簽訂了銷售合同或勞務合同，並且合同訂購的數量等於企業持有存貨的數量，在確定與該項合同直接相關的存貨可變現淨值時，企業應當以合同價格作為其可變現淨值的計量基礎。具體來說，如果企業就其產成品或商品簽訂了銷售合同或勞務合同，則該批產成品或商品的可變現淨值應當以合同價格作為計量基礎。如果銷售合同或勞務合同規定的標的物還沒有生產出來，但持有專門用於生產該標的物的原材料，則該原材料的可變現淨值也應當以合同價格作為計量基礎。

（2）如果企業持有存貨的數量多於銷售合同或勞務合同訂購數量，超出部分的存貨可變現淨值應當以產成品或商品的一般銷售價格（市場銷售價格）作為計量基礎。

【例 3-29】2×19 年 8 月 20 日，天河公司與乙公司簽訂一份銷售合同，雙方約定：2×20 年 1 月 15 日，天河公司按每臺 50,000 元的價格向乙公司提供 A 機床 20 臺。2×19 年 12 月 31 日，天河公司實際結存 A 機床 30 臺，單位成本為 47,000 元，帳面總成本為 1,410,000 元。2×19 年 12 月 31 日該機床的市場銷售價格為 48,000 元/臺。估計發生的銷售費用和稅費為 2,000 元/臺。

根據上述資料，天河公司對該項存貨的可變現淨值計算如下：

合同約定的 20 臺機床的可變現淨值＝50,000×20－2,000×20＝960,000（元）

沒有合同約定的 10 臺機床的可變現淨值＝48,000×10－2,000×10＝460,000（元）

應該注意的是，持有的同一項存貨數量多於銷售合同訂購數量的，應分別確定其可變現淨值，並分別與其相對應的成本比較，分別確定存貨跌價準備的計提或轉回的金額。

（3）如果企業持有存貨的數量少於銷售合同或勞務合同訂購數量，以實際持有的與該合同相關的存貨應當以合同規定的價格作為可變現淨值的計量基礎。

（4）沒有銷售合同或勞務合同約定的存貨（不包括用於出售的原材料、半成品等存貨），其可變現淨值應當以產成品或商品一般銷售價格作為計量基礎。

（5）用於出售的原材料、半成品等存貨，通常以該原材料或半成品的市場銷售價格作為其可變現淨值的計量基礎。如果用於出售的原材料或半成品存在銷售合同約定的，企業應以合同價格作為其可變現淨值的計量基礎。

【例 3-30】天河公司根據市場需求的變化，決定從 2×19 年 1 月 1 日起，全面停止 A 產品的生產，並決定將庫存原材料中專門用於生產 A 產品的外購 B 材料予以出售。2×19 年 12 月 31 日，B 材料的帳面成本為 300 萬元，市場銷售價格為 280 萬元，銷售 B 材料估計會發生銷售費用及相關稅費共計 7 萬元。由於天河公司已經決定從 2×19 年 1 月 1 日起全面停止 A 產品的生產，因此專門用於生產 A 產品的外購 B 材料的可變現淨值不能再以 A 產品的銷售價格作為計量基礎，而應按 B 材料本身的市場銷售價格作為計量基礎。B 材料的可變現淨值計算如下：

B 材料的可變現淨值＝280－7＝273（萬元）

三、材料存貨的期末計量

企業持有的材料存貨（包括原材料、在產品、委託加工物資等）主要用於繼續生產產品。期末，企業在運用成本與可變現淨值孰低法對材料存貨進行後續計量時，應當以該材料存貨生產的產成品的可變現淨值與成本的比較為基礎，區分以下兩種情況確定其期末價值：

（1）如果用該材料生產的產成品的可變現淨值預計高於生產成本，則該材料應當按照成本計量。

【例 3-31】天河公司持有的用於生產 A 產品的 B 材料的帳面成本為 500,000 元，市場購買價格已跌至 460,000 元。由於 B 材料市場價格下降，用 B 材料生產的 A 產品的售價也發生了相應的下降，由原來的 1,050,000 元降為 980,000 元。天河公司將 B 材料加工成 A 產品，估計尚需投入人工及製造費用 400,000 元，估計銷售費用及稅費為 60,000 元。

根據上述資料可知，B 材料生產的 A 產品的可變現淨值為 920,000 元（980,000-60,000），生產成本為 900,000 元（500,000+400,000），可變現淨值高於生產成本。雖然 B 材料的市場價格低於帳面成本，但由於用其生產的 A 產品的可變現淨值高於生產成本，表明用 B 材料生產的最終產品此時並沒有發生價值減損。在這種情況下，B 材料仍應按其成本 500,000 元列示在期末資產負債表的存貨項目之中，不計提存貨跌價準備。

（2）如果材料價格的下降表明產成品的可變現淨值低於生產成本，則該材料應當按可變現淨值計量。

【例 3-32】天河公司持有的用於生產 C 產品的 D 材料帳面成本為 250,000 元，市場購買價格已跌至 220,000 元。由於 D 材料市場價格下降，用 D 材料生產的 C 產品的售價也相應下降，由原來的 650,000 元降為 590,000 元。天河公司將 D 材料加工成 C 產品，估計尚需投入人工及製造費用 350,000 元，估計銷售費用及稅費為 30,000 元。

根據上述資料可知，D 材料生產的 C 產品的可變現淨值為 560,000 元（590,000-30,000），生產成本為 600,000 元（250,000+350,000），可變現淨值低於生產成本，表明用 D 材料生產的最終產品發生了價值減損。在這種情況下，D 材料應按其可變現淨值計量，計算如下：

D 材料可變現淨值=590,000-350,000-30,000=210,000（元）

天河公司應按 D 材料可變現淨值低於帳面成本的差額 40,000 元（250,000-210,000）計提存貨跌價準備，在資產負債表的存貨項目中，應按 D 材料的可變現淨值 210,000 元列示。

四、存貨跌價準備的會計處理方法

企業應當定期對存貨進行全面檢查，如果由於存貨毀損、全部或部分陳舊過時、銷售價格低於成本等原因，使存貨可變現淨值低於其成本，應按可變現淨值低於成本的部分，計提存貨跌價準備。

（一）存貨減值的判斷依據

企業在對存貨進行檢查時，如果存在下列情況之一，通常表明存貨的可變現淨值低於成本：

（1）該存貨的市場價格持續下跌，並且在可預見的未來無回升的希望。

（2）企業使用該項原材料生產的產品的成本高於產品的銷售價格。

（3）企業因產品更新換代，原有庫存原材料已不適應新產品的需要，而該原材料的市場價格又低於其帳面成本。

（4）因企業提供的商品（勞務）過時或消費者偏好改變而使市場的需求發生變化，導致市場價格逐漸下跌。

（5）其他足以證明該項存貨實質上已經發生減值的情形。

（二）計提存貨跌價準備的基礎

企業通常應當以單項存貨為基礎計提存貨跌價準備，這就要求企業應當根據管理要求和存貨的特點，合理確定存貨項目的劃分標準，如將某一型號和規格的材料作為一個存貨項目，將某一品牌和規格的商品作為一個存貨項目等。

在按照單項存貨計提存貨跌價準備的情況下，企業應當將每一存貨項目的成本與其可變現淨值分別進行比較，按每一存貨項目可變現淨值與成本的較低者計量存貨。對於可變現淨值低於成本的存貨項目，企業應按其差額計提存貨跌價準備。

（三）存貨跌價準備計提和轉回

在資產負債表日，企業應當首先確定存貨的可變現淨值，既不能提前確定，也不能延後確定，並且在每一個資產負債表日都應當重新確定存貨的可變現淨值。在確定存貨可變現淨值的基礎上，企業將存貨可變現淨值與存貨成本進行比較，確定本期存貨的減值金額，即本期存貨可變現淨值低於成本的差額，然後再將本期存貨的減值金額與「存貨跌價準備」科目原有的餘額進行比較。企業按下列公式計算確定本期應計提（或轉回）的存貨跌價準備金額：

某期應計提的存貨跌價準備＝當期可變現淨值低於成本的差額－「存貨跌價準備」科目原有餘額

根據上述公式，如果計提存貨跌價準備前，「存貨跌價準備」科目無餘額，企業應按本期存貨可變現淨值低於成本的差額計提存貨跌價準備，借記「資產減值損失」科目，貸記「存貨跌價準備」科目；如果本期存貨可變現淨值低於成本的差額，大於「存貨跌價準備」科目原有貸方餘額，表明存貨價值進一步降低，企業應按兩者之差補提存貨跌價準備，借記「資產減值損失」科目，貸記「存貨跌價準備」科目；如果本期存貨可變現淨值低於成本的差額，與「存貨跌價準備」科目原有貸方餘額相等，表明存貨價值未發生變動，企業不需要計提存貨跌價準備；如果本期存貨可變現淨值低於成本的差額，小於「存貨跌價準備」科目原有貸方餘額，企業應按兩者的差額借記「存貨跌價準備」科目，貸記「資產減值損失」科目。

【例 3-33】天河公司從 2×16 年度開始對期末結存存貨按成本與可變現淨值孰低計量。2×16 年至 2×19 年，天河公司有關 A 商品期末計量的資料及相應帳務處理如下：

（1）2×16 年 12 月 31 日，A 商品的帳面成本為 80, 000 元，可變現淨值為 70, 000 元。「存貨跌價準備」科目期初無餘額。

可變現淨值低於成本的差額＝80, 000－70, 000＝10, 000（元）

借：資產減值損失　　10, 000
　貸：存貨跌價準備——A 商品　　10, 000

在 2×16 年 12 月 31 日的資產負債表中，A 商品應按可變現淨值 70, 000 元列示其價值。

（2）2×17 年度，天河公司在轉出 A 商品時，相應地結轉存貨跌價準備 8, 000 元。2×17 年 12 月 31 日，A 商品帳面成本 96, 000 元，可變現淨值 85, 000 元；計提存貨跌價準備之前，「存貨跌價準備」科目貸方餘額為 2, 000 元（10, 000－8, 000）。

可變現淨值低於成本的差額＝96, 000－85, 000＝11, 000（元）

應計提的存貨跌價準備＝11, 000－2, 000＝9, 000（元）

借：資產減值損失　　9, 000
　貸：存貨跌價準備——A 商品　　9, 000

本年度計提存貨跌價準備之後，「存貨跌價準備」科目貸方餘額為 11, 000 元；在 2×17 年 12 月 31 日的資產負債表中，A 商品應按可變現淨值 85, 000 元列示其價值。

（3）2×18 年度，天河公司在轉出 A 商品時，相應地結轉存貨跌價準備 6, 000 元。2×18 年 12 月 31 日，A 商品帳面成本 62, 000 元，可變現淨值 58, 000 元；計提存貨跌價準備之前，「存貨跌價準備」科目貸方餘額為 5, 000 元（11, 000－6, 000）。

可變現淨值低於成本的差額＝62, 00－58, 000＝4, 000（元）

應計提的存貨跌價準備＝4, 000－5, 000＝－1, 000（元）

上述計算結果為負數，表明 A 商品價值有所回升，且回升的金額小於已計提的存貨跌價準備，因此本年應轉回的存貨跌價準備金額為 1,000 元。

借：存貨跌價準備——A 商品　　1,000
　貸：資產減值損失　　1,000

本年轉回存貨跌價準備之後，「存貨跌價準備」科目貸方餘額為 4,000 元；在 2×18 年 12 月 31 日的資產負債表中，A 商品應按可變現淨值 58,000 元列示其價值。

(4) 2×19 年度，天河公司在轉出 A 商品時，相應地結轉存貨跌價準備 3,000 元。2×19 年 12 月 31 日，A 商品帳面成本 80,000 元，可變現淨值 82,000 元；計提存貨跌價準備之前，「存貨跌價準備」科目貸方餘額為 1,000 元（4,000-3,000）。

由於本年 A 商品的可變現淨值高於帳面成本，因此天河公司應將 A 商品的帳面價值恢復至帳面成本，即將已計提的存貨跌價準備全部轉回。

借：存貨跌價準備——A 商品　　1,000
　貸：資產減值損失　　1,000

在 2×19 年 12 月 31 日的資產負債表中，A 商品應按帳面成本 80,000 元列示其價值。

（四）存貨跌價準備的結轉

企業計提了存貨跌價準備，如果其中有部分存貨已經銷售，則企業在結轉銷售成本時，應同時結轉對其已計提的存貨跌價準備。對於因債務重組、非貨幣性資產交換轉出的存貨，企業應同時結轉已計提的存貨跌價準備。如果按存貨類別計提存貨跌價準備，企業應當按照發生銷售、債務重組、非貨幣性資產交換等而轉出存貨的成本占該存貨未轉出前該類別存貨成本的比例結轉相應的存貨跌價準備。

【例 3-34】2×18 年年末，天河公司庫存 A 產品 5 臺，每件成本為 5,000 元，已經計提的存貨跌價準備合計為 6,000 元。2×19 年，天河公司將庫存的 A 產品 5 臺全部以每件 6,000 元的價格售出，適用的增值稅稅率為 13%，貨款尚未收到。天河公司帳務處理如下：

借：應收帳款　　33,900
　貸：主營業務收入　　30,000
　　應交稅費——應交增值稅（銷項稅額）　　3,900
借：主營業務成本　　19,000
　存貨跌價準備　　6,000
　貸：庫存商品　　25,000

第六節　存貨清查

一、存貨清查的意義與方法

存貨是企業資產的重要組成部分，且處於不斷銷售或耗用以及重置之中，具有較強的動性。為了加強對存貨的控制，維護存貨的安全完整，企業應當定期或不定期對存貨進行盤點和抽查，以確定存貨的實有數量，並與帳面記錄進行核對，確保存貨帳實相符。企業應當在編製年度財務報告之前，對存貨進行一次全面的清查盤點。

存貨清查採用實地盤點、帳實核對的方法。在每次進行清查盤點前，企業應將已經收發的存貨數量全部登記入帳，並準備盤點清冊，抄列各種存貨的編號、名稱、規格和存放地點。盤點時，企業應在盤點清冊上逐一登記各種存貨的帳面結存數量和實存數量，並進行核對。對於帳實不符的存貨，企業應查明原因，分清責任，並根據清查結果編製「存貨盤存報告單」，作為存貨清查的原始憑證。

企業在進行存貨清查盤點時，如果發現存貨盤盈或盤虧，應於期末前查明原因，並根據企業的管理權限，報經股東大會或董事會，或者經理（廠長）會議及類似機構批准後，在期末結帳前處理完畢。

二、存貨盤盈與盤虧的會計處理

（一）存貨盤盈

存貨盤盈是指存貨的實存數量超過帳面結存數量的差額。存貨發生盤盈，應按其重置成本作為入帳價值，及時予以登記入帳，借記「原材料」「週轉材料」「庫存商品」等科目，貸記「待處理財產損溢——待處理流動資產損溢」科目；待查明原因，按管理權限報經批准處理後，衝減當期管理費用。

【例 3-35】天河公司在存貨清查中發現盤盈一批 A 材料，重置成本 5,000 元。天河公司帳務處理如下：

（1）發現盤盈，原因待查。

借：原材料——A 材料　　5,000

　貸：待處理財產損溢——待處理流動資產損溢　　5,000

（2）查明原因，報經批准處理。

借：待處理財產損溢——待處理流動資產損溢　　5,000

　貸：管理費用　　5,000

（二）存貨盤虧

存貨盤虧是指存貨的實存數量少於帳面結存數量的差額。存貨發生盤虧，應將其帳面價值及時轉銷，借記「待處理財產損溢——待處理流動資產損溢」科目，貸記「原材料」「週轉材料」「庫存商品」等存貨科目；盤虧存貨涉及增值稅的，還應進行相應處理；待查明原因，按管理權限報經批准處理後，根據造成盤虧的原因，區分以下情況進行會計處理：

（1）屬於定額內自然損耗造成的短缺，計入管理費用。

（2）屬於收發計量差錯和管理不善等原因造成的短缺或毀損，將扣除可收回的保險公司和過失人賠款以及殘料價值後的淨損失，計入管理費用。其中，因管理不善造成被盜、丟失、霉爛變質的存貨，相應的進項稅額不得從銷項稅額中抵扣，應當予以轉出。

（3）屬於自然災害等非常原因造成的毀損，將扣除可收回的保險公司和過失人賠款以及殘料價值後的淨損失，計入營業外支出。

【例 3-36】天河公司在存貨清查中發現盤虧一批 B 材料，帳面成本為 20,000 元。天河公司帳務處理如下：

（1）發現盤虧，原因待查。

借：待處理財產損溢——待處理流動資產損溢　　20,000

　貸：原材料——B 材料　　20,000

（2）查明原因，報經批准處理。

①假定屬於收發計量差錯造成存貨短缺。

借：管理費用　　20,000

　貸：待處理財產損溢——待處理流動資產損溢　　20,000

②假定屬於管理不善造成存貨霉爛變質，應由過失人賠償部分損失 10,000 元。

借：其他應收款　　10,000

　　管理費用　　12,600

　貸：待處理財產損溢——待處理流動資產損溢　　20,000

應交稅費——應交增值稅（進項稅額轉出）　　2,600

③假定屬於自然災害造成的毀損，應收保險公司賠款 18,000 元。

借：其他應收款——保險賠款　　18,000

營業外支出　　2,000

貸：待處理財產損溢——待處理流動資產損溢　　20,000

如果盤盈或盤虧的存貨在期末結帳前尚未經批准，企業在對外提供財務報告時，應先按上述方法進行會計處理，並在會計報表附註中做出說明。如果之後批准處理的金額與已處理的金額不一致，企業應當調整當期會計報表相關項目的年初數。

第四章 金融資產

第一節 金融資產概述

一、金融工具的概念

金融工具是指形成一方的金融資產並形成其他方的金融負債或權益工具的合同。金融工具包括金融資產、金融負債和權益工具。

合同的形式多種多樣，可以是書面的，也可以不採用書面形式。實務中的金融工具合同通常採用書面形式。非合同的資產和負債不屬於金融工具。例如，應交所得稅是企業按照稅收法規的規定承擔的義務，不是以合同為基礎的義務，因此不符合金融工具的定義。

二、金融資產的概念

金融資產是指企業持有的現金、其他方的權益工具以及符合下列條件之一的資產：

(1) 從其他方收取現金或其他金融資產的合同權利。例如，企業的銀行存款、應收帳款、應收票據和貸款等都屬於金融資產。又如，預付帳款不是金融資產，因為其產生的未來經濟利益是商品或服務，不是收取現金或其他金融資產的權利。

(2) 在潛在有利條件下，與其他方交換金融資產或金融負債的合同權利。例如，企業持有的看漲期權或看跌期權等。

(3) 將來須用或可用企業自身權益工具進行結算的非衍生工具合同，且企業根據該合同將收到可變數量的自身權益工具。

(4) 將來須用或可用企業自身權益工具進行結算的衍生工具合同，但以固定數量的自身權益工具交換固定金額的現金或其他金融資產的衍生工具合同除外。其中，企業自身權益工具不包括應當按照《企業會計準則第 37 號——金融工具列報》分類為權益工具的可回售工具或發行方僅在清算時才有義務向另一方按比例交付其淨資產的金融工具，也不包括本身就要求在未來收取或交付企業自身權益工具的合同。

在屬於金融資產的項目中，庫存現金、銀行存款等貨幣資金已在第二章「貨幣資金」中做了專門介紹；對子公司、聯營企業、合營企業的長期股權投資將在第五章「長期股權投資」中進行介紹。因此，本章以下所指金融資產不包括貨幣資金和長期股權投資。

三、金融資產的分類

金融資產的分類是其確認和計量的基礎。企業應當根據其管理金融資產的業務模式和金融資產的合同現金流量特徵，對金融資產進行合理的分類。金融資產一般劃分為以下三類：

第一，以攤餘成本計量的金融資產。

第二，以公允價值計量且其變動計入其他綜合收益的金融資產。

第三，以公允價值計量且其變動計入當期損益的金融資產。

同時，企業應當結合自身業務特點和風險管理要求，對金融資產進行合理的分類。

企業對金融資產的分類一經確定，不得隨意變更。

（一）以攤餘成本計量的金融資產

金融資產同時符合下列條件的，應當分類為以攤餘成本計量的金融資產：

（1）企業管理該金融資產的業務模式是以收取合同現金流量為目標。

（2）該金融資產的合同條款規定，在特定日期產生的現金流量，僅為對本金和以未償付本金金額為基礎的利息的支付。

例如，銀行向企業客戶發放的固定利率的貸款，在沒有其他特殊安排的情況下，貸款的合同現金流量一般情況下可能符合僅為對本金和以未償付本金金額為基礎的利息支付的要求。如果銀行管理該貸款的業務模式是以收取合同現金流量為目標，則該貸款應當分類為以攤餘成本計量的金融資產。

企業應當設置「銀行存款」「貸款」「應收帳款」「債權投資」等科目核算分類為以攤餘成本計量的金融資產。

（二）以公允價值計量且其變動計入其他綜合收益的金融資產

金融資產同時符合下列條件的，應當分類為以公允價值計量且其變動計入其他綜合收益的金融資產：

（1）企業管理該金融資產的業務模式既以收取合同現金流量為目標又以出售該金融資產為目標。

（2）該金融資產的合同條款規定，在特定日期產生的現金流量，僅為對本金和以未償付本金金額為基礎的利息的支付。

例如，企業持有的普通債券的合同現金流量是到期收回本金及按約定利率在合同期間按時收取固定或浮動利息的權利。在沒有其他特殊安排的情況下，普通債券的合同現金流量一般情況下可能符合僅為對本金和以未償付本金金額為基礎的利息支付的要求。如果企業管理該債券的業務模式既以收取合同現金流量為目標又以出售該債券為目標，則該債券應當分類為以公允價值計量且其變動計入其他綜合收益的金融資產。

企業應當設置「其他債權投資」科目核算分類為以公允價值計量且其變動計入其他綜合收益的金融資產。

（三）以公允價值計量且其變動計入當期損益的金融資產

按照上述（一）和（二）分類為以攤餘成本計量的金融資產和以公允價值計量且其變動計入其他綜合收益的金融資產之外的金融資產，企業應當將其分類為以公允價值計量且其變動計入當期損益的金融資產。例如，企業持有的普通股股票的合同現金流量是收取被投資企業未來股利分配及其清算時獲得剩餘收益的權利。由於股利和獲得剩餘收益的權利均不符合本金和利息的定義，因此企業持有的普通股股票應當分類為以公允價值計量且其變動計入當期損益的金融資產。

企業應當設置「交易性金融資產」科目核算以公允價值計量且其變動計入當期損益的金融資產。企業持有的直接指定為以公允價值計量且其變動計入當期損益的金融資產，也在「交易性金融資產」科目核算。

第二節　交易性金融資產

一、交易性金融資產的初始計量

交易性金融資產應當按照取得時的公允價值作為初始入帳金額，相關的交易費用在發生時直接計入當期損益。其中，交易費用是指可直接歸屬於購買、發行或處置金融工具的增量費用。增量費用是指企業沒有發生購買、發行或處置相關金融工具的情形就不會發生的費用，包括支付給代理機構、諮詢公司、券商、證券交易所、政府有關部門等的手續費、佣金、相關稅費及其他必要支出，但不包括債券溢價、折價、融資費用、內部管理成本和持有成本等與交易不直接相關的費用。

企業取得交易性金融資產支付的價款中，如果包含已宣告但尚未發放的現金股利或已到付息期但尚未領取的債券利息，性質上屬於暫付應收款，應當單獨確認為應收項目，不計入交易性金融資產的初始入帳金額。

企業應設置「交易性金融資產」科目，核算為交易目的而持有的債券投資、股票投資、基金投資等交易性金融資產的公允價值，並按照交易性金融資產的類別和品種，分別按「成本」「公允價值變動」進行明細核算。其中，「成本」明細科目反應交易性金融資產的初始入帳金額；「公允價值變動」明細科目反應交易性金融資產在持有期間的公允價值變動金額。需要注意的是，企業持有的指定為以公允價值計量且其變動計入當期損益的金融資產，也通過「交易性金融資產」科目核算，不單獨設置會計科目核算；劃分為交易性金融資產的衍生金融資產，不通過「交易性金融資產」科目核算，應通過單獨設置的「衍生工具」科目核算。因此，以下有關交易性金融資產的會計處理，包括指定為以公允價值計量且其變動計入當期損益的金融資產的會計處理，但不包括衍生金融資產的會計處理。

企業取得交易性金融資產時，按其公允價值（不含支付的價款中包含的已宣告但尚未發放的現金股利或已到付息期但尚未領取的債券利息），借記「交易性金融資產——成本」科目，按發生的交易費用，借記「投資收益」科目，按已宣告但尚未發放的現金股利或已到付息期但尚未領取的債券利息，借記「應收股利」或「應收利息」科目，按實際支付的金額，貸記「銀行存款」等科目；收到上述現金股利或債券利息時，借記「銀行存款」科目，貸記「應收股利」或「應收利息」科目。

【例 4-1】2×19 年 1 月 10 日，甲股份有限公司按每股 6. 50 元的價格從二級市場購入 A 公司每股面值 1 元的股票 50, 000 股並分類為以公允價值計量且其變動計入當期損益的金融資產，支付交易費用 1, 200 元。甲股份有限公司帳務處理如下：

初始入帳金額＝6. 50×50, 00＝325, 000（元）

借：交易性金融資產——成本（A 公司股票）	325, 000	
投資收益	1, 200	
貸：銀行存款		326, 200

【例 4-2】2×19 年 3 月 25 日，甲股份有限公司按每股 8. 60 元的價格從二級市場購入 B 公司每股面值 1 元的股票 30, 000 股，並分類為以公允價值計量且其變動計入當期損益的金融資產，支付交易費用 1, 000 元。股票購買價格中包含每股 0. 20 元已宣告但尚未領取的現金股利，該現金股利於 2×19 年 4 月 20 日發放。甲股份有限公司帳務處理如下：

（1）2×19 年 3 月 25 日，購入 B 公司股票。

初始入帳金額＝(8. 60－0. 20)×30, 000＝252, 000（元）

應收現金股利＝0. 20×30, 000＝6, 000（元）

借：交易性金融資產——成本（B 公司股票）	252, 000	
應收股利	6, 000	
投資收益	1, 000	
貸：銀行存款		259, 000

（2）2×19 年 4 月 20 日，收到發放的現金股利。

借：銀行存款	6, 000	
貸：應收股利		6, 000

【例 4-3】2×19 年 7 月 1 日，甲股份有限公司支付價款 86,800 元從二級市場購入 C 公司於 2×18 年 7 月 1 日發行的面值 80,000 元、期限 5 年、票面利率 6%、每年 6 月 30 日付息、到期還本的債券並分類為以公允價值計量且其變動計入當期損益的金融資產，支付交易費用 300 元。債券購買價格中包含已到付息期但尚未支付的利息 4,800 元。甲股份有限公司帳務處理如下：

（1）2×19 年 7 月 1 日，購入 C 公司債券。

初始入帳金額 = 86,800 − 4,800 = 82,000（元）

	借方	貸方
借：交易性金融資產——成本（C 公司債券）	82,000	
應收利息	4,800	
投資收益	300	
貸：銀行存款		87,100

（2）收到 C 公司支付的債券利息。

	借方	貸方
借：銀行存款	4,800	
貸：應收利息		4,800

二、交易性金融資產持有收益的確認

企業取得債券並分類為以公允價值計量且其變動計入當期損益的金融資產，在持有期間，應於每一資產負債表日或付息日計提債券利息，計入當期投資收益。企業取得股票並分類為以公允價值計量且其變動計入當期損益的金融資產，在持有期間，只有在同時符合下列條件時，才能確認股利收入並計入當期投資收益：

（1）企業收取股利的權利已經確立。

（2）與股利相關的經濟利益很可能流入企業。

（3）股利的金額能夠可靠計量。

持有交易性金融資產期間，被投資方宣告發放的現金股利同時滿足股利收入的確認條件時，投資方按應享有的份額，借記「應收股利」科目，貸記「投資收益」科目；資產負債表日或付息日，投資方按債券面值和票面利率計提利息時，借記「應收利息」科目，貸記「投資收益」科目。企業收到上述現金股利或債券利息時，借記「銀行存款」科目，貸記「應收股利」或「應收利息」科目。

【例 4-4】接【例 4-1】的資料。甲股份有限公司持有 A 公司股票 50,000 股。2×19 年 3 月 20 日，A 公司宣告 2×18 年度利潤分配方案，每股分派現金股利 0.30 元（該現金股利已同時滿足股利收入的確認條件），並於 2×19 年 4 月 15 日發放。甲股份有限公司帳務處理如下：

（1）2×19 年 3 月 20 日，A 公司宣告分派現金股利。

應收現金股利 = 0.30×50,000 = 15,000（元）

	借方	貸方
借：應收股利	15,000	
貸：投資收益		15,000

（2）2×19 年 4 月 15 日，收到 A 公司派發的現金股利。

	借方	貸方
借：銀行存款	15,000	
貸：應收股利		15,000

【例 4-5】接【例 4-3】的資料。2×19 年 12 月 31 日，甲股份有限公司對持有的面值 80,000 元、期限 5 年、票面利率 6%、每年 6 月 30 日付息的 C 公司債券計提利息。甲股份有限公司帳務處理如下：

應收債券利息 $= 80,000 \times 6\% \times \frac{6}{12} = 2,400$（元）

借：應收利息　　2,400
　貸：投資收益　　2,400

三、交易性金融資產的期末計量

交易性金融資產的期末計量是指採用一定的價值標準，對交易性金融資產的期末價值進行後續計量，並以此列示於資產負債表中的會計程序。交易性金融資產在最初取得時，是按公允價值入帳的，反應了企業取得交易性金融資產的實際成本，但交易性金融資產的公允價值是不斷變化的，會計期末的公允價值則代表了交易性金融資產的現時價值。根據企業會計準則的規定，資產負債表日，交易性金融資產應按公允價值反應，公允價值的變動計入當期損益。

資產負債表日，交易性金融資產的公允價值高於其帳面餘額時，應按兩者之間的差額，調增交易性金融資產的帳面餘額，同時確認公允價值上升的收益，借記「交易性金融資產——公允價值變動」科目，貸記「公允價值變動損益」科目；交易性金融資產的公允價值低於其帳面餘額時，應按兩者之間的差額，調減交易性金融資產的帳面餘額，同時確認公允價值下跌的損失，借記「公允價值變動損益」科目，貸記「交易性金融資產——公允價值變動」科目。

【例 4-6】甲股份有限公司每年 12 月 31 日對持有的交易性金融資產按公允價值進行後續計量，確認公允價值變動損益。2×19 年 12 月 31 日，甲公司持有的交易性金融資產帳面餘額和公允價值表如表 4-1 所示。

表 4-1　交易性金融資產帳面餘額和公允價值表

2×19 年 12 月 31 日　　單位：元

交易性金融資產項目	調整前帳面餘額	期末公允價值	公允價值變動損益	調整後帳面餘額
A 公司股票	325, 000	260, 000	-65, 000	260, 000
B 公司股票	252, 000	297, 000	45, 000	297, 000
C 公司債券	82, 000	85, 000	3, 000	85, 000

根據表 4-1 資料，甲股份有限公司 2×19 年 12 月 31 日確認公允價值變動損益的帳務處理如下：

借：公允價值變動損益　　65, 000
　貸：交易性金融資產——公允價值變動（A 公司股票）　　65, 000
借：交易性金融資產——公允價值變動（B 公司股票）　　45, 000
　貸：公允價值變動損益　　45, 000
借：交易性金融資產——公允價值變動（C 公司債券）　　3, 000
　貸：公允價值變動損益　　3, 000

四、交易性金融資產的處置

交易性金融資產的處置損益是指處置交易性金融資產實際收到的價款，減去處置交易性金融資產帳面餘額後的差額。其中，交易性金融資產的帳面餘額是指交易性金融資產的初始入帳金額加上或減去資產負債表日累計公允價值變動後的金額。如果在處置交易性金融資產時，已計入應收項目的現金股利或債券利息尚未收回，還應從處置價款中扣除該部分現金股利或債券利息之後，確認處置損益。處置交易性金融資產時，該交易性金融資產在持有期間已確認的累計公允價值變動淨損益應確認為處置當期投資收益，同時調整公允價值變動損益。

企業處置交易性金融資產時，應按實際收到的處置價款，借記「銀行存款」科目，按該交易性金融資產的初始入帳金額，貸記「交易性金融資產——成本」科目，按該項交易性金融資產的累計公允價值變動金額，貸記或借記「交易性金融資產——公允價值變動」科目，按已計入應收項目但尚未收回的現金股利或債券利息，貸記「應收股利」或「應收利息」科目，按上述差額，貸記或借記「投資收益」科目。同時，企業將該交易性金融資產持有期間已確認的累計公允價值變動淨損益確認為處置當期投資收益，借記或貸記「公允價值變動損益」科目，貸記或借記「投資收益」科目。

【例 4-7】接**【例 4-1】**和**【例 4-6】**的資料。2×20 年 2 月 20 日，甲股份有限公司將持有的 A 公司股票售出，實際收到出售價款 266,000 元。股票出售日，A 公司股票帳面價值 260,000 元，其中成本 325,000 元，公允價值變動（貸方）65,000 元。甲股份有限公司帳務處理如下：

處置損益＝266,000－260,000＝6,000（元）

借：銀行存款　266,000
　　交易性金融資產——公允價值變動（A 公司股票）　65,000
　貸：交易性金融資產——成本（A 公司股票）　325,000
　　　投資收益　6,000
借：投資收益　65,000
　貸：公允價值變動損益　65,000

【例 4-8】接**【例 4-2】**和**【例 4-6】**的資料。甲股份有限公司持有 B 公司股票 30,000 股。2×20 年 3 月 5 日，B 公司宣告 2×19 年度利潤分配方案，每股分派現金股利 0.10 元（該現金股利已同時滿足股利收入的確認條件），並擬於 2×20 年 4 月 15 日發放；2×20 年 4 月 1 日，甲股份有限公司將持有的 B 公司股票售出，實際收到出售價款 298,000 元。股票出售日，B 公司股票帳面價值 297,000 元，其中成本 252,000 元，公允價值變動（借方）45,000 元。甲股份有限公司帳務處理如下：

（1）2×20 年 3 月 5 日，B 公司宣告分派現金股利。

應收現金股利＝0.10×30,000＝3,000（元）

借：應收股利　3,000
　貸：投資收益　3,000

（2）2×20 年 4 月 1 日，將 B 公司股票售出。

處置損益＝298,000－297,000－3,000＝－2,000（元）

借：銀行存款　298,000
　　投資收益　2,000
　貸：交易性金融資產——成本（B 公司股票）　252,000
　　　　　　　　　　——公允價值變動（B 公司股票）　45,000
　　　應收股利　3,000
借：公允價值變動損益　45,000
　貸：投資收益　45,000

【例 4-9】接**【例 4-3】**、**【例 4-5】**和**【例 4-6】**的資料。2×20 年 7 月 10 日，甲股份有限公司將 C 公司債券售出，實際收到出售價款 88,600 元。債券出售日，C 公司債券帳面價值為 85,000 元，其中成本 82,000 元，公允價值變動（借方）3,000 元。甲股份有限公司帳務處理如下：

處置損益＝88,600－85,000＝3,600（元）

借：銀行存款 88,600
  貸：交易性金融資產——成本（C公司債券） 82,000
    ——公允價值變動（C公司債券） 3,000
    投資收益 3,600
借：公允價值變動損益 3,000
  貸：投資收益 3,000

第三節　債權投資

一、債權投資的初始計量

債權投資是指企業以購買債券等方式投放資本、分期或到期一次向債務人收取利息並收回本金的一種投資方式。企業應當設置「債權投資」科目，核算取得的以攤餘成本計量的債權投資，並按照債權投資的類別和品種，分別按「成本」「利息調整」和「應計利息」進行明細核算。其中，「成本」明細科目反應債權投資的面值；「利息調整」明細科目反應債權投資的初始入帳金額與面值的差額以及按照實際利率法分期攤銷後該差額的攤餘金額；「應計利息」明細科目反應企業計提的到期一次還本付息債權投資應計未付的利息。

債權投資應當按取得時的公允價值與相關交易費用之和作為初始入帳金額。如果實際支付的價款中包含已到付息期但尚未領取的債券利息，企業應單獨確認為應收項目，不構成債權投資的初始入帳金額。

企業取得債權投資時，應按該投資的面值，借記「債權投資——成本」科目，按支付的價款中包含的已到付息期但尚未領取的利息，借記「應收利息」科目，按實際支付的金額，貸記「銀行存款」等科目，按其差額，借記或貸記「債權投資——利息調整」科目。收到支付的價款中包含的已到付息期但尚未領取的利息，借記「銀行存款」科目，貸記「應收利息」科目。

【例4-10】2×15年1月1日，甲股份有限公司從活躍市場上購入A公司當日發行的面值600,000元、期限4年、票面利率5%、每年12月31日付息、到期還本的債券並分類為以攤餘成本計量的金融資產，實際支付購買價款（包括交易費用）600,000元。甲股份有限公司帳務處理如下：

借：債權投資——成本（A公司債券） 600,000
  貸：銀行存款 600,000

【例4-11】2×15年1月1日，甲股份有限公司從活躍市場上購入B公司當日發行的面值500,000元、期限5年、票面利率6%、每年12月31日付息、到期還本的債券並分類為以攤餘成本計量的金融資產，實際支付購買價款（包括交易費用）528,000元。甲股份有限公司帳務處理如下：

借：債權投資——成本（B公司債券） 500,000
    ——利息調整（B公司債券） 28,000
  貸：銀行存款 528,000

【例4-12】2×16年1月1日，甲股份有限公司從活躍市場上購入C公司於2×15年1月1日發行的面值800,000元、期限5年、票面利率5%、每年12月31日付息、到期還本的債券並分類為以攤餘成本計量的金融資產，實際支付購買價款（包括交易費用）818,500元，該價款中包含已到付息期但尚未支付的利息40,000元。甲股份有限公司帳務處理如下：

(1) 購入債券時。

初始入帳金額=818,500-40,000=778,500 (元)

借：債權投資——成本 (C公司債券)　　800,000
　　應收利息　　40,000
　貸：銀行存款　　818,500
　　　債權投資——利息調整 (C公司債券)　　21,500

(2) 收到債券利息時。

借：銀行存款　　40,000
　貸：應收利息　　40,000

二、債權投資利息收入的確認

(一) 確認利息收入的方法

1. 債權投資的帳面餘額與攤餘成本

以攤餘成本計量的債權投資的帳面餘額是指「債權投資」科目的帳面實際餘額，即債權投資的初始入帳金額加上 (初始入帳金額低於面值時) 或減去 (初始入帳金額高於面值時) 利息調整的累計攤銷額後的餘額，或者債權投資的面值加上 (初始入帳金額高於面值時) 或減去 (初始入帳金額低於面值時) 利息調整的攤餘金額，用公式表示如下：

帳面餘額=初始入帳金額±利息調整累計攤銷額=面值±利息調整的攤餘金額

需要注意的是，如果債權投資為到期一次還本付息的債券，其帳面餘額還應當包括應計未付的債券利息；如果債權投資提前收回了部分本金，其帳面餘額還應當扣除已償還的本金。

債權投資的攤餘成本是指該金融資產的初始入帳金額經下列調整後的結果：

(1) 扣除已償還的本金。

(2) 加上或減去採用實際利率法將該初始入帳金額與到期日金額之間的差額進行攤銷形成的累計攤銷額。

(3) 扣除累計計提的損失準備。

在會計處理上，以攤餘成本計量的債權投資計提的損失準備是通過專門設置的「債權投資減值準備」科目單獨核算的，從會計科目之間的關係來看，債權投資的攤餘成本也可用下式來表示：

攤餘成本=「債權投資」科目的帳面餘額-「債權投資減值準備」科目的帳面餘額

因此，如果債權投資沒有計提損失準備，其攤餘成本等於帳面餘額。

2. 實際利率法

實際利率法是指以實際利率為基礎計算確定金融資產的帳面餘額 (或攤餘成本) 以及將利息收入分攤計入各會計期間的方法。實際利率是指將金融資產在預期存續期的估計未來現金流量，折現為該金融資產帳面餘額使用的利率。例如，企業購入債券作為債權投資，實際利率就是將該債券未來收回的利息和面值折算為現值恰好等於債權投資初始入帳金額的折現率。

對於沒有發生信用減值的債權投資，企業採用實際利率法確認利息收入並確定帳面餘額的程序如下：

(1) 以債權投資的面值乘以票面利率計算確定應收利息。

(2) 以債權投資的期初帳面餘額乘以實際利率計算確定利息收入 (總額法)。

(3) 以應收利息與利息收入的差額作為當期利息調整攤銷額。

(4) 以債權投資的期初帳面餘額加上 (初始入帳金額低於面值時) 或減去 (初始入帳金額高於面值時) 當期利息調整的攤銷額作為期末帳面餘額。

對於已發生信用減值的債權投資，企業應當以該債權投資的攤餘成本乘以實際利率（或經信用調整的實際利率）計算確定其利息收入（淨額法）。關於已發生信用減值的債權投資的具體會計處理此處不涉及，在本書後面的內容中，只涉及沒有發生信用減值的債權投資的會計處理。

（二）分期付息債券利息收入的確認

以攤餘成本計量的債權投資如為分期付息、一次還本的債券，企業應當於付息日或資產負債表日計提債券利息，計提的利息通過「應收利息」科目核算，同時確認利息收入。付息日或資產負債表日，企業按照以債權投資的面值和票面利率計算確定的應收利息，借記「應收利息」科目，按照以債權投資的帳面餘額和實際利率計算確定的利息收入，貸記「投資收益」科目，按其差額，借記或貸記「債權投資——利息調整」科目。企業收到上述應計未收的利息時，借記「銀行存款」科目，貸記「應收利息」科目。

企業一般應當採用實際利率計算確認利息收入，但若實際利率與票面利率差別較小，也可以按票面利率計算確認利息收入，即付息日或資產負債表日，按照以債權投資的面值和票面利率計算確定的應收利息，借記「應收利息」科目，按照以債權投資的帳面餘額和票面利率計算確定的利息收入，貸記「投資收益」科目，按其差額，借記或貸記「債權投資——利息調整」科目。

【例 4-13】接**【例 4-10】**的資料。甲股份有限公司於 2×15 年 1 月 1 日購入的面值 600,000 元、期限 4 年、票面利率 5%、每年 12 月 31 日付息、到期還本、初始入帳金額為 600,000 元的 A 公司債券。甲股份有限公司在持有期間每一付息日確認利息收入的帳務處理如下：

債券利息 = 600,000×5% = 30,000（元）

借：應收利息　　30,000

　貸：投資收益　　30,000

收到上述債券利息時，甲股份有限公司帳務處理如下：

借：銀行存款　　30,000

　貸：應收利息　　30,000

【例 4-14】接**【例 4-11】**的資料。甲股份有限公司（以下簡稱甲公司）於 2×15 年 1 月 1 日購入的面值 500,000 元、期限 5 年、票面利率 6%、每年 12 月 31 日付息、初始入帳金額為 528,000 元的 B 公司債券，在持有期間採用實際利率法確認利息收入並確定帳面餘額。經估算（估算過程此處從略）債券的實際利率為 4.72%，甲公司採用實際利率法確認利息收入並確定帳面餘額的帳務處理如下：

（1）採用實際利率法編製利息收入與帳面餘額計算表。甲公司採用實際利率法編製的利息收入與帳面餘額計算表如表 4-2 所示。

表 4-2　利息收入與帳面餘額計算表

日期	應收利息（元）	實際利率（%）	利息收入（元）	利息調整攤銷（元）	期末攤餘成本（元）
2×15 年 1 月 1 日					528,000
2×15 年 12 月 31 日	30,000	4.72	24,922	5,078	522,922
2×16 年 12 月 31 日	30,000	4.72	24,682	5,318	517,604
2×17 年 12 月 31 日	30,000	4.72	24,431	5,569	512,035
2×18 年 12 月 31 日	30,000	4.72	24,168	5,832	506,203
2×19 年 12 月 31 日	30,000	4.72	23,797	6,203	500,000
合計	150,000	—	122,000	28,000	—

(2) 編製各年確認利息收入並攤銷利息調整的會計分錄。

①2×15 年 12 月 31 日，確認甲公司債券實際利息收入、收到債券利息。

借：應收利息　30,000
　貸：投資收益　24,922
　　　債權投資——利息調整（B 公司債券）　5,078
借：銀行存款　30,000
　貸：應收利息　30,000

②2×16 年 12 月 31 日，確認甲公司債券實際利息收入、收到債券利息。

借：應收利息　30,000
　貸：投資收益　24,682
　　　債權投資——利息調整（B 公司債券）　5,318
借：銀行存款　30,000
　貸：應收利息　30,000

③2×17 年 12 月 31 日，確認甲公司債券實際利息收入、收到債券利息。

借：應收利息　30,000
　貸：投資收益　24,431
　　　債權投資——利息調整（B 公司債券）　5,569
借：銀行存款　30,000
　貸：應收利息　30,000

④2×18 年 12 月 31 日，確認甲公司債券實際利息收入、收到債券利息。

借：應收利息　30,000
　貸：投資收益　24,168
　　　債權投資——利息調整（B 公司債券）　5,832
借：銀行存款　30,000
　貸：應收利息　30,000

⑤2×19 年 12 月 31 日，確認甲公司債券實際利息收入、收到債券利息和本金。

借：應收利息　30,000
　貸：投資收益　23,797
　　　債權投資——利息調整（B 公司債券）　6,203
借：銀行存款　30,000
　貸：應收利息　30,000
借：銀行存款　500,000
　貸：債權投資——成本（B 公司債券）　500,000

【例 4-15】接**【例 4-12】**的資料。甲股份有限公司（以下簡稱甲公司）於 2×16 年 1 月 1 日購入的面值 800,000 元、期限 5 年（發行日為 2×15 年 1 月 1 日）、票面利率 5%、每年 12 月 31 日付息、初始入帳金額為 778,500 元（實際支付的購買價款 818,500 元扣除購買價款中包含的已到付息期但尚未支付的利息 40,000 元）的 C 公司債券，在持有期間採用實際利率法確認利息收入並確定帳面餘額。經估算（估算過程此處從略）債券的實際利率為 5.78%，甲公司採用實際利率法確認利息收入並確定帳面餘額的帳務處理如下：

(1) 採用實際利率法編製利息收入與帳面餘額計算表。甲公司採用實際利率法編製的利息收入與帳面餘額計算表如表 4-3 所示。

表 4-3　利息收入與帳面餘額計算表

日期	應收利息（元）	實際利率（%）	利息收入（元）	利息調整攤銷（元）	期末攤餘成本（元）
2×16 年 1 月 1 日					778, 500
2×16 年 12 月 31 日	40, 000	5. 78	44, 997	4, 997	783, 497
2×17 年 12 月 31 日	40, 000	5. 78	45, 286	5, 286	788, 783
2×18 年 12 月 31 日	40, 000	5. 78	45, 592	5, 592	794, 375
2×19 年 12 月 31 日	40, 000	5. 78	45, 625	5, 625	800, 000
合計	160, 000	—	181, 500	21, 500	—

（2）編製各年確認利息收入並攤銷利息調整的會計分錄。

①2×16 年 12 月 31 日，確認甲公司債券實際利息收入、收到債券利息。

借：應收利息　40, 000
　　債權投資——利息調整（C 公司債券）　4, 997
　貸：投資收益　44, 997
借：銀行存款　40, 000
　貸：應收利息　40, 000

②2×17 年 12 月 31 日，確認甲公司債券實際利息收入、收到債券利息。

借：應收利息　40, 000
　　債權投資——利息調整（C 公司債券）　5, 286
　貸：投資收益　45, 286
借：銀行存款　40, 000
　貸：應收利息　40, 000

③2×18 年 12 月 31 日，確認甲公司債券實際利息收入、收到債券利息。

借：應收利息　40, 000
　　債權投資——利息調整（C 公司債券）　5, 592
　貸：投資收益　45, 592
借：銀行存款　40, 000
　貸：應收利息　40, 000

④2×19 年 12 月 31 日，確認甲公司債券實際利息收入、收到債券利息和本金。

借：應收利息　40, 000
　　債權投資——利息調整（C 公司債券）　5, 625
　貸：投資收益　45, 625
借：銀行存款　40, 000
　貸：應收利息　40, 000
借：銀行存款　800, 000
　貸：債權投資——成本（C 公司債券）　800, 000

（三）到期一次還本付息債券利息收入的確認

以攤餘成本計量的債權投資如為到期一次還本付息的債券，企業應當於資產負債表日計提債券利息，計提的利息通過「債權投資——應計利息」科目核算，同時按實際利率法確認利息收入並攤銷利息調整。資產負債表日，企業按照以債權投資的面值和票面利率計算確定的應收利息，借記「債權投資——應計利息」科目，按照以債權投資的帳面餘額和實際利率計算確定的利息收入，貸記「投資收益」科目，按其差額，借記或貸記「債權投資——利息調整」科目。

【例 4-16】2×15 年 1 月 1 日，甲股份有限公司（以下簡稱甲公司）購入 A 公司當日發行的面值 1,000,000 元、期限 5 年、票面利率 5%、到期一次還本付息（利息不計複利）的債券並分類為以攤餘成本計量的金融資產，實際支付的購買價款（包括交易費用）為 912,650 元。甲公司在持有期間採用實際利率法確認利息收入並確定帳面餘額。經估算（估算過程此處從略）債券的實際利率為 6.5%，甲公司採用實際利率法確認利息收入並確定帳面餘額的帳務處理如下：

（1）2×15 年 1 月 1 日，購入 A 公司債券。

借：債權投資——成本（A 公司債券）　1,000,000
　貸：銀行存款　912,650
　　債權投資——利息調整（A 公司債券）　87,350

（2）採用實際利率法編製利息收入與帳面餘額計算表。甲公司採用實際利率法編製的利息收入與帳面餘額計算表如表 4-4 所示。

表 4-4　利息收入與帳面餘額計算表

日期	應計利息（元）	實際利率（%）	利息收入（元）	利息調整攤銷（元）	期末攤餘成本（元）
2×15 年 1 月 1 日					912,650
2×15 年 12 月 31 日	50,000	6.5	59,322	9,322	971,972
2×16 年 12 月 31 日	50,000	6.5	63,178	13,178	1,035,150
2×17 年 12 月 31 日	50,000	6.5	67,285	17,285	1,102,435
2×18 年 12 月 31 日	50,000	6.5	71,658	21,658	1,174,093
2×19 年 12 月 31 日	50,000	6.5	75,907	25,907	1,250,000
合計	250,000	—	337,350	87,350	—

（3）編製各年確認利息收入並攤銷利息調整的會計分錄。

①2×15 年 12 月 31 日，確認甲公司債券實際利息收入、收到債券利息。

借：債權投資——應計利息（A 公司債券）　50,000
　　　　——利息調整（A 公司債券）　9,322
　貸：投資收益　59,322

②2×16 年 12 月 31 日，確認甲公司債券實際利息收入、收到債券利息。

借：債權投資——應計利息（A 公司債券）　50,000
　　　　——利息調整（A 公司債券）　13,178
　貸：投資收益　63,178

③2×17 年 12 月 31 日，確認甲公司債券實際利息收入、收到債券利息。

借：債權投資——應計利息（A 公司債券）　50,000
　　　　——利息調整（A 公司債券）　17,285
　貸：投資收益　67,285

④2×18 年 12 月 31 日，確認甲公司債券實際利息收入、收到債券利息。

借：債權投資——應計利息（A 公司債券）　50,000
　　　　——利息調整（A 公司債券）　21,658
　貸：投資收益　71,658

⑤2×19 年 12 月 31 日，確認甲公司債券實際利息收入、收到債券利息。

借：債權投資——應計利息（A公司債券）　50,000
　　——利息調整（A公司債券）　25,907
　貸：投資收益　75,907

（5）債券到期，收回債券本息。

借：銀行存款　1,250,000
　貸：債權投資——成本（A公司債券）　1,000,000
　　——應計利息（A公司債券）　250,000

三、債權投資的處置

企業處置以攤餘成本計量的債權投資時，應將取得的價款與該債權投資帳面價值之間的差額計入投資收益。其中，債權投資的帳面價值是指債權投資的帳面餘額減除已計提的減值準備後的差額，即攤餘成本。如果在處置債權投資時，企業已計入應收項目的債券利息尚未收回，還應從處置價款中扣除該部分債券利息之後，確認處置損益。

企業處置債權投資時，應按實際收到的處置價款，借記「銀行存款」科目，按債權投資的面值，貸記「債權投資——成本」科目，按應計未收的利息，貸記「應收利息」科目或「債權投資——應計利息」科目，按利息調整攤餘金額，貸記或借記「債權投資——利息調整」科目，按上述差額，貸記或借記「投資收益」科目。

【例4-17】2×16年1月1日，甲股份有限公司（以下簡稱甲公司）購入面值200,000元、期限5年、票面利率5%、每年12月31日付息的C公司債券並分類為以攤餘成本計量的金融資產。2×19年9月1日，甲公司將C公司債券全部售出，實際收到出售價款206,000元。C公司債券的初始入帳金額為200,000元。甲公司帳務處理如下：

借：銀行存款　206,000
　貸：債權投資——成本（C公司債券）　200,000
　　投資收益　6,000

【例4-18】2×16年1月1日，甲股份有限公司（以下簡稱甲公司）購入面值600,000元、期限6年、票面利率6%、每年12月31日付息的D公司債券並分類為以攤餘成本計量的金融資產。2×19年3月1日，甲公司將D公司債券全部售出，實際收到出售價款625,000元。出售日，D公司債券的帳面餘額為614,500元，其中成本600,000元，利息調整14,500元。甲公司帳務處理如下：

借：銀行存款　625,000
　貸：債權投資——成本（D公司債券）　600,000
　　——利息調整（D公司債券）　14,500
　　投資收益　10,500

【例4-19】2×17年1月1日，甲股份有限公司（以下簡稱甲公司）購入面值400,000元、期限5年（發行日為2×15年7月1日）、票面利率5%、每年6月30日付息的E公司債券並分類為以攤餘成本計量的金融資產。2×19年1月20日，甲公司將E公司債券全部售出，實際收到價款406,500元。出售日，E公司債券帳面餘額為397,200元，其中成本400,000元，利息調整（貸方餘額）2,800元。2×18年12月31日，甲公司計提E公司債券利息10,000元。甲公司帳務處理如下：

借：銀行存款　406,500
　債權投資——利息調整（E公司債券）　2,800
　投資收益　700
　貸：債權投資——成本（E公司債券）　400,000
　　應收利息　10,000

第四節　應收款項

一、應收票據

（一）應收票據的性質與分類

應收票據是指企業因銷售商品、產品和提供勞務等持有的尚未到期兌現的票據。票據有的在銷售商品或產品時直接收到，有的在抵付應收帳款時收到。由於在中國的會計實務中，支票、銀行本票以及銀行匯票都為見票即付的票據，無須將其列入應收票據處理，因此中國的應收票據僅指尚未到期兌現的商業匯票。商業匯票主要有以下兩種分類方法：

1. 按承兌人分類

商業匯票根據承兌人的不同，可以分為商業承兌匯票和銀行承兌匯票兩種。

商業承兌匯票是指由收款人簽發，經付款人承兌，或者由付款人簽發並承兌的匯票。商業承兌匯票必須經由付款人承兌，在匯票上簽署「承兌」字樣並加蓋與在銀行預留印鑒相符的印章，才具有法律效力。對其所承兌的匯票，付款人負有到期無條件支付票款的責任。銀行只負責在匯票到期日憑票將款項從付款人帳戶劃轉給收款人或貼現銀行，不承擔付款責任。如果付款人銀行存款餘額不足以支付票款，銀行直接將匯票退還收款人，由雙方自行處理。

銀行承兌匯票是指由收款人或承兌申請人簽發，並由承兌申請人向開戶銀行申請，經銀行審查同意承兌的票據。銀行根據有關政策規定對承兌申請人所持匯票和購銷合同進行審查，符合承兌條件的，即與承兌申請人簽訂承兌協議，並在匯票上簽章，同時向承兌申請人收取一定比例的承兌手續費。匯票到期時，無論承兌申請人是否將票款足額繳存其開戶銀行，承兌銀行都應向收款人或貼現銀行無條件履行付款責任。

2. 按是否計息分類

商業匯票根據是否計息不同，可以分為不帶息商業匯票和帶息商業匯票兩種。

不帶息商業匯票是指票據到期時，承兌人只按票面金額（面值）向收款人或被背書人支付款項的匯票，票據到期值等於其面值。

帶息商業匯票是指票據到期時，承兌人應按票面金額加上按票據規定利率計算的到期利息向收款人或被背書人支付款項的匯票。帶息票據的到期值等於其面值加上到期應計利息。中國會計實務中主要使用不帶息商業匯票。

（二）應收票據的計價

應收票據的計價是指確定應收票據入帳價值的標準。應收票據的計價方法一般有兩種：一是按票據到期值的現值計價，這種方法在理論上更為可取；另一種是按票據的面值計價，期限較短的票據，一般採用這種計價方法。中國目前准許使用的商業匯票最長期限為 6 個月，利息金額相對來說不大，用現值記帳不但計算麻煩，而且其折價的逐期攤銷過於繁瑣，因此在會計實務中都是按面值計價，但對於帶息和不帶息票據，其會計處理不盡相同。

1. 不帶息票據

不帶息票據的到期值為其票面價值。企業因銷售商品等收到商業匯票時，應根據票面價值，借記「應收票據」科目，貸記「主營業務收入」「應交稅費」等科目。票據到期收到票據款時，企業應借記「銀行存款」科目，貸記「應收票據」科目。企業收到用於抵付以往應收帳款的票據時，借記「應收票據」科目，貸記「應收帳款」科目。

【例 4-20】甲公司 2×19 年 6 月銷售一批產品給乙公司，甲公司開具的增值稅專用發票上註明的商品價款為 80,000 元，增值稅銷項稅額為 10,400 元。甲公司當日收到乙公司簽發的不帶息商業承兌匯票一張，該票據的期限為 3 個月。假定符合收入的確認條件，甲公司帳務處理如下：

(1) 確認收入並記錄債權。

借：應收票據　90, 400

　貸：主營業務收入　80, 000

　　應交稅費——應交增值稅（銷項稅額）　10, 400

(2) 票據到期時，收回款項並存入銀行。

借：銀行存款　90, 400

　貸：應收票據　90, 400

2. 帶息票據

帶息票據的到期值為票面價值加上到期應計利息，即

帶息票據到期值=應收票據面值×(1+利率×期限)

其中，利率是指票面規定的利率，一般以年利率表示；期限是指從票據生效之日起到票據到期日止的時間間隔。

帶息票據到期，企業收到承兌人兌付的到期值票款時，按實際收到的款項，借記「銀行存款」科目，按應收票據帳面餘額，貸記「應收票據」科目，實際收款額大於應收票據帳面餘額的差額即為票據利息額，做衝減財務費用處理。

當企業應收票據到期，承兌人無力兌付票款而退票（一般發生在採用商業承兌匯票的結算方式中），且付款人不再簽發新票據時，企業應將票據面值與應計未收利息之和一併轉為應收帳款，借記「應收帳款」科目，貸記「應收票據」科目和「財務費用」科目。

【例 4-21】乙公司於 2×19 年 12 月 1 日收到客戶為償付當年 11 月購貨款 64, 000 元交來的當天簽發的 60 天到期的商業承兌匯票，利率為 9%，在年末應確認該票據 30 天的應計利息 480 元。乙公司帳務處理如下：

(1) 收到票據時。

借：應收票據　64, 000

　貸：應收帳款　64, 000

(2) 2×19 年年末確認應計利息時。

借：應收票據　480

　貸：財務費用　480

(3) 票據在到期日如數兌現時。

借：銀行存款　64, 960

　貸：應收票據　64, 480

　　財務費用　480

3. 應收票據背書轉讓

應收票據背書轉讓是指持票人因償還前欠貨款等原因，將未到期的商業匯票背書轉讓給其他單位或個人的業務活動。根據相關金融制度的規定，企業可以將自己持有的應收票據進行背書轉讓，用以購買需要的物資或償還債務。背書是指持票人在票據背面簽字記載有關事項的票據行為，簽字人稱為背書人，背書人對票據的到期付款應當承擔連帶責任。

企業將持有的應收票據背書轉讓，以取得所需物資時，按增值稅專用發票上註明的計入物資成本的價值，借記「材料採購」「庫存商品」或「原材料」等科目，按增值稅稅額，借記「應交稅費——應交增值稅（進項稅額）」科目，按應收票據的帳面餘額，貸記「應收票據」科目，按補付或收到的差額，借記或貸記「銀行存款」科目。

如果是帶息票據，企業按增值稅專用發票上註明的計入物資成本的價值，借記「材料採購」「庫存商品」或「原材料」等科目，按增值稅稅額，借記「應交稅費——應交增值稅（進項稅額）」科目，按應收票據的面值，貸記「應收票據」科目，按收到或補付的差額，借記或貸記「銀行存款」科目，按尚未計提的利息，貸記「財務費用」科目。

4. 應收票據的貼現

企業持有的應收票據在到期前，如果出現資金短缺，可以持未到期的商業匯票向其開戶行申請貼現，以便獲得所需要的資金。應收票據貼現是持票人因急需資金，將未到期的商業匯票背書轉讓給銀行，銀行受理後從票據到期值中扣除貼現利息後，將餘額支付給貼現企業的業務活動。

(1) 不帶息應收票據的貼現。當企業向銀行貼現不帶息票據時，票據到期值為票據面值。貼現息為票據面值、貼現率、貼現期三者的乘積，貼現所得是票據面值與貼現息之差。

【例 4-22】甲企業於 2×19 年 7 月 1 日將當天收到的面值 40,000 元、期限 6 個月的無息銀行承兌匯票到銀行辦理貼現，貼現率為 10%。貼現額的計算及甲企業帳務處理如下：

票據面值	40,000		
減：貼現息（40,000×10%×6÷12）	2,000		
貼現所得	38,000		
借：銀行存款		38,000	
財務費用		2,000	
貸：應收票據			40,000

(2) 帶息應收票據的貼現。帶息應收票據的貼現息和貼現所得應按下列公式計算：

貼現息＝票據到期值×貼現率×貼現期

貼現所得＝票據到期值－貼現息

其中，票據到期值是票據的面值加上按票據載明的利率計算的票據全部期間的利息。

【例 4-23】甲企業將 4 月 1 日收到的面值 50,000 元、票面利率 8%、當年 7 月 1 日到期的帶息銀行承兌匯票於當年 6 月 1 日去銀行貼現，貼現率為 10%。貼現額的計算及甲企業帳務處理如下：

票據面值	50,000		
票據附息（50,000×8%×90÷360）	1,000		
票據到期值	51,000		
減：貼現息（51,000×10%×30÷360）	425		
貼現所得	50,575		
借：銀行存款		50,575	
貸：應收票據			50,000
財務費用			575

二、應收帳款

(一) 應收帳款的概念及確認

應收帳款是企業因對外銷售商品、產品、提供勞務等經營活動而應向客戶收取的款項。具體而言，應收帳款是指企業因銷售商品、產品或提供勞務等原因，應向購貨客戶或接受勞務的客戶收取的款項或代墊的運雜費等。應收帳款有其特定的範圍：第一，應收帳款是指因銷售活動形成的債權，不包括應收職工欠款、應收債務人利息等其他應收款；第二，應收帳款是指流動資產性質的債權，不包括長期的債權，如購買長期債券和長期股票等；第三，應收帳款是指本企業應收客戶的款項，不包括企業付出的各類存出保證金，如租入包裝物保證金等。企業在確認應收帳款時，應在收入實現時予以確認。

（二）應收帳款的計價

應收帳款通常按實際發生額計價入帳。實際發生額包括銷售商品或提供勞務的價款、增值稅以及代購貨方墊付的包裝費、運雜費等。企業在確認應收帳款的入帳金額時，應當考慮有關的折扣因素。

1. 商業折扣

商業折扣是指企業為了鼓勵購貨方多購買商品，根據市場供需情況，或者針對不同的顧客，在商品標價上給予的扣除。在日常經濟活動中，企業為了擴大銷售或占領市場，對於批發商往往給予商業折扣。因此，商業折扣是企業最常用的促銷手段，通常採用銷量越多價格越低的促銷策略，即薄利多銷的促銷策略。企業在銷售淡季為了擴大銷售，對季節性商品通常採用商業折扣方式。但是，在實際工作中，企業有時利用人們的消費心理，即使在銷售旺季也把商業折扣作為一種促銷競爭的手段。商業折扣一般在交易發生時即刻確定。商業折扣僅僅是確定銷售價格的一種手段，並不需要在購銷雙方任何一方的帳上反應。因此，商業折扣對應收帳款的入帳價值沒什麼實質性影響。在商業折扣條件下，企業應收帳款入帳價值應按扣除商業折扣以後的實際售價確認。

2. 現金折扣

現金折扣是指債權人為了鼓勵客戶，即債務人在規定的期限內付款，而向債務人提供的債務扣除。現金折扣通常發生在以賒銷方式銷售商品及提供勞務的交易中。企業為了鼓勵客戶提前付款，通常與債務人達成協議，債務人在不同期限內付款可以享受不同比例的折扣。現金折扣通常用符號「折扣/付款期限」來表示。例如，在 10 天內付款按照售價給予 2%的折扣，用符號「2/10」表示；在 10 天以上 20 天以內付款按照售價給予 1%的折扣，用符號「1/20」表示；在 20 天以上 30 天內付款則不給予折扣，用符號「N/30」表示。

在存在現金折扣的情況下，企業應當根據合同條款，並結合以往的習慣做法確定交易價格。由於現金折扣合同將來收回金額不確定，屬於存在可變對價的情形，因此企業應當按照期望值或最可能發生的金額確定可變對價的最佳估計數。此時應收帳款入帳價值（最佳估計數）的確定有兩種方法：一種是總價法，另一種是淨價法。總價法是將未減去現金折扣前的金額作為應收帳款的入帳價值。淨價法是將扣減最大現金折扣後的金額作為應收帳款的入帳價值。

根據中國企業會計準則的規定，後續每一資產負債表日，企業應當重新估計應計入交易價格的可變對價金額。對於已履行的履約義務，其分攤的可變對價後續變動額應當調整變動當期的收入。因此，在總價法下，如果客戶能夠在折扣期限內付款，企業應按客戶取得的現金折扣金額調減收入；在淨價法下，如果客戶未能在折扣期限內付款，企業應按客戶喪失的現金折扣金額調增收入。

（三）應收帳款的核算

為了核算和監督應收帳款的增減變動情況，企業應當設置「應收帳款」帳戶，該帳戶屬於資產類帳戶。該帳戶借方登記發生的應收帳款，貸方登記收回的應收帳款，期末餘額一般在借方，表示企業尚未收回的應收帳款；如果期末餘額在貸方，則反應企業預收的帳款。

企業除了進行應收帳款的總分類核算外，還應進行應收帳款的明細分類核算，按照不同的購貨單位和接受勞務的單位設置明細帳。

企業銷售商品或材料等發生應收款項時，借記「應收帳款」科目，貸記「主營業務收入」「應交稅費——應交增值稅（銷項稅額）」「其他業務收入」等科目；收回款項時，借記「銀行存款」科目，貸記「應收帳款」科目。

1. 企業發生的應收帳款在沒有商業折扣的情況下，按應收的全部金額入帳

【例 4-24】甲公司對外賒銷商品一批，貨款總計 90,000 元，適用的增值稅稅率為 13%，代墊運雜費 1,800 元（假設不作為計稅基數）。款項通過銀行轉帳支付，符合收入確認條件。甲公司帳務處理如下：

（1）記錄應收帳款並確認收入。

	借方	貸方
借：應收帳款	103,500	
貸：主營業務收入		90,000
應交稅費——應交增值稅（銷項稅額）		11,700
銀行存款		1,800

（2）收到貨款。

	借方	貸方
借：銀行存款	103,500	
貸：應收帳款		103,500

2. 企業發生的應收帳款在有商業折扣的情況下，按扣除商業折扣後的金額入帳

【例 4-25】甲公司賒銷商品一批給乙公司，按商品價目表的價格計算，貨款金額總計 60,000 元，給乙公司的商業折扣為 10%，適用的增值稅稅率為 13%，代墊運雜費 3,000 元（假設不作為計稅基數）。款項通過銀行轉帳支付，符合收入確認條件。甲公司帳務處理如下：

（1）按扣除商業折扣後的金額，記錄應收帳款並確認收入。

	借方	貸方
借：應收帳款	64,020	
貸：主營業務收入		54,000
應交稅費——應交增值稅（銷項稅額）		7,020
銀行存款		3,000

（2）收到貨款。

	借方	貸方
借：銀行存款	64,020	
貸：應收帳款		64,020

3. 企業發生的應收帳款在有現金折扣的情況下，採用總價法核算，發生的現金折扣調減收入

【例 4-26】甲公司賒銷商品一批，發票價格為 40,000 元，現金折扣條件為「2/10，N/30」。該商品的增值稅稅率為 13%。假定現金折扣不考慮增值稅。採用總價法時，甲公司帳務處理如下：

（1）確認銷售收入和應收帳款時。

	借方	貸方
借：應收帳款	45,200	
貸：主營業務收入		40,000
應交稅費——應交增值稅（銷項稅額）		5,200

（2）假如客戶於 10 天內付款，享受到現金折扣時。

	借方	貸方
借：銀行存款	44,400	
主營業務收入	800	
貸：應收帳款		45,200

（3）假如客戶超過 10 天付款，未享受到現金折扣時。

	借方	貸方
借：銀行存款	45,200	
貸：應收帳款		45,200

三、預付帳款

（一）預付帳款的內容

預付帳款是指企業按照購貨合同規定預付給供應單位的款項。預付帳款是企業暫時被供貨單位占用的資金。企業預付貨款後，有權要求對方按照購貨合同規定發貨。預付帳款必須以購銷雙方簽訂的購貨合同為條件，按照規定的程序和方法進行核算。

為了反應和監督預付帳款的增減變動情況，企業應設置「預付帳款」科目，核算預付帳款增減變動及其結存情況，期末餘額一般在借方，反應企業實際預付的款項。

預付帳款不多的企業，可以不設「預付帳款」帳戶，直接在「應付帳款」帳戶核算。但是，在編製「資產負債表」時，企業應當按預付帳款明細帳貸方餘額與應付帳款明細帳貸方餘額一起合計填列應付帳款項目。

（二）預付帳款的核算

預付帳款的核算包括預付款項和收回貨物兩個方面。

1. 預付款項的會計處理

企業根據購貨合同的規定向供應單位預付款項時，借記「預付帳款」科目，貸記「銀行存款」科目。

2. 收回貨物的會計處理

企業收到所購貨物時，根據有關發票帳單金額，借記「原材料」「應交稅費——應交增值稅（進項稅額）」等科目，貸記「預付帳款」科目。當預付貨款小於採購貨物所需支付的款項時，企業應將不足部分補付，借記「預付帳款」科目，貸記「銀行存款」科目。當預付貨款大於採購貨物所需支付的款項時，企業對收回的多餘款項應借記「銀行存款」科目，貸記「預付帳款」科目。

【例 4-27】甲公司向乙公司採購材料 2,000 千克，單價 50 元，所需支付的款項總額為 100,000 元。甲公司按照合同規定向乙公司預付貨款的 40%，驗收貨物後補付其餘款項。甲公司帳務處理如下：

（1）甲公司預付 40%的貨款。

借：預付帳款	40,000	
貸：銀行存款		40,000

（2）甲公司收到乙公司發來的 2,000 千克材料，驗收無誤，有關發票記載的貨款為 100,000 元，增值稅稅額為 13,000 元。甲公司據此以銀行存款補付不足款項 73,000 元。

借：原材料	100,000	
應交稅費——應交增值稅（進項稅額）	13,000	
貸：預付帳款		113,000
借：預付帳款	73,000	
貸：銀行存款		73,000

四、其他應收款

（一）其他應收款的內容

其他應收款是指除應收票據、應收帳款、預付帳款以外的其他各種應收、暫付款項。其主要內容包括：

（1）應收的各種賠款、罰款，如因企業財產等遭受意外損失而應向有關保險公司收取的賠款等。

（2）應收的出租包裝物租金。

（3）應向職工收取的各種墊付款項，如為職工墊付的水電費，應由職工負擔的醫藥費、房租費等。

(4) 存出保證金，如租入包裝物支付的押金。

(5) 其他各種應收、暫付款項。

(二) 其他應收款的核算

企業應設置「其他應收款」科目對其他應收款進行核算。該科目屬於資產類科目，借方登記發生的各種其他應收款，貸方登記企業收到的款項和結轉情況，餘額一般在借方，表示應收未收的其他應收款項。

企業應定期或至少在每年年度終了時，對其他應收款進行檢查，預計其可能發生的壞帳損失，並計提壞帳準備。對於不能收回的其他應收款應查明原因，追究當事人的責任。對於確實無法收回的，企業按照管理權限，經股東大會或董事會、經理（廠長）會議或類似機構批准，作為壞帳損失，衝減已經提取的壞帳準備。

【例 4-28】甲公司為張強墊付應由其個人負擔的住院醫藥費 600 元，擬從其工資中扣回。甲公司帳務處理如下：

(1) 墊支時。

借：其他應收款　600

　貸：銀行存款　600

(2) 扣款時。

借：應付職工薪酬　600

　貸：其他應收款　600

【例 4-29】甲公司租入包裝物一批，以銀行存款向出租方支付押金 3,000 元。甲公司帳務處理如下：

(1) 支付時。

借：其他應收款　3,000

　貸：銀行存款　3,000

(2) 收到出租方退還的押金時。

借：銀行存款　3,000

　貸：其他應收款　3,000

第五節　其他金融工具投資

一、其他債權投資

(一) 其他債權投資的初始計量

其他債權投資應當按取得該金融資產的公允價值和相關交易費用之和作為初始入帳金額。如果支付的價款中包含已到付息期但尚未領取的利息，企業應單獨確認為應收項目，不構成其他債權投資的初始入帳金額。

企業應當設置「其他債權投資」科目，核算持有的以公允價值計量且其變動計入其他綜合收益的債權投資，並按照其他債權投資的類別和品種，分別按「成本」「利息調整」「應計利息」和「公允價值變動」等進行明細核算。其中，「成本」明細科目反應其他債權投資的面值，「利息調整」明細科目反應其他債權投資的初始入帳金額與其面值的差額以及按照實際利率法分期攤銷後該差額的攤餘金額；「應計利息」明細科目反應企業計提的到期一次還本付息的其他債權投資應計未付的利息；「公允價值變動」明細科目反應其他債權投資的公允價值變動金額。

企業取得其他債權投資時，應按其面值，借記「其他債權投資——成本」科目，按支付的價款中包含的已到付息期但尚未領取的利息，借記「應收利息」科目，按實際支付的金額，貸記「銀行存款」等科目，按上述差額，借記或貸記「其他債權投資——利息調整」科目。

企業收到支付的價款中包含的已到付息期但尚未領取的利息，借記「銀行存款」科目，貸記「應收利息」科目。

【例 4-30】2×17 年 1 月 1 日，甲股份有限公司購入 B 公司當日發行的面值 600,000 元、期限 3 年、票面利率 8%、每年 12 月 31 日付息、到期還本的債券並分類為以公允價值計量且其變動計入其他綜合收益的金融資產，實際支付購買價款（包括交易費用）620,000 元。甲股份有限公司帳務處理如下：

借：其他債權投資——成本（B 公司債券）　600,000

　　　　　　　　——利息調整（B 公司債券）　20,000

　貸：銀行存款　620,000

（二）其他債權投資利息收入的確認

其他債權投資在持有期間確認利息收入的方法與按攤餘成本計量的債權投資相同，即採用實際利率法確認當期利息收入，計入投資收益。需要注意的是，企業在採用實際利率法確認其他債權投資的利息收入時，應當以不包括「公允價值變動」明細科目餘額的其他債權投資帳面餘額和實際利率計算確定利息收入。

其他債權投資如為分期付息、一次還本的債券，企業應於付息日或資產負債表日，按照以其他債權投資的面值和票面利率計算確定的應收利息，借記「應收利息」科目，按照以其他債權投資的帳面餘額（不包括「公允價值變動」明細科目的餘額）和實際利率計算確定的利息收入，貸記「投資收益」科目，按其差額，借記或貸記「其他債權投資——利息調整」科目。企業收到上述應計未收的利息時，借記「銀行存款」科目，貸記「應收利息」科目。其他債權投資如為到期一次還本付息的債券，企業應於資產負債表日，按照以其他債權投資的面值和票面利率計算確定的應收利息，借記「其他債權投資——應計利息」科目，按照以其他債權投資的帳面餘額（不包括「公允價值變動」明細科目的餘額）和實際利率計算確定的利息收入，貸記「投資收益」科目，按其差額，借記或貸記「其他債權投資——利息調整」科目。

【例 4-31】接**【例 4-30】**的資料。甲股份有限公司（以下簡稱甲公司）2×17 年 1 月 1 日購入的面值 600,000 元、期限 3 年、票面利率 8%、每年 12 月 31 日付息、到期還本、初始入帳金額為 620,000 元的 B 公司債券，在持有期間採用實際利率法確認利息收入並確定帳面餘額。經估算（估算過程此處從略），債券的實際利率為 6.74%，在持有期間採用實際利率法確認利息收入並確定帳面餘額（不包括「公允價值變動」明細科目的餘額）。甲公司帳務處理如下：

（1）甲公司採用實際利率法編製利息收入與帳面餘額（不包括「公允價值變動」明細科目的餘額）計算表。甲公司採用實際利率法編製的利息收入與帳面餘額計算表如表 4-5 所示。

表 4-5　利息收入與帳面餘額計算表

日期	應收利息（元）	實際利率（%）	利息收入（元）	利息調整攤銷（元）	期末攤餘成本（元）
2×17 年 1 月 1 日					62,000
2×17 年 12 月 31 日	48,000	6.74	41,788	6,212	613,788
2×18 年 12 月 31 日	48,000	6.74	41,369	6,631	607,157
2×19 年 12 月 31 日	48,000	6.74	40,843	7,157	600,000
合計	144,000	—	124,000	20,000	—

(2) 甲公司編製各年確認利息收入並攤銷利息調整的會計分錄。

①2×17 年 12 月 31 日，甲公司確認 B 公司債券實際利息收入、收到債券利息。

借：應收利息　48,000
　貸：投資收益　41,788
　　　其他債權投資——利息調整（B 公司債券）　6,212
借：銀行存款　48,000
　貸：應收利息　48,000

②2×18 年 12 月 31 日，甲公司確認 B 公司債券實際利息收入、收到債券利息。

借：應收利息　48,000
　貸：投資收益　41,369
　　　其他債權投資——利息調整（B 公司債券）　6,631
借：銀行存款　48,000
　貸：應收利息　48,000

③2×19 年 12 月 31 日，甲公司確認 B 公司債券實際利息收入、收到債券利息。

借：應收利息　48,000
　貸：投資收益　40,843
　　　其他債權投資——利息調整（B 公司債券）　7,157
借：銀行存款　48,000
　貸：應收利息　48,000

(三) 其他債權投資的期末計量

其他債權投資的價值應按資產負債表日的公允價值反應，公允價值的變動計入其他綜合收益。

在資產負債表日，其他債權投資的公允價值高於其帳面餘額時，企業應按兩者之間的差額，調增其他債權投資的帳面餘額，同時將公允價值變動計入其他綜合收益，借記「其他債權投資——公允價值變動」科目，貸記「其他綜合收益——其他債權投資公允價值變動」科目；其他債權投資的公允價值低於其帳面餘額時，企業應按兩者之間的差額，調減其他債權投資的帳面餘額，同時按公允價值變動減記其他綜合收益，借記「其他綜合收益——其他債權投資公允價值變動」科目，貸記「其他債權投資——公允價值變動」科目。

【例 4-32】接**【例 4-30】**和**【例 4-31】**的資料。甲股份有限公司（以下簡稱甲公司）持有的面值 600,000 元、期限 3 年、票面利率 8%、每年 12 月 31 日付息的 B 公司債券，2×17 年 12 月 31 日的市價（不包括應計利息）為 615,000 元，2×18 年 12 月 31 日的市價（不包括應計利息）為 608,000 元。甲公司帳務處理如下：

(1) 2×17 年 12 月 31 日，確認公允價值變動。

公允價值變動 = 615,000 − 613,788 = 1,212（元）

借：其他債權投資——公允價值變動（B 公司債券）　1,212
　貸：其他綜合收益——其他債權投資公允價值變動　1,212

調整後 B 公司債券帳面價值 = 613,788 + 1,212 = 61,5,000（元）

(2) 2×18 年 12 月 31 日，確認公允價值變動。

調整前 B 公司債券帳面價值 = 615,000 − 6,631 = 608,369（元）

公允價值變動 = 608,000 − 608,369 = −369（元）

借：其他綜合收益——其他債權投資公允價值變動　369
　貸：其他債權投資——公允價值變動（B 公司債券）　369

調整後 B 公司債券帳面價值 = 608, 369 - 369 = 608, 000（元）

（四）其他債權投資的處置

企業處置其他債權投資時，應將取得的處置價款與其他債權投資帳面餘額之間的差額，計入投資收益；同時，該金融資產原計入其他綜合收益的累計利得或損失對應處置部分的金額應當從其他綜合收益中轉出，計入投資收益。其中，其他債權投資帳面餘額是指出售前最後一個計量日其他債權投資的公允價值。如果在處置其他債權投資時，已計入應收項目的債券利息尚未收回，企業還應從處置價款中扣除該部分債券利息之後，確認處置損益。

處置其他債權投資時，企業應按實際收到的處置價款，借記「銀行存款」科目，按其他債權投資的面值，貸記「其他債權投資——成本」科目，按應計未收的利息，貸記「應收利息」科目或「其他債權投資——應計利息」科目，按利息調整攤餘金額，貸記或借記「其他債權投資——利息調整」科目，按累計公允價值變動金額，貸記或借記「其他債權投資——公允價值變動」科目，按上述差額，貸記或借記「投資收益」科目。同時，企業將原計入其他綜合收益的累計利得或損失對應處置部分的金額轉出，借記或貸記「其他綜合收益——其他債權投資公允價值變動」科目，貸記或借記「投資收益」科目。

【例 4-33】接**【例 4-30】**、**【例 4-31】**和**【例 4-32】**的資料。2×19 年 3 月 1 日，甲股份有限公司將持有的面值 600, 000 元、期限 3 年、票面利率 8%、每年 12 月 31 日付息、到期還本的 B 公司債券售出，實際收到出售價款 612, 000 元。出售日，B 公司債券帳面餘額（2×18 年 12 月 31 日的公允價值）為 608, 000 元，其中成本 60, 000 元，利息調整（借方）7, 157 元，公允價值變動（借方）843 元（1, 212 - 369）。甲股份有限公司帳務處理如下：

分錄	借方	貸方
借：銀行存款	612, 000	
貸：其他債權投資——成本（B 公司債券）		600, 000
——利息調整（B 公司債券）		7, 157
——公允價值變動（B 公司債券）		843
投資收益		4, 000
借：其他綜合收益——其他債權投資公允價值變動	843	
貸：投資收益		843

二、其他權益工具投資

（一）其他權益工具投資的初始計量

其他權益工具投資應當按取得時的公允價值和相關交易費用之和作為初始入帳金額。如果支付的價款中包含已宣告但尚未發放的現金股利，則應單獨確認為應收項目，不構成其他權益工具投資的初始入帳金額。

企業應當設置「其他權益工具投資」科目，核算持有的指定為以公允價值計量且其變動計入其他綜合收益的非交易性權益工具投資，並按照其他權益工具投資的類別和品種，分別按「成本」和「公允價值變動」進行明細核算。其中，「成本」明細科目反應其他權益工具投資的初始入帳金額，「公允價值變動」明細科目反應其他權益工具投資在持有期間的公允價值變動金額。

企業取得其他權益工具投資時，應按其公允價值與交易費用之和，借記「其他權益工具投資——成本」科目，按支付的價款中包含的已宣告但尚未發放的現金股利，借記「應收股利」科目，按實際支付的金額，貸記「銀行存款」等科目。

企業收到支付的價款中包含的已宣告但尚未發放的現金股利，借記「銀行存款」科目，貸記「應收股利」科目。

【例 4-34】2×17 年 4 月 20 日，甲股份有限公司按每股 7.60 元的價格從二級市場購入 A 公司每股面值 1 元的股票 80,000 股並指定為以公允價值計量且其變動計入其他綜合收益的金融資產，支付交易費用 1,800 元。股票購買價格中包含每股 0.20 元的已宣告但尚未領取的現金股利，該現金股利於 2×17 年 5 月 10 日發放。甲股份有限公司帳務處理如下：

（1）2×17 年 4 月 20 日，購入 A 公司股票。

初始入帳金額 =（7.60－0.20）×80,000+1,800 = 593,800（元）

應收現金股利 = 0.20×80,000 = 16,000（元）

借：其他權益工具投資——成本（A 公司股票）　593,800
　　應收股利　16,000
　貸：銀行存款　609,800

（2）2×17 年 5 月 10 日，收到 A 公司發放的現金股利。

借：銀行存款　16,000
　貸：應收股利　16,000

（二）其他權益工具投資持有收益的確認

其他權益工具投資在持有期間，只有在同時滿足股利收入的確認條件（見交易性金融資產持有收益的確認）時，才能確認為股利收入並計入當期投資收益。

持有其他權益工具投資期間，被投資方宣告發放的現金股利同時滿足股利收入的確認條件時，投資方按應享有的份額，借記「應收股利」科目，貸記「投資收益」科目；收到發放的現金股利時，借記「銀行存款」科目，貸記「應收股利」科目。

【例 4-35】接**【例 4-34】**的資料。甲股份有限公司持有 A 公司股票 80,000 股。2×18 年 4 月 15 日，A 公司宣告每股分派現金股利 0.25 元（該現金股利已同時滿足股利收入的確認條件），並於 2×18 年 5 月 15 日發放。甲股份有限公司帳務處理如下：

（1）2×18 年 4 月 15 日，A 公司宣告分派現金股利。

應收現金股利 = 0.25×80,000 = 20,000（元）

借：應收股利　20,000
　貸：投資收益　20,000

（2）2×18 年 5 月 15 日，收到 A 公司發放的現金股利。

借：銀行存款　20,000
　貸：應收股利　20,000

（三）其他權益工具投資的期末計量

其他權益工具投資的價值應按資產負債表日的公允價值反應，公允價值的變動計入其他綜合收益。

資產負債表日，其他權益工具投資的公允價值高於其帳面餘額時，企業應按兩者之間的差額，調增其他權益工具投資的帳面餘額，同時將公允價值變動計入其他綜合收益，借記「其他權益工具投資——公允價值變動」科目，貸記「其他綜合收益——其他權益工具投資公允價值變動」科目；其他權益工具投資的公允價值低於其帳面餘額時，企業應按兩者之間的差額，調減其他權益工具投資的帳面餘額，同時按公允價值變動減記其他綜合收益，借記「其他綜合收益——其他權益工具投資公允價值變動」科目，貸記「其他權益工具投資——公允價值變動」科目。

【例 4-36】接**【例 4-34】**的資料。甲股份有限公司持有的 80,000 股 A 公司股票，2×

17 年 12 月 31 日的每股市價為 8. 20 元，2×18 年 12 月 31 日的每股市價為 7. 50 元。2×17 年 12 月 31 日，A 公司股票按公允價值調整前的帳面餘額（初始入帳金額）為 593, 800 元。甲股份有限公司帳務處理如下：

（1）2×17 年 12 月 31 日，調整其他權益工具投資帳面餘額。

公允價值變動 = 8. 20×80, 000−593, 800 = 62, 200（元）

借：其他權益工具投資——公允價值變動（A 公司股票）　62, 200

　貸：其他綜合收益——其他權益工具投資公允價值變動　62, 200

調整後 A 公司股票帳面餘額 = 593, 800+62, 200 = 8. 20×80, 000 = 656, 000（元）

（2）2×18 年 12 月 31 日，調整其他權益工具投資帳面餘額。

公允價值變動 = 7. 50×80, 000−656, 000 = −56, 000（元）

借：其他綜合收益——其他權益工具投資公允價值變動　56, 000

　貸：其他權益工具投資——公允價值變動（A 公司股票）　56, 000

調整後 A 公司股票帳面餘額 = 656, 000−56, 000 = 7. 50×80, 000 = 600, 000（元）

（四）其他權益工具投資的處置

企業處置其他權益工具投資時，應將取得的處置價款與該金融資產帳面餘額之間的差額，計入留存收益；同時，該金融資產原計入其他綜合收益的累計利得或損失對應處置部分的金額應當從其他綜合收益中轉出，計入留存收益。其中，其他權益工具投資的帳面餘額是指其他權益工具投資的初始入帳金額加上或減去累計公允價值變動後的金額，即出售前最後一個計量日其他權益工具投資的公允價值。如果在處置其他權益工具投資時，已計入應收項目的現金股利尚未收回，企業還應從處置價款中扣除該部分現金股利之後，確定計入留存收益的金額。

企業處置其他權益工具投資時，應按實際收到的處置價款，借記「銀行存款」科目，按其他權益工具投資的初始入帳金額，貸記「其他權益工具投資——成本」科目，按累計公允價值變動金額，貸記或借記「其他權益工具投資——公允價值變動」科目，按上述差額，貸記或借記「盈餘公積」和「利潤分配——未分配利潤」科目；同時，將原計入其他綜合收益的累計利得或損失對應處置部分的金額轉出，借記或貸記「其他綜合收益——其他權益工具投資公允價值變動」科目，貸記或借記「盈餘公積」和「利潤分配——未分配利潤」科目。

【例 4-37】接**【例 4-34】**和**【例 4-36】**的資料。2×19 年 2 月 20 日，甲股份有限公司（以下簡稱甲公司）將持有的 80, 000 股 A 公司股票售出，實際收到價款 650, 000 元。出售日，A 公司股票帳面餘額為 600, 000 元（593, 800 + 62, 200 − 56, 000），其中成本 593, 800 元，公允價值變動（借方）6, 200 元（62, 200−56, 000）。甲公司按 10% 提取法定盈餘公積。甲公司帳務處理如下：

借：銀行存款　650, 000

　貸：其他權益工具投資——成本（A 公司股票）　593, 800

　　　　　　　　　　　——公允價值變動（A 公司股票）　6, 200

　　盈餘公積　5, 000

　　利潤分配——未分配利潤　45, 000

借：其他綜合收益——其他權益工具投資公允價值變動　6, 200

　貸：盈餘公積　620

　　利潤分配——未分配利潤　5, 580

第六節　金融資產的重分類

一、金融資產重分類的會計處理原則

對金融資產的分類一經確定，不得隨意變更。在極為少見的情況下，企業可能會改變其管理金融資產的業務模式，從而導致對金融資產進行重分類。金融資產的重分類包括：

(1) 以攤餘成本計量的金融資產重分類為以公允價值計量且其變動計入當期損益的金融資產或重分類為以公允價值計量且其變動計入其他綜合收益的金融資產。

(2) 以公允價值計量且其變動計入其他綜合收益的金融資產重分類為以攤餘成本計量的金融資產或重分類為以公允價值計量且其變動計入當期損益的金融資產。

(3) 以公允價值計量且其變動計入當期損益的金融資產重分類為以攤餘成本計量的金融資產或重分類為以公允價值計量且其變動計入其他綜合收益的金融資產。

需要注意的是，企業指定為以公允價值計量且其變動計入當期損益的金融資產和指定為以公允價值計量且其變動計入其他綜合收益的非交易性權益工具投資，由於該指定一經做出不得撤銷，因此不能進行上述重分類。

企業改變其管理金融資產的業務模式時，應當對所有受影響的相關金融資產進行重分類。企業對金融資產進行重分類，應當自重分類日起採用未來適用法進行相關會計處理，不得對以前已經確認的利得、損失（包括減值損失或利得）或利息進行追溯調整。

重分類日是指導致企業對金融資產進行重分類的業務模式發生變更後的首個報告期間的第一天。以按季度、半年度和年度對外提供財務報告的上市公司為例，假定A上市公司決定於2×19年2月20日改變對某金融資產的業務模式，則重分類日為2×19年4月1日。

二、以攤餘成本計量的金融資產重分類

(1) 企業將一項以攤餘成本計量的金融資產重分類為以公允價值計量且其變動計入當期損益的金融資產的，應當按照該資產在重分類日的公允價值進行計量。原帳面價值與公允價值之間的差額計入當期損益。

(2) 企業將一項以攤餘成本計量的金融資產重分類為以公允價值計量且其變動計入其他綜合收益的金融資產的，應當按照該金融資產在重分類日的公允價值進行計量。原帳面價值與公允價值之間的差額計入其他綜合收益。該金融資產重分類不影響其實際利率和預期信用損失的計量。

【例 4-38】2×17年1月1日，甲股份有限公司（以下簡稱甲公司）購入A公司於當日發行的面值200,000元、期限5年、票面利率6%、每年12月31日付息的債券並分類為以攤餘成本計量的金融資產，實際支付購買價款（包括交易費用）208,660元，購買日確定的實際利率為5%。2×19年12月10日，甲公司決定改變管理A公司債券的業務模式。2×19年12月31日，A公司債券的帳面餘額為203,720元，其中成本200,000元，利息調整3,720元；重分類日（2×20年1月1日），A公司債券的公允價值為209,000元。甲公司帳務處理如下：

(1) 假定甲公司將A公司債券重分類為以公允價值計量且其變動計入當期損益的金融資產。

分錄	借方	貸方
借：交易性金融資產——成本（A公司債券）	209,000	
貸：債權投資——成本（A公司債券）		200,000
——利息調整（A公司債券）		3,720
公允價值變動損益		5,280

（2）假定甲公司將A公司債券重分類為以公允價值計量且其變動計入其他綜合收益的金融資產。

借：其他債權投資——成本（A公司債券）　200,000
　　——利息調整（A公司債券）　3,720
　　——公允價值變動（A公司債券）　5,280
　貸：債權投資——成本（A公司債券）　200,000
　　——利息調整（A公司債券）　3,720
　　其他綜合收益——其他債權投資公允價值變動　5,280

A公司債券重分類為以公允價值計量且其變動計入其他綜合收益的金融資產後，仍以5%作為實際利率，據以確認此後期間A公司債券的利息收入。

三、以公允價值計量且其變動計入其他綜合收益的金融資產重分類

（1）企業將一項以公允價值計量且其變動計入其他綜合收益的金融資產重分類為以攤餘成本計量的金融資產的，應當將之前計入其他綜合收益的累計利得或損失轉出，調整該金融資產在重分類日的公允價值，並以調整後的金額作為新的帳面價值，即視同該金融資產一直以攤餘成本計量。該金融資產重分類不影響其實際利率和預期信用損失的計量。

（2）企業將一項以公允價值計量且其變動計入其他綜合收益的金融資產重分類為以公允價值計量且其變動計入當期損益的金融資產的，應當繼續以公允價值計量該金融資產。同時，企業應當將之前計入其他綜合收益的累計利得或損失從其他綜合收益轉出，計入當期損益。

【例4-39】2×17年1月1日，甲股份有限公司（以下簡稱甲公司）購入B公司於當日發行的面值500,000元、期限5年、票面利率8%、每年12月31日付息的債券並分類為以公允價值計量且其變動計入其他綜合收益的金融資產，實際支付購買價款（包括交易費用）560,000元，購買日確定的實際利率為5.22%。2×19年12月5日，甲公司決定改變管理B公司債券的業務模式。2×19年12月31日，B公司債券的帳面價值為527,000元，其中成本500,000元，利息調整25,980元，公允價值變動1,020元。重分類日（2×20年1月1日），B公司債券的公允價值為527,000元。甲公司帳務處理如下：

（1）假定甲公司將B公司債券重分類為以攤餘成本計量的金融資產。

借：債權投資——成本（B公司債券）　500,000
　　——利息調整（B公司債券）　25,980
　　其他綜合收益——其他債權投資公允價值變動　1,020
　貸：其他債權投資——成本（B公司債券）　500,000
　　——利息調整（B公司債券）　25,980
　　——公允價值變動（B公司債券）　1,020

B公司債券重分類為以攤餘成本計量的金融資產後，仍以5.22%作為實際利率，據以確認此後期間B公司債券的利息收入。

（2）假定甲公司將B公司債券重分類為以公允價值計量且其變動計入當期損益的金融資產。

借：交易性金融資產——成本（B公司債券）　527,000
　貸：其他債權投資——成本（B公司債券）　500,000
　　——利息調整（B公司債券）　25,980
　　——公允價值變動（B公司債券）　1,020

借：其他綜合收益——其他債權投資公允價值變動　　1,020
　貸：公允價值變動損益　　1,020

四、以公允價值計量且其變動計入當期損益的金融資產重分類

(1) 企業將一項以公允價值計量且其變動計入當期損益的金融資產重分類為以攤餘成本計量的金融資產的，應當以其在重分類日的公允價值作為新的帳面餘額。

(2) 企業將一項以公允價值計量且其變動計入當期損益的金融資產重分類為以公允價值計量且其變動計入其他綜合收益的金融資產的，應當繼續以公允價值計量該金融資產。

以公允價值計量且其變動計入當期損益的金融資產進行上述重分類後，企業應當根據該金融資產在重分類日的公允價值確定其實際利率，即計算確定將該金融資產未來收回的利息和面值折算為現值恰好等於其重分類日公允價值的折現率。同時，自重分類日起，該金融資產適用金融資產減值的相關規定，並將重分類日視為初始確認日。

【例 4-40】2×18 年 4 月 1 日，甲股份有限公司（以下簡稱甲公司）購入 C 公司於 2×18 年 1 月 1 日發行的面值 100,000 元、期限 5 年、票面利率 5%、每年 12 月 31 日付息的債券並分類為以公允價值計量且其變動計入當期損益的金融資產，實際支付購買價款（不包括交易費用）102,000 元。2×18 年 12 月 15 日，甲公司決定改變管理 C 公司債券的業務模式。2×18 年 12 月 31 日，C 公司債券的帳面價值為 98,500 元，其中成本 102,000 元，公允價值變動（貸方）3,500 元；重分類日（2×19 年 1 月 1 日），C 公司債券的公允價值為 98,500 元。甲公司帳務處理如下：

(1) 假定甲公司將 C 公司債券重分類為以攤餘成本計量的金融資產。

①重分類日，甲公司將 C 公司債券重分類為以攤餘成本計量的金融資產。

借：債權投資——成本（C 公司債券）　　100,000
　　交易性金融資產——公允價值變動（C 公司債券）　　3,500
　貸：交易性金融資產——成本（C 公司債券）　　102,000
　　　債權投資——利息調整（C 公司債券）　　1,500

②重分類日，假設估算的 C 公司債券的實際利率為 5.43%。2×19 年 12 月 31 日，甲公司確認利息收入並攤銷利息調整。

利息收入 = 98,500×5.43% = 5,349（元）

應收利息 = 100,000×5% = 5,000（元）

利息調整攤銷 = 5,349−5,000 = 349（元）

借：應收利息　　5,000
　　債權投資——利息調整（C 公司債券）　　349
　貸：投資收益　　5,349

(2) 假定甲公司將 C 公司債券重分類為以公允價值計量且其變動計入其他綜合收益的金融資產，2×19 年 12 月 31 日，C 公司債券的公允價值為 99,000 元。

①重分類日，甲公司將 C 公司債券重分類為以公允價值計量且其變動計入其他綜合收益的金融資產。

借：其他債權投資——成本（C 公司債券）　　100,000
　　交易性金融資產——公允價值變動（C 公司債券）　　3,500
　貸：交易性金融資產——成本（C 公司債券）　　102,000
　　　其他債權投資——利息調整（C 公司債券）　　1,500

②重分類日，假設估算的 C 公司債券的實際利率為 5.43%。2×19 年 12 月 31 日，甲

公司確認利息收入並攤銷利息調整。

利息收入 = 98, 500×5. 43% = 5, 349（元）

應收利息 = 100, 000×5% = 5, 000（元）

利息調整攤銷 = 5, 349−5, 000 = 349（元）

借：應收利息　　5, 000

　　債權投資——利息調整（C 公司債券）　　349

　貸：投資收益　　5, 349

③2×19 年 12 月 31 日，甲公司確認公允價值變動。

公允價值變動收益 = 99, 000−(98, 500+349) = 151

借：其他權益工具投資——公允價值變動（C 公司債券）　　151

　貸：其他綜合收益——其他權益工具投資公允價值變動　　151

調整後 C 公司債券帳面價值 = 98, 500+349+151 = 99, 000（元）

第七節　金融資產的減值

一、已發生信用減值和預期信用損失

（一）已發生信用減值

已發生信用減值是指存在表明金融資產信用損失已實際發生的客觀證據。當對金融資產預期未來現金流量具有不利影響的一項或多項事件發生時，該金融資產成為已發生信用減值的金融資產。金融資產已發生信用減值的證據包括下列可觀察信息：

（1）發行方或債務人發生重大財務困難。

（2）債務人違反合同，如償付利息或本金違約或逾期等。

（3）債權人出於與債務人財務困難有關的經濟或合同考慮，給予債務人在任何其他情況下都不會做出的讓步。

（4）債務人很可能破產或進行其他財務重組。

（5）發行方或債務人財務困難導致該金融資產的活躍市場消失。

（6）以大幅折扣購買或源生一項金融資產，該折扣反應了發生信用損失的事實。

金融資產發生信用減值，有可能是多個事件的共同作用所致，未必是可以單獨識別的事件所致。

以已發生信用減值為基礎計提金融資產損失準備的方法，稱為已發生信用損失法或已發生信用損失模型。在已發生信用損失法下，相關金融資產利息收入的確認採用淨額法。淨額法是指按照扣除累計計提的損失準備的金融資產攤餘成本和實際利率計算確認利息收入的方法。

（二）預期信用損失

預期信用損失是指以發生違約的風險為權重的金融工具信用損失的加權平均值。信用損失是指企業按照原實際利率折現的、根據合同應收的所有合同現金流量與預期收取的所有現金流量之間的差額，即全部現金短缺的現值。其中，企業購買或源生的已發生信用減值的金融資產應按照該金融資產經信用調整的實際利率折現。經信用調整的實際利率是指將購入或源生的已發生信用減值的金融資產在預計存續期的估計未來現金流量，折現為該金融資產攤餘成本的利率。

由於預期信用損失考慮付款的金額和時間分佈，因此即使企業預計可以全額收款但收款時間晚於合同規定的到期期限，也會產生信用損失。

以預期信用損失為基礎計提金融資產損失準備的方法稱為預期信用損失法或預期信

用損失模型。在預期信用損失法下，如果金融資產未發生信用減值，即不存在表明金融資產發生信用減值的客觀證據，相關金融資產利息收入的確認應採用總額法；如果金融資產已發生信用減值，即已存在表明金融資產發生信用減值的客觀證據，則相關金融資產利息收入的確認應採用淨額法。總額法是指按照未扣除累計計提的損失準備的金融資產帳面餘額和實際利率計算確認利息收入的方法。

中國現行企業會計準則要求以預期信用損失為基礎計提金融資產損失準備。

二、計提金融資產損失準備的方法

(一) 確定預期信用減值損失的三階段模型

一般情況下，企業應當在每個資產負債表日評估相關金融資產（購買或源生的已發生信用減值的金融資產和始終按照相當於整個存續期內預期信用損失的金額計量其損失準備的應收款項等金融資產除外）的信用風險自初始確認後是否已顯著增加以及是否已發生信用減值，按照下列情形分別計量其損失準備、確認預期信用損失及其變動：

1. 初始確認後信用風險並未顯著增加的金融資產

如果金融資產的信用風險自初始確認後並未顯著增加，企業應當按照相當於該金融資產未來 12 個月內預期信用損失的金額計量其損失準備，無論企業評估信用損失的基礎是單項金融資產還是金融資產組合，由此形成的損失準備的增加或轉回金額，應當作為減值損失或利得計入當期損益。

未來 12 個月內預期信用損失是指因資產負債表日後 12 個月內（若金融資產的預計存續期少於 12 個月，則為預計存續期）可能發生的金融資產違約事件而導致的預期信用損失，是整個存續期預期信用損失的一部分。

在信用風險並未顯著增加的情況下，金融資產利息收入的確認應當採用總額法。

2. 初始確認後信用風險已顯著增加但並未發生信用減值的金融資產

如果金融資產的信用風險自初始確認後已顯著增加但並沒有客觀證據表明已發生信用減值，企業應當按照相當於該金融資產整個存續期內預期信用損失的金額計量其損失準備。無論企業評估信用損失的基礎是單項金融資產還是金融資產組合，由此形成的損失準備的增加或轉回金額，應當作為減值損失或利得計入當期損益。

整個存續期預期信用損失是指因金融資產整個預計存續期內所有可能發生的違約事件而導致的預期信用損失。

企業在前一會計期間已經按照相當於金融資產整個存續期內預期信用損失的金額計量了損失準備，但在當期資產負債表日，該金融資產已不再屬於自初始確認後信用風險顯著增加的情形的，企業應當在當期資產負債表日按照相當於未來 12 個月內預期信用損失的金額計量該金融資產的損失準備，由此形成的損失準備的轉回金額應當作為減值利得計入當期損益。

在信用風險已顯著增加但並未發生信用減值的情況下，金融資產利息收入的確認仍然採用總額法。

3. 初始確認後信用風險已顯著增加且已發生信用減值的金融資產

如果金融資產的信用風險自初始確認後已顯著增加且有客觀證據表明已發生信用減值，企業應當按照相當於該金融資產整個存續期內預期信用損失的金額計量其損失準備。無論企業評估信用損失的基礎是單項金融資產還是金融資產組合，由此形成的損失準備的增加或轉回金額，應當作為減值損失或利得計入當期損益。

在信用風險已顯著增加且已發生信用減值的情況下，金融資產利息收入的確認應當採用淨額法。此後期間，若該金融資產因其信用風險有所改善而不再存在信用減值，並且這一改善在客觀上可與發生的某一事件相聯繫（如債務人的信用評級被上調），企業應當轉按總額法確認利息收入。

（二）金融資產信用風險的評估

企業在評估金融資產的信用風險自初始確認後是否已顯著增加時，應當考慮所有合理且有依據的信息，包括前瞻性信息。為確保自金融資產初始確認後信用風險顯著增加，即確認整個存續期預期信用損失，企業在一些情況下應當以組合為基礎考慮評估信用風險是否顯著增加。

企業在評估金融資產的信用風險自初始確認後是否已顯著增加時，應當考慮金融資產預計存續期內發生違約風險的變化，而不是預期信用損失金額的變化。企業應當通過比較金融資產在資產負債表日發生違約的風險與在初始確認日發生違約的風險，以確定金融資產預計存續期內發生違約風險的變化情況。

企業通常應當在金融資產逾期前確認其整個存續期預期信用損失。企業在確定信用風險自初始確認後是否顯著增加時，無須付出不必要的額外成本或努力即可獲得合理且有依據的前瞻性信息的，不得僅依賴逾期信息來確定信用風險自初始確認後是否顯著增加；企業必須付出不必要的額外成本或努力才可獲得合理且有依據的逾期信息以外的單獨或匯總的前瞻性信息的，可以採用逾期信息來確定信用風險自初始確認後是否顯著增加。

無論企業採用何種方式評估信用風險是否顯著增加，通常情況下，如果逾期超過 30 日，則表明金融資產的信用風險已經顯著增加。除非企業在無須付出不必要的額外成本或努力的情況下即可獲得合理且有依據的信息，證明即使逾期超過 30 日，信用風險自初始確認後仍未顯著增加。如果企業在合同付款逾期超過 30 日前已確定信用風險顯著增加，則應當按照整個存續期的預期信用損失確認損失準備。如果交易對手方未按合同規定時間支付約定的款項，則表明該金融資產發生逾期。

企業在評估金融資產的信用風險自初始確認後是否已顯著增加時，應當考慮違約風險的相對變化，而非違約風險變動的絕對值。在同一後續資產負債表日，對於違約風險變動的絕對值相同的兩項金融資產，初始確認時違約風險較低的金融資產比初始確認時違約風險較高的金融資產的信用風險變化更為顯著。

企業確定金融資產在資產負債表日只具有較低的信用風險的，可以假設該金融資產的信用風險自初始確認後並未顯著增加。如果金融資產的違約風險較低，借款人在短期內履行其合同現金流量義務的能力很強，並且即便較長時期內經濟形勢和經營環境存在不利變化但未必一定降低借款人履行其合同現金流量義務的能力，該金融資產被視為具有較低的信用風險。

（三）金融資產預期信用損失的計量

企業計量金融資產預期信用損失的方法應當反應下列各項要素：

（1）通過評價一系列可能的結果而確定的無偏概率加權平均金額。

（2）貨幣時間價值。

（3）在資產負債表日無須付出不必要的額外成本或努力即可獲得的有關過去事項、當前狀況以及未來經濟狀況預測的合理且有依據的信息。

金融資產的信用損失，應當按照企業應收取的合同現金流量與預期收取的現金流量兩者之間的差額以實際利率折算的現值計量。

企業應當以概率加權平均為基礎對預期信用損失進行計量。企業對預期信用損失的計量應當反應發生信用損失的各種可能性，但不必識別所有可能的情形。在計量預期信用損失時，企業需考慮的最長期限為企業面臨信用風險的最長合同期限（包括考慮續約選擇權)，而不是更長期間，即使該期間與業務實踐相一致。

(四) 不適用預期信用損失三階段模型的金融資產減值處理

1. 購買或源生的已發生信用減值的金融資產

對於購買或源生的已發生信用減值的金融資產，企業應當在資產負債表日僅將自初始確認後整個存續期內預期信用損失的累計變動確認為損失準備。在每個資產負債表日，企業應當將整個存續期內預期信用損失的變動金額作為減值損失或利得計入當期損益。即使該資產負債表日確定的整個存續期內預期信用損失小於初始確認時估計現金流量所反應的預期信用損失的金額，企業也應當將預期信用損失的有利變動確認為減值利得。

對於購買或源生的已發生信用減值的金融資產，企業應當自初始確認起，按照該金融資產的攤餘成本和經信用調整的實際利率計算確認利息收入。

2. 適用簡化方法確認預期信用損失的金融資產

對於下列各項目，企業應當始終按照相當於整個存續期內預期信用損失的金額計量其損失準備：

(1) 由《企業會計準則第 14 號——收入》規範的交易形成的應收款項或合同資產，且符合下列條件之一：

①該項目未包含《企業會計準則第 14 號——收入》所定義的重大融資成分，或者企業根據《企業會計準則第 14 號——收入》的規定不考慮不超過一年的合同中的融資成分。

②該項目包含《企業會計準則第 14 號——收入》所定義的重大融資成分，同時企業做出會計政策選擇，按照相當於整個存續期內預期信用損失的金額計量損失準備。企業應當將該會計政策選擇適用於所有此類應收款項和合同資產，但可對應收款項類和合同資產類分別做出會計政策選擇。

(2) 由《企業會計準則第 21 號——租賃》規範的交易形成的租賃應收款，同時企業做出會計政策選擇，按照相當於整個存續期內預期信用損失的金額計量損失準備。企業應當將該會計政策選擇適用於所有租賃應收款，但可對應收融資租賃款和應收經營租賃款分別做出會計政策選擇。

企業可對應收款項、合同資產和租賃應收款分別選擇減值會計政策。

三、金融資產損失準備的會計處理

資產負債表日，企業應當以預期信用損失為基礎，對攤餘成本計量的金融資產（包括債權投資和應收款項）和以公允價值計量且其變動計入其他綜合收益的債權投資（其他債權投資）計提損失準備。以公允價值計量且其變動計入當期損益的金融資產和指定為以公允值計量且其變動計入其他綜合收益的非交易性權益工具投資，不計提損失準備。

(一) 債權投資損失準備的會計處理

資產負債表日，企業應當對以攤餘成本計量的債權投資的信用風險自初始確認後是否顯著增加進行評估，並按照預期信用損失的三階段模型計量其損失準備、確認預期信用損失，借記「信用減值損失」科目，貸記「債權投資減值準備」科目；計提損失準備後，如果因債權投資信用風險有所降低，導致其預期信用損失減少，應按減少的預期信用損失金額轉回已計提的損失準備和已確認的預期信用損失，借記「債權投資減值準備」科目，貸記「信用減值損失」科目。

【例 4-41】2×14 年 1 月 1 日，甲股份有限公司（以下簡稱甲公司）從活躍市場上購入 A 公司當日發行的面值 200, 000 元、期限 6 年、票面利率 6%、每年 12 月 31 日付息、到期還本的債券並分類為以攤餘成本計量的金融資產。初始入帳金額為 210, 150 元，初始確認時確定的實際利率5%。甲公司在初始確認時採用實際利率法編製的利息收入與帳面餘額計算表如表4-6所示。

表4-6　利息收入與帳面餘額計算表

（實際利率法）

日期	應收利息（元）	實際利率（%）	利息收入（元）	利息調整攤銷（元）	期末攤餘成本（元）
2×14年1月1日					210,150
2×14年12月31日	12,000	5	10,508	1,492	208,658
2×15年12月31日	12,000	5	10,433	1,567	207,091
2×16年12月31日	12,000	5	10,355	1,645	205,446
2×17年12月31日	12,000	5	10,272	1,728	203,718
2×18年12月31日	12,000	5	10,186	1,814	201,904
2×19年12月31日	12,000	5	10,096	1,904	200,000
合計	72,000	—	61,850	10,150	—

甲公司取得A公司債券後，在每個資產負債表日確認利息收入並攤銷利息調整以及根據對A公司債券信用風險評估的結果計提或轉回損失準備的帳務處理如下：

（1）2×14年12月31日。

①確認利息收入並攤銷利息調整。

借：應收利息　　12,000

　貸：投資收益　　10,508

　　　債權投資——利息調整（A公司債券）　　1,492

②評估A公司債券的信用風險並據以計提損失準備。自初始確認後至本期期末，A公司信用狀況一直良好。甲公司通過信用風險評估認為，A公司債券的信用風險並未顯著增加，因此甲公司按照相當於A公司債券未來12個月內預期信用損失的金額計量其損失準備。甲公司預計A公司債券未來12個月的違約概率為0.5%，如果發生違約，則違約損失率為50%；不發生違約的概率為99.5%。

未來12個月內預期信用損失＝(200,000+12,000)×0.952,381×0.5%×50%

≈505（元）

其中，0.952,381為1期、5%的複利現值係數。

借：信用減值損失　　505

　貸：債權投資減值準備　　505

③收到2×14年度債券利息。

借：銀行存款　　12,000

　貸：應收利息　　12,000

（2）2×15年12月31日。

①確認利息收入並攤銷利息調整。由於甲公司上期期末判斷自初始確認後至上期期末，A公司債券的信用風險並未顯著增加，因此本期A公司債券利息收入的確認應當採用總額法。

借：應收利息　　12,000

　貸：投資收益　　10,433

　　　債權投資——利息調整（A公司債券）　　1,567

②評估 A 公司債券的信用風險並據以計提損失準備。自初始確認後至本期期末，A 公司的部分經營業務因市場競爭力降低而出現虧損，現金週轉趨於緊張，如果不能採取有效措施及時應對，可能會導致其發生重大財務困難。甲公司通過信用風險評估認為，A 公司債券的信用風險已顯著增加但並沒有客觀證據表明已發生信用減值。因此，甲公司按照相當於 A 公司債券整個存續期內預期信用損失的金額計量其損失準備。甲公司預計 A 公司債券未來整個存續期內的違約概率為 20%，如果發生違約，則違約損失率為 50%；不發生違約的概率為 80%。

未來整個存續期內預期信用損失 = (12, 000×3. 545, 951+200, 000×0. 822, 702) ×20%×50% ≈ 20, 709（元）

其中，3. 545, 951 為 4 期、5%的年金現值系數；0. 822, 702 為 4 期、5%的複利現值系數。

本年應計提損失準備 = 20, 709−505 = 20, 204（元）

借：信用減值損失　　20, 204
　貸：債權投資減值準備　　20, 204

③收到 2×15 年度債券利息。

借：銀行存款　　12, 000
　貸：應收利息　　12, 000

(3) 2×16 年 12 月 31 日。

①確認利息收入並攤銷利息調整。由於甲公司上期期末判斷自初始確認後至上期期末，A 公司債券的信用風險雖然已顯著增加但並沒有客觀證據表明已發生信用減值，因此本期 A 公司債券利息收入的確認仍應當採用總額法。

借：應收利息　　12, 000
　貸：投資收益　　10, 355
　　債權投資——利息調整（A 公司債券）　　1, 645

②評估 A 公司債券的信用風險並據以計提損失準備。自初始確認後至本期期末，A 公司部分經營業務的虧損進一步擴大，現金週轉極其困難，已出現無法按時償付債務本金和利息的情況，正在與主要債權人進行重組協商。甲公司通過信用風險評估認為，A 公司債券的信用風險已顯著增加且有客觀證據表明 A 公司債券已發生信用減值。因此，甲公司按照相當於 A 公司債券整個存續期內預期信用損失的金額計量其損失準備。甲公司預計 A 公司債券未來整個存續期內發生違約並損失 50%的概率為 80%，發生違約並損失 75%的概率為 19%，不發生違約的概率僅為 1%。

未來整個存續期內預期信用損失 = (12, 000×2. 723, 248+200, 000×0. 863, 838) ×80%×50%+（12, 000×2. 723, 248+200, 000×0. 863, 838) ×19%×75% ≈ 111, 455（元）

其中，2. 723, 248 為 3 期、5%的年金現值系數；0. 863, 838 為 3 期、5%的複利現值系數。

本年應計提損失準備 = 111, 455−20, 709 = 90, 746（元）

借：信用減值損失　　90, 746
　貸：債權投資減值準備　　90, 746

③收到 2×16 年度債券利息。

借：銀行存款　　12, 000
　貸：應收利息　　12, 000

(4) 2×17 年 12 月 31 日。

①確認利息收入並攤銷利息調整。由於甲公司上期期末判斷自初始確認後至上期期

末，A 公司債券的信用風險已顯著增加且有客觀證據表明已發生信用減值，因此本期 A 公司債券利息收入的確認應當採用淨額法。

A 公司債券期初攤餘成本＝205,446－111,455＝93,991（元）

利息收入＝93,991×5%≈4,700（元）

利息調整攤銷＝12,000－4,700＝7,300（元）

借：應收利息 12,000

　貸：投資收益 4,700

　　債權投資——利息調整（A 公司債券） 7,300

②評估 A 公司債券的信用風險並據以計提損失準備。A 公司通過積極調整經營業務、與債權人進行債務重組等一系列舉措，虧損勢頭得到遏制，現金週轉困難得到極大緩解，初步擺脫了財務困境。甲公司通過風險評估認為，已不存在表明 A 公司債券發生信用減值的客觀證據，但 A 公司債券的信用風險仍然比較顯著，因此仍應當按照相當於 A 公司債券整個存續期內預期信用損失的金額計量其損失準備。甲公司預計 A 公司債券未來整個存續期內的違約概率為 50%，如果發生違約，則違約損失率為 50%；不發生違約的概率為 50%。

未來整個存續期內預期信用損失＝(12,000×1.859,41＋200,000×0.907,029)×50%×50%≈50,930（元）

其中，1.859,41 為 2 期、5%的年金現值系數；0.907,029 為 2 期、5%的複利現值系數。

由於前三年已累計計提損失準備 111,455 元，因此本年應部分轉回已計提的損失準備。

本年應轉回損失準備＝111,455－50,930＝60,525（元）

借：債權投資減值準備 60,525

　貸：信用減值損失 60,525

③收到 2×17 年度債券利息。

借：銀行存款 12,000

　貸：應收利息 12,000

(5) 2×18 年 12 月 31 日。

①確認利息收入並攤銷利息調整。由於甲公司上期期末判斷 A 公司債券的信用風險雖然比較顯著，但已不存在表明 A 公司債券發生信用減值的客觀證據，因此甲公司本期應當轉按總額法確認 A 公司債券的利息收入。需要注意的是，由於上期的利息收入是按淨額法確認的，因此本期應當首先調整上期按淨額法少確認的利息收入和多攤銷的利息調整，然後再按總額法確認本期的利息收入，以使債權投資的帳面餘額能夠反應假定沒有發生信用減值情況下的金額。

利息收入調整額＝10,272－4,700＝5,572（元）

利息調整攤銷調整額＝1,728－7,300＝－5,572（元）

借：債權投資——利息調整（A 公司債券） 5,572

　貸：投資收益 5,572

借：應收利息 12,000

　貸：投資收益 10,186

　　債權投資——利息調整（A 公司債券） 1,814

②評估 A 公司債券的信用風險並據以計提損失準備。A 公司通過進一步調整，現金週轉趨於正常，已基本解決了重大財務困難。甲公司通過對 A 公司債券信用風險的評估認為，雖然 A 公司債券已不存在發生信用減值的客觀證據，但 A 公司債券的信用風險仍

然比較顯著。甲公司預計 A 公司債券未來存續期內的違約概率為 30%，如果發生違約，則違約損失率為 50%；不發生違約的概率為 70%。

未來整個存續期內預期信用損失 =(12,000+200,000)×0.952,381×30%×50%

≈30,286（元）

本年應轉回損失準備 = 50,930−30,286 = 20,644（元）

借：債權投資減值準備　　20,644

　貸：信用減值損失　　20,644

③收到 2×18 年度債券利息。

借：銀行存款　　12,000

　貸：應收利息　　12,000

(6) 2×19 年 12 月 31 日。

①確認利息收入並攤銷利息調整。由於 A 公司債券已經到期，因此甲公司應將尚未攤銷的利息調整金額全部攤銷完畢，以使債權投資的帳面餘額反應債券面值。

借：應收利息　　12,000

　貸：投資收益　　10,096

　　　債權投資——利息調整（A 公司債券）　　1,904

②A 公司債券到期，根據其還本付息的實際結果進行相應的帳務處理。

假定甲公司如數收回全部債券面值和最後一期債券利息。

借：債權投資減值準備　　30,286

　貸：信用減值損失　　30,286

借：銀行存款　　212,000

　貸：債權投資——成本（A 公司債券）　　200,000

　　　應收利息　　12,000

假定甲公司收回了最後一期債券利息，但只收回了 50% 的債券面值。

調整已計提的損失準備金額 = 200,000×50%−30,286 = 69,714（元）

借：信用減值損失　　69,714

　貸：債權投資減值準備　　69,714

借：銀行存款　　112,000

　　債權投資減值準備　　100,000

　貸：債權投資——成本（A 公司債券）　　200,000

　　　應收利息　　12,000

（二）應收款項損失準備的會計處理

對於企業向客戶轉讓商品或提供服務等交易形成的應收款項，企業可以採用簡化的方法，始終按照相當於整個存續期內預期信用損失的金額計量其損失準備，不必採用預期信用損失的三階段模型。由於應收款項通常屬於短期債權，預計未來現金流量與其現值相差很小，企業在確定應收款項預期信用損失金額時，可以不對預計未來現金流量進行折現，因此應收款項的預期信用損失應當按照應收取的合同現金流量與預期收取的現金流量兩者之間的差額計量，即按照預期不能收回的應收款項金額計量。在會計實務中，企業經常使用的確定應收款項預期信用損失的具體方法有應收款項餘額百分比法和帳齡分析法。

1. 應收款項餘額百分比法

應收款項餘額百分比法是指按應收款項的期末餘額和預期信用損失率計算確定應收款項預期信用損失，據以計提壞帳準備的一種方法。這種方法認為，壞帳損失的產生是與應收款項的餘額直接相關的，應收款項的餘額越大，產生壞帳的風險也就越高。

預期信用損失率是指應收款項的預期信用損失金額占應收款項帳面餘額的比例。企業應當以應收款項的歷史信用損失率為基礎，結合當前營業情況並考慮無須付出不必要的額外成本或努力即可獲得的合理且有依據的前瞻性信息，合理確定預期信用損失率。預期信用損失率應當可以反應相當於整個存續期內預期信用損失的金額，即應收款項的合同現金流量超過其預期收取的現金流量的金額。為了最大限度地消除預期信用損失和實際發生的信用損失之間的差異，企業應當定期對預期信用損失率進行檢查，並根據實際情況做必要調整。

企業應在資產負債表日，按下列公式計算確定當期應計提的壞帳準備金額：

本期應計提的壞帳準備金額=本期預期信用損失金額-「壞帳準備」科目原有貸方餘額

或者：

本期應計提的壞帳準備金額=本期預期信用損失金額+「壞帳準備」科目原有貸方餘額

其中：

本期預期信用損失金額=本期應收款項期末餘額×預期信用損失率

根據上述公式，如果計提壞帳準備前，「壞帳準備」科目無餘額，企業應按本期預期信用損失金額計提壞帳準備，借記「信用減值損失」科目，貸記「壞帳準備」科目。如果計提壞帳準備前，「壞帳準備」科目已有貸方餘額，企業應按本期預期信用損失金額大於「壞帳準備」科目原有貸方餘額的差額補提壞帳準備，借記「信用減值損失」科目，貸記「壞帳準備」科目；按本期預期信用損失金額小於「壞帳準備」科目原有貸方餘額的差額衝減已計提的壞帳準備，借記「壞帳準備」科目，貸記「信用減值損失」科目；本期預期信用損失金額等於「壞帳準備」科目原有貸方餘額時，不計提壞帳準備。如果計提壞帳準備前，「壞帳準備」科目已有借方餘額，企業應按本期預期信用損失金額與「壞帳準備」科目原有借方餘額之和計提壞帳準備，借記「信用減值損失」科目，貸記「壞帳準備」科目。經過上述會計處理後，各期期末「壞帳準備」科目的貸方餘額應等於本期預期信用損失金額。

對於有確鑿證據表明確實無法收回或收回的可能性不大的應收款項，如債務單位已撤銷、破產、資不抵債、現金流量嚴重不足等，企業應根據管理權限報經批准後，轉銷該應收款項帳面餘額，並按相同金額轉銷壞帳準備。

【例 4-42】A 股份有限公司（以下簡稱 A 公司）採用應收款項餘額百分比法計算確定應收帳款的預期信用損失金額。根據以往的營業經驗、債務單位的財務狀況和現金流量情況，並結合當前的市場狀況、企業的賒銷方針、合理且有依據的前瞻性信息等相關資料，A 公司確定的應收帳款預期信用損失率為 5%。A 公司各年應收帳款期末餘額、壞帳轉銷、壞帳收回的有關資料以及相應的帳務處理如下：

（1）2×16 年 12 月 31 日，A 公司應收帳款餘額為 3, 000, 000 元，「壞帳準備」科目無餘額。

本年計提的壞帳準備=3, 000, 000×5%=150, 000（元）

借：信用減值損失　　　　150, 000

　貸：壞帳準備　　　　　　150, 000

（2）2×17 年 6 月 20 日，A 公司確認應收甲公司的帳款 120, 000 元已無法收回，予以轉銷。

借：壞帳準備　　　　120, 000

　貸：應收帳款——甲公司　　　　120, 000

（3）2×17 年 12 月 31 日，A 公司應收帳款餘額為 2, 800, 000 元。

壞帳準備原有貸方餘額=150, 000-120, 000=30, 000（元）

本年計提的壞帳準備＝2, 800, 000×5%－30, 000＝110, 000（元）

借：信用減值損失　110, 000

　貸：壞帳準備　110, 000

壞帳準備年末貸方餘額＝110, 000+30, 000＝2, 800, 000×5%＝140, 000（元）

（4）2×18 年 9 月 30 日，A 公司確認應收乙公司的帳款 50, 000 元已無法收回，予以轉銷。

借：壞帳準備　50, 000

　貸：應收帳款——乙公司　50, 000

（5）2×18 年 12 月 31 日，A 公司應收帳款餘額為 1, 500, 000 元。

壞帳準備原有貸方餘額＝140, 000－50, 000＝90, 000（元）

本年計提的壞帳準備＝1, 500, 000×5%－90, 000＝－15, 000（元）

借：壞帳準備　15, 000

　貸：信用減值損失　15, 000

壞帳準備年末貸方餘額＝90, 000－15, 000＝1, 500, 000×5%＝75, 000（元）

（6）2×19 年 10 月 15 日，A 公司 2×17 年 6 月 20 日已作為壞帳予以轉銷的甲公司帳款 120, 000 元又全部收回。

已作為壞帳予以轉銷的應收帳款，以後又部分或全部收回，稱壞帳收回。從某種意義上講，壞帳收回可以看成以前轉銷應收帳款的會計處理判斷失誤。因此，在壞帳收回時，企業應先做一筆與原來轉銷應收帳款會計分錄相反的會計分錄，以示對以前判斷失誤的訂正，然後再按正常的方式記錄應收帳款的收回。A 公司帳務處理如下：

借：應收帳款——甲公司　120, 000

　貸：壞帳準備　120, 000

借：銀行存款　120, 000

　貸：應收帳款——甲公司　120, 000

（7）2×19 年 12 月 31 日，應收帳款餘額為 2, 000, 000 元。

壞帳準備原有貸方餘額＝750, 00+120, 000＝195, 000（元）

本年計提的壞帳準備＝2, 000, 000×5%－195, 000＝－95, 000（元）

借：壞帳準備　95, 000

　貸：信用減值損失　95, 000

壞帳準備年末貸方餘額＝195, 000－95, 000＝2, 000, 000×5%＝100, 000（元）

2. 帳齡分析法

帳齡分析法是指對應收款項按帳齡的長短進行分組並分別確定壞帳比率，據以計算確定預期信用損失金額、計提壞帳準備的一種方法。帳齡分析法是以帳款被拖欠的時間越長，發生信用損失的可能性就越大為前提的。儘管應收款項能否收回以及能收回多少，並不完全取決於欠帳時間的長短，但就一般情況而言，這一前提還是可以成立的。

採用帳齡分析法計算確定預期信用損失金額，首先要對應收款項按帳齡的長短分組，然後分別確定可以反應相當於整個存續期內預期信用損失的各組應收款項預期信用損失率，據以分別計算各組應收款項的預期信用損失金額，最後將各組應收款項的預期信用損失金額進行加總，求得全部應收款項的預期信用損失金額。帳齡分析法與應收款項餘額百分比法在會計處理的方法上是相同的，但帳齡分析法計算確定的預期信用損失金額比應收款項餘額百分比法更精確、更合理。

【例 4-43】甲股份有限公司 2×19 年年末應收帳款餘額為 7, 240, 000 元。該公司規定的信用期限為 30 天，並將應收帳款按帳齡劃分為未超過信用期限、超過信用期限不足

3 個月、超過信用期限 3 個月但不足半年、超過信用期限半年但不足 1 年、超過信用期限 1 年但不足 2 年、超過信用期限 2 年但不足 3 年、超過信用期限 3 年以上七組。根據應收帳款明細帳中的有關記錄，該公司編製的應收帳款帳齡分析表如表 4-7 所示。

表 4-7　應收帳款帳齡分析表

2×19 年 12 月 31 日　　金額單位：元

客戶名稱	應收帳款帳面餘額	未超過信用期限	超過信用期限					
			不足 3 個月	不足半年	不足 1 年	不足 2 年	不足 3 年	3 年以上
A 單位	720, 000	720, 000						
B 單位	810, 000	810, 000						
C 單位	930, 000	800, 000	130, 000					
D 單位	580, 000	500, 000	80, 000					
E 單位	420, 000	310, 000	110, 000					
F 單位	860, 000	540, 000	250, 000	70, 000				
G 單位	350, 000	350, 000						
H 單位	780, 000	690, 000	90, 000					
I 單位	470, 000	280, 000	100, 000	90, 000				
J 單位	350, 000		240, 000	110, 000				
K 單位	890, 000		200, 000	130, 000	300, 000	160, 000	100, 000	
L 單位	80, 000						30, 000	50, 000
合計	7, 240, 000	5, 000, 000	1, 200, 000	400, 000	300, 000	160, 000	130, 000	50, 000

甲股份有限公司根據歷史資料並結合當前情況，考慮前瞻性信息，對上述各類應收帳款分別確定預期信用損失率之後，編製應收帳款預期信用損失金額計算表，如表 4-8 所示。

表 4-8　應收帳款預期信用損失金額計算表

2×19 年 12 月 31 日

應收帳款按帳齡的分組	應收帳款餘額（元）	預期信用損失比率(%)	預期信用損失金額（元）
未超過信用期限	5, 000, 000	1	50, 000
超過信用期限不足 3 個月	1, 200, 000	5	60, 000
超過信用期限 3 個月但不足半年	400, 000	10	40, 000
超過信用期限半年但不足 1 年	300, 000	20	60, 000
超過信用期限 1 年但不足 2 年	160, 000	30	48, 000
超過信用期限 2 年但不足 3 年	130, 000	40	52, 000
超過信用期限 3 年以上	50, 000	50	25, 000
合計	7, 240, 000	—	335, 000

根據表 4-8 的計算結果以及本年計提壞帳準備前「壞帳準備」科目的餘額情況，甲股份有限公司帳務處理如下：

(1) 假定本年計提壞帳準備前,「壞帳準備」科目無餘額。

借：信用減值損失　　335,000

　貸：壞帳準備　　335,000

(2) 假定本年計提壞帳準備前,「壞帳準備」科目已有貸方餘額 50,000 元。

本年計提的壞帳準備 = 335,000−50,000 = 285,000 (元)

借：信用減值損失　　285,000

　貸：壞帳準備　　285,000

(3) 假定本年計提壞帳準備前,「壞帳準備」科目已有貸方餘額 400,000 元。

本年計提的壞帳準備 = 335,000−400,000 = −65,000 (元)

借：壞帳準備　　65,000

　貸：信用減值損失　　65,000

(4) 假定本年計提壞帳準備前,「壞帳準備」科目有借方餘額 60,000 元。

本年計提的壞帳準備 = 335,000+60,000 = 395,000 (元)

借：信用減值損失　　395,000

　貸：壞帳準備　　395,000

(三) 其他債權投資損失準備的會計處理

企業對於持有的以公允價值計量且其變動計入其他綜合收益的其他債權投資,應當運用預期信用損失三階段模型,在其他綜合收益中確認其損失準備,並將減值損失或利得計入當期損益,且不應減少該金融資產在資產負債表中列示的帳面價值。其中,計入當期損益的減值損失是指按照預期信用損失三階段模型計算確定的、應於當期確認的預期信用損失;計入當期損益的減值利得是指按照預期信用損失三階段模型計算確定的、應於當期轉回的預期信用損失。

資產負債表日,企業應當按照本期公允價值較上期的下跌金額,借記「其他綜合收益——其他債權投資公允價值變動」科目,貸記「其他債權投資——公允價值變動」科目;同時,按照應於當期確認的預期信用損失金額,借記「信用減值損失」科目,貸記「其他綜合收益——信用減值準備」科目。

對於已確認預期信用損失的其他債權投資,在隨後的會計期間因其信用風險降低導致預期信用損失減少,企業應按減少的預期信用損失金額轉回原已確認的預期信用損失。資產負債表日,企業應當按照本期公允價值較上期的回升金額,借記「其他債權投資——公允價值變動」科目,貸記「其他綜合收益——其他債權投資公允價值變動」科目;同時,按照應於當期轉回的預期信用損失金額,借記「其他綜合收益——信用減值準備」科目,貸記「信用減值損失」科目。

【例 4-44】2×15 年 1 月 1 日,甲股份有限公司(以下簡稱甲公司)從活躍市場上購入 B 公司於當日發行的面值 100,000 元、期限 5 年、票面利率 4%、每年 12 月 31 日付息、到期還本的債券並分類為以公允價值計量且其變動計入其他綜合收益的金融資產。初始入帳金額為 95,670 元,初始確認時確定的實際利率為 5%。甲公司在初始確認時採用實際利率法編製的利息收入與帳面餘額計算表如表 4-9 所示。

表 4-9　利息收入與帳面餘額計算表

(實際利率法)

日期	應收利息(元)	實際利率(%)	利息收入(元)	利息調整攤銷(元)	期末攤餘成本(元)
2×15 年 1 月 1 日					95,670
2×15 年 12 月 31 日	4,000	5	4,784	784	96,454

表4-9(續)

日期	應收利息（元）	實際利率（%）	利息收入（元）	利息調整攤銷（元）	期末攤餘成本（元）
2×16 年 12 月 31 日	4,000	5	4,823	823	97,277
2×17 年 12 月 31 日	4,000	5	4,864	864	98,141
2×18 年 12 月 31 日	4,000	5	4,907	907	99,048
2×19 年 12 月 31 日	4,000	5	4,952	952	100,000
合計	20,000	—	24,330	4,330	—

甲公司取得 B 公司債券後，在每個資產負債表日確認利息收入並攤銷利息調整以及根據公允價值變動情況確認其他綜合收益、根據對 B 公司債券信用風險評估的結果確認減值損失或利得的帳務處理如下：

（1）2×15 年 12 月 31 日。

①確認利息收入並攤銷利息調整。

借：應收利息　4,000

　　其他債權投資——利息調整（B 公司債券）　784

　貸：投資收益　4,784

②確認公允價值變動。

2×15 年 12 月 31 日，B 公司債券的市價（不包括應計利息）為 95,000 元。

本期公允價值變動 = 95,000 − 96,454 = −1,454（元）

借：其他綜合收益——其他債權投資公允價值變動　1,454

　貸：其他債權投資——公允價值變動（B 公司債券）　1,454

調整後 B 公司債券帳面價值 = 96,454 − 1,454 = 95,000（元）

③確認預期信用損失。自初始確認後至本期期末，B 公司信用狀況良好。甲公司通過信用風險評估認為，B 公司債券市價的下跌為債券價格的正常波動，其信用風險並未顯著增加，因此甲公司按照相當於 B 公司債券未來 12 個月內預期信用損失的金額計量其損失準備。甲公司預計 B 公司債券未來 12 個月的違約概率為 0.5%，如果發生違約，則違約損失率為 50%；不發生違約的概率為 99.5%。

未來 12 個月內預期信用損失 = (100,000 + 4,000) × 0.952,381 × 0.5% × 50%

≈ 248（元）

其中，0.952,381 為 1 期、5%的複利現值系數。

借：信用減值損失　248

　貸：其他綜合收益——信用減值準備　248

④收到 2×15 年度債券利息。

借：銀行存款　4,000

　貸：應收利息　4,000

（2）2×16 年 12 月 31 日。

①確認利息收入並攤銷利息調整。由於甲公司上期期末判斷自初始確認後至上期期末，B 公司債券的信用風險並未顯著增加，因此本期 B 公司債券利息收入的確認應當採用總額法。

借：應收利息　4,000

　　其他債權投資——利息調整（B 公司債券）　823

　貸：投資收益　4,823

攤銷利息調整後 B 公司債券帳面價值＝95,000+823＝95,823（元）

②確認公允價值變動。2×16 年 12 月 31 日，B 公司債券的市價（不包括應計利息）為 96,000 元。

本期公允價值變動＝96,000－95,823＝177（元）

借：其他債權投資——公允價值變動（B 公司債券）　177

　貸：其他綜合收益——其他債權投資公允價值變動　177

調整後 B 公司債券帳面價值＝95,823+177＝96,000（元）

③確認預期信用損失。自初始確認後至本期期末，B 公司信用狀況仍然保持良好。甲公司通過信用風險評估認為，B 公司債券的信用風險仍未顯著增加，甲公司繼續按照相當於 B 公司債券未來 12 個月內預期信用損失的金額計量其損失準備。甲公司預計 B 公司債券未來 12 個月的違約概率、違約損失率與上期相同。

根據上述資料，由於 B 公司債券預期信用損失並沒有進一步增加，因此甲公司本期不必對 B 公司債券進行減值會計處理。

④收到 2×16 年度債券利息。

借：銀行存款　4,000

　貸：應收利息　4,000

（3）2×17 年 12 月 31 日。

①確認利息收入並攤銷利息調整。由於甲公司上期期末判斷自初始確認後至上期期末，B 公司債券的信用風險並未顯著增加，因此本期 B 公司債券利息收入的確認仍應採用總額法。

借：應收利息　4,000

　　其他債權投資——利息調整（B 公司債券）　864

　貸：投資收益　4,864

攤銷利息調整後 B 公司債券帳面價值＝96,000+864＝96,864（元）

②確認公允價值變動。2×17 年 12 月 31 日，B 公司債券的市價（不包括應計利息）為 85,000 元。

本期公允價值變動＝85,000－96,864＝－11,864（元）

借：其他綜合收益——其他債權投資公允價值變動　11,864

　貸：其他債權投資——公允價值變動（B 公司債券）　11,864

調整後 B 公司債券帳面價值＝96,864－11,864＝85,000（元）

③確認預期信用損失。自初始確認後至本期期末，B 公司的一項投資業務發生巨額虧損，導致其現金週轉緊張，但尚無證據表明 B 公司發生了重大財務困難。甲公司通過信用風險評估認為，B 公司債券的信用風險已顯著增加但並沒有客觀證據表明已發生信用減值，因此甲公司按照相當於 B 公司債券整個存續期內預期信用損失的金額計量其損失準備。甲公司預計 B 公司債券未來整個存續期內的違約概率為 30%，如果發生違約，則違約損失率為 50%；不發生違約的概率為 70%。

未來整個存續期內預期信用損失＝(4,000×1.859,41+100,000×0.907,029)×30%×50%

≈14,721（元）

其中，1.859,41 為 2 期、5%的年金現值系數；0.907,029 為 2 期、5%的複利現值系數。

本年應計提損失準備＝14,721－248＝14,473（元）

借：信用減值損失　14,473

　貸：其他綜合收益——信用減值準備　14,473

④收到 2×17 年度債券利息。

借：銀行存款　　4,000

　貸：應收利息　　4,000

(4) 2×18 年 12 月 31 日。

①確認利息收入並攤銷利息調整。由於甲公司上期期末判斷自初始確認後至上期期末，A 公司債券的信用風險雖然已顯著增加但並沒有客觀證據表明已發生信用減值，因此本期 A 公司債券利息收入的確認仍應當採用總額法。

借：應收利息　　4,000

　　其他債權投資——利息調整（B 公司債券）　　907

　貸：投資收益　　4,907

攤銷利息調整後 B 公司債券帳面價值＝85,000+907＝85,907（元）

②確認公允價值變動。2×18 年 12 月 31 日，B 公司債券的市價（不包括應計利息）為 48,000 元。

本期公允價值變動＝48,000−85,907＝−37,907（元）

借：其他綜合收益——其他債權投資公允價值變動　　37,907

　貸：其他債權投資——公允價值變動（B 公司債券）　　37,907

調整後 B 公司債券帳面價值＝85,907−37,907＝48,000（元）

③確認預期信用損失。自初始確認後至本期期末，B 公司投資業務的虧損進一步擴大，導致其發生重大財務困難，已出現債務逾期無法償還的情況。甲公司通過信用風險評估認為，B 公司債券的信用風險已顯著增加且有客觀證據表明 B 公司債券已發生信用減值，因此甲公司按照相當於 B 公司債券整個存續期內預期信用損失的金額計量其損失準備。甲公司預計 B 公司債券未來整個存續期內發生違約並損失 50%的概率為 90%，發生違約並損失 75%的概率為 9%，不發生違約的概率僅為 1%。

未來整個存續期內預期信用損失＝(4,000+100,000)×0.952,381×90%×50%+(4,000+100,000)×0.952,381×9%×75%≈51,257（元）

其中，0.952,381 為 1 期、5% 的複利現值系數。

本年應計提損失準備＝51,257−14,721＝36,536（元）

借：信用減值損失　　36,536

　貸：其他綜合收益——信用減值準備　　36,536

④收到 2×18 年度債券利息。

借：銀行存款　　4,000

　貸：應收利息　　4,000

(5) 2×19 年 12 月 31 日。B 公司債券到期，甲公司收回最後一期債券利息，但只收回 50%的面值。

①確認利息收入並攤銷利息調整。由於甲公司上期期末判斷自初始確認後至上期期末，B 公司債券的信用風險已顯著增加且有客觀證據表明已發生信用減值，因此本期 B 公司債券利息收入的確認應當採用淨額法。但由於債券已經到期，且從結果來看，債券利息收回，利息部分並未發生信用損失，因此仍應採用總額法確認利息收入，同時將尚未攤銷的利息調整攤銷完畢。

借：應收利息　　4,000

　　其他債權投資——利息調整（B 公司債券）　　952

　貸：投資收益　　4,952

攤銷利息調整後 B 公司債券帳面價值＝48,000+952＝48,952（元）

②確認公允價值變動。2×19 年 12 月 31 日，B 公司債券的市價（不包括應計利息）為 50,000 元。

本期公允價值變動＝50,000−48,952＝1,048（元）

借：其他債權投資——公允價值變動（B 公司債券）　1,048
　貸：其他綜合收益——其他債權投資公允價值變動　1,048

調整後 B 公司債券帳面價值＝48,952+1,048＝50,000（元）

③確認預期信用損失。由於甲公司以前期間累計確認了信用損失 51,257 元，但最終實際發生的信用損失為 50,000 元，因此本期應轉回多確認的信用損失 1,257 元。

借：其他綜合收益——信用減值準備　1,257
　貸：信用減值損失　1,257

④收回最後一期債券利息並收回 50%的面值。

借：銀行存款　54,000
　　其他債權投資——公允價值變動（B 公司債券）　50,000
　貸：應收利息　4,000
　　　其他債權投資——成本（B 公司債券）　100,000

借：其他綜合收益——信用減值準備　50,000
　貸：其他綜合收益——其他債權投資公允價值變動　50,000

第五章　長期股權投資

第一節　長期股權投資概述

一、長期股權投資的概念、特點和內容

（一）長期股權投資的概念

長期股權投資是指投資方對被投資單位實施控制、重大影響的權益性投資以及對合營企業的權益性投資。

（二）長期股權投資的特點

從長期股權投資的概念可以看出，長期股權投資具有以下特點：

（1）持有時間長。長期股權投資通過長期持有，達到控制被投資單位、改善與被投資單位的貿易關係等目的。除股票投資外，其他長期股權投資一般不能隨意抽回投資。

（2）投資單位與被投資單位形成了所有權關係。這是股權投資與債權投資的最大區別。

（3）獲得經濟利益。通過長期股權投資，投資單位可以獲得兩方面的經濟利益：一方面是通過分得利潤或股利獲得被投資單位的經濟利益流入；另一方面是通過對被投資單位施加影響，改善本單位的生產經營環境，從而使本單位獲得經濟利益。

（4）長期股權投資具有較高的財務風險。當被投資單位出現經營業績不佳，甚至破產清算時，投資單位要承擔相應的投資損失。

（三）長期股權投資的內容

1. 能夠實施控制的權益性投資

控制是指投資方擁有對被投資方的權利，通過參與被投資方的相關活動而享有可變回報，並且有能力運用對被投資方的權利影響其回報金額。因此，控制必須同時具備以下三項基本要素：

（1）擁有對被投資方的權利。

（2）通過參與被投資方的相關活動而享有可變回報。

（3）有能力運用對被投資方的權利影響其回報金額。

投資方在判斷其是否能夠控制被投資方時，應當綜合考慮所有的相關事實和情況，只有當投資方同時具備上述三個要素時，投資方才能夠控制被投資方。一旦相關事實和情況發生了變化，導致上述三個要素中的一個或多個發生變化的，投資方應當重新評估其是否能夠控制被投資方。

投資方能夠對被投資方實施控制的，被投資方為其子公司，投資方應當將其子公司納入合併財務報表的合併範圍。

2. 具有重大影響的權益性投資

重大影響是指投資方對被投資方的財務和經營政策有參與決策的權力，但並不能夠控制或與其他方一起共同控制這些政策的制定。

在通常情況下，當投資方直接或通過其子公司間接擁有被投資方 20%及以上表決權

股份，但未形成控制或共同控制的，可以認為對被投資方具有重大影響，除非有確鑿的證據表明投資方不能參與被投資方的生產經營決策，不能對被投資方施加重大影響。企業通常可以通過以下一種或幾種情形來判斷是否對被投資方具有重大影響：一是在被投資方的董事會或類似權力機構中派有代表；二是參與被投資方的財務和經營政策制定過程；三是與被投資方之間發生重要交易；四是向被投資方派出管理人員；五是向被投資方提供關鍵技術資料。需要注意的是，存在上述一種或多種情形並不意味著投資方一定對被投資方具有重大影響，企業需要綜合考慮所有事實和情況來做出恰當的判斷。此外，確定能否對被投資方施加重大影響還應當考慮投資方和其他方持有的現行可執行潛在表決權在假定轉換為對被投資方的股權後產生的影響，如被投資方發行的現行可轉換的認股權證、股票期權以及可轉換公司債券等的影響。如果這些潛在表決權在轉換為對被投資方的股權後，能夠增加投資方的表決權比例或降低被投資方的其他投資者的表決權比例，從而使得投資方能夠參與被投資方的財務和經營決策，應當認為投資方對被投資方具有重大影響。

投資方能夠對被投資方施加重大影響的，被投資方為其聯營企業。

3. 對合營企業的權益性投資

合營安排是指一項由兩個或兩個以上的參與方共同控制的安排。共同控制是指按照相關約定對某項安排所共有的控制，並且該安排的相關活動必須經過分享控制權的參與方一致同意後才能決策。合營安排具有下列特徵：

（1）各參與方都受到該安排的約束。

（2）兩個或兩個以上的參與方對該安排實施共同控制。任何一個參與方都不能夠單獨控制該安排，對該安排具有共同控制的任何一個參與方都能夠阻止其他參與方或參與方組合單獨控制該安排。

判斷是否存在共同控制首先應當判斷所有參與方或參與方組合是否集體控制該安排，其次再判斷該安排相關活動的決策是否必須經過這些集體控制該安排的參與方一致同意。需要注意的是，合營安排並不要求所有參與方都對該安排實施共同控制。合營安排參與方既包括對合營安排享有共同控制的參與方（合營方），也包括對合營安排不享有共同控制的參與方。

合營安排可以分為共同經營和合營企業。共同經營是指合營方享有該安排相關資產且承擔該安排相關負債的合營安排；合營企業是指合營方僅對該安排的淨資產享有權利的合營安排。

長期股權投資僅指對合營安排享有共同控制的參與方（合營方）對其合營企業的權益性投資，不包括對合營安排不享有共同控制的參與方的權益性投資，也不包括共同經營。

除能夠實施控制的權益性投資、具有重大影響的權益性投資和對合營企業的權益性投資外，企業持有的其他權益性投資，應當按照《企業會計準則第22號——金融工具確認和計量》的規定，在初始確認時分類為以公允價值計量且其變動計入當期損益的金融資產或指定為以公允價值計量且其變動計入其他綜合收益的金融資產。

二、長期股權投資的核算方法

長期股權投資的核算方法有成本法和權益法兩種。

（一）成本法

成本法是指投資按成本計價的方法。在成本法下，長期股權投資以初始投資成本計價，一般不調整其帳面價值，只有在追加或收回投資時調整長期股權投資的成本。

企業能夠對被投資單位實施控制的長期股權投資，即企業對子公司的長期股權投資，應當採用成本法核算，投資企業為投資性主體且子公司不納入其合併財務報表的除外。

（二）權益法

權益法是指初始投資時以投資成本計價，以後根據投資方享有被投資單位所有者權益份額的變動對投資的帳面價值進行調整的方法。

企業對合營企業和聯營企業的長期股權投資，應當採用權益法核算。

第二節　長期股權投資的初始計量

一、長期股權投資初始計量的原則

企業在取得長期股權投資時，應按初始投資成本入帳。長期股權投資可以通過企業合併取得，也可以通過企業合併以外的其他方式取得。在不同的取得方式下，初始投資成本的確定方法有所不同。企業應當區分企業合併和非企業合併兩種情況確定長期股權投資的初始投資成本。

企業在取得長期股權投資時，如果實際支付的價款或其他對價中包含已宣告但尚未發放的現金股利或利潤，則該現金股利或利潤在性質上屬於暫付應收款項，應作為應收項目單獨入帳，不構成長期股權投資的初始投資成本。

二、企業合併形成的長期股權投資

企業合併是指將兩個或兩個以上單獨的企業合併形成一個報告主體的交易或事項。企業合併通常包括吸收合併、新設合併和控股合併三種形式。其中，吸收合併和新設合併均不形成投資關係，只有控股合併形成投資關係。因此，企業合併形成的長期股權投資是指控股合併形成的投資方（合併後的母公司）對被投資方（合併後的子公司）的股權投資。企業合併形成的長期股權投資，應當區分同一控制下的企業合併和非同一控制下的企業合併分別確定初始投資成本。

（一）同一控制下企業合併形成的長期股權投資

參與合併的企業在合併前後都受同一方或相同的多方最終控制且該控制並非暫時性的，為同一控制下的企業合併。其中，在合併日取得對其他參與合併企業控制權的一方為合併方，參與合併的其他企業為被合併方。對於同一控制下的企業合併，從能夠對參與合併各方在合併前及合併後都實施最終控制的一方來看，其能夠控制的資產在合併前及合併後並沒有發生變化。因此，合併方通過企業合併形成的對被合併方的長期股權投資，其成本代表的是按持股比例享有的被合併方所有者權益在最終控制方合併財務報表中的帳面價值份額。

1. 合併方以支付現金等方式作為合併對價

合併方以支付現金、轉讓非現金資產或承擔債務的方式作為合併對價的，應當在合併日按照取得的被合併方所有者權益在最終控制方合併財務報表中的帳面價值的份額作為長期股權投資的初始成本。初始投資成本大於支付的合併對價帳面價值的差額，應計入資本公積（資本溢價或股本溢價）；初始投資成本小於支付的合併對價帳面價值的差額，應衝減資本公積（僅限於資本溢價或股本溢價），資本公積的餘額不足衝減的，應依次衝減盈餘公積、未分配利潤。

合併方應當在企業合併日，按取得的被合併方所有者權益在最終控制方合併財務報表中的帳面價值的份額，借記「長期股權投資」科目，按應享有被合併方已宣告但尚未發放的現金股利或利潤，借記「應收股利」科目，按支付的合併對價的帳面價值，貸記有關資產等科目，按其差額，貸記「資本公積——資本溢價（或股本溢價）」科目。如為借方差額，合併方應借記「資本公積——資本溢價（或股本溢價）」科目，資本公積（資本溢價或股本溢價）不足衝減的，應依次借記「盈餘公積」「利潤分配——未分配利潤」科目。

合併方為進行企業合併而發行債券或承擔其他債務支付的手續費、佣金等，應當計入發行債券及其他債務的初始確認金額；為進行企業合併而發生的審計、法律服務、評估諮詢等仲介費用及其他相關管理費用，應當於發生時計入當期管理費用。

【例 5-1】甲公司和乙公司同為 A 集團所控制的兩個子公司，2×19 年 6 月 1 日，甲公司以銀行存款 720 萬元取得乙公司 80%的股份，並能夠對乙公司實施控制，同日乙公司所有者權益在最終控制方合併財務報表中的帳面價值為 1,000 萬元。在與乙公司的合併中，甲公司以銀行存款支付審計費用、評估費用、法律服務費用等共計 35 萬元。

上例中，甲公司和乙公司在合併前後均受 A 集團控制，通過合併，甲公司取得了對乙公司的控制權。因此，該合併為同一控制下的控股合併，甲公司為合併方，乙公司為被合併方，A 集團為能夠對參與合併各方在合併前及合併後都實施最終控制的一方，合併日為 2×19 年 6 月 1 日。甲公司在合併日的帳務處理如下：

（1）確認取得的長期股權投資。

初始投資成本 = 1,000×80% = 800（萬元）

	借方	貸方
借：長期股權投資	8,000,000	
貸：銀行存款		7,200,000
資本公積——資本溢價		800,000

（2）支付直接相關費用。

	借方	貸方
借：管理費用	350,000	
貸：銀行存款		350,000

2. 合併方以發行權益性證券作為合併對價

合併方以發行權益性證券作為合併對價的，應當在合併日按照取得被合併方所有者權益在最終控制方合併財務報表中的帳面價值的份額作為長期股權投資的初始投資成本。按照發行的權益性證券的面值總額作為股本，初始投資成本大於發行的權益性證券面值總額的差額，應當計入資本公積（股本溢價）；初始投資成本小於發行的權益性證券面值總額的差額，應當衝減資本公積（僅限於股本溢價），資本公積的餘額不足衝減的，應依次衝減盈餘公積、未分配利潤。

合併方為進行企業合併而發行權益性證券發生的手續費、佣金等費用，應當抵減權益性證券的溢價發行收入，溢價發行收入不足衝減的，衝減留存收益。

合併方應當在企業合併日，按取得的被合併方所有者權益在最終控制方合併財務報表中的帳面價值的份額，借記「長期股權投資」科目，按應享有被合併方已宣告但尚未發放的現金股利或利潤，借記「應收股利」科目，按所發行權益性證券的面值總額，貸記「股本」科目，按其差額，貸記「資本公積——股本溢價」科目。如為借方差額，合併方應借記「資本公積——股本溢價」科目，資本公積（股本溢價）不足衝減的，應依次借記「盈餘公積」「利潤分配——未分配利潤」科目。同時，合併方按發行權益性證券過程中支付的手續費、佣金等費用，借記「資本公積——股本溢價」科目，貸記「銀行存款」等科目，溢價發行收入不足衝減的，應依次借記「盈餘公積」「利潤分配——未分配利潤」科目。

【例 5-2】甲公司和乙公司是同為 A 公司所控制的兩個子公司。根據甲公司和乙公司達成的合併協議，2×19 年 4 月 1 日，甲公司以增發的權益性證券作為合併對價，取得乙公司 90%的股份。甲公司增發的權益性證券為每股面值 1 元的普通股股票，共增發 2,500 萬股，支付手續費及佣金等發行費用 80 萬元。2×19 年 4 月 1 日，甲公司實際取得對乙公司的控制權，當日乙公司所有者權益在最終控制方合併財務報表中的帳面價值總額為 5,000 萬元。

在上例中，甲公司和乙公司在合併前後均受 A 公司控制，通過合併，甲公司取得了對乙公司的控制權。因此，該合併為同一控制下的控股合併，甲公司為合併方，乙公司為被合併方，A 公司為能夠對參與合併各方在合併前及合併後都實施最終控制的一方，合併日為 2×19 年 4 月 1 日。甲公司在合併日的帳務處理如下：

初始投資成本＝5,000×90%＝4,500（萬元）

借：長期股權投資　　45,000,000

　貸：股本　　25,000,000

　　　資本公積——股本溢價　　20,000,000

借：資本公積——股本溢價　　800,000

　貸：銀行存款　　800,000

企業在按照合併日應享有被合併方所有者權益在最終控制方合併財務報表中的帳面價值份額確定長期股權投資的初始投資成本時，需要注意以下幾點：

(1) 如果被合併方在合併日的淨資產帳面價值為負數，則長期股權投資的成本按零確定，同時在備查簿中予以登記。

(2) 如果被合併方在被合併以前是最終控制方通過非同一控制下的企業合併控制的，則合併方長期股權投資的初始投資成本還應包含相關的商譽金額。

(3) 如果合併前合併方與被合併方採用的會計政策、會計期間不一致，則應當基於重要性原則，按照合併方的會計政策、會計期間對被合併方資產、負債的帳面價值進行調整，並以調整後的被合併方所有者權益在最終控制方合併財務報表中的帳面價值為基礎，計算確定長期股權投資的初始投資成本。

(二) 非同一控制下的企業合併形成的長期股權投資

參與合併的各方在合併前後不受同一方或相同的多方最終控制的，為非同一控制下的企業合併。其中，在購買日取得對其他參與合併企業控制權的一方為購買方，參與合併的其他企業為被購買方。對於非同一控制下的企業合併，購買方應將企業合併視為一項購買交易，合理確定合併成本，作為長期股權投資的初始投資成本。

1. 購買方以支付現金等方式作為合併對價

購買方以支付現金、轉讓非現金資產或承擔債務方式作為合併對價的，合併成本為購買方在購買日為取得對被購買方的控制權而付出的資產、發生或承擔的負債的公允價值。

購買方作為合併對價付出的資產，應當按照以公允價值處置該資產進行會計處理。其中，付出資產為固定資產、無形資產的，付出資產的公允價值與其帳面價值的差額，計入資產處置損益；付出資產為金融資產的，付出資產的公允價值與其帳面價值的差額，計入投資收益（如果付出資產是指定為以公允價值計量且其變動計入其他綜合收益的非交易性權益工具投資，則付出資產的公允價值與其帳面價值的差額應當計入留存收益）；付出資產為存貨的，按其公允價值確認收入，同時按其帳面價值結轉成本，涉及增值稅的，還應進行相應的處理。此外，作為合併對價付出的資產為以公允價值計量且其變動計入其他綜合收益的金融資產的，該金融資產在持有期間因公允價值變動而形成的其他綜合收益應同時轉出，計入當期投資收益（或者留存收益）。

購買方為進行企業合併而發行債券支付的手續費、佣金等費用，應當計入發行債券及其他債務的初始確認金額，不構成初始投資成本；購買方為進行企業合併而發生的各項直接相關費用，如審計費用、評估費用、法律服務費用等，應當於發生時計入當期管理費用。

購買方應當在購買日按照確定的企業合併成本（不含應自被購買方收取的現金股利或利潤），借記「長期股權投資」科目，按應享有被購買方已宣告但尚未發放的現金股利或利潤，借記「應收股利」科目，按支付合併對價的帳面價值，貸記有關資產等科目，按其差額，貸記「資產處置損益」「投資收益」等科目或借記「資產處置損益」「投資收益」等科目。合併對價為以公允價值計量且其變動計入其他綜合收益的金融資產的，購買方還應按持有期間公允價值變動形成的其他綜合收益，借記（或貸記）「其他綜合收益」科目，貸記（或借記）「投資收益」科目（或者「盈餘公積」科目和「利潤分配——未分配利潤」科目）；同時，按企業合併發生的各項直接相關費用，借記「管理費用」科目，貸記「銀行存款」等科目。

【例 5-3】甲公司和 C 公司為兩個獨立的法人企業，合併之前不存在任何關聯方關係。2×19 年 1 月 10 日，甲公司和 C 公司達成合併協議，約定甲公司以庫存商品、以公允價值計量且其變動計入其他綜合收益的金融資產和銀行存款作為合併對價，取得 C 公司 70%的股份。甲公司付出庫存商品的帳面價值為 3,200 萬元，購買日公允價值為 4,000 萬元，增值稅稅額為 520 萬元；付出的以公允價值計量且其變動計入其他綜合收益的金融資產為 A 公司債券，帳面價值為 2,980 萬元（其中，成本為 2,900 萬元，公允價值變動為 80 萬元），購買日公允價值為 3,000 萬元；付出銀行存款的金額為 5,000 萬元。2×19 年 2 月 1 日，甲公司實際取得對 C 公司的控制權。在與 C 公司的合併中，甲公司以銀行存款支付審計費用、評估費用、法律服務費用等共計 180 萬元。

甲公司和 C 公司為兩個獨立的法人企業，在合併之前不存在任何關聯方關係，通過合併，甲公司取得了對 C 公司的控制權。因此，該合併為非同一控制下的控股合併，甲公司為購買方，C 公司為被購買方，購買日為 2×19 年 2 月 1 日。甲公司在購買日的帳務處理如下：

合併成本＝4,000+520+3,000+5,000＝12,520（萬元）

分錄	借方	貸方
借：長期股權投資	125,200,000	
貸：主營業務收入		40,000,000
應交稅費——應交增值稅（銷項稅額）		5,200,000
其他債權投資——成本		29,000,000
——公允價值變動		800,000
投資收益		200,000
銀行存款		50,000,000
借：主營業務成本	32,000,000	
貸：庫存商品		32,000,000
借：其他綜合收益	800,000	
貸：投資收益		800,000
借：管理費用	1,800,000	
貸：銀行存款		1,800,000

2. 購買方以發行權益性證券作為合併對價

購買方以發行權益性證券作為合併對價的，合併成本為購買方在購買日為取得對被購買方的控制權而發行的權益性證券的公允價值。

購買方為發行權益性證券而支付的手續費、佣金等費用，應當抵減權益性證券的溢價發行收入，溢價發行收入不足衝減的，衝減留存收益，不構成初始投資成本。

購買方應當在購買日，按照所發行權益性證券的公允價值（不含應自被購買方收取的現金股利或利潤），借記「長期股權投資」科目，按應享有被購買方已宣告但尚未發放的現金股利或利潤，借記「應收股利」科目，按所發行權益性證券的面值總額，貸記「股本」科目，按其差額，貸記「資本公積——股本溢價」科目。對於發行權益性證券過程中支付的手續費、佣金等費用，購買方應借記「資本公積——股本溢價」科目，貸記「銀行存款」等科目，溢價發行收入不足衝減的，應依次借記「盈餘公積」「利潤分配——未分配利潤」科目；同時，按企業合併發生的各項直接相關費用，借記「管理費用」科目，貸記「銀行存款」等科目。

【例 5-4】甲公司和 D 公司為兩個獨立的法人企業，合併之前不存在任何關聯方關係。甲公司和 D 公司達成合併協議，約定甲公司以發行的權益性證券作為合併對價，取得 D 公司 80%的股份。甲公司擬增發的權益性證券為每股面值 1 元的普通股股票，共增發 1, 600 萬股，每股公允價值 3. 50 元。2×19 年 7 月 1 日，甲公司完成了權益性證券的增發，發生手續費及佣金等發行費用 120 萬元。在與 D 公司的合併中，甲公司另以銀行存款支付審計費用、評估費用、法律服務費用等共計 80 萬元。

甲公司和 D 公司為兩個獨立的法人企業，在合併之前不存在任何關聯方關係，通過合併，甲公司取得了對 D 公司的控制權。因此，該合併為非同一控制下的控股合併，甲公司為購買方，D 公司為被購買方，購買日為 2×19 年 7 月 1 日。甲公司在購買日的帳務處理如下：

合併成本 = 3. 50×1, 600 = 5, 600（萬元）

借：長期股權投資	56, 000, 000	
貸：股本		16, 000, 000
資本公積——股本溢價		40, 000, 000
借：資本公積——股本溢價	1, 200, 000	
貸：銀行存款		1, 200, 000
借：管理費用	800, 000	
貸：銀行存款		800, 000

三、非企業合併形成的長期股權投資

除企業合併形成的對子公司的長期股權投資外，企業以支付現金、轉讓非現金資產、發行權益性證券等方式取得的對被投資方不具有控制權的長期股權投資，為非企業合併方式取得的長期股權投資，包括取得的對合營企業和聯營企業的權益性投資。企業通過非企業合併方式取得的長期股權投資，應當根據不同的取得方式，按照實際支付的價款、轉讓非現金資產的公允價值、發行權益性證券的公允價值等分別確定其初始投資成本，作為入帳的依據。

（一）以支付現金取得的長期股權投資

企業以支付現金取得長期股權投資的，應當按照實際應支付的購買價款作為初始投資成本，包括購買過程中支付的手續費等必要支出，但所支付價款中包含的被投資單位已宣告但尚未發放的現金股利或利潤作為應收項目核算，不構成取得長期股權投資的成本。

企業支付現金取得長期股權投資時，按照確定的初始投資成本，借記「長期股權投資」科目，按應享有被投資方已宣告但尚未發放的現金股利或利潤，借記「應收股利」科目，按照實際支付的買價及手續費、稅金等，貸記「銀行存款」等科目。

【例 5-5】 2×19 年 2 月 10 日，甲公司從公開市場中買入乙公司 20%的股份，實際支付價款 3,000 萬元，支付手續費等相關費用 60 萬元，並於同日完成相關手續。甲公司取得該部分股權後能夠對乙公司施加重大影響。不考慮相關稅費等其他因素影響。

甲公司應當按照實際支付的購買價款及相關交易費用作為取得長期股權投資的成本，有關帳務處理如下：

借：長期股權投資——投資成本　　30,600,000

　貸：銀行存款　　30,600,000

（二）以發行權益性證券取得的長期股權投資

企業以發行權益性證券取得長期股權投資的，應當按照所發行權益性證券的公允價值作為初始投資成本，但不包括應自被投資單位收取的已宣告但尚未發放的現金股利或利潤。為發行權益性證券而支付給證券承銷機構的手續費、佣金等相關稅費及其他直接相關支出，應自權益性證券的溢價發行收入中扣除，溢價收入不足衝減的，應依次衝減盈餘公積和未分配利潤。

企業發行權益性證券取得長期股權投資時，按照確定的初始投資成本，借記「長期股權投資」科目，按應享有被投資方已宣告但尚未發放的現金股利或利潤，借記「應收股利」科目，按照權益性證券的面值，貸記「股本」科目，按其差額，貸記「資本公積——股本溢價」科目。對於發行權益性證券所支付的手續費、佣金等相關稅費及其他直接相關支出，企業應借記「資本公積——股本溢價」科目，貸記「銀行存款」等科目；溢價發行收入不足衝減的，企業應依次借記「盈餘公積」「利潤分配——未分配利潤」科目。

【例 5-6】 2×19 年 3 月，甲公司通過增發 6,000 萬股普通股（面值 1 元/股），從非關聯方處取得乙公司 20%的股權，所增發股份的每股市價為 5 元。為增發該部分股份，甲公司向證券承銷機構等支付了 400 萬元的佣金和手續費。相關手續於增發當日完成。假定甲公司取得該部分股權後能夠對乙公司施加重大影響。乙公司 20%的股權的公允價值與甲公司增發股份的公允價值不存在重大差異。不考慮相關稅費等其他因素。

由於乙公司 20%股權的公允價值與甲公司增發股份的公允價值不存在重大差異，甲公司應當以所發行股份的公允價值作為取得長期股權投資的初始投資成本，有關帳務處理如下：

初始投資成本＝5×6,000＝30,000（萬元）

借：長期股權投資——投資成本　　300,000,000

　貸：股本　　60,000,000

　　　資本公積——股本溢價　　240,000,000

發行權益性證券過程中支付的佣金和手續費應衝減權益性證券的溢價發行收入。

借：資本公積——股本溢價　　4,000,000

　貸：銀行存款　　4,000,000

第三節　長期股權投資的後續計量

企業取得的長期股權投資在持有期間，要根據對被投資方是否能夠實施控制，分別採用成本法或權益法核算。

一、長期股權投資核算的成本法

（一）成本法的概念

成本法是指投資按投資成本計價的方法。在成本法下，長期股權投資以取得股權時的成本計價，企業一般不調整「長期股權投資」科目的帳面價值。只有當投資企業追加投資、收回投資，或者股票市值發生重大持久性下跌，且短期內不可能回升時，企業才對發生的跌價損失予以確認，調整長期股權投資的帳面價值。在投資持有期內，長期股權投資的帳面數額不因被投資單位權益的增加或減少而變動，始終反應其原始投資成本。

（二）成本法的適用範圍

根據《企業會計準則第 2 號——長期股權投資》的規定，投資方持有的對子公司投資應當採用成本法核算，投資方為投資性主體且子公司不納入其合併財務報表的除外。投資方在判斷對被投資單位是否具有控制時，應綜合考慮直接持有的股權和通過子公司間接持有的股權。

《企業會計準則第 2 號——長期股權投資》要求投資方對子公司的長期股權投資採用成本法核算，主要是為了避免在子公司實際宣告發放現金股利或利潤之前，母公司墊付資金發放現金股利或利潤等情況，解決了原來權益法核算下投資收益不能足額收回導致超分配的問題。

（三）成本法的核算

企業應設置「長期股權投資」科目，反應長期股權投資的初始投資成本。在收回投資前，無論被投資方經營情況如何，淨資產是否增減，投資方一般不對股權投資的帳面價值進行調整。

投資企業在股權持有期內，除取得投資時實際支付的價款或對價中包含的已宣告但尚未發放的現金股利或利潤外，投資方應當按照被投資方宣告發放的現金股利或利潤中屬於本企業享有的部分確認投資收益；被投資方宣告分派股票股利，投資方應於除權日做備忘記錄；被投資方未分派股利，投資方不做任何會計處理。

企業在持有長期股權投資期間，當被投資方宣告發放現金股利或利潤時，投資方應當按照享有的份額，借記「應收股利」科目，貸記「投資收益」科目；收到上述現金股利或利潤時，借記「銀行存款」科目，貸記「應收股利」科目。

【例 5-7】2×18 年 2 月 20 日，甲公司以 6, 280 萬元的價款（包括相關稅費和已宣告但尚未發放的現金股利 250 萬元）取得 A 公司普通股股票 2, 500 萬股，占 A 公司普通股股份的 60%，形成非同一控制下的企業合併，甲公司將其劃分為長期股權投資並採用成本法核算。2×18 年 4 月 5 日，甲公司收到支付的投資價款中包含的已宣告但尚未發放的現金股利。2×19 年 3 月 5 日，A 公司宣告 2×18 年度股利分配方案，每股分派現金股利 0. 20 元，並於 2×19 年 4 月 15 日派發。2×20 年 4 月 15 日，A 公司宣告 2×19 年度股利分配方案，每股派送股票股利 0. 3 股，除權日為 2×20 年 5 月 10 日。甲公司帳務處理如下：

（1）2×18 年 2 月 20 日，甲公司取得 A 公司普通股股票。

	借方	貸方
借：長期股權投資	60, 300, 000	
應收股利	2, 500, 000	
貸：銀行存款		62, 800, 000

（2）2×18 年 4 月 5 日，甲公司收到 A 公司派發的現金股利。

	借方	貸方
借：銀行存款	2, 500, 000	
貸：應收股利		2, 500, 000

（3）2×19 年 3 月 5 日，A 公司宣告 2×18 年度股利分配方案。

現金股利 = 0. 20×25, 000, 000 = 5, 000, 000（元）

	借方	貸方
借：應收股利	5, 000, 000	
貸：投資收益		5, 000, 000

(4) 2×19 年 4 月 15 日，甲公司收到 A 公司派發的現金股利。

借：銀行存款　　　　5,000,000

　貸：應收股利　　　　5,000,000

(5) 2×20 年 5 月 10 日，A 公司派送的股票股利除權。

甲公司不做正式會計記錄，但應於除權日在備查簿中登記增加的股份。

股票股利 = 0.3×25,000,000 = 7,500,000（股）

持有 A 公司股票總數 = 25,000,000+7,500,000 = 32,500,000（股）

在成本法下，投資方在確認自被投資方應分得的現金股利或利潤後，應當關注有關長期股權投資的帳面價值是否大於應享有被投資方淨資產（包括相關商譽）帳面價值的份額等情況。出現這類情況表明該項長期股權投資存在減值跡象，投資方應當對其進行減值測試。減值測試的結果證實長期股權投資的可收回金額低於帳面價值的，應當計提減值準備。

成本法的優點主要表現在以下三個方面：第一，投資科目能反應投資成本；第二，核算比較簡單；第三，將投資方與受資方作為獨立法人反應兩者之間經濟關係，更符合法律規範。成本法的缺點是在投資企業帳面上反應不出受資企業權益中屬於本企業的權益有多少，投資企業與受資企業的關係反應得不充分，特別是投資企業持股比例達到一定水準，對受資企業有控制權時，矛盾就更突出。

二、長期股權投資核算的權益法

權益法是指在取得長期股權投資時以投資成本計量，在投資持有期間則要根據投資方應享有被投資方所有者權益份額的變動，對長期股權投資的帳面價值進行相應調整的一種會計處理方法。《企業會計準則第 2 號——長期股權投資》規定，對合營企業和聯營企業投資應當採用權益法核算。投資方在判斷對被投資單位是否具有共同控制、重大影響時，應綜合考慮直接持有的股權和通過子公司間接持有的股權。在綜合考慮直接持有的股權和通過子公司間接持有的股權後，如果認定投資方在被投資單位擁有共同控制或重大影響，在個別財務報表中，投資方進行權益法核算時，應僅考慮直接持有的股權份額。

（一）會計科目的設置

採用權益法核算，企業在「長期股權投資」科目下應當設置「投資成本」「損益調整」「其他綜合收益」「其他權益變動」明細科目，分別反應長期股權投資的初始投資成本以及因被投資方所有者權益發生變動而對長期股權投資帳面價值進行調整的金額。

投資成本反應長期股權投資的初始投資成本以及在長期股權投資的初始投資成本小於取得投資時應享有被投資方可辨認淨資產公允價值份額的情況下，按其差額調整初始投資成本後形成的帳面價值。

損益調整反應被投資方因發生淨損益、分配利潤引起的所有者權益變動中，投資方按持股比例計算的應享有或應分擔的份額。

其他綜合收益反應被投資方因確認其他綜合收益引起的所有者權益變動中，投資方按持股比例計算的應享有或應分擔的份額。

其他權益變動反應被投資方除發生淨損益、分配利潤以及確認其他綜合收益以外所有者權益的其他變動中，投資方按持股比例計算的應享有或應分擔的份額。

（二）長期股權投資初始成本的確認

企業在取得長期股權投資時，按照確定的初始投資成本入帳。企業對於初始投資成本與應享有被投資方可辨認淨資產公允價值份額之間的差額，應區別處理：

(1) 如果長期股權投資的初始投資成本大於取得投資時應享有被投資方可辨認淨資產公允價值的份額，兩者之間的差額在本質上是通過投資作價體現的與所取得的股權份額相對應的商譽以及被投資方不符合確認條件的資產價值，不需要按該差額調整已確認的初始投資成本。

（2）如果長期股權投資的初始投資成本小於取得投資時應享有被投資方可辨認淨資產公允價值的份額，兩者之間的差額體現的是投資作價過程中轉讓方的讓步，該差額導致的經濟利益流入應作為一項收益，計入取得投資當期的營業外收入，同時調整長期股權投資的帳面價值。

投資方應享有被投資方可辨認淨資產公允價值的份額，可用下列公式計算：

應享有被投資方可辨認淨資產公允價值份額＝投資時被投資方可辨認淨資產公允價值總額×投資方持股比例

【例 5-8】2×19 年 7 月 1 日，甲股份有限公司（以下簡稱甲公司）購入 D 公司股票 1,600 萬股，實際支付購買價款 2,450 萬元（包括交易稅費）。該股份占 D 公司普通股股份的 25%，甲公司在取得股份後，派人參與了 D 公司的生產經營決策，因能夠對 D 公司施加重大影響，甲公司採用權益法核算。

（1）假定投資當時，D 公司可辨認淨資產公允價值為 9,000 萬元。

應享有 D 公司可辨認淨資產公允價值份額＝9,000×25%＝2,250（萬元）

由於長期股權投資的初始投資成本大於投資時應享有 D 公司可辨認淨資產公允價值的份額，因此不調整長期股權投資的初始投資成本。甲公司帳務處理如下：

借：長期股權投資——投資成本　　24,500,000
　貸：銀行存款　　24,500,000

（2）假定投資當時，D 公司可辨認淨資產公允價值為 10,000 萬元。

應享有 D 公司可辨認淨資產公允價值的份額＝10,000×25%＝2,500（萬元）

由於長期股權投資的初始投資成本小於投資時應享有 D 公司可辨認淨資產公允價值的份額，因此應按兩者之間的差額調整長期股權投資的初始投資成本，同時計入當期營業外收入。甲公司帳務處理如下：

初始投資成本調整額＝2,500－2,450＝50（萬元）

借：長期股權投資——投資成本　　24,500,000
　貸：銀行存款　　24,500,000
借：長期股權投資——投資成本　　500,000
　貸：營業外收入　　500,000

調整後的投資成本＝2,450+50＝2,500（萬元）

（三）投資損益的確認

投資方取得長期股權投資後，應當按照在被投資方實現的淨利潤或發生的淨虧損中，投資方應享有或應分擔的份額確認投資損益，同時相應調整長期股權投資的帳面價值。企業按應享有的收益份額，借記「長期股權投資——損益調整」科目，貸記「投資收益」科目；按應分擔的虧損份額，借記「投資收益」科目，貸記「長期股權投資——損益調整」科目。投資方應當在被投資方帳面淨損益的基礎上，考慮以下因素對被投資方淨損益的影響並進行適當調整後，作為確認投資損益的依據：

（1）被投資方採用的會計政策及會計期間與投資方不一致的，應當按照投資方的會計政策及會計期間對被投資方的財務報表進行調整，在此基礎上確定被投資方的損益。

權益法是將投資方與被投資方作為一個整體來看待的，作為一個整體，投資方與被投資方的損益應當在一致的會計政策基礎上確定。當被投資方用的會計政策及會計期間與投資方不同時，投資方應當遵循重要性原則，按照本企業的會計政策及會計期間對被投資方的淨損益進行調整。

（2）以取得投資時被投資方各項可辨認資產等的公允價值為基礎，對被投資方的淨損益進行調整後，作為確認投資損益的依據。

投資方在取得投資時，是以被投資方有關資產、負債的公允價值為基礎確定投資成本的，股權投資收益代表的應當是被投資方的資產、負債以公允價值計量的情況下在未來期間通過經營產生的淨損益中歸屬於投資方的部分，而被投資方個別利潤表中的淨損益是以其持有的資產、負債的帳面價值為基礎持續計算的。如果取得投資時被投資方有關資產、負債的公允價值與其帳面價值不同，投資方應當以取得投資時被投資方各項可辨認資產等的公允價值為基礎，對被投資方的帳面淨損益進行調整，並按調整後的淨損益和持股比例計算確認投資損益。例如，以取得投資時被投資方固定資產、無形資產的公允價值為基礎計提的折舊額、攤銷額以及以取得投資時的公允價值為基礎計算確定的資產減值準備金額，與被投資方以帳面價值為基礎計提的折舊額、攤銷額以及以帳面價值為基礎計算確定的資產減值準備金額之間存在差額的，應按其差額對被投資方的帳面淨損益進行調整。

投資方在對被投資方實現的帳面淨損益進行上述調整時，應考慮重要性原則，不具重要性的項目可不予調整。符合下列條件之一的，投資方應以被投資方的帳面淨損益為基礎，經調整未實現內部交易損益後，計算確認投資損益，同時應在會計報表附註中說明下列情況不能調整的事實及其原因：

①投資方無法合理確定取得投資時被投資方各項可辨認資產等的公允價值。在某些情況下，投資的作價由於受到一些因素的影響，可能並不是完全以被投資方可辨認淨資產的公允價值為基礎；或者由於被投資方持有的可辨認資產相對比較特殊，無法取得其公允價值。如果投資方無法取得被投資方可辨認資產的公允價值，則無法以公允價值為基礎對被投資方的淨損益進行調整。

②投資時被投資方可辨認資產的公允價值與其帳面價值相比，兩者之間的差額不具重要性。如果被投資方可辨認資產的公允價值與其帳面價值之間的差額不大，根據重要性原則和成本效益原則，可以不進行調整。

③其他原因導致無法取得被投資方的有關資料，不能按照企業會計準則中規定的原則對被投資方的淨損益進行調整。

【例 5-9】2×19 年 1 月 1 日，甲股份有限公司（以下簡稱甲公司）購入 A 公司股票 1,600 萬股，實際支付購買價款 2,400 萬元（包括交易稅費）。該股份占 A 公司普通股股份的 20%，甲公司在取得股份後，派人參與了 A 公司的生產經營決策，能夠對 A 公司施加重大影響，因此對該項股權投資採用權益法核算。取得投資當日，A 公司可辨認淨資產公允價值為 10,000 萬元，假定除表 5-1 所列項目外，A 公司其他資產、負債的公允價值與帳面價值相同。

表 5-1　資產公允價值與帳面價值差額表

2×19 年 1 月 1 日

項目	入帳成本（萬元）	預計使用年限(年)	已使用年限(年)	已提折舊或攤銷(萬元)	帳面價值（萬元）	公允價值（萬元）	剩餘使用年限(年)
存貨	900				900	1,000	
固定資產	2,000	20	5	500	1,500	1,800	15
無形資產	1,600	10	2	320	1,280	1,200	8
合計	4,500			820	3,680	4,000	

2×19 年度，A 公司實現淨利潤 1,000 萬元，甲公司取得投資時的存貨已有 70% 對外出售，固定資產、無形資產均按直線法計提折舊或攤銷，預計淨殘值均為零。甲公司與 A 公司的會計年度及採用的會計政策相同，雙方未發生任何內部交易。

根據上述資料，甲公司在確認其應享有的投資收益時，應首先在 A 公司實現淨利潤的基礎上，考慮取得投資時 A 公司有關資產的公允價值與帳面價值差額的影響，對 A 公司的淨利潤做如下調整（假定不考慮所得稅影響）：

存貨差額應調增營業成本(調減利潤)=(1,000-900)×70%=70（萬元）

固定資產差額應調增折舊費(調減利潤)=1,800÷15-2,000÷20=20（萬元）

無形資產差額應調減攤銷費(調增利潤)=1,600÷10-1,200÷8=10（萬元）

調整後的淨利潤=1,000-70-20+10=920（萬元）

根據調整後的淨利潤，甲公司確認投資收益的帳務處理如下：

應享有收益份額=920×20%=184（萬元）

借：長期股權投資——損益調整　　1,840,000

　貸：投資收益　　1,840,000

(3) 投資方與聯營企業及合營企業之間進行商品交易形成的未實現內部交易損益按照持股比例計算的歸屬於投資方的部分，應當予以抵銷，在此基礎上確認投資損益。

投資方與聯營企業及合營企業之間的內部交易可以分為逆流交易和順流交易。逆流交易是指投資方自其聯營企業或合營企業購買資產。順流交易是指投資方向其聯營企業或合營企業出售資產。當內部交易形成的資產尚未對外部獨立第三方出售、內部交易損益包含在投資方或其聯營企業、合營企業持有的相關資產帳面價值中時，形成未實現內部交易損益。

①逆流交易。投資方自其聯營企業或合營企業購買資產，在將該資產出售給外部獨立第三方之前，投資方不應確認聯營企業或合營企業因該內部交易產生的未實現損益中按照持股比例計算確定的歸屬於本企業享有的部分。投資方在採用權益法計算確認應享有聯營企業或合營企業的投資損益時，應抵銷該未實現內部交易損益的影響，並相應調整對聯營企業或合營企業的長期股權投資帳面價值。

【例 5-10】甲股份有限公司（以下簡稱甲公司）持有 B 公司 20%有表決權股份，能夠對 B 公司生產經營決策施加重大影響，採用權益法核算。2×19 年 11 月，B 公司將其成本為 400 萬元的 F 商品以 600 萬元的價格出售給甲公司，甲公司將取得的 F 商品作為存貨入帳，至 2×19 年 12 月 31 日，甲公司尚未對外出售該批 F 商品。甲公司在取得 B 公司 20%的股份時，B 公司各項可辨認資產、負債的公允價值與其帳面價值相同，雙方在以前期間未發生過內部交易。2×19 年度，B 公司實現淨利潤 1,000 萬元。假定不考慮所得稅影響。

根據上述資料，B 公司在該項內部交易中形成了 200 萬元（600-400）的利潤，其中有 40 萬元（200×20%）歸屬於甲公司，在確認投資損益時應予以抵銷。甲公司對 B 公司的淨利潤應做如下調整：

調整後的淨利潤=1,000-200=800（萬元）

根據調整後的淨利潤，甲公司確認投資收益的帳務處理如下：

應享有收益份額=800×20%=160（萬元）

借：長期股權投資——損益調整　　1,600,000

　貸：投資收益　　1,600,000

為了在帳面上明確體現對未實現內部交易損益影響的抵銷以及對聯營企業或合營企業長期股權投資帳面價值的調整，甲公司也可以做如下帳務處理：

按帳面利潤應享有的收益份額=1,000×20%=200（萬元）

應抵銷的未實現內部交易損益份額=200×20%=40（萬元）

借：長期股權投資——損益調整　　2,000,000

　貸：投資收益　　2,000,000

借：投資收益　　400,000

　貸：長期股權投資——損益調整　　400,000

②順流交易。投資方向其聯營企業或合營企業投出資產或出售資產，當有關資產仍由聯營企業或合營企業持有時，投資方因投出或出售資產應確認的損益僅限於與聯營企業或合營企業其他投資者交易的部分，而該內部交易產生的未實現損益中按照持股比例計算確定的歸屬於本企業享有的部分則不予確認，即投資方在採用權益法計算確認應享有聯營企業或合營企業的投資損益時，應抵銷該未實現內部交易損益的影響，並相應調整對聯營企業或合營企業的長期股權投資帳面價值。

【例 5-11】甲股份有限公司（以下簡稱甲公司）持有 C 公司 20%有表決權股份，能夠對 C 公司生產經營決策施加重大影響，採用權益法核算。2×19 年 10 月，甲公司將其帳面價值為 500 萬元的乙產品以 800 萬元的價格出售給 C 公司，C 公司將購入的乙產品作為存貨入帳，至 2×19 年 12 月 31 日，C 公司尚未對外出售該批乙產品。甲公司在取得 C 公司 20%的股份時，C 公司各項可辨認資產、負債的公允價值與其帳面價值相同，雙方在以前期間未發生過內部交易。2×19 年度，C 公司實現淨利潤 1,200 萬元。假定不考慮所得稅影響。

根據上述資料，甲公司在該項內部交易中形成了 300 萬元（800-500）的利潤，其中有 60 萬元（300×20%）是相對於甲公司對 C 公司所持股份的部分，在確認投資損益時應予以抵銷。甲公司對 C 公司的淨利潤應做如下調整：

調整後的淨利潤＝1,200-300＝900（萬元）

根據調整後的淨利潤，甲公司確認投資收益的帳務處理如下：

應享有收益份額＝900×20%＝180（萬元）

借：長期股權投資——損益調整　　1,800,000

　貸：投資收益　　1,800,000

為了在帳面上明確體現對未實現內部交易損益影響的抵銷以及對聯營企業或合營企業長期股權投資帳面價值的調整，甲公司也可以做如下帳務處理：

按帳面利潤應享有的收益份額＝1,200×20%＝240（萬元）

應抵銷的未實現內部交易損益份額＝300×20%＝60（萬元）

借：長期股權投資——損益調整　　2,400,000

　貸：投資收益　　2,400,000

借：投資收益　　600,000

　貸：長期股權投資——損益調整　　600,000

需要注意的是，投資方與其聯營企業及合營企業之間無論是逆流交易還是順流交易，產生的未實現內部交易損失如果屬於所轉讓資產發生的減值損失，有關的未實現內部交易損失應當全額確認，不應予以抵銷。

【例 5-12】甲股份有限公司（以下簡稱甲公司）持有 D 公司 20%有表決權股份，能夠對 D 公司生產經營決策施加重大影響，採用權益法核算。2×19 年，D 公司將其成本為 500 萬元的丙商品以 400 萬元的價格出售給甲公司，甲公司將取得的丙商品作為存貨入帳，至 2×19 年 12 月 31 日，甲公司仍未對外出售該批丙商品。甲公司在取得 D 公司 20%的股份時，D 公司各項可辨認資產、負債的公允價值與其帳面價值相同，雙方在以前期間未發生過內部交易。2×19 年度，D 公司實現淨利潤 1,000 萬元。

根據上述資料，如果有確鑿證據表明丙商品的交易價格低於其成本是由於丙商品發生了減值所致，則甲公司在確認應享有 D 公司 2×19 年度淨利潤份額時，不應抵銷丙商品交易價格與其成本的差額 100 萬元對 D 公司淨利潤的影響。甲公司帳務處理如下：

應享有收益份額=1,000×20%=200（萬元）

借：長期股權投資——損益調整　　2,000,000

　貸：投資收益　　2,000,000

投資方在確認應享有或應分擔的損益份額時，應當以被投資方的年度財務報告為依據。如果投資方與被投資方對年度財務報告的編製時間有不同要求，或者投資方與被投資方採用不同的會計年度，則投資方在編製年度財務報告時，可能無法及時取得被投資方當年的有關會計資料。在這種情況下，投資方應於下一年度取得有關會計資料時，將應享有或應分擔的損益份額確認為下一年度的投資損益，但應遵循一貫性會計原則，並在會計報表附註中加以說明。

（四）*應收股利的確認*

長期股權投資採用權益法核算，當被投資方宣告分派現金股利或利潤時，投資方按應獲得的現金股利或利潤確認應收股利，同時抵減長期股權投資的帳面價值，借記「應收股利」科目，貸記「長期股權投資」科目；被投資方分派股票股利時，投資方不進行帳務處理，但應於除權日在備查簿中登記增加的股份。

【例 5-13】2×18 年 7 月 1 日，甲股份有限公司（以下簡稱甲公司）購入 D 公司股票 1,600 萬股，占 D 公司普通股股份的 25%，能夠對 D 公司施加重大影響，甲公司對該項股權投資採用權益法核算。假定投資當時，D 公司各項可辨認資產、負債的公允價值與其帳面價值相同，甲公司與 D 公司的會計年度及採用的會計政策相同，雙方未發生任何內部交易，甲公司按照 D 公司的帳面淨損益和持股比例計算確認投資損益。D 公司 2×18 年和 2×19 年的淨收益與利潤分配情況以及甲公司相應的帳務處理如下：

（1）2×18 年度，D 公司報告淨收益 1,500 萬元；2×19 年 3 月 10 日，D 公司宣告 2×18 年度利潤分配方案，每股分派現金股利 0.10 元。

①確認投資收益。

應確認投資收益=1,500×25%×6÷12=187.5（萬元）

借：長期股權投資——損益調整　　1,875,000

　貸：投資收益　　1,875,000

②確認應收股利。

應收現金股利=0.10×1,600=160（萬元）

借：應收股利　　1,600,000

　貸：長期股權投資——損益調整　　1,600,000

（2）2×19 年度，D 公司報告淨收益 1,250 萬元；2×20 年 4 月 15 日，D 公司宣告 2×19 年度利潤分配方案，每股派送股票股利 0.30 股，除權日為 2×20 年 5 月 10 日。

①確認投資收益。

應確認投資收益=1,250×25%=312.5（萬元）

借：長期股權投資——損益調整　　3,125,000

　貸：投資收益　　3,125,000

②除權日，在備查簿中登記增加的股份。

股票股利=0.30×1,600=480（萬股）

持有股票總數=1,600+480=2,080（萬股）

（五）*超額虧損的確認*

在被投資方發生虧損、投資方按持股比例確認應分擔的虧損份額時，企業應當以長期股權投資的帳面價值以及其他實質上構成對被投資方淨投資的長期權益減計至零為限，投資方負有承擔額外損失義務的除外。其中，實質上構成對被投資方淨投資的長期權益，通常是指長期性的應收項目。例如，投資方對被投資方的某項長期債權，如果沒有明確的清收計劃，且在可預見的未來期間不準備收回，則實質上構成對被投資方的淨投資。需要注意的是，該類長期權益不包括投資方與被投資方之間因銷售商品、提供勞務等日常活動產生的長期債權。

投資方在確認應分擔被投資方發生的虧損份額時，應當按照以下順序進行處理：

首先，投資方應衝減長期股權投資的帳面價值，借記「投資收益」科目，貸記「長期股權投資」科目。

其次，在長期股權投資的帳面價值衝減為零的情況下，如果帳面上存在其他實質上構成對被投資方淨投資的長期權益項目，投資方應以其他實質上構成對被投資方淨投資的長期權益帳面價值為限繼續確認投資損失，並衝減長期應收項目等的帳面價值，借記「投資收益」科目，貸記「長期應收款」等科目。

最後，在長期股權投資的帳面價值和其他實質上構成對被投資方淨投資的長期權益帳面價值均衝減為零的情況下，按照投資合同或協議約定投資方仍需承擔額外損失彌補等義務的，對於符合預計負債確認條件的義務，應按預計承擔的金額確認預計負債，計入當期投資損失，借記「投資收益」科目，貸記「預計負債」科目。

經過上述順序確認應分擔的虧損份額後，如果仍有未確認的虧損分擔額，投資方應在帳外做備查登記，待被投資方以後年度實現盈利時，再按應享有的收益份額，先扣減帳外備查登記的未確認虧損分擔額，之後再按與上述相反的順序進行處理，減計已確認的預計負債帳面價值、恢復其他實質上構成對被投資方淨投資的長期權益帳面價值、恢復長期股權投資的帳面價值，同時確認投資收益。

【例 5-14】甲股份有限公司（以下簡稱甲公司）持有 S 公司 40%的股份，能夠對 S 公司施加重大影響，甲公司對該項股權投資採用權益法核算。除了對 S 公司的長期股權投資外，甲公司還有一筆金額為 300 萬元的應收 S 公司長期債權，該項債權沒有明確的清收計劃，且在可預見的未來期間不準備收回。假定投資當時，S 公司各項可辨認資產、負債的公允價值與其帳面價值相同，甲公司與 S 公司的會計年度及採用的會計政策相同，雙方未發生任何內部交易，甲公司按照 S 公司的帳面淨損益和持股比例計算確認投資損益。由於 S 公司持續虧損，甲公司在確認了 2×13 年度的投資損失以後，該項股權投資的帳面價值已減至 500 萬元。其中，「長期股權投資——投資成本」科目借方餘額 2,400 萬元，「長期股權投資——損益調整」科目貸方餘額 1,900 萬元。甲公司未對該項股權投資計提減值準備。2×14 年度 S 公司繼續虧損，當年虧損額為 1,500 萬元；2×15 年度 S 公司仍然虧損，當年虧損額為 800 萬元；2×16 年度 S 公司經過資產重組，經營情況好轉，當年取得淨收益 200 萬元；2×17 年度 S 公司經營情況進一步好轉，當年取得淨收益 600 萬元；2×18 年度 S 公司取得淨收益 1,200 萬元；2×19 年度 S 公司取得淨收益 1,600 萬元。

（1）確認應分擔的 2×14 年度虧損份額。

應分擔的虧損份額 = 1,500×40% = 600（萬元）

由於應分擔的虧損份額大於該項長期股權投資的帳面價值，因此甲公司應以該項長期股權投資的帳面價值減計至零為限確認投資損失，剩餘應分擔的虧損份額 100 萬元，應繼續衝減實質上構成對 S 公司淨投資的長期應收款，並確認投資損失。甲公司確認當年投資損失的帳務處理如下：

	借方	貸方
借：投資收益	5,000,000	
貸：長期股權投資——損益調整		5,000,000
借：投資收益	1,000,000	
貸：長期應收款——S 公司		1,000,000

(2) 確認應分擔的2×15年度虧損份額。

應分擔的虧損份額＝800×40%＝320（萬元）

由於應分擔的虧損份額大於尚未衝減的長期應收款帳面餘額，因此甲公司不能再按應分擔的虧損份額確認當年的投資損失，而只能以長期應收款帳面餘額200萬元為限確認當年的投資損失，其餘120萬元未確認的虧損分擔額應在備查登記簿中做備忘記錄，留待以後年度S公司取得收益後抵銷。甲公司確認當年投資損失的帳務處理如下：

借：投資收益　2,000,000

　貸：長期應收款——S公司　2,000,000

(3) 確認應享有的2×16年度收益份額。

應享有的收益份額＝200×40%＝80（萬元）

由於甲公司以前年度在備查簿中記錄的未確認虧損分擔額為120萬元，而當年應享有的收益份額不足以抵銷該虧損分擔額，因此甲公司不能按當年應享有的收益分享額恢復長期應收款及長期股權投資的帳面價值。甲公司當年不做正式的會計處理，但應在備查登記簿中記錄已抵銷的虧損分擔額80萬元以及尚未抵銷的虧損分擔額40萬元。

(4) 確認應享有的2×17年度收益份額。

應享有的收益份額＝600×40%＝240（萬元）

由於當年應享有的收益份額超過了以前年度在備查簿中記錄的尚未抵銷的虧損分擔額，因此甲公司應在備查登記簿中記錄對以前年度尚未抵銷的虧損分擔額40萬元的抵銷，並按超過部分首先恢復長期應收款的帳面價值。

應恢復長期應收款帳面價值＝240－40＝200（萬元）

借：長期應收款——S公司　2,000,000

　貸：投資收益　2,000,000

(5) 確認應享有的2×18年度收益份額。

應享有的收益份額＝1,200×40%＝480（萬元）

由於當年應享有的收益份額超過了尚未恢復的長期應收款帳面價值，因此甲公司在完全恢復了長期應收款的帳面價值後，應按超過部分繼續恢復長期股權投資的帳面價值。

應恢復長期股權投資帳面價值＝480－100＝380（萬元）

借：長期應收款——S公司　1,000,000

　貸：投資收益　1,000,000

借：長期股權投資——損益調整　3,800,000

　貸：投資收益　3,800,000

(6) 確認應享有的2×19年度收益份額。

應享有的收益份額＝1,600×40%＝640（萬元）

借：長期股權投資——損益調整　6,400,000

　貸：投資收益　6,400,000

（六）其他綜合收益的確認

被投資方確認其他綜合收益及其變動，會導致其所有者權益總額發生變動，從而影響投資方在被投資方所有者權益中應享有的份額。因此，在權益法下，當被投資方確認其他綜合收益及其變動時，投資方應按持股比例計算應享有或分擔的份額，一方面調整長期股權投資的帳面價值，另一方面計入其他綜合收益。

【例5-15】甲股份有限公司持有D公司25%的股份，能夠對D公司施加重大影響，採用權益法核算。2×19年12月31日，D公司持有的一項成本為2,000萬元的以公允價值計量且其變動計入其他綜合收益的金融資產，公允價值升至 2,050 萬元。D 公司按公允價值超過成本的差額 50 萬元調增該項金融資產的帳面價值，並計入其他綜合收益，導致其所有者權益發生變動。甲股份有限公司帳務處理如下：

應享有其他綜合收益份額＝50×25%＝12.5（萬元）

借：長期股權投資——其他綜合收益　　125,000

　貸：其他綜合收益　　125,000

（七）其他權益變動的確認

其他權益變動是指被投資方除發生淨損益、分配利潤以及確認其他綜合收益以外所有者權益的其他變動，主要包括被投資方接受其他股東的資本性投入、被投資方發行可分離交易的可轉換公司債券中包含的權益成分、以權益結算的股份支付、其他股東對被投資方增資導致投資方持股比例變動等。投資方對於按照持股比例計算的應享有或應分擔的被投資方其他權益變動份額，應調整長期股權投資的帳面價值，同時計入資本公積（其他資本公積）。

【例 5-16】甲股份有限公司持有 G 公司 30%的股份，能夠對 G 公司施加重大影響，採用權益法核算。2×19 年度，G 公司接受其母公司實質上屬於資本性投入的現金捐贈，金額為 600 萬元。G 公司將其計入資本公積，導致所有者權益發生變動。甲股份有限公司帳務處理如下：

應享有其他權益變動份額＝600×30%＝180（萬元）

借：長期股權投資——其他權益變動　　1,800,000

　貸：資本公積——其他資本公積　　1,800,000

第四節　股權投資的轉換

一、長期股權投資核算方法的轉換

長期股權投資核算方法的轉換是指因追加投資或處置投資導致持股比例發生變動而將長期股權投資的核算方法由成本法轉換為權益法或者由權益法轉換為成本法，包括處置投資導致的成本法轉換為權益法和追加投資導致的權益法轉換為成本法兩種情況。

（一）處置投資導致的成本法轉換為權益法

投資方原持有的對被投資方具有控制的長期股權投資，因處置投資導致持股比例下降，不再對被投資方具有控制但仍能夠施加重大影響或與其他投資方一起實施共同控制的，長期股權投資的核算方法應當由成本法轉換為權益法。對於處置的長期股權投資，企業應當按照處置投資的比例轉銷應終止確認的長期股權投資帳面價值，並與處置價款相比較，確認處置損益；對於剩餘的長期股權投資，企業應當將其原採用成本法核算的帳面價值按照權益法的核算要求進行追溯調整，調整的具體內容與方法如下：

（1）企業將剩餘的長期股權投資成本與按照剩餘持股比例計算的取得原投資時應享有被投資方可辨認淨資產公允價值的份額進行比較，兩者之間存在差額的，如果屬於剩餘投資成本大於取得原投資時應享有被投資方可辨認淨資產公允價值份額的差額，不調整長期股權投資的帳面價值；如果屬於剩餘投資成本小於取得原投資時應享有被投資方可辨認淨資產公允價值份額的差額，應按其差額調整長期股權投資的帳面價值，同時調整留存收益。

（2）企業取得原投資後至處置投資交易日之間被投資方實現的淨損益（扣除已發放及已宣告發放的現金股利或利潤）中投資方按剩餘持股比例計算的應享有份額，在調整長期股權投資帳面價值的同時，對於在取得原投資時至處置投資當期期初被投資方實現的淨損益中應享有的份額，應調整留存收益；對於在處置投資當期期初至處置投資交易日之間被投資方實現的淨損益中應享有的份額，應調整當期損益。

（3）企業取得原投資後至處置投資交易日之間被投資方確認其他綜合收益導致的所有者權益變動中投資方按剩餘持股比例計算的應享有份額，在調整長期股權投資帳面價值的同時，計入其他綜合收益。

（4）企業取得原投資後至處置投資交易日之間被投資方除發生淨損益、分配利潤以及確認其他綜合收益以外所有者權益的其他變動中投資方按剩餘持股比例計算的應享有份額，在調整長期股權投資帳面價值的同時，計入資本公積（其他資本公積）。

【例 5-17】甲股份有限公司（以下簡稱甲公司）原持有 A 公司 60%的股份，帳面成本為 7,500 萬元。甲公司對 A 公司形成控制，採用成本法核算。2×19 年 4 月 1 日，甲公司將持有的 A 公司 20%的股份轉讓給其他企業，收到轉讓價款 3,000 萬元。由於甲公司對 A 公司的持股比例已降為 40%，不再對 A 公司形成控制但仍能夠施加重大影響，因此將剩餘股權投資改按權益法核算。自甲公司取得 A 公司 60%的股份後至轉讓 A 公司 20%的股份前，A 公司實現淨利潤 6,000 萬元（其中，2×19 年 1 月 1 日至 2×19 年 3 月 31 日實現淨利潤 500 萬元），未分配現金股利；A 公司因確認以公允價值計量且其變動計入其他綜合收益的金融資產公允價值變動而計入其他綜合收益的金額為 800 萬元，因接受其母公司實質上屬於資本性投入的現金捐贈而計入資本公積的金額為 200 萬元。甲公司取得 A 公司 60%的股份時，A 公司可辨認淨資產的公允價值為 13,000 萬元，各項可辨認資產、負債的公允價值與其帳面價值相同；取得 A 公司 60%的股份後，雙方未發生過任何內部交易；甲公司與 A 公司的會計年度及採用的會計政策相同。甲公司按照淨利潤的 10%提取盈餘公積。甲公司帳務處理如下：

（1）2×19 年 4 月 1 日，轉讓 A 公司 20%的股份。

轉讓股份的帳面價值 = 7,500×20%÷60% = 2,500（萬元）

借：銀行存款　　30,000,000
　貸：長期股權投資　　25,000,000
　　投資收益　　5,000,000

（2）2×19 年 4 月 1 日，調整剩餘長期股權投資的帳面價值。

①剩餘長期股權投資的成本為 5,000 萬元（7,500-2,500），按照剩餘持股比例計算的取得原投資時應享有 A 公司可辨認淨資產公允價值的份額為 5,200 萬元（13,000×40%），兩者之間的差額 200 萬元屬於剩餘投資成本小於應享有被投資方可辨認淨資產公允價值份額的差額，應按該差額調整剩餘投資成本，同時調整留存收益。其中，應調整盈餘公積 20 萬元（200×10%），應調整未分配利潤 180 萬元（200-20）。

借：長期股權投資——投資成本　　52,000,000
　貸：長期股權投資　　50,000,000
　　盈餘公積　　200,000
　　利潤分配——未分配利潤　　1,800,000

②甲公司自取得 A 公司 60%的股份後至轉讓 A 公司 20%的股份前，A 公司實現淨利潤 6,000 萬元，未分配現金股利，甲公司按剩餘持股比例計算的應享有份額為 2,400 萬元（6,000×40%）。一方面，甲公司應調整長期股權投資的帳面價值；另一方面，甲公司對於取得 A 公司 60%的股份後至 2×18 年 12 月 31 日期間 A 公司實現的淨利潤中甲公司按剩餘持股比例計算的應享有份額 2,200 萬元［(6,000-500)×40%］，應調整留存收益（其中，調整盈餘公積 220 萬元，調整未分配利潤 1,980 萬元），對於 2×19 年 1 月 1 日至 2×19 年 3 月 31 日期間 A 公司實現的淨利潤中甲公司按剩餘持股比例計算的應享

有份額 200 萬元（500×40%），應計入當期損益。

借：長期股權投資——損益調整　　24,000,000
　貸：盈餘公積　　2,200,000
　　利潤分配——未分配利潤　　19,800,000
　　投資收益　　2,000,000

③甲公司自取得 A 公司 60%的股份後至轉讓 A 公司 20%的股份前，A 公司因確認以公允價值計量且其變動計入其他綜合收益的金融資產公允價值變動而計入其他綜合收益的金額為 800 萬元。甲公司按剩餘持股比例計算的應享有份額為 320 萬元（800×40%），在調整長期股權投資帳面價值的同時，應當計入其他綜合收益。

借：長期股權投資——其他綜合收益　　3,200,000
　貸：其他綜合收益　　3,200,000

④甲公司自取得 A 公司 60%的股份後至轉讓 A 公司 20%的股份前，A 公司因接受其母公司實質上屬於資本性投入的現金捐贈而計入資本公積的金額為 200 萬元，甲公司按剩餘持股比例計算的應享有份額為 80 萬元（200×40%），在調整長期股權投資帳面價值的同時，應當計入資本公積（其他資本公積）。

借：長期股權投資——其他權益變動　　800,000
　貸：資本公積——其他資本公積　　800,000

（二）追加投資導致的權益法轉換為成本法

投資方因追加投資等原因使原持有的對聯營企業或合營企業的投資轉變為對子公司的投資，長期股權投資的核算方法應當由權益法轉換為成本法。轉換核算方法時，企業應當根據追加投資形成的企業合併類型，確定按照成本法核算的初始投資成本。

（1）追加投資形成同一控制下企業合併的，企業應當按照取得的被合併方所有者權益在最終控制方合併財務報表中的帳面價值份額，作為改按成本法核算的初始投資成本。

（2）追加投資形成非同一控制下企業合併的，企業應當按照原持有的股權投資帳面價值與新增投資成本之和，作為改按成本法核算的初始投資成本。

原採用權益法核算時確認的其他綜合收益，暫不做會計處理，待將來處置該項長期股權投資時，採用與被投資方直接處置相關資產或負債相同的基礎進行會計處理；原採用權益法核算時確認的其他權益變動，應待將來處置該項長期股權投資時，轉為處置當期投資收益。

【例 5-18】2×19 年 1 月 5 日，甲股份有限公司（以下簡稱甲公司）以 5,600 萬元的價款取得 B 公司 30%的股份，能夠對 B 公司施加重大影響，採用權益法核算。當日，B 公司可辨認淨資產公允價值為 19,000 萬元。由於該項投資的初始成本小於投資時應享有 B 公司可辨認淨資產公允價值的份額 5,700 萬元（19,000×30%），因此甲公司按其差額調增了該項股權投資的成本 100 萬元，同時計入當期營業外收入。2×19 年度，B 公司實現淨收益 1,000 萬元，未分配現金股利，甲公司已將應享有的收益份額 300 萬元（1,000×30%）作為投資收益確認入帳，並相應調整了長期股權投資帳面價值。除實現淨損益外，B 公司在此期間還確認了以公允價值計量且其變動計入其他綜合收益的金融資產公允價值變動利得 500 萬元，甲公司已將應享有的份額 150 萬元（500×30%）作為其他綜合收益確認入帳，並相應調整了長期股權投資帳面價值。2×20 年 2 月 10 日，甲公司又以 4,800 萬元的價款取得 B 公司 25%的股份。當日，B 公司所有者權益在最終控制方合併財務報表中的帳面價值為 20,000 萬元。至此，甲公司對 B 公司的持股比例已增至 55%，對 B 公司形成控制，長期股權投資的核算方法由權益法轉換為成本法。甲公司帳務處理如下：

(1) 假定該項合併為同一控制下的企業合併。

原持有股份按權益法核算的帳面價值 = 5, 600+100+300+150 = 6, 150 (萬元)

成本法下的初始投資成本 = 20, 000×55% = 11, 000 (萬元)

借：長期股權投資	110, 000, 000	
貸：長期股權投資——投資成本		57, 000, 000
——損益調整		3, 000, 000
——其他綜合收益		1, 500, 000
銀行存款		48, 000, 000
資本公積——股本溢價		500, 000

(2) 假定該項合併為非同一控制下的企業合併。

成本法下的初始投資成本 = 6, 150+4, 800 = 10, 950 (萬元)

借：長期股權投資	109, 500, 000	
貸：長期股權投資——投資成本		57, 000, 000
——損益調整		3, 000, 000
——其他綜合收益		1, 500, 000
銀行存款		48, 000, 000

甲公司採用權益法核算期間確認的在 B 公司以公允價值計量且其變動計入其他綜合收益的金融資產公允價值變動中應享有份額 150 萬元，不能自其他綜合收益轉為本期投資收益，而應待將來處置該項長期股權投資時，轉為處置當期投資收益。

二、長期股權投資與以公允價值計量的金融資產之間的轉換

長期股權投資與以公允價值計量的金融資產之間的轉換是指因追加投資或處置投資導致持股比例發生變動而將長期股權投資轉換為以公允價值計量的金融資產或將以公允價值計量的金融資產轉換為長期股權投資，包括追加投資導致的以公允價值計量的金融資產轉換為長期股權投資和處置投資導致的長期股權投資轉換為以公允價值計量的金融資產兩種情況。其中，以公允價值計量的金融資產是指以公允價值計量且其變動計入當期損益的權益工具投資和指定為以公允價值計量且其變動計入其他綜合收益的非交易性權益工具投資。需要注意的是，企業指定為以公允價值計量且其變動計入其他綜合收益的非交易性權益工具投資不能重分類為以公允價值計量且其變動計入當期損益的金融資產，但可以轉換為長期股權投資。

(一) 追加投資導致的以公允價值計量的金融資產轉換為長期股權投資

追加投資導致的以公允價值計量的金融資產轉換為長期股權投資，具體又可以分為追加投資形成控制而將以公允價值計量的金融資產轉換為對子公司的長期股權投資和追加投資形成共同控制或重大影響而將以公允價值計量的金融資產轉換為對合營企業或聯營企業的長期股權投資兩種情況。

1. 追加投資形成對子公司的長期股權投資

企業因追加投資形成控制（實現企業合併）而將以公允價值計量的金融資產轉換為對子公司的長期股權投資，應當根據追加投資形成的企業合併類型，確定對子公司長期股權投資的初始投資成本。

(1) 追加投資最終形成同一控制下企業合併的，合併方應當按照形成企業合併時的累計持股比例計算的合併日應享有被合併方所有者權益在最終控制方合併財務報表中的帳面價值份額，作為長期股權投資的初始投資成本。初始投資成本大於原作為以公允價值計量的金融資產持有的被合併方股權投資帳面價值與合併日取得進一步股份新支付的

對價之和的差額，應當計入資本公積（資本溢價或股本溢價）；初始投資成本小於原作為以公允價值計量的金融資產持有的被合併方股權投資帳面價值與合併日取得進一步股份新支付的對價之和的差額，應當衝減資本公積（僅限於資本溢價或股本溢價），資本公積的餘額不足衝減的，應依次衝減盈餘公積、未分配利潤。

【例 5-19】甲股份有限公司（以下簡稱甲公司）和 C 公司同為天河公司所控制的兩個子公司。2×19 年 4 月 1 日，甲公司以 1, 200 萬元的價款（包括相關稅費）取得 C 公司 10%有表決權的股份，甲公司將其劃分為交易性金融資產，在持有該項金融資產期間，累計確認公允價值變動收益 300 萬元。2×20 年 1 月 1 日，甲公司再次以 6, 750 萬元的價款（包括相關稅費）取得 C 公司 45%有表決權的股份。至此，甲公司已累計持有 C 公司 55%有表決權的股份，能夠對 C 公司實施控制，因此將原作為交易性金融資產持有的 C 公司 10%的股權投資轉換為長期股權投資並採用成本法核算。2×20 年 1 月 1 日，C 公司所有者權益在最終控制方合併財務報表中的帳面價值總額為 16, 000 萬元。甲公司帳務處理如下：

初始投資成本＝16, 000×55%＝8, 800（萬元）

	借方	貸方
借：長期股權投資	88, 000, 000	
貸：交易性金融資產——成本		12, 000, 000
——公允價值變動		3, 000, 000
銀行存款		67, 500, 000
資本公積——股本溢價		5, 500, 000
借：公允價值變動損益	3, 000, 000	
貸：投資收益		3, 000, 000

（2）追加投資最終形成非同一控制下企業合併的，購買方應當按照原作為以公允價值計量的金融資產持有的被購買方股權投資帳面價值與購買日取得進一步股份新支付對價的公允價值之和，作為長期股權投資的初始投資成本。原指定為以公允價值計量且其變動計入其他綜合收益的非交易性權益工具投資，因追加投資轉換為長期股權投資時，該非交易性權益工具投資在持有期間因公允價值變動而形成的其他綜合收益應同時轉出，計入留存收益。

【例 5-20】甲股份有限公司（以下簡稱甲公司）和 D 公司為兩個獨立的法人企業，在合併之前不存在任何關聯方關係。2×19 年 2 月 1 日，甲公司以 1, 500 萬元的價款（包括相關稅費）取得 D 公司 12%有表決權的股份，甲公司將其指定為以公允價值計量且其變動計入其他綜合收益的金融資產；至 2×19 年 12 月 31 日，該項金融資產的帳面價值為 2, 000 萬元。2×20 年 1 月 1 日，甲公司再次以 6, 600 萬元的價款（包括相關稅費）取得 D 公司 40%有表決權的股份。至此，甲公司已累計持有 D 公司 52%有表決權的股份，能夠對 D 公司實施控制，因此將原指定為以公允價值計量且其變動計入其他綜合收益的 D 公司 12%的權益工具投資轉換為長期股權投資並採用成本法核算。甲公司按 10%提取法定盈餘公積。甲公司帳務處理如下：

初始投資成本＝2, 000+6, 600＝8, 600（萬元）

	借方	貸方
借：長期股權投資	86, 000, 000	
貸：其他權益工具投資——成本		15, 000, 000
——公允價值變動		5, 000, 000
銀行存款		66, 000, 000

借：其他綜合收益　5,000,000
　貸：盈餘公積　500,000
　　利潤分配——未分配利潤　4,500,000

2. 追加投資形成對合營企業或聯營企業的長期股權投資

企業因追加投資形成共同控制或重大影響而將以公允價值計量的金融資產轉換為對合營企業或聯營企業的長期股權投資，應當按照原作為以公允價值計量的金融資產持有的被購買方股權投資公允價值與取得新增股權投資而應支付的對價的公允價值之和，作為長期股權投資的初始投資成本。原指定為以公允價值計量且其變動計入其他綜合收益的非交易性權益工具投資，因追加投資轉換為長期股權投資時，該金融資產公允價值與帳面價值之間的差額以及在持有期間因公允價值變動而形成的其他綜合收益，應當計入留存收益。

【例 5-21】2×19 年 9 月 1 日，甲股份有限公司（以下簡稱甲公司）以 850 萬元的價款（包括相關稅費）取得 E 公司 5%有表決權的股份，甲公司將其指定為以公允價值計量且其變動計入其他綜合收益的金融資產，2×19 年 12 月 31 日，該項金融資產的帳面價值為 1,000 萬元。2×20 年 3 月 1 日，甲公司再次以 4,200 萬元的價款（包括相關稅費）取得 E 公司 20%有表決權的股份。至此，甲公司已累計持有 E 公司 25%有表決權的股份，能夠對 E 公司施加重大影響，因此將原指定為以公允價值計量且其變動計入其他綜合收益的 E 公司 5%的權益工具投資轉換為長期股權投資並採用權益法核算。轉換日，甲公司原持有的 E 公司 5%股權投資的公允價值為 1,050 萬元，E 公司可辨認淨資產公允價值為 20,000 萬元。甲公司按 10%提取法定盈餘公積。甲公司帳務處理如下：

初始投資成本 = 1,050+4,200 = 5,250（萬元）

借：長期股權投資——投資成本　52,500,000
　貸：其他權益工具投資——成本　8,500,000
　　　　　　——公允價值變動　1,500,000
　　銀行存款　42,000,000
　　盈餘公積　50,000
　　利潤分配——未分配利潤　450,000
借：其他綜合收益　1,500,000
　貸：盈餘公積　150,000
　　利潤分配——未 分配利潤　1,350,000

採用權益法核算的初始投資成本為 5,250 萬元，大於按照累計持股比例 25%計算的轉換日應享有 E 公司可辨認淨資產公允價值的份額 5,000 萬元（20,000×25%），因此不需要調整初始投資成本。

（二）處置投資導致的長期股權投資轉換為以公允價值計量的金融資產

處置投資導致對被投資方不再具有控制、共同控制或重大影響而將剩餘股權投資轉換為以公允價值計量的金融資產，具體又可以分為將剩餘股權投資轉換為以公允價值計量且其變動計入當期損益的金融資產和將剩餘股權投資指定為以公允價值計量且其變動計入其他綜合收益的金融資產兩種情況。

處置投資導致的長期股權投資轉換為以公允價值計量的金融資產都應按轉換日該金融資產的公允價值計量，公允價值與原採用成本法或權益法核算的長期股權投資帳面價值之間的差額，應當計入當期投資收益。原持有的對合營企業或聯營企業的長期股權投資，因採用權益法核算而確認的其他綜合收益，應當在終止採用權益法核算時，採用與被投資方直接處置相關資產或負債相同的基礎進行會計處理；因採用權益法核算而確認的其他所有者權益變動，應當在終止採用權益法核算時，全部轉入當期投資收益。

【例 5-22】甲股份有限公司（以下簡稱甲公司）持有 F 公司股份 2,000 萬股，占 F 公司有表決權股份的 20%，能夠對 F 公司施加重大影響，採用權益法核算。至 2×19 年 6 月 30 日，該項長期股權投資採用權益法核算的帳面價值為 4,800 萬元。其中，投資成本 3,500 萬元，損益調整（借方）800 萬元，其他綜合收益（借方）300 萬元（均為在 F 公司持有的以公允價值計量且其變動計入其他綜合收益的 N 公司債券公允價值變動中應享有的份額），其他權益變動（借方）200 萬元。2×19 年 7 月 1 日，甲公司將持有的 F 公司股份中的 1,500 萬股出售給其他企業，收到出售價款 3,780 萬元。由於甲公司對 F 公司的持股比例已降為 5%，不再具有重大影響，因此甲公司將其轉換為交易性金融資產並按公允價值計量。轉換日，剩餘 5%F 公司股份的公允價值為 1,260 萬元。甲公司帳務處理如下：

（1）2×19 年 7 月 1 日，出售 F 公司股份。

轉讓股份的帳面價值 = 4,800×1,500÷2,000 = 3,600（萬元）

其中：

投資成本 = 3,500×1,500÷2,000 = 2,625（萬元）

損益調整 = 800×1,500÷2,000 = 600（萬元）

其他綜合收益 = 300×1,500÷2,000 = 225（萬元）

其他權益變動 = 200×1,500÷2,000 = 150（萬元）

	借方	貸方
借：銀行存款	37,800,000	
貸：長期股權投資——投資成本		26,250,000
——損益調整		6,000,000
——其他綜合收益		2,250,000
——其他權益變動		1,500,000
投資收益		1,800,000
借：其他綜合收益	2,250,000	
貸：投資收益		2,250,000
借：資本公積——其他資本公積	1,500,000	
貸：投資收益		1,500,000

（2）2×19 年 7 月 1 日，將剩餘股權投資轉換為交易性金融資產。

剩餘股份的帳面價值 = 4,800−3,600 = 1,200（萬元）

其中：

投資成本 = 3,500−2,625 = 875（萬元）

損益調整 = 800−600 = 200（萬元）

其他綜合收益 = 300−225 = 75（萬元）

其他權益變動 = 200−150 = 50（萬元）

	借方	貸方
借：交易性金融資產——成本	12,600,000	
貸：長期股權投資——投資成本		8,750,000
——損益調整		2,000,000
——其他綜合收益		750,000
——其他權益變動		500,000
投資收益		600,000
借：其他綜合收益	750,000	
貸：投資收益		750,000
借：資本公積——其他資本公積	500,000	
貸：投資收益		500,000

第五節　長期股權投資的處置

一、長期股權投資處置損益的構成

長期股權投資的處置主要指通過證券市場售出股權，也包括抵償債務轉出、非貨幣性資產交換轉出以及因被投資方破產清算而被迫清算股權等情形。

長期股權投資的處置損益是指取得的處置收入扣除長期股權投資的帳面價值和已確認但尚未收到的現金股利之後的差額。

（1）處置收入是指企業處置長期股權投資實際收到的價款，該價款已經扣除了手續費、佣金等交易費用。

（2）長期股權投資的帳面價值是指長期股權投資的帳面餘額扣除相應的減值準備後的金額。

（3）已確認但尚未收到的現金股利是指投資方已於被投資方宣告分派現金股利時按應享有的份額確認了應收債權，但至處置投資時被投資方尚未實際派發的現金股利。

二、處置長期股權投資的會計處理

處置長期股權投資發生的損益應當在符合股權轉讓條件時予以確認，計入處置當期投資損益。已計提減值準備的長期股權投資，處置時應將與所處置的長期股權投資相對應的減值準備予以轉出。處置長期股權投資時，企業按實際收到的價款，借記「銀行存款」科目，按已計提的長期股權投資減值準備，借記「長期股權投資減值準備」科目，按長期股權投資的帳面餘額，貸記「長期股權投資」科目，按已確認但尚未收到的現金股利，貸記「應收股利」科目，按上述貸方差額，貸記「投資收益」科目，如為借方差額，借記「投資收益」科目。

處置採用權益法核算的長期股權投資時，企業應當採用與被投資方直接處置相關資產或負債相同的基礎，對相關的其他綜合收益進行會計處理，對於可以轉入當期損益的其他綜合收益，應借記或貸記「其他綜合收益」科目，貸記或借記「投資收益」科目；同時，還應將原計入資本公積的其他權益變動金額轉出，計入當期損益，借記或貸記「資本公積——其他資本公積」科目，貸記或借記「投資收益」科目。

在部分處置某項長期股權投資時，企業按該項投資的總平均成本確定處置部分的成本，並按相同的比例結轉已計提的長期股權投資減值準備和相關的其他綜合收益、資本公積金。

【例 5-23】2×16 年 5 月 10 日，甲股份有限公司（以下簡稱甲公司）以 7,850 萬元的價款取得 B 公司普通股股票 2,000 萬股，占 B 公司普通股股份的 60%，能夠對 B 公司實施控制，甲公司將其劃分為長期股權投資並採用成本法核算。2×18 年 12 月 31 日，甲公司為該項股權投資計提了減值準備 1,950 萬元；2×19 年 9 月 25 日，甲公司將持有的 B 公司股份全部轉讓，實際收到轉讓價款 6,000 萬元。甲公司帳務處理如下：

轉讓損益＝6,000－（7,850－1,950）＝100（萬元）

借：銀行存款	60,000,000	
長期股權投資減值準備	19,500,000	
貸：長期股權投資		78,500,000
投資收益		1,000,000

【例 5-24】甲股份有限公司（以下簡稱甲公司）對持有的 C 公司股份採用權益法核算。2×19 年 4 月 5 日，甲公司將持有的 C 公司股份全部轉讓，收到轉讓價款 3,500 萬

元。轉讓日，該項長期股權投資的帳面餘額為 3, 300 萬元。其中，投資成本 2, 500 萬元，損益調整（借方）500 萬元，其他綜合收益（借方）200 萬元（都為在 C 公司持有的以公允價值計量且其變動計入其他綜合收益的 D 公司債券公允價值變動中應享有的份額），其他權益變動（借方）100 萬元。甲公司帳務處理如下：

轉讓損益 = 3, 500 − 3, 300 = 200（萬元）

分錄	借方	貸方
借：銀行存款	35, 000, 000	
貸：長期股權投資——投資成本		25, 000, 000
——損益調整		5, 000, 000
——其他綜合收益		2, 000, 000
——其他權益變動		1, 000, 000
投資收益		2, 000, 000
借：其他綜合收益	2, 000, 000	
貸：投資收益		2, 000, 000
借：資本公積——其他資本公積	1, 000, 000	
貸：投資收益		1, 000, 000

第六章　固定資產

第一節　固定資產概述

一、固定資產的確認

如果要將某一項資產項目確認為固定資產，首先要求符合固定資產的定義；其次還要符合固定資產確認的條件。

（一）固定資產的定義

中國《企業會計準則第 4 號——固定資產》對固定資產的定義是：「固定資產，是指同時具有以下特徵的有形資產：（一）為生產商品、提供勞務、出租或經營管理而持有的；（二）使用壽命超過一個會計年度。」這裡的使用壽命是指企業使用固定資產的預計期間，或者該固定資產所能生產產品或提供勞務的數量。

從這一定義可以看出，固定資產具有以下三個特徵：

1. 為生產商品、提供勞務、出租或經營管理而持有

企業持有固定資產的目的是生產商品、提供勞務、出租或經營管理，而不是直接用於出售。這一特徵就使固定資產明顯區別於庫存商品等流動資產。

2. 使用壽命超過一個會計年度

固定資產的使用壽命是指企業使用固定資產的預計期間，或者該固定資產所能生產產品或提供勞務的數量。

3. 固定資產是有形資產

固定資產具有實物特徵，這一特徵將固定資產與無形資產區別開來。有些無形資產可能同時符合固定資產的其他特徵，如無形資產為生產商品、提供勞務而持有，使用壽命超過一個會計年度，但是無形資產沒有實物形態，而固定資產通常表現為機器、機械、房屋建築物、運輸工具等實物形態。因此，無形資產不屬於固定資產。

《企業會計準則第 4 號——固定資產》中沒有給出固定資產具體的價值判斷標準。其理由主要在於：不同行業的企業以及同行業的不同企業，其經營方式、資產規模以及資產管理方式往往存在較大差別，強制要求所有企業執行同樣的固定資產價值判斷標準，既不切合實際，也不利於真實地反應企業的固定資產信息。此外，企業會計準則不具體規定固定資產的價值判斷標準，既符合國際會計慣例，也符合中國會計改革的基本思路。在實務中，企業應根據不同固定資產的性質和消耗方式，結合本企業的經營管理特點，具體確定固定資產的價值判斷標準。

（二）固定資產的確認條件

符合固定資產定義的資產項目要作為企業的固定資產來核算，還需要符合以下兩個條件：

1. 與該固定資產有關的經濟利益很可能流入企業。

資產最為重要的特徵是預期會給企業帶來經濟利益。如果某一項目預期不能給企業帶來經濟利益，就不能確認為企業的資產。固定資產是企業一項重要的資產，因此對固

定資產的確認關鍵是需要判斷其包含的經濟利益是否很可能流入企業。如果某一固定資產包含的經濟利益不是很可能流入企業，那麼即使其滿足固定資產確認的其他條件，企業也不應將其確認為固定資產；如果某一固定資產包含的經濟利益很可能流入企業，並同時滿足固定資產確認的其他條件，那麼企業應將其確認為固定資產。

在實務中，判斷固定資產包含的經濟利益是否很可能流入企業，主要是依據與該固定資產所有權相關的風險和報酬是否轉移到了企業。其中，與固定資產所有權相關的風險是指由於經營情況變化造成的相關收益的變動以及由於資產閒置、技術陳舊等原因造成的損失；與固定資產所有權相關的報酬是指在固定資產使用壽命內直接使用該資產而獲得的經濟利益以及處置該資產實現的收益等。通常，取得固定資產的所有權是判斷與固定資產所有權相關的風險和報酬轉移到企業的一個重要標誌。凡是所有權已屬於企業，無論企業是否收到或持有該固定資產，都應作為企業的固定資產；反之，如果沒有取得所有權，即使存放在企業，也不能作為企業的固定資產。有時企業雖然不能取得固定資產的所有權，但是與固定資產所有權相關的風險和報酬實質上已轉移給企業，根據實質重於形式原則，此時企業能夠控制該項固定資產所包含的經濟利益流入企業。例如，融資租入固定資產，企業雖然不擁有固定資產的所有權，但與固定資產所有權相關的風險和報酬實質上已轉移到企業（承租方），此時企業能夠控制該固定資產包含的經濟利益，因此符合固定資產確認的第一個條件。

2. 該固定資產的成本能夠可靠地計量。

成本能夠可靠地計量是資產確認的一項基本條件。固定資產作為企業資產的重要組成部分，要予以確認，企業為取得該固定資產而發生的支出也必須能夠確切地計量或合理地估計。如果固定資產的成本能夠可靠地計量，並同時滿足其他確認條件，就可以在會計報表中加以確認；否則，企業不應加以確認。

企業在確定固定資產成本時，有時需要根據獲得的最新資料，對固定資產的成本進行合理的估計。例如，企業對於已達到預定可使用狀態的固定資產，在尚未辦理竣工決算時，需要根據工程預算、工程造價或工程實際發生的成本等資料，按暫估價值確定固定資產的入帳價值，待辦理了竣工決算手續後再做調整。

二、固定資產的分類

固定資產的種類繁多、構成複雜，可以按不同的標準進行分類。

（一）按經濟用途分類

固定資產按經濟用途可以分為生產經營用固定資產和非生產經營用固定資產兩類。

生產經營用固定資產是指直接服務於企業生產經營過程的各種固定資產，包括生產經營用的房屋、建築物、機器設備、工具器具等。

非生產經營用固定資產是指不直接服務於企業生產經營過程的各種固定資產，如職工宿舍、食堂等職工福利設施和有關的設備器具等。

（二）按使用情況分類

固定資產按使用情況可以分為使用中固定資產、未使用固定資產和不需用固定資產三類。

使用中固定資產是指正在使用的固定資產，包括正在本企業使用的生產經營用固定資產和非生產經營用固定資產、由於季節性原因或大修理原因暫時停用的固定資產、用於內部替換的固定資產。

未使用固定資產是指企業已購建完成尚未交付使用的新增固定資產及因改建、擴建原因暫時停用的固定資產。

不需用固定資產是指因本企業多餘不用或不再適用而準備處置的固定資產。

(三) 按所有權分類

固定資產按所有權可以分為自有固定資產和租入固定資產兩類。

自有固定資產是指企業擁有的可供企業自行支配使用的固定資產。

租入固定資產是指企業採用租賃方式從其他單位租入的固定資產。租入固定資產包括融資租入固定資產和經營租入固定資產。

(四) 綜合分類

在實際工作中，企業通常結合固定資產的經濟用途、使用情況和產權關係等因素將固定資產綜合分為七類：生產經營用固定資產、非生產經營用固定資產、租出固定資產、未使用固定資產、不需用固定資產、融資租入固定資產和土地（過去已單獨估價入帳的土地）。

企業應當根據固定資產的定義，結合本企業的具體情況，制定適合於本企業的固定資產目錄、分類方法、每類或每項固定資產的折舊年限、折舊方法，作為進行固定資產核算的依據。同時，企業將上述內容編製成冊，按照管理權限，經股東大會或董事會，或者經理（廠長）會議或類似機構批准，按照法律、行政法規的規定報送有關各方備案，同時備置於企業所在地，以供投資者等有關各方查閱。企業已經確定並對外報送，或者置備於企業所在地的有關固定資產目錄、分類方法、每類或每項固定資產的預計淨殘值、預計使用年限、折舊方法等，按照可比性原則，一經確定不得隨意變更，如需變更，其變更時間一般應為年初，以保持年度內折舊方法的一致，並仍然應當按照上述程序，經批准後報送有關各方備案，將變更理由及折舊方法改變後對損益的影響在會計報表附註中予以揭示。未作為固定資產管理的工具、器具等，作為低值易耗品核算。

三、固定資產的計量

固定資產的計量涉及初始計量和期末計量兩個方面。其中，固定資產的初始計量指確定固定資產的取得成本；固定資產的期末計量主要解決固定資產期末計價問題。

固定資產初始計量的基本原則是按成本入帳。其中，成本包括企業為購建某項固定資產達到預定可使用狀態前發生的一切合理的、必要的支出。由於固定資產的取得方式不同，如購買、自行建造、投資者投入、非貨幣性交易取得、債務重組取得等，其成本的具體確定方法也不完全相同。

(一) 固定資產原始價值

固定資產原始價值也稱原始成本，是指企業在投資建造、購置或以其他方式取得某項固定資產並把它投入使用之前實際發生的全部支出。企業購建固定資產的計價、確定計提折舊的依據等都採用這種計價方法。這是固定資產的基本計價標準。

(二) 重置價值

重置價值也稱現時重置成本，是指在當前的生產能力和技術標準條件下，重新購建同樣的固定資產需要的全部支出。按重置完全價值計價可以比較真實地反應固定資產的現時價值，但實務操作比較複雜，因此這種方法僅在確定清查中盤盈固定資產的價值，或者在報表附註中對報表進行補充說明時採用。

(三) 折餘價值

固定資產的折餘價值也稱淨值或帳面淨值，是指固定資產的原始價值或重置完全價值減去帳面累計折舊後的餘額。折餘價值可以反應企業實際占用在固定資產上的資金數額和固定資產的新舊程度。這種計價方法主要用於計算盤盈、盤虧、毀損固定資產的溢餘或損失。

四、固定資產核算的科目設置

固定資產核算主要涉及「固定資產」「累計折舊」「固定資產清理」「工程物資」和「在建工程」等科目。

「固定資產」科目核算固定資產的原始價值，其借方記錄企業購入、接受投資與捐贈等原因增加的固定資產的原始價值；貸方記錄因出售、報廢、毀損、置換和投資轉出等原因減少的固定資產的原始價值；期末借方餘額，反應企業期末固定資產的帳面原值。該科目一般按固定資產的綜合分類所分的類別設置二級科目，二級科目下按固定資產的品種、規格，結合管理需要設置明細科目。

企業應當設置固定資產登記簿和固定資產卡片，按固定資產類別、使用部門和每項固定資產進行明細核算。

臨時租入的固定資產應當另外設立備查帳簿進行登記，不在「固定資產」科目核算。

「累計折舊」科目核算企業固定資產的累計折舊，其借方登記減少的固定資產註銷的折舊，貸方登記提取的折舊，期末貸方餘額反應企業提取的固定資產折舊累計數。該科目是「固定資產」科目的備抵科目，兩者相抵的差額為固定資產的折餘值。「累計折舊」科目只進行總分類核算，不進行明細分類核算，需要查明某項固定資產的已提折舊，可以根據固定資產卡片上記載的該項固定資產原值、折舊率和實際使用年數等資料進行計算。

「固定資產清理」科目核算企業因出售、報廢和毀損等原因轉入清理的固定資產價值及其在清理過程中發生的清理費用和清理收入等。該科目的借方反應出售、報廢清理固定資產的帳面淨值以及清理過程中發生的費用；貸方反應清理時的殘料價值、變賣收入。若固定資產投了保險，在遇到意外災害時，從保險公司收取的賠款收入及固定資產因責任人過失造成毀損，應向責任人收取的賠款，也一併計入該科目貸方。「固定資產清理」科目的期末餘額反應尚未清理完畢固定資產的價值以及清理淨收入（清理收入減去清理費用）。該科目應按被清理的固定資產設置明細帳，進行明細核算。

「工程物資」科目核算企業為基建工程、更改工程和大修理工程準備的各種物資的實際成本。該科目借方記錄為工程購入的各項物質的實際成本和專用發票上註明的增值稅款；貸方記錄工程領用各項工程物質的實際成本；期末借方餘額反應企業為工程購入但尚未領用的專用材料的實際成本、購入需要安裝設備的實際成本以及為生產準備但尚未交付的工具及器具的實際成本。該科目應當設置明細科目核算。企業購入不需要安裝的設備不在該科目核算。

「在建工程」科目核算企業進行基建工程、安裝工程、技術改造工程、大修理工程等工程發生的實際支出，包括需要安裝設備的價值。該科目借方記錄工程建設發生的各項支出；貸方記錄工程交付使用的工程實際成本；借方餘額反應企業尚未完工或雖已完工，但尚未辦理竣工決算的工程發生的實際支出。該科目應當設置建築工程、安裝工程、在安裝設備、技術改造工程、大修理工程和其他支出明細科目。

企業根據項目預算購入不需要安裝的固定資產、為生產準備的工具器具、購入的無形資產以及發生的不屬於工程支出的其他費用等，不在該科目核算。

第二節　固定資產的初始計量

固定資產的初始計量是指確定固定資產的取得成本。取得成本包括企業為購建某項固定資產達到預定可使用狀態前發生的一切合理的、必要的支出。在實務中，企業取得固定資產的方式有很多，如外購、自行建造、投資者投入以及非貨幣性資產交換、債務重組、企業合併和融資租賃等，取得的方式不同，其成本的具體構成內容與確定方法也不盡相同。

一、外購固定資產

不同途徑增加的固定資產，其核算亦不相同。購入固定資產是企業取得固定資產較常見的一種方式。企業外購固定資產的成本包括購買價款、相關稅費、使固定資產達到預定可使用狀態前發生的可直接歸屬於該資產的其他支出，如場地整理費、運輸費、裝卸費、安裝費和專業人員服務費等。

購建固定資產達到預定可使用狀態具體可以從以下幾個方面進行判斷：

(1) 固定資產的實體建造（包括安裝）工作已經全部完成或實質上已經完成。

(2) 購建的固定資產與設計要求或者合同要求相符或基本相符，即使有極個別與設計或合同要求不相符的地方，也不影響其正常使用。

(3) 繼續發生在購建固定資產上的支出金額很少或幾乎不再發生。

如果購建固定資產需要試生產或試運行，則在試生產結果表明資產能夠正常生產出合格產品時，或者試運行結果表明能夠正常運轉或營業時，企業應當認為資產已經達到預定可使用狀態。工程達到預定可使用狀態前因為必須進行試運轉所發生的淨支出，計入工程成本。工程達到預定可使用狀態前，因試運轉而形成的能夠對外銷售的產品，其發生的成本，計入在建工程成本，銷售或轉為庫存商品時，按實際銷售收入或按預計售價衝減工程成本。

企業購買的不動產如果屬於企業職工集體福利設施，進項稅額不能抵扣，應計入不動產成本。企業外購的固定資產，在投入使用前，有的需要安裝，有的不需要安裝。企業購入不需要安裝的固定資產，達到預定可使用狀態的，按確認的入帳價值直接增加企業的固定資產；購入需要安裝的固定資產，先通過「在建工程」科目歸集工程成本，待固定資產達到預定可使用狀態時，再轉入「固定資產」科目。

有時企業基於產品價格等因素的考慮，可能以一筆款項購入多項沒有單獨標價的固定資產。如果這些資產都符合固定資產的定義，也滿足固定資產的確認條件，則應將各項資產單獨確認為固定資產，並按各項固定資產公允價值的比例對總成本進行分配，分別確定各項固定資產的入帳價值。

購買固定資產的價款超過正常信用條件延期支付，實質上具有融資性質的，固定資產的成本以購買價款的現值為基礎確定。實際支付的價款與購買價款的現值之間的差額，除按照《企業會計準則第 17 號——借款費用》應予以資本化的以外，應當在信用期內計入當期損益（財務費用）。

【例 6-1】甲公司購入一臺不需要安裝的設備，發票價格為 200,000 元，稅額為 26,000 元，運雜費為 2,000 元。款項全部通過銀行付清，設備交付生產車間使用。甲公司帳務處理如下：

借：固定資產	202,000	
應交稅費——應交增值稅（進項稅額）	26,000	
貸：銀行存款		228,000

【例 6-2】甲公司購入一臺需要安裝的專用設備，發票上註明設備價款 50,000 元，應交增值稅 6,500 元，支付運輸費、裝卸費等合計 2,100 元，支付安裝成本 800 元。以上款項都通過銀行支付。甲公司帳務處理如下：

(1) 設備運抵企業，等待安裝。

借：工程物資　52,100

　應交稅費——應交增值稅（進項稅額）　6,500

　貸：銀行存款　58,600

(2) 設備投入安裝，並支付安裝成本。

借：在建工程　52,900

　貸：工程物資　52,100

　　銀行存款　800

(3) 設備安裝完畢，達到預定可使用狀態。

借：固定資產　52,900

　貸：在建工程　52,900

【例 6-3】 甲公司一攬子購買 A、B、C 三項設備，支付設備價款 3,900,000 元，應交增值稅 507,000 元。三項資產的公允價值分別為 1,500,000 元、1,200,000 元和 1,300,000 元。上述設備不需要安裝。甲公司帳務處理如下：

(1) 計算各設備分配固定資產價值的比例。

A 設備比例 = 1,500,000÷(1,500,000+1,200,000+1,300,000)×100% = 37.5%

B 設備比例 = 1,200,000÷(1,500,000+1,200,000+1,300,000)×100% = 30%

C 設備比例 = 1,300,000÷(1,500,000+1,200,000+1,300,000)×100% = 32.5%

(2) 計算各設備購買成本。

A 設備購買成本 = 3,900,000×37.5% = 1,462,500（元）

B 設備購買成本 = 3,900,000×30% = 1,170,000（元）

C 設備購買成本 = 3,900,000×32.5% = 1,267,500（元）

購買成本合計 = 1,462,500+1,170,000+1,267,500 = 3,900,000（元）

借：固定資產——A 設備　1,462,500

　　　　——B 設備　1,170,000

　　　　——C 設備　1,267,500

　應交稅費——應交增值稅（進項稅額）　507,000

　貸：銀行存款　4,407,000

二、自行建造固定資產

企業自行建造的固定資產，以建造該項資產達到預定可使用狀態前發生的必要支出作為入帳價值。這裡所講的建造該項資產達到預定可使用狀態前發生的必要支出包括工程用物資成本、人工成本、應予以資本化的固定資產借款費用、繳納的相關稅費以及應分攤的其他間接費用等。在建工程按其實施的方式不同分為自營工程和出包工程兩種。

(一) 自營工程

企業自營工程主要通過「工程物資」科目和「在建工程」科目進行核算。

企業自營建造固定資產應當按照建造該項固定資產達到預定可使用狀態前發生的必要支出確定其工程成本，並單獨核算。工程項目較多，且工程支出較大的企業，應當按照工程項目的性質分別核算。

工程達到預定使用狀態後，企業按其發生的實際成本結轉固定資產成本。固定資產達到預定可使用狀態後剩餘的工程物資，如轉作庫存材料，企業應按其實際成本或計劃成本，轉作企業的庫存材料。若材料可抵扣增值稅進項稅額，企業應按減去可抵扣增值稅進項稅額後的實際成本或計劃成本，轉作企業的庫存材料。盤盈、盤虧、報廢、毀損的工程物資，減去保險公司、過失人賠償部分後的餘額，區分以下情況處理：如果工程項目尚未達到預定可使用狀態，計入或衝減所建工程項目的成本；如果工程項目已經達到預定可使用狀態，計入當期營業外支出。工程達到預定可使用狀態前因必須進行試運轉所發生的淨支出，計入工程成本。所建造的固定資產已達到預定可使用狀態，但尚未辦理竣工決算的，應當自達到預定可使用狀態之日起，根據工程預算、造價或工程實際成本等，按暫估價值轉入固定資產成本，待辦理竣工結算手續後再做調整。

企業自營建造的固定資產，按建造該項資產達到預定可使用狀態前發生的必要支出，借記「在建工程」科目，貸記「銀行存款」「原材料」「應付職工薪酬」等科目。工程達到預定可使用狀態交付使用的固定資產，借記「固定資產」科目，貸記「在建工程」科目。

【例 6-4】 2×19 年 7 月 1 日，甲公司自行生產設備，購入為工程準備的各種物資 500,000 元，支付的增值稅稅額為 65,000 元，工程物資入庫。2×19 年 7 月 10 日，工程開工，甲公司當日實際領用工程物資 400,000 元，另外還領用了企業生產用的原材料一批，實際成本為 10,000 元，增值稅稅額為 1,300 元。甲公司應付工程人員工資 150,000 元，發生其他費用 38,300 元，以銀行存款支付，工程已達到預定可使用狀態。甲公司帳務處理如下：

(1) 購入為工程準備的物資。

	借	貸
借：工程物資	500,000	
應交稅費——應交增值稅（進項稅額）	65,000	
貸：銀行存款		565,000

(2) 工程領用物資。

	借	貸
借：在建工程	400,000	
貸：工程物資		400,000

(3) 工程領用原材料，發生其他費用。

	借	貸
借：在建工程	198,300	
貸：原材料		10,000
應付職工薪酬		150,000
銀行存款		38,300

(4) 工程已達到預定可使用狀態。

	借	貸
借：固定資產	598,300	
貸：在建工程		598,300

(二) 出包工程

出包工程是指企業通過招標方式將工程項目發包給建造承包商，由建造承包商（施工企業）組織施工的建築工程和安裝工程。在出包方式下，工程的具體支出，如人工費、材料費、機械使用費等主要由建造承包商核算，與發包企業沒有關係。企業通過出包工程方式建造的固定資產，其成本由建造該項固定資產達到預定可使用狀態前發生的必要支出構成，包括發生的建築工程支出、安裝工程支出以及需要分攤計入固定資產價值的待攤支出。待攤支出是指在建設期間發生的，不能直接計入某項固定資產價值，而應由所建造固定資產共同負擔的相關費用，包括為建造工程發生的管理費、徵地費、可行性研究費、臨時設施費、公證費、監理費、應負擔的稅費、符合資本化條件的借款費用、建設期間發生的工程物資盤虧、報廢、毀損淨損失以及負荷聯合試車費等。

待攤支出分配方法如下：

$$\text{待攤支出分配率} = \frac{\text{累計發生的待攤支出}}{\text{建築工程支出} + \text{建築安裝支出} + \text{在安裝設備支出}} \times 100\%$$

某項工程應分攤的待攤支出 = 該項工程支出 × 待攤支出分配率

【例 6-5】 甲公司以出包方式建造一棟行政辦公大樓，雙方簽訂合同規定總造價 1,000 萬元。生產設備由甲公司負責購買，由承包方負責安裝。甲公司購進生產設備，價款 300 萬元，應交增值稅 39 萬，全部款項通過銀行支付，設備已運達，等待安裝。甲公司向承包方支付安裝費 20 萬元。甲公司於事前支付工程款 800 萬元，剩餘工程款於工程完工結算時補付。甲公司帳務處理如下：

（1）甲公司按合同規定時間預付工程款 800 萬元。

借：預付帳款　　8,000,000
　貸：銀行存款　　8,000,000

（2）建築工程完工，辦理工程價款結算，甲公司補付剩餘工程款 200 萬元。

借：在建工程　　10,000,000
　貸：銀行存款　　2,000,000
　　　預付帳款　　8,000,000

（3）甲公司購進生產設備，價款 300 萬元，應交增值稅 39 萬元，全部款項通過銀行支付，設備已運達，等待安裝。

借：工程物資　　3,000,000
　　應交稅費——應交增值稅（進項稅額）　　390,000
　貸：銀行存款　　3,390,000

（4）甲公司將生產設備交付承包方進行安裝，支付安裝費 20 萬元。

借：在建工程——在安裝設備　　3,000,000
　　　　　　——安裝工程　　200,000
　貸：工程物資　　3,000,000
　　　銀行存款　　200,000

（5）甲公司為建造工程發生的管理費、監理費、可行性研究費等支出 26.4 萬元，都通過銀行支付。

借：在建工程——待攤支出　　264,000
　貸：銀行存款　　264,000

（6）待攤支出在各工程項目中的分配。

待攤支出的分配率 = 26.4÷(1,000+300+20) = 2%

建築工程應分攤待攤支出 = 1,000×2% = 20（萬元）

在安裝設備應分攤待攤支出 = 300×2% = 6（萬元）

安裝工程應分攤待攤支出 = 20×2% = 0.4（萬元）

借：在建工程——建築工程　　200,000
　　　　　　——在安裝設備　　60,000
　　　　　　——安裝工程　　4,000
　貸：在建工程——待攤支出　　264,000

（7）上述各工程項目完成驗收，固定資產達到預定可使用狀態，計算並結轉工程成本。

辦公大樓成本 = 1,000+20 = 1,020（萬元）

設備成本 = 300+20+6+0.4 = 326.4（萬元）

借：固定資產——辦公樓　　10,200,000
　　　　　　——設備　　3,264,000
　貸：在建工程——建築工程　　10,200,000
　　　　　　　——在安裝設備　　3,060,000
　　　　　　　——安裝工程　　204,000

三、投資者投入固定資產

投資者投入的固定資產應按投資合同或協議約定的價值和相關的稅費確定入帳價值。但合同或協議約定的價值不公允除外。接受投資的企業既要反應本企業固定資產的增加，也要反應投資者投資額的增加。轉入固定資產時，企業借記「固定資產」科目，貸記「實收資本」或「股本」科目。

【例 6-6】甲股份有限公司根據與投資方達成的協議，按資產評估確認的價值作為投資方投入資本價值確認的標準。A 股東以一臺設備作為投資投入該公司，該設備經評估確認價值為 200,000 元，應交增值稅 26,000 元，按協議可折換成每股面值為 1 元、數量為 160,000 股的股票股權。此項設備需要安裝才能達到預定可使用狀態，甲股份有限公司支付設備安裝成本 3,000 元。甲股份有限公司帳務處理如下：

(1) A 股東投入設備，設備運抵企業，等待安裝。

借：工程物資	200,000	
應交稅費——應交增值稅（進項稅額）	26,000	
貸：股本——A 股東		160,000
資本公積		66,000

(2) 設備投入安裝，用銀行存款支付安裝成本。

借：在建工程	203,000	
貸：工程物資		200,000
銀行存款		3,000

(3) 設備安裝完畢，計算並結轉工程成本。

借：固定資產	203,000	
貸：在建工程		203,000

四、租入固定資產

(一) 融資租入固定資產

租賃是出租人在承租人給予一定報酬的條件下，授予承租人在約定的期限內佔有和使用租賃財產（不動產或動產）權利的一種協議。按照租賃資產的風險和報酬是否從出租人轉移給承租人，租賃可以分為融資租賃和經營租賃兩大類。租賃資產的風險是指由於生產能力的閒置或工藝技術的陳舊可能造成的損失以及由於經濟情況的變動可能造成收入的變動。租賃資產的報酬是指在資產的有效使用年限內直接使用租賃資產而可能獲得的利益以及因資產升值或變賣餘值可能實現的收入。融資租賃是指實質上轉移了與資產所有權有關的全部風險和報酬的租賃，而經營租賃是指除融資租賃以外的其他租賃。

企業的租賃業務在如下標準中如果符合其中的一項或多項，就可以認定為融資租賃。這些標準包括：

(1) 在租賃期屆滿時，租賃資產的所有權轉移給承租人。

(2) 承租人有購買租賃資產的選擇權，訂立的購買價款預計將遠低於行使選擇權時租賃資產的公允價值，因而在租賃開始日就可以合理確定承租人將會行使這種選擇權。

(3) 即使資產的所有權不轉移，但租賃期占租賃資產使用壽命的大部分。在實務中，這裡的「大部分」是指租賃期占租賃資產開始日租賃資產使用壽命的 75%以上。

(4) 承租人在租賃開始日的最低租賃付款額現值，幾乎相當於租賃開始日租賃資產的公允價值。在實務中，這裡的「幾乎相當於」是指 90%以上的比例。

(5) 租賃資產性質特殊，如果不做較大改造，只有承租人才能使用。

融資租入固定資產是指企業採用融資租賃方式租入的固定資產。融資租賃一般是為了滿足企業生產經營的長期需要而租入資產的一種方式。當企業急需某種固定資產（一般為設備），直接購買需支付大額資金，而企業資金又不是很充足，這時可以採用融資租賃方式先租入固定資產，以期盡快投入使用，然後再以分期支付租賃費的方式支付固定資產價款及其他有關費用，最終獲得固定資產大部分經濟使用年限內的使用權。企業採用這種租賃方式，既可以滿足生產經營對固定資產的需要，又解決了購買固定資產面臨的資金問題，以融物的形式達到了融資的目的。由於融資租入資產上的風險和報酬已經由出租人轉移給承租人，雖然在融資租賃期內企業沒有相關資產的所有權，但是按照實質重於形式的會計信息質量要求，企業會計準則規定，融資租入的固定資產，在融資租賃期內，應作為企業自有固定資產進行管理與核算，否則的話就會影響企業資產與負債的真實性，扭曲企業的財務狀況，使企業達到表外融資的目的。

融資租入固定資產的入帳價值按租賃開始日租賃資產的公允價值與最低租賃付款額的現值兩者中較低者來確定。所謂最低租賃付款額，是指在租賃期內，承租企業應支付或可能被要求支付的各種款項（不包括或有租金和履約成本），加上由承租企業或其他有關的第三方擔保的資產餘值。這裡的「最低」的含義是指出租人在租賃開始日對承租人的最小債權。或有租金是指金額不固定、以時間長短以外的其他因素（如銷售量、使用量、物價指數等）為依據計算的租金。履約成本是指租賃期內為租賃資產支付的各種使用費用，如技術諮詢和服務費、人員培訓費、維修費、保險費等。最低租賃付款額折現時，承租人如果能夠取得出租人租賃內含利率的，應當採用租賃內含利率作為折現率。租賃內含利率是指在租賃開始日，使最低租賃收款額的現值與未擔保餘值的現值之和等於租賃資產公允價值與出租人的初始直接費用之和的折現率（初始直接費用是指承租人在租賃談判和簽訂租賃合同過程中發生的，可歸屬於租賃項目的手續費、律師費、差旅費、印花稅等費用，發生時應當計入租入資產價值）；否則，應當採用租賃合同規定的利率作為折現率。承租人無法取得出租人的租賃內含利率且租賃合同沒有規定利率的，應當採用同期銀行貸款利率作為折現率。

在會計核算時，最低租賃付款額作為長期應付款入帳，與固定資產入帳價值之間的差額作為未確認融資費用。未確認融資費用應在租賃期內按合理的方法分期攤銷，計入各期財務費用。在分攤未確認的融資費用時，承租人可以採用的方法包括實際利率法、直線法、年數總和法等。中國企業會計準則規定，承租人在分攤未確認融資費用時，應當採用實際利率法。在這種方法下，各年應分攤的未確認融資費用按照各年未償還租賃負債額的現值（長期應付款減去未確認融資費用餘額）乘以實際利率進行計算。

在融資租賃期內，承租人應當採用與自有固定資產相一致的折舊政策計提租賃資產折舊。承租人能夠合理確定租賃期屆滿時取得租賃資產所有權的，應當在租賃資產使用壽命內計提折舊；無法合理確定租賃期屆滿時能夠取得租賃資產所有權的，應當在租賃期與租賃資產使用壽命兩者中較短的期間內計提折舊。租賃固定資產發生的或有租金應當在實際發生時計入當期損益，在租賃期間固定資產的維修、保養、保險等由承租人負責，發生的費用也由承租人承擔。

融資租入的固定資產在融資租賃屆滿時，承租人有購買租賃資產選擇權，由於所訂立的購買價款預計將遠低於行使選擇權時租賃資產的公允價值，因此在租賃開始日一般就可以合理確定承租人將會行使這種選擇權。購買價款應當計入最低租賃付款額。

（二）經營性租入固定資產

經營性租入固定資產是指採用經營租賃的方式租入的固定資產。對於不想取得固定資產的所有權而只重視較短期限使用權或暫時沒有足夠的資金取得固定資產所有權的企業，採用經營性租賃的方式以換得固定資產的使用權是一項合理經濟行為。經營性租入的固定資產是為了滿足企業生產經營中臨時的需要，如企業為整修廠區而租入施工機械、為吊裝設備而租入起重機械等。

經營性租入的固定資產由出租人根據市場需求來選購，然後再尋找承租人；承租人則根據自己的需要，向擁有自己所需固定資產的出租人租入現成的固定資產。經營租賃期限較短，一般長則幾個月，短則幾天甚至幾小時。由於租賃資產的風險和報酬並沒有轉移給承租人，因此租賃的固定資產在租賃期間一般要由出租人負責維修、保養、保險，承租人對固定資產不計提折舊，但必須保證租入固定資產的安全和完整，並不得任意對租入固定資產進行改造。承租人支付的租賃費用相對較低，一般僅包括租賃期間的折舊費、利息以及手續費等。承租人發生的初始直接費用，應當計入當期損益，或者有租金應當在實際發生時計入當期損益。經營租賃屆滿時承租人可以根據實際需要，將租入固定資產退還出租人或繼續租用，也可以在租賃期滿前中途解約。

企業採用經營租賃方式租入的固定資產，由於與資產相關的風險和報酬並沒有轉移，因此不能作為固定資產的增加記入正式會計帳簿，但為了便於對實物的管理，應在備查簿中進行登記。對於經營租賃的租金，承租人應當在租賃期內各個期間按照直線法計入相關資產成本或當期損益，如根據租入固定資產的用途，分別計入製造費用、管理費用、銷售費用、在建工程等；其他方法更為系統合理的，也可以採用其他方法。經出租人同意，承租人對租入固定資產進行改良發生的支出，如果數額很大，攤銷期在 1 年以上，應作為長期待攤費用並分期攤銷。

【例 6-7】甲股份有限公司行政管理部門因管理需要臨時租入一臺辦公設備。租賃合同規定，租賃期 1 個月，租金 2,200 元，租賃開始時一次付清；租賃期滿，及時歸還設備。

（1）租入時，甲股份有限公司將所租辦公設備在備查登記簿中登記。

（2）甲股份有限公司支付租金 2,200 元的帳務處理如下：

借：管理費用　　2,200

　貸：銀行存款　　2,200

（3）租賃期滿歸還辦公設備時，甲股份有限公司將其在備查登記簿中註銷。

五、接受捐贈的固定資產

接受捐贈的固定資產，應根據具體情況合理確定其入帳價值。接受捐贈的固定資產一般分為以下兩種情況：

（1）捐贈方提供了有關憑據的，按憑據上標明的金額加上應支付的相關稅費，作為入帳價值。

（2）捐贈方沒有提供有關憑據的，按如下順序確定其入帳價值：

①同類或類似固定資產存在活躍市場的，按同類或類似固定資產的市場價格估計的金額，加上應支付的相關稅費，作為入帳價值。

②同類或類似固定資產不存在活躍市場的，按該接受捐贈固定資產預計未來現金流量的現值，加上應支付的相關稅費，作為入帳價值。

企業接受捐贈的固定資產在按照上述會計規定確定入帳價值以後，按接受捐贈的金額，計入營業外收入。

【例 6-8】甲股份有限公司接受一臺全新專用設備的捐贈，捐贈者提供的有關價值憑證上標明的價格為 110,000 元，應交增值稅為 14,300 元，辦理產權過戶手續時支付相關稅費 2,900 元。甲股份有限公司帳務處理如下：

借：固定資產　　112,900
　　應交稅費——應交增值稅（進項稅額）　　14,300
　貸：營業外收入——捐贈利得　　124,300
　　　銀行存款　　2,900

六、盤盈固定資產

前面提到的幾項業務都會使固定資產在量上產生增加。每項業務發生時，會計部門都應及時將增加的固定資產記錄在相關的帳簿內。但有時企業固定資產的增加卻不是容易被及時掌握的，因此企業需要定期或不定期地對固定資產進行清查。通過清查，企業確定固定資產是否與帳簿記錄相一致。如果通過清查發現有的固定資產在企業帳簿上並沒有做記錄，那麼這種情況就是「實大於帳」，在會計上被稱為固定資產的盤盈。

盤盈固定資產入帳價值的確定方法是如果同類或類似固定資產存在活躍市場的，應按同類或類似固定資產的市場價格，減去按該項固定資產新舊程度估計價值損耗後的餘額確定；如果同類或類似固定資產不存在活躍市場的，應按盤盈固定資產的預計未來現金流量的現值計價入帳。盤盈的固定資產待報經批准處理後，應作為企業以前年度的差錯，記入「以前年度損益調整」科目。

【例 6-9】甲股份有限公司在固定資產清查中發現一臺儀器沒有在帳簿中記錄。該儀器當前市場價格為 8,000 元，根據其新舊程度估計價值損耗 2,000 元。甲股份有限公司帳務處理如下：

借：固定資產　　6,000
　貸：以前年度損益調整　　6,000

第三節　固定資產的後續計量

經過初始計量的固定資產，在其後期存續的過程中由於受到自然力的作用、正常的使用以及其面臨的外部環境因素的影響，其價值也在發生變化。固定資產後續計量是指固定資產在其後期存續過程中變化的價值金額及最終價值額的確定。固定資產後續計量主要包括固定資產折舊的計提、減值損失的確定以及後續支出的計量三項業務。其中，固定資產減值損失的確定在資產減值問題中單獨闡述，不在本章中涉及。

一、固定資產折舊

（一）固定資產折舊及其性質

固定資產的特徵之一就是能夠保持其實物形態不變，長期為企業所使用。然而，固定資產的服務能力會隨著它在企業生產經營中使用的程度而逐漸減退，直至消失。因此，企業在使用固定資產的期限內，應當將這種潛在的服務能力，按照其消失或減少的比例，逐期分配到各受益期的成本或費用中去。由於使用而使得固定資產逐漸損耗而消失的那部分潛在服務能力或者說價值，稱為折舊。固定資產的成本隨著其使用而逐期分攤、轉移到其生產的產品或勞務中去的過程叫做計提折舊，每期分攤的成本稱為折舊費用。之所以要把這部分損失的價值逐期分配到各個受益期成本中去，不僅是為了使企業將來有能力重新購置固定資產，而且更主要是能夠把固定資產的使用成本分配於各受益期，實現收入與費用的正確配比。

固定資產計提折舊的原因在於它的服務能力或使用價值的逐漸衰減或消失。導致這種服務能力或價值減少的原因有兩個：一個是有形損耗，另一個是無形損耗。有形損耗是指固定資產由於物質磨損和自然力的影響而引起的價值與使用價值的損失；無形損耗是指由於科學技術進步、消費者偏好變化，不能滿足需要等原因，在其使用價值完全消失之前而提前報廢所帶來的損失。一般而言，有形損耗決定固定資產的最長使用年限，即物質使用年限；無形損耗決定固定資產的實際使用年限，即經濟使用年限。

固定資產折舊的過程實際上是一個持續的成本分配過程，並不是為了計算固定資產的淨值。折舊就是企業採用合理而系統的分配方法將固定資產的取得成本在固定資產的經濟使用年限內進行合理分配，使之與各期的收入相配比，以正確確認企業的損益。

（二）固定資產折舊的範圍

企業在用的固定資產一般都應計提折舊，具體範圍包括：房屋和建築物（無論是否使用）；達到預定可使用狀態（不管是否投入使用）的機器設備、儀器儀表、運輸工具、工具器具；季節性停用、大修理停用的固定資產；融資租入和經營租出的固定資產。

《企業會計準則第 4 號——固定資產》規定，企業應當對所有的固定資產計提折舊。但是已提足折舊繼續使用的固定資產和按規定單獨估價作為固定資產入帳的土地除外。

企業一般應當按月提取折舊，當月增加的固定資產，當月不計提折舊，從下月起計提折舊；當月減少的固定資產，當月計提折舊，從下月起停止計提折舊。固定資產提足折舊後，不管能否繼續使用，都不再提取折舊；提前報廢的固定資產，也不再補提折舊。所謂提足折舊，是指已經提足該項固定資產應提的折舊總額。應提的折舊總額為固定資產原價減去預計殘值加上預計清理費用。

（三）影響固定資產折舊計算的因素

固定資產折舊的計算涉及固定資產原始價值、預計淨殘值、預計使用年限和折舊方法四個要素。

1. 原始價值

原始價值指固定資產的實際取得成本，就折舊計算而言，也稱為折舊基數。以原始價值作為計算折舊的基數，可以使折舊的計算建立在客觀的基礎上，不容易受會計人員主觀因素的影響。在固定資產使用壽命一定的情況下，固定資產的原始價值越高，則單位時間內或單位工作量的折舊額就越多；固定資產的原始價值越低，則單位時間內或單位工作量的折舊額就越少。因此，從投入產出的角度來講，在保證生產效率和產品質量的前提下，企業應減少固定資產原始價值的支出，以提高企業的效益。固定資產原始價值減去折舊後的餘額稱為固定資產淨值，也叫折餘價值。它是計算固定資產盤盈、盤虧、出售、報廢、毀損等溢餘或損失的依據，將其與原始價值或重置完全價值相比較，還可以大致瞭解固定資產的新舊程度。例如，企業的一項固定資產原始價值 10,000 元，已提折舊 2,000 元，可以說該項固定資產為八成新。企業根據這個計價標準可以合理制訂固定資產的更新計劃，適時進行固定資產的更新等。

2. 預計淨殘值

預計淨殘值指假定固定資產預計使用壽命已滿並處於使用壽命終了時的預期狀態，企業目前從該項資產處置中獲得的扣除預計處置費用後的金額。固定資產的淨殘值是企業在固定資產使用期滿後對固定資產的一個回收額，在計算固定資產折舊時應從固定資產的折舊計算基數中扣除。固定資產的淨殘值越高，則單位時間內或單位工作量的折舊額就越少；反之，則越多。但是由於固定資產淨殘值是一個在一開始計算固定資產折舊時就要考慮的因素，而它的實際金額是在實際發生時才能確定的，因此需要事前對此加以估計。會計實務上一般通過固定資產在報廢清理時預計殘值收入扣除預計清理費用後的淨額來確定。其中，預計殘值收入是指固定資產報廢清理時預計可收回的器材、零件、材料等殘料價值收入；預計清理費用是指固定資產報廢清理時預計發生的拆卸、整理、搬運等費用。同時，為了避免計算過程受到人為因素的影響，《中華人民共和國企業所得稅法》規定了固定資產淨殘值比例標準，即固定資產淨殘值比例應在其原價的5%以內，具體比例由企業自行確定。如果企業的情況特殊，需要調整淨殘值比例，應報經主管稅務機關備案。固定資產原始價值減去預計淨殘值後的數額為固定資產應計提折舊總額。

3. 預計使用年限

預計使用年限是指固定資產預計經濟使用年限，也稱折舊年限，通常短於固定資產的物質使用年限。固定資產的使用年限決定於固定資產的使用壽命。企業在確定固定資產的使用壽命時，主要應當考慮下列因素：

（1）該資產的預計生產能力或實物產量。

（2）該資產的有形損耗，如設備使用中發生磨損、房屋建築物受到自然侵蝕等。

（3）該資產的無形損耗，如因新技術的出現而使現有資產的技術水準相對陳舊、市場需求變化使其生產的產品過時等。

（4）有關資產使用的法律或類似的限制。

為避免國家稅收利益受到影響，除另有特殊規定外，國家對固定資產計算折舊的最低年限做了規定，具體如下：房屋、建築物為20年；飛機、火車、輪船、機器、機械和其他生產設備為10年；與生產經營活動有關的器具、工具、家具等為5年；飛機、火車、輪船以外的運輸工具為4年；電子設備為3年。

4. 折舊方法

不同經營規模、不同性質的企業可以根據各自的特點選擇相應的折舊方法，以較合理地分攤固定資產的應計折舊總額，反應本單位固定資產的實際使用現狀。企業一旦選定了某種折舊方法，應該保持相對穩定，除非折舊方法的改變能夠提供更可靠的會計信息。企業在特定會計期折舊方法的變更應在報表附註中加以說明。

（四）固定資產的折舊方法

固定資產的折舊方法是將應提折舊總額在固定資產各使用期間進行分配時所採用的具體計算方法，包括年限平均法、工作量法、加速折舊法等。折舊方法的選用將直接影回應提折舊總額在固定資產各使用年限之間的分配結果，從而影響各年的淨收益和所得稅。因此，企業應根據固定資產的性質、受有形損耗和無形損耗影響的方式及程度，結合科技發展、環境及其他因素，合理選擇固定資產的折舊方法。固定資產的折舊方法一經確定，不得隨意變更，如需變更，應按規定的程序報經批准後備案，並在財務報表附註中予以說明。固定資產折舊方法的變更應在年終通過對影響折舊計算因素的復核的基礎上進行。經過復核後，企業如果認為與固定資產有關的經濟利益預期實現方式發生重大改變就應該變更原來採用的計算方法。

1. 直線法

（1）年限平均法。年限平均法是以固定資產預計使用年限為分攤標準，將固定資產的應提折舊總額均衡分攤到使用各年的一種折舊方法。採用這種折舊方法，各年折舊額相等，不受固定資產使用頻率或生產量多少的影響，因此也稱為固定費用法。

使用年限平均法計算折舊的公式如下：

應提折舊總額＝原始價值－（預計殘值－預計清理費用）

＝原始價值－預計淨殘值

＝原始價值×（1－預計淨殘值率）

其中，預計淨殘值率＝預計淨殘值÷原始價值

已計提減值準備的固定資產，在計算應提折舊額時，還應當扣除已計提的固定資產

減值準備累計金額。也就是說，當固定資產發生減值時，企業應當重新計算固定資產的折舊額。

年折舊額=應提折舊總額÷預計使用年限

=原始價值×(1-預計淨殘值率)÷預計使用年限

年折舊率=年折舊額÷原始價值=(1-預計淨殘值率)÷預計使用年限

月折舊率=年折舊率÷12

月折舊額=原始價值×月折舊率

折舊率按計算對象不同，分為個別折舊率、分類折舊率和綜合折舊率三種。個別折舊率是按單項固定資產計算的折舊率；分類折舊率是按各類固定資產分別計算的折舊率；綜合折舊率是按全部固定資產計算的折舊率。採用分類折舊率，既可以適當簡化核算工作，又可以較為合理的地分配折舊費用，因此應用較為廣泛。

【例 6-10】甲股份有限公司一臺機器設備原始價值為 125,000 元，預計使用年限為 5 年，預計殘值為 7,500 元，預計清理費用為 2,500 元。採用年限平均法計提折舊。

預計淨殘值率=(7,500-2,500)÷125,000×100%=4%

年折舊率=(1-4%)÷5=19.2%

月折舊率=19.2%÷12=1.6%

年折舊額=125,000×19.2%=24,000（元）

月折舊額=125,000×1.6%=2,000（元）

年限平均法的優點在於計算過程簡便易行、容易理解，是會計實務中應用最廣泛的一種方法。

年限平均法的缺點如下：

第一，只注重固定資產的使用時間，忽視使用狀況，使固定資產無論物質磨損程度如何，都計提同樣的折舊費用，這顯然不合理。

第二，固定資產各年的使用成本負擔不均衡。一般來說，隨著資產的變舊，其需要的修理、保養等費用將會逐年增加，而年限平均法確定的各年折舊費用是相同的，這就產生了固定資產使用早期負擔費用偏低，而後期負擔費用偏高的現象，從而違背了收入與費用相配比的原則。

(2) 工作量法。工作量法是以固定資產預計可完成的工作總量為分攤標準，根據各年實際完成的工作量計算折舊的一種方法。採用這種折舊方法，各年折舊額的大小隨工作量的變動而變動，因此也稱為變動費用法。採用工作量法計算折舊的原理和年限平均法相同，只是將分配折舊額的標準由使用年限改成了工作量。因此，工作量法實際上是年限平均法的一種演變，於是工作量法也被歸類為直線法。工作量法計算折舊的過程是分兩個步驟來完成的，一是要計算固定資產單位工作量的折舊額，二是要在此基礎上根據每期實際工作量的多少計算當期的折舊額。其計算過程用公式表示如下：

單位工作量折舊額=(原始價值-預計淨殘值)÷預計工作總量

年折舊額=某年實際完成的工作量×單位工作量折舊額

月折舊額=某月實際完成的工作量×單位工作量折舊額

採用工作量法，不同的固定資產應按不同的工作量標準計算折舊，如機器設備應按工作小時計算折舊，運輸工具應按行駛里程計算折舊，建築施工機械應按工作臺班時數計算折舊等。

【例 6-11】根據**【例 6-10】**的資料，假定機器設備的預計工作小時數為 30,000 小時，5 年的工作時間分別為 8,500 小時、7,500 小時、6,000 小時、5,000 小時、3,000 小時。採用工作量法計提折舊。

單位工時折舊額＝(125,000－5,000)÷30,000＝4（元/小時）
第一年應提折舊＝8,500×4＝34,000（元）
第二年應提折舊＝7,500×4＝30,000（元）
第三年應提折舊＝6,000×4＝24,000（元）
第四年應提折舊＝5,000×4＝20,000（元）
第五年應提折舊＝3,000×4＝12,000（元）

工作量法的優點和年限平均法一樣，比較簡單實用，而且工作量法以固定資產的工作量為分配固定資產成本的標準，使各年計提的折舊額與固定資產的使用程度成正比例關係，體現了收入與費用相配比的會計原則。工作量法的缺點也是明顯的，即將有形損耗看做引起固定資產折舊的唯一因素，固定資產不使用則不計提折舊，事實上，由於無形損耗的客觀存在，固定資產即使不使用也會發生折舊。工作量法在計算固定資產前後期折舊時，採用了一致的單位工作量的折舊額，而實際上是不一致的，因為固定資產在使用的過程中單位工作量帶來的經濟利益是不一樣的，所以折舊也應該是不一樣的，但工作量法忽視了這一點。

工作量法適用於使用情況很不均衡，使用的季節性較為明顯的大型機器設備，大型施工機械以及運輸單位或其他企業專業車隊的客運、貨運汽車等固定資產折舊的計算。

2. 加速折舊法

加速折舊法又稱遞減折舊費用法，是指固定資產折舊費用在使用早期提得較多，在使用後期提得較少，以使固定資產的大部分成本在使用早期盡快得到補償，從而相對加快折舊速度的一種計算折舊的方法。和直線法相比，加速折舊法既不意味著要縮短折舊年限，也不意味著要增大或減少應提折舊總額，只是對應提折舊總額在各使用年限之間的分配上採用了遞減的方式而不是平均的方式。不論採用加速折舊法還是採用直線法，在整個固定資產預計使用年限內計提的折舊總額都是相等的。採用加速折舊法計算折舊的具體方法有餘額遞減法、雙倍餘額遞減法、年數總和法、遞減折舊率法等。中國企業會計準則規定可以准許企業採用的加速折舊方法是雙倍餘額遞減法和年數總和法兩種。加速折舊法有如下特點：

第一，可以使固定資產的使用成本各年保持大致相同。固定資產的使用成本主要包括折舊費用和修理維護費用兩項內容。一般來說，修理維護成本會隨著資產的老化而逐年增加，為了使固定資產的使用成本在使用年限中大致保持均衡，計提的折舊費用就應逐年遞減。

第二，可以使收入和費用合理配比。固定資產的服務能力在服務早期總是比較高的，從而能為企業提供較多的利益，而在使用後期，隨著資產老化、修理次數增多，產品質量下降，大大影響企業利益的獲得。為了使固定資產的成本與其提供的收益相配比就應在早期多提折舊，而在使用後期少提折舊。

第三，能使固定資產帳面淨值比較接近於市價。資產一經投入使用就成了舊貨，其可變現價值會隨之降低，因此在最初投入使用時多提一些折舊，可以使資產帳面淨值更接近於資產的現時市價。

第四，可降低無形損耗的風險。無形損耗是由於企業外部因素引起的價值損耗，企業很難對其做出合理估計，出於謹慎性考慮，將固定資產的大部分成本在使用早期收回，可以使無形損耗的影響降至最低。

（1）年數總和法。年數總和法是以固定資產的應計折舊額作為折舊基數，以一個逐期遞減的分數作折舊率來計算各期折舊額的方法。這個逐期遞減的分數是以每年年初固定資產尚可使用年限作為分子，以固定資產預計使用年限的總和作為分母。實際上，這個預計使用年限的總和就是一個以「1」為首項、以「1」為公差、以預計使用年限數為末項的等差數列和。有關計算公式如下：

某年折舊額＝固定資產應提折舊總額×該年年初尚可使用年限÷[預計使用年限×(預計使用年限+1)÷2]

【例 6-12】根據**【例 6-10】**的資料，假定機器設備採用年數總和法計提折舊，採用年數總和法計算的各年折舊額如表 6-1 所示。

表 6-1　採用年數總和法計算的各年折舊額

年份	尚可使用年限(年)	原值-淨殘值(元)	折舊率	每年折舊額(元)	累計折舊(元)
第 1 年	5	120, 000	5/15	40, 000	40, 000
第 2 年	4	120, 000	4/15	32, 000	72, 000
第 3 年	3	120, 000	3/15	24, 000	96, 000
第 4 年	2	120, 000	2/15	16, 000	112, 000
第 5 年	1	120, 000	1/15	8, 000	120, 000

（2）雙倍餘額遞減法。雙倍餘額遞減法是以雙倍的直線折舊率作為加速折舊率，乘以各年年初固定資產帳面淨值計算各年折舊額的一種方法。採用雙倍餘額遞減法計算折舊的原理和餘額遞減法相同，只是簡化了折舊率的計算。這種簡化的過程體現在兩個方面：一是直線折舊率不考慮固定資產的淨殘值，可以理解為在最初計算折舊時是將其視為零的；二是雙倍餘額遞減法直接以直線折舊率乘以 2 來確定，而不是採用複雜的公式計算。折舊額的計算公式如下：

年折舊率＝1÷預計折舊年限×2×100%

年折舊額＝年初固定資產帳面淨值×年折舊率

月折舊額＝年折舊額÷12

【例 6-13】根據**【例 6-10】**的資料，假定機器設備採用雙倍餘額遞減法計提折舊，折舊額的計算如下：

年折舊率＝2÷5×100%＝40%

最後兩年平均年折舊額＝(原值-累計已提折舊-預計淨殘值)÷2

＝(125, 000-98, 000-5, 000)÷2

＝11, 000（元）

按雙倍餘額遞減法可編製折舊計算表如表 6-2 所示。

表 6-2　採用雙倍餘額遞減法計算的各年折舊額

使用年限	折舊率（%）	每年折舊額（元）	累計折舊（元）	帳面淨值（元）
購置時				125, 000
第 1 年	40	50, 000	50, 000	75, 000
第 2 年	40	30, 000	80, 000	45, 000
第 3 年	40	18, 000	98, 000	27, 000
第 4 年		11, 000	109, 000	16, 000
第 5 年		11, 000	120, 000	5, 000

由於採用雙倍餘額遞減法在確定固定資產折舊率時不考慮固定資產的淨殘值因素，因此在連續計算各年折舊額時必須注意兩個問題：一是各年計提折舊以後，固定資產帳面淨值不能降低到固定資產預計淨殘值以下；二是某年按雙倍餘額遞減法計算的折舊額小於按

年限平均法計算的折舊額，應改為年限平均法計提折舊。一般採用下列公式進行判斷：

當年按雙倍餘額遞減法計算的折舊額<(固定資產期初帳面淨值-預計淨殘值）÷剩餘使用年限

在會計實務中，現行企業會計準則規定，為簡化折舊的計算，在固定資產預計使用年限到期前兩年，就要進行方法的轉換，將未提足的折舊平均提取，而不需在某年年末進行比較計算以判斷是否滿足轉換的條件。

（五）直線法和加速折舊法的比較

採用直線法計提折舊，固定資產的轉移價值平均攤配於其使用的各個會計期間或完成的工作量，優點是使用方便，易於理解，由於可以採用分類折舊方式，計算也比較簡單。但是隨著固定資產使用時間的推移，其磨損程度也會逐漸增加，使用後期的維修費支出將會高於使用前期的維修費支出，即使各個會計期間或單位工作量負擔的折舊費相同，各個會計期間或單位工作量負擔的固定資產使用成本（折舊費與維修費之和）也會不同。這種方法沒有考慮固定資產使用過程中相關支出攤配於各個會計期間或完成的工作量的均衡性。

採用加速折舊法計提折舊，克服了直線法的不足。這種方法前期計提的折舊費較多而維修費較少，後期計提的折舊費較少而維修費較多，從而保持了各個會計期間負擔的固定資產使用成本的均衡性。此外，這種方法前期計提的折舊費較多，能夠使固定資產投資在前期較多地收回，在稅法准許將各種方法計提的折舊費作為稅前費用扣除的前提下，還能夠減少前期的所得稅額，符合謹慎性原則。但是，在固定資產各期工作量不均衡的情況下，這種方法可能導致單位工作量負擔的固定資產使用成本不夠均衡。此外，由於這種方法不適宜採用分類折舊方式，因此在固定資產數量較多且會計未實行電算化的情況下，計提折舊的工作量較大。

（六）固定資產折舊的總分類核算

企業分期計提固定資產折舊是根據固定資產原值乘以年折舊率或月折舊率計算確定的。折舊率有三種：一是個別折舊率，即根據個別資產應提折舊額與該固定資產的原值之比計算的折舊率；二是分類折舊率，即根據某類固定資產的應提折舊額與該類固定資產原值之比計算的折舊率；三是綜合折舊率，即根據全部固定資產應提折舊額與全部固定資產原值之比計算的折舊率。中國固定資產折舊一般採用分類折舊率計提折舊。在實務中，企業提取固定資產折舊時，一般以月初應提折舊的固定資產原值為依據，因為當月增加的固定資產當月不提折舊，當月減少的固定資產當月照提折舊。具體操作時，企業可以在上月折舊額的基礎上，對上月固定資產的增減情況進行調整後計算當月折舊額。其計算公式為：

當月應提折舊額=上月折舊額+上月增加固定資產應計提的月折舊額-上月減少固定資產應計提的月折舊額

從這個公式也可以看出，本月計提固定資產折舊與本月增加和減少固定資產無關。

固定資產的折舊費用應根據固定資產的受益對象分配計入有關的成本或費用中。例如，企業管理部門使用的固定資產計提的折舊費用，應計入管理費用；生產部門使用的固定資產計提的折舊費用，應計入製造費用；專設銷售機構使用的固定資產計提的折舊費用，應計入銷售費用；經營性出租的固定資產計提的折舊費用，應計入其他業務成本；自行建造固定資產過程中使用的固定資產計提的折舊費用，應計入在建工程成本；未使用的固定資產計提的折舊費用，應計入管理費用等。

【例 6-14】2×19 年 4 月，甲公司生產車間提取折舊 360, 000 元，企業管理部門提取折舊 30, 000 元，租出固定資產應提折舊 10, 000 元。生產車間增加一臺生產用設備，其原值 200, 000 元，月折舊率為 6%。甲公司 5 月帳務處理如下：

5 月應計提折舊額=4 月計提的折舊額+4 月增加固定資產應計提折舊額

4 月除生產車間增加了固定資產，應增加計提折舊額以外，管理部門和銷售部門沒有增減應提折舊的固定資產，甲公司按 4 月計提的固定資產折舊額計提折舊。

借：製造費用（360,000+200,000×6%）　372,000
　　管理費用　30,000
　　其他業務支出　10,000
　貸：累計折舊　412,000

二、固定資產後續支出

（一）固定資產後續支出的含義及分類

固定資產後續支出是指固定資產在投入使用以後期間發生的與固定資產使用效能直接相關的各種支出，如固定資產的增置、改良與改善、換新、修理、重新安裝等業務發生的支出。

從支出目的來看，固定資產後續支出有的是為了維護、恢復或改進固定資產的性能，使固定資產在質量上發生變化；有的是為了改建、擴建或增建固定資產，使固定資產在數量上發生變化。

從支出的情況來看，有的後續支出在取得固定資產時即可預見到它的發生，屬於經常性的或正常性的支出；有的後續支出很難預見到它的發生，屬於偶然性的或特殊性的支出。

從支出的性質來看，有的後續支出形成資本化支出，應計入固定資產的價值，按照企業會計準則的規定，這一類支出必須符合固定資產確認的條件；固定資產的後續支出如果不符合固定資產確認的條件，就要進行費用化處理，在後續支出發生時計入當期損益。

（二）固定資產後續支出的核算

固定資產後續支出的處理原則為：符合固定資產確認條件的，應當計入固定資產成本，同時將被替換部分的帳面價值扣除；不符合固定資產確認條件的，應當計入當期損益。

1. 資本化的後續支出

固定資產發生可資本化的後續支出時，企業一般應將該固定資產的原價、已計提的累計折舊和減值準備轉銷，將其帳面價值轉入在建工程，並停止計提折舊。發生的可資本化的後續支出，通過「在建工程」科目核算。企業在固定資產發生的後續支出完工並達到預定可使用狀態時，再從在建工程轉為固定資產，並按重新確定的使用壽命、預計淨殘值和折舊方法計提折舊。

【例 6-15】甲股份有限公司因生產產品的需要，將一棟廠房交付擴建，以增加使用面積。該廠房原價 235,000 元，累計折舊 85,000 元。在擴建過程中，該廠房共發生擴建支出 43,000 元，通過銀行支付擴建款項。該廠房拆除部分的殘料作價 2,000 元。甲股份有限公司帳務處理如下：

（1）廠房轉入擴建，註銷固定資產原價、累計折舊。

借：在建工程　150,000
　　累計折舊　85,000
　貸：固定資產　235,000

（2）支付擴建支出，增加擴建工程成本。

借：在建工程　43,000
　貸：銀行存款　43,000

（3）殘料作價入庫，衝減擴建工程成本。

借：原材料　　2,000

　貸：在建工程　　2,000

（4）擴建工程完工，固定資產已達到使用狀態。

借：固定資產　　191,000

　貸：在建工程　　191,000

通過上面的例子我們可以看出，廠房經過擴建後，擴建淨支出的資本化使得廠房的價值發生了變化，達到191,000元。擴建後達到預定可使用狀態的固定資產，其影響折舊計算的因素需要重新確定。假定該固定資產擴建後預計使用壽命是10年，預計淨殘值率是重新確定的原價的4%，折舊方法仍然採用年限平均法，則以後各年固定資產折舊的計算過程如下：

固定資產年折舊率＝(1−4%)÷10×100%＝9.6%

固定資產月折舊率＝9.6%÷12＝0.8%

固定資產年折舊額＝191,000×9.6%＝18,336（元）

固定資產月折舊額＝191,000×0.8%＝1,528（元）

企業發生的一些固定資產後續支出可能涉及替換原固定資產的某組成部分。例如，企業對某項機器設備進行檢修時，發現其中的電機（未單獨確認為一項固定資產）出現難以修復的故障，將其拆除後重新安裝了一個新電機。在這種情況下，當發生的後續支出符合固定資產確認條件時，企業應將其計入固定資產成本，同時將被替換部分的帳面價值扣除，以避免將替換部分的成本和被替換部分的成本同時計入固定資產成本，導致固定資產成本重複計算。

【例6−16】甲股份有限公司一套生產設備附帶的電機由於連續工作時間過長而燒毀，該電機無法修復，需要用新的電機替換。該套生產設備原價540,000元，已計提折舊180,000元。燒毀電機的成本為21,000元，該公司已購買新的電機將其替換，新電機的成本為21,800元，應交增值稅為2,834元。甲股份有限公司帳務處理如下：

（1）註銷生產設備原價及累計折舊。

借：在建工程　　360,000

　　累計折舊　　180,000

　貸：固定資產　　540,000

（2）購買新電機。

借：工程物資　　21,800

　　應交稅費——應交增值稅（進項稅額）　　2,834

　貸：銀行存款　　24,634

（3）安裝新電機。

借：在建工程　　21,800

　貸：工程物資　　21,800

（4）終止確認舊電機。

舊電機累計折舊＝21,000÷540,000×180,000＝7,000（元）

舊電機帳面淨值＝21,000−7,000＝14,000（元）

借：營業外支出　　14,000

　貸：在建工程　　14,000

（5）生產設備調式完畢，達到預定可使狀態。

生產設備入帳價值＝360,000＋21,800−14,000＝367,800（元）

借：固定資產　367,800
　貸：在建工程　367,800

企業對固定資產進行定期檢查發生的大修理費用，有確鑿證據表明符合固定資產確認條件的部分，應予以資本化計入固定資產成本。

2. 費用化的後續支出

一般情況下，固定資產投入使用之後，由於固定資產磨損、各組成部分耐用程度不同，可能導致固定資產的局部損壞。為了維護固定資產的正常運轉和使用，充分發揮其使用效能，企業會對固定資產進行必要的維護。

固定資產的日常維護支出通常不滿足固定資產的確認條件，應在發生時直接計入當期損益。企業行政管理部門等發生的固定資產修理費用等後續支出計入管理費用；企業專設銷售機構的，其發生的與專設銷售機構相關的固定資產修理費用等後續支出，計入銷售費用。經營租入固定資產發生的改良支出，應通過「長期待攤費用」科目核算，並在剩餘租賃期與租賃資產尚可使用年限兩者中較短的期間內，採用合理的方法進行攤銷。

【例 6-17】甲股份有限公司 2×19 年 7 月 5 日對該公司的生產設備進行的日常修理，領用修理配件 1,200 元，用銀行存款支付其他修理費用 600 元。甲股份有限公司帳務處理如下：

借：管理費用——修理費　1,800
　貸：原材料　1,200
　　　銀行存款　600

第四節　固定資產的處置

一、固定資產的處置的含義與業務內容

固定資產的處置是指由於各種原因使企業固定資產退出生產經營過程所做的處理活動。在企業固定資產的使用過程中，有時會出現固定資產退出生產經營過程的情況，如固定資產的出售、轉為待售、轉讓、報廢、毀損、對外投資、非貨幣性資產交換、債務重組等。固定資產的處置涉及固定資產的終止確認問題。按照《企業會計準則第 4 號——固定資產》的規定，滿足下列條件之一的，固定資產應當予以終止確認：

第一，該固定資產處於處置狀態，即固定資產不再用於生產商品、提供勞務、出租或經營管理，因此不再符合固定資產的定義，應予以終止確認。

第二，該固定資產預期通過使用或處置不能產生經濟利益。因為預期會給企業帶來經濟利益是資產的基本特徵，所以固定資產預期未來使用過程中或處置時都不能為企業帶來經濟利益的情況下，就不再符合固定資產的定義和確認的條件，應予以終止確認。

固定資產處置業務的產生往往是由於不同的原因造成的。在大多數情況下，出售的固定資產一般是企業多餘閒置的固定資產，或者是不適合企業產品生產需要的固定資產，如果不出售，將會造成企業資源的浪費，增加額外的管理成本。

報廢、毀損的固定資產產生的原因一般有這樣幾個方面：第一，固定資產的預計使用年限已滿，其物質磨損程度已達到極限，不宜繼續使用，應按期報廢；第二，由於科學技術水準的提高，致使企業擁有的某項固定資產繼續使用時在經濟上已不合算了，必須將其淘汰，提前報廢；第三，由於自然災害（如火災、水災）事故的發生或管理不善等原因造成的固定資產毀損。

需要指出的是，本書只闡述固定資產的出售、報廢和毀損等固定資產的處置問題。

固定資產在處置過程中會發生收益或損失，稱為處置損益。它以處置固定資產取得的各項收入與固定資產帳面價值、發生的清理費用等之間的差額來確定。其中，處置固定資產的收入包括出售價款、殘料變價收入、保險以及過失人賠款等收入；清理費用包括處置固定資產時發生的拆卸、搬運、整理等費用。

二、固定資產的處置的核算

企業出售、轉讓、報廢固定資產或發生固定資產毀損，應當將處置收入扣除帳面價值和相關稅費後的金額計入當期損益。固定資產的帳面價值是固定資產成本扣減累計折舊和減值準備後的金額。固定資產處置一般通過「固定資產清理」科目進行核算。

固定資產的帳務處理步驟如下：

（一）固定資產轉入清理的處理

固定資產轉入清理時，按固定資產的帳面價值，借記「固定資產清理」科目，按已計提的累計折舊，借記「累計折舊」科目，按已計提的減值準備，借記「固定資產減值準備」科目，按固定資產的原價，貸記「固定資產」科目。

（二）發生清理費用的處理

企業在固定資產清理過程中發生的相關稅費及其他費用，應借記「固定資產清理」科目，貸記「銀行存款」「應交稅費」等科目。

（三）出售收入和殘料等的處理

企業收回出售固定資產的價款、殘料價值和變價收入等，應衝減清理支出。企業應按實際收到的出售價款及殘料變價收入等，借記「銀行存款」「原材料」等科目，貸記「固定資產清理」「應交稅費——應交增值稅」等科目。

（四）第三方賠償的處理

企業收到第三方賠償，如保險公司、過失人等的賠償，應衝減清理支出，借記「其他應收款」「銀行存款」等科目，貸記「固定資產清理」科目。

（五）固定資產清理淨損益的處理

固定資產清理完成後產生的清理淨損益，依據固定資產處置方式的不同，分別適用不同的處理方法。

（1）因已喪失使用功能或因自然災害發生毀損等原因而報廢清理產生的利得或損失應計入營業外收支。屬於生產經營期間正常報廢清理產生的處置淨損失，企業應借記「營業外支出——處置非流動資產損失」科目，貸記「固定資產清理」科目；屬於生產經營期間由於自然災害等非正常原因造成的，企業應借記「營業外支出——非常損失」科目，貸記「固定資產清理」科目；如為淨收益，企業應借記「固定資產清理」科目，貸記「營業外收入」科目。

（2）因出售、轉讓等原因產生的固定資產處置利得或損失應計入資產處置收益。產生處置淨損失的，企業應借記「資產處置損益」科目，貸記「固定資產清理」科目；如為淨收益，企業應借記「固定資產清理」科目，貸記「資產處置損益」科目。

【例 6-18】甲股份有限公司因經營管理的需要，於 2×19 年 5 月將一臺 2×18 年 3 月購入的設備出售，出售的價款為 500,000 元，適用的增值稅稅率為 13%，應交增值稅為 65,000 元，開具增值稅專用發票。出售設備原始價值為 530,000 元，累計折舊為 40,000 元，發生的清理費用為 1,200 元。甲股份有限公司帳務處理如下：

（1）註銷固定資產原價及累計折舊。

借：固定資產清理 490,000
累計折舊 40,000
貸：固定資產 530,000

（2）支付清理費用1,200元。

借：固定資產清理 1,200
貸：銀行存款 1,200

（3）收到出售設備全部款項。

借：銀行存款 565,000
貸：固定資產清理 500,000
應交稅費——應交增值稅（銷項稅額） 65,000

（4）結轉固定資產清理淨損益。

淨收益=500,000-490,000-1,200=8,800（元）

借：固定資產清理 8,800
貸：資產處置損益 8,800

【例6-19】甲股份有限公司一臺設備由於喪失正常使用功能，按規定做報廢處理。設備原價為120,000元，累計折舊為117,000元。報廢支付清理費用360元，殘料作價1,600元，可驗收入庫作為材料使用。甲股份有限公司帳務處理如下：

（1）設備報廢，註銷原價及累計折舊。

借：固定資產清理 3,000
累計折舊 117,000
貸：固定資產 120,000

（2）支付報廢設備清理費用360元。

借：固定資產清理 360
貸：銀行存款 360

（3）殘料入庫。

借：原材料 1,600
貸：固定資產清理 1,600

（4）結轉報廢淨損失。

報廢淨損失=3,000+360-1,600=1,760（元）

借：營業外支出——處置非流動資產損失 1,760
貸：固定資產清理 1,760

【例6-20】甲股份有限公司的一座倉庫因火災燒毀。倉庫原價為300,000元，累計折舊為120,00元。大火撲滅後該公司對現場進行了清理，發生清理費用21,000元，收到保險公司賠款100,000元，殘料變賣收入19,000元。甲股份有限公司帳務處理如下：

（1）註銷燒毀庫房原價及累計折舊。

借：固定資產清理 180,000
累計折舊 120,000
貸：固定資產 300,000

（2）支付現場清理費用。

借：固定資產清理 21,000
貸：銀行存款 21,000

（3）殘料變賣收入存入銀行。

借：銀行存款 19,000
貸：固定資產清理 19,000

(4) 收到保險公司賠款 100,000 元。

借：銀行存款　　100,000

　貸：固定資產清理　　100,000

(5) 計算並結轉毀損淨損失。

毀損淨損失 = 180,000+21,000−19,000−100,000 = 82,000（元）

借：營業外支出——非常損失　　82,000

　貸：固定資產清理　　82,000

三、持有待售資產

(一) 持有待售資產的劃分條件

企業非流動資產或處置組如果不是通過持續使用而主要是出售（包括具有商業實質的非貨幣性資產交換）收回資產帳面價值的，應當將其劃分為持有待售類別。這裡的非流動資產包括固定資產、無形資產、長期股權投資等，但不包括遞延所得稅資產、金融工具相關會計準則規範的金融資產、以公允價值模式進行後續計量的投資性房地產、以公允價值減去出售費用後的淨額計量的生物資產和由保險合同相關會計準則規範的保險合同所產生的權利。處置組是指一項交易中作為整體通過出售或其他方式一併處置的一組資產以及在該交易中轉讓的與這些資產直接相關的負債。也就是說，處置組可能包含企業的任何資產和負債，如流動資產、流動負債、非流動資產和非流動負債以及按合理方式分攤至該資產組的商譽。

企業將非流動資產或處置組劃分為持有待售類別，應當同時滿足以下兩個條件：

(1) 可立即出售，即按照慣例，在類似交易中出售此類資產或處置組，在當前狀況下即可立即進行。其具體表現為企業具有在當前狀態下出售該類資產的意圖和能力，符合交易慣例的要求，企業應當在出售前做好相關準備。

(2) 出售極可能發生，即企業已經就一項出售計劃做出決議且獲得確定的購買承諾，預計出售將在一年內完成。企業該項資產出售決議一般需要由企業相應級別的管理層做出，有關規定要求企業相關權力機構或監管部門批准後方可出售的，應當已經獲得批准。確定的購買承諾是指企業與其他方簽訂的具有法律約束力的購買協議。該協議包含交易價格、時間和足夠嚴厲的違約懲罰等重要條款，使協議出現重大調整或撤銷的可能性極小。該項資產出售交易自資產劃分為持有待售類別起一年內能夠完成。如果因企業無法控制的原因導致非關聯方之間的交易未能在一年內完成，且有充分證據表明企業仍然承諾出售非流動資產或處置組的，企業應當繼續將非流動資產或處置組劃分為持有待售類別。這些原因包括：第一，買方或其他方意外設定導致出售延期的條件。企業針對這些條件已經及時採取行動，且預計能夠自設定導致出售延期的條件起一年內順利化解延期因素。第二，發生罕見情況。罕見情況（主要指因不可抗力引發的情況、宏觀經濟形勢發生急遽變化等不可控情況）導致持有待售的非流動資產或處置組未能在一年內完成出售，企業在最初一年內已經針對這些新情況採取必要措施且重新滿足了持有待售類別的劃分條件。

企業對於符合持有待售類別劃分條件但仍在使用的非流動資產或資產組，如果通過該資產或資產組使用收回的價值相對於通過出售收回的價值微不足道，資產的帳面價值仍然主要通過出售收回，企業則不應當因持有待售的非流動資產或資產組仍在產生零星收入而不將其劃分為持有待售類別。

(二) 持有待售固定資產的會計處理

下面主要以固定資產為例說明其被劃分為持有待售類別時相關業務的會計處理。企業固定資產如欲通過出售而收回其帳面價值的，在滿足上述兩個條件時應轉為持有待售固定資產。固定資產從被劃分為持有待售類別至按照協議出售期間，包括劃分日初始計量、後續資產負債表日重新計量、持有待售固定資產出售三個環節所涉業務。

1. 劃分日初始計量

企業的固定資產被劃分為持有待售類別時，其初始計量應遵循的規定是：如果分類前帳面價值高於公允價值減去出售費用後淨額的，應當將帳面價值減計至公允價值減去出售費用後的淨額，減計的金額確認為資產減值損失，計入當期損益，同時計提持有待售資產減值準備；如果分類前帳面價值低於公允價值減去出售費用後淨額的，則不需要對帳面價值進行調整。如果企業已經獲得確定的購買承諾，公允價值應當參考交易價格確定；如果企業尚未獲得確定的購買承諾，公允價值應優先使用市場報價等可觀察輸入值進行估計。出售費用是指可以直接歸屬於出售資產的增量費用，包括為出售發生的特定法律服務、評估諮詢等仲介費用以及相關的消費稅、城市維護建設稅、土地增值稅、印花稅等。

企業取得日劃分為持有待售類別固定資產的，應當在初始計量時比較假定其不劃分為持有待售類別情況下的初始計量金額和公允價值減去出售費用後的淨額，以兩者孰低計量，除企業合併中取得的非流動資產或處置組外。由非流動資產或處置組以公允價值減去出售費用後的淨額作為初始計量金額而產生的差額，應當計入當期損益。企業的固定資產被劃分為持有待售類別時，按固定資產帳面價值，借記「持有待售資產」科目，按已計提的累計折舊，借記「累計折舊」科目，按計提的減值準備，借記「固定資產減值準備」科目，按固定資產帳面餘額，貸記「固定資產」科目；劃分日按減值的金額，借記「資產減值損失」科目，貸記「持有待售資產減值準備」科目。

【例 6-21】甲股份有限公司（以下簡稱甲公司）2×17 年 12 月 15 日購買一臺設備，原始價值 1, 250, 000 元，預計使用 10 年，淨殘值率為 4%，按年限平均法計提折舊。2×19 年 3 月 10 日，由於甲公司轉產，此設備不再使用。甲公司遂與乙公司簽訂不可撤銷銷售協議，約定在 2×19 年年底將此設備轉售給乙公司。2×19 年 3 月 10 日，乙公司出價為 1, 000, 000 元，預計處置費用為 30, 000 元，假定不考慮相關稅費。2×19 年 3 月 10 日，該項設備應轉為待售固定資產，甲公司帳務處理如下：

（1）固定資產轉為持有待售。

固定資產帳面價值 = 1, 250, 000 − [1, 250, 000 × (1 − 4%) ÷ 10 × 12] × 15 = 1, 100, 000（元）

借：持有待售資產　　1, 100, 000
　　累計折舊　　150, 000
　貸：固定資產　　1, 250, 000

（2）計算減計額。

計提減值準備 = 1, 100, 000 − (1, 000, 00 − 30, 000) = 130, 000（元）

借：資產減值損失　　130, 000
　貸：持有待售資產減值準備　　130, 000

2. 後續資產負債表日重新計量

後續資產負債表日持有待售固定資產帳面價值高於公允價值減去出售費用後的淨額，如預計出售費用發生增加，企業應當將帳面價值減計至公允價值減去出售費用後的淨額，減計的金額確認為資產減值損失，計入當期損益，同時計提持有待售資產減值準備。

後續資產負債表日持有待售固定資產公允價值減去出售費用後的淨額增加的，如預計出售費用發生減少，以前減計的金額應當予以恢復，並在劃分為持有待售類別後確認的資產減值損失金額內轉回，轉回金額計入當期損益。劃分為持有待售類別前確認的資產減值損失不得轉回。

假如在【例 6-21】中，在某一後續資產負債表日，出售費用由於相關因素變化預計會發生金額為 40,000 元，則減計金額應調整增加 10,000 元。

借：資產減值損失　　10,000

　貸：持有待售資產減值準備　　10,000

持有待售固定資產在持有期間不得計提折舊。這樣做的理由是當固定資產轉為持有待售資產以後，其在未來為企業帶來經濟利益的方式和企業擁有的其他普通固定資產已經不同，即企業不再通過使用這項固定資產而實現其經濟利益，而是通過以相當確定的金額出售給其他企業而帶來經濟利益。如果繼續計提折舊會減少持有待售固定資產帳面價值，這樣會使固定資產帳面價值低於其將來能為企業帶來的經濟利益，使固定資產帳面價值的反應不真實，影響會計信息的可靠性。

持有待售固定資產因不再滿足持有待售類別的劃分條件而不再繼續劃分為持有待售類別時，應當按照以下兩者孰低計量：第一，劃分為持有待售類別前的帳面價值，按照假定不劃分為持有待售類別情況下本應確認的折舊或減值等進行調整後的金額；第二，可收回金額。

3. 持有待售固定資產出售

持有待售固定資產出售時，企業應借記「銀行存款」「持有待售資產減值準備」科目，貸記「持有待售資產」「應交稅費」「資產處置損益」等科目；支付出售費用時，企業應借記「資產處置損益」科目，貸記「銀行存款」科目。

【例 6-22】接**【例 6-21】**，假定甲股份有限公司如期於 2×19 年年底按協議將此設備轉售給乙公司，實際發生出售費用 46,000 元，其他條件不變。甲股份有限公司帳務處理如下：

（1）轉出持有待售資產。

借：銀行存款　　1,130,000

　　持有待售資產減值準備　　130,000

　貸：持有待售資產　　1,100,000

　　　應交稅費——應交增值稅（銷項稅額）　　130,000

　　　資產處置損益　　30,000

（2）支付出售費用。

借：資產處置損益　　46,000

　貸：銀行存款　　46,000

四、固定資產盤虧

企業的固定資產屬於勞動資料，是生產和管理的要素之一。由於固定資產的種類與數量較多，使用中存在變動等複雜情況，因此企業應定期或至少於每年年末對固定資產實物進行清查，以保證帳實相符和企業財產的安全和完整。固定資產清查前要成立清查小組，編製固定資產清查計劃。在清查中，清查小組要按計劃認真進行實地盤點並核實有關情況。對於清查中發現的盤盈、盤虧，清查小組應當填製固定資產盤點報告表，並及時查明原因，按規定程序報批處理。

固定資產盤虧是指帳簿記錄企業擁有的固定資產，其實物在實地盤點時並不存在，即帳大於實或實小於帳。盤虧的固定資產應通過「待處理財產損溢——待處理固定資產損溢」科目進行核算。企業發現固定資產盤虧，在未報經批准處理前，要先按固定資產盤虧的帳面價值借記「待處理財產損溢——待處理固定資產損溢」科目，按已計提的累計折舊，借記「累計折舊」科目，按已計提的減值準備，借記「固定資產減值準備」科目，按固定資產原價，貸記「固定資產」科目。企業按管理權限報經批准後處理時，按可收回的保險賠償或過失人賠償，借記「其他應收款」科目，按應計入營業外支出的金額，借記「營業外支出——盤虧損失」科目，貸記「待處理財產損溢」科目。甲公司帳務處理如下：

【例 6-23】甲公司盤虧未使用設備一臺，該設備原價為 50,000 元，已計提折舊 10,000 元，並已計提固定資產減值準備 8,000 元，經董事會批准後轉入非流動資產處置損益。

（1）財產清查中盤虧固定資產。

	借方	貸方
借：待處理財產損溢——待處理固定資產損溢	32,000	
累計折舊	10,000	
固定資產減值準備	8,000	
貸：固定資產		50,000

（2）查明原因並經董事會批准後。

	借方	貸方
借：營業外支出——盤虧損失	32,000	
貸：待處理財產損溢——待處理固定資產損溢		32,000

第七章　無形資產

第一節　無形資產概述

一、無形資產的定義與特徵

《企業會計準則第 6 號——無形資產》對無形資產的定義是：無形資產是指企業擁有或控制的沒有實物形態的可辨認非貨幣性資產。無形資產沒有實物形態是其與企業其他有形資產相區別的一個顯著標誌。同時，無形資產必須是可辨認的。根據企業會計準則關於無形資產定義的要求，無形資產包括的內容有專利權、商標權、非專利技術、著作權、土地使用權、特許權等。無形資產具有以下特徵：

（一）企業擁有或控制並能為企業帶來未來經濟利益的資源

預計能為企業帶來未來經濟利益是一項資產的本質特徵，無形資產也不例外。通常情況下，企業擁有或控制的無形資產是指企業擁有該項無形資產的所有權，且該項無形資產能夠為企業帶來未來經濟利益。但在某些情況下並不需要企業擁有其所有權，如果企業有權獲得某項無形資產產生的經濟利益，同時又能約束其他人獲得這些經濟利益，則說明企業控制了該無形資產，或者說控制了該無形資產產生的經濟利益，並受法律保護。例如，企業與其他企業簽訂合約轉讓商標權，合約的簽訂使商標使用權轉讓方的相關權利受到法律的保護。

（二）不具有實物形態

不具有實物形態是無形資產最基本的特徵。沒有實物形態指的是無形資產的使用價值和作用不能被感官感覺，其多半是一種由法律或合同關係賦予的權利，或者是一種優越的獲利能力。無形資產通常依託一定的物質實體，如土地使用權依附於土地、計算機軟件需要存儲在介質中，但這並不改變無形資產本身不具有實物形態的特性。

（三）無形資產具有可辨認性

要作為無形資產進行核算，該資產必須是能夠區別於其他資產可單獨辨認的，如企業持有的專利權、非專利技術、商標權、土地使用權、特許權等。企業合併中形成的商譽代表了購買方為從不能單獨辨認並獨立確認的資產中獲得預期未來經濟利益而付出的代價，其存在無法與企業自身區分開來。符合以下條件之一的，則認為其具有可辨認性：

（1）能夠從企業中分離或劃分出來，並能單獨用於出售或轉讓等，而不需要同時處置在同一獲利活動中的其他資產，則說明無形資產可以辨認。某些情況下無形資產可能需要與有關的合同一起用於出售、轉讓等，這種情況也視為可辨認無形資產。

（2）源自合同性權利或其他法定權利，無論這些權利是否可以從企業或其他權利與義務中轉移或分離。例如，一方通過與另一方簽訂特許權合同而獲得的特許使用權，通過法律程序申請獲得的商標權、專利權等。

（四）無形資產屬於非貨幣性資產

無形資產是一項非貨幣性資產，能夠在較長時期內為企業帶來經濟利益，即可以在一個以上的會計期間為企業提供經濟效益。無形資產又可稱為無形固定資產，與有形固定資產相比，其具有某些共同的特徵。這主要表現在：兩者都在有效的經濟壽命期間為企業所控制和使用；兩者都能為其持有者帶來預期的經濟利益，受益的多少則與其維護和利用的程度有密切關係；兩者都具有較長的預期使用壽命和較高的單位價值；兩者的價值轉移都是非一次性的，即在受益期間內逐漸損耗，其價值一部分一部分地從收入中逐步收回而得補償，因此無形資產與固定資產一樣屬於長期資產。

二、無形資產的分類

無形資產可以按不同的標準進行分類。

（1）無形資產按其取得來源不同可分為外部取得的無形資產和內部開發的無形資產。外部取得的無形資產根據其取得的方式不同又可分為購入的無形資產、投資轉入的無形資產、接受捐贈取得的無形資產、債務重組取得的無形資產等。

購入的無形資產是指企業以貨幣交易或非貨幣交易方式從企業以外的單位取得的無形資產，如企業購買的專利權、商標權、非專利技術、土地使用權等。

投資轉入的無形資產是指投資人用其持有的專利權、商標權、非專利技術、土地使用權等對企業進行投資形成的無形資產。

接受捐贈取得的無形資產是指企業以外的捐贈人將其持有的專利權、商標權、非專利技術、土地使用權等對企業進行無償贈送形成的無形資產。

債務重組取得的無形資產是指根據債務重組協議，企業的債務人用非專利技術等償還重組債務形成的無形資產。

《企業會計準則第 6 號——無形資產》第七條規定，企業內部研究開發項目的支出，應當區分研究階段支出與開發階段支出。

研究是指為獲取並理解新的科學或技術知識而進行的獨創性的有計劃調查。

開發是指在進行商業性生產或使用前，將研究成果或其他知識應用於某項計劃或設計，以生產出新的或具有實質性改進的材料、裝置、產品等。

在研究階段發生的材料費用、直接參與開發人員的工資及福利費、開發過程中發生的租金、借款費用等，計入當期損益，依然進行費用化處理。

（2）無形資產按使用年限是否能確定可分為使用壽命確定的無形資產（有限期無形資產）和使用壽命不確定的無形資產（無限期無形資產）。有限期無形資產是指法律或合同規定了使用期限的無形資產。這些無形資產在使用期限內受法律的保護。期限屆滿時，如果不能請求展期或企業未請求展期，其經濟價值將隨之消逝，如專利權、特許權、商標權、著作權、土地使用權等。無限期無形資產是指法律或合同沒有規定使用期限的無形資產。這些無形資產使用期限的長短取決於科技發展的快慢和技術保密工作的好壞以及企業自身對其維護的程度高低等因素。只要還有使用價值，企業願意就可以使用下去，直到其喪失經濟價值為止，如商譽、非專有技術等。

三、無形資產的內容

（一）專利權

專利權是指專利人在法定期限內對某一發明創造所有的獨占權和專有權，即國家專利管理機關根據發明人的申請，經審查認為其發明創造符合法律規定，授予發明人於一定年限內擁有專用或專賣其發明創造成果的一種權利。專利權受法律保護。法律按照專利權種類規定了其有效期，發明專利權為 15 年，實用新型專利權為 10 年，外觀設計專利權為 5 年。在專利權有效期內，其他企業和個人未經發明人許可不得無償使用。專利權的持有人在專利權的有效期內受益，專利權的法定有效期滿將不受法律保護。

專利權作為企業的一項無形資產，來源主要有兩個：一個是企業內部自行研製開發的；二是企業向外部的科研機構、大專院校、其他企業或個人等專利持有人購買的。企業持有專利權可以在法定的保護期內獨自生產和銷售專利產品，因為在市場上沒有相同產品與之競爭，所以企業可以獲得專利產品實現的利潤。企業也可以出售持有的專利權，即轉讓專利的使用權或所有權。需要特別注意的是，並不是所有的專利都能給企業帶來經濟效益。如果說一項專利只有很少的經濟價值和很短的經濟壽命，則該項專利對企業而言就失去了投資的意義。專利權只有預計能在未來相對較長的時期內給企業帶來較大經濟利益時，才能作為無形資產進行投資和管理。因此，專利權的成本支出或投資能否轉化為企業資產，與專利權的使用價值和經濟壽命有著密切的關係。

（二）非專利技術

非專利技術也叫專有技術，是指不為外界所知、在生產經營活動中已採用了的、不享有法律保護的、可以帶來經濟效益的各種技術和訣竅。非專利技術一般包括工業專有技術、商業貿易專有技術、管理專有技術等。

非專利技術並不是專利法的保護對象，非專利技術所有人依靠自我保密的方式來維持其獨占權，可以用於轉讓和投資。

非專利技術與專利權相比既有共性又有區別。共性是兩者都是科學技術的成果，而且都必須轉化為生產力才能實現其價值，都具有通過生產和銷售給特定的企業帶來經濟利益的能力。區別則體現為：第一，非專利技術不受法律保護，專利權受法律保護。專利權在法定的期限內，如果有任何企業未經許可使用本企業已持有的專利權，該企業可以依法追究其法律責任。第二，非專利技術沒有有效期，只要擁有非專利技術的企業將其保密而不公開，非專有技術仍由其擁有企業獨享其帶來的經濟利益。專利權有法定期限，超過法定期限的專利不再被持有企業唯一使用。

（三）商標權

商標權是指企業專門在某種指定的商品上使用特定的名稱、圖案、標記的權利。企業使用的這種特定的名稱、圖案、標記稱為商標，它不僅是識別企業產品的標誌，而且是企業間相互競爭、搶占市場份額、追逐利潤的重要工具。商標是用來區別於其他企業生產的產品的。如果這種產品的質量較好且已經得到消費者的認同，有一定的市場佔有率，企業的產品商標應向商標管理部門申請註冊使其成為註冊商標。只有註冊商標的持有人才擁有商標權並受法律保護，才能構成企業的無形資產。商標權具有獨占使用權和禁止使用權功能，未經商標持有人准許，任何人不得使用，否則就屬侵權行為。法律規定商標權的有效期為 10 年，但期滿前可以申請延長註冊有效期。企業享有的商標權可以由企業的商標申請註冊取得，也可以從外部購買取得。

（四）著作權

著作權是指著作人對其著作依法享有的出版、發行等方面的專有權利。國家著作權管理部門依法授予著作或文藝作品作者在一定期限內發表、再版、演出和出售其作品的特有權利，包括文學作品、工藝美術作品、影劇作品、音樂舞蹈作品、商品化軟件和音像製品等。在一般情況下，著作權並不賦予所有人唯一使用一項作品的權利，而只是賦予其向他人因公開發行、演出或出售其作品而取得著作收益的權利。著作權受法律保護，法律規定作品的發表權、使用權和獲得報酬權的有效期為作者終生及其死亡後 50 年，職務創作作品的保護期為 50 年。企業通過向作者購買取得著作權。

（五）土地使用權

土地使用權是指國家准許某一企業在一定期限內對國有土地享有開發、利用、經營的權利。企業可以依法獲得在一定期限內使用國有土地的權利。中國土地為國家所有，任何單位和個人只能擁有土地的使用權，而不是所有權，土地使用權可以通過行政劃撥和有償轉讓——支付土地出讓金的方式取得，除國家行政劃撥土地外，土地使用權可以依法轉讓。

土地使用權是企業長期經營的先決條件和重要的無形資產。企業的土地使用權只能通過向政府土地管理部門或擁有土地使用權的其他單位及個人支付一定數額的土地出讓金取得，並將支付的土地出讓金資本化。土地使用權的有效使用年限以政府土地管理部門按土地用途不同予以確定。

（六）特許權

特許權也稱經營特許權、專營權，是指企業獲得在一定區域內、一定時期內，生產經營某種特定商品產品或提供勞務的專有權利。特許權分為兩種：一種是被政府機關授予的准許企業在一定地區經營某種業務的權利。例如，政府准許特定企業經營自來水、電力、郵政等公用事業。另一種是被其他企業授予的准許企業使用其某些權利，包括專利使用權、非專利技術使用權、商標使用權等。特許權的經濟價值在於其具有一定程度的壟斷性，從而可以給企業帶來高額利潤。特許權的取得，一般是以企業通過與授予方簽訂合同並支付一定數額的費用相交換的，只有將這些支出資本化，取得的特許權才能形成企業的無形資產。

四、無形資產的確認

由於無形資產沒有實物形態，只是一種虛擬資產，因此其確認要比有形資產困難得多。作為無形的資產項目，只有在符合無形資產的定義的前提下，同時滿足以下兩個條件，企業才能將其確認為無形資產：

（1）與該無形資產相關的預計未來經濟利益很可能流入企業。

（2）無形資產的成本能夠可靠地計量。

第一個條件是指企業能夠控制無形資產產生的經濟利益。例如，企業擁有無形資產的法定所有權，或者企業與他人簽訂了協議，使得企業的相關權利受到法律的保護，這樣可以保證無形資產的預計未來經濟利益能夠流入企業。在判斷無形資產產生的經濟利益是否可能流入企業時，企業管理部門應對無形資產在預計使用年限內存在的各種因素做出穩健的估計。第二個條件實際上是針對無形資產的入帳價值而言的。無形資產的入帳價值需要根據其取得的成本確定，如果成本無法可靠地計量的話，那麼無形資產的計價入帳也就無從談起。企業購入的無形資產、通過非貨幣性資產交換取得的無形資產、投資者投入的無形資產、通過債務重組取得的無形資產以及自行開發並依法申請取得的無形資產，如果滿足上述兩個條件的要求，都應確認為企業的無形資產。企業內部產生的品牌、報刊名等，因其發生的成本無法可靠地計量而不確認為企業的無形資產。

第二節　無形資產的初始計量

無形資產應當按照實際成本進行初始計量，即以取得無形資產並使其達到預定用途前發生的全部支出作為無形資產的成本。無形資產的取得方式不同，其成本構成也不相同。

一、外購的無形資產

外購的無形資產的成本包括購買價款、相關稅費以及直接歸屬於使該項資產達到預定用途發生的其他支出，不包括按規定可以抵扣的增值稅進項稅額。其中，直接歸屬於使該項資產達到預定用途發生的其他支出包括使無形資產達到預定用途發生的專業服務費用、測試無形資產是否能夠正常發揮作用的費用等，但不包括為引入新產品進行宣傳發生的廣告費、管理費用以及其他間接費用，也不包括無形資產已經達到預定用途以後發生的費用。

企業採用分期付款方式購買無形資產時，企業購買無形資產的價款超過正常信用條件延期支付，實質上具有融資性質的，按照規定無形資產的成本應以購買價款的現值為基礎加以確定。購買價款與購買價款現值之間的差額，作為未確認融資費用在付款期內按實際利率法進行攤銷，計入各年財務費用中。

企業通過外購方式取得的土地使用權通常應確認為無形資產。土地使用權用於自行開發建造廠房等地上建築物時，土地使用權的帳面價值不與地上建築物合併計算其成本，而仍作為無形資產進行核算，對土地使用權與地上建築物分別進行攤銷和提取折舊。但是，下列情況除外：

（1）房地產開發企業取得的土地使用權用於建造對外出售的房屋建築物，相關的土地使用權應當計入所建造的房屋建築物成本。

（2）企業外購的房屋建築物，實際支付的價款中包括土地以及建築物的價值，則應當對支付的價款按照合理的方法（如公允價值）在土地和地上建築物之間進行分配；如果確實無法在地上建築物與土地使用權之間進行合理分配的，應當全部作為固定資產核算。

企業改變土地使用權的用途，將其用於出租或增值目的時，應將無形資產轉為投資性房地產。

【例 7-1】甲公司購入一項專利技術，購買價款 1,000 萬元，應交增值稅進項稅額 130 萬元，支付為使無形資產達到預定用途發生的專業服務費用 70 萬元、測試無形資產是否能夠正常發揮作用的費用 20 萬元。款項以銀行轉帳付訖。甲公司帳務處理如下：

借：無形資產　10,900,000
　　應交稅費——應交增值稅（進項稅額）　1,300,000
　貸：銀行存款　12,200,000

【例 7-2】2×17 年 1 月 5 日，甲股份有限公司從 A 公司購買一項商標權，採用分期付款方式支付款項。合同規定，該項商標權金額 4,500,000 元，每年年末付款 1,500,000 元，分 3 年等額付清。假定銀行同期貸款利率為 8%。不考慮其他相關稅費。甲股份有限公司帳務處理如下：

查年金現值系數表可知，3 期、8%的年金現值系數為 2.577,1。

無形資產入帳價值 = 1,500,000×2.577,1 = 3,865,650（元）

未確認融資費用 = 4,500,000−3,865,650 = 634,350（元）

（1）2×17 年 1 月 5 日確認無形資產。

借：無形資產——商標權　3,865,650
　　未確認融資費用　634,350
　貸：長期應付款　4,500,000

（2）2×17 年 12 月 31 日，付款及未確認融資費用的攤銷。

借：長期應付款　1,500,000
　貸：銀行存款　1,500,000

未確認融資費用的攤銷額 = 3,865,650×8% = 309,252（元）

借：財務費用　309,252
　貸：未確認融資費用　309,252

(3) 2×18 年 12 月 31 日，付款及未確認融資費用的攤銷。

借：長期應付款　　1,500,000

　貸：銀行存款　　1,500,000

未確認融資費用的攤銷額＝(3,865,650－1,500,000＋309,252)×8%≈213,992（元）

借：財務費用　　213,992

　貸：未確認融資費用　　213,992

(4) 2×19 年 12 月 31 日，付款及未確認融資費用的攤銷。

借：長期應付款　　1,500,000

　貸：銀行存款　　1,500,000

未確認融資費用的攤銷額＝634,350－309,252－213,992＝111,106（元）

借：財務費用　　111,106

　貸：未確認融資費用　　111,106

二、投資者投入的無形資產

如果企業的生產經營管理活動需要某些無形資產，可以接受投資者以無形資產的形式向企業進行投資，以換取企業的權益。投資者投入的無形資產，在合同或協議約定的價值公允的前提下，應按照投資合同或協議約定的價值作為入帳價值。如果合同或協議約定的價值不公允，則按無形資產的公允價值入帳。無形資產的入帳價值與折合資本額之間的差額，作為資本溢價或股本溢價，計入資本公積。

【例 7-3】甲股份有限公司因業務發展的需要接受 M 公司以一項專利權向企業進行的投資。根據投資雙方簽訂的投資合同，此項專利權的價值為 280,000 元，應交增值稅進項稅額 16,800 元，折合為公司的股票 50,000 股，每股面值 1 元。甲股份有限公司帳務處理如下：

借：無形資產——專利權　　280,000

　　應交稅費——應交增值稅（進項稅額）　　16,800

　貸：股本　　50,000

　　　資本公積——股本溢價　　246,800

第三節　內部研究開發費用的確認和計量

一個成熟和有競爭力的企業，每年都應在研究和開發上投入一定數量的資金，通過研究和開發活動取得專利權和非專利技術等無形資產，以保持和取得技術上的領先地位。企業內部研究開發項目發生的支出應區分研究階段和開發階段支出，並分別進行核算。

一、研究階段和開發階段的劃分

《企業會計準則第 6 號——無形資產》對於企業內部研究開發費用的確認與計量是區分研究和開發兩個階段進行的。不同的階段對其內部研究開發費用的確認與計量的規定是不同的，因此研究階段和開發階段的劃分是很重要的。

研究階段是指企業為獲取新的技術和知識等進行的有計劃的調查，具體是指意欲獲取知識而進行的活動；研究成果或其他知識的應用研究、評價和最終選擇；材料、設備、產品、工序、系統或服務替代品的研究；新的或經改進的材料、設備、產品、工序、系統或服務的可能替代品的配製、設計、評價和最終選擇。研究階段具有計劃性和探索性的特點。計劃性是指研究階段是建立在有計劃的調查基礎上，即研發項目已經董事會或相關管理層的批准，並著手收集相關資料、進行市場調查等；探索性是指研究階段基本上是探索性的，為進一步的開發活動進行資料及相關方面的準備，這一階段不會形成階段性成果。

開發階段是指企業在進行商業性生產或使用前，將研究成果或其他知識應用於某項計劃或設計，以生產出新的或具有實質性改進的材料、裝置、產品等，具體是指生產前或使用前的原型和模型的設計、建造和測試；含新技術的工具、夾具、模具和衝模的設計；不具有商業性生產經濟規模的試生產設施的設計、建造和營運；新的或改造的材料、設備、產品、工序、系統或服務所選定的替代品的設計、建造和測試等。開發階段具有針對性和形成成果的可能性較大的特點。

二、內部研究開發費用的確認與計量原則

在對企業內部研究開發過程進行了準確的研究和開發階段的劃分以後，企業對各個階段發生的費用在確認和計量上需要遵循的原則是不同的。

在研究階段，其研究工作能否在未來形成成果，即通過開發後是否會形成無形資產有很大的不確定性，企業也無法證明其研究活動一定能夠形成帶來未來經濟利益的無形資產，因此研究階段的有關支出在發生時應當予以費用化，計入當期損益。

在開發階段，其相對於研究階段更進一步，且很大程度上形成一項新產品或新技術的基本條件已經具備，因此此時如果企業能夠證明滿足無形資產的定義及費用資本化的條件，則所發生的開發支出可予以資本化，計入無形資產的成本。其經濟內容包括開發無形資產時耗費的材料、勞務成本、註冊費、在開發該無形資產過程中使用的其他專利權和特許權的攤銷、按照規定資本化的利息支出以及為使該無形資產達到預定用途前所發生的其他費用。在開發無形資產過程中發生的除上述可直接歸屬於無形資產開發活動的其他銷售費用、管理費用等間接費用，無形資產達到預定用途前發生的可辨認的無效和初始運作損失，為運行該無形資產發生的培訓支出等都不構成無形資產的開發成本。

開發階段的費用支出是否應計入無形資產的成本，要視其是否滿足資本化的條件而定。不能滿足資本化條件的費用支出應計入當期損益。開發階段費用支出的資本化條件包括以下幾個方面：

(1) 完成該無形資產以使其能夠使用或出售在技術上具有可行性。判斷無形資產的開發在技術上是否具有可行性，應當以目前階段的成果為基礎，並提供相關證據和材料，證明企業進行開發所需的技術條件等已經具備，不存在技術上的障礙或其他不確定性。

(2) 具有完成該無形資產並使用或出售的意圖。開發某項產品或專利技術產品等，通常是由管理當局決定該項研發活動的目的或意圖，即研發項目形成成果以後，是為出售，還是為自己使用並從使用中獲得經濟利益，應當依管理當局的意圖而定。因此，企業的管理當局應能夠說明其持有擬開發無形資產的目的，並具有完成該項無形資產開發並使其能夠使用或出售的可能性。

(3) 無形資產產生經濟利益的方式，包括能夠證明運用該無形資產生產的產品存在市場或無形資產自身存在市場，無形資產將在內部使用的，應當證明其有用性。無形資產確認的基本條件是能夠為企業帶來未來經濟利益。就其能夠為企業帶來未來經濟利益的方式而言，如果有關的無形資產在形成以後，主要是用於形成新產品或新工藝的，企業應對運用該無形資產生產的產品市場情況進行估計，應能夠證明所生產的產品存在市場，能夠帶來經濟利益的流入；如果有關的無形資產開發以後主要是用於對外出售的，企業應能夠證明市場上存在對該類無形資產的需求，開發以後存在外在的市場可以出售

並帶來經濟利益的流入；如果無形資產開發以後不是用於生產產品，也不是用於對外出售，而是在企業內部使用的，企業應能夠證明在企業內部使用時對企業的有用性。

（4）有足夠的技術、財務資源和其他資源支持，以完成該無形資產的開發，並有能力使用或出售該無形資產。這個條件要求：第一，為完成該項無形資產開發具有技術上的可靠性。開發無形資產並使其形成成果在技術上的可靠性是繼續開發活動的關鍵。因此，企業必須有確鑿證據證明企業繼續開發該項無形資產有足夠的技術支持和技術能力。第二，財務資源和其他資源支持。財務資源和其他資源支持是指能夠完成該項無形資產開發的經濟基礎，因此企業必須能夠說明為完成該項無形資產的開發所需的財務和其他資源，是否能夠足以支持完成該項無形資產的開發。第三，能夠證明企業在開發過程中所需的技術、財務和其他資源以及企業獲得這些資源的相關計劃等。例如，在企業自有資金不足以提供支持的情況下，企業是否存在外部其他方面的資金支持，像是以銀行等借款機構願意為該無形資產的開發提供所需資金的聲明等來證實。第四，有能力使用或出售該無形資產以取得收益。

（5）歸屬於該無形資產開發階段的支出能夠可靠計量。

三、內部研究開發費用的會計處理

為了正確計算企業的利潤及合理地對無形資產進行確認，企業需要設置「研發支出」科目，以反應企業內部在研發過程中發生的支出。「研發支出」科目應當按照研究開發項目，分別按「費用化支出」與「資本化支出」進行明細核算。企業的研發支出包括直接發生的和分配計入的兩部分。直接發生的研發支出包括研發人員工資、材料費以及相關設備折舊費等。分配計入的研發支出是指企業同時從事多項研究開發活動時發生的支出按照合理的標準在各項研究開發活動之間進行分配計入的部分。研發支出無法明確分配的，應當計入當期損益，不計入研究開發活動的成本。

企業自行開發無形資產發生的研發支出，對於不滿足資本化條件的，應當借記「研發支出——費用化支出」科目，滿足資本化條件的，借記「研發支出——資本化支出」科目，貸記「原材料」「銀行存款」「應付職工薪酬」等科目；研究開發項目達到預定用途形成無形資產時，應按「研發支出——資本化支出」科目的餘額，借記「無形資產」科目，貸記「研發支出——資本化支出」科目。期末，企業應將「研發支出」科目歸集的費用化支出金額轉入「管理費用」科目，借記「管理費用」科目，貸記「研發支出——費用化支出」科目。「研發支出」科目期末借方餘額，反應企業正在進行中的研究開發項目中滿足資本化條件的支出。

【例 7-4】甲股份有限公司（以下簡稱甲公司）因生產產品的需要，組織科研人員進行一項技術發明。甲公司在研發過程中發生材料費 126,000 元，應付研發人員薪酬 82,000 元，支付設備租金 6,900 元。根據企業會計準則的規定，上述各項支出應予以資本化的部分是 134,500 元，應予以費用化的部分是 80,400 元。另外，該項技術成功申請了國家專利，在申請專利過程中發生註冊費 26,000 元、聘請律師費 6,500 元。甲公司帳務處理如下：

費用化支出＝80,400（元）

資本化支出＝134,500+26,000+6,500＝167,000（元）

（1）研發支出發生時。

借：研發支出——費用化支出	80,400
——資本化支出	167,000

貸：原材料　126,000
　應付職工薪酬　82,000
　銀行存款　39,400

(2) 研發項目達到預定用途時。

借：無形資產　167,000
　貸：研發支出——資本化支出　167,000

(3) 期末結轉費用化支出時。

借：管理費用　80,400
　貸：研發支出——費用化支出　80,400

第四節　無形資產的後續計量

無形資產初始確認和計量以後，由於對其使用和科學技術進步等因素的影響，其價值會由於轉移和貶值而減少。無形資產的後續計量是指在某一個時點上對無形資產價值餘額的計量。主要業務包括無形資產的攤銷與減值損失的確定。其中，無形資產減值損失的確定在資產減值問題中單獨闡述，不在本節中涉及。本節只說明無形資產的攤銷問題。

無形資產能夠給企業在一定時期內帶來經濟利益，因此理論上無形資產的價值應按無形資產的受益期體現在各期的損益中，這在會計上稱為無形資產的攤銷。無形資產的攤銷主要涉及三個方面的問題，即使用壽命的確定、攤銷方法的選擇和攤銷金額的列支去向。

一、無形資產使用壽命的確定與復核

會計實務中是以無形資產的使用壽命為攤銷期進行無形資產價值的攤銷。無形資產的使用壽命分為有限和無限兩種。由於使用壽命無限的無形資產的價值不再進行攤銷，而只有使用壽命有限的無形資產才存在價值的攤銷問題，因此企業應當在取得無形資產時就對其使用壽命進行分析和判斷，對無形資產的使用壽命做出合理的估計。在這一過程中通常需要考慮的因素有以下幾個方面：

(1) 該資產通常的產品壽命週期、可獲得的類似資產使用壽命的信息。

(2) 技術、工藝等方面的現階段情況及對未來發展趨勢的估計。

(3) 以該資產生產的產品（或服務）的市場需求情況。

(4) 現在或潛在的競爭者預期採取的行動。

(5) 為維持該資產產生未來經濟利益能力的預期維護支出以及企業預計支付有關支出的能力。

(6) 對該資產的控制期限、使用的法律或類似限制，如特許使用期間、租賃期間等。

(7) 與企業持有的其他資產使用壽命的關聯性等。

具體來講，無形資產使用壽命可以按如下原則進行確定：企業持有的無形資產通常來源於合同性權利或其他法定權利，這些無形資產的使用壽命一般在合同裡或法律上都有明確的規定。按照中國企業會計準則的規定，對於來源於合同性權利或其他法定權利的無形資產，其使用壽命不應超過合同性權利或其他法定權利的期限。但如果企業使用無形資產預期期限短於合同性權利或其他法定權利規定的期限的，企業應當按照使用無形資產的預期期限確定其使用壽命。例如，企業取得的一項專利權，法律規定的保護期限為 10 年，企業預計利用該項無形資產所生產的產品或提供的勞務在未來 8 年內為企

業帶來經濟利益，則該項專利權的使用壽命為 8 年。如果合同性權利或其他法定權利能夠在到期時因續約等延續，且有證據表明企業續約不需要付出大額成本，續約期應當計入使用壽命。

下列情況一般說明企業無須付出重大成本即可延續合同性權利或其他法定權利：有證據表明合同性權利或法定權利將被重新延續，如果在延續之前需要第三方同意，則還需有第三方將會同意的證據；有證據表明為獲得重新延續所必需的所有條件相對於企業的未來經濟利益不具有重要性。如果企業在延續無形資產持有期間時付出的成本與預期流入企業的未來經濟利益相比具有重要性，本質上來看是企業獲得了一項新的無形資產。

合同或法律沒有規定使用壽命的，企業應當綜合各方面情況進行判斷，以確定無形資產能為企業帶來未來經濟利益的期限。例如，與同行業的情況進行比較、參考歷史經驗、聘請相關專家進行論證等。如果按照上述方法仍無法合理確定無形資產為企業帶來經濟利益期限的，則該項無形資產應作為使用壽命不確定的無形資產而不進行攤銷，但應進行減值測試。

無形資產使用壽命確定以後並不是一成不變的，隨著相關影響因素的變化，有限的使用壽命可能延長或縮短；而使用壽命不能確定的無形資產，其使用壽命可能會變得能夠確定。中國企業會計準則規定，企業至少應當於每年年度終了，對無形資產的使用壽命及攤銷方法進行復核，如果有證據表明無形資產的使用壽命及攤銷方法不同於以前的估計，則對於使用壽命有限的無形資產，企業應改變其攤銷年限及攤銷方法，並按照會計估計變更進行處理。對於使用壽命不確定的無形資產，如果有證據表明其使用壽命是有限的，則應視為會計估計變更，企業應當估計其使用壽命並按照使用壽命有限的無形資產的處理原則進行處理。

二、無形資產的攤銷方法

可供企業選擇的無形資產的攤銷方法有很多，如直線法、餘額遞減法和生產總量法等。目前，國際上普遍採用的主要是直線法。企業選擇什麼樣的攤銷方法，主要取決於企業與無形資產有關的經濟利益的預期實現方式，不同會計期間都要貫穿始終。一般而言，受技術陳舊因素影響較大的專利權和專有技術等無形資產可以採用類似固定資產加速折舊的方法進行攤銷；有特定產量限制的特許權等無形資產應採用產量法進行攤銷；如果企業由於各種原因難以可靠地確定消耗方式應當採用直線法對無形資產的應攤銷金額進行系統合理的攤銷。

無形資產每期的攤銷額應按照無形資產的應攤銷金額進行計算。無形資產的應攤銷金額與無形資產的入帳價值並不完全一致。除了應考慮入帳價值這一基本因素之外，企業還應該考慮無形資產的殘值和無形資產減值準備金額。在一般情況下，使用壽命有限的無形資產，其殘值應視為零。但是如果有第三方承諾在無形資產使用壽命結束時購買該無形資產，或者可以根據活躍市場得到殘值信息，並且該活躍市場在無形資產使用壽命結束時很可能存在的情況下，則該無形資產應有殘值，可以加以預計。無形資產的殘值意味著在其經濟壽命結束之前企業預計將會處置該無形資產，並且從該處置中取得利益。估計無形資產的殘值應以資產處置時的可收回金額為基礎，此時的可收回金額是指在預計出售日，出售一項使用壽命已滿且處於類似使用狀況下同類無形資產預計的處置價格（扣除相關稅費）。殘值確定以後，在持有無形資產的期間，企業至少應於每年年末進行復核，預計其殘值與原估計金額不同的，應按照會計估計變更進行處理。如果無形資產的殘值重新估計以後高於其帳面價值的，無形資產不再攤銷，直至殘值降至低於帳面價值時再恢復攤銷。採用直線法時，企業有關計算如下：

應攤銷金額＝無形資產入帳成本－殘值－已計提減值準備

每期應攤銷金額＝無形資產應攤銷金額÷無形資產攤銷期

需要注意的是，無形資產的攤銷期自其可供使用時（達到預定可使用狀態時）起至終止確認時止。無形資產當月增加時，當月就開始進行無形資產的攤銷，而在無形資產減少的當月就不再進行攤銷。

三、無形資產攤銷的會計處理

中國現行企業會計準則借鑑了國際會計準則的做法，規定無形資產的攤銷金額一般應確認為當期損益，計入管理費用。如果某項無形資產包含的經濟利益是通過所生產的產品或其他資產實現的，無形資產的攤銷金額可以計入產品或其他資產的成本中。

企業攤銷無形資產進行帳務處理時，應單獨設置「累計攤銷」科目，反應因攤銷而減少的無形資產價值。企業按月計提無形資產攤銷額時，借記「管理費用」「製造費用」「其他業務成本」等科目，貸記「累計攤銷」科目。「累計攤銷」科目期末貸方餘額，反應企業無形資產的累計攤銷額。

【例 7-5】甲股份有限公司根據新產品生產的需要，於 2×17 年 1 月 1 日購入一項專利權。根據相關法律的規定，購買時該項專利權的使用壽命為 10 年，該公司採用直線法按 10 年期限進行攤銷。專利權購買成本為 2,600,000 元，增值稅為 156,000 元。專利權殘值為零。該公司帳務處理如下：

（1）購買專利權時。

借：無形資產　　2,600,000

　　應交稅費——應交增值稅（進項稅額）　　156,000

　貸：銀行存款　　2,756,000

（2）專利權每年攤銷額＝2,600,000÷10＝260,000（元）

借：製造費用　　260,000

　貸：累計攤銷　　260,000

需要注意的是，企業應當至少於每年年度終了，對使用壽命有限的無形資產的使用壽命及未來經濟利益的實現方式進行復核。如果無形資產的預計使用壽命及經濟利益預期實現方式與以前估計相比不同，就應當改變攤銷期限和攤銷方法。同時，如果無形資產計提了減值準備，則無形資產減值準備金額要從應攤銷金額中扣除，以後每年的攤銷金額要重新調整計算。

仍以**【例 7-5】**的資料為例，假如 2×18 年年末，甲股份有限公司對該無形資產進行減值測試。經計算其可收回金額為 1,800,000 元，預計使用年限與原先估計相同，使用 2 年後，尚可使用 8 年。

根據 2×18 年當年應攤銷金額 260,000 元，該公司帳務處理如下：

借：製造費用　　260,000

　貸：累計攤銷　　260,000

2×18 年減值額＝2,600,000－260,000×2－1,800,00＝280,000（元）

借：資產減值損失　　280,000

　貸：無形資產減值準備　　280,000

2×19 年年末，專利權攤銷金額應扣除已計提減值準備 280,000 元進行計算。

2×19 年應攤銷金額＝(2,600,000－260,000×2－280,000)÷8＝225,000（元）

［或者 1,800,000÷8＝225,000（元）］

借：製造費用　　225,000

　貸：累計攤銷　　225,000

假如 2×19 年年末，甲股份有限公司根據市場有關因素變化趨勢判斷，該公司 2×17 年購買的專利權 4 年後將被淘汰，不能再為企業帶來經濟利益，決定使用 4 年後不再使用，因此對該項專利權的使用壽命應變更為 4 年。

據此 2×20 年無形資產攤銷金額的計算及帳務處理如下：

2×20 年應攤銷金額 =（2, 600, 000−260, 000×2−280, 000−225, 000）÷4 = 393, 750（元）

借：製造費用　　393, 750

　貸：累計攤銷　　393, 750

上面我們提到的都是關於有期限無形資產的攤銷問題，對於沒有期限的無形資產，即使用壽命無法合理估計的無形資產雖然在持有期間不需要攤銷，但是按照《企業會計準則第 8 號——資產減值》的規定，在期末時經過重新復核使用壽命仍然不確定的，需要進行減值測試，減值時計提減值準備，並根據計提的減值準備金額，借記「資產減值損失」科目，貸記「無形資產減值準備」科目。

第五節　無形資產的處置

無形資產的處置是指由於無形資產出售、對外出租、對外捐贈，或者是無法為企業未來帶來經濟利益時（報廢），對無形資產的轉銷並終止確認。

一、無形資產的出售

企業出售某項無形資產，意味著企業放棄該項資產所有權，應終止確認，轉銷無形資產的攤餘價值。如果出售的無形資產已計提了減值準備，企業在將其出售時還應將已計提的減值準備加以註銷。企業出售無形資產應按 6% 的增值稅稅率計算繳納增值稅，其中土地使用權出售時增值稅稅率為 11%。企業出售無形資產的淨損益，計入資產處置損益。

【例 7-6】2×19 年 7 月 5 日，甲股份有限公司將一項產品類商標出售。該產品類商標帳面餘額 300, 000 元，已攤銷金額 90, 000 元，已計提減值準備 10, 000 元，增值稅專用發票註明價格 250, 000 元，應交增值稅 15, 000 元，款項 265, 000 元收到並存入銀行。該公司帳務處理如下：

無形資產帳面價值 = 300, 000−90, 000−10, 000 = 200, 000（元）

出售淨收益 = 250, 000−200, 000 = 50, 000（元）

借：銀行存款　　265, 000

　　累計攤銷　　90, 000

　　無形資產減值準備　　10, 000

　貸：無形資產　　300, 000

　　應交稅費——應交增值稅（銷項稅額）　　15, 000

　　資產處置損益　　50, 000

二、無形資產的出租

無形資產出租是指企業將擁有的無形資產的使用權讓渡給他人並收取租金的與企業日常活動相關的其他經營活動業務，如出租商標使用權等。出租無形資產應收取的租金一般可以按照固定金額或銷售額的一定百分比等方法計算。在滿足收入確認條件的情況下，企業應確認相關的收入及成本。

無形資產出租業務是企業經營活動業務的一部分。企業取得的租金收入作為營業收入，計入其他業務收入，確認時，借記「銀行存款」等科目，貸記「其他業務收入」科目；攤銷的無形資產的成本，借記「其他業務成本」科目，貸記「累計攤銷」科目；無形資產出租，即轉讓無形資產使用權時，除了符合法律規定的免徵增值稅項目外，應計算繳納增值稅，如出租商標使用權等，增值稅稅率為6%。

【例7-7】2×19年1月1日，甲股份有限公司將某產品商標權出租給L公司使用，租期為5年，每年收取固定租金200,000元，應交增值稅12,000元。甲股份有限公司在出租期間內不再使用該商標權。出租商標權初始入帳價值為150,000元，預計使用年限為10年，採用直線法攤銷。該公司帳務處理如下：

（1）每年收取租金、增值稅，確認收入時。

	借方	貸方
借：銀行存款	212,000	
貸：其他業務收入		200,000
應交稅費——應交增值稅（銷項稅額）		12,000

（2）出租期內每年對該商標權進行攤銷時。

	借方	貸方
借：其他業務成本	15,000	
貸：累計攤銷		15,000

三、無形資產的報廢

無形資產未來能否給企業帶來經濟利益由於受到很多不可預知因素的影響而變得具有很大的不確定性。如果在無形資產使用的某一個期間，由於各種因素的影響，無形資產預期不能再為企業帶來經濟利益，則不再符合無形資產的定義，企業應將該無形資產轉入報廢並予以註銷。報廢無形資產的帳面價值作為非流動資產處置損失，應予以轉銷，計入營業外支出。

【例7-8】由於生產技術的快速發展，甲股份有限公司對有關因素進行綜合後判斷，A專利權未來給企業帶來經濟利益已經變得非常困難，因此該公司按規定將其做報廢處理。A專利權做報廢處理時帳面餘額2,160,000元，已攤銷金額1,850,000元。該公司帳務處理如下：

報廢損失＝2,160,000－1,850,000＝310,000（元）

	借方	貸方
借：累計攤銷	1,850,000	
營業外支出——非流動資產報廢	310,000	
貸：無形資產		2,160,000

第八章　投資性房地產

第一節　投資性房地產概述

一、投資性房地產的概念及特徵

房地產是土地和房屋及其權屬的總稱。投資性房地產是指為了賺取租金或資本增值，或者兩者兼有而持有的房地產。投資性房地產具有以下特徵：

第一，投資性房地產業務是一種經營活動。投資性房地產的一種形式是出租建築物和土地使用權，其實質是讓渡資產使用權，獲得的租金屬於讓渡資產使用權取得的使用費收入，是企業為完成其經營目標從事的經常性活動以及與之相關的其他活動形成的經濟利益總流入。投資性房地產的另一種形式是持有並準備增值後轉讓的土地使用權，其目的是增值後轉讓以賺取增值收益，也是企業為完成其經營目標從事的經常性活動以及與之相關的其他活動形成的經濟利益總流入。因此，企業投資性房地產業務取得的租金收入或轉讓增值收益屬於經營性收益，構成企業的收入。

第二，投資性房地產的用途和目的有別於企業自用的廠房、辦公樓等作為生產經營場所的房地產，也與房地產企業用於銷售的房地產不同。前者作為企業的固定資產，後者作為企業的存貨，都不屬於投資性房地產。投資性房地產的目的是賺取租金或資本增值，單獨計量和出售。

為了更加清晰地反應企業持有房地產的構成情況和盈利能力，企業要將投資性房地產與企業自用的房地產以及作為存貨的房地產區別開來，單獨作為一個資產項目予以核算和反應。

二、投資性房地產的範圍

（一）屬於投資性房地產的項目

投資性房地產的範圍限於已出租的土地使用權、持有並準備增值後轉讓的土地使用權以及已出租的建築物。

1. 已出租的土地使用權

已出租的土地使用權是指企業通過出讓或轉讓方式取得的、以經營租賃方式出租的土地使用權。土地使用權的出讓是指在一級市場上以繳納土地出讓金的方式取得土地使用權。土地使用權的轉讓是指在二級市場上通過接受其他單位轉讓取得土地使用權。企業將通過上述方式取得的土地使用權以經營租賃方式出租給其他單位使用的，屬於投資性房地產。但是，承租人將以經營租賃方式租入的土地使用權再轉租給其他單位的，不能確認為投資性房地產。例如，A 公司與 B 公司簽署了土地使用權租賃協議，A 公司將其擁有的土地使用權以經營租賃方式出租給 B 公司使用，則從租賃協議約定的租賃期開始日起，該項土地使用權屬於 A 公司的投資性房地產。若 B 公司將租入的該項土地使用權又轉租給 C 公司，則不能確認為 B 公司的投資性房地產。

2. 持有並準備增值後轉讓的土地使用權

企業取得的、準備增值後轉讓的土地使用權，很可能給企業帶來資本增值收益，符合投資性房地產的定義。例如，企業因廠址搬遷，部分土地使用權停止自用，管理層決定繼續持有這部分土地使用權，待其增值後再轉讓以賺取增值收益，該土地使用權屬於投資性房地產。

企業依法取得土地使用權後，應當按照國有土地有償使用合同或建設用地批准書規定的期限動工開發建設，未經原批准用地的人民政府同意，超過規定的期限未動工開發建設的建設用地屬於閒置土地。按照國家有關規定認定的閒置土地，不屬於持有並準備增值後轉讓的土地使用權，也就不屬於投資性房地產。

3. 已出租的建築物

已出租的建築物是指企業擁有產權的、以經營租賃方式出租的建築物。已出租的建築物包括自行建造或開發活動完成後用於出租的建築物以及正在建造或開發過程中將來用於出租的建築物。例如，A 公司將其擁有產權的一棟廠房以經營租賃方式出租給 B 公司使用，自租賃期開始日起，該棟廠房屬於 A 公司的投資性房地產。在判斷和確認已出租的建築物時，企業應當把握以下要點：

（1）用於出租的建築物是指企業擁有產權的建築物。企業以經營租賃方式租入再轉租的建築物不屬於投資性房地產。例如，A 公司與 B 公司簽訂了一項經營租賃合同，A 公司將其擁有產權的一棟房屋以經營租賃方式出租給 B 公司使用；B 公司將該房屋改裝後用做營業場所，後因連續虧損，B 公司又將其轉租給 C 公司使用，以賺取租金差價。在這種情況下，該棟房屋對於 A 公司而言，屬於投資性房地產，對於 B 公司而言，則不屬於投資性房地產。

（2）已出租的建築物是企業已經與其他方簽訂了租賃協議，約定以經營租賃方式出租的建築物。從確認時點上來看，自租賃協議規定的租賃期開始日起，經營租出的建築物才屬於已出租的建築物。對於企業持有的空置建築物或在建建築物，如果董事會或類似機構已做出正式書面決議，明確表示將其用於經營出租且持有意圖短期內不再發生變化，即使尚未簽訂租賃協議，也可以視為投資性房地產。這裡所說的空置建築物是指企業新購入、自行建造或開發完成但尚未使用的建築物以及不再用於日常生產經營活動且經整理後達到可經營出租狀態的建築物。

（3）企業已將建築物出租，按租賃協議向承租人提供的相關輔助服務在整個協議中不重大的，應當將該建築物確認為投資性房地產。例如，企業將其擁有產權的辦公樓經營出租給其他單位，同時向承租人提供安保、維修等日常輔助服務，這時企業應當將該辦公樓確認為投資性房地產。

（二）不屬於投資性房地產的項目

企業的自用房地產和作為存貨的房地產不屬於投資性房地產。

1. 自用房地產

自用房地產是指企業為生產商品、提供勞務或經營管理而持有的房地產。自用房地產的特徵是服務於企業自身的生產經營活動，其價值將隨著房地產的使用而逐漸轉移到企業的產品或服務中去，通過銷售產品或提供服務為企業帶來經濟利益，在產生現金流量的過程中與企業持有的其他資產密切相關。例如，企業用於自身生產經營的廠房和辦公樓屬於固定資產，企業用於自身生產經營的土地使用權屬於無形資產。需要注意的是，企業出租給本企業職工居住的宿舍，雖然也收取租金，但間接為企業自身的生產經營服務，因此具有自用房地產的性質。企業擁有並自行經營的旅館或飯店，在向顧客提供住宿服務的同時，還提供餐飲、娛樂等其他服務，其經營目的主要是通過向客戶提供服務取得勞務收入，因此是企業的經營場所，屬於自用房地產。

2. 作為存貨的房地產

作為存貨的房地產通常是指房地產開發企業在正常經營過程中銷售的或為銷售而正在開發的商品房和土地。這部分房地產屬於房地產開發企業的存貨，其生產、銷售構成企業的主營業務活動，產生的現金流量也與企業的其他資產密切相關。因此，具有存貨性質的房地產不屬於投資性房地產。

從事房地產經營開發的企業依法取得的、用於開發後出售的土地使用權，屬於房地產開發企業的存貨，即使房地產開發企業決定待增值後再轉讓其開發的土地，也不得將其確認為投資性房地產。

在實務中，企業存在某項房地產部分自用或作為存貨出售、部分用於賺取租金或資本增值的情形。如果該項房地產不同用途的部分能夠單獨計量和出售，企業應當分別確認為固定資產（或無形資產、存貨）和投資性房地產。例如，某開發商建造了一棟商住兩用樓盤，一層出租給一家大型超市，已簽訂經營租賃合同；其餘樓層都為普通住宅，正在公開銷售中。在這種情況下，如果一層商鋪能夠單獨計量和出售，應當確認為該企業的投資性房地產，其餘樓層為該企業的存貨，即開發產品。

三、投資性房地產的確認條件

投資性房地產只有在符合定義的前提下，同時滿足下列條件的，才能予以確認：

第一，與該投資性房地產有關的經濟利益很可能流入企業。

第二，該投資性房地產的成本能夠可靠計量。

四、投資性房地產的確認時點

不同取得方式的投資性房地產，其確認的時點不同。已出租的土地使用權和已出租的建築物，確認為投資性房地產的時點一般為租賃協議約定的租賃期開始日，即土地使用權和建築物已進入出租狀態、開始賺取租金的日期，但企業持有以備經營出租、可視為投資性房地產的空置建築物或在建建築物，確認為投資性房地產的時點是企業董事會或類似機構就該事項做出正式書面決議的日期。對於持有並準備增值後轉讓的土地使用權，確認為投資性房地產的時點是企業將自用土地使用權停止自用，準備增值後轉讓的日期。

五、投資性房地產的後續計量模式

投資性房地產的後續計量模式有成本模式和公允價值模式兩種。企業通常應當採用成本模式對投資性房地產進行後續計量，有確鑿證據表明投資性房地產的公允價值能夠持續可靠取得的，也可以採用公允價值模式對投資性房地產進行後續計量。同一企業只能採用一種後續計量模式，不得對一部分投資性房地產採用成本模式計量，而對另一部分投資性房地產採用公允價值模式計量。

企業選擇公允價值模式，就應當對其所有投資性房地產採用公允價值模式計量。在極少數情況下，採用公允價值模式對投資性房地產進行後續計量的企業，有證據表明某項投資性房地產在首次取得時（或某項房地產在完成建造或開發活動後或者改變用途後首次成為投資性房地產時），其公允價值不能持續可靠地取得，應當對該投資性房地產採用成本模式計量直至處置，並且假設無殘值。但是，採用成本模式對投資性房地產進行後續計量的企業，即使有證據表明某項投資性房地產在首次取得時（或某項房地產在完成建造或開發活動後或者改變用途後首次成為投資性房地產時），其公允價值能夠持續可靠地取得，仍應當對該投資性房地產採用成本模式計量。

第二節　投資性房地產的初始計量

根據相關規定，投資性房地產無論採用哪一種後續計量模式，取得時都應當按照實際成本進行初始計量。投資性房地產的成本一般應當包括取得投資性房地產時和直至使該項投資性房地產達到預定可使用狀態前實際發生的各項必要的、合理的支出，如購買價款、土地開發費、建築安裝成本、應予以資本化的借款費用等。投資性房地產取得的方式不同，其入帳價值也不同。

一、外購的投資性房地產

企業外購房地產的成本包括購買價款、相關稅費和可直接歸屬於該資產的其他支出。如果外購的房地產部分用於出租（或資本增值），部分自用，用於出租（或資本增值）的部分可以單獨確認為投資性房地產的，企業應按照不同部分的公允價值占公允價值總額的比例將成本在不同部分之間進行合理分配。

企業採用成本模式進行後續計量和採用公允價值進行後續計量，其會計科目存在差別。後續計量採用成本模式，企業應按照取得的實際成本，借記「投資性房地產」科目，貸記「銀行存款」等科目；後續計量採用公允價值計量模式的，企業應在「投資性房地產」科目下設置「成本」和「公允價值變動」兩個明細科目，「成本」科目用來核算取得時的實際成本，「公允價值變動」科目用來核算持有期間的公允價值變動。因此，企業取得投資性房地產時，按照取得的實際成本，借記「投資性房地產——成本」科目，貸記「銀行存款」等科目。

【例 8-1】ABC 股份有限公司為增值稅一般納稅人，2×19 年 7 月 1 日，ABC 股份有限公司計劃購入寫字樓用於對外出租。7 月 12 日，ABC 股份有限公司與 XYZ 公司簽訂了經營租賃合同，約定自寫字樓購買日起，將該寫字樓出租給 XYZ 公司使用，租賃期為 10 年。7 月 31 日，ABC 股份有限公司購入寫字樓，實際支付購買價款 3,000 萬元（假定不考慮相關稅費）。根據租賃合同，租賃期開始日為 2×19 年 8 月 1 日。ABC 股份有限公司帳務處理如下：

（1）假定 ABC 股份有限公司採用成本模式進行後續計量。

借：投資性房地產——寫字樓　　30,000,000

　貸：銀行存款　　30,000,000

（2）假定 ABC 股份有限公司採用公允價值模式進行後續計量。

借：投資性房地產——成本（寫字樓）　　30,000,000

　貸：銀行存款　　30,000,000

二、自行建造的投資性房地產

企業自行建造的房地產的成本由建造該項資產達到預定可使用狀態前發生的必要支出構成，包括土地開發費、建築安裝成本、應予以資本化的借款費用、支付的其他費用和分攤的間接費用等。建造過程中發生的非正常損失直接計入當期營業外支出，不計入建造成本。

採用成本模式計量的企業，自行建造的投資性房地產達到可使用狀態時，應按照確定的實際成本，借記「投資性房地產」科目，貸記「在建工程」「開發成本」等科目；採用公允價值模式計量的企業，自行建造的投資性房地產達到可使用狀態時，應按照確定的實際成本，借記「投資性房地產——成本」科目，貸記「在建工程」「開發成本」等科目。

【例 8-2】2×19 年 2 月，ABC 股份有限公司以 500 萬元的成本從其他單位購入一項土地使用權，用於自行建造兩棟廠房。2×19 年 12 月 31 日，兩棟廠房同時完工，實際造價均為 3,000 萬元，能夠單獨出售。同日，ABC 股份有限公司董事會做出書面決議，將其中一棟廠房用於經營出租，並與甲公司簽訂了經營租賃合同，將該棟廠房出租給甲公司使用，租賃期為 10 年，租賃期開始日為 2×20 年 1 月 1 日。另外一棟廠房作為生產車間，用於，ABC 股份有限公司的產品生產。ABC 股份有限公司帳務處理如下：

（1）假定 ABC 股份有限公司採用成本模式進行後續計量。

轉換為投資性房地產的土地使用權成本＝500×3,000÷6,000＝250（萬元）

借：固定資產——廠房 30,000,000
　　投資性房地產——廠房 30,000,000
　貸：在建工程 60,000,000

借：投資性房地產——土地使用權 2,500,000
　貸：無形資產——土地使用權 2,500,000

（2）假定 ABC 股份有限公司採用公允價值模式進行後續計量。

借：固定資產——廠房 30,000,000
　　投資性房地產——成本（廠房） 30,000,000
　貸：在建工程 60,000,000

借：投資性房地產——成本（土地使用權） 2,500,000
　貸：無形資產——土地使用權 2,500,000

第三節　投資性房地產的後續計量

一、採用成本模式計量的投資性房地產

企業選擇成本模式，就應當對其所有投資性房地產採用成本模式進行後續計量。採用成本模式進行後續計量的企業，即以歷史成本作為投資性房地產的計價。在資產負債表日，企業應比照對投資性房地產會計處理的基本要求與固定資產或無形資產相同，即建築物按照固定資產的有關規定按月計提折舊，或者土地使用權按照無形資產的有關規定按月攤銷成本，計提的折舊或攤銷的成本計入其他業務成本。按月計提折舊時，企業按照計算的建築物月折舊額，借記「其他業務成本」科目，貸記「投資性房地產累計折舊」科目；按月攤銷成本時，企業按照計算的土地使用權月攤銷額，借記「其他業務成本」科目，貸記「投資性房地產累計攤銷」科目。對於投資性房地產取得的租金收入，企業借記「銀行存款」等科目，貸記「其他業務收入」等科目。

投資性房地產存在減值跡象的，適用《企業會計準則第 8 號——資產減值》的有關規定。經減值測試後確定發生減值的，企業應當計提減值準備，借記「資產減值損失」科目，貸記「投資性房地產減值準備」科目。已經計提減值準備的投資性房地產，其減值損失在以後的會計期間不得轉回。

【例 8-3】2×17 年 6 月 30 日，ABC 股份有限公司購入寫字樓，實際支付購買價款 3,000 萬元（假定不考慮相關稅費）。該寫字樓預計使用壽命為 20 年，預計淨殘值為零，採用直線法計提折舊。2×17 年 7 月 1 日，ABC 股份有限公司將該外購的寫字樓以經營租賃方式出租給甲公司使用。租賃合同約定，寫字樓租賃期為 5 年，年租金為 120 萬元（假定不考慮相關稅費），甲公司需於每年 6 月 30 日之前預付下一租賃年度的租金。ABC 股份有限公司對投資性房地產採用成本模式進行後續計量。2×19 年 12 月 31 日，寫

字樓出現減值跡象，經減值測試，確定其可收回金額為 2,000 萬元。ABC 股份有限公司帳務處理如下：

(1) 2×17 年 6 月 30 日，預收租金。

借：銀行存款　　1,200,000

　貸：合同負債——甲公司　　1,200,000

(2) 2×17 年 7 月 31 日，計提折舊。

月折舊額 = 3,000÷(20×12) = 12.5（萬元）

借：其他業務成本　　125,000

　貸：投資性房地產累計折舊　　125,000

(3) 2×17 年 7 月 31 日，確認租金收入。

月租金收入 = 120÷12 = 10（萬元）

借：合同負債——B 公司　　100,000

　貸：其他業務收入　　100,000

(4) 2×19 年 12 月 31 日，計提減值準備。

投資性房地產帳面價值 = 3,000−12.5×30 = 2,625（萬元）

投資性房地產減值金額 = 2,625−2,000 = 625（萬元）

借：資產減值損失　　6,250,000

　貸：投資性房地產減值準備　　6,250,000

成本模式的主要優點是遵循客觀性原則和謹慎性原則，但缺點是不能很好地反應投資性房地產的未來價值和現實價值，影響會計信息的相關性和可比性。

二、採用公允價值模式計量的投資性房地產

(一) 採用公允價值模式計量的條件

投資性房地產採用公允價值模式進行後續計量，應當同時滿足以下兩個條件：

(1) 投資性房地產所在地有活躍的房地產交易市場。所在地通常指投資性房地產所在的城市。對於大中型城市，所在地應當為投資性房地產所在的城區。

(2) 企業能夠從活躍的房地產交易市場上取得同類或類似房地產的市場價格及其他相關信息，從而對投資性房地產的公允價值做出合理的估計。

投資性房地產的公允價值是指在公平交易中，熟悉情況的當事人之間自願進行房地產交換的價格。確定投資性房地產的公允價值時，企業可以按照下列順序來確定。

(1) 參照活躍市場上同類或類似房地產現行市場價格（市場公開報價）。

(2) 無法取得同類或類似房地產現行市場價格的，可以參照活躍市場上同類或類似房地產的最近交易價格，並考慮交易情況、交易日期、所在區域等因素，對投資性房地產的公允價值做出合理的估計。

(3) 基於預計未來獲得的租金收益和相關現金流量的現值計量。

(二) 採用公允價值模式計量的會計處理

投資性房地產採用公允價值模式進行後續計量的，不需要計提折舊或攤銷，應當以資產負債表日的公允價值計量，公允價值的變動計入當期損益。資產負債表日，投資性房地產的公允價值高於其帳面餘額時，企業應按兩者之間的差額，調增投資性房地產的帳面餘額，同時確認公允價值上升的收益，借記「投資性房地產——公允價值變動」科目，貸記「公允價值變動損益」科目；投資性房地產的公允價值低於其帳面餘額時，企業應按兩者之間的差額，調減投資性房地產的帳面餘額，同時確認公允價值下跌的損失，借記「公允價值變動損益」科目，貸記「投資性房地產——公允價值變動」科目。

【例 8-4】甲公司為從事房地產經營開發的企業。2×18 年 8 月，甲公司與乙公司簽訂租賃協議，約定將甲公司開發的一棟寫字樓於開發完成的同時開始租賃給乙公司使用，租賃期 10 年。甲公司對投資性房地產採用公允價值模式進行後續計量。2×18 年 10 月 1 日，寫字樓開發完成，實際造價為 9,000 萬元，根據租賃協議，當日即為租賃期開始日。2×18 年 12 月 31 日，該寫字樓的公允價值為 9,200 萬元。2×19 年 12 月 31 日，該棟寫字樓的公允價值為 9,300 萬元。假定不考慮相關稅費。甲公司帳務處理如下：

（1）2×18 年 10 月 1 日，寫字樓開發完成並出租。

借：投資性房地產——成本（寫字樓）　　90,000,000

　貸：開發成本　　90,000,000

（2）2×18 年 12 月 31 日，確認公允價值變動損益。

借：投資性房地產——公允價值變動（寫字樓）　　2,000,000

　貸：公允價值變動損益　　2,000,000

（3）2×19 年 12 月 31 日，確認公允價值變動損益。

借：投資性房地產——公允價值變動（寫字樓）　　1,000,000

　貸：公允價值變動損益　　1,000,000

三、投資性房地產後續計量模式的變更

為保證會計信息的可比性，投資性房地產的計量模式一經確定，不得隨意變更。只有在房地產市場比較成熟、有確鑿證據表明投資性房地產的公允價值能夠持續可靠取得、可以滿足採用公允價值模式條件的情況下，才准許企業將投資性房地產的計量從成本模式轉為公允價值模式。已採用公允價值模式計量的投資性房地產，不得從公允價值模式轉為成本模式。

成本模式轉為公允價值模式，應當作為會計政策變更處理，按計量模式變更時投資性房地產的公允價值與帳面價值的差額，調整期初留存收益。企業應按照計量模式變更日的投資性房地產的公允價值，借記「投資性房地產——成本」科目，按照已計提的折舊或攤銷，借記「投資性房地產累計折舊（攤銷）」科目，原已計提減值準備的，借記「投資性房地產減值準備」科目，按照原投資性房地產帳面餘額，貸記「投資性房地產」科目，按照公允價值和其帳面價值之間的差額，貸記或借記「利潤分配——未分配利潤」「盈餘公積」等科目。

【例 8-5】ABC 股份有限公司的投資性房地產原採用成本模式進行後續計量。由於 ABC 股份有限公司所在地的房地產市場現已比較成熟，房地產的公允價值能夠持續可靠地取得，可以滿足採用公允價值模式的條件，ABC 股份有限公司決定從 2×19 年 1 月 1 日起，對投資性房地產採用公允價值模式進行後續計量。ABC 股份有限公司作為投資性房地產核算的資產有兩項，一項是成本為 8,000 萬元、累計已提折舊為 1,200 萬元的寫字樓；另一項是成本為 1,000 萬元、累計已攤銷金額為 450 萬元的土地使用權。2×19 年 1 月 1 日，寫字樓的公允價值為 6,000 萬元，土地使用權的公允價值為 800 萬元。ABC 股份有限公司按淨利潤的 10%提取盈餘公積。ABC 股份有限公司帳務處理如下：

（1）寫字樓轉為公允價值模式計量

借：投資性房地產——成本（寫字樓）　　60,000,000

　　投資性房地產累計折舊　　12,000,000

　　盈餘公積　　800,000

　　利潤分配——未分配利潤　　7,200,000

　貸：投資性房地產——寫字樓　　80,000,000

(2) 土地使用權轉為公允價值模式計量。

借：投資性房地產——成本（土地使用權）　　8,000,000
　　投資性房地產累計攤銷　　4,500,000
　貸：投資性房地產——土地使用權　　10,000,000
　　　盈餘公積　　250,000
　　　利潤分配——未分配利潤　　2,250,000

第四節　投資性房地產與非投資性房地產的轉換

一、房地產的轉換形式

房地產的轉換是因房地產用途發生改變而對房地產進行的重新分類。企業必須有確鑿證據表明房地產用途發生了改變，才能將非投資性房地產轉換為投資性房地產或將投資性房地產轉換為非投資性房地產。這裡的確鑿證據包括兩個方面：一是企業董事會或類似機構應當就改變房地產用途形成正式的書面決議；二是房地產因用途改變發生實際狀態上的改變，如從自用狀態改為出租狀態。房地產轉換形式具體包括：

(1) 自用建築物轉換為投資性房地產，即企業將原來用於生產商品、提供勞務或經營管理的建築物改用於出租，將其建築物相應地由固定資產轉換為投資性房地產。在這種情況下，轉換日為租賃開始日。

(2) 自用土地使用權轉換為投資性房地產，即企業將原來用於生產商品、提供勞務或經營管理的土地使用權改用於賺取租金或資本增值，相應地由無形資產轉換為投資性房地產。在這種情況下，轉換日為土地使用權停止自用後，確定用於賺取租金或資本增值的日期。

(3) 作為存貨的房地產轉換為投資性房地產，即房地產開發企業將其持有的開發產品以經營租賃的方式出租，相應地由存貨轉換為投資性房地產。在這種情況下，轉換日為租賃開始日。

(4) 投資性房地產轉換為自用房地產，包括將用於賺取租金或資本增值的土地使用權改為自用，相應地由投資性房地產轉換為無形資產；將用於出租的建築物收回，改為自用，相應地由投資性房地產轉換為固定資產。在這種情況下，轉換日為土地使用權停止自用後，確定用於賺取租金或資本增值的日期。

(5) 投資性房地產轉換為存貨，通常指房地產開發企業以經營租賃方式租出的開發產品收回，重新用於對外出售，相應地由投資性房地產轉換為存貨。在這種情況下，轉換日為租賃期滿，企業董事會或類似機構做出書面決議明確表明將其重新開發用於對外銷售的日期。

二、房地產轉換的會計處理

(一) 成本模式下房地產轉換的會計處理

1. 投資性房地產轉換為非投資性房地產

(1) 投資性房地產轉換為自用房地產。企業將採用成本模式計量的投資性房地產轉換為自用房地產時，應當將該項投資性房地產在轉換日的帳面餘額、累計折舊（攤銷）、減值準備等，分別轉入「固定資產」或「無形資產」「累計折舊」或「累計攤銷」「固定資產減值準備」或「無形資產減值準備」科目。轉換時，企業按投資性房地產的帳面餘額，借記「固定資產」或「無形資產」科目，貸記「投資性房地產」科目；按累計已提折舊或累計已攤銷金額，借記「投資性房地產累計折舊（攤銷）」科目，貸記「累計折舊」或「累計攤銷」科目；按已計提的減值準備金額，借記「投資性房地產減值準備」科目，貸記「固定資產減值準備」或「無形資產減值準備」科目。

【例 8-6】2×19 年 12 月 1 日，ABC 股份有限公司將出租的廠房收回，開始用於本企業的產品生產。廠房在轉換前採用成本模式計量，帳面原價為 4,000 萬元，累計已提折舊為 1,200 萬元。該公司帳務處理如下：

借：固定資產——廠房	40,000,000	
投資性房地產累計折舊	12,000,000	
貸：投資性房地產——廠房		40,000,000
累計折舊		12,000,000

（2）投資性房地產轉換為存貨。企業將採用成本模式計量的投資性房地產轉換為存貨時，應當按照該項投資性房地產在轉換日的帳面價值，作為存貨的入帳價值。轉換時，企業應當按照該項投資性房地產在轉換日的帳面價值，借記「開發產品」科目，按照累計已提折舊或累計已攤銷金額，借記「投資性房地產累計折舊（攤銷）」科目，原已計提減值準備的，按已計提的減值準備金額，借記「投資性房地產減值準備」科目，按其帳面餘額，貸記「投資性房地產」科目。

【例 8-7】某房地產開發公司將其開發的一棟寫字樓以經營租賃方式出租給其他單位使用。2×19 年 3 月 1 日，因租賃期滿，該房地產開發公司將出租的寫字樓收回，並做出書面決議，將寫字樓重新開發用於對外銷售。寫字樓在轉換前採用成本模式計量，帳面原價為 6,000 萬元，已計提的折舊為 1,500 萬元，已計提的減值準備金額為 100 萬元。該房地產開發公司帳務處理如下：

借：開發產品	44,000,000	
投資性房地產累計折舊	15,000,000	
投資性房地產減值準備	1,000,000	
貸：投資性房地產——寫字樓		60,000,000

2. 非投資性房地產轉換為投資性房地產

（1）自用房地產轉換為投資性房地產。企業將自用建築物或土地使用權轉換為以成本模式計量的投資性房地產時，應當將該項建築物或土地使用權在轉換日的原價、累計折舊（或攤銷）、減值準備等，分別轉入「投資性房地產」「投資性房地產累計折舊（或攤銷）」「投資性房地產減值準備」科目。轉換時，企業按自用建築物或土地使用權的帳面餘額，借記「投資性房地產」科目，貸記「固定資產」或「無形資產」科目；按自用建築物累計已提折舊或土地使用權累計已攤銷金額，借記「累計折舊」或「累計攤銷」科目，貸記「投資性房地產累計折舊（攤銷）」科目。自用建築物或土地使用權原已計提減值準備的，企業按已計提的減值準備金額，借記「固定資產減值準備」或「無形資產減值準備」科目，貸記「投資性房地產減值準備」科目。

【例 8-8】ABC 公司決定將因轉產而閒置的一棟廠房用於對外出租。2×19 年 6 月 10 日，ABC 公司與 B 公司簽訂了經營租賃協議，將該廠房出租給 B 公司使用，租賃期開始日為 2×19 年 7 月 1 日，租賃期為 5 年。2×19 年 7 月 1 日，該廠房帳面原價 1,800 萬元，累計已提折舊 800 萬元。ABC 公司對投資性房地產採用成本模式計量。ABC 公司帳務處理如下：

借：投資性房地產——廠房	18,000,000	
累計折舊	8,000,000	
貸：固定資產——廠房		18,000,000
投資性房地產累計折舊		8,000,000

（2）作為存貨的房地產轉換為投資性房地產。企業將作為存貨的房地產轉換為採用成本模式計量的投資性房地產，應當將該項房地產在轉換日的帳面價值作為投資性房地產的入帳價值。轉換時，企業按該項房地產的帳面價值，借記「投資性房地產」科目，按已計提的跌價準備，借記「存貨跌價準備」科目，按其帳面餘額，貸記「開發產品」等科目。

【例 8-9】2×19 年 6 月 10 日，某房地產開發公司與 A 公司簽訂了租賃協議，將其開發的一棟原準備出售的寫字樓出租給 A 公司使用，租賃期開始日為 2×19 年 7 月 1 日。該寫字樓的實際建造成本為 8,000 萬元，未計提存貨跌價準備。該房地產開發公司對投資性房地產採用成本模式計量。該房地產開發公司帳務處理如下：

借：投資性房地產——寫字樓　　80,000,000
　貸：開發產品　　80,000,000

（二）公允價值模式下房地產轉換的會計處理

1. 投資性房地產轉換為非投資性房地產

（1）投資性房地產轉換為自用房地產。企業將採用公允價值模式計量的投資性房地產轉換為自用房地產時，應當以轉換日的公允價值作為自用房地產的帳面價值，公允價值與原帳面價值的差額計入當期損益。轉換時，企業按該項投資性房地產的公允價值，借記「固定資產」或「無形資產」科目，按該項投資性房地產的成本，貸記「投資性房地產——成本」科目，按該項投資性房地產的累計公允價值變動，貸記或借記「投資性房地產——公允價值變動」科目，按其差額，貸記或借記「公允價值變動損益」科目。

【例 8-10】2×19 年 2 月 1 日，某房地產開發公司對外出租的寫字樓租賃期滿予以收回，準備作為辦公樓用於本企業的行政管理。該寫字樓在轉換前採用公允價值模式計量，原帳面價值為 7,600 萬元。其中，成本為 7,000 萬元，公允價值變動（截至 2×18 年 12 月 31 日）為 600 萬元。2×19 年 2 月 1 日，該寫字樓開始自用，當日的公允價值為 7,700 萬元。該房地產開發公司帳務處理如下：

借：固定資產——寫字樓　　77,000,000
　貸：投資性房地產——成本（寫字樓）　　70,000,000
　　　投資性房地產——公允價值變動（寫字樓）　　6,000,000
　　　公允價值變動損益　　1,000,000

（2）投資性房地產轉換為存貨。企業將採用公允價值模式計量的投資性房地產轉換為存貨時，應當以轉換日的公允價值作為存貨的帳面價值，公允價值與原帳面價值的差額計入當期損益。轉換時，企業按該項投資性房地產的公允價值，借記「開發產品」科目，按該項投資性房地產的成本，貸記「投資性房地產——成本」科目，按該項投資性房地產的累計公允價值變動，貸記或借記「投資性房地產——公允價值變動」科目，按其差額，貸記或借記「公允價值變動損益」科目。

【例 8-11】某房地產開發公司將其開發的一棟寫字樓以經營租賃方式出租給其他單位使用。2×19 年 3 月 1 日，因租賃期滿，該房地產開發公司將出租的寫字樓收回，並做出書面決議，將寫字樓重新開發用於對外銷售。寫字樓在轉換前採用公允價值模式計量，原帳面價值為 8,200 萬元。其中，成本為 7,500 萬元，公允價值變動（截至 2×18 年 12 月 31 日）為 700 萬元。2×19 年 3 月 1 日，寫字樓的公允價值為 8,400 萬元，其他條件不變。該房地產開發公司將投資性房地產轉換為存貨的帳務處理如下：

借：開發產品　　84,000,000
　貸：投資性房地產——成本（寫字樓）　　75,000,000
　　　　　　　　　——公允價值變動（寫字樓）　　7,000,000
　　　公允價值變動損益　　2,000,000

2. 非投資性房地產轉換為投資性房地產

（1）自用房地產轉換為投資性房地產。企業將自用建築物或土地使用權轉換為以公允價值模式計量的投資性房地產時，應當以該項建築物或土地使用權在轉換日的公允價值作為投資性房地產的入帳價值，公允價值小於原帳面價值的差額，計入當期損益；公允價值大於原帳面價值的差額，計入其他綜合收益，待該項投資性房地產處置時，轉入處置當期損益。轉換時，企業按建築物或土地使用權的公允價值，借記「投資性房地產——成本」科目，按累計已提折舊或累計已攤銷金額，借記「累計折舊」或「累計攤銷」科目；原已計提減值準備的，按已計提的減值準備金額，借記「固定資產減值準備」「無形資產減值準備」科目；按其帳面餘額，貸記「固定資產」或「無形資產」科目。同時，轉換日的公允價值小於帳面價值的，企業按其差額，貸記「其他綜合收益」科目。

【例 8-12】某房地產開發公司的辦公樓處於商業繁華地段，為了獲得更大的經濟收益，該房地產開發公司決定將辦公地點遷往新址，原辦公樓騰空後用於出租，以賺取租金收入。2×19 年 10 月，該房地產開發公司完成了辦公地點的搬遷工作，原辦公樓停止自用。2×19 年 12 月，該房地產開發公司與 A 公司簽訂了租賃協議，將原辦公樓出租給 A 公司使用，租賃期開始日為 2×20 年 1 月 1 日，租賃期為 3 年。該辦公樓原價為 5, 000 萬元，累計已提折舊 1, 200 萬元。該房地產開發公司對投資性房地產採用公允價值模式計量。該房地產開發公司帳務處理如下：

①假定該辦公樓 2×20 年 1 月 1 日的公允價值為 3, 500 萬元。

借：投資性房地產——成本（辦公樓）	35, 000, 000	
公允價值變動損益	3, 000, 000	
累計折舊	12, 000, 000	
貸：固定資產——辦公樓		50, 000, 000

②假定該辦公樓 2×20 年 1 月 1 日的公允價值為 4, 000 萬元。

借：投資性房地產——成本（辦公樓）	40, 000, 000	
累計折舊	12, 000, 000	
貸：固定資產——辦公樓		50, 000, 000
其他綜合收益		2, 000, 000

（2）作為存貨的房地產轉換為投資性房地產。企業將作為存貨的房地產轉換為採用公允價值模式計量的投資性房地產，應當按照該項房地產在轉換日的公允價值，作為投資性房地產的入帳價值。公允價值小於帳面價值的差額，計入當期損益；公允價值大於帳面價值的餘額，計入其他綜合收益，待該項投資性房地產處置時，轉入處置當期損益。轉換時，企業按該項房地產的公允價值，借記「投資性房地產——成本」科目，按已計提的跌價準備，借記「存貨跌價準備」科目，按其帳面餘額，貸記「開發產品」等科目。同時，轉換日的公允價值小於帳面價值的，企業按其差額，借記「公允價值變動損益」科目；轉換日的公允價值大於帳面價值的，企業按其差額，貸記「其他綜合收益」科目。

【例 8-13】2×19 年 6 月 10 日，某房地產開發公司與 A 公司簽訂了租賃協議，將其開發的一棟原準備出售的寫字樓出租給 A 公司使用，租賃期開始日為 2×19 年 7 月 1 日。該寫字樓的實際建造成本為 8, 000 萬元，未計提存貨跌價準備。該房地產開發公司對投資性房地產採用公允價值模式計量，2×19 年 7 月 1 日，該寫字樓的公允價值為 8, 200 萬元，其他條件不變。該房地產開發公司將作為存貨的房地產轉換為投資性房地產的帳務處理如下：

借：投資性房地產——成本（寫字樓）　　82,000,000
　貸：開發產品　　80,000,000
　　其他綜合收益　　2,000,000

第五節　投資性房地產的處置

一、投資性房地產的終止確認與處置損益

投資性房地產的處置主要指投資性房地產的出售、報廢和毀損，也包括對外投資、非貨幣性資產交換、債務重組等原因轉出投資性房地產的情形。當投資性房地產被處置，或者永久退出使用且預計不能從其處置中取得經濟利益時，企業應當終止確認該項投資性房地產。

投資性房地產在處置時會發生處置損益。出售、報廢或毀損的投資性房地產，處置損益是指取得的處置收入扣除投資性房地產帳面價值和相關稅費後的金額。其中，處置收入包括出售價款、殘料變價收入、保險及過失人賠款等收入；帳面價值是指投資性房地產的成本扣減累計已提折舊（攤銷）和已計提的減值準備後的金額（採用成本模式計量的投資性房地產），或者是指投資性房地產的成本加上或減去累計公允價值變動後的金額（採用公允價值模式計量的投資性房地產）；相關稅費主要包括處置投資性房地產時發生的整理、拆卸、搬運等各項清理費用以及出售建築物或轉讓土地使用權而應當繳納的稅費。投資性房地產的處置損益，應當計入處置當期損益。

二、處置投資性房地產的會計處理

（一）採用成本模式計量的投資性房地產的處置

企業處置採用成本模式計量的投資性房地產，應將取得的處置收入作為其他業務收入，將所處置的投資性房地產帳面價值計入其他業務成本。處置時，企業應當按實際收到的金額，借記「銀行存款」等科目，貸記「其他業務收入」科目；按該項投資性房地產的帳面價值，借記「其他業務成本」科目，按照累計已提折舊或累計已攤銷金額，借記「投資性房地產累計折舊（攤銷）」科目，按照已計提的減值準備金額，借記「投資性房地產減值準備」科目，按其帳面餘額，貸記「投資性房地產」科目。

【例 8-14】ABC 股份有限公司將其一棟寫字樓用於對外出租，採用成本模式計量。租賃期屆滿後，ABC 股份有限公司將該寫字樓出售給甲公司，合同價款為 1,000 萬元，甲公司已用銀行存款付清。出售時，該棟寫字樓的成本為 1,200 萬元，累計已提折舊 230 萬元，假定不考慮相關稅費。ABC 股份有限公司帳務處理如下：

借：銀行存款　　10,000,000
　貸：其他業務收入　　10,000,000
借：其他業務成本　　9,700,000
　投資性房地產累計折舊　　2,300,000
　貸：投資性房地產——寫字樓　　12,000,000

【例 8-15】甲企業將其一項土地使用權用於對外出租，採用成本模式計量，租賃期滿後，甲企業將土地使用權轉讓給 A 公司，轉讓合同價款為 7,000 萬元，A 公司用銀行轉帳支付。出售時，該土地使用權的成本為 6,000 萬元，累計已攤銷 1,800 萬元，假定不考慮稅費。甲企業帳務處理如下：

借：銀行存款　　70,000,000
　貸：其他業務收入　　70,000,000

借：其他業務成本　　42,000,000
投資性房地產累計攤銷　　18,000,000
貸：投資性房地產——土地使用權　　60,000,000

(二) 採用公允價值模式計量的投資性房地產的處置

企業處置採用公允價值模式計量的投資性房地產，應將取得的處置收入作為其他業務收入，將所處置的投資性房地產帳面價值計入其他業務成本。同時，企業應將該投資性房地產累計公允價值變動損益轉出，計入處置當期其他業務成本。若存在原轉換日計入其他綜合收益的金額，也需一併轉出，計入處置當期其他業務成本。處置時，企業應當按實際收到的金額，借記「銀行存款」等科目，貸記「其他業務收入」科目；按該項投資性房地產的帳面餘額，借記「其他業務成本」科目，按其成本，貸記「投資性房地產——成本」科目，按其累計公允價值變動，借記或貸記「投資性房地產——公允價值變動」科目。同時，企業應結轉投資性房地產累計公允價值變動，借記或貸記「公允價值變動損益」科目，借記或貸記「其他業務成本」科目。若存在原轉換日計入其他綜合收益的金額，企業還應借記「其他綜合收益」科目，貸記「其他業務成本」科目。

【例 8-16】2×17 年 6 月 25 日，ABC 股份有限公司與甲公司簽訂經營租賃協議，將其原為自用的一棟寫字樓出租給甲公司使用，租期為 2 年，租賃期開始日為 2×17 年 7 月 1 日。寫字樓的實際建造成本為 48,000 萬元，截至 2×17 年 6 月 30 日累計已提折舊 1,200 萬元。ABC 股份有限公司對投資性房地產採用公允價值模式計量。2×17 年 7 月 1 日，寫字樓的公允價值為 50,000 萬元；2×17 年 12 月 31 日，寫字樓的公允價值為 49,000 萬元；2×18 年 12 月 31 日，寫字樓的公允價值為 54,000 萬元。2×19 年 6 月 30 日，租賃期屆滿，ABC 股份有限公司收回寫字樓，並以 58,000 萬元售出，價款已收存銀行。假定不考慮相關稅費。ABC 股份有限公司帳務處理如下：

(1) 2×17 年 7 月 1 日，自用房地產轉換為投資性房地產。

借：投資性房地產——成本（寫字樓）　　500,000,000
累計折舊　　12,000,000
貸：固定資產——寫字樓　　480,000,000
其他綜合收益　　32,000,000

(2) 2×17 年 12 月 31 日，確認公允價值變動。

借：公允價值變動損益　　10,000,000
貸：投資性房地產——公允價值變動（寫字樓）　　10,000,000

(3) 2×18 年 12 月 31 日，確認公允價值變動。

借：投資性房地產——公允價值變動（寫字樓）　　50,000,000
貸：公允價值變動損益　　50,000,000

(4) 2×19 年 6 月 30 日，出售投資性房地產。

借：銀行存款　　580,000,000
貸：其他業務收入　　580,000,000
借：其他業務成本　　540,000,000
貸：投資性房地產——成本（寫字樓）　　500,000,000
——公允價值變動（寫字樓）　　40,000,000
借：公允價值變動損益　　40,000,000
貸：其他業務成本　　40,000,000
借：其他綜合收益　　32,000,000
貸：其他業務成本　　32,000,000

第九章　資產減值

第一節　資產減值概述

一、資產減值的含義

資產減值又稱為資產減損，是指因外部因素、內部使用方式或使用範圍發生變化而對資產造成不利影響，導致資產使用價值降低，致使資產未來可流入企業的全部經濟利益低於其現有的帳面價值。資產減值的本質是資產的現時經濟利益預期低於原記帳時對未來經濟利益的確認值，在會計上則表現為資產的可收回金額低於其帳面價值。

資產是指企業過去的交易或事項形成的、由企業擁有或控制的、預期會給企業帶來經濟利益的資源。資產的主要特徵之一是能夠為企業帶來經濟利益的流入，如果資產不能夠為企業帶來經濟利益或帶來的經濟利益低於其帳面價值，那麼資產就不能再予以確認，或者不能再以原帳面價值予以確認，否則將不符合資產的定義，也無法反應資產的實際價值，其結果會導致企業資產虛增和利潤虛增。因此，當企業資產的可收回金額低於其帳面價值時，即表明資產發生了減值，企業應當確認資產減值損失，並把資產的帳面價值減計至可收回金額。可見，資產減值是和資產計價相關的，是對資產計價的一種調整。

企業所有資產在發生減值時，原則上都應當及時加以確認和計量，但是由於有關資產特性不同，其減值的會計處理也有所差別，因此適用的企業會計準則不盡相同。本章內容僅限於《企業會計準則第 8 號——資產減值》規定的資產範圍，具體包括下列非流動資產資產：固定資產、無形資產、長期股權投資、採用成本模式進行後續計量的投資性房地產、生產性生物資產、商譽、探明石油天然氣礦區權益和井及相關設施。

二、資產減值的確認

資產減值的確認實質上是對資產價值的再確認。與以交易成本作為入帳依據的初始確認不同，資產減值會計對於資產減值的確認是在資產持有過程中進行的，摒棄了只對實際發生的交易進行確認的傳統慣例，只要某項資產的價格或價值的減損能夠可靠地計量，而且對於幫助信息使用者做出正確的決策具有相關性，就應當確認價值的減少。資產減值不再局限於過去，而更多地立足於現在和未來。因此，資產減值的確認不是交易而是事項，即使沒有發生交易，只要造成資產價值減少的情況已經存在，資產價值的下降可以相對可靠地計量，就應該加以確認。

資產減值損失的確認標準主要有以下三種：

（1）永久性標準。永久性標準是指只有永久性（在可以預計的未來期間內不可能恢復）的資產減值損失才能予以確認。這種標準的特點是可以避免確認暫時性減值損失。

（2）可能性標準。可能性標準是指對可能的資產減值損失予以確認，即在資產的帳面價值有可能不能足額收回時確認減值損失。可能性標準的特點是確認時以未來現金流量的現值作為基礎，而計量時採用公允價值。

(3) 經濟性標準。經濟性標準是指只要資產發生減值就應當予以確認，確認和計量採用相同的基礎。在經濟性標準下，資產被定義為預期的未來經濟利益，可收回金額小於帳面價值的差額用以計量減值損失。

由於經濟環境的不確定性對會計造成的影響，專業人員很難判斷哪些是永久性的資產減值，哪些是可能性的資產減值。採用永久性標準可能導致管理層拖延減值損失的確認，採用可能性標準又會導致因確認與計量基礎不同產生的資產高估。採用經濟性標準可以減少確認時的主觀判斷和人為操縱，在實務中更具可操作性。

中國現行的企業會計準則採用的是經濟性標準，與國際慣例保持了一致。當資產的可收回金額低於其帳面價值時就要確認資產減值準備。企業在資產負債表日應當判斷資產是否存在減值的跡象，主要可以從外部信息來源和內部信息來源兩方面加以判斷。

從企業外部信息來源來看，如果出現了資產的市價在當期大幅度下跌，其跌幅明顯高於因時間的推移或正常使用而預計的下跌；企業經營所處的經濟、技術或法律環境以及資產所處的市場在當期或者將在近期發生重大變化，從而對企業產生不利影響；市場利率或其他市場投資報酬率在當期已經提高，從而影響企業計算資產預計未來現金流量現值的折現率，導致資產可收回金額大幅度降低等，都屬於資產可能發生減值的跡象，企業需要據此估計資產的可收回金額，從而決定是否需要確認減值損失。

從企業內部信息來源來看，如果有證據表明資產已經陳舊過時或其實體已經損壞；資產已經或將被閒置、終止使用、計劃提前處置；企業內部報告的證據表明資產的經濟績效已經低於或將低於預期，如資產創造的淨現金流量或實現的營業利潤遠遠低於原來的預算或者預計金額、資產發生的營業損失遠遠高於原來的預算或者預計金額、資產在建造或收購時所需的現金支出遠遠高於最初的預算、資產在經營或維護中所需的現金支出遠遠高於最初的預算等，都屬於資產可能發生減值的跡象。

企業應當根據實際情況來認定資產可能發生減值的跡象。有確鑿證據表明資產存在減值跡象的，企業應當在資產負債表日進行減值測試，估計資產的可收回金額。資產存在減值跡象是資產是否需要進行減值測試的必要前提，但是有兩項資產除外，即因企業合併形成的商譽和使用壽命不確定的無形資產。因為企業合併形成的商譽和使用壽命不確定的無形資產在後續計量中不再進行攤銷，但是考慮到這兩類資產的價值和產生的未來經濟利益有較大的不確定性以及使用壽命不確定的無形資產的減值損失，為如實反應企業的財務狀況和經營成果，對於這兩類資產，企業至少應當每年年度終了進行減值測試。

第二節　資產可回收金額的計量

一、估計資產可收回金額的基本方法

資產的可收回金額是指資產的公允價值減去處置費用後的淨額與資產預計未來現金流量的現值兩者之間的較高者。根據企業會計準則的規定，資產存在減值跡象的，應當估計其可收回金額，然後將所估計的資產可收回金額與其帳面價值相比較。在估計資產可回收金額時，原則上應當以單項資產為基礎，如果企業難以對單項資產的可回收金額進行估計的，應當以該資產所屬的資產組為基礎確定資產組的可回收金額。有關資產組的認定及其減值處理將在本章第四節中闡述。

資產可收回金額的估計，應當根據其公允價值減去處置費用後的淨額與資產預計未來現金流量的現值兩者之間較高者確定。因此，企業要估計資產的可收回金額，通常需要同時估計該資產的公允價值減去處置費用後的淨額和資產預計未來現金流量的現值，但是在下列情況下，可以有例外或做特殊考慮：

第一，資產的公允價值減去處置費用後的淨額與資產預計未來現金流量的現值，只要有一項超過了資產的帳面價值，就表明資產沒有發生減值，不需要再估計另一項的金額。

第二，沒有確鑿證據或理由表明資產預計未來現金流量現值顯著高於其公允價值減去處置費用後的淨額的，可以將資產的公允價值減去處置費用後的淨額視為資產的可收回金額。企業持有待售的資產往往屬於這種情況，即該資產在持有期間（處置之前）產生的現金流量可能很少，其最終取得的未來現金流量往往就是資產的處置淨收入。在這種情況下，以資產公允價值減去處置費用後的淨額作為其可收回金額是適宜的，因為資產未來現金流量現值不會顯著高於其公允價值減去處置費用後的淨額。

第三，資產的公允價值減去處置費用後的淨額如果無法可靠估計的，應當以該資產預計未來現金流量的現值作為其可收回金額。

二、資產的公允價值減去處置費用後的淨額的估計

資產的公允價值減去處置費用後的淨額，通常反應的是資產如果被出售或處置時可以收回的淨現金收入。其中，公允價值是指市場參與者在計量日發生的有序交易中，出售一項資產所能收到或轉移一項負債所支付的價格。處置費用是指可以直接歸屬於資產處置的增量成本，包括與資產處置有關的法律費用、相關稅費、搬運費以及為使資產達到可銷售狀態所發生的直接費用等，但是財務費用和所得稅費用等不包括在內。企業在估計資產的公允價值減去處置費用後的淨額時，應當按照下列順序進行：

（1）以銷售協議價作為公允價值。在通常情況下，企業應當根據公平交易中資產的銷售協議價格減去可直接歸屬於該資產處置費用的金額確定資產的公允價值減去處置費用後的淨額。這是估計資產的公允價值減去處置費用後的淨額的最佳方法，企業應當優先採用這方法。

【例 9-1】天河公司的某項資產在公平交易中的銷售協議價格為 1,500 萬元，可直接歸屬於該資產的處置費用為 180 萬元。天河公司應確定該資產的公允價值減去處置費用後的淨額為 1,320 萬元。

（2）以買方出價作為公允價值。在資產不存在銷售協議但存在活躍市場的情況下，企業應當根據該資產的市場價格減去處置費用後的金額確定。資產的市場價格通常應當按照資產的買方出價確定，但是如果難以獲得資產在估計日的買方出價時，企業可以以資產最近的交易價格作為其公允價值減去處置費用後的淨額的估計基礎。其前提是資產的交易日和估計日之間有關經濟、市場環境等沒有發生重大變化。

【例 9-2】天河公司的某項資產不存在銷售協議但存在活躍市場，市場價格為 1,000 萬元，估計的處置費用為 120 萬元。天河公司應確定該項資產的公允價值減去處置費用後的淨額為 880 萬元。

（3）以最佳信息的估計數作為公允價值。在既不存在資產銷售協議又不存在資產活躍市場的情況下，企業應當以可獲取的最佳信息為基礎，根據在資產負債表日如果處置資產的話，熟悉情況的交易雙方自願進行公平交易願意提供的交易價格減去資產處置費用後的金額，估計資產的公允價值減去處置費用後的淨額。在實務中，該金額可以參考同行業類似資產的最近交易價格或結果進行估計。

【例 9-3】天河公司的某項資產不存在銷售協議，也不存在活躍市場。天河公司參考同行業類似資產的最近交易價格估計該資產的公允價值為 210 萬元，可直接歸屬於該資產的處置費用為 5 萬元。天河公司應確定該項資產的公允價值減去處置費用後的淨額為 205 萬元。

資產的可收回金額等於資產的公允價值減去處置費用後的淨額是需要優先確定的，但企業如果按照上述要求仍然無法可靠估計資產的公允價值減去處置費用後的淨額的，應當以該資產預計未來現金流量的現值作為其可收回金額。

三、資產預計未來現金流量現值的估計

資產預計未來現金流量的現值應當按照資產在持續使用過程中和最終處置時產生的預計未來現金流量，選擇恰當的折現率對其進行折現後的金額加以確定。因此，資產預計未來現金流量的現值的估計主要應當綜合考慮以下因素：經一，資產的未來現金流量；第二，資產的使用壽命；第三，折現率。其中，資產的使用壽命的預計與前面講述的固定資產和無形資產等規定的使用壽命的預計方法相同。以下重點闡述資產未來現金流量和折現率的預計方法。

（一）資產未來現金流量的預計

1. 預計資產未來現金流量的基礎

估計資產未來現金流量的現值，需要首先預計資產的未來現金流量。企業管理層應當在合理的和有依據的基礎上對資產剩餘使用壽命內整體經濟狀況進行最佳估計，並將資產未來現金流量的預計，建立在經企業管理層批准的最近財務預算或預測數據之上。但是出於數據可靠性和便於操作等方面的考慮，建立在該預算或預測基礎上的預計現金流量一般涵蓋 5 年，如果企業管理層能證明在更長的期間是合理的，也可涵蓋更長的期間。

由於經濟環境隨時都在變化，資產的實際現金流量往往會與預計數有出入，而且預計資產未來現金流量時的假設也有可能發生變化，因此企業管理層在每次預計資產未來現金流量時，應當首先分析以前期間現金流量預計數與現金流量實際數出現差異的情況，以評判當期現金流量預計所依據的假設的合理性。在通常情況下，企業管理層應當確保當期現金流量預計所依據的假設與前期實際結果相一致。

2. 預計資產未來現金流量應當考慮的因素

（1）以資產的當前狀況為基礎預計資產未來現金流量。企業資產在使用過程中有時會因為改良、重組等原因而發生變化，因此在預計資產未來現金流量時，企業應當以資產的當前狀況為基礎，不應當包括將來可能會發生的、尚未做出承諾的重組事項或與資產改良有關的預計未來現金流量。

（2）預計資產未來現金流量不應當包括籌資活動和所得稅收付產生的現金流量。企業預計的資產未來現金流量不應當包括籌資活動產生的現金流入或流出以及與所得稅收付有關的現金流量，其原因在於：一是所籌集資金的貨幣時間價值已經通過折現因素予以考慮，二是折現率要求是以稅前基礎計算確定的。因此，現金流量的預計也必須建立在稅前基礎之上，這樣可以有效避免在資產未來現金流量現值的計算過程中可能出現的重複計算等問題，以保證現值計算的正確性。

（3）對通貨膨脹因素的考慮應當和折現率一致。企業在預計資產未來現金流量和折現率時，如果折現率考慮了因一般通貨膨脹而導致的物價上漲影響因素，資產預計未來現金流量也應予以考慮；反之，如果折現率沒有考慮因一般通貨膨脹而導致的物價上漲影響因素，資產預計未來現金流量也應當剔除這一影響因素，在考慮通貨膨脹因素的問題上，資產未來現金流量的預計和折現率的預計應保持一致。

（4）內部轉移價格應當予以調整。在一些企業集團裡，出於集團整體戰略發展的考慮，某些資產生產的產品或產出可能是供集團內部其他企業使用或者對外銷售的，確定的交易價格或結算價格基於內部轉移價格，而內部轉移價格很可能與市場交易價格不

同。在這種情況下，為了如實測算企業資產的價值，企業就不應當簡單地以內部轉移價格為基礎預計資產未來現金流量，而應當採用在公平交易中企業管理層能夠達成的最佳的未來價格估計數進行預計。

3. 預計資產未來現金流量的構成內容

（1）資產持續使用過程中預計產生的現金流入。

（2）為實現資產持續使用過程中產生的現金流入所必需的預計現金流出（包括為使資產達到預定可使用狀態發生的現金流出）。該現金流出應當是可以直接歸屬於或可以通過合理和一致的基礎分配到資產中的現金流出，後者通常是指那些與資產直接相關的間接費用。對於在建工程、開發過程中的無形資產等，企業在預計其未來現金流量時，就應當包括預期為使該類資產達到預定可使用狀態（可銷售狀態）而發生的全部現金流出數。

（3）資產使用壽命結束時，處置資產收到或支付的淨現金流量。該現金流量應當是在公平交易中，熟悉情況的交易雙方自願進行交易時，企業預期可以從資產的處置中獲取或支付的、減去預計處置費用後的金額。

4. 預計資產未來現金流量的方法

（1）傳統法。傳統法是指預計資產未來現金流量時，根據資產未來每期最有可能產生的現金流量進行預測的方法。傳統法使用單一的未來每期預計現金流量和單一的折現率計算資產未來現金流量的現值。

【例 9-4】天河公司擁有 A 固定資產，該固定資產剩餘使用年限為 5 年。天河公司預計未來 5 年內，該資產每年可為企業產生的淨現金流量分別為第 1 年 300 萬元，第 2 年 200 萬元，第 3 年 120 萬元，第 4 年 80 萬元，第 5 年 20 萬元。該現金流量為最有可能產生的現金流量。企業應以該現金流量的預計數為基礎計算 A 固定資產未來現金流量的現值。

（2）期望現金流量法。期望現金流量法是指資產未來現金流量應當根據每期現金流量期望值進行預計，每期現金流量期望值按照各種可能情況下的現金流量與其發生概率加權計算。在實務中，有時影響資產未來現金流量的因素較多、情況較為複雜、帶有很強的不確定性，因此使用單一的現金流量可能無法如實地反應資產創造現金流量的情況。這樣企業應當採用期望現金流量法預計資產未來現金流量。

【例 9-5】天河公司擁有 B 固定資產，該固定資產剩餘使用年限為 3 年，利用 B 固定資產生產的產品受市場行情波動影響較大。天河公司預計未來 3 年內不同行情下該固定資產每年為企業產生的現金流量情況如表 9-1 所示。

表 9-1　預計未來 3 年內不同行情下該固定資產每年為企業產生的現金流量情況

單位：萬元

年份	產品行情好（30%的可能性）	產品行情一般（60%的可能性）	產品行情差（10%的可能性）
第 1 年	300	200	100
第 2 年	160	100	40
第 3 年	40	20	0

按照表 9-1 提供的資料，天河公司採用期望現金流量法預計未來 3 年每年的期望現金流量如下：

第 1 年的預計未來現金流量（期望現金流量）= 300×30%+200×60%+100×10%

=220（萬元）

第 2 年預計未來現金流量(期望現金流量)= 160×30%+100×60%+40×10%=112 (萬元)

第 3 年的預計未來現金流量(期望現金流量)= 40×30%+20×60%+0×10%=24 (萬元)

(二) 折現率的預計

折現率是指將未來有限期預期收益折算成現值的比率。計算資產未來現金流量現值時所使用的折現率應當是反應當前市場貨幣時間價值和資產特定風險的稅前利率，該折現率是企業在購置或投資資產時所要求的必要報酬率。需要說明的是，企業如果在預計資產的未來現金流量時已經對資產特定風險的影響做了調整的，折現率的估計不需要考慮這些特定風險。如果用於估計折現率的基礎是稅後的，企業應當將其調整為稅前的折現率，以便於與資產未來現金流量的估計基礎一致。

企業在確定折現率時，應當首先以該資產的市場利率為依據，如果該資產的利率無法從市場上獲得的，可以使用替代利率估計。企業在使用替代利率估計時，可以根據企業加權平均資金成本、增量借款利率或其他相關市場借款利率做適當調整後確定。調整時，企業應當考慮與資產預計現金流量有關的特定風險及其他有關政治風險、貨幣風險和價格風險等。

(三) 資產未來現金流量現值的預計

在預計資產未來現金流量和折現率的基礎之上，資產未來現金流量的現值只需將該資產的預計未來現金流量按照預計的折現率在預計期限內加以折現即可確定。

【例 9-6】天河公司 2×17 年年末對一艘遠洋貨輪進行減值測試。該貨輪原值為 30, 000 萬元，累計折舊 14, 000 萬元，2×17 年年末帳面價值為 16, 000 萬元，預計尚可使用 8 年。假定該貨輪的公允價值減去處置費用後的淨額難以確定，天河公司通過計算其未來現金流量的現值確定可收回金額。

天河公司在考慮了與該貨輪資產有關的貨幣時間價值和特定風險因素後，確定 10%為該資產的最低必要報酬率，並將其作為計算未來現金流量現值時使用的折現率。

天河公司根據有關部門提供的該船舶歷史營運記錄、船舶性能狀況和未來每年運量發展趨勢，預計未來每年營運收入和相關人工費用、燃料費用、安全費用、港口碼頭費用以及日常維護費用等支出。

天河公司在此基礎上估計該貨輪在 2×18—2×25 年每年預計未來現金流量分別為 2, 500 萬元、2, 460 萬元、2, 380 萬元、2, 360 萬元、2, 390 萬元、2, 470 萬元、2, 500 萬元和 2, 510 萬元。根據上述預計未來現金流量和折現率，天河公司計算該貨輪預計未來現金流量的現值為 13, 038 萬元，折現計算表金額如表 9-2 所示。

表 9-2　折現計算表金額

年份	項目		
	預計現金流量(萬元)	複利現值系數*	折現金額(萬元)
2×18	2, 500	0. 909, 1	2, 273
2×19	2, 460	0. 826, 4	2, 033
2×20	2, 380	0. 751, 3	1, 788
2×21	2, 360	0. 683, 0	1, 612
2×22	2, 390	0. 620, 9	1, 484
2×23	2, 470	0. 564, 5	1, 394
2×24	2, 500	0. 513, 2	1, 283
2×25	2, 510	0. 466, 5	1, 171
合計	19, 570	—	13, 038

註：* 複利現值系數（可根據公式計算或者直接查複利現值系數表取得）。

由於該貨輪的帳面價值為 16,000 萬元，可收回金額為 13,038 萬元，其帳面價值高於可收回金額 2,962 萬元。天河公司 2×17 年年末應將帳面價值高於可收回金額的差額確認為當期資產減值損失，並計提相應的減值準備。

第三節　資產減值損失的確認與計量

一、資產減值損失確認與計量的一般原則

企業在對資產進行減值測試並計算了資產可收回金額後，如果資產的可收回金額低於其帳面價值的，應當將資產的帳面價值減計至可收回金額，將減計的金額確認為資產減值損失，計入當期損益，同時計提相應的資產減值準備。這樣企業當期確認的減值損失應當反應在其利潤表中，而計提的資產減值準備應當作為相關資產的備抵項目，反應在資產負債表中，從而夯實企業資產價值，避免利潤虛增，如實反應企業的財務狀況和經營成果。

資產減值損失確認後，減值資產的折舊或攤銷費用應當在未來期間做相應調整，以使該資產在剩餘使用壽命內，系統地分攤調整後的資產帳面價值（扣除預計淨殘值）。例如，固定資產計提了減值準備後，固定資產帳面價值將根據計提的減值準備相應抵減，因此固定資產在未來計提折舊時，應當按照新的固定資產帳面價值為基礎計提每期折舊。

考慮到固定資產、無形資產、商譽等資產發生減值後，一方面價值回升的可能性比較小，通常屬於永久性減值；另一方面從會計信息謹慎性要求考慮，為了避免確認資產重估增值和操縱利潤，對於《企業會計準則第 8 號——資產減值》規定範圍內的資產，資產減值損失一經確認，在以後會計期間不得轉回。以前期間計提的資產減值準備，在資產處置、出售、對外投資、以非貨幣性資產交換方式換出以及在債務重組中抵償債務等，才能予以轉出。

二、資產減值損失的會計處理

為了記錄企業確認的資產減值損失和計提的資產減值準備，企業應當設置「資產減值損失」科目，按照資產類別進行明細核算，反應各類資產在當期確認的資產減值損失金額；同時，應當根據不同的資產類別，分別設置「固定資產減值準備」「在建工程減值準備」「投資性房地產減值準備」「無形資產減值準備」「商譽減值準備」「長期股權投資減值準備」等科目。

當企業確定資產發生了減值時，應當根據所確認的資產減值金額，借記「資產減值損失」科目，貸記「固定資產減值準備」「在建工程減值準備」「投資性房地產減值準備」「無形資產減值準備」「商譽減值準備」「長期股權投資減值準備」等科目。期末，企業應當將「資產減值損失」科目累計發生額轉入「本年利潤」科目，結轉後該科目應當沒有餘額。各資產減值準備科目累積每期計提的資產減值準備，直至相關資產被處置時才予以轉出。

【例 9-7】沿用**【例 9-6】**的資料，根據測試和計算結果，天河公司 2×17 年年末對該艘遠洋貨輪應確認的減值損失為 2,962 萬元。其帳務處理如下：

借：資產減值損失——計提固定資產減值損失　　29,620,000

　貸：固定資產減值準備　　29,620,000

計提資產減值準備後，該貨輪的帳面價值變為 13,038 萬元。在該貨輪剩餘使用壽命內，天河公司應當以此為基礎計提折舊。如果發生進一步減值的，再做進一步的減值測試。

【例 9-8】2×18 年 12 月 31 日，天河公司對在生產經營過程中使用的一條生產線進行檢查時發現該類生產線可能發生減值。該生產線的公允價值總額為 605, 000 元，可歸屬於該生產線的處置費用為 5, 000 元。該生產線預計尚可使用 5 年，預計其在未來 4 年內每年年末產生的現金流量分別為 200, 000 元、180, 000 元、160, 000 元、125, 000 元。第 5 年產生的現金流量以及使用壽命結束時處置形成的現金流量合計為 100, 000 元。假定在考慮相關因素的基礎上，天河公司決定採用 5%的折現率。假設經計算天河公司預計資產未來現金流量的現值為 673, 135. 5 元，大於其公允價值減去處置費用後的淨額 600, 000 元（605, 000-5, 000），因此該生產線的可收回金額為 673, 135. 5 元。同時，假設 2×18 年 12 月 31 日該生產線的帳面價值為 750, 000 元，以前年度沒有計提資產減值準備。2×18 年天河公司為該生產線計提減值準備 76, 864. 5 元（750, 000-673, 135. 5）。天河公司帳務處理如下：

借：資產減值損失——計提固定資產減值損失　　76, 864. 5

　貸：固定資產減值準備　　76, 864. 5

【例 9-9】2×19 年 12 月 31 日，天河公司在對外購專利權的帳面價值進行檢查時，發現市場上已存在類似專利技術所生產的產品，從而對天河公司產品的銷售造成重大不利影響。當時，該專利權的攤餘價值為 120, 000 元，剩餘攤銷年限為 5 年。

根據 2×19 年 12 月 31 日技術市場的行情，如果天河公司將該專利權予以出售，則在扣除發生的律師費和其他相關稅費後，可以獲得 100, 000 元。但是，如果天河公司計劃繼續使用該專利權進行產品生產，則在未來 5 年內預計可以獲得的現金流量的現值為 90, 000 元（假定使用年限結束時處置收益為零）。

天河公司該專利權的公允價值減去處置費用後的淨額為 100, 000 元，預計未來現金流量現值為 90, 000 元，因此，公司該專利權的可收回金額為 100, 000 元。2×19 年公司為該專利權計提減值準備 20, 000 元（120, 000-100, 000），其會計處理如下：

借：資產減值損失——計提無形資產減值損失　　20, 000

　貸：無形資產減值準備　　20, 000

【例 9-10】2×19 年 12 月 31 日，天河公司持有甲股份有限公司的普通股股票帳面價值為 1, 350, 000 元，作為長期股權投資進行核算。由於甲股份有限公司當年經營不善，資金週轉發生困難，其股票市價下跌至 1, 140, 000 元，短期內難以恢復。假設天河公司本年度首次對其計提長期股權投資減值準備，計提的長期股權投資減值準備金額為 210, 000 元（1, 350, 000-1, 140, 000）。其帳務處理如下：

借：資產減值損失——計提長期股權投資減值損失　　210, 000

　貸：長期股權投資減值準備——股票投資（甲公司）　　210, 000

按照《企業會計準則第 8 號——資產減值》的規定，資產減值損失確認後，減值資產的折舊或攤銷費用應當在未來期間做相應調整，以使該資產在剩餘使用壽命內，系統地分攤調整後的資產帳面價值

具體來說，已計提減值準備的資產應當按照該資產的帳面價值及尚可使用壽命重新計算確定折舊率和折舊額。資產計提減值準備後，企業應當重新復核資產的折舊方法（或攤銷方法），預計使用壽命和預計淨殘值，並區別情況採用不同的處理方法。

第一，如果資產所含經濟利益的預期實現方式沒有發生變更，企業仍應遵循原有的折舊方法（或攤銷方法），按照資產的帳面價值扣除預計淨殘值後的餘額以及尚可使用壽命重新計算確定折舊率和折舊額（或攤銷額）。如果資產所含經濟利益的預期實現方式發生了重大改變，企業應當相應改變資產的折舊方法（或攤銷方法），並按照會計估計變更的有關規定進行會計處理。

第二，如果資產的預計使用壽命沒有發生變更，企業仍應遵循原有的預計使用壽命，按照資產的帳面價值扣除預計淨殘值後的餘額以及尚可使用壽命重新計算確定折舊率和折舊額。如果資產的預計使用壽命發生變更，企業應當相應改變資產的預計使用壽命，並按照會計估計變更的有關規定進行會計處理。

第三，如果資產的預計淨殘值沒有發生變更，企業仍應按照資產的帳面價值扣除預計淨殘值後的餘額以及尚可使用壽命重新計算確定折舊率和折舊額（攤銷額）。如果資產的預計淨殘值發生變更，企業應當相應改變資產的預計淨殘值，並按照會計估計變更的有關規定進行會計處理。

【例 9-11】2×17 年 12 月 16 日，天河公司購進一臺不需要安裝的設備，確認其入帳價值為 411 萬元。該設備於當日投入使用，預計使用年限為 10 年，預計淨殘值為 15 萬元，採用年限平均法計提折舊。2×18 年 12 月 31 日，天河公司對該設備進行檢查時發現其已經發生減值，預計可收回金額為 321 萬元，確認減值後預計使用年限、預計淨殘值及折舊方法都未改變。天河公司帳務處理如下：

2×18 年度該設備計提的折舊額＝(411－15)÷10＝39.6（萬元）

2×18 年 12 月 31 日該設備計提的減值準備＝(411－39.6)－321＝50.4（萬元）

借：資產減值損失——計提固定資產減值損失　　504,000

　貸：固定資產減值準備　　504,000

2×19 年度該設備計提的折舊額＝(321－15)÷9＝34（萬元）

第四節　資產組的認定及減值處理

一、資產組的認定

根據《企業會計準則第 8 號——資產減值》規定，如果有跡象表明一項資產可能發生減值，企業應當以單項資產為基礎估計其可收回金額。但是在難以對單項資產的可收回金額進行估計的情況下，企業應當以該資產所屬的資產組為基礎確定資產組的可收回金額。因此，資產組的認定十分重要。

（一）資產組的概念

資產組是企業可以認定的最小資產組合，其產生的現金流入應當基本上獨立於其他資產或資產組子資產組應當由創造現金流入相關的資產組成。

（二）認定資產組應當考慮的因素

（1）認定資產組最關鍵的因素是該資產組能否獨立產生現金流入。例如，企業的某一生產線、營業網點、業務部門等，如果能夠獨立於其他部門或單位等創造收入、產生現金流入，或者其創造的收入和現金流入絕大部分獨立於其他部門或單位，並且屬於可認定的最小的資產組合，通常應將該生產線、營業網點、業務部門等認定為一個資產組。

【例 9-12】天河公司擁有一個大型煤礦，該煤礦建有一條專用鐵路，用於煤炭的生產和運輸。該專用鐵路在其持續使用中，難以脫離煤礦相關的其他資產而產生單獨的現金流入。因此，天河公司難以對該專用鐵路的可收回金額進行單獨估計，專用鐵路和煤礦其他相關資產必須結合在一起，成為資產組，以估計該資產組的可收回金額。

在資產組的認定過程中，企業幾項資產的組合生產的產品存在活躍市場的，無論這些產品對外出售還是僅供企業內部使用，都表明這幾項資產的組合能夠獨立創造現金流入，在符合其他相關條件的情況下，應當將這些資產的組合認定為資產組。

【例 9-13】天河公司生產 W 產品，並且只擁有甲、乙、丙三家企業。三家企業分別位於三個不同的地區。甲企業生產一種組件，由乙企業或丙企業進行組裝，最終產品 W 由乙企業或丙企業銷往各地，乙企業的產品可以在本地銷售，也可以在丙企業所在地銷售。

乙企業和丙企業的生產能力合在一起尚有剩餘，並沒有被完全利用。乙企業和丙企業生產能力的利用程度依賴於 A 公司對於銷售產品在兩地之間的分配。以下分別認定與甲、乙、丙三家企業有關的資產組。

①假定甲企業生產的產品（組件）存在活躍市場，則甲企業很可能可以認定為一個單獨的資產組，原因是它生產的產品儘管主要用於乙企業或丙企業，但是由於該產品存在活躍市場，可以帶來獨立的現金流量，因此通常應當認定為一個單獨的資產組。

對於乙企業和丙企業而言，即使乙企業和丙企業組裝的產品存在活躍市場，但乙企業和丙企業的現金流入依賴於產品在兩地之間的分配。乙企業和丙企業的未來現金流入不可單獨確定。因此，乙企業和丙企業組合在一起是可以認定的、可產生基本上獨立於其他資產或資產組的現金流入的資產組合，乙企業和丙企業應當認定為一個資產組。

②假定甲企業生產的產品不存在活躍市場，它的現金流入依賴於乙企業或丙企業生產的最終產品的銷售，因此甲企業很可能難以單獨產生現金流入，其可收回金額很可能單獨估計。

對於乙企業和丙企業而言，其生產的產品雖然存在活躍市場，但是乙企業和丙企業的現金流入依賴於產品在兩個企業之間的分配，乙企業和丙企業在生產和銷售上的管理是統一的。因此，乙企業和丙企業也難以單獨產生現金流量，也難以單獨估計其可收回金額。只有甲、乙、丙三個企業組合在一起，才很可能是一個可以認定的、能夠基本上獨立產生現金流入的最小的資產組合，從而將甲、乙、丙的組合認定為一個資產組。

(2) 企業對生產經營活動的管理或監控方式以及對資產使用或者處置的決策方式等，也是認定資產組應考慮的重要因素。例如，某服裝企業有童裝、西裝、襯衫三個工廠，每個工廠在核算、考核和管理等方面都相對獨立。在這種情況下，每個工廠通常為一個資產組。又如，某家具製造商有 A 車間和 B 車間，A 車間專門生產家具部件，生產完後由 B 車間負責組裝，該家具製造商對 A 車間和 B 車間資產的使用與處置等決策是一體的。在這種情況下，A 車間和 B 車間通常應當認定為一個資產組。

(三) 資產組認定後不得隨意變更

資產組一經確定後，在各個會計期間應當保持一致，不得隨意變更，即資產組的各項資產構成通常不能隨意變更。例如，甲設備在 2×18 年歸屬於 A 資產組，在無特殊情況下，該設備在 2×19 年仍然應當歸屬於 A 資產組，而不能隨意將其變更至其他資產組。但是，如果由於企業重組、變更資產用途等原因，導致資產組構成確需變更的，企業可以進行變更，但企業管理層應當證明該變更是合理的，並應當在附註中做相應說明。

二、資產組減值測試

資產組減值測試的原理和單項資產是一致的，即企業需要預計資產組的可收回金額和計算資產組的帳面價值，並將兩者進行比較，如果資產組的可收回金額低於其帳面價值，表明資產組發生了減值損失，應當予以確認。

(一) 資產組帳面價值和可收回金額的確定基礎

資產組帳面價值的確定基礎應當與其可收回金額的確定方式相一致。資產組的帳面價值應當包括可直接歸屬於資產組並可以合理和一致地分攤至資產組的資產帳面價值，通常不應包括已確認負債的帳面價值，但如不考慮該負債金額就無法確定資產組可收回金額的除外。為什麼在確定資產組帳面價值時，通常不應當包括已確認負債的帳面價值呢？這是因為在預計資產組的可收回金額時，既不包括與該資產組的資產無關的現金流量，也不包括已在財務報表中確認的與負債有關的現金流量。因此，為了與資產組可收回金額的確定基礎相一致，資產組的帳面價值也不應當包括這些項目。因為只有這樣，資產組的帳面價值與資產組的可收回金額的確定方式才是一致的，兩者的比較才有意義，否則如果兩者在不同的基礎上進行估計和比較，就難以正確估算資產組的減值損失。

資產組的可收回金額在確定時，應當按照該資產組的公允價值減去處置費用後的淨額與其預計未來現金流量的現值兩者之間的較高者確定。

【例 9-14】天河公司屬於礦業生產企業，法律要求礦業生產企業必須在完成開採後將該地區恢復原貌。恢復費用包括表土覆蓋層的復原，而表土覆蓋層在礦山開發前必須搬走。表土覆蓋層一旦移走，企業就應為其確認一項負債，其有關費用計入礦山成本，並在礦山使用壽命內計提折舊。假定天河公司為恢復費用確認的預計負債的帳面金額為 1, 200 萬元。2×19 年 12 月 1 日，天河公司正在對礦山進行減值測試，礦山的資產組是整座山，天河公司已經收到願意以 4, 800 萬元的價格購買該礦山的合同，這一價格已經考慮了復原表土覆蓋層的成本。礦山的預計未來現金流量的現值為 6, 600 萬元，不包括恢復費用，礦山的帳面價值為 6, 720 萬元（包括確認的恢復山體原貌的預計負債），假定不考慮礦山的處置費用。

本例中，該資產預計未來現金流量的現值在考慮了恢復費用後的價值為 5, 400 萬元（6, 600-1, 200），大於其公允價值減去處置費用後的淨額 4, 800 萬元，因此該資產組的可收回金額為 5, 400 萬元，資產組的帳面價值為 5, 520 萬元（6, 720-1, 200），該資產組計提的減值準備為 120 萬元（5, 520-5, 400）。

（二）資產組減值的會計處理

根據減值測試的結果，資產組的可收回金額如低於其帳面價值，應當確認相應的減值損失。減值損失金額應當按照以下順序進行分攤：

（1）抵減分攤至資產組中商譽的帳面價值。

（2）根據資產中除商譽之外的其他各項資產的帳面價值所占比重，按比例抵減其他各項資產的帳面價值。

以上資產帳面價值的抵減，應當作為各單項資產（包括商譽）減值損失處理，計入當期損益。抵減後的各資產的帳面價值不得低於以下三者之中最高者：該資產的公允價值減去處置費用後的淨額（如可確定的）、該資產預計未來現金流量的現值（如可確定的）和零。因此，未能分攤的減值損失金額應當按照相關資產組中其他各項資產的帳面價值所占比重進行分攤。

【例 9-15】天河公司於 2×19 年 12 月 31 日對某資產組進行減值測試，其帳面價值為 550 萬元。該資產組包括固定資產生產線、車間廠房、宿舍和浴室，帳面價值分別為 118 萬元、156 萬元、276 萬元。經諮詢有關專家，天河公司確定該資產組的公允價值減去處置費用後的淨額為 430 萬元，未來現金流量現值為 410 萬元。因此，該資產組發生減值，確認的減值損失為 120 萬元（550-430）；同時，根據該資產組內固定資產的帳面價值，按比例分攤減值損失至資產組內的固定資產。

（1）按資產組的帳面價值分攤減值損失

生產線分攤的減值損失 = 1, 180, 000÷5, 500, 000×1, 200, 000≈257, 455（元）

車間廠房分攤的減值損失 = 1, 560, 000÷5, 500, 000×1, 200, 000≈340, 364（元）

宿舍和浴室分攤的減值損失 = 2, 760, 000÷5, 500, 000×1, 200, 000≈602, 181（元）

（2）根據計算結果進行會計處理如下：

借：固定減值損失——計提固定資產減值損失　1, 200, 000
　貸：固定資產減值準備——生產線　257, 455
　　　——車間廠房　340, 364
　　　——宿舍和浴室　602, 181

(3) 計算分攤減值損失後各單項資產的帳面價值。

生產線的帳面價值 = 1, 180, 000 − 257, 455 = 922, 545（元）

車間廠房的帳面價值 = 1, 560, 000 − 340, 364 = 1, 219, 636（元）

宿舍和浴室的帳面價值 = 2, 760, 000 − 602, 181 = 2, 157, 819（元）

分攤減值損失後資產組的帳面價值 = 922, 545 + 1, 219, 636 + 2, 157, 819 = 4, 300, 000（元）

【例 9-16】天河公司有一條生產特種儀器的生產線，該生產線由 D、E、F 三部機器構成，預計使用年限為 10 年，預計淨殘值為 0，以年限平均法計提折舊，由於三部機器都無法單獨產生現金流量，但整條生產線構成完整的產銷單位，屬於一個資產組。2×19 年該生產線生產的特種產品，由於受新產品的衝擊，導致天河公司特種儀器的銷路銳減，因此天河公司對該生產線進行減值測試。

2×19 年 12 月 31 日，D、E、F 三部機器的帳面價值分別為 300, 000 元、450, 000 元、750, 000 元。天河公司估計 D 機器的公允價值減去處置費用後的淨額為 225, 000 元，E 機器、F 機器都無法合理估計其公允價值減去處置費用後的淨額以及未來現金流量的現值。

整條生產線預計尚可使用 5 年。天河公司估計其未來 5 年的現金流量及其恰當的折現率後，得到該生產線預計未來現金流量的現值為 900, 000 元。由於無法合理估計生產線的公允價值減去處置費用後的淨額，因此天河公司以該生產線預計未來現金流量的現值為其可收回金額。

鑒於在 2×19 年 12 月 31 日該生產線的帳面價值為 1, 500, 000 元，而其可收回金額為 900, 000 元，生產線的帳面價值高於其可收回金額，因此該生產線已經發生了減值，天河公司應當確認減值損失 600, 000 元，並將該減值損失分攤到構成生產線的三部機器中。由於 D 機器的公允價值減去處置費用後的淨額為 225, 000 元，因此 D 機器分攤了減值損失後的帳面價值不應低於 225, 000 元。減值損失分攤過程如表 9-3 所示。

表 9-3　減值損失分攤過程

項目	D 機器	E 機器	F 機器	整個生產線(資產組)
帳面價值(元)	300, 000	450, 000	750, 000	1, 500, 000
可收回金額(元)				900, 000
減值損失(元)				600, 000
減值損失分攤比例(%)	20	30	50	—
分攤減值損失(元)	75, 000*	180, 000	300, 000	555, 000
分攤後帳面價值(元)	225, 000	270, 000	450, 000	
尚未分攤的減值損失(元)				45, 000
二次分攤比例(%)		37. 50	62. 50	
二次分攤減值損失(元)		16, 875	28, 125	45, 000
二次分攤後應確認減值損失總額(元)		196, 875	328, 125	
二次分攤後帳面價值(元)	225, 000	253, 125	421, 875	900, 000

註：* 指按照分攤比例，D 機器應當分攤減值損失 120, 000 元（600, 000×20%），但由於 D 機器的公允價值減去處置費用的淨額為 225, 000 元，因此 D 機器最多只能確認減值損失 75, 000 元（300, 000−225, 000），未能分攤的損失值 45, 000 元（120, 000−75, 000），應當在 E 機器和 F 機器之間進行再分攤。

根據上述計算和分攤結果，該生產線的 D 機器、E 機器和 F 機器應當分別確認減值損失 75,000 元、196,875 元和 328,125 元，帳務處理如下：

借：資產減值損失——D 機器　　75,000
　　　　　　　　——E 機器　　196,875
　　　　　　　　——F 機器　　328,125
　貸：固定資產減值準備——D 機器　　75,000
　　　　　　　　　　　——E 機器　　196,875
　　　　　　　　　　　——F 機器　　328,125

三、總部資產的減值測試

企業總部資產包括企業集團或其事業部的辦公樓、電子數據處理設備、研發中心等資產。總部資產的顯著特徵是難以脫離其他資產或資產組產生獨立的現金流入，而且其帳面價值難以完全歸屬於某一資產組。因此，總部資產通常難以單獨進行減值測試，需要結合其他相關資產組或資產組組合進行。資產組組合是指由若干個資產組組成的最小資產組組合，包括資產組或資產組組合以及按合理方法分攤的總部資產部分。

在資產負債表日，如果有跡象表明某項總部資產可能發生減值的，企業應當計算確定該總部資產歸屬的資產組或資產組組合的可收回金額，然後將其與相應的帳面價值進行比較，據以判斷是否需要確認減值損失。

企業對某一資產組進行減值測試時，應當先認定所有與該資產組相關的總部資產，再根據相關總部資產能否按照合理和一致的基礎分攤至該資產組下列情況處理：

（1）企業對於相關總部資產能夠按照合理和一致的基礎分攤至該資產組的部分，應將該部分總部資產的帳面價值分攤至該資產組，再據以比較該資產組的帳面價值（包含已分攤的總部資產的帳面價值部分）和可收回金額，並按照前述有關資產組減值測試順序和方法處理。

【例 9-17】天河公司資產組甲、乙、丙的帳面價值分別為 200 萬元、300 萬元和 500 萬元，總部資產的帳面價值為 200 萬元。天河公司將總部資產帳面價值分配至各資產組的比例分別設定為 20%、30%、50%。

第一，天河公司將總部資產向各資產組分配，分配後的資產組甲、乙、丙的帳面價值分別為 240 萬元、360 萬元、600 萬元。假定包含總部資產帳面價值分配額的資產組乙、丙存在著減值跡象，其總部資產帳面價值分配後的資產組乙、丙的可收回金額分別為 200 萬元和 320 萬元。

第二，天河公司分別對各資產組進行減值損失的確認和計量。由於包含總部資產帳面價值分配額的資產組乙、丙的可收回金額分別為 200 萬元和 320 萬元，因此天河公司該資產組乙、丙確認減值損失，將其帳面價值分別減至其各自的可收回金額。資產減值計算如表 9-4 所示。

表 9-4　資產減值計算　　單位：萬元

項目	甲	乙	丙	小計	總部資產	合計
帳面價值	200	300	500	1,000	200	1,200
分配總部資產帳面價值	40	60	100	200	-200	0
分配後的帳面價值	240	360	600	1,200		1,200
可收回金額		200	320			
減值損失		160	280	440		
減值處理後的帳面價值	240	200	320	760		

第三，天河公司按照確認減值損失前的帳面價值，將包含總部資產帳面價值分配額的資產組乙、丙應確認的減值損失分配到資產組和總部資產。資產減值計算如表 9-5 所示。

表 9-5　資產減值計算　　單位：萬元

項目	減值損失	向資產組分配	向總部資產分配
總部資產價值分配後資產組乙	160	133（160×300÷360）	27（160×60÷360）
總部資產價值分配後資產組丙	280	233（280×500÷600）	47（280×100÷600）
合計	440	366	74

綜上所述，天河公司確認資產組甲減值損失 0，確認資產組乙減值損失 133 萬元，確認資產組丙減值損失 233 萬元，確認總部資產減值損失 74 萬元。

（2）企業對於相關總部資產中有部分資產難以按照合理和一致的基礎分攤至該資產組的，應當按照下列步驟處理：

首先，在不考慮相關總部資產的情況下，估計和比較資產組的帳面價值和可收回金額，並按照前述有關資產組減值測試的順序和方法處理。

其次，認定由若干個資產組組成的最小的資產組組合。該資產組組合應當包括所測試的資產組與可以按照合理和一致的基礎將該部分總部資產的帳面價值分攤至其上的部分。

最後，比較認定的資產組組合的帳面價值（包括已分攤的總部資產的帳面價值部分）和可收回金額，並按照前述有關資產組減值測試的順序和方法處理。

【例 9-18】假定天河公司有關資料如下：資產組甲、乙、丙的帳面價值分別為 200 萬元、300 萬元和 500 萬元，總部資產的帳面價值為 200 萬元。資產組丙和總部資產存在著減值跡象。預計資產組丙的可收回金額為 320 萬元，資產組甲和乙的可收回金額無法合理估計，包含總部資產在內的資產組組合的可收回金額為 880 萬元。有關資產減值的帳務處理如下：

（1）由於資產組丙存在減值跡象，預計的可收回金額 320 萬元低於帳面價值，天河公司判斷應確認減值損失，並將其帳面價值 500 萬元減計至其可收回金額 320 萬元，確認減值損失 180 萬元。

（2）由於總部資產和資產組丙均存在減值跡象，包含總部資產的資產組組合的帳面價值為 1,200 萬元，而包含總部資產的資產組組合的可收回金額為 880 萬元，判斷應確認減值損失，其確認減值損失的金額為 320 萬元。

（3）包含總部資產在內的資產組組合的減值損失為 320 萬元，而不包含總部資產的各資產組應確認的減值損失為 180 萬元，增加 140 萬元，計算過程如表 9-6 所示。

這一增加的減值損失 140 萬元，應當分配到總部資產，作為總部資產應確認的減值損失處理。對於各資產組確認的減值損失，天河公司需要按照資產組內部各項資產的帳面價值，將其分配到各項資產，並以此為依據分別對各項資產進行資產減值的帳務處理。至於總部資產應確認的減值損失，也應按照總部資產包含的各項資產的帳面價值，將其分配到各項資產並進行資產減值的帳務處理。

表 9-6　計算過程　　單位：萬元

項目	甲	乙	丙	小計	總部資產	包含總部資產的資產組組合合計
各資產組的減值損失的確認和計量						
帳面價值	200	300	500	1,000	200	1,200
可回收金額	—	—	320	—		
減值損失	—	—	180	180		180
分別按各資產組減值處理後的帳面價值	200	300	320	820	200	1,020
包含總部資產的資產組組合的減值損失的確認與計量						
帳面價值	200	300	500	1,000	200	1,200
可回收金額						880
減值損失						320
包含總部的資產組組合減值損失增加						140

【例 9-19】天河公司是高科技企業，擁有 D、E 和 F 三個資產組。2×19 年年末，這三個資產組的帳面價值分別為 300 萬元、450 萬元和 600 萬元，沒有商譽。這三個資產組為三條生產線，預計剩餘使用壽命分別為 10 年、20 年和 20 年，採用平均年限法計提折舊。天河公司的競爭對手通過技術創新推出了技術含量更高的產品，並且受到市場歡迎，對天河公司的產品產生了重大不利影響，為此天河公司於 2×19 年年末對各資產組進行了減值測試。

天河公司的經營管理活動由總部負責，總部資產包括一棟辦公大樓和電子數據處理設備，其中辦公大樓的帳面價值為 450 萬元，電子數據處理設備的帳面價值為 150 萬元，辦公大樓的帳面價值可以在合理和一致的基礎上分攤至各資產組，但是電子數據處理設備的帳面價值難以在合理和一致的基礎上分攤至各相關資產組。資產減值計算如表 9-7 所示。

表 9-7　資產減值計算

項目	資產組 D	資產組 E	資產組 F	合計
各資產組帳面價值（萬元）	300	450	600	1,350
各資產組剩餘使用壽命（年）	10	20	20	
按使用壽命計算的權數	1	2	2	
加權計算後的帳面價值（萬元）	300	900	1,200	2,400
辦公大樓的分攤比例（各組加權後的帳面價值÷各組加權後的帳面價值合計）(%)	12.5	37.5	50	100
辦公大樓的帳面價值分攤到各資產組的金額（萬元）	56.25	168.75	225	450
包括分攤的辦公大樓的帳面價值部分的各資產組帳面價值（萬元）	356.25	618.75	825	1,800

假定各資產組和資產組組合的公允價值減去處置費用後的淨額難以確定，天河公司根據預計未來現金流量的現值來計算其可收回金額，計算現值所用的折現率為 15%。經

計算（過程略），天河公司確定資產組 D、E、F 的可收回金額分別為 597 萬元、492 萬元和 813 萬元，資產組合的可收回金額為 2,160 萬元。資產組 E 和 F 的可收回金額均低於其帳面價值，應當分別確認 126.75 萬元和 12 萬元的減值損失，並將該減值損失在辦公大樓和資產組之間進行分解。

根據分攤結果，因資產組 E 發生減值損失 126.75 萬元導致辦公大樓減值 34.57 萬元（126.75×168.75÷618.75），導致資產組 E 包括的資產發生減值 92.18 萬元（126.75×450÷618.75）；因資產組 F 發生減值損失 12 萬元導致辦公大樓減值 3 萬元（12×225÷825），導致資產組 F 包括的資產發生減值 9 萬元（12×600÷825）。

經過上述減值測試後，資產組 D、E、F 和辦公大樓的帳面價值分別為 300 萬元、357.82 萬元、591 萬元和 412.43 萬元，電子數據處理設備的帳面價值仍為 150 萬元，由此包括電子數據處理設備在內的最小資產組組合（天河公司）的帳面價值總額為 1,811.25 萬元（300+357.82+591+412.43+150），但其可收回金額為 2,160 萬元，高於其帳面價值。因此，天河公司不必再進一步確認減值損失。

第五節　商譽減值測試及會計處理

一、商譽減值測試的一般要求

企業合併形成的商譽至少應當在每年年度終了進行減值測試。由於商譽難以獨立產生現金流量，因此商譽應當結合與其相關的資產組或資產組組合進行減值測試。但這些相關的資產組或資產組組合應當是能夠從企業合併的協同效應中受益的資產組或資產組組合。

為了進行資產減值測試，對於因企業合併形成的商譽的帳面價值，企業應當自購買日起按照合理的方法分攤至相關的資產組。難以分攤至相關的資產組的，企業應當將其分攤至相關的資產組組合。

二、商譽減值測試的方法及會計處理

企業在對包含商譽的相關資產組或資產組組合進行減值測試時，如與商譽相關的資產組或資產組組合存在減值跡象的，應當先對不包含商譽的資產組或資產組組合進行減值測試，計算可收回金額，並與相關帳面價值相比較，確認相應的減值損失；之後再對包含商譽的資產組或資產組組合進行減值測試，比較這些相關資產組或資產組組合的帳面價值（包括分攤的商譽的帳面價值部分）與其可收回金額，如相關資產組或資產組組合的可收回金額低於其帳面價值的，應當將其差額確認為減值損失，減值損失的金額應當先抵減分攤至資產組或資產組組合中商譽的帳面價值。企業根據資產組或資產組組合中除商譽之外的其他各項資產的帳面價值所占比重，按比例抵減其他各項資產的帳面價值。

上述資產帳面價值的抵減也作為各單項資產（包括商譽）的減值損失處理，計入當期損益。抵減後的各資產的帳面價值不得低於以下三者之中最高者：該資產的公允價值減去處置費用後的淨額（如可確定的）；該資產預計未來現金流量的現值（如可確定的）和零。因此，未能分攤的減值損失金額應當按照相關資產組或資產組組合中其他各項資產的帳面價值所占比重進行分攤。

按照《企業會計準則第 20 號——企業合併》的規定，因企業合併形成的商譽是母公司根據其在子公司所擁有的權益而確認的商譽，子公司中歸屬於少數股東的商譽並沒有在合併財務報表中予以確認。因此，企業在對與商譽相關的資產組或資產組組合進行

減值測試時，由於其可收回金額的預計包括歸屬於少數股東的商譽價值部分，因此為了使減值測試建立在一致的基礎上，企業應當調整資產組的帳面價值，將歸屬於少數股東權益的商譽包括在內，再根據調整後的資產組帳面價值與其可收回金額進行比較，以確定資產組（包括商譽）是否發生了減值。

上述資產組如發生減值的，應當首先抵減商譽的帳面價值。但由於根據上述方法計算的商譽減值包括了應由少數股東權益承擔的部分，而少數股東權益承擔的商譽價值及其減值損失都不在合併財務報表中反應，且合併財務報表只反應歸屬於母公司商譽的減值損失，因此企業應當將商譽減值損失在可歸屬於母公司和少數股東權益部分之間按比例進行分攤，以確認歸屬於母公司的商譽減值損失。

【例 9-20】天河公司在 2×19 年 1 月 1 日以 2,400 萬元的價格收購了 D 企業 80%股權。在購買日，D 企業可辨認資產的公允價值為 2,250 萬元，沒有負債和或有負債。因此，天河公司在購買日編製的合併資產負債表中確認商譽 600 萬元（2,400-2,250×80%）。D 企業可辨認淨資產為 2,250 萬元，少數股東權益為 450 萬元（2,250×20%）。

假定 D 企業的所有資產被認定為一個資產組。由於該資產組包括商譽，因此該資產組應於每年年度終了進行減值測試。

2×19 年年末，天河公司確定該資產組的可收回金額為 1,500 萬元，可辨認淨資產的帳面價值為 2,025 萬元。由於 D 企業作為一個單獨的資產組的可收回金額 1,500 萬元中，包括歸屬於少數股東權益在商譽價值中享有的部分。因此，出於減值測試的目的，在與資產組的可收回金額進行比較之前，必須對資產組的帳面價值進行調整，使其包括歸屬於少數股東權益的商譽價值 150 萬元［(2,400÷80%-2,250)×20%］。之後天河公司再據此比較該資產組的帳面價值和可收回金額，確定是否發生了減值損失。資產減值損失計算如表 9-8 所示。

表 9-8　資產減值損失計算　　單位：萬元

2×19 年年末	商譽	可辨認資產	合計
帳面價值	600	2,025	2,625
未確認歸屬於少數股東權益的商譽價值	150	—	150
調整後帳面價值	750	2,025	2,775
可收回金額			1,500
減值損失			1,275

根據上述計算結果，資產組發生減值損失 1,275 萬元，應當首先衝減商譽的帳面價值，然後再將剩餘部分分攤至資產組中的其他資產。在本例中，1,275 萬元減值損失中有 750 萬元應當屬於商譽（調整後的帳面價值）減值損失。其中，由於在合併財務報表中確認的商譽僅限於天河公司持有 D 企業 80%股權部分，因此天河公司只需要在合併財務報表中確認歸屬於天河公司的商譽減值損失，即 750 萬元商譽減值損失的 80%，為 600 萬元。剩餘的 525 萬元（1,275-750）減值損失，應當衝減 D 企業的可辨認資產的帳面價值，作為 D 企業可辨認資產的減值損失。

第十章　負　債

第一節　負債概述

一、負債的定義及確認條件

（一）負債的定義

《企業會計準則——基本準則》第二十三條規定：負債是指企業過去的交易或者事項形成的、預期會導致經濟利益流出企業的現時義務。

根據負債的定義，負債主要具備以下三個特徵：

1. 負債是企業承擔的現時義務

現時義務是負債最本質的特徵。義務是指企業要以一定方式履行的責任，而現時義務則是企業在現行條件下已經承擔的義務。企業尚未發生的交易或者事項形成的義務，不屬於現時義務，不構成負債，如企業估計未來經營很可能發生的損失不會形成一項現時義務。這裡的義務既包括法定義務，也包括推定義務。其中，法定義務是指由具有約束力的合同或法律法規產生的義務。企業對承擔的法定義務必須依法執行，如企業通過商業信用購買商品形成的應付帳款、取得銀行貸款產生的銀行借款和應付利息、按照稅法規定應繳納的稅費等都屬於法定義務。推定義務是指根據企業實務中形成的慣例、公開做出的承諾或公開宣布的政策而導致企業承擔的責任，有關各方都對企業履行該義務形成了合理預期，也構成企業的一項現實義務，如公司董事會對外宣告要支付的現金股利、企業重組過程中產生的義務等。

2. 負債預期會導致經濟利益流出企業

企業在履行現時義務時，會導致經濟利益流出企業。經濟利益流出企業的方式主要包括支付現金、轉移非現金資產或提供勞務等形式。如果企業在履行義務時，不一定導致經濟利益的流出，如企業可以選擇以發行普通股的方式來履行義務，就不構成負債。

3. 負債是由過去的交易或者事項形成的

負債應當由過去的交易或者事項形成，換句話說，只有過去發生的交易或者事項才能形成負債，如企業將在未來發生的承諾、在未來將簽訂的購貨合同等，都不構成負債。

（二）負債的確認條件

確認負債意味著企業將在資產負債表中反應該負債。企業要確認負債，除了要符合負債的定義之外，還應當同時滿足以下兩個條件：

1. 與該義務有關的經濟利益很可能流出企業

經濟業務存在不確定性導致企業在履行經濟業務時流出的經濟利益有時需要估計，特別是由於推定義務而產生的負債。例如，企業因銷售產品而承擔的產品質量保證義務發生的支出金額就存在很大的不確定性。如果有證據表明與現時義務有關的經濟利益很可能流出企業，就應當確認為負債。反之，企業對預期流出經濟利益可能性較小或不復存在的現時義務，不應確認為一項負債。

2. 未來流出經濟利益的金額能夠可靠地估計

企業要確認負債必須能夠可靠地計量負債的金額，即能夠可靠地計量未來經濟利益流出的金額。企業因法定義務而預期發生的經濟利益流出金額，通常可以根據法律或合同的規定予以確定。例如，企業應交稅費的金額可以根據相關稅法的規定計算確定。企業因推定義務產生的未來經濟利益的流出金額則往往需要根據合理估計才能確定履行相關義務所需支出的金額。如果未來期間較長，企業還需要考慮貨幣時間價值的影響。

二、負債的分類

在資產負債表中，負債項目根據流動性進行分類列報劃分為流動負債和非流動負債。

（一）流動負債

流動負債是指滿足下列情形之一的負債：

（1）預計在一個正常營業週期內清償的負債，如企業採用商業信用方式購買貨物或接受勞務形成的應付帳款和應付票據。

（2）主要為交易目的而持有的負債，如銀行發行的打算近期回購的短期票據。

（3）自資產負債表日起一年內（含一年）到期應予以清償的負債，如企業以前期間發行的將在資產負債表日起一年內到期償還的債券。

（4）企業無權自主地將清償期限推遲至資產負債表日後一年以上的負債，如企業從銀行借入的無權自主延長償還期限的貸款。

流動負債主要包括短期借款、交易性金融負債、應付票據、應付帳款、預收帳款、應付職工薪酬、應交稅費、其他應付款等。

（二）非流動負債

非流動負債是指流動負債以外的負債。非流動負債主要是企業為籌集長期資產購建所需資金而發生的負債，如企業為購買設備或建造廠房而從銀行借入的中長期貸款等。非流動負債主要包括長期借款、應付債券、長期應付款等。

第二節 流動負債

一、短期借款

（一）短期借款的核算內容

短期借款是指企業從銀行或其他金融機構借入的期限在一年以內（含一年）的各種借款。企業在日常生產經營活動中面臨資金短缺時，通常會考慮從銀行借入資金。銀行經常會根據企業的資信狀況事先給予企業一定的信用額度，企業可以在需要資金時從銀行帳戶的信用額度之內支取現金，並在雙方約定的期限內償還借款和利息，從而形成企業的一項短期借款。

（二）短期借款的會計核算

1. 短期借款取得時的會計核算

企業應當設置「短期借款」科目，核算企業從銀行實際取得和歸還短期借款的經濟業務。企業取得一項短期借款時，借記「銀行存款」等科目，貸記「短期借款」科目。

2. 短期借款利息的會計核算

各種短期借款的使用都要付利息，一般於季末支付，也有的到期付息。企業對於取得短期借款的利息，通常應當按照合同規定於每個季度末根據借款本金和合同利率確定的金額支付。根據權責發生制的要求，企業應當在每個月月末計提借款利息，將當期應付未付的利息借記「財務費用」科目，貸記「應付利息」科目。

3. 短期借款到期償還的會計核算

企業應於短期借款到期日償還短期借款的本金與尚未支付的利息，借記「短期借款」「應付利息」「財務費用」等科目，貸記「銀行存款」科目。

【例 10-1】 甲公司 2×19 年 3 月 1 日從銀行取得短期借款 200,000 元。借款合同規定，借款利率為 6%，期限為 5 個月，到期日為 2×19 年 7 月 31 日。假定甲公司每個月月末計提利息，到期一次還本付息。甲公司對該項短期借款的有關帳務處理如下：

(1) 2×19 年 3 月 1 日，甲公司實際取得短期借款時。

借：銀行存款　　200,000

　貸：短期借款　　200,000

(2) 2×19 年 3 月 31 日，甲公司計提借款利息時。

應付利息 = 200,000×6%÷12 = 1,000（元）

借：財務費用　　1,000

　貸：應付利息　　1,000

(3) 2×19 年 4 月末、5 月末、6 月末甲公司編製與上述相同的會計分錄。

(4) 2×19 年 7 月 31 日，甲公司到期償還短期借款的本金和利息時。

借：短期借款　　200,000

　　應付利息　　4,000

　　財務費用　　1,000

　貸：銀行存款　　205,000

二、應付票據

(一) 應付票據的核算內容

應付票據核算企業採用商業匯票支付方式購買物資或接受勞務等而承兌的商業匯票。當企業購買物資或接受勞務的金額較大時，一般被要求以商業匯票方式結算以保證按期付款。商業匯票根據承兌人的不同可以分為銀行承兌匯票和商業承兌匯票。應付票據根據是否帶息可以分為帶息應付票據和不帶息應付票據。

(二) 應付票據的會計核算

企業應設置「應付票據」科目核算企業購買物資或接受勞務等而開出、承兌的商業匯票。「應付票據」科目的貸方登記開出、承兌的商業匯票的面值和帶息票據的預提利息；借方登記支付應付票據的金額及商業承兌匯票到期，承兌人無力承兌、轉出的商業匯票金額；餘額在貸方，表示企業尚未到期的商業匯票的票面餘額和應計未付的利息。

1. 應付票據發生時的會計核算

企業在購買物資或接受勞務並以商業匯票作為結算方式時，應當按照商業匯票的票面金額借記「原材料」「庫存商品」「應交稅費——應交增值稅（進項稅額）」等科目，貸記「應付票據」科目。企業申請並簽發的銀行承兌匯票應支付給銀行的手續費直接計入當期損益（財務費用）。

2. 帶息應付票據利息的會計核算

對於帶息的應付票據，企業應當於期末計提尚未支付的利息，借記「財務費用」科目，貸記「應付票據」科目。

3. 應付票據到期時的會計核算

企業應於到期日按照商業匯票的票面金額償還應付票據。對於帶息的商業匯票，企業應當根據票面金額和票面利率計算並支付相應的利息。企業到期日付款時，借記「應付票據」「財務費用」等科目，貸記「銀行存款」科目。

【例 10-2】2×19 年 10 月 1 日，甲公司從乙公司購買一批商品，該批商品的不含稅價格為 12,000 元，增值稅為 1,560 元。甲公司簽發了一張面值為 13,560 元的銀行承兌匯票，期限為 3 個月，票面利率為 8%（按月計提票面利息），該批商品已經驗收入庫。甲公司與該應付票據有關的帳務處理如下：

（1）2×19 年 10 月 1 日，甲公司簽發銀行承兌匯票時。

借：庫存商品	12,000	
應交稅費——應交增值稅（進項稅額）	1,560	
貸：應付票據		13,560

（2）2×19 年 10 月 31 日，甲公司按月計提利息時。

當月應計提的利息＝13,560×8%÷12＝90.4（元）

借：財務費用	90.4	
貸：應付票據		90.4

2×19 年 11 月 30 日，甲公司計提利息編製的會計分錄同上。

（3）2×19 年 12 月 31 日，票據到期付款時。

借：應付票據	13,740.8	
財務費用	90.4	
貸：銀行存款		13,831.2

4. 應付票據到期時企業無法付款時的會計核算

在商業匯票到期時，企業如果無力支付票據款項，應當考慮承兌人的不同而進行相應處理。對於商業承兌匯票，企業應當將「應付票據」的帳面價值結轉至「應付帳款」科目。對於銀行承兌匯票，承兌銀行向持票人無條件付款，同時對出票人尚未支付的匯票金額轉做逾期貸款處理，企業應借記「應付票據」科目，貸記「短期借款」科目。

為了加強對應付票據的核算與管理，企業應設置應付票據備查簿，詳細登記每一應付票據的種類、號數、簽發日期、到期日、票面金額、合同交易號、收款人姓名或單位名稱以及付款日期和金額等詳細資料。應付票據到期付清時，企業應在應付票據備查簿內逐筆註銷。

三、應付帳款

（一）應付帳款的核算內容

應付帳款是指企業因購買物資或接受勞務等經營活動而應支付給供貨商的款項。例如，供貨商在發貨時同意給予買方 30 天的信用期，這時買方就取得了一項短期融資，應當確認為應付帳款。應付帳款應當於取得所購買物資所有權有關的風險和報酬時或已接受勞務時按照應付金額入帳。應付帳款的具體內容包括：

（1）因購買物資或者接受勞務時應向銷貨方或勞務提供方支付的合同或協議價款。

（2）按照貨款計算的增值稅進項稅額。

（3）購買物資時應負擔的運雜費和包裝費等。

由於應付帳款的信用期限時間較短，因此應付帳款的入帳價值一般不考慮時間價值。

（二）應付帳款的會計核算

企業應該設置「應付帳款」科目，核算企業購買物資或接受勞務等而應支付的款項業務。「應付帳款」科目的貸方登記發生的應支付的款項，借方登記支付應付帳款的金額，餘額在貸方，表示企業應付而未付的應付帳款。

1. 發生應付帳款

企業確認應付帳款應當考慮購買的物資與相關發票到達企業時間之間的關係。

(1) 物資和發票同時到達的會計核算。在大多數情況下，企業通過商業信用購買的物資和相關發票會同時到達企業。在這種情況下，企業應當在確認原材料、庫存商品等存貨的同時，根據發票金額及相關稅費確認應付帳款。

【例 10-3】2×19 年 5 月 20 日，甲公司購買一批原材料，收到的增值稅專用發票上註明的價款為 150,000 元，增值稅為 19,500 元。材料已經驗收入庫，款項尚未支付。對於該業務，甲公司在材料驗收入庫時應編製的會計分錄如下：

借：原材料	150,000	
應交稅費——應交增值稅（進項稅額）	19,500	
貸：應付帳款		169,500

(2) 發票先到而物資未到的會計核算。在有些情況下，企業通過商業信用購買的物資尚未到達，而相關發票已經收到。以實際成本法為例，在這種情況下，企業應當在收到相關發票時確認應付帳款，借記「在途物資」「應交稅費——應交增值稅（進項稅額）」等科目，貸記「應付帳款」科目。

【例 10-4】2×19 年 5 月 20 日，甲公司從乙公司購買一批原材料，收到的增值稅專用發票上註明的價款為 150,000 元，增值稅為 19,500 元。材料尚未收到，款項尚未支付。對於該業務，甲公司應編製的會計分錄如下：

借：在途物資	150,000	
應交稅費——應交增值稅（進項稅額）	19,500	
貸：應付帳款		169,500

(3) 貨物先到而發票未到的會計核算。如果購入的物資已到達企業並驗收入庫而相應的發票帳單尚未收到，企業應當在月末時採用暫估入帳的方法，借記「原材料」「庫存商品」等科目，貸記「應付帳款」科目。下月初，企業再將暫估入帳的存貨及應付帳款使用紅字衝回。

(4) 附有現金折扣條件的應付帳款的會計核算。如果銷貨方在銷售商品或提供勞務時為了盡快回籠資金給購貨方開出現金折扣條件，購貨方通常採用總價法，按照發票上應付金額的總價（不考慮現金折扣）確定應付帳款的入帳價值，在獲得現金折扣時作為購貨價格的扣減，調減購貨成本。

【例 10-5】2×19 年 4 月 10 日，甲公司從乙公司購買一批原材料，材料價款（不含增值稅）為 50,000 元，增值稅為 6,500 元。材料已經驗收入庫，貨款尚未支付。乙公司為了鼓勵甲公司提前付款，給甲公司開出的現金折扣條件為「2/10，1/20，N/30」，假設折扣不考慮增值稅，採用總價法核算，甲公司應當按照材料的總價和相關稅費確定應付帳款的入帳價值。其帳務處理如下：

(1) 2×19 年 4 月 10 日，甲公司收到材料時。

借：原材料	50,000	
應交稅費——應交增值稅（進項稅額）	6,500	
貸：應付帳款		56,500

(2) 假定甲公司在 4 月 19 日支付貨款。甲公司應享有的現金折扣為 1,000 元（50,000 ×2%），實際支付的價款為 55,500 元（56,500−1,000）。甲公司付款時應編製的會計分錄如下：

借：應付帳款	56,500	
貸：銀行存款		55,500
原材料		1,000

(3) 假定甲公司在 4 月 29 日支付貨款。甲公司應享有的現金折扣為 500 元 (50,000×1%), 實際支付的價款為 56,000 元 (56,500-500)。甲公司付款時應編製的會計分錄如下:

借: 應付帳款　　56,500
　貸: 銀行存款　　56,000
　　原材料　　500

(4) 假定甲公司在 5 月 8 日支付貨款。甲公司不享有現金折扣, 實際支付的價款為 56,500 元。甲公司付款時應編製的會計分錄如下:

借: 應付帳款　　56,500
　貸: 銀行存款　　56,500

2. 償還應付帳款

當企業償還應付帳款時, 企業應借記「應付帳款」科目, 貸記「銀行存款」等科目。當企業開出、承兌的商業匯票抵付應付帳款時, 企業應借記「應付帳款」科目, 貸記「應付票據」科目。

【例 10-6】接**【例 10-5】**, 6 月 5 日, 企業開具一張銀行承兌匯票支付該筆貨款。甲公司帳務處理如下:

借: 應付帳款　　56,500
　貸: 應付票據　　56,500

3. 轉銷應付帳款

在某些情況下, 付款人可能因為某些原因確實無法支付某項應付帳款。例如, 由於銷貨方破產而導致債務人確實無法支付應付帳款。此時, 企業應當將該應付帳款確認為一項利得, 計入營業外收入, 借記「應付帳款」科目, 貸記「營業外收入」科目。

四、預收帳款

(一) 預收帳款的核算內容

預收帳款是指企業按照合同規定從購貨方或接受勞務方預收的款項。例如, 甲公司和乙公司簽訂一項勞務合同, 雙方約定乙公司在一個月內為甲公司提供運輸服務, 在簽約日乙公司根據合同約定收到 20,000 元定金, 而此時並沒有向甲公司提供任何勞務, 這時就形成一項現時義務, 即在未來某一期限內按照合同約定必須向甲公司提供一定數量的勞務。因此, 乙公司應當在收到 20,000 元定金時確認一項負債, 計入預收帳款。企業預收帳款不多的, 也可以不設置「預收帳款」科目, 將發生的預收帳款直接計入「應收帳款」科目的貸方。

值得注意的是, 根據中國財政部 2017 年修訂的《企業會計準則第 14 號——收入》的規定, 企業在核算因轉讓商品收到的預收款時, 通過「合同負債」科目核算, 不再使用「預收帳款」科目。

(二) 預收帳款的會計核算

1. 預收帳款時的會計核算

企業因銷售商品或提供勞務等按照合同規定預收款項時, 應當按實際收到的金額借記「銀行存款」科目, 貸記「預收帳款」科目。

2. 銷售商品或提供勞務時的會計核算

企業預收帳款後應當在確認相關銷售收入時按照收入計量的金額及相關稅費, 借記「預收帳款」科目, 貸記「主營業務收入」「應交稅費——應交增值(進項稅額)」等科目。

3. 收到剩餘價款或退回多餘價款時的會計核算

企業銷售商品或提供勞務後, 如果預收帳款的金額不足以支付全部價款和相關稅費，則應當在收到剩餘補付金額時，借記「銀行存款」科目，貸記「預收帳款」科目。

企業銷售商品或提供勞務後，如果預收帳款的金額超過全部價款和相關稅費，則應當在辦理轉帳手續退回多餘價款時，借記「預收帳款」科目，貸記「銀行存款」科目。

【例 10-7】2×19 年 7 月 10 日，甲公司根據合同規定收到乙公司支付的貨款定金 5,000 元。2×19 年 7 月 20 日，甲公司按照合同規定向乙公司發出商品並開出增值稅專用發票，註明的貨款為 30,000 元，增值稅為 3,900 元，該批商品的實際成本為 22,000 元。2×19 年 8 月 25 日，甲公司收到乙公司支付的剩餘價款，金額為 28,900 元。

(1) 2×19 年 7 月 10 日，甲公司收到預收帳款時應編製的會計分錄如下：

借：銀行存款　5,000

　貸：預收帳款　5,000

(2) 2×19 年 7 月 20 日，甲公司發出商品確認收入時應編製的會計分錄如下：

借：預收帳款　33,900

　貸：主營業務收入　30,000

　　應交稅費——應交增值稅（銷項稅額）　3,900

同時，甲公司結轉商品成本時應編製的會計分錄如下：

借：主營業務成本　22,000

　貸：庫存商品　22,000

(3) 2×19 年 8 月 25 日，甲公司收到剩餘貨款時應編製的會計分錄如下：

借：銀行存款　28,900

　貸：預收帳款　28,900

五、應付職工薪酬

(一) 職工薪酬的含義及內容

根據《企業會計準則第 9 號——職工薪酬》的規定，職工薪酬是指企業為獲得職工提供的服務或解除勞動關係而給予各種形式的報酬或補償。職工薪酬的內容包括短期薪酬、離職後福利、辭退福利和其他長期職工福利。企業提供給職工配偶、子女、受贍養人、已故員工遺屬及其他受益人等的福利，也屬於職工薪酬。

1. 職工的範圍

職工薪酬中所指的職工涵蓋的範圍非常廣泛，具體包括以下三類人員：

(1) 與企業訂立正式勞動合同的所有人員，包含企業的全職職工、兼職職工和臨時職工。

(2) 雖未與企業訂立勞動合同但由企業正式任命的人員，如公司的董事會成員。

(3) 未與企業訂立勞動合同或未由其正式任命，但向企業提供服務與職工提供服務類似的人員，包括通過企業與勞務仲介公司簽訂用工合同而向企業提供服務的人員。

2. 短期薪酬的內容

短期薪酬是指企業在職工提供相關服務的年度報告期間結束後 12 個月內需要全部予以支付的職工薪酬，因解除與職工的勞動關係給予的補償除外。短期薪酬包括的內容如下：

(1) 職工工資、獎金、津貼和補貼。這是指按照國家有關規定構成職工工資總額的計時工資、計件工資、各種因職工超額勞動報酬和增收節支而支付的獎金，為補償職工特殊貢獻或額外勞動而支付的津貼，支付給職工的交通補貼、通信補貼等各種補貼。

(2) 職工福利費。這是指職工因工負傷赴外地就醫的路費、職工生活困難補助、未實行醫療統籌企業的職工醫療費用以及按規定發生的其他職工福利支出。

(3) 社會保險費。這是指企業按照國家規定的基準和比例計算，並向社會保障經辦機構繳納的醫療保險費、工傷保險費和生育保險費等社會保險。

(4) 住房公積金。這是指企業按照國家規定的基準和比例計算，並向住房公積金管理機構繳存的用於購買商品房、支付住房租金的長期儲金。住房公積金實行專款專用，一般由企業按照一定標準按月支付。

(5) 工會經費和職工教育經費。這是指企業為改善職工文化生活、為職工學習先進技術和提高文化水準、業務素質，用於單位開展工會活動和職工教育及職業技能培訓等的相關支出。

(6) 非貨幣性福利。這是指企業以自產產品或外購商品等非貨幣性資產發放給職工作為福利、將自己擁有的資產或租賃的資產無償提供給職工使用、為職工無償提供醫療保健服務、向職工提供企業支付了一定補貼的商品或服務等職工福利。

(7) 短期帶薪缺勤。這是指企業支付工資或提供補償的職工缺勤，包括年休假、病假、短期傷殘、婚假、產假、喪假、探親假等。職工在帶薪缺勤期間，按照規定可以獲得全部或部分工資。

(8) 短期利潤分享計劃。這是指企業因職工提供服務而與職工達成的基於利潤或其他經營成果為標準計算並提供薪酬的協議。例如，企業對部分職工按照當期實現的淨利潤超過目標金額部分的10%予以獎勵。

3. 離職後福利的內容

離職後福利是指企業為獲得職工提供的服務而在職工退休或與企業解除勞動關係後，提供的各種形式的報酬和福利。離職後福利計劃包括設定提存計劃和設定受益計劃。

設定提存計劃是指向獨立的基金繳存固定費用後，企業不再承擔進一步支付義務的離職後福利計劃。企業應當在職工為其提供服務的會計期間，將根據設定提存計劃確定的應繳存金額確認為負債，並計入當期損益或相關資產成本。

設定收益計劃是指除設定提存計劃以外的離職後福利計劃。企業應當採用預期累計福利單位法和適當的精算假設，確認和計量設定受益計劃產生的義務，並計入當期損益或其他綜合收益。

4. 辭退福利的內容

辭退福利是指在職工勞動合同尚未到期前與職工解除勞動關係而給予的補償。辭退福利包括以下兩方面的內容：

(1) 職工沒有選擇權的辭退福利。這是指在職工勞動合同尚未到期前，不論職工本人是否願意，企業都決定解除與職工的勞動關係而給予的補償。

(2) 職工有選擇權的辭退福利。這是指在職工勞動合同尚未到期前，企業為鼓勵職工自願接受裁減而給予的補償，職工有權選擇繼續在職或接受補償離職。

5. 其他長期福利的內容

其他長期職工福利是指除短期薪酬、離職後福利、辭退福利之外所有的職工薪酬，包括長期帶薪缺勤、長期殘疾福利、長期利潤分享計劃等。

(二) 短期薪酬的確認與計量

1. 短期薪酬的確認

企業應當在職工為其提供服務的會計期間，將短期薪酬確認為一項流動負債，記入「應付職工薪酬」科目，並根據職工所在部門、提供服務的性質和受益對象等情況，將短期薪酬計入當期損益或資產成本。其具體分為以下幾種情況：

(1) 應由企業生產的產品或提供的勞務負擔的短期薪酬，計入相關產品成本或勞務成本。企業應借記「生產成本」「製造費用」「勞務成本」等科目，貸記「應付職工薪酬」科目。

（2）符合資本化條件，應當計入固定資產、無形資產等初始成本的工程部門、研發部門的短期薪酬。企業應借記「固定資產」「在建工程」「研發支出——資本化支出」等科目，貸記「應付職工薪酬」科目。不符合資本化條件的研發部門職工的短期薪酬，應當計入當期損益。企業應借記「研發支出——費用化支出」科目，貸記「應付職工薪酬」科目。

（3）公司管理部門的管理人員、董事會成員、監事會成員、財務人員以及銷售部門的銷售人員等的短期薪酬，在發生時直接計入當期損益。企業應借記「管理費用」「銷售費用」等科目，貸記「應付職工薪酬」科目。

2. 短期薪酬的計量

（1）貨幣性職工薪酬的計量。貨幣性職工薪酬，包括企業以貨幣形式支付給職工以及為職工支付的工資、職工福利、各種社會保險、住房公積金、工會經費以及職工教育經費等。職工工資應當按照勞動合同規定的計時工資、計件工資、獎金、津貼和補貼等計算確定。職工福利、社會保險、住房公積金、工會經費以及職工教育經費等，應當按照國家及地方有關規定確定計提基礎和計提比例計算確定。國家沒有規定計提基礎和計提比例的，企業應當自行規定或參考歷史經驗數據和實際情況，合理計算和預計當期金額。

企業一般應於每期期末，按照貨幣性職工薪酬的應付金額，借記「生產成本」「管理費用」「銷售費用」等科目，貸記「應付職工薪酬」科目。

【例 10-8】2×19 年 3 月，甲公司職工薪酬明細表如表 10-1 所示。假定甲公司職工的醫療保險費、住房公積金、工會經費和職工教育經費分別按照工資總額的 10%、8%、2%和 1.5%提取。

表 10-1　甲公司職工薪酬明細表

2×19 年 3 月　　　　單位：元

薪酬 / 部門	工資總額	醫療保險費（10%）	公積金（8%）	工會經費（2%）	職工教育經費（1.5%）	合計
基本生產車間	80, 000	8, 000	6, 400	1, 600	1, 200	97, 200
車間管理部門	10, 000	1, 000	800	200	150	12, 150
行政管理部門	30, 000	3, 000	2, 400	600	450	36, 450
財務部門	20, 000	2, 000	1, 600	400	300	24, 300
銷售部門	25, 000	2, 500	2, 000	500	375	30, 375
合計	165, 000	16, 500	13, 200	3, 300	2, 475	200, 475

對於該業務，甲公司應編製的會計分錄如下：

借：生產成本　　97, 200
　　製造費用　　12, 150
　　管理費用　　60, 750
　　銷售費用　　30, 375
　貸：應付職工薪酬——工資　　165, 000
　　　　　　　　——醫療保險費　　16, 500
　　　　　　　　——住房公積金　　13, 200
　　　　　　　　——工會經費　　3, 300
　　　　　　　　——職工教育經費　　2, 475

企業在實際支付貨幣性職工薪酬時，還需要為職工代扣代繳個人所得稅、社會保險費、住房公積金等。因此，企業應當按照實際應支付給職工的金額，借記「應付職工薪酬」科目；按照實際支付薪酬的總額，貸記「銀行存款」科目；將職工個人負擔企業代扣代繳的職工個人所得稅，貸記「應交稅費——應交個人所得稅」科目；將職工個人負擔企業代扣代繳的醫療保險費、住房公積金等，貸記「其他應付款」科目。

【例 10-9】2×19 年 4 月，甲公司實際發放職工工資時，應付職工工資的總額為 165,000 元，其中應由甲公司代扣代繳的個人所得稅為 50,000 元，應由職工個人負擔、由甲公司代扣代繳的各種社會保險費和住房公積金為 10,000 元，實發工資部分已經通過銀行轉帳支付。對於該業務，甲公司應編製的會計分錄如下：

借：應付職工薪酬——工資	165,000	
貸：銀行存款		105,000
應交稅費——應交個人所得稅		50,000
其他應付款		10,000

（2）非貨幣性職工薪酬的計量。企業向職工提供的非貨幣性職工薪酬，應當區分以下情況處理：

①以自產產品或外購商品發放給職工作為福利。企業將自產的產品作為非貨幣性福利發放給職工時，應當按照該產品的公允價值和相關稅費計量，並在產品發出時確認銷售收入，根據職工提供服務的性質確認當期損益或資產成本，同時結轉銷售成本。企業將外購商品作為非貨幣性福利發放給職工時，應當按照該商品的公允價值和相關稅費進行計量，計入當期損益或資產成本。

【例 10-10】甲公司生產微波爐，共有職工 120 人。2×19 年 7 月，甲公司決定以自產的一批微波爐作為節日福利發放給全體職工。該批微波爐的生產成本為每臺 200 元，售價為每臺 400 元（不含稅），甲公司適用的增值稅稅率為 13%。假定甲公司中直接參加生產的職工有 90 人，車間管理人員有 10 人，銷售人員有 5 人，其餘 15 人為行政管理人員。

甲公司以自產的產品作為非貨幣性福利發放給職工，應當以產品的售價（公允價值）加上增值稅的銷項稅額來計量應付職工薪酬，同時確認銷售收入，並結轉成本。

該批產品的公允價值加相關稅費合計＝400×120×(1+13%)＝54,240（元）

計入生產成本的非貨幣性福利＝54,240×90÷120＝40,680（元）

計入製造費用的非貨幣性福利＝54,240×10÷120＝4,520（元）

計入銷售費用的非貨幣性福利＝54,240×5÷120＝2,260（元）

計入管理費用的非貨幣性福利＝54,240×15÷120＝6,780（元）

該批產品的成本＝200×120 ＝24,000（元）

甲公司帳務處理如下：

甲公司決定向職工發放非貨幣性福利時。

借：生產成本	40,680	
製造費用	4,520	
銷售費用	2,260	
管理費用	6,780	
貸：應付職工薪酬——非貨幣性福利		54,240

甲公司向職工實際發放非貨幣性福利時。

借：應付職工薪酬	54,240	
貸：主營業務收入		48,000
應交稅費——應交增值稅（銷項稅額）		6,240

同時，甲公司結轉產品成本。

借：主營業務成本　　24,000

　貸：庫存商品　　24,000

②企業將擁有的住房或租賃的住房等固定資產無償提供給職工作為非貨幣性福利。企業將擁有的住房等固定資產無償提供給職工作為非貨幣性福利時，應當按照企業對該固定資產每期計提的折舊來計量應付職工薪酬，同時根據職工提供服務的受益對象計入當期損益或資產成本。企業將租賃的住房等固定資產無償提供給職工作為非貨幣性福利時，應當按照企業每期支付的租金來計量應付職工薪酬，同時根據職工提供服務的受益對象計入當期損益或資產成本。

【例 10-11】甲公司從 2×19 年 1 月 1 日開始向公司的某位高級管理人員提供一輛轎車作為非貨幣性福利，已知該轎車的成本為 400,000 元，預計淨殘值為 2,000 元，預計使用壽命為 10 年，採用直線法計提折舊。假定甲公司按年計提折舊。

甲公司應當按照對轎車計提的折舊費用來計量應付職工薪酬。

2×19 年該轎車應計提的折舊費用 = (400,000 − 2,000) ÷ 10 = 39,800（元）

2×19 年 12 月 31 日，甲公司確認對該管理人員的非貨幣性福利，並計提轎車折舊的帳務處理如下：

借：管理費用　　39,800

　貸：應付職工薪酬——非貨幣性福利　　39,800

借：應付職工薪酬——非貨幣性福利　　39,800

　貸：累計折舊　　39,800

【例 10-12】甲公司從 2×19 年 1 月 1 日開始租賃一處公寓提供給公司的某位管理人員居住，並於年初預付上半年的租金 30,000 元。

甲公司應當按照租賃房屋的租金來計量應付職工薪酬。甲公司實際支付租金時的帳務處理如下：

借：預付帳款　　30,000

　貸：銀行存款　　30,000

甲公司月末確認對該管理人員提供的非貨幣性福利的帳務處理如下：

房屋每月的租金 = 30,000 ÷ 6 = 5,000（元）

借：管理費用　　5,000

　貸：應付職工薪酬——非貨幣性福利　　5,000

借：應付職工薪酬——非貨幣性福利　　5,000

　貸：預付帳款　　5,000

（3）帶薪缺勤的計量。帶薪缺勤是指企業在職工因病假、婚假等原因缺勤期間支付的薪酬。帶薪缺勤根據帶薪的權利是否可以累積分為累積帶薪缺勤和非累積帶薪缺勤兩種形式。

累積帶薪缺勤是指帶薪缺勤權利可以結轉至下期的帶薪缺勤，本期尚未用完的帶薪缺勤權利可以在未來一定期間繼續使用。企業應當在職工提供服務從而增加了其未來享有的帶薪缺勤權利時，確認與累積帶薪缺勤相關的職工薪酬，並以累積未行使權利而增加的預期支付金額進行計量。在實務中，職工享有的帶薪休假可以採用累計帶薪缺勤的方式。

非累積帶薪缺勤是指帶薪缺勤權利不能結轉至下期的帶薪缺勤，本期尚未用完的帶薪缺勤權利將予以取消，並且職工離開企業時也無權獲得現金支付。企業職工享有的婚假、產假、喪假、探親假、病假期間的帶薪缺勤通常屬於非累積帶薪缺勤。對於非累積帶薪缺勤，由於職工本期未使用的缺勤天數不會產生一種權利，因此企業不會產生額外的義務。

【例 10-13】甲公司從 2×19 年起開始實行累積帶薪缺勤制度。財務部門的一名出納每個工作日的日標準工資為 200 元。公司相關制度規定：該出納每年有 5 天的帶薪休假。對其當年未使用的休假，可以無限期向後結轉，而且在其離開公司時以現金結算。2×19 年，該出納實際休假 3 天。

由於甲公司實行累積帶薪缺勤制度，而且可以無限期向後結轉，因此甲公司應當於期末確認該職工未使用的累積帶薪缺勤。

該出納未使用的累積帶薪缺勤 =（5-3）×200 = 400（元）

2×19 年 12 月 31 日，甲公司確認該出納累積帶薪缺勤時應編製的會計分錄如下：

借：管理費用	400	
貸：應付職工薪酬——累積帶薪缺勤		400

（4）利潤分享計劃的計量。利潤分享計劃同時滿足下列條件的，企業應當確認相關的應付職工薪酬：

①企業因過去的事項導致現在具有支付職工薪酬的法定義務或推定義務。

②因利潤分享計劃產生的應付職工薪酬義務金額能夠可靠地估計。屬於下列三種情形之一的，視為義務金額能夠可靠地估計：在財務報告批准報出之前企業已確定應支付的薪酬金額；該短期利潤分享計劃的正式條款中包括確定薪酬金額的方式；過去的慣例為企業確定推定義務金額提供了明顯證據。

（三）辭退福利的確認與計量

1. 辭退福利的確認

企業應當在同時滿足以下兩個條件時將辭退福利確認為一項應付職工薪酬：

（1）企業已制訂正式的解除勞動關係計劃或提出自願裁減建議，並即將實施。正式的辭退福利計劃或建議應當經過董事會或類似權力機構的批准。

（2）企業不能單方面撤回解除勞動關係計劃或自願裁減建議。

與其他形式的職工薪酬不同的是，由於被辭退的職工不再為企業提供服務，因此不論被辭退的職工原先從事的工作的性質是什麼，企業都應將本期確認的辭退福利全部借記「管理費用」科目，貸記「應付職工薪酬——辭退福利」科目。

2. 辭退福利的計量

辭退福利的計量需要考慮職工是否具有選擇權，其具體計算方法如下：

（1）對於職工沒有選擇權的辭退計劃，企業應當根據辭退計劃規定的擬辭退的職工數量、每一職位的辭退補償計提辭退福利。

（2）對於自願接受裁減的辭退建議，企業應當按照《企業會計準則第 13 號——或有事項》的規定預計將接受裁減建議的職工數量，並根據預計自願辭退職工數量和每一職位的辭退補償等計提辭退福利。

六、應交稅費

（一）應交稅費的核算內容

應交稅費核算企業按照稅法和相關法規計算應繳納的各種稅費。企業按照規定應繳納的稅費主要包括增值稅、消費稅、城市維護建設稅、資源稅、所得稅、土地增值稅、房產稅、車船稅、土地使用稅、教育費附加、礦產資源補償費等。企業代扣代繳的個人所得稅，也通過應交稅費核算。上述企業應交的各項稅費根據稅法等相關法規規定，一般應當定期繳納，因此在尚未繳納之前形成企業的一項現時義務，應當確認為一項流動負債。在會計實務中，企業應設置「應交稅費」科目來核算應交而未交的各種稅費，並按稅種分設相應的明細科目。本章主要介紹應交增值稅和應交消費稅的核算方法。

（二）應交增值稅的會計核算

增值稅是以商品和勞務在流轉過程中產生的增值額作為徵稅對象而徵收的一種流轉稅。按照中國稅法的規定，增值稅是對在中國境內銷售貨物或加工、修理修配勞務（以下簡稱勞務），銷售服務、無形資產、不動產以及進口貨物的單位和個人的增值額與貨物進口金額徵收的一種流轉稅。增值稅是中國目前的第一大稅種，中國於 2016 年 5 月 1 日起全面推開營改增試點，將建築業、房地產業、金融業、生活服務業納入試點範圍。根據應稅銷售額的水準，增值稅納稅人分為一般納稅人和小規模納稅人，年應稅銷售額超過財政部和國家稅務總局規定標準的納稅人為一般納稅人，未超過規定標準的納稅人為小規模納稅人。

1. 一般納稅人應交增值稅的會計核算

增值稅實行比例稅率，自 2019 年 4 月 1 日起，一般納稅人的稅率具體規定如表 10-2 所示。

表 10-2　一般納稅人增值稅稅率表

	增值稅應稅項目		稅率
一般納稅人	銷售貨物或提供勞務	銷售或進口貨物（另有列舉的貨物除外），銷售勞務	13%
		銷售或進口： （1）糧食等農產品、食用植物油、食用鹽； （2）自來水、暖氣、冷氣、熱水、煤氣、石油液化氣、天然氣、二甲醚、沼氣、居民用煤炭製品； （3）圖書、報紙、雜誌、音像製品、電子出版物； （4）飼料、化肥、農藥、農機、農膜； （5）國務院規定的其他貨物	9%
	交通運輸服務	陸路運輸服務、水路運輸服務、航空運輸服務（含航天運輸服務）和管理運輸服務、無運輸工具承運業務	9%
	郵政服務	郵政普遍服務、郵政特殊服務、其他郵政服務	9%
一般納稅人	電信服務	基礎電信服務	9%
		增值電信服務	6%
	建築服務	工程服務、安裝服務、修繕服務、裝飾服務和其他建築服務	9%
	銷售不動產	轉讓建築物、構築物等不動產所有權	9%
	銷售無形資產	轉讓土地使用權	9%
		轉讓技術、商標、著作權、商譽、自然資源和其他權益性無形資產使用權或所有權	6%
	現代服務業	有形動產租賃服務	13%
		不動產租賃服務	9%
		研發和技術服務、信息技術服務、文化創意服務、物流輔助服務、鑒證諮詢服務、廣播影視服務、商務輔助服務、其他現代服務（除列舉的現代服務業以外的圍繞製造業、文化產業、現代物流產業等提供技術性、知識性服務的業務活動）	6%
	金融服務	貸款服務（含有形動產、不動產融資性售後回租以及以貨幣資金投資收取的固定利潤或保底利潤），直接收費金融服務，保險服務和金融商品轉讓 註：資管產品管理人從事資管產品營運業務，暫適用簡易計稅方法，按照 3%的徵收率繳納增值稅	6%
	生活服務	文化體育服務（文化服務和體育服務），教育醫療服務（教育服務和醫療服務），旅遊娛樂服務（旅遊服務和娛樂服務），餐飲住宿服務（餐飲服務和住宿服務），居民日常服務（市容市政管理、家政、婚慶、養老、殯葬、照料和護理、救助救濟、美容美發、按摩、桑拿、氧吧、足療、沐浴、洗染、攝影擴印等服務），其他生活服務（除列舉的生活服務之外的其他滿足城鄉居民日常生活需求提供的服務活動）	6%

一般納稅人銷售貨物或提供應稅勞務，其應納稅額採用扣稅法計算。計算公式如下：

應納稅額＝當期銷項稅額－當期進項稅額

（1）增值稅銷項稅額的會計核算。當期銷項稅額是指納稅人發生應稅行為按照銷售額和增值稅稅率計算並收取的增值稅額。一般納稅人在發生應稅行為時，應向購買方開出增值稅專用發票，按照應稅行為價格（不含稅價格）和適用稅率，計算應交增值稅的銷項稅額，貸記「應交稅費——應交增值稅（銷項稅額）」科目。

【例 10-14】2×19 年 7 月 15 日，甲公司銷售給乙公司一批產品，合同價款為 80,000 元（不含稅），適用的增值稅稅率為 13%。甲公司生產該批產品的成本為 65,000 元。產品發出，貨款尚未收到。甲公司為了提前回籠資金，給乙公司開出的現金折扣條件為「1/10，N/30」。假定折扣僅限於產品的價款部分。

甲公司的增值稅應當根據折扣前的產品售價和適用稅率計算。

應交增值稅銷項稅額＝80,000×13%＝10,400（元）

2×19 年 7 月 15 日，甲公司應編製的會計分錄如下：

借：應收帳款——乙公司　　90,400

　貸：主營業務收入　　80,000

　　　應交稅費——應交增值稅（銷項稅額）　　10,400

同時，甲公司結轉產品成本。

借：主營業務成本　　65,000

　貸：庫存商品　　65,000

【例 10-15】2×19 年 2 月 1 日，ABC 會計師事務所和甲公司簽訂合同，為甲公司提供諮詢服務，期限為 4 個月，總價為 636,000 元（含稅），適用的增值稅稅率為 6%。2×19 年 5 月 30 日，ABC 會計師事務所按時完成該諮詢服務，款項已經收到並存入銀行。

合同價款 636,000 元為含稅價格，首先應該計算不含稅的服務價格，在此基礎上計算應交增值稅的銷項稅額。

不含稅的服務價格＝636,000÷(1+6%)＝600,000（元）

應交增值稅銷項稅額＝600,000×6%＝36,000（元）

2×19 年 5 月 30 日，ABC 會計師事務所確認服務收入時應編製的會計分錄如下：

借：銀行存款　　636,000

　貸：主營業務收入　　600,000

　　　應交稅費——應交增值稅（銷項稅額）　　36,000

企業的某些行為雖然沒有取得銷售收入，在稅法上也視同銷售行為，應當繳納增值稅。根據《中華人民共和國增值稅暫行條例實施細則》第四條的規定，單位或個體工商戶的下列行為，視同銷售貨物：

①將貨物交付其他單位或個人代銷；

②銷售代銷貨物；

③設有兩個以上機構並實行統一核算的納稅人，將貨物從一個機構移送其他機構用於銷售，但相關機構設在同一縣（市）的除外；

④將自產、委託加工的貨物用於集體福利或個人消費；

⑤將自產、委託加工或購進的貨物作為投資，提供給其他單位或個體工商戶；

⑥將自產、委託加工或購進的貨物分配給股東或者投資者；

⑦將自產、委託加工或購進的貨物無償贈送其他單位或者個人。

《財政部、國家稅務總局關於全面推開營業稅改徵增值稅試點的通知》（財稅〔2016〕36 號）的附件 1《營業稅改徵增值稅試點實施辦法》第十四條規定的下列情形視同銷售服務、無形資產或不動產：

①單位或個體工商戶向其他單位或個人無償提供服務，但用於公益事業或以社會公眾為對象的除外。

②單位或個人向其他單位或個人無償轉讓無形資產或不動產，但用於公益事業或以社會公眾為對象的除外。單位或個體工商戶向其他單位或個人無償銷售貨物、提供服務，無償轉讓無形資產或不動產，但用於公益事業或以社會公眾為對象的除外。

【例 10-16】2×19 年 7 月 25 日，甲公司將自產的一批產品無償捐贈給乙公司，該批產品成本為 50,000 元，一般售價（不含稅）為 60,000 元，適用的增值稅稅率為 13%。

該業務屬於視同銷售業務，甲公司應當按照產品的計稅價格和適用稅率計算增值稅的銷項稅額。

銷項稅額＝60,000×13%＝7,800（元）

2×19 年 7 月 25 日，甲公司應編製的會計分錄如下：

借：營業外支出　57,800

　貸：庫存商品　50,000

　　應交稅費——應交增值稅（銷項稅額）　7,800

（2）增值稅進項稅額的會計核算。當期進項稅額是指納稅人當期購進貨物或應稅勞務已繳納的增值稅額，進項稅額可以從銷項稅額中予以抵扣。根據中國稅法的相關規定，准許從當期銷項稅額中抵扣進項稅額的情形，主要包括以下幾類：

①從銷售方取得的增值稅專用發票上註明的增值稅額。

②從海關取得的海關進口增值稅專用繳款書上註明的增值稅額。

③購進農產品，除取得增值稅專用發票或海關進口增值稅專用繳款書外，按照農產品收購發票或銷售發票上註明的農產品買價和 9%的扣除率計算的進項稅額。

④境外單位或個人購進服務、無形資產或不動產，自稅務機關或扣繳義務人取得的解繳稅款的完稅憑證上註明的增值稅額。

在上述四種情形下，企業可以將增值稅的進項稅額，借記「應交稅費——應交增值稅（進項稅額）」科目，從而從當期的銷項稅額中抵扣。

【例 10-17】2×19 年 5 月 10 日，甲公司從乙公司購買一批原材料，取得的增值稅專用發票上註明的材料價款（不含稅）為 80,000 元，增值稅為 10,400 元。另外甲公司應負擔的運輸費（不含稅）為 2,000 元，增值稅為 180 元。貨款尚未支付，材料已經收到並已驗收入庫。甲公司採用實際成本法對原材料進行計量。

甲公司可以抵扣的增值稅進項稅額包括原材料的增值稅進項稅額和運輸費用的增值稅進項稅額兩部分。

進項稅額＝10,400+180＝10,580（元）

2×19 年 5 月 10 日，甲公司應編製的會計分錄如下：

借：原材料　82,000

　應交稅費——應交增值稅（進項稅額）　10,580

　貸：應付帳款　92,580

【例 10-18】2×19 年 5 月 28 日，甲公司的一輛轎車進行維修，收到的增值稅專用發票註明的修理費用為 4,000 元，增值稅為 520 元。甲公司使用支票支付了該筆款項。對於該業務，甲公司應編製的會計分錄如下：

借：管理費用　4,000

　應交稅費——應交增值稅（進項稅額）　520

　貸：銀行存款　4,520

在某些情況下，根據稅法的規定，企業發生的進項稅額不得從銷項稅額中抵扣，主要情形包括：

①用於簡易計稅方法計稅項目、免徵增值稅項目、集體福利或個人消費的購進貨物、加工修理修配勞務、服務、無形資產和不動產。

②非正常損失的購進貨物以及相關的加工修理修配勞務和交通運輸服務。

③非正常損失的在產品、產成品耗用的購進貨物（不包括固定資產）、加工修理修配勞務和交通運輸服務。

④非正常損失的不動產以及該不動產耗用的購進貨物、設計服務和建築服務。

⑤非正常損失的不動產在建工程耗用的購進貨物、設計服務和建築服務。

⑥購進的貸款服務、餐飲服務、居民日常服務和娛樂服務。

在上述情形下，已經發生的增值稅進項稅額應當予以轉出，貸記「應交稅費——應交增值稅（進項稅額轉出）」科目，不得從當期銷項稅額中抵扣。

【例 10-19】甲公司本月購進的一批原材料因管理不善發生霉爛，損失的材料成本為 50,000 元，其進項稅額為 6,500 元。甲公司查明原因並經過批准，應由責任人賠償損失 40,000 元，其餘部分為淨損失。

原材料發生非正常損失，進項稅額不准許從銷項稅額中抵扣，應當予以轉出。甲公司帳務處理如下：

甲公司發生材料損失時。

借：待處理財產損溢	56,500	
貸：原材料		50,000
應交稅費——應交增值稅（進項稅額轉出）		6,500

甲公司查明原因批准處理後。

借：其他應收款	40,000	
管理費用	16,500	
貸：待處理財產損溢		56,500

【例 10-20】2×19 年 6 月 20 日，甲公司自行建造一間職工食堂，領用一批外購的水泥，其中實際成本為 30,000 元，該批材料取得時確認的增值稅進項稅額為 3,900 元。

甲公司將外購的水泥用於集體福利，其進項稅額不得從銷項稅額中抵扣，而應當予以轉出。甲公司帳務處理如下：

借：在建工程	33,900	
貸：原材料		30,000
應交稅費——應交增值稅（進項稅額轉出）		3,900

【例 10-21】2×19 年 8 月 20 日，甲建築公司購買一批水泥，增值稅專用發票上註明的價款（不含稅）為 200,000 元，增值稅為 26,000 元。材料已驗收入庫，款項已經支付。2×19 年 8 月 30 日，甲公司將該批材料全部用於建造一座辦公樓。

2×19 年 8 月 20 日，甲公司購入原材料的帳務處理如下：

借：原材料	200,000	
應交稅費——應交增值稅（進項稅額）	26,000	
貸：銀行存款		226,000

2×19 年 9 月 30 日，甲公司建造不動產領用原材料的帳務處理如下：

借：在建工程	200,000	
貸：原材料		200,000

（3）繳納增值稅和期末結轉的會計核算。企業在向稅務部門實際繳納本期的增值稅

稅額時，應按照實際繳納的增值稅金額，借記「應交稅費——應交增值稅（已交稅金）」科目，貸記「銀行存款」等科目。企業向稅務部繳納以前期間的增值稅稅額時，應按照實際繳納的增值稅金額，借記「應交稅費——未交增值稅」科目，貸記「銀行存款」等科目。

期末，企業應當將本期應交或多交的增值稅，結轉至「應交稅費——未交增值稅」科目。具體來說，對於當期應交未交的增值稅，企業應當借記「應交稅費——應交增值稅（轉出未交增值稅）」科目，貸記「應交稅費——未交增值稅」科目；對於當期多交的增值稅，企業應當借記「應交稅費——未交增值稅」科目，貸記「應交稅費——應交增值稅（轉出多交增值稅）」科目。期末，「應交稅費——未交增值稅」科目的餘額如果在貸方，代表企業當期應交未交的增值稅；「應交稅費——未交增值稅」科目的餘額如果在借方，代表企業本月多交的增值稅。

【例 10-22】甲公司為商品流通企業。2×19 年 7 月 1 日，甲公司「應交稅費——未交增值稅」科目的貸方餘額為 30,000 元。本月，甲公司發生如下與增值稅有關的經濟業務：

（1）7 月 5 日，甲公司繳納上個月的增值稅。

（2）7 月 7 日，甲公司從乙公司購買 5,000 件 A 商品，增值稅專用發票上註明的貨款為 500,000 元，增值稅為 65,000 元。甲公司開出並承兌一張商業匯票，到期日為 7 月 7 日。

（3）7 月 10 日，甲公司將 200 件本月購買的 A 商品作為福利發放給職工。

（4）7 月 16 日，甲公司銷售一批 B 商品，售價 1,000,000 元，適用的增值稅稅率為 13%。該批商品的成本為 700,000 元。商品已經發出，貨款尚未收到。

（5）7 月 25 日，甲公司將本月購進的 A 商品中的 400 件無償贈送給一家非關聯企業。該商品的售價為每件 200 元，適用的增值稅稅率為 13%。

（6）7 月 28 日，甲公司委託丙公司加工一批 C 商品，不含稅的加工費為 10,000 元，適用的增值稅稅率為 13%。甲公司已經開出轉帳支票。

對於上述業務，甲公司帳務處理如下：

（1）7 月 5 日，繳納上個月的增值稅。

	借方	貸方
借：應交稅費——未交增值稅	30,000	
貸：銀行存款		30,000

（2）7 月 7 日，購買 5,000 件商品。

	借方	貸方
借：庫存商品——A 商品	500,000	
應交稅費——應交增值稅（進項稅額）	65,000	
貸：應付票據		565,000

（3）7 月 10 日，將商品作為福利發放給職工。

商品成本＝200×500,000÷5,000＝20,000（元）

應交增值稅進項稅額＝20,000×13%＝2,600（元）

	借方	貸方
借：應付職工薪酬——非貨幣性福利	22,600	
貸：庫存商品——A 商品		20,000
應交稅費——應交增值稅（進項稅額轉出）		2,600

（4）7 月 16 日，銷售 B 商品。

應交增值稅銷項稅額＝1,000,000×13%＝130,000（元）

	借方	貸方
借：應收帳款	1,130,000	
貸：主營業務收入		1,000,000
應交稅費——應交增值稅（銷項稅額）		130,000

同時，結轉商品成本。

借：主營業務成本 700,000

　貸：庫存商品——B 商品 700,000

(5) 7 月 25 日，將 A 商品無償捐贈。

應交增值稅銷項稅額＝400×200×13%＝10,400（元）

借：營業外支出 50,400

　貸：庫存商品——A 商品 40,000

　　　應交稅費——應交增值稅（銷項稅額） 10,400

(6) 7 月 28 日，委託丙公司加工 C 商品。

應交增值稅進項稅額＝10,000×13%＝1,300（元）

借：委託加工物資 10,000

　　應交稅費——應交增值稅（進項稅額） 1,300

　貸：銀行存款 11,300

(7) 7 月 31 日，計算本月應交增值稅的金額。

本月銷項稅額＝130,000+10,400＝140,400（元）

本月准許抵扣的進項稅額＝65,000+1,300−2,600＝63,700（元）

本月應交增值稅稅額＝140,400−63,700＝76,700（元）

月末，甲公司應編製的會計分錄如下：

借：應交稅費——應交增值稅（轉出未交增值稅） 76,700

　貸：應交稅費——未交增值稅 76,700

2. 小規模納稅人應交增值稅的會計核算

小規模納稅人是指應納增值稅銷售額在規定的標準以下，並且會計核算不健全的納稅人。小規模納稅人增值稅的主要特點如下：

(1) 小規模納稅人購買貨物或接受勞務時，按照所應支付的全部價款計入存貨入帳價值，不論是否取得增值稅專用發票，其支付的增值稅額都不確認為進項稅額。

(2) 小規模納稅人銷售貨物或提供應稅勞務時，只能開具普通發票，不能開具增值稅專用發票。

(3) 小規模納稅人應納增值稅額採用簡易辦法計算，按照不含稅銷售額和徵收率計算確定。小規模納稅人的徵收率一般為 3%。應納增值稅的計算公式如下：

不含稅銷售額＝含稅銷售額÷(1+3%)

應納增值稅稅額＝不含稅銷售額×3%

【例 10-23】甲企業為增值稅小規模納稅人。2×19 年 7 月，甲企業購買一批材料，收到的增值稅專用發票上註明的材料價款為 100,000 元，增值稅為 13,000 元，另外負擔運輸費為 3,000 元，增值稅為 270 元，全部價款已使用支票支付。材料收到並已驗收入庫。

甲企業為增值稅小規模納稅人，購買貨物時繳納的增值稅不能抵扣，因此全部計入存貨成本。

原材料成本＝100,000+13,000+3,000+270＝116,270（元）

對於上述業務，甲企業應編製的會計分錄如下：

借：原材料 116,270

　貸：銀行存款 116,270

【例 10-24】甲企業為增值稅小規模納稅人。2×19 年 7 月，甲企業銷售一批產品，開出的增值稅普通發票上註明的產品價款為 41,200 元（含稅）。貨款尚未收到。該批產品的成本為 30,000 元。甲企業適用的增值稅徵收率為 3%。

甲企業銷售價款 41,200 元為含稅價格，應先計算不含稅價格，再計算應交增值稅稅額。具體計算過程如下：

不含稅銷售額=41,200÷(1+3%)=40,000（元）

應交增值稅稅額=40,000×3%=1,200（元）

甲企業應編製的會計分錄如下：

借：應收帳款　41,200

　貸：主營業務收入　40,000

　　應交稅費——應交增值稅　1,200

同時，結轉商品成本。

借：主營業務成本　30,000

　貸：庫存商品　30,000

（三）應交消費稅的會計核算

1. 消費稅的徵收範圍

消費稅是以特定消費品的流轉額為計稅依據而徵收的一種商品稅。消費稅是世界各國普遍開徵的一種流轉稅。在中國，消費稅是國家為了正確引導消費方向，對在中國境內生產、委託加工和進口應稅消費品的單位和個人，就其銷售額或銷售數量在特定環節徵收的一種稅。

中國實行的是選擇性的特種消費稅，目前徵收消費稅的商品主要包括以下四大類：

(1) 過度消費會對人類健康、社會秩序和生態環境造成危害的特殊消費品，包括菸酒及酒精、鞭炮與焰火、木質一次性筷子、實木地板、電池、塗料等。

(2) 奢侈品、非生活必需品，包括貴重首飾及珠寶寶石、化妝品、高爾夫球及球具、高檔手錶、遊艇等。

(3) 高能耗消費品，包括小汽車、摩托車等。

(4) 使用和消耗不可再生和替代的稀缺資源的消費品，包括汽油、柴油等各種成品油等。

2. 消費稅的計算方法

消費稅應納稅額的計算方法有三種：從價定率計徵法、從量定額計徵法以及從價定率和從量定額複合計徵法。

(1) 從價定率計徵法。實行從價定率計徵法的消費稅以銷售額為基數，乘以適用的比例稅率來計算應交消費稅的金額。其中，銷售額不包括向購貨方收取的增值稅。目前，中國的消費稅稅率在 5%~56%。其具體計算公式如下：

應納消費稅稅額=銷售額×比率稅率

(2) 從量定額計徵法。實行從量定額計徵法的消費稅以應稅消費品銷售數量為基數，乘以適用的定額稅率來計算應交消費稅的金額。其計算公式如下：

應納消費稅稅額=銷售數量×定額稅率

(3) 複合計徵法。實行複合計徵法的消費稅既規定了比例稅率，又規定了定額稅率，其應納稅額實行從價定率和從量定額相結合的複合計徵方法。複合計徵法目前只適用於卷菸和白酒應納消費稅稅額的計算。其具體計算公式如下：

應納消費稅稅額=銷售額×比率稅率+銷售數量×定額稅率

3. 銷售應稅消費品的會計核算

企業將生產的應稅消費品對外銷售時，應按照稅法規定計算應交消費稅的金額，將其確認為一項負債，並直接計入當期損益，借記「稅金及附加」科目，貸記「應交稅費——應交消費稅」科目。

【例 10-25】甲公司為增值稅一般納稅人。2×19 年 6 月，甲公司銷售一批 A 產品，不含稅售價為 500, 000 元，適用的增值稅稅率為 13%。該批產品為應稅消費品，適用的消費稅稅率為 10%。該批產品的生產成本為 300, 000 元。產品已經發出，款項尚未收到。

甲公司銷售 A 產品要計算應交增值稅，同時由於 A 產品屬於應稅消費品還要計算應交消費稅。

應交增值稅銷項稅額 = 500, 000×13% = 65, 000（元）

應納消費稅稅額 = 500, 000×10% = 50, 000（元）

甲公司帳務處理如下：

（1）甲公司確認銷售收入時。

	借方	貸方
借：應收帳款	565, 000	
貸：主營業務收入		500, 000
應交稅費——應交增值稅（銷項稅額）		65, 000

同時，結轉產品成本。

	借方	貸方
借：主營業務成本	300, 000	
貸：庫存商品——A 產品		300, 000

（2）甲公司確認應交消費稅時。

	借方	貸方
借：稅金及附加	50, 000	
貸：應交稅費——應交消費稅		50, 000

4. 委託加工應稅消費品的會計核算

根據稅法的規定，企業委託加工應稅消費品時，除受託方為個人的之外，應由受託方在向委託方交貨時代收代繳消費稅（除受託加工或翻新改制金銀首飾按規定由受託方繳納消費稅）。這裡的委託加工應稅消費品是指由委託方提供原料和主要材料，受託方只收取加工費和代墊部分輔助材料加工的應稅消費品。對於委託方用於連續生產的應稅消費品，所納稅款准許按規定抵扣；對於委託方收回後直接出售的應稅消費品，不再徵收消費稅。

【例 10-26】2×19 年 6 月，甲公司委託乙公司加工一批材料（非金銀首飾），該批材料為應稅消費品，其實際成本為 30, 000 元。甲公司支付給受託方的不含稅加工費為 8, 000 元，應支付的增值稅進項稅額為 1, 040 元，應支付的消費稅為 3, 000 元，全部價款已使用支票付訖。甲公司收回該批委託加工物資後用於連續生產應稅消費品。該批材料已由乙公司加工完成，甲公司全部收回並已驗收入庫。

由於委託加工的應稅消費品收回後用於連續生產應稅消費品，因此甲公司支付的消費稅准許抵扣。甲公司帳務處理如下：

（1）甲公司發出材料時。

	借方	貸方
借：委託加工物資	30, 000	
貸：原材料		30, 000

（2）甲公司支付加工費及相關稅費時。

	借方	貸方
借：委託加工物資	8, 000	
應交稅費——應交增值稅（進項稅額）	1, 040	
——應交消費稅	3, 000	
貸：銀行存款		12, 040

（3）該批物資加工完成，甲公司收回並驗收入庫時。

	借方	貸方
借：原材料	38, 000	
貸：委託加工物資		38, 000

【例 10-27】2×19 年 6 月，甲公司委託乙公司加工一批材料（非金銀首飾），該批材料為應稅消費品，其實際成本為 40,000 元。甲公司支付給受託方的不含稅加工費為 10,000 元，應支付的增值稅進項稅額為 1,300 元，應支付的消費稅為 4,000 元，全部價款已使用支票付訖，甲公司收回該批加工物資後直接出售。該批物資已由乙公司加工完成，甲公司全部收回並已驗收入庫。

由於甲公司委託加工的應稅消費品收回後直接出售，不再徵收消費稅，因此甲公司支付的消費稅應當直接計入存貨成本。甲公司帳務處理如下：

（1）甲公司發出材料時。

借：委託加工物資	40,000	
貸：原材料		40,000

（2）甲公司支付加工費和相關稅費時。

借：委託加工物資	14,000	
應交稅費——應交增值稅（進項稅額）	1,300	
貸：銀行存款		15,300

（3）該批物資加工完成，甲公司收回並驗收入庫時。

借：庫存商品	54,000	
貸：委託加工物資		54,000

5. 進口應稅消費品的會計核算

企業進口應稅消費品應交的消費稅，由海關代徵，於報關進口時納稅。因此，企業應當將進口應稅消費品的消費稅直接計入存貨成本，借記「固定資產」「原材料」等科目，貸記「銀行存款」「應付帳款」等科目。

6. 實際交納消費稅的會計核算

企業應定期向稅務部門繳納消費稅，按照規定計算應交消費稅的金額，借記「應交稅費——應交消費稅」科目，貸記「銀行存款」等科目。

七、應付利息

（一）應付利息的核算內容

應付利息是指企業按照合同約定應當定期支付的利息。企業在取得銀行借款或發行債券時，按照合同規定一般應定期支付利息，在資產負債表日確認當期利息費用時，應將當期應付未付的利息通過「應付利息」科目單獨核算。

（二）應付利息的會計核算

1. 資產負債表日計算確認利息費用的會計核算

資產負債表日，企業應當採用實際利率法按照銀行借款或應付債券的攤餘成本和實際利率計算確定當期的利息費用，屬於籌建期間的，借記「管理費用」科目；屬於生產經營期間符合資本化條件的，借記「在建工程」等科目；屬於生產經營期間但不符合資本化條件的，借記「財務費用」科目；按照銀行借款或應付債券本金和合同利率計算確定的當期應付未付的利息，貸記「應付利息」科目；同時將借貸方的差額計入「長期借款——利息調整」「應付債券——利息調整」等科目。具體的計算方法將在「第二節 非流動負債」中詳細介紹。

2. 實際支付利息的會計核算

在按照合同規定的付息日，企業應當按照合同約定實際支付利息的金額，借記「應付利息」科目，貸記「銀行存款」等科目。

八、應付股利

(一) 應付股利的核算內容

應付股利是指企業根據股東大會或類似機構審議批准的利潤分配方案確定應分配而尚未發放給投資者的現金股利或利潤，在企業對外宣告但尚未支付前構成企業的一項負債。企業對外宣告的股票股利不屬於一項現時義務，因此不能確認為負債。需要注意的是，企業董事會或類似機構做出的利潤分配預案，尚未構成企業的現時義務，不能作為確認負債的依據，而只能在財務報表附註中予以披露。

(二) 應付股利的會計核算

企業股東大會或類似機構審議批准利潤分配方案時，按照應支付的現金股利或利潤金額，借記「利潤分配——應付現金股利或利潤」科目，貸記「應付股利」科目；實際支付現金股利或利潤時，借記「應付股利」科目，貸記「銀行存款" 等科目。

【例 10-28】2×19 年 5 月 4 日，甲股份有限公司（以下簡稱甲公司）宣告 2×18 年度利潤分配方案的具體內容為：以公司現有總股本 600, 000 股為基數，每 10 股派發現金 5 元（不考慮相關稅費），剩餘未分配利潤結轉以後年度分配。同時，甲公司宣告本次股利分配的股權登記日為 2×19 年 5 月 9 日，除權除息日和股利發放日為 2×19 年 5 月 10 日。

甲公司對外宣告分配現金股利，形成一項現時義務，應當通過「應付股利」科目記錄應付未付的股利。

甲公司應付股利總額 = 600, 000×5÷10 = 300, 000（元）

2×19 年 5 月 4 日，甲公司宣告分配現金股利。

借：利潤分配——應付現金股利　　300, 000
　貸：應付股利　　300, 000

2×19 年 5 月 10 日，甲公司實際支付現金股利。

借：應付股利　　300, 000
　貸：銀行存款　　300, 000

九、其他應付款

其他應付款是指企業除了應付票據、應付帳款、預收帳款、應付職工薪酬、應交稅費、應付利息、應付股利等以外的其他經營活動產生的各項應付、暫收的款項，其核算內容主要包括：

(1) 企業應付經營租入固定資產和包裝物租金。

(2) 企業發生的存入保證金（如包裝物押金等）。

(3) 企業代職工繳納的社會保險費和住房公積金等。

在中國會計實務中，對於上述暫收應付款，企業應設置「其他應付款」科目來核算。企業發生各種應付、暫收款項時，借記「管理費用」「銀行存款」等科目，貸記「其他應付款」科目；實際支付其他各種應付、暫收款項時，借記「其他應付款」科目，貸記「銀行存款」科目。

【例 10-29】甲公司收到出租給 B 公司包裝物的押金 11, 000 元，已存入銀行。甲公司帳務處理如下：

借：銀行存款　　1, 000
　貸：其他應付款——B 公司　　1, 000

【例 10-30】甲公司應付 A 公司經營租入固定資產租金 2,000 元。甲公司帳務處理如下：

借：管理費用　　2,000
　貸：其他應付款——A 公司　　2,000

第二節　非流動負債

一、長期借款

（一）長期借款的核算內容

長期借款是指企業向銀行或其他金融機構借入的償還期在一年以上（不含一年）的各種借款。企業採用長期借款的方式融資的主要特點如下：

（1）債務償還的期限較長，長期借款的借款期限一般在 5 年以上。

（2）債務的金額較大，可以用於滿足房屋建造、大型設備購買等項目的資金需要。

（3）債務利息一般按年支付，債務本金可以到期一次償還，也可以分期償還。

（4）與發行股票相比，長期借款不會影響股東的控制權。

（5）長期借款一般需要企業向銀行提供一定的資產（如房屋）作為抵押。

（二）長期借款的會計核算

企業應當設置「長期借款」科目，來核算長期借款的取得和歸還以及利息確認等業務，並設置「本金」和「利息調整」兩個明細科目，分別核算長期借款的本金和因實際利率與合同利率不同產生的利息調整額。

1. 取得長期借款的會計核算

企業借入長期借款時，按照實際收到的金額，借記「銀行存款」科目；按照取得長期借款的本金，貸記「長期借款——本金」科目；兩者如果有差額，借記或貸記「長期借款——利息調整」科目。

2. 長期借款利息的會計核算

企業應當在資產負債表日確認長期借款當期的利息費用，按照長期借款的攤餘成本和實際利率計算確定的利息費用，將符合資本化條件的部分，借記「在建工程」等科目，不符合資本化條件的部分，借記「財務費用」科目；按照借款本金和合同利率計算確定的應支付的利息，貸記「應付利息」科目；按照兩者的差額，貸記「長期借款——利息調整」科目。

企業在付息日實際支付利息時，按照本期應支付的利息金額，借記「應付利息」科目，貸記「銀行存款」科目。

3. 償還長期借款的會計核算

企業到期償還長期借款時，應當按照償還的長期借款本金金額，借記「長期借款——本金」科目，貸記「銀行存款」科目。

【例 10-31】2×18 年 1 月 1 日，甲公司為建造廠房從銀行借入期限為 2 年的長期專門借款 900,000 元，款項已存入銀行。借款利率為 8%，每年 1 月 1 日支付利息，期滿後一次還清本金。該廠房於 2×19 年 7 月 1 日完工，達到預定可使用狀態。假定不考慮閒置專門借款資金存款的利息收入或投資收益。

（1）2×18 年 1 月 1 日，甲公司取得長期借款時應編製的會計分錄如下：

借：銀行存款　　900,000
　貸：長期借款——本金　　900,000

（2）2×18 年 12 月 31 日，甲公司計提利息時應編製的會計分錄如下：

甲公司應計提的借款利息＝900, 000×8%＝72, 000（元）

借：在建工程　72, 000

　貸：應付利息　72, 000

（3）2×19 年 1 月 1 日，甲公司支付利息時應編製的會計分錄如下：

甲公司應支付的借款利息＝900, 000×8%＝72, 000（元）

借：應付利息　72, 000

　貸：銀行存款　72, 000

（4）2×19 年 12 月 31 日，甲公司計提利息時應編製的會計分錄如下：

甲公司應計提的借款利息＝900, 000×8%＝72, 000（元）

其中，資本化的利息＝72, 000×6÷12＝36, 000（元）

借：在建工程　36, 000

　　財務費用　36, 000

　貸：應付利息　72, 000

（5）2×19 年 12 月 31 日，甲公司償還長期借款本金和利息時應編製的會計分錄如下：

借：長期借款——本金　900, 000

　　應付利息　72, 000

　貸：銀行存款　972, 000

二、應付債券

（一）應付債券的核算內容及分類

應付債券核算企業發行的超過一年以上的債券，構成企業的一項長期負債。應付債券是企業取得長期融資的主要形式。和銀行借款相比，債券具有金額較大、期限較長的特點。債券根據發行主體的不同，可以分為政府債券和公司債券。

債券存在兩個利率：一個是票面利率，即債券契約中標明的利率，也稱名義利率、合同利率；另一個是實際利率，即債券發行時的市場利率，實際利率是計算債券未來現金流量現值時使用的折現率。根據票面利率和實際利率的不同，債券的發行方式包括平價發行、溢價發行與折價發行 3 種（見表 10-3）。

表 10-3　債券的發行方式

票面利率與實際利率的關係	債券的發行方式	發行價和面值的關係
票面利率等於實際利率	平價發行	發行價等於面值
票面利率大於實際利率	溢價發行	發行價高於面值
票面利率小於實際利率	折價發行	發行價低於面值

（二）應付債券的會計核算

企業應設置「應付債券」科目，核算企業發行債券的本金和利息等情況。該科目的貸方登記應付債券的本金和利息，借方登記歸還的債券本金和利息，期末貸方餘額表示企業尚未償還的債券本息。「應付債券」科目設置「面值」「利息調整」「應計利息」等明細科目核算。「面值」科目用來反應應付債券的票面金額，「利息調整」科目用來核算債券面值和按照實際利率法核算的攤餘成本之間的差額，「應計利息」科目用來核算到期一次還本付息方式下的債券應付而未付的利息。

1. 債券發行價格的確定

債券的發行價格由債券發行期間流出的現金流量的現值來確定，包括債券本金的現金流量現值和債券利息的現金流量現值兩個部分。債券本金一般情況下於債券到期日一次性支付，因此其現金流量的現值表現為複利現值；而債券利息通常定期支付，如每年支付一次或每半年支付一次，因此其現金流量的現值表現為年金現值。

【例 10-32】甲公司 2×14 年 1 月 1 日發行債券，面值為 1,000,000 元，票面利率為 6%，於每年年末支付利息。債券期限為 5 年，到期日為 2×19 年 1 月 1 日。債券發行時的市場利率為 7%。

債券的發行價格為包括債券本金和利息在內的未來現金流量按照實際利率折現的現值。由於債券的票面利率低於市場利率，因此債券應以折價發行，即發行價格低於面值。具體計算過程如下：

債券本金的現值＝1,000,000×(P/F,7%,5)＝1,000,000×0.713,0＝713,000（元）

債券利息的現值＝1,000,000×6%×(P/A,7%,5)＝60,000×4.100,2＝246,012（元）

債券的發行價格＝713,000+246,012＝959,012（元）

2. 債券發行日的會計核算

企業發行債券時，假定不考慮債券的發行費用，應當按照債券的發行價格計入銀行存款；按照發行債券的面值，貸記「應付債券——面值」科目；將兩者的差額，借記或貸記「應付債券——利息調整」科目。債券不同發行方式下的會計處理如表 10-4 所示。

表 10-4　債券不同發行方式下的會計處理

發行方式	舉例	會計處理
平價發行	發行價格為 1,000 元，債券面值也是 1,000 元，不考慮發行費用	借：銀行存款　1,000 貸：應付債券——面值　1,000
折價發行	發行價格為 990 元，債券面值也是 1,000 元，不考慮發行費用	借：銀行存款　990 應付債券——利息調整　10 貸：應付債券—面值　1,000
溢價發行	發行價格為 1,100 元，債券面值也是 1,000 元，不考慮發行費用	借：銀行存款　1,100 貸：應付債券——利息調整　100 應付債券——面值　1,000

3. 應付債券利息費用的會計核算

（1）實際利率法。應付債券的利息採用實際利率法在債券發行期間的每個資產負債表日分期確認。實際利率法是指按照應付債券的實際利率計算其攤餘成本及各期利息費用的方法。其中，實際利率是指將應付債券在債券存續期間的未來現金流量折現為該債券當前帳面價值所使用的利率，一般為債券發行時的市場利率。實際利率一旦確定，在整個債券的存續期內保持不變。

債券的利息費用按照債券的攤餘成本和實際利率計算確定。應付債券的攤餘成本是指應付債券初始確認金額（債券的發行價格減去發行費用的淨額）經過下列調整後的結果：

①扣除已償還的本金。

②加上或減去採用實際利率法將該初始確認金額與到期日金額之間的差額進行攤銷形成的累計攤銷額，即「利息調整」帳戶上的餘額。

（2）應付債券利息的帳務處理。

①資產負債表日的帳務處理。對於分期付息、一次還本的長期債券，在資產負債表日，企業應當按照債券面值和票面利率計算當期的應付利息，貸記「應付利息」科目。

同時，企業根據應付債券的攤餘成本和實際利率計算當期的利息費用，並將利息費用符合資本化條件的計入相關資產成本，借記「在建工程」等科目；不符合資本化條件的直接計入當期損益，借記「財務費用」科目。應付利息和利息費用的差額為債券溢價或折價的調整額，企業應借記或貸記「應付債券——利息調整」科目。

對於一次還本付息的長期債券，在資產負債表日，企業應當按照債券面值和票面利率計算當期的應付利息，貸記「應付債券——應計利息」科目。同時，企業根據應付債券的攤餘成本和實際利率計算當期的利息費用，並將利息費用符合資本化條件的計入相關資產成本，借記「在建工程」等科目；不符合資本化條件的直接計入當期損益，借記「財務費用」科目。應計利息和利息費用的差額為債券溢價或折價的調整額，企業應借記或貸記「應付債券——利息調整」科目

②付息日的帳務處理。企業應當在債券規定的付息日支付利息。在支付債券利息時，借記「應付利息」科目，貸記「銀行存款」科目。

(3) 到期還本付息的帳務處理。分期付息、一次還本的長期債券到期，企業支付債券本金時，應借記「應付債券——面值」科目，貸記「銀行存款」等科目。

一次還本付息的長期債券到期，企業支付債券本息時，應借記「應付債券——面值」「應付債券——應計利息」等科目，貸記「銀行存款」等科目。

【例 10-33】2×15 年 1 月 1 日，甲公司經批准發行 5 年期一次還本、分期付息、面值為 1,000 萬元的債券。債券的票面利率為 8%，債券利息於每年 12 月 31 日支付。債券本金於到期日一次償還。該債券發行時的市場利率為 8%。假定不考慮發行費用。

由於債券的票面利率與市場利率相同，債券應按平價發行。債券各期的利息費用等於當期實際支付的利息。

①2×15 年 1 月 1 日，甲公司發行債券時編製會計分錄如下：

借：銀行存款 10,000,000

　貸：應付債券——面值 10,000,000

②2×15 年至 2×19 年 12 月 31 日，甲公司支付利息的帳務處理如下：

債券每期應付利息 = 10,000,000×8% = 800,000（元）

借：財務費用 800,000

　貸：銀行存款 800,000

③2×19 年 12 月 31 日，債券到期日甲公司編製會計分錄如下：

借：應付債券——面值 10,000,000

　貸：銀行存款 10,000,000

【例 10-34】承接**【例 10-33】**，若實際利率為 6%，其他條件不變。

由於債券的票面利率大於實際利率，債券應按溢價發行，即發行價格高於面值。

該批債券實際發行價格 = 1,000×(P/F,6%,5) + 1,000×8%×(P/A,6%,5)

= 1,084.292（萬元）

①2×15 年 1 月 1 日，甲公司發行債券時編製會計分錄如下：

借：銀行存款 10,842,920

　貸：應付債券——面值 10,000,000

　　　　　——利息調整 842,920

在債券發行的存續期間，甲公司應採用實際利率法計算每期的利息費用，實際利息計算見表 10-5。

表 10-5　實際利息計算　　單位：元

日期	應付利息 ①=面值 ×8%	實際利息 ②=上期⑤ ×6%	溢價攤銷 ③=①-②	未攤銷溢價 ④=上期④ -③	攤餘成本 ⑤=上期⑤-③ 或=面值+④
2×15 年 1 月 1 日				842, 920	10, 842, 920
2×15 年 12 月 31 日	800, 000	650, 575	149, 425	693, 495	10, 693, 495
2×16 年 12 月 31 日	800, 000	641, 610	158, 390	535, 105	10, 535, 105
2×17 年 12 月 31 日	800, 000	632, 106	167, 894	367, 211	10, 367, 211
2×18 年 12 月 31 日	800, 000	622, 033	177, 967	189, 244	10, 189, 244
2×19 年 12 月 31 日	800, 000	610, 756*	189, 244	0	10, 000, 000

註：* 系尾數調整，610, 756=800, 000-189, 244

②2×15 年至 2×19 年 12 月 31 日，根據實際利息計算表，甲公司支付利息並確認利息費用（付息日）的帳務處理見表 10-6。

表 10-6　甲公司付息日的帳務處理　　單位：元

項　目	2×15 年 12 月 31 日	2×16 年 12 月 31 日	2×17 年 12 月 31 日	2×18 年 12 月 31 日	2×19 年 12 月 31 日
借：財務費用	650, 575	641, 610	632, 106	622, 033	610, 756
借：應付債券——利息調整	149, 425	158, 390	167, 894	177, 967	189, 244
貸：銀行存款	800, 000	800, 000	800, 000	800, 000	800, 000

【例 10-35】2×15 年 1 月 1 日，甲公司經批准發行 5 年期一次還本、分期付息、面值為 1, 000 萬元的債券。債券的票面利率為 8%，債券利息於每年 12 月 31 日支付。債券本金於到期日一次償還。該債券發行時的市場利率為 10%。假定不考慮發行費用。

由於債券的票面利率小於實際利率，債券應按折價發行，即發行價格低於面值。

該批債券實際發行價格=1, 000×(P/F, 10%, 5)+ 1, 000×8%×(P/A, 10%, 5)

= 924. 164（萬元）

債券折價=1, 000-924. 164=75. 836（萬元）

①2×15 年 1 月 1 日，甲公司發行債券時編製的會計分錄如下：

借：銀行存款　　9, 241, 640

　　應付債券——利息調整　　758, 360

　貸：應付債券——面值　　10, 000, 000

在債券發行的存續期間，甲公司應採用實際利率法計算每期的利息費用，實際利息計算見表 10-7。

表 10-7　實際利息計算　　單位：元

日期	應付利息 ①=面值 ×8%	實際利息 ②=上期⑤ ×10%	折價攤銷 ③=②-①	未攤銷折價 ④=上期④ -③	攤餘成本 ⑤=上期⑤+③ 或=面值-④
2×15 年 1 月 1 日				758, 360	9, 241, 640
2×15 年 12 月 31 日	800, 000	924, 164	124, 164	634, 196	9, 365, 804
2×16 年 12 月 31 日	800, 000	936, 580	136, 580	497, 616	9, 502, 384

表10-7(續)

日期	應付利息 ①=面值×8%	實際利息 ②=上期⑤×10%	折價攤銷 ③=②-①	未攤銷折價 ④=上期④-③	攤餘成本 ⑤=上期⑤+③ 或=面值-④
2×17 年 12 月 31 日	800, 000	950, 238	150, 238	347, 378	9, 652, 622
2×18 年 12 月 31 日	800, 000	965, 262	165, 262	182, 116	9, 817, 884
2×19 年 12 月 31 日	800, 000	982, 116*	182, 116	0	10, 000, 000

註：* 系尾數調整。

②2×15 年 12 月 31 日，甲公司支付利息的帳務處理如下：

2×15 年應確認的利息費用=924, 164（元）

2×15 年應確認的應付利息=800, 000（元）

借：財務費用　924, 164

　貸：銀行存款　800, 000

　　應付債券——利息調整　124, 164

③2×16 年 12 月 31 日，甲公司支付利息的帳務處理如下：

借：財務費用　936, 580

　貸：銀行存款　800, 000

　　應付債券——利息調整　136, 580

④2×17 年 12 月 31 日，甲公司支付利息的帳務處理如下：

借：財務費用　950, 238

　貸：銀行存款　800, 000

　　應付債券——利息調整　150, 238

⑤2×18 年 12 月 31 日，甲公司支付利息的帳務處理如下：

借：財務費用　965, 262

　貸：銀行存款　800, 000

　　應付債券——利息調整　165, 262

⑥2×19 年 12 月 31 日，甲公司支付利息的帳務處理如下：

借：財務費用　982, 116

　貸：銀行存款　800, 000

　　應付債券——利息調整　182, 116

⑦2×19 年 12 月 31 日，甲公司支付債券本金的帳務處理如下：

借：應付債券——面值　10, 000, 000

　貸：銀行存款　10, 000, 000

三、長期應付款

（一）長期應付款的核算內容

長期應付款是指企業除長期借款和應付債券以外的其他各種長期應付款項，包括應付融資租入固定資產的租賃費，以分期付款方式購入固定資產、無形資產或存貨等發生的應付款項等。

（二）長期應付款的會計核算

1. 應付融資租入固定資產的融資費

企業採用融資租賃方式租入的固定資產，應當在租賃開始日，將租賃開始日租賃資產公允價值與最低租賃付款額現值的較低者，加上初始直接費用，作為租入資產的入帳價值，借記「固定資產」「在建工程」等科目；按照最低租賃付款額，貸記「長期應付款」科目；按照發生的初始直接費用，貸記「銀行存款」等科目；按照差額，借記「未確認融資費用」科目，企業在按照合同約定的付款日支付租金時，借記「長期應付款」科目，貸記「銀行存款」等科目。

2. 具有融資性質的延期付款購買資產

企業如果在購買固定資產、無形資產或存貨過程中，延期支付的購買價款超過正常信用條件，實質上具有融資性質。企業應當按照未來分期付款的現值，借記「固定資產」「無形資產」「原材料」等科目；按照未來分期付款的總額，貸記「長期應付款」科目；按照差額，借記「未確認融資費用」科目。企業在按照合同約定的付款日分期支付價款時，借記「長期應付款」科目，貸記「銀行存款」等科目。

【例 10-36】2×19 年 1 月 1 日，甲公司採用分期付款方式購入一臺生產設備，合同約定價款為 900 萬元，每年年末支付 180 萬元，分 5 年支付完畢。假定甲公司適用的折現率為 5%。已知（P/A，5%，5）= 4.329,5，不考慮其他因素。

購買生產設備分 5 年支付，超過正常的信用條件，實質上具有融資性質。甲公司帳務處理如下：

固定資產的入帳價值 = 1,800,000×(P/A,5%,5) = 1,800,000×4.329,5 = 7,793,100（元）

借：固定資產——生產設備　　7,793,100
　　未確認融資費用　　1,206,900
　貸：長期應付款　　9,000,000

四、預計負債

企業在生產經營活動中經常會面臨一些具有不確定性的經濟事項，如訴訟、債務擔保、產品質量保證等，這些具有不確定性的或有事項可能會對企業的財務狀況和經營成果產生較大影響，但最終結果需由某些未來事項的發生或不發生來決定，企業應當提前考慮或有事項可能會給企業帶來的風險，及時確認、計量或披露相關信息，如果符合負債的定義及確認條件應當及時予以確認。

（一）或有事項的含義及特徵

《企業會計準則第 13 號——或有事項》規定，或有事項是指過去的交易或事項形成的，其結果需由某些未來事項的發生或不發生才能決定的不確定事項。常見的或有事項主要包括未決訴訟或未決仲裁、債務擔保、產品質量保證、承諾、虧損合同、重組義務、環境污染整治等。與企業其他的業務和事項相比，或有事項具有以下三個特徵：

1. 或有事項由過去的交易或事項形成

或有事項作為一種不確定事項，是由企業過去的交易或事項形成的。這是指或有事項的現存狀況是過去交易或事項引起的客觀存在。例如，甲企業 2×19 年 12 月 31 日有一項未決訴訟，是由於甲企業 2×19 年 5 月發生的經濟行為導致被其他單位起訴，這是現存的一種狀況，但結果具有不確定性，屬於或有事項。企業未來可能發生的自然災害、經營虧損等事項，則不屬於或有事項。

2. 或有事項的結果具有不確定性

或有事項結果的不確定性表現為兩個方面：一是或有事項的結果是否發生具有不確定性。例如，企業因銷售產品而提供的質量保證，未來是否會發生經濟利益的流出取決於在規定的質量保證期間內是否會提供產品維修、產品退換等服務。二是或有事項的結果預計將發生，但是發生的具體時間或金額具有不確定性。例如，乙企業當期因生產產品違規排污並對周圍環境造成污染而被起訴，根據相關法律，乙企業很可能敗訴，要承擔相應的法律責任。但是到年末為止，該訴訟尚未判決，因此乙企業將賠償多少金額以及何時將發生這些支出，目前是難以確定的。

3. 或有事項的結果需由未來不確定事項的發生或不發生來決定

或有事項的結果只能由未來不確定事項的發生或不發生來決定。例如，甲企業為外單位提供債務擔保，該擔保最終是否會導致企業履行擔保責任，將取決於被擔保方的未來經營狀況和償債能力。如果被擔保方未來期間財務狀況良好，能夠償還到期債務，則甲企業作為擔保人不會承擔任何連帶責任；如果被擔保方財務狀況惡化，到期無力償還債務，則甲企業將承擔債務的連帶責任，代被擔保方償還債務。

或有事項的結果可能會產生一項預計負債、或有負債、或有資產等。其中，預計負債應當符合負債的確認條件。

（二）預計負債的含義及確認條件

企業承擔的與或有事項有關的業務如果同時滿足以下三個條件，應當確認為一項預計負債。

1. 該義務是企業承擔的現時義務

預計負債確認的第一個條件是與或有事項有關的經濟義務是企業在當前條件下已經承擔的現時義務，企業沒有其他現實的選擇，只能履行該現時義務。這裡的義務既包括法定義務，也包括推定義務。法定義務是指因法律、合同規定而產生的企業必須履行的義務。例如，企業因與供貨方簽訂的購貨合同而產生的付款義務就屬於法定義務。推定義務是指法定義務之外的，因企業以往的習慣做法、已公開的承諾或已公開宣布的政策而產生的義務。例如，企業在當地相關法律沒有具體出抬時向社會公開承諾對其生產經營可能產生的環境污染進行治理就屬於推定義務。這種推定義務已經以一種相當具體的方式傳達給受影響的各方，使各方形成了企業將履行其責任的合理預期。

2. 履行該義務很可能導致經濟利益流出企業

不確定事項根據其發生的可能性可以分為基本確定、很可能、可能和極小可能四種，從發生的概率來看，在實務中進行職業判斷時可以參照一定的標準。各種類型不確定事項發生的概率見表 10-8。

表 10-8 各種類型不確定事項發生的概率

不確定事項結果的可能性	對應的概率區間
基本確定	大於 95%但小於 100%
很可能	大於 50%但小於等於 95%
可能	大於 5%但小於等於 50%
極小可能	小於等於 5%

預計負債確認的第二個條件是履行與該或有事項有關的現時義務導致經濟利益流出企業的可能性應當超過 50%但小於等於 95%。例如，如果企業的未決訴訟根據律師的預計將敗訴並發生賠償的可能性超過 50%，那麼就可以認為企業履行該義務很可能導致經濟利益流出企業。如果或有事項包含多項類似的義務，在判斷經濟利益流出可能性時應當總體考慮才能確定。例如，產品質量保證，對於單個產品來說經濟利益流出的可能性較小，但對於全部產品承擔的義務來說很可能導致經濟利益流出企業，因此應當從總體上來判斷經濟利益流出的可能性。

3. 該義務的金額能夠可靠地計量

預計負債確認的第三個條件是與該或有事項相關的現時義務的金額能夠合理地估

計。因為或有事項產生現時義務的金額具有不確定性，所以需要估計。企業要將或有事項確認為一項預計負債，履行相關義務的金額應當能夠可靠地估計。例如，甲公司對當年銷售的產品提供一年期的產品質量保證，根據以往的經驗，甲公司可以合理地估計在保證期內將發生的相關維修費用的金額，則可以認為履行該義務的金額能夠可靠地計量。

只有或有事項同時滿足上述三個條件時，才能單獨確認為一項預計負債。需要注意的是，預計負債要和應付款項、應計費用等負債項目嚴格區分。預計負債是一種未來履行經濟義務的時間或金額具有一定不確定性的負債，而應付帳款、應計費用等其他負債儘管有時需要估計具體支付的金額，但是其不確定性遠遠小於預計負債，因此應當作為應付帳款或其他應付款等的一部分進行列報，而預計負債則應當在資產負債表中單獨列報。

（三）預計負債的計量

預計負債的計量需要對未來經濟利益的流出金額做出合理的估計，以確定最佳估計數，並要考慮預期可能得到的補償。

1. 最佳估計數的確定

最佳估計數是在考慮當前各種信息的條件下做出的最優估計結果，具體確定時應當區分以下兩種情況處理：

（1）所需支出存在一個連續範圍，且該範圍內各種結果發生的可能性相同，則最佳估計數應當按照該範圍內的中間值確定，即按照上下限金額的算術平均數確定。

【例 10-37】2×19 年 10 月，甲公司因為合同違約而被乙公司起訴。截至 2×19 年 12 月 31 日，法院尚未對該訴訟進行審理。根據律師的估計甲公司很可能敗訴，賠償的金額根據相關法律規定估計在 20 萬~40 萬元，其中包括甲公司應承擔的訴訟費用 5 萬元。

2×19 年 12 月 31 日，儘管該訴訟尚未判決，但是根據律師的估計，甲公司很可能敗訴，賠償金額的範圍估計為 20 萬~40 萬元，而且這個區間內每個金額的可能性都大致相同。因此，甲公司應當在年末按照估計範圍的中間值 30 萬元確認一項預計負債，同時在附註中進行披露。甲公司帳務處理如下：

借：管理費用	50, 000	
營業外支出	250, 000	
貸：預計負債——未決訴訟		300, 000

（2）所需支出不存在連續範圍的，或者雖然存在一個連續範圍，但在該範圍內各種結果發生的可能性不相同。在這種情況下，企業要進一步考慮或有事項涉及單個項目還是多個項目。如果或有事項涉及單個項目，如一項未決訴訟、一項未決仲裁或一項債務擔保，最佳估計數按照最可能發生的金額確定；如果或有事項涉及多個項目，如產品質量保證中提出產品保修服務要求的可能有許多客戶，則按照各種可能結果及相關概率計算。

【例 10-38】2×19 年 2 月，甲公司與乙公司簽訂了債務擔保協議，為乙公司一項銀行貸款做擔保。2×19 年 12 月，由於乙公司到期無法償還該貸款被銀行起訴，甲公司因債務擔保協議而成為該訴訟的第二被告。截至 2×19 年 12 月 31 日，該訴訟尚未判決。根據律師的估計，由於乙公司經營困難，甲公司很可能要承擔連帶責任，承擔還款責任 200 萬元的可能性為 70%，承擔還款責任 150 萬元的可能性為 30%。

由於甲公司很可能因債務擔保而承擔連帶責任，且賠償的金額能夠合理地估計，因此甲公司應當根據最有可能發生的金額 200 萬元確認一項預計負債。甲公司帳務處理如下：

借：營業外支出　　2,000,000
　貸：預計負債——未決訴訟　　2,000,000

【例 10-39】 A 公司 2×19 年銷售產品的收入共計 4,000,000 元。A 公司根據慣例為甲產品提供一年的質量保證。質量保證條款規定，甲產品出售後一年內，如果發生正常質量問題，A 公司負責免費修理。根據以往的銷售經驗，如果產品發生較小的質量問題，需要發生的修理費用為銷售額的 0.5%；如果產品發生較大的質量問題，需要發生的修理費用為銷售額的 2%。A 公司預測本年銷售的甲產品中有 90% 不會發生質量問題，有 8% 將發生較小的質量問題，有 2% 將發生較大的質量問題。

儘管 A 公司銷售的甲產品就單個產品來說，發生經濟利益流出的可能性很小，但就總體而言，A 公司很可能會發生產品質量保證費用，而且金額可以根據各種可能的結果及相關概率合理地估計。A 公司應當於銷售產品的當期確認一項預計負債，同時確認一項費用，與當期的銷售收入相配比。

產品質量保證的最佳估計數 = 4,000,000 ×（0.5% × 8% + 2% × 2%）= 3,200（元）

甲公司 2×19 年 12 月 31 日應編製的會計分錄如下：

借：銷售費用　　3,200
　貸：預計負債——產品質量保證　　3,200

假定 A 公司 2×20 年實際發生的甲產品修理費用為 2,500 元，其中原材料支出 1,600 元，人工成本 900 元。A 公司實際發生產品質量保證費用時應編製的會計分錄如下：

借：預計負債——產品質量保證　　2,500
　貸：原材料　　1,600
　　應付職工薪酬　　900

2. 預期可能獲得補償的確定

企業在某些情況下，在履行因或有事項產生的現時義務時，所需支出的全部或部分金額可能會得到第三方的補償。例如，乙公司因交通事故被起訴，很可能要賠償相關損失，但也會得到保險公司的一定補償。對於企業可能從第三方得到的補償，由於存在很大的不確定性，因此企業只能在估計補償金額基本確定能夠收到時，才能將補償金額作為資產單獨確認，而不能作為預計負債的抵減項目，並且確認的補償金額也不能超過預計負債的帳面價值。

3. 預計負債計量需要考慮的其他因素

企業在確定或有事項的最佳估計數時，應當綜合考慮與或有事項有關的風險和不確定性、貨幣時間價值以及未來事項等因素的影響。

4. 預計負債帳面價值的復核

企業應當在資產負債表日對預計負債的帳面價值進行復核。如果有確鑿證據表明該帳面價值不能真實反應當前最佳估計數的，則應當按照當前最佳估計數對預計負債的帳面價值進行調整。例如，2×19 年 12 月 31 日，甲公司由於生產某種產品對環境造成污染，預計清理污染所需支出的金額為 10 萬元，確認為一項預計負債。2×19 年 12 月 31 日，由於有關環保法律的變化，法律規定企業不僅要對污染進行清理，還很可能要對居民進行賠償，企業預計對居民的賠償金額為 20 萬元，則企業應當增加預計負債的帳面價值 20 萬元，並同時確認一項損失。

（四）預計負債的披露

為了使財務報告使用者獲得充分、詳細的有關信息，企業對於預計負債除了在資產負債表非流動負債項目下單獨確認為一項負債之外，還應當在財務報表附註中披露以下內容：

(1) 預計負債的種類、形成原因以及經濟利益流出不確定性的說明。

(2) 各類預計負債的期初、期末餘額和本期變動情況。

(3) 與預計負債有關的預期補償金額和本期已確認的預期補償金額。

(五) 或有負債的披露

或有負債是指過去的交易或事項形成的潛在義務，其存在必須通過未來不確定事項發生或不發生予以證實，或者過去的交易或事項形成的現時義務，履行該義務不是很可能導致經濟利益流出企業或該義務的金額不能可靠計量。當或有事項產生的義務不能同時滿足預計負債確認的三個條件時，或有事項應當作為或有負債進行處理。例如，企業簽訂的債務擔保合同，如果企業預計不是很可能發生經濟利益的流出，則不能確認為預計負債，而屬於或有負債。

作為或有負債，不論是來自潛在義務還是來自現時義務，均不符合負債的確認條件，因此或有負債不能確認為一項負債。但考慮到財務報告使用者對信息的需求，企業一般情況下應當披露當期發生的或有負債的相關信息。主要披露內容如下：

(1) 或有負債的種類及其形成原因。

(2) 因或有負債產生的經濟利益流出不確定性的說明。

(3) 或有負債預計產生的財務影響及獲得補償的可能性。無法預計的，應當說明原因。

同時，為了保護企業的利益，當或有負債涉及未決訴訟、未決仲裁的情況下，如果企業認為披露全部或部分信息預期會對企業造成重大不利影響，則無須披露這些信息，但應當披露該未決訴訟、未決仲裁的性質以及沒有披露其他信息的事實和原因。此外，對於導致經濟利益極小可能流出企業的或有負債也不需要披露。

隨著或有負債形成因素的不斷變化，或有負債對應的潛在義務可能會轉化為現時義務，未來經濟利益流出的可能性也會增大，金額也會可靠地計量，此時或有負債就會轉化為真正的負債，企業應當及時地將該或有負債確認為一項預計負債。

(六) 或有資產的披露

或有資產是指過去的交易或事項形成的潛在資產，其存在必須通過未來不確定的發生或不發生予以證實。或有資產是一種潛在資產，不符合確認的條件，因此不在財務報告中予以確認，出於穩健性的考慮，企業通常不應當披露或有資產。但或有資產很可能會給企業帶來經濟利益的，應當披露其形成的原因、預計產生的財務影響等。

第四節　借款費用

一、借款費用的內容

企業在生產經營活動中，如果面臨資金短缺，需要通過短期借款、商業匯票等方式籌集資金。企業對於購建固定資產、對外投資等大的投資項目，一般情況下需要通過長期借款或發行債券的方式來籌集所需資金。對於這些籌資行為，企業都應當承擔相應的借款費用。借款費用是指企業因借款而發生的利息及其他相關成本。借款費用的具體內容如下：

(1) 借款利息，包括企業向銀行或其他金融機構等借入資金發生的利息、發行公司債券發生的利息以及其他帶息債務承擔的利息等。

(2) 因借款產生的折價或溢價的攤銷，即因為發行債券等所發生的折價或溢價在資產負債表日確認利息費用時的調整額。

(3) 因外幣借款而發生的匯兌差額，即由於匯率變動對外幣借款本金及其利息的記帳本位幣金額產生的影響。由於匯率的變化往往和利率的變化相關，是外幣借款所需承擔的風險，因此外幣借款相關匯率變化導致的匯兌差額屬於借款費用的有機組成部分。

（4）輔助費用，即企業在借款過程中發生的手續費、佣金等費用，由於這些費用是因安排借款而發生的，也屬於借入資金付出的代價，因此是借款費用的構成部分。

（5）融資租賃費用，即承租人根據企業會計準則的規定確認的融資租賃發生的融資費用。

二、借款費用的用途

借款包括專門借款和一般借款。專門借款是指為購建或生產符合資本化條件的資產而專門借入的款項。專門借款通常應當有明確的用途，即為購建或生產某項符合資本化條件的資產而專門借入的，並通常應當具有標明該用途的借款合同。例如，某製造企業為了建造廠房向某銀行專門貸款 2 億元、某房地產開發企業為了開發某住宅小區向某銀行專門貸款 3 億元等，均屬於專門借款，其使用目的明確，而且其使用受與銀行簽訂的相關合同的限制。

一般借款是指除專門借款之外的借款，相對於專門借款而言，一般借款在借入時，其用途通常沒有特指用於符合資本化條件的資產的購建或生產。

三、借款費用的確認

借款費用有兩種確認方法：一是將借款費用資本化計入相關資產的成本，二是將借款用費用化計入當期損益。借款費用確認的基本原則是：企業發生的借款費用可直接歸屬於符合資本化條件的資產的購建或生產的，應當予以資本化，計入相關資產成本；其他借款費用應當在發生時根據其發生額確認為費用，計入當期損益。

符合資本化條件的資產是指需要經過相當長時間（大於等於 1 年）購建或生產活動才能達到預定可使用或可銷售狀態的固定資產、投資性房地產和存貨等資產，如船舶。建造合同成本、確認為無形資產的開發支出等在符合條件的情況下，也可以認定為符合資本化條件的資產。不過，在實務中，如果由於人為或故意等非正常因素導致資產的購建或生產時間相當長的，該資產不屬於符合資本化條件的資產。那些購入即可使用的資產，或者購入後需要安裝但所需安裝時間較短的資產，或者需要建造或生產但建造或生產時間較短的資產，都不屬於符合資本化條件的資產。

借款費用可直接歸屬於資產的購建或生產，要求借款費用必須發生在資本化期間內。因此，資本化期間是借款費用資本化的前提條件。

四、資本化期間的確定

借款費用的資本化期間是指從借款費用開始資本化的時點到停止資本化的時點的期間，但不包括借款費用暫停資本化的期間。

（一）借款費用開始資本化的時點

借款費用准許開始資本化必須同時滿足下列 3 個條件：

（1）資產支出已經發生。這是指企業為購建或生產符合資本化條件的資產支出已經發生。其中，資產支出包括支付現金（如用現金、銀行存款等購買了工程用材料）、轉移非現金資產（如將自己生產的產品用於符合資本化條件的資產的建造）或承擔帶息債務（如帶息應付票據）發生的支出。

（2）借款費用已經發生。這是指企業已經發生了因購建或生產符合資本化條件的資產而專門借入款項的借款費用或所占用一般借款的借款費用，如企業取得的銀行借款已經開始計算利息。

(3) 為使資產達到預定可使用或可銷售狀態所必要的構建或生產活動已經開始。這是指符合資本化條件的資產的實體建造或生產工作已經開始，如設備開始安裝、廠房實際開工建造等，但不包括僅僅持有資產但沒有發生為改變資產形態而進行的實質上的建造或生產活動。例如，企業為建造廠房購置了建築用地，但是尚未開工，還不能開始資本化。

(二) 借款費用暫停資本化的期間

符合資本化條件的資產在購建或生產過程中發生非正常中斷且中斷時間連續超過3個月的（含3個月)，應當暫停借款費用的資本化。在中斷期間發生的借款費用應當確認為費用，計入當期損益，直至資產的購建或生產活動重新開始。中斷的原因必須是非正常中斷，屬於正常中斷的，相關借款費用仍可資本化。如果中斷是所購建或生產的符合資本化條件的資產達到預定可使用或可銷售狀態必要的程序，借款費用的資本化應當繼續進行。

符合資本化條件的資產在購建或生產期間，如果同時滿足以下兩個條件應當暫停借款費用的資本化。

1. 非正常中斷

非正常中斷通常是由於企業管理決策上的原因或其他不可預見的原因等導致的中斷。例如，企業在建造廠房時因與施工方發生了質量糾紛而暫停建造，或者由於工程、生產用料沒有及時供應而發生中斷，或者由於資金週轉發生了困難導致資產購建或生產活動發生中斷，都屬於非正常中斷。

非正常中斷與正常中斷顯著不同，正常中斷通常僅限於因購建或生產符合資本化條件的資產達到預定可使用或可銷售狀態所必要的程序，或者事先可預見的不可抗力因素導致的中斷。例如，某項工程建造到一定階段必須暫停進行質量或安全檢查，檢查通過後才可繼續下一階段的建造工作，這類中斷是在施工前可以預見的，而且是工程建造必須經過的程序，屬於正常中斷。還有某些地區的工程在建造過程中，由於可預見的不可抗力因素（如雨季或冰凍季節等原因）導致施工出現停頓，也屬於正常中斷。例如，某企業在北方某地建造某工程期間，正遇冰凍季節（通常為6個月)，工程施工因此中斷，待冰凍季節過後方能繼續施工。由於該地區在施工期間出現較長的冰凍為正常情況，由此導致的施工中斷是可預見的不可抗力因素導致的中斷，屬於正常中斷。

2. 中斷時間連續超過3個月

這是從重要性的要求出發，不超過3個月的借款費用通常由於不夠重要可以忽略不計。

(三) 借款費用停止資本化的時點

企業購建或生產符合資本化條件的資產達到預定可使用或可銷售狀態時，應當停止借款費用的資本化。符合下列情形之一的，應當認為企業購建或生產的符合資本化條件的資產達到了預定可使用或可銷售狀態：

(1) 資產的實體建造全部完成或實質完成。

(2) 購建的固定資產與設計要求或合同要求基本相符。

(3) 繼續發生的支出很少或幾乎不再發生。

如果購建或生產的符合資本化條件的資產的各部分分別完工，且每部分在其他部分繼續建造或生產過程中可供使用或對外銷售，企業可以停止已經達到預定可使用或可銷售狀態的部分相關借款費用的資本化。如果企業購建或生產的資產的各部分分別完工，但必須等到整體完工後才可使用或對外銷售的，企業應當在該資產整體完工時停止借款費用的資本化。

五、借款費用資本化金額的確定

（一）借款利息資本化金額的確定

借款利息是指按照實際利率法計算的各期實際利息，既包括按照借款合同利率計算的票面利息，也包括因實際利率與合同利率不同而產生的折價或溢價的攤銷額。在借款費用資本化期間內，每個會計期間的利息（包括折價或溢價的攤銷，下同）資本化金額，應當按照下列規定確定：

（1）為購建或生產符合資本化條件的資產而借入專門借款的，應當以專門借款當期實際發生的利息費用，減去將尚未動用的借款資金存入銀行取得的利息收入或進行暫時性投資取得的投資收益後的金額，確定為專門借款利息費用的資本化金額，並應當在資本化期間內，將其計入符合資本化條件的資產成本。專門借款利息費用資本化金額的計算不與資產支出相掛勾。

（2）為購建或生產符合資本化條件的資產而占用了一般借款的（占用的資金全部或部分為一般借款），企業應當根據累計資產支出超過專門借款部分的資產支出加權平均數乘以所占用的一般借款的資本化率，計算確定一般借款應予資本化的利息金額。資本化率應當根據一般借款加權平均利率計算確定。如果符合資本化條件的資產的購建或生產沒有借入專門借款，則應以累計資產支出加權平均數為基礎計算所占用的一般借款利息資本化金額。企業占用一般借款資金購建或生產符合資本化條件的資產時，一般借款的借款費用的資本化金額的確定應當與資產支出掛勾。一般借款應予資本化的利息金額相關公式如下：

一般借款利息費用資本化金額＝累計資產支出超過專門借款部分的資產支出加權平均數×所占用一般借款的資本化率

上式中，資本化率的確定原則為：如果企業為構建某項資產只使用了一筆一般借款，資本化率即為該項借款的利率；如果企業為構建某項資產使用了多筆一般借款，資本化率為這些借款的加權平均利率。其計算公式如下：

所占用一般借款的資本化率＝所占用一般借款加權平均利率

＝所占用一般借款當期實際發生的利息之和÷所占用一般借款本金加權平均數

＝∑（所占用每筆一般借款本金×每筆一般借款在當期所占用的天數÷當期天數）

為簡化計算，企業也能以月數作為計算累計支出加權平均數的權數。

在計算資本化率時，如果企業以溢價或折價方式發行債券，應當將每期應攤銷的溢價或折價金額作為利息的調整額，對資本化率進行相應的調整。其加權平均利率的計算公式如下：

所占用一般借款的資本化率＝所占用一般借款加權平均利率

＝［所占用一般借款當期實際發生的利息之和+（或－）折價（或溢價）攤銷額］÷所占用一般借款本金加權平均數

（3）在資本化期間內，每一會計期間的利息資本化金額不應當超過當期相關借款實際發生的利息金額。

企業在確定每期利息（包括折價或溢價的攤銷）資本化金額時，應首先判斷符合資本化條件的資產在構建或生產過程中所占用的資金來源，因為資金來源不同，會計處理方法不同。

【例 10-40】甲公司於 2×18 年 1 月 1 日正式動工興建一棟辦公樓，工期為 2 年。該工程採用出包方式，甲公司分別於 2×18 年 1 月 1 日、7 月 1 日和 2×19 年 1 月 1 日、2×19

年7月1日向施工方支付2,000萬元、3,000萬元、1,000和4,000萬元。辦公樓於2×19年12月31日完工，達到預定可使用狀態。

甲公司為建造該辦公樓取得了以下兩筆專門借款：

（1）2×18年1月1日，取得專門借款3,000萬元，借款期限為3年，年利率為8%，利息按年支付。

（2）2×18年7月1日，取得專門借款1,000萬元，借款期限為5年，年利率為10%，利息按年支付。

閒置的專門借款資金均用於固定收益債券短期投資，假定該短期投資月收益率為0.5%，投資收益到年末為止尚未收到。

甲公司為建造該辦公樓還占用了以下兩筆一般借款：

（1）向A銀行借入一筆長期借款4,000萬元，期限為2×17年5月1日至2×22年5月1日，年利率為6%，按年支付利息。

（2）發行公司債券5,000萬元，於2×17年3月1日發行，期限為5年，年利率為8%，按年支付利息。

該辦公樓建造期限為兩年，符合資本化條件，資本化期間為2×18年1月1日至2×19年12月31日。甲公司辦公樓建造支出資金來源見表10-9。

表10-9　甲公司辦公樓建造支出資金來源　　單位：萬元

日　期	資產支出	資金來源	
		專門借款	一般借款
2×18年1月1日	2,000	2,000	
2×18年7月1日	3,000	2,000	1,000
2×19年1月1日	1,000		1,000
2×19年7月1日	4,000		4,000
合計	10,000	4,000	6,000

（1）計算2×18年的利息。

①專門借款資本化利息的計算。

專門借款中有10,000,000元（30,000,000-20,000,000）資金從2×18年1月1日至7月1日閒置6個月。

專門借款2×18年應付利息金額=30,000,000×8%+10,000,000×10%×6÷12
=2,900,000（元）

專門借款閒置期間的投資收益金額=10,000,000×0.5%×6=300,000（元）

專門借款的資本化利息金額=2,900,000-300,000=2,600,000（元）

對於專門借款的利息，甲公司在2×18年12月31日應編製的會計分錄如下：

借：在建工程　　2,600,000
　　應收利息　　300,000
　貸：應付利息　　2,900,000

②一般借款資本化利息的計算。

一般借款2×18年應付利息金額=40,000,000×6%+50,000,000×8%=6,400,000（元）

一般借款部分的資產支出加權平均數=10,000,000×6÷12=5,000,000（元）

一般借款資本化率=6,400,000÷(40,000,000+50,000,000)×100%=7.11%

一般借款資本化利息金額=5,000,000×7.11%=355,500（元）

對於一般借款的利息，甲公司在 2×18 年 12 月 31 日應編製的會計分錄如下：

借：在建工程　355,500

　　財務費用　6,044,500

　貸：應付利息　6,400,000

(2) 計算 2×19 年的利息。

①專門借款利息的計算。

專門借款 2×19 年應付利息金額＝30,000,000×8%＋10,000,000×10%＝3,400,000（元）

專門借款閒置期間的投資收益金額＝0（元）

專門借款的資本化利息金額＝3,400,000－0＝3,400,000（元）

對於專門借款的利息，甲公司在 2×19 年 12 月 31 日應編製的會計分錄如下：

借：在建工程　3,400,000

　貸：應付利息　3,400,000

②一般借款利息的計算。

一般借款 2×19 年應付利息金額＝40,000,000×6%＋50,000,000×8%＝6,400,000（元）

一般借款部分的資產支出加權平均數＝10,000,000＋40,000,000×6÷12＝30,000,000（元）

一般借款資本化率＝6,400,000÷(40,000,000＋50,000,000)×100%＝7.11%

一般借款資本化利息金額＝30,000,000×7.11%＝2,133,000（元）

對於一般借款的利息，甲公司在 2×19 年 12 月 31 日應編製的會計分錄如下：

借：在建工程　2,133,000

　　財務費用　4,267,000

　貸：應付利息　6,400,000

(二) 匯兌差額資本化金額的確定

企業為購建或生產符合資本化條件的資產所借入的專門借款為外幣借款時，由於匯率變動會產生匯兌差額，為簡化起見，在借款費用的資本化期間內，外幣專門借款本金及利息的匯兌差額，應當予以資本化，計入符合資本化條件的資產的成本。一般借款的本金及利息產生的匯兌差額應當直接計入當期財務費用。

(三) 輔助費用資本化金額的確定

輔助費用是企業為了取得借款而發生的必要費用，包括借款手續費、佣金等。輔助費用各期的發生額是按照實際利率法確定的金融負債交易費用對每期利息費用的調整額。對於專門借款發生的輔助費用，在所購建或生產的符合資本化條件的資產資本化期間內發生的應予以資本化。一般借款發生的輔助費用也應當比照上述原則處理。

六、借款費用資本化的披露

企業應當在附註中披露與借款費用有關的下列信息：

第一，當期資本化的借款費用金額。

第二，當期用於計算確定借款費用資本化金額的資本化率。企業在披露資本化率時，應注意以下問題：其一，如果當期需要購建的固定資產有兩項或兩項以上，則分情況確定資本化率，當各項固定資產適用的資本化率不同時應分項披露，當各項固定資產適用的資本化率相同時准許使用同一資本化率披露。其二，如果對外提供會計報表的時間長於計算借款費用資本化金額的時間跨度，且在提供資本化率的各期的資本化率不同，企業應分別披露，如果相同則准許合併披露。

第十一章　所有者權益

第一節　所有者權益概述

一、企業組織形式

中國的市場經濟已形成多種經濟成分並存的格局。在市場經濟中，企業是主體，雖然企業所有制性質不同，但與所有者權益會計密切相關的不是企業的所有制性質，而是企業的組織形式。所有者權益會計要解決不同企業的所有者對企業應承擔的風險及其享有的利益。國際通行的做法是按企業資產經營的法律責任，把企業劃分為非公司型企業和公司型企業。

（一）非公司型企業

1. 獨資型企業

獨資型企業也稱私人獨資企業，是企業的最簡單、最原始的組織形式。企業的全部資產歸出資者一人所有，企業的經營也由出資者個人承擔，因此企業的所有權與經營權是統一的。獨資企業不具有法人資格，企業的所有者對企業的債務負有無限的清償責任。這種類型的企業，一般規模比較小，資金來源有限，適用於生產條件和生產過程比較簡單、財產經營規模比較小的生產經營活動，具有較大的局限性。

2. 合夥型企業

合夥型企業是兩個或兩個以上的合夥人按照協議共同出資，共同承擔企業經營風險，並且對企業債務承擔連帶責任的企業。其最大的特點是，合夥人對債務承擔無限連帶責任。一旦發生債務，債權人可以向任何一個合夥人請求清償全部債務。企業的事務通常由合夥人共同決定，然後再委託一個或部分合夥人去執行。合夥型企業由於吸收了其他私人的投資，為擴大企業生產經營規模提供了一定的條件，因此是一種比私人獨資企業先進的企業組織形式。但是，合夥型企業也有很大的局限性，主要是權力分散、決策緩慢、籌資比較困難，並且由於合夥型企業也不具有法人資格，合夥人對企業的債務要負無限責任，風險也比較大。

（二）公司型企業

公司是依據一定的法律程序申請登記設立，並以盈利為目的的具有法人資格的經濟組織。公司有獨立的財產，獨立地承擔經濟責任，同時享有相應的民事權利。公司具有法人資格，這是其區別於非法人企業（如獨資型企業和合夥型企業）的一個重要標誌。法人是具有民事權利能力和民事行為能力，依法獨立享有民事權利和承擔民事義務的組織。因此，公司必須具有獨立的法人財產，自主經營、自負盈虧。公司是隨著資本主義制度的發展，伴隨著資本集中的過程而興起的。這種企業組織形式比較適合規模比較大的生產經營企業。

《中華人民共和國公司法》（以下簡稱《公司法》）第二條規定：「本法所稱公司是指依照本法在中國境內設立的有限責任公司和股份有限公司。」可見，公司是以責任形式設立的，而不是以所有制或以行政隸屬關係來建立的，公司包含多種經濟成分，容納多種來源的投資，不同的所有者都可以採用公司形式。中國《公司法》將公司分為有限責任公司和股份有限公司。

1. 有限責任公司

有限責任公司是指由一定數量的股東共同出資組成，股東僅就自己的出資額對公司的債務承擔有限責任的公司。有限責任公司的股東不限於自然人，也可以是法人和政府（但其股東的數量有最高上限，有限責任公司的股東應在五十個以下）。有限責任公司對公司的資本不分為等額股份，不對外公開募集股份，不能發行股票。股東以其出資比例，享受公司權利，承擔公司義務。公司股東以其出資額承擔有限責任，並享受相應的權益。公司股份的轉讓有嚴格的限制，如需轉讓，應在其他股東同意的條件下方可進行。

按中國《公司法》的規定，中國可以設立一人有限責任公司。一人有限責任公司是指只有一個自然人股東或一個法人股東的有限責任公司。一個自然人只能投資設立一個一人有限責任公司，該一人有限責任公司不能投資設立新的一人有限責任公司。一人有限責任公司應當在公司登記中註明自然人獨資或法人獨資，並在公司營業執照中載明。一人有限責任公司的股東不能證明公司財產獨立於股東自己的財產的，應當對公司債務承擔連帶責任。

按中國《公司法》的規定，中國可以設立國有獨資公司。國有獨資公司是指國家單獨出資、由國務院或地方人民政府授權本級人民政府國有資產監督管理機構履行出資人職責的有限責任公司。國有獨資公司不設股東會，由國有資產監督管理機構行使股東會職權。國有獨資公司應設董事會，董事每屆任期不得超過 3 年，董事會成員中應當有公司職工代表；應設監事會並且成員不得少於 5 人，其中職工代表的比例不得低於 1/3，具體比例由公司章程規定。

2. 股份有限公司

股份有限公司是指由一定數量的股東共同出資組成，股東僅就自己的出資額對公司的債務承擔有限責任的公司。股份有限公司與有限責任公司的主要區別在於公司的資本總額平分為金額相等的股份，並通過公開發行股票向社會籌集資金。同時，公司的股份可以自由轉讓，股票可以在社會上公開交易、轉讓，但不能退股。股份有限公司徹底實現了所有權與經營權的分離。因此，股份有限公司具有籌資便利、風險分散、資本有充分的流動性等優點。由於股份有限公司資本雄厚、實力強大，因此在發達國家整個國民經濟中占統治地位。股份有限公司適合從事較大規模的生產經營活動。

不同的企業組織形式，對資產和負債的會計處理並無重大影響，但涉及所有者權益方面的會計處理卻不大一樣。公司組織，尤其是股份有限公司，已是當今世界上最廣泛採用的企業組織形式。它具有獨資型企業和合夥型企業所不具備的生命力與優越性，在資本結構和籌資方式上更具靈活性。因此，我們選擇股份有限公司的股東權益作為重點論述，其他稍加提及。

二、所有者權益的含義及構成

（一）所有者權益的含義

所有者權益是指所有者在企業享有的經濟利益，其金額為資產減去負債後的餘額。所有者權益在股份有限公司稱為股東權益。所有者權益是所有者對企業資產的剩餘索取權，是企業資產中扣除債權人權益後應由所有者享有的部分，既可以反應所有者投入資本的保值增值情況，又體現保護債權人權益的理念。

所有者對企業的經營活動承擔著最終的風險，與此同時也享有最終的權益。如果企業在經營中獲利，所有者權益將隨之增長；反之，所有者權益將隨之縮減。任何企業的所有者權益都是由企業的投資者投入資本及其增值所構成的。

企業的所有者和債權人都是企業資金的提供者，因此所有者權益和負債（債權人權益）都是對企業資產的求償權，但兩者之間又存在著一定的區別。所有者權益與負債比較，其特點主要表現在以下幾個方面：

（1）對象不同。負債是企業對債權人負擔的經濟責任，所有者權益是企業對投資人負擔的經濟責任。

（2）性質不同。負債是在經營或其他事項中發生的債務，是債權人對其債務的權利，債權人有優先獲取企業用以清償債務的資產的要求權；所有者權益是投資者對投入資本及投入資本的運用所產生的盈餘的權利，即所有者對剩餘資產的要求權，這種要求權在順序上置於債權人的要求權之後。

（3）償還期限不同。企業的負債一般都有約定的償還日期；所有者權益在企業持續經營的情況下，一般不能收回投資，即不存在約定的償還日期，是企業的一項可以長期使用的資金，只有在企業清算時才予以償還。

（4）享受的權利不同。債權人只享有收回債務本金和利息的權利，而無權參與企業收益分配和經營管理；所有者在某些情況下，除可以獲得利益外，還可以參與企業的經營管理活動。

（5）風險不同。債權人獲取的利息一般是按一定利率計算、預先可以確定的固定數額，企業無論盈利與否均應按期付息，風險較小；所有者獲得多少收益，則視企業的盈利水準及經營政策而定，風險較大。

（6）計量不同。負債必須在發生時按照規定的方法單獨予以計量；所有者權益則不必單獨計量，而是對資產和負債計量以後形成的結果。

（二）所有者權益的構成

中國企業會計準則規定，基於公司制的特點，所有者權益的來源通常由實收資本（或股本）、其他權益工具、資本公積、其他綜合收益和留存收益（盈餘公積和未分配利潤）構成。

實收資本是指所有者在企業註冊資本的範圍內實際投入的資本。註冊資本是指企業在設立時向工商行政管理部門登記的資本總額，也是全部出資者設定的出資額之和。註冊資本是企業的法定資本，是企業承擔民事責任的財力保證。

其他權益工具是指企業發行的除普通股以外的歸類於權益工具的各種金融工具，主要包括歸類於權益工具的優先股、永續債、認股權、可轉換公司債券等金融工具。

資本公積是指企業收到投資者的超過其在企業註冊資本（或股本）中所占份額的投資以及直接計入所有者權益的利得和損失等。直接計入所有者權益的利得和損失是指不應計入當期損益、會導致所有者權益發生增減變動、與所有者投入資本或向所有者分配利潤無關的利得或損失。其中，利得是指由企業非日常活動所形成的、會導致所有者權益增加的、與所有者投入資本無關的經濟利益的流入，其內容包括直接計入所有者權益的利得和直接計入當期利潤的利得。損失是指由企業非日常活動所發生的、會導致所有者權益減少的、與向所有者分配利潤無關的經濟利益的流出，其內容包括直接計入所有者權益的損失和直接計入當期利潤的損失。資本公積包括資本溢價（或股本溢價）和其他資本公積。

其他綜合收益是指在企業經營活動中形成的未計入當期損益但歸所有者共有的利得或損失，主要包括以公允價值計量且其變動計入其他綜合收益的金融資產公允價值變動、權益法下被投資單位所有者權益其他變動等。

留存收益是指歸所有者共有的、企業歷年實現的淨利潤留存於企業的部分，主要包括盈餘公積和未分配利潤。

從會計上說，界定所有者權益來源構成的目的之一，是讓股東和債權人知道，公司付給股東的款項是利潤的分配還是投入資本的返還。只有當期的稅後利潤和前期的未分配利潤才可用於股利分配。企業的利潤分配有限度，既是法律的約束，也反應了公司持續經營的願望。這樣分類的另一個目的在於讓股東用累計利潤來判斷管理人員的稱職程度。許多股東一般不直接參與公司的經營管理，他們將公司管理人員視為投入資本的經營管理責任者，將累計利潤與投入資本相比較即可評價其經營管理的績效。

三、所有者權益的確認

所有者權益體現的是所有者在企業中的剩餘權益，因此所有者權益的確認主要依賴於其他會計要素，尤其是資產和負債的確認；所有者權益金額的確定也主要取決於資產和負債的計量。例如，企業接受投資者投入的資產，在該資產符合企業資產確認條件時，就相應地符合了所有者權益的確認條件。當該資產的價值能夠可靠地計量時，所有者權益的金額也就可以確定。

第二節　實收資本與其他權益工具

一、實收資本

（一）實收資本的性質

實收資本（或股本）是所有者投入資本形成法定資本的價值。所有者向企業投入的資本，在一般情況下無須償還，可供企業長期週轉使用。實收資本（或股本）的構成比例，通常是確定所有者在企業所有者權益中所占的份額和參與企業財務經營決策的基礎，也是企業進行利潤分配或股利分配的依據，同時還是企業清算時確定所有者對淨資產要求權的依據。《公司法》規定，公司註冊資本應為在工商行政管理機關登記的實收資本總額。根據這一規定，公司的實收資本（或股本）即為註冊資本。

（二）關於註冊資本的主要法律規定

（1）有限責任公司的註冊資本為在公司登記機關登記的全體股東認繳的出資額。股東可以用貨幣出資，也可以用實物、知識產權、土地使用權等可以用貨幣估價並依法轉讓的非貨幣財產作價出資，但法律、行政法規定不得作為出資的財產除外。企業對作為出資的非貨幣財產應當評估作價、核實財產，不得高估或低估作價。股東應當按期足額繳納公司章程中規定的各自認繳的出資額。股東以貨幣出資的，應當將貨幣出資足額存入有限責任公司在銀行開設的帳戶；以非貨幣財產出資的，應當依法辦理其財產權的轉移手續。

股東不按照規定繳納出資的，除應當向公司足額繳納外，還應當向已按期足額繳納出資的股東承擔違約責任。

（2）股份有限公司採取發起設立方式設立的，註冊資本為在公司登記機關登記的全體發起人認購的股本總額。在發起人認購的股份繳足前，企業不得向他人募集股份。發起人應當書面認足公司章程規定其認購的股份，並按照公司章程規定繳納出資。發起人以非貨幣財產出資的，應當依法辦理其財產權的轉移手續；發起人不依照規定繳納出資的，應當按照發起人協議承擔違約責任；發起人認足公司章程規定的出資後，應當選舉董事會和監事會，由董事會向公司登記機關報送公司章程以及法律、行政法規規定的其他文件，申請設立登記。

股份有限公司採取募集方式設立的，註冊資本為在公司登記機關登記的實收股本總額。法律、行政法規以及國務院決定對股份有限公司註冊資本實繳、註冊資本最低限額另有規定的，從其規定。發起人認購的股份不得少於公司股份總數的35%；若法律、行政法規另有規定的，從其規定。

（三）實收資本的會計處理

1. 一般企業的實收資本

一般企業是指除股份有限公司以外的企業，如國有企業、有限責任公司等。投資者投入資本的形式可以有多種，如投資者可以用現金投資，也可以用非現金資產投資，如用存貨、固定資產、無形資產等投資。

為了反應和監督投資者投入資本的增減變動情況，一般企業應設置「實收資本」帳戶。該帳戶的貸方登記企業實際收到投資者繳付的投資，借方登記企業按法定程序減資時減少的註冊資本數額，期末貸方餘額反應企業期末實收資本實有數額。為了反應企業各所有者的投資在企業所有者權益中的構成及變動情況，「實收資本」帳戶還必須按所有者設置明細帳戶，進行明細分類核算。

企業收到投資者投入的資本後，應分別按不同的出資方式進行帳務處理。

（1）接受現金資產投資。企業收到投資者以人民幣現金投入的資本時，應當以實際收到或存入企業開戶銀行的金額作為實收資本入帳，借記「庫存現金」「銀行存款」科目，貸記「實收資本」科目。對於實際收到或存入企業開戶銀行的金額超過投資者在企業註冊資本中所占份額的部分，應當計入資本公積。

【例 11-1】 甲、乙、丙共同投資設立 A 有限責任公司，註冊資本為 2,000,000 元，甲、乙、丙持股比例分別為 60%、25% 和 15%。按照公司章程規定，甲、乙、丙投入資本分別為 1,200,000 元、500,000 元和 300,000 元。A 有限責任公司已如期收到各投資者一次繳足的款項。A 有限責任公司應編製如下會計分錄：

	借方	貸方
借：銀行存款	2,000,000	
貸：實收資本——甲		1,200,000
——乙		500,000
——丙		300,000

（2）接受非現金資產投資。

①接受投入材料物資。企業接受投資者作價投入的材料物資，應按投資合同或協議約定的價值（不公允的除外）作為材料物資的入帳價值，按投資合同或協議約定的投資者在企業註冊資本或股本中所占份額的部分作為實收資本入帳，投資合同或協議約定的價值（不公允的除外）超過投資者在企業註冊資本中所占份額的部分，計入資本公積（資本溢價）。

【例 11-2】 乙有限責任公司於設立時收到 B 公司作為資本投入的原材料一批，該批原材料投資合同或協議約定價值（不含可抵扣的增值稅進項稅額部分）為 100,000 元，增值稅進項稅額為 13,000 元（由投資方支付稅款，並提供或開具增值稅專用發票）。合同約定的價值與公允價值相符，不考慮其他因素。乙有限責任公司對原材料按實際成本進行日常核算。乙有限責任公司應編製如下會計分錄：

	借方	貸方
借：原材料	100,000	
應交稅費——應交增值稅（進項稅額）	13,000	
貸：實收資本——B 公司		113,000

②接受投入固定資產。企業接受投資者作價投入的房屋、建築物、機器設備等固定資產，應按投資合同或協議約定的價值（不公允的除外）作為固定資產的入帳價值，按

投資合同或協議約定的投資者在企業註冊資本中所占份額的部分作為實收資本入帳，投資合同或協議約定的價值（不公允的除外）超過投資者在企業註冊資本中所占份額的部分，計入資本公積（資本溢價）。

【例 11-3】甲有限責任公司於設立時收到乙公司作為資本投入的不需要安裝的機器設備一臺，合同約定該機器設備的價值為 2,000,000 元，增值稅進項稅額為 260,000 元（由投資方支付稅款，並提供或開具增值稅專用發票）。經約定，甲有限責任公司接受乙公司的投入資本為 2,260,000 元，全部作為實收資本。合同約定的固定資產價值與公允價值相符，不考慮其他因素。甲有限責任公司應編製如下會計分錄：

借：固定資產	2,000,000	
應交稅費——應交增值稅（進項稅額）	260,000	
貸：實收資本——乙公司		2,260,000

③接受投入無形資產。企業收到以無形資產方式投入的資本，應按投資合同或協議約定的價值（不公允的除外）作為無形資產的入帳價值，按投資合同或協議約定的投資者在企業註冊資本或股本中所占份額的部分作為實收資本入帳，投資合同或協議約定的價值（不公允的除外）超過投資者在企業註冊資本中所占份額的部分，計入資本公積（資本溢價）。

【例 11-4】丙有限責任公司於設立時收到 A 公司作為資本投入的非專利技術一項，該非專利技術投資合同約定價值為 60,000 元，增值稅進項稅額為 3,600 元（由投資方支付稅款，並提供或開具增值稅專用發票）；收到 B 公司作為資本投入的土地使用權一項，投資合同約定價值為 80,000 元，增值稅進項稅額為 7,200 元（由投資方支付稅款，並提供或開具增值稅專用發票）。合同約定的資產價值與公允價值相符，不考慮其他因素。丙有限責任公司應編製如下會計分錄：

借：無形資產——非專利技術	60,000	
——土地使用權	80,000	
應交稅費——應交增值稅（進項稅額）	10,800	
貸：實收資本——A 公司		63,600
——B 公司		87,200

（3）經營期間實收資本的變動。一般情況下，企業的實收資本應相對固定不變，但在某些特定情況下，實收資本也可能發生增減變化。《中華人民共和國企業法人登記管理條例施行細則》規定，除國家另有規定外，企業的註冊資金應當與實收資本相一致，當實收資本比原註冊資金增加或減少超過 20% 時，應持資金使用證明或驗資證明，向原登記主管機關申請變更登記。如擅自改變註冊資本或抽逃資金，要受到工商行政管理部門的處罰。

①實收資本的增加。一般企業增加資本主要有三個途徑：接受投資者追加投資、資本公積轉增資本和盈餘公積轉增資本。

企業按規定接受投資者追加投資時，核算原則與投資者初次投入時相同。

企業採用資本公積或盈餘公積轉增資本時，應按轉增的資本金額確認實收資本。企業用資本公積轉增資本時，借記「資本公積——資本溢價」科目，貸記「實收資本」科目；用盈餘公積轉增資本時，借記「盈餘公積」科目，貸記「實收資本」科目。企業用資本公積或盈餘公積轉增資本時，應按原投資者各自出資比例計算確定各投資者相應增加的出資額。

【例 11-5】甲、乙、丙三人共同投資設立了 A 有限責任公司，原註冊資本為 4,000,000 元，甲、乙、丙分別出資 500,000 元、2,000,000 元和 1,500,000 元。為擴大經營規模，經批准，A 有限責任公司註冊資本擴大為 5,000,000 元，甲、乙、丙按照原出資比例分別追加投資 125,000 元、500,000 元和 375,000 元。A 有限責任公司如期收到甲、乙、丙追加的現金投資。A 有限責任公司應編製如下會計分錄：

借：銀行存款 1,000,000

貸：實收資本——甲 125,000

——乙 500,000

——丙 375,000

【例 11-6】承**【例 11-5】**，因擴大經營規模需要，經批准，A 有限責任公司按原出資比例將資本公積 1,000,000 元轉增資本。A 有限責任公司應編製如下會計分錄：

借：資本公積——資本溢價 1,000,000

貸：實收資本——甲 125,000

——乙 500,000

——丙 375,000

【例 11-7】承**【例 11-5】**，因擴大經營規模需要，經批准，A 有限責任公司按原出資比例將盈餘公積 1,000,000 元轉增資本。A 有限責任公司應編製如下會計分錄：

借：盈餘公積 1,000,000

貸：實收資本——甲 125,000

——乙 500,000

——丙 375,000

②實收資本的減少。企業發生減資的原因主要有兩個：一是企業經營方針或市場需求發生了重大變化，業務萎縮，導致資本過剩；二是企業發生重大虧損短期內無力彌補而需要減少資本。

企業因資本過剩而減資，一般要發還股款。企業發還股款通常按返還投資者的數額，借記「實收資本」科目，貸記「銀行存款」等科目。

企業發生重大虧損，在短期內用利潤、盈餘公積無法彌補，按照國家相關規定，企業如有未彌補虧損，不得發放股利。企業發生重大虧損，如果不進行減資，即使以後年度有了盈利，也不能分配利潤，而要先彌補虧損。如果一個企業較長時間不發放股利或分配利潤，會影響企業聲譽，動搖投資者信心。企業在履行減資手續後用實收資本彌補虧損，這樣企業可以放下包袱，轉入正常經營。企業用實收資本彌補虧損時，借記「實收資本」科目，貸記「利潤分配——未分配利潤」科目。

2. 股份有限公司的股本

(1) 股份有限公司的股本。股份有限公司與一般企業相比，其顯著特點在於將企業資本劃分為等額股份，並通過發行股票的方式來籌集資本。股份有限公司股票發行的會計核算主要通過「股本」帳戶進行，僅核算公司發行股票的面值或設定價值部分。企業在「股本」帳戶下，按股票種類及股東名稱設置明細帳。

股票的發行價格受發行時資本市場的需求和投資人對公司獲利能力的估計的影響，公司發行股票的價格往往與股票的面值不一致。按照《公司法》的規定，同次發行的股票，每股的發行條件和價格應當相同，任何單位或個人認購的股份，每股應當支付相同金額。股票的發行價格可以按票面金額，也可以超過票面金額，但不得低於票面金額。因此，中國目前僅准許股票溢價、平價發行，不准許折價發行。

在發行時，股份有限公司應在實際收到現金資產時進行會計處理。股份有限公司發行股票收到現金資產時，借記「銀行存款」等科目，按每股股票面值和發行股份總額的乘積計算的金額，貸記「股本」科目，實際收到的金額與該股本之間的差額，貸記「資本公積——股本溢價」科目。

股份有限公司發行股票發生的手續費、佣金等交易費用，應從溢價中抵扣，衝減資本公積（股本溢價）。

【例 11-8】B 股份有限公司發行普通股 10,000,000 股，每股面值 1 元，每股發行價格 5 元。假定股票發行成功，股款 50,000,000 元已全部收到，不考慮發行過程中的稅費等因素。根據上述資料，B 股份有限公司應做如下帳務處理：

應計入「資本公積」科目的金額＝50,000,000－10,000,000×1＝40,000,000（元）

B 股份有限公司應編製如下會計分錄：

借：銀行存款	50,000,000	
貸：股本		10,000,000
資本公積——股本溢價		40,000,000

（2）經營期間股本的變動。

①股本的增加。第一，發放股票股利。股份有限公司發放股票股利時，應按股東原持股比例進行分配，如果股東所持股份按比例分配不足 1 股時，可採用發放現金股利或原有股東相互轉讓湊為整數。企業發放股票股利，在辦妥相關手續後，借記「利潤分配」科目，貸記「股本」科目。

第二，公司發行的可轉換債券轉換成股票。發行可轉換債券的股份有限公司應當按照規定的轉換方法向債券持有人換發股票，公司收回可轉換債券。向債權人換發股票時，債券價值超過股票面值的差額，應作為資本公積處理，借記「應付債券」科目，貸記「股本」「資本公積」科目。

第三，資本公積、盈餘公積轉增資本。公司用資本公積、盈餘公積轉增資本時，借記「資本公積」「盈餘公積」科目，貸記「股本」科目。

②股本的減少。股份有限公司由於採用的是發行股票的方式籌集股本，減資的手段是收回公司發行在外的股票，並加以註銷。中國《公司法》規定，股份有限公司除因減少資本等特殊情況外，不得收購本公司股票，也不得庫存本公司已發行股票。

股份有限公司採用收購本公司股票方式減資的，通過「庫存股」科目核算回購股份的金額。股份有限公司因減少註冊資本而回購本公司股份的，應按實際支付的金額，借記「庫存股」科目，貸記「銀行存款」等科目。股份有限公司註銷庫存股時，按股票面值和註銷股數計算的股票面值總額，借記「股本」科目，按註銷庫存股的帳面餘額，貸記「庫存股」科目，按其差額衝減股票發行時原計入資本公積的溢價部分，借記「資本公積——股本溢價」科目。股份有限公司股本溢價不足衝減的，應借記「盈餘公積」「利潤分配——未分配利潤」科目。如果回購股票支付的價款低於面值總額的，股份有限公司應按股票面值總額，借記「股本」科目，按所註銷的庫存股帳面餘額，貸記「庫存股」科目，按其差額，貸記「資本公積——股本溢價」科目。

【例 11-9】A 上市公司 2×19 年 12 月 31 日的股本為 100,000,000 元（面值為 1 元），資本公積（股本溢價）為 30,000,000 元，盈餘公積為 40,000,000 元。經股東大會批准，A 上市公司以現金回購方式回購本公司股票 20,000,000 股並註銷。假定 A 上市公司按每股 2 元回購股票，不考慮其他因素。A 上市公司應編製如下會計分錄：

（1）回購本公司股份時。

庫存股成本＝20,000,000×2＝40,000,000（元）

借：庫存股	40,000,000	
貸：銀行存款		40,000,000

(2) 註銷本公司股份時。

應衝減的資本公積 = 20,000,000×2－20,000,000×1 = 20,000,000 (元)

借：股本　　20,000,000

　　資本公積——股本溢價　　20,000,000

　貸：庫存股　　40,000,000

二、其他權益工具

其他權益工具是指企業發行的除普通股以外的歸類為權益工具的各種金融工具，如企業發行的分類為權益工具的優先股等。

如果企業有其他權益工具，則需要在所有者權益類科目中增設「其他權益工具——優先股」科目核算該類業務。企業發行優先股收到的價款登記在該科目的貸方，可轉換優先股轉換為普通股的帳面價值登記在該科目的借方，貸方餘額反應發行在外的優先股帳面價值。

【例 11-10】甲股份有限公司發行歸類於權益工具的可轉換優先股 180 萬股，實際收到價款 252 萬元。甲公司帳務處理如下：

借：銀行存款　　2,520,000

　貸：其他權益工具——優先股　　2,520,000

【例 11-11】沿用**【例 11-10】**的資料。可轉換優先股全部轉換為普通股 36 萬股，每股面值 1 元。甲公司帳務處理如下：

借：其他權益工具——優先股　　2,520,000

　貸：股本　　360,000

　　　資本公積——股本溢價　　2,160,000

第三節　資本公積和其他綜合收益

一、資本公積

(一) 資本公積的含義及構成

資本公積是企業收到投資者出資額超過其在企業註冊資本（或股本）中所占份額的投資以及其他資本公積等。資本公積包括資本溢價（或股本溢價）和其他資本公積。

資本溢價（或股本溢價）是投資者繳付的出資額超過了註冊資本（或股本）而產生的差額，是資本公積中最主要的項目。資本溢價的主要原因是投資者超額繳入資本。股本溢價是指股份有限公司發行股票產生的溢價。

其他資本公積是指除資本溢價（或股本溢價）以外形成的資本公積。例如，企業的長期股權投資採用權益法核算時，因被投資單位除淨損益、其他綜合收益以及利潤分配以外的所有者權益的其他變動（主要包括被投資單位接受其他股東的資本性投入、被投資單位發行可分離交易的可轉債中包含的權益成分、以權益結算的股份支付、其他股東對被投資單位增資導致投資方持股比例變動等），投資企業按應享有份額而增加或減少的資本公積，直接計入投資方所有者權益（資本公積——其他資本公積）。

資本公積的核算包括資本溢價（或股本溢價）的核算、其他資本公積的核算和資本公積轉增資本的核算等內容。

(二) 資本公積與實收資本（或股本）、留存收益、其他綜合收益的區別

1. 資本公積與實收資本（或股本）的區別

(1) 從來源和性質看，實收資本（或股本）是指投資者按照企業章程或合同、協議的約定，實際投入企業並依法進行註冊的資本，它體現了企業所有者對企業的基本產權關係。資本公積是投資者的出資額超出其在註冊資本中所占份額的部分（資本溢價或股本溢價）以及直接計入所有者權益的利得和損失（其他資本公積），不直接表明所有者對企業的基本產權關係。

(2) 從用途看，實收資本（或股本）的構成比例是確定所有者參與企業財務經營決策的基礎，也是企業進行利潤分配或股利分配的依據，同時還是企業清算時確定所有者對淨資產的要求權的依據。資本公積的用途主要是用來轉增資本（或股本）。資本公積不體現各所有者的佔有比例，也不能作為所有者參與企業財務經營決策或進行利潤分配（或股利分配）的依據。

2. 資本公積與留存收益的區別

資本公積的來源不是企業實現的利潤，而主要來自資本溢價（或股本溢價）等。留存收益是企業從歷年實現的利潤中提取或形成的留存於企業的內部累積，來源於企業生產經營活動實現的利潤。

3. 資本公積與其他綜合收益的區別

其他綜合收益是指企業根據企業會計準則的規定未在當期損益中確認的各項利得和損失。資本公積和其他綜合收益都會引起企業所有者權益發生增減變動，資本公積不會影響企業的損益，而部分其他綜合收益項目則在滿足企業會計準則規定的條件時，可以重分類進損益，從而成為企業利潤的一部分。

(三) 資本公積的會計處理

為了反應資本公積的形成和使用情況，企業應設置「資本公積」帳戶。「資本公積」帳戶應該按照資本公積的來源設置「資本溢價（或股本溢價）」「其他資本公積」兩個明細帳戶，進行明細分類核算。

1. 資本溢價

有限責任公司的出資者依其出資份額對企業經營決策享有表決權，依其所認繳的出資額對企業承擔有限責任。在企業創立時，出資者認繳的出資額全部計入「實收資本」科目。在企業重組並有新的投資者加入時，為了維護原有投資者的權益，新加入的投資者的出資額並不一定全部作為實收資本處理。

這是因為在企業正常經營過程中投入的資金即使與企業創立時投入的資金在數量上一致，但其獲利能力卻不一致。企業創立時，要經過籌建、試生產經營、為產品尋找市場、開闢市場等過程，從投入資金到取得投資回報需要較長時間，並且這種投資具有風險性，在這個過程中資本利潤率很低。企業進入正常生產經營階段後，資本利潤率要高於企業初創階段。這種高於初創階段的資本利潤率是由初創時必要的墊支資本帶來的，企業創辦者為此付出了代價。

因此，相同數量的投資，由於出資時間不同，其對企業的影響程度不同，由此帶給投資者的權力也不同，前者往往大於後者。新加入的投資者要付出大於原投資者的出資額，才能取得與原投資者相同的投資比例。另外，原投資者的原有投資不僅在質量上發生了變化，而且在數量上也可能發生變化，這是因為企業經營過程中實現利潤的一部分留在企業形成留存收益，而留存收益也屬於投資者權益，但未轉入實收資本。新加入的投資者如與原投資者共享這部分留存收益，也要求其付出大於原投資者的出資額，才能取得與原投資者相同的投資比例。投資者投入的資本中按其投資比例計算的出資額部

分，應記入「實收資本」科目，大於部分應記入「資本公積——資本溢價」科目。

【例 11-12】甲公司原來由三個投資者組成，每位投資者各投資 100 萬元，共計實收資本 300 萬元。經營一年後，一位投資者欲加入該公司並希望佔有 25%的股份，經協商該公司將註冊資本增加到 400 萬元。但該投資者不能僅投資 100 萬元就能占 25%的股份，假定其繳納 140 萬元。在這種情況下，只能將 100 萬元作為實收資本入帳，超過部分作為資本溢價，記入「資本公積」帳戶。甲公司帳務處理如下：

借：銀行存款	1,400,000	
貸：實收資本		1,000,000
資本公積——資本溢價		400,000

2. 股本溢價

股份有限公司以發行股票的方式籌集股本，股票是企業簽發的證明股東按其所持股份享有權利和承擔義務的書面證明。由於股東按其所持的企業股份享有權利和承擔義務，為了反應和便於計算各股東所持股份占企業全部股本的比例，企業的股本總額應按股票的面值與股份總數的乘積計算。

中國規定，實收股本總額應與註冊資本相等。因此，為提供企業股本總額及其構成以及註冊資本等信息，在採用與股票面值相同的價格發行股票的情況下，企業發行股票取得的收入應全部記入「股本」科目；在採用溢價發行股票的情況下，企業發行股票取得的收入，相當於股票面值的部分記入「股本」科目，超出股票面值的溢價收入記入「資本公積——股本溢價」科目。這裡要注意，委託證券公司代理發行股票而支付的手續費、佣金等，應從溢價發行收入中扣除，企業應按扣除手續費、佣金後的數額記入「資本公積——股本溢價」科目。

此外，同一控制下控股合併形成的長期股權投資，也會產生資本溢價或股本溢價。對於同一控制下控股合併形成的長期股權投資，企業應在合併日按取得被合併方所有者權益在最終控制方合併報表中的帳面價值的份額，借記「長期股權投資」科目，按支付的合併對價的帳面價值，貸記有關資產科目或借記有關負債科目，按其差額，貸記或者借記「資本公積（資本溢價或股本溢價）」科目。如果借記「資本公積（資本溢價或股本溢價）」科目不足衝減，企業應借記「盈餘公積」「利潤分配——未分配利潤」科目。

3. 其他資本公積

其他資本公積是指除資本（或股本）溢價項目以外所形成的資本公積，包括以權益結算的股份支付與採用權益法後續計量的長期股權投資涉及的業務。

（1）以權益結算的股份支付。股份支付是指企業為獲取職工和其他方提供服務而授予權益工具或承擔以權益工具為基礎確定的負債的交易。以權益結算的股份支付換取職工或其他方提供服務的，企業應按照確定的金額計入其他資本公積。

（2）採用權益法後續計量的長期股權投資。長期股權投資採用權益法後續計量的，在持股比例不變的情況下，被投資單位除淨損益以外所有者權益的其他變動，企業按持股比例計算應享有的份額，計入其他資本公積。企業處置採用權益法核算的長期股權投資時，還應結轉原計入其他資本公積的相關金額，借記或貸記「資本公積（其他資本公積）」科目，貸記或借記「投資收益」科目。

4. 資本公積轉增資本

資本公積（資本溢價或股本溢價）的用途主要是轉增資本，不得彌補虧損。經股東大會或類似機構決議，企業用資本公積轉增資本時，應衝減資本公積，同時按照轉增資本前的實收資本（或股本）的結構或比例，將轉增的金額記入「實收資本」（或「股本」）科目下各所有者的明細分類帳。

二、其他綜合收益

其他綜合收益是指企業根據企業會計準則的規定未在當期損益中確認的各項利得和損失，包括以後會計期間不能重分類進損益的其他綜合收益和以後會計期間滿足規定條件時可以重分類進損益的其他綜合收益兩類。

（一）不能重分類進損益的其他綜合收益項目

（1）重新計量設定受益計劃淨負債或淨資產導致的變動。根據《企業會計準則第9號——職工薪酬》的規定，有設定受益計劃形式離職後福利的企業應當將重新計量設定受益計劃淨負債或淨資產導致的變動計入其他綜合收益，並且在後續會計期間不准許轉回至損益。

（2）按照權益法核算因被投資單位重新計量設定受益計劃淨負債或淨資產變動導致的權益變動，投資企業按持股比例計算確認的該部分其他綜合收益項目。

投資單位在確定應享有或應分擔的被投資單位其他綜合收益的份額時，該份額的性質取決於被投資單位的其他綜合收益的性質，即如果被投資單位的其他綜合收益屬於「以後會計期間不能重分類進損益」類別，則投資方確認的份額也屬於「以後會計期間不能重分類進損益」類別。

（二）可以重分類進損益的其他綜合收益項目

以後會計期間滿足規定條件時將重分類進損益的其他綜合收益項目常見的主要包括以下幾種：

（1）以公允價值計量且其變動計入其他綜合收益的金融資產公允價值的變動。企業對以公允價值計量且其變動計入其他綜合收益的金融資產公允價值變動的利得或損失，借記或貸記「其他債權投資——公允價值變動」或「其他權益工具投資——公允價值變動」科目，貸記或借記「其他綜合收益」科目。

（2）採用權益法核算的長期股權投資。長期股權投資採用權益法核算的，在持股比例不變的情況下，當被投資方確認其他綜合收益及其變動時，投資方應按持股比例計算應享有或分擔的份額，一方面調整長期股權投資的帳面價值，另一方面計入其他綜合收益。企業處置採用權益法核算的長期股權投資時，還應結轉原計入其他綜合收益的相關金額，借記或貸記「其他綜合收益」科目，貸記或借記「投資收益」科目

（3）投資性房地產的轉換差額。自用房地產（或存貨）轉換為採用公允價值模式計量的投資性房地產時，轉換日的公允價值小於原帳面價值的，其差額計入當期損益。轉換日的公允價值大於原帳面價值的，其差額作為其他綜合收益計入所有者權益。

第四節　留存收益

一、留存收益的性質與構成

（一）留存收益的性質

留存收益是指企業從歷年實現的淨利潤中提取或形成的留存於企業未向投資者分配的內部累積。

留存收益是企業稅後利潤累積而形成的資本。它與投入資本不同，投入資本是由企業外部投入企業的，是企業所有者權益的基本部分，是企業創業的資本。留存收益也是企業資本的一部分，但它不是投入企業的，是投入資本通過生產經營而留存於企業的一部分收益的累積，因此是由企業內部產生的。

（二）留存收益的構成

企業留存收益由盈餘公積和未分配利潤兩部分構成。盈餘公積包括法定盈餘公積和任意盈餘公積。它們是已指定了用途的留存收益，屬於指定用途的專用資金。而未分配利潤是企業留待以後年度進行分配的留存收益，屬於尚未指定用途的資金。

1. 盈餘公積

（1）法定盈餘公積。法定盈餘公積是指企業按規定的比例從稅後利潤中提取的盈餘公積。法律法規強制規定企業必須提取法定盈餘公積，目的是確保企業不斷累積資本，壯大實力。中國《公司法》規定，股份有限公司和有限責任公司按稅後利潤的10%提取法定盈餘公積，當法定盈餘公積達到註冊資本的50%時，可以不再提取。

企業提取的法定盈餘公積的用途主要有以下幾個方面：

第一，彌補虧損。企業發生的虧損應由企業自行彌補。其彌補渠道主要有三個方面：首先，用以後年度稅前利潤彌補。根據中國有關法律法規的規定，企業發生虧損時，可以用以後年度稅前利潤連續彌補5年。其次，用以後年度稅後利潤彌補。企業發生的虧損經過5年時間稅前彌補後，仍未彌補完的虧損應由稅後利潤彌補。最後，用盈餘公積彌補虧損。企業用盈餘公積彌補虧損，應由董事會提議，經股東大會批准。

第二，轉增資本。企業用盈餘公積轉增資本，必須經股東大會批准。轉增資本後，留存的法定盈餘公積不得低於註冊資本的25%。在實際將盈餘公積轉增資本時，企業要按股東原有持股比例結轉。

（2）任意盈餘公積。任意盈餘公積是公司出於實際需要或採取審慎經營策略，從稅後利潤中提取的一部分留存收益。所謂任意，是指出於企業自願而非法規硬性規定，其提取比例也由企業自行決定。如果公司有優先股，則必須在支付了優先股股利之後，才可以提取任意盈餘公積。

任意盈餘公積和法定盈餘公積的區別在於各自計提的依據不同，任意盈餘公積的提取比例由企業自行決定，而法定盈餘公積的提取比例則由國家有關法規決定。

任意盈餘公積的用途與法定盈餘公積相同，企業在用盈餘公積彌補虧損、轉增資本時，一般先使用任意盈餘公積，在任意盈餘公積用完之後，再按規定使用法定盈餘公積。

2. 未分配利潤

未分配利潤是企業實現的淨利潤經過彌補虧損、提取盈餘公積和向投資者分配利潤後留存在企業的，歷年結存的利潤。從數量上來說，未分配利潤是期初未分配利潤，加上本期實現的稅後利潤，減去提取的各種盈餘公積和分出利潤後的餘額。未分配利潤是留待以後年度處理的利潤，也是企業留存收益的重要組成部分，但這部分留存收益尚未指定用途。

二、留存收益的會計處理

（一）盈餘公積的會計處理

為了反應盈餘公積的提取和使用情況，企業應設置「盈餘公積」帳戶。該帳戶為所有者權益類帳戶。企業提取盈餘公積時，記入該帳戶的貸方；使用盈餘公積時，記入該帳戶的借方；貸方餘額為企業盈餘公積的結存數。「盈餘公積」帳戶下一般設置「法定盈餘公積」和「任意盈餘公積」兩個明細帳戶。

（1）企業在提取各項盈餘公積時，按照提取的各項盈餘公積金額，借記「利潤分配——提取法定盈餘公積（或提取任意盈餘公積）」科目，貸記「盈餘公積——法定盈餘公積（或任意盈餘公積）」科目。

【例 11-13】乙股份有限公司本年實現淨利潤為 5,000,000 元，年初未分配利潤為 0 元。經股東大會批准，乙股份有限公司按當年淨利潤的 10%提取法定盈餘公積。假定不考慮其他因素，乙股份有限公司應編製如下會計分錄：

借：利潤分配——提取法定盈餘公積　500,000
　貸：盈餘公積——法定盈餘公積　500,000

本年提取法定盈餘公積金額=5,000,000×10%=500,000（元）

（2）企業用盈餘公積彌補虧損時，借記「盈餘公積」科目，貸記「利潤分配——盈餘公積補虧」科目。

【例 11-14】經股東大會批准，丙股份有限公司用以前年度提取的盈餘公積彌補當年虧損，當年彌補虧損的金額為 600,000 元。假定不考慮其他因素，丙股份有限公司應編製如下會計分錄：

借：盈餘公積　600,000
　貸：利潤分配——盈餘公積補虧　600,000

（3）有限責任公司經批准用盈餘公積轉增資本時，按照實際用於轉增的盈餘公積金額，借記「盈餘公積」科目，貸記「實收資本」科目。股份有限公司經股東大會決議，用盈餘公積轉增股本時，借記「盈餘公積」科目，貸記「股本」科目。

【例 11-15】因擴大經營規模需要，經股東大會批准，丁股份有限公司將盈餘公積 400,000 元轉增股本。假定不考慮其他因素，丁股份有限公司應編製如下會計分錄：

借：盈餘公積　400,000
　貸：股本　400,000

（4）股份有限公司經股東大會決議，用盈餘公積發放現金股利或利潤時，借記「盈餘公積」科目，貸記「應付股利」科目。

【例 11-16】戊股份有限公司 2×18 年 12 月 31 日股本為 50,000,000 元（每股面值 1 元），可供投資者分配的利潤為 6,000,000 元，盈餘公積為 20,000,000 元。2×19 年 3 月 20 日，股東大會批准了 2×18 年度利潤分配方案，按每 10 股 2 元發放現金股利。戊股份有限公司共需要分派 10,000,000 元現金股利，其中動用可供投資者分配的利潤 6,000,000 元、盈餘公積 4,000,000 元。假定不考慮其他因素，戊股份有限公司應編製如下會計分錄：

（1）宣告發放現金股利時。

借：利潤分配——應付現金股利或利潤　6,000,000
　　盈餘公積　4,000,000
　貸：應付股利　10,000,000

（2）支付股利時。

借：應付股利　10,000,000
　貸：銀行存款　10,000,000

（二）未分配利潤的會計處理

企業未分配利潤通過「利潤分配——未分配利潤」帳戶進行核算。

企業在當年盈利，應當將本年實現的淨利潤自「本年利潤」科目轉入「利潤分配——未分配利潤」科目，借記「本年利潤」科目，貸記「利潤分配——未分配利潤」科目。年度終了，再將「利潤分配」科目下的其他明細科目（「盈餘公積補虧」「提取法定盈餘公積」「應付優先股股利」「提取任意盈餘公積」「應付普通股股利」「轉作股本的普通股股利」等）的餘額，轉入「利潤分配——未分配利潤」明細科目。結轉後，「利潤分配——未分配利潤」科目若為貸方餘額，表示歷年累計的未分配利潤；若為借方餘額，表示歷年累計的未彌補虧損。

企業如果在當年發生虧損，應當將本年發生的虧損自「本年利潤」科目，轉入「利潤分配——未分配利潤」科目，借記「利潤分配——未分配利潤」科目，貸記「本年利潤」科目。

【例 11-17】2×19 年年初，丙股份有限公司未分配利潤為 100 萬元，本年實現淨利潤為 500 萬元。經股東大會批准的利潤分配方案為：丙股份有限公司分別按照 10%和 5%的比例計提法定盈餘公積和任意盈餘公積，向投資者分配現金股利 200 萬元。

根據上述資料，2×19 年年末，丙股份有限公司帳務處理如下：

（1）結轉本年實現的淨利潤時。

借：本年利潤　5,000,000

　貸：利潤分配——未分配利潤　5,000,000

（2）按規定進行利潤分配時。

借：利潤分配——提取法定盈餘公積　500,000

　　　　　　——提取任意盈餘公積　250,000

　　　　　　——應付現金股利　2,000,000

　貸：盈餘公積——法定盈餘公積　500,000

　　　　　　——任意盈餘公積　250,000

　　應付股利　2,000,000

（3）結轉本年利潤分配時。

借：利潤分配——未分配利潤　2,750,000

　貸：利潤分配——提取法定盈餘公積　500,000

　　　　　　——提取任意盈餘公積　250,000

　　　　　　——應付現金股利　2,000,000

（三）彌補虧損的會計處理

前已述及，企業發生虧損時，應由企業自行彌補。企業以當年實現的利潤彌補以前年度虧損時，不需要進行專門的會計處理。因為企業在年末結帳時，將實現的利潤結轉至「利潤分配——未分配利潤」帳戶的貸方，結轉後自然抵減了借方的未彌補虧損。稅前利潤與稅後利潤彌補虧損的會計處理相同，兩者的區別只是所計算的應交所得稅不同。稅法准許稅前利潤補虧的，虧損可以作為應稅利潤的調整數；准許稅後利潤補虧的，不能調整應稅利潤的金額。

【例 11-18】甲股份有限公司 2×13 年發生虧損 1,000,000 元。該公司適用的企業所得稅稅率為 25%。在年度終了時，該公司應結轉本年度發生的虧損。2×14 年至 2×18 年，該公司每年實現利潤 150,000 元。該公司 2×19 年實現稅前利潤 300,000 元。該公司 2×13 年應編製如下會計分錄：

借：利潤分配——未分配利潤　1,000,000

　貸：本年利潤　1,000,000

按照規定，企業在發生虧損以後的 5 年內可以用稅前利潤彌補虧損。因此，該公司在 2×14 年至 2×18 年都可以用稅前利潤彌補虧損。甲股份有限公司 2×14 年至 2×18 年每年年度終了時，都應編製如下會計分錄：

借：本年利潤　150,000

　貸：利潤分配——未分配利潤　150,000

該公司 2×18 年「利潤分配——未分配利潤」帳戶的期末借方餘額為 250,000 元（1,000,000−150,000×5）。按規定，該公司只能用稅後利潤彌補以後年度的虧損。甲股份有限公司 2×19 年應編製如下會計分錄：

計算並結轉應納所得稅。

借：所得稅費用　　75,000

　貸：應交稅費——應交所得稅　　75,000

借：本年利潤　　75,000

　貸：所得稅費用　　75,000

結轉本年利潤，彌補以前年度未彌補的虧損。

借：本年利潤　　225,000

　貸：利潤分配——未分配利潤　　225,000

該公司 2×19 年「利潤分配——未分配利潤」帳戶的期末借方餘額為 25,000 元。

第十二章　費　用

第一節　費用概述

一、費用的概念

中國《企業會計準則——基本準則》第三十三條將費用表述為：「費用是指企業在日常活動中發生的、會導致所有者權益減少的、與向所有者分配利潤無關的經濟利益的總流出。」

費用是企業在生產經營過程中發生的各項耗費，即企業在生產經營過程中為取得收入而支付或耗費的各項資產。費用的發生意味著資產的減少或負債的增加，收入表示企業經濟利益的增加，而費用表示企業經濟利益的減少。正如國際會計準則中所說的：費用是指會計期間經濟利益的減少，其形式表現為由資產流出、資產損耗或是發生負債而引起業主產權的減少。美國財務會計準則委員會在《論財務會計概念》一書中，對費用所下的定義是：費用是某一個體在其持續的、主要的或核心的業務中，因交付或生產了貨品，提供了勞務，或者進行了其他活動，而付出的或其他耗用的資產，或者因而承擔的負債（或兩者兼而有之）。

上述對費用的定義雖然存在一定的差異，但一般認為費用具有以下兩項特徵：一是費用最終將導致企業經濟資源的減少，二是費用最終會減少企業的所有者權益。

企業在確認費用時，若是確認為期間費用的費用，必須進一步劃分為管理費用、銷售費用和財務費用；若是確認為生產費用的費用，必須根據該費用發生的實際情況區別不同的費用性質將其確認為不同產品所負擔的費用；若是幾種產品共同產生的費用，必須按照受益原則，採用一定方法和程序將其分配計入相關產品的生產成本。

二、費用與資產、成本、損失的關係

（一）費用與資產

從上述定義可以看出，費用與資產有著密切的聯繫，但兩者又有明顯的區別。按照中國企業會計準則對資產的定義，資產是指由過去的交易、事項形成，並由企業擁有或控制的資源，該資源預期會給企業帶來經濟利益。資產從本質上講是一種經濟資源，並且能給企業帶來未來的經濟利益。企業為了得到未來的經濟利益，通常要發生費用。也就是說，企業通過交換從其他個體取得資產時，要犧牲別的資產或要承擔負債，而這項負債將來要用某項資產來償還。從這個意義上講，費用是為取得某項資產而耗費的另一項資產。或者說，企業部分地或全部地耗費了未來的經濟資源。例如，產品成本中的材料費是已耗費的原材料，折舊費是已耗費的固定資產。成本與資產也是有區別的，取得資產通常要引起成本的發生，發生的成本是取得某項資產的證據，是資產計價的依據，但發生的成本並非結論性證據。發生的成本可能並未增加未來的經濟利益，還可能得到資產而並未引起成本的發生。確認資產的最終證據是未來的經濟利益，而不是發生的成本。例如，生產廢品發生的成本並不能給企業帶來經濟利益，只能作為損失列作費用。

又如，捐贈人贈予設備並未發生成本，但設備屬於企業的資源，並能為企業帶來經濟利益。有時成本與資產相互轉化。例如，在產品成本在月末會轉換為存貨資產，生產中消耗的原材料會轉換為在產品成本。當產品出售時，產品成本才轉為費用。雖然成本與資產可以相互轉化，但成本並不等於資產，資產的價值不等於消耗資產的成本。資產的價值中除了消耗的成本之外，有時還有增值部分，如商品成本是 $C+V$，而商品的價值則是 $C+V+M$。另外，成本並非都能轉化為資產，有時成本可以轉化為資產，而有時則會轉化為費用。產品生產成本可以轉化為存貨（產成品），產品銷售成本可以轉化為費用。

（二）費用與成本

費用與成本既有區別，也有聯繫。雖然兩者都是支付或耗費的各項資產，但是嚴格來講，成本並不等於費用。費用是相對於收入而言的，當這些支出和耗費與當期收入相配比時，即計入當期損益時，才成為當期的費用。費用與一定的期間相聯繫，而成本與一定的成本計算對象相聯繫。當期的成本不一定是當期的費用。例如，產品的生產成本在生產產品的報告期內不能確認為費用，而只有在銷售產品的報告期內才能確認為費用。也就是說，生產產品的生產成本在產品沒有銷售之前，只是一種資產（在產品或產成品），只有產品銷售以後才能作為產品銷售成本，轉作當期費用。成本和費用的關係可以通過下式加以說明：

期初在產品成+本期生產費用-期末在產品成本=本期完工產品成本

期初產成品成本+本期完工產品成本-期末產成品成本=本期銷售產品成本（本期費用）

可以看出，本期為生產產品而支付或消耗的資產，首先形成在產品的成本，待產品完工後形成產成品成本，只有產品銷售後才形成當期費用。

（三）費用與損失

費用與損失也有區別。從廣義上講，費用包括了損失。損失和費用一樣都是經濟利益的減少，這一點和費用在性質上沒有差別。但從狹義上講，費用與損失是有區別的。費用是相對於收入而言的，兩者存在著配比關係；而損失與利得是相對應的，但兩者不存在配比關係。美國財務會計準則委員會在《論財務會計概念》一書中，對利得和損失的表述為：各種個體的利得與損失是邊緣性、偶發性交易以及其他事項和情況的結果。這些交易、事項和情況，絕大部分源自個別個體及其管理方面無力控制的外界因素。也就是說，損失是某一個體除了費用或派給業主款項之外的一些邊緣性或偶發性支出。

三、費用的分類

企業發生的各項費用根據其性質，可以按照不同的標準進行分類。其中，最基本的是按照經濟內容和經濟用途分類。此外，費用還有一些其他的分類方法，下面加以具體說明。

（一）按照經濟內容分類

費用按照經濟內容（或性質）進行分類，不外乎勞動對象方面的費用、勞動手段方面的費用和活勞動方面的費用三大類。這三大類又可細分為以下九類：

（1）外購材料，即企業為進行生產而耗用的一切從外部購入的原材料及主要材料、半成品、輔助材料、包裝物、修理用備件和低值易耗品等。

（2）外購燃料，即企業為進行生產而耗用的從外部購進的各種燃料。

（3）外購動力，即企業為進行生產而耗用的從外部購進的各種動力。

（4）工資，即企業應計入成本費用的職工工資。

（5）提取的職工福利費用，即企業按照一定比例從成本費用中提取的職工福利費用。

(6) 折舊費，即企業按照核定的固定資產折舊率計算提取的折舊基金。

(7) 利息支出，即企業應計入成本費用的利息支出減去利息收入後的淨額。

(8) 稅金，即企業應計入成本費用的各種稅金。

(9) 其他支出，即不屬於以上各要素的費用支出。

(二) 按照經濟用途分類

費用按照經濟用途進行分類，可分為直接材料、直接工資、其他直接支出、製造費用和期間費用。

(1) 直接材料，即構成產品實體或有助於產品形成的各項原料及主要材料、輔助材料、燃料、備品備件、外購半成品和其他直接材料。

(2) 直接工資，即直接從事產品生產人員的工資、獎金、津貼和補貼。

(3) 其他直接支出，即直接從事產品生產人員的職工福利費。

(4) 製造費用，即企業各生產單位為組織和管理生產所發生的各項費用。

(5) 期間費用，即企業在生產經營過程中發生的銷售費用、管理費用和財務費用。

(三) 按照費用同產量之間的關係分類

按照費用同產量之間的關係進行分類，費用可以分為固定費用和變動費用。

(1) 固定費用，即產量在一定範圍內，費用總額不隨著產品產量的變動而變動的費用，如固定資產折舊費、管理人員工資、辦公費等。

(2) 變動費用，即費用總額隨著產品產量的變動而變動的費用，如原材料費用和生產工人計件工資等。

第二節　生產成本

一、生產成本的概念

生產成本是指一定期間生產產品所發生的直接費用和間接費用的總和。生產成本與費用是一個既有聯繫又有區別的概念。第一，成本是對象化的費用，生產成本是相對於一定的產品而言所發生的費用，是按照產品品種等成本計算對象對當期發生的費用進行歸集所形成的。在按照費用的經濟用途所進行的分類中，企業一定期間發生的直接費用和間接費用的總和構成一定期間產品的生產成本。費用的發生過程同時也是產品成本的形成過程。第二，成本與費用是相互轉化的。企業在一定期間發生的直接費用按照成本計算對象進行歸集；間接費用則通過分配計入各成本計算對象，使本期發生的費用予以對象化，轉化為成本。

企業的產品成本項目可以根據企業的具體情況自行設定，一般包括直接材料、燃料及動力、直接人工和製造費用等。

直接材料指構成產品實體的原料、主要材料以及有助於產品形成的輔助材料、設備配件、外購半成品。

燃料及動力指直接用於產品生產的外購和自制的燃料及動力。

直接人工指直接參加生產的工人工資及按生產工人工資和規定比例計提的職工福利費、住房公積金、工會經費、職工教育經費等。

製造費用指直接用於產品生產，但不便於直接計入產品成本，因此沒有專設成本項目的費用以及間接用於產品生產的各項費用，如生產單位管理人員的職工薪酬、生產單位固定資產的折舊費和修理費、物料消耗、辦公費、水電費、保險費、勞動保護費等費用項目。

二、生產成本核算設置的帳戶

企業為了核算各種產品發生的各項生產費用，應設置「生產成本」帳戶和「製造費用」帳戶。「生產成本」帳戶用來核算企業進行工業性生產所發生的各項生產費用，包括生產各種產成品、自制半成品、提供勞務、自制材料、自制工具以及自制設備等發生的各項費用。該帳戶借方反應企業發生的各項直接材料、直接人工和製造費用，貸方反應期末按實際成本計價的、生產完工入庫的工業產品、自制材料、自制工具以及提供工業性勞務的成本結轉，期末餘額一般在借方，表示期末尚未加工完成的在產品製造成本。「生產成本」帳戶應按不同的成本計算對象（包括產品的品種、產品的批次和產品生產的步驟等）來設置明細分類帳戶，並按直接材料、直接人工和製造費用等成本項目設置專欄，進行明細核算，以便於分別歸集各成本計算對象發生的各項生產費用，計算各成本計算對象的總成本、單位成本和期末在產品成本。企業可以根據自身生產特點和管理要求，將「生產成本」帳戶分為「基本生產成本」和「輔助生產成本」兩個明細帳戶。「基本生產成本」二級帳戶核算企業為完成主要生產目的而進行的產品生產所發生的費用，計算基本生產的產品成本。「輔助生產成本」二級帳戶核算企業為基本生產服務而進行的產品生產和勞務供應所發生的費用，計算輔助生產成本和勞務成本。

「製造費用」帳戶是用來核算企業為生產產品和提供勞務而發生的各項間接費用，包括生產車間管理人員的職工薪酬、折舊費、修理費、辦公費、水電費、機物料消耗、勞動保護費、租賃費、保險費、季節性和修理期間的停工損失等。該帳戶借方反應企業發生的各項製造費用，貸方反應期末按一定的分配方法和分配標準將製造費用在各成本計算對象間的分配、結轉，期末結轉後該帳戶一般無餘額。「製造費用」帳戶通常按不同的車間、部門設置明細帳，並按費用的經濟用途和費用的經濟性質設置專欄，而不應將各車間、部門的製造費用匯總起來，在整個企業範圍內統一進行分配。

三、生產費用的歸集和分配

（一）材料費用的歸集和分配

產品生產中消耗的各種材料物資的貨幣表現就是材料費用。在一般情況下，材料費用包括產品生產中消耗的原料、主要材料、輔助材料和外購半成品等。材料費用的歸集和分配是由財會部門在月份終了時，將當月發生的應計入成本的全部領料單、限額領料單、退料單等各種原始憑證按產品和用途進行歸集，編製發出材料匯總表。企業對直接用於製造產品的材料費用，能夠直接計入的，直接計入該產品成本計算單中「直接材料」項下。只有在幾種產品合用一種材料時，企業才採用適當方法，分配計入該產品成本計算單中「直接材料」項下。在實際工作中，常用的分配方法是按各種產品的材料定額耗用量的比例，或者按各種產品的重量比例分配。材料費用歸集和分配之後，企業根據分配的結果編製發出材料匯總表，據此登記有關明細帳和產品成本計算單。發出材料匯總表的格式如表 12-1 所示。

表 12-1　發出材料匯總表

2×19 年 12 月 31 日　　單位：元

會計科目	領用單位	原材料	低值易耗品	合計
生產成本	一車間：甲產品	25,000		25,000
	乙產品	15,000		15,000
	二車間：甲產品	10,000		10,000
	乙產品	5,000		5,000
	小　計	55,000		55,000
製造費用	一車間	2,000	5,000	7,000
	二車間	1,500	2,000	3,500
	小　計	3,500	7,000	10,500
生產成本	機修	2,500	500	3,000
管理費用	廠部	300	450	750
合 計		61,300	7,950	69,250

【例 12-1】某企業本月發生的材料費用如表 12-1 所示。該企業根據表 12-1 中的有關數字編製會計分錄如下：

借：生產成本——基本生產成本（甲產品）　35,000
　　　　　　——基本生產成本（乙產品）　20,000
　　　　　　——輔助生產成本　2,500
　　製造費用　3,500
　　管理費用　300
　貸：原材料　61,300
借：製造費用　7,000
　　生產成本——輔助生產成本　500
　　管理費用　450
　貸：週轉材料——低值易耗品　7,950

(二) 工資費用的歸集和分配

1. 職工薪酬的構成內容

職工薪酬是指企業為獲得職工提供的服務或解除勞動關係而給予的各種形式的報酬或補償。職工薪酬包括短期薪酬、離職後福利、辭退福利和其他長期職工福利四類內容。

(1) 短期薪酬。短期薪酬是指企業在職工提供相關服務的年度報告期間結束後 12 個月內需要全部予以支付的職工薪酬，因解除與職工的勞動關係給予的補償除外。短期薪酬具體包括職工工資、獎金、津貼和補貼，職工福利費，醫療保險費、工傷保險費和生育保險費等社會保險費，住房公積金，工會經費和職工教育經費，短期帶薪缺勤，短期利潤分享計劃，非貨幣性福利以及其他短期薪酬。

(2) 離職後福利。離職後福利是指企業為獲得職工提供的服務而在職工退休或與企業解除勞動關係後，提供的各種形式的報酬和福利，短期薪酬和辭退福利除外。

(3) 辭退福利。辭退福利是指企業在職工勞動合同到期之前解除與職工的勞動關係，或者為鼓勵職工自願接受裁減而給予職工的補償。

(4) 其他長期職工福利。其他長期職工福利是指除短期薪酬、離職後福利、辭退福利之外所有的職工薪酬，包括長期帶薪缺勤、長期殘疾福利、長期利潤分享計劃等。

2. 職工薪酬的確認和計量

職工薪酬作為企業的一項負債，除因解除與職工的勞動關係給予的補償外，應根據職工提供服務的受益對象分別進行處理。

(1) 應由生產產品、提供勞務負擔的職工薪酬，計入產品成本或勞務成本。企業生產產品、提供勞務中的直接生產人員和直接提供勞務人員發生的職工薪酬應計入生產成本，借記「生產成本」帳戶，貸記「應付職工薪酬」帳戶。

(2) 應由在建工程負擔的職工薪酬，計入固定資產成本。企業自行建造固定資產過程中發生的職工薪酬應計入固定資產成本，借記「在建工程」帳戶，貸記「應付職工薪酬」帳戶。

(3) 應由無形資產負擔的職工薪酬，計入無形資產成本。企業自行研發無形資產過程中發生的職工薪酬，要區別情況進行處理，在研究階段發生的職工薪酬不能計入無形資產成本，在開發階段發生的職工薪酬應當計入無形資產成本，借記「研發支出——資本化支出」帳戶，貸記「應付職工薪酬」帳戶。

(4) 除以上三項外的職工薪酬，如公司管理人員、董事會和監事會成員等人員的職工薪酬，難以確定受益對象，都應當在發生時確認為當期損益。當支出發生時，借記「管理費用」帳戶，貸記「應付職工薪酬」帳戶。

3. 工資費用的分配

企業的工資費用應按其發生的地點和用途進行分配。企業工資費用的歸集和分配，是根據工資結算憑證和工時統計記錄，通過編製工資結算匯總表和工資費用分配表進行的。

生產車間直接從事產品生產工人的工資，能直接計入各種產品成本的，應根據工資結算匯總表直接計入基本生產成本明細帳和產品成本計算單，並借記「生產成本」科目中的「直接工資」項目。車間管理人員的工資和企業管理部門的工資，應分別計入有關的費用明細帳，並分別記入「製造費用」科目和「管理費用」科目。固定資產建造等工程人員的工資，應記入「在建工程」科目。長病人員的工資不屬於企業的工資費用，應在「管理費用」科目中列支。

(三) 製造費用的歸集和分配

製造費用是企業為組織和管理生產所發生的各項費用，主要包括企業各個生產單位(分廠、車間)為組織和管理生產發生的生產單位管理人員工資、職工福利費、生產單位房屋建築物及機器設備等的折舊費、機物料消耗、低值易耗品、水電費、辦公費、勞動保護費、季節性及修理期間的停工損失以及其他製造費用。這些費用是管理和組織生產而發生的間接費用，不是生產產品的直接費用，因此這些費用在發生時，不能直接計入產品成本，需要通過「製造費用」科目進行歸集，然後分配計入各種產品成本。「製造費用」科目屬於集合分配帳戶，借方登記製造費用的發生數，貸方登記製造費用的分配數。在一般情況下，企業在期末應將全部費用都分配出去，不留餘額。製造費用是各種產品共同發生的一般費用，需要採用一定標準分配計入各種產品成本。在分配時，企業應從該科目的貸方轉入「生產成本」科目的借方。如果車間除加工製造工業產品外，還製造一些自制材料、自制設備和自制工具，企業應按各自負擔的數額分配轉入「原材料」「在建工程」「週轉材料——低值易耗品」等科目的借方。

(四) 輔助生產費用的歸集和分配

輔助生產主要是為基本生產服務的，輔助生產的產品和勞務大部分都被基本生產車間和管理部門所消耗，一般很少對外銷售。輔助生產按其提供產品或勞務的種類不同，可以分為以下兩種：第一種是只生產一種產品或勞務的輔助生產，如供電、供水、蒸汽、運輸等；第二種是生產多種產品或勞務的輔助生產，如工具、模型、機修等。輔助生產的類型不同，其費用分配、轉出的程序也不一樣。生產多種產品的輔助生產車間，如工具、模型等車間，其發生的費用應在產品完工入庫後，從「輔助生產」科目及其明細帳中轉出，轉入「原材料」或「週轉材料——低值易耗品」科目，有關車間或部門領用時，再從「原材料」或「週轉材料——低值易耗品」科目轉入「生產成本」或「管理費用」等科目。只生產單一品種的輔助生產車間，如供電、供水等車間，其發生的費用應在月末匯總後，按各受益車間或部門耗用勞務的數量，選擇適當的分配方法進行分配後，從「生產成本」科目的「輔助生產成本」科目和明細帳中轉出，記入有關科目。常用的分配單一產品或勞務費用的方法有直接分配法、一次交互分配法、計劃成本分配法、代數分配法和順序分配法等。

四、在產品成本的計算和完工產品成本的結轉

工業企業生產過程中發生的各項生產費用，經過在各種產品之間的歸集和分配，都已集中登記在生產成本明細帳和產品成本計算單中。在產品成本計算單中，減去交庫廢料價值後，就是該產品本月發生的費用。企業在月初、月末都沒有在產品時，本月發生的費用就等於本月完工產品的成本；企業在月初、月末都有在產品時，本月發生的生產費用加上月初在產品成本之後的合計數額，還要在完工產品和在產品之間進行分配，計算完工產品成本。完工產品成本一般按下式計算：

完工產品成本=月初在產品成本+本月發生費用-月末在產品成本

可以看出，完工產品成本是在月初在產品成本加本期發生費用的合計數額基礎上，減去月末在產品成本後計算出來的。因此，計算月末在產品成本是計算完工產品成本的條件。在實際工作中正確地計算在產品成本，是正確計算完工產品成本的關鍵。

（一）在產品成本的計算

工業企業的在產品是指生產過程中尚未完工的產品。從整個企業來講，在產品包括正在加工中的產品和加工已經告一段落的自制半成品，即廣義的在產品。從某一加工階段來講，在產品是指正在加工中的產品，即狹義的在產品。

企業應根據生產特點、月末在產品數量的多少、各項費用比重的大小以及定額管理基礎的好壞等具體條件，採用適當的方法計算在產品成本。

如果在產品數量很少，計算或不計算在產品成本對完工產品成本的影響都很小。為了簡化計算工作，企業可以不計算在產品成本。這就是說，某種產品每月發生的生產費用，全部作為當月完工產品的成本。如果在產品數量較少，或者在產品數量雖然較多，但各月之間變化不大，因此月初、月末在產品成本的差額對完工產品成本的影響不大，企業就可以將在產品成本按年初數固定不變，把每月發生的生產費用全部作為當月完工產品的成本。但在年終時，企業必須根據實際盤點的在產品數量，重新計算一次在產品成本，以免在產品成本與實際出入過大，影響成本計算的正確性。

在產品數量較多，且各月之間變化也較大的企業要根據實際結存的產品數量計算在產品成本。一般來說，在產品成本計算的方法通常有以下幾種：在產品成本按其所耗用的原材料費用計算、按定額成本計算、按約當產量計算、按定額比例分配計算。

（二）完工產品成本的結轉

企業在計算出當期完工產品成本後，對驗收入庫的產成品應結轉成本。企業結轉本期完工產品成本時，應借記「產成品」或「庫存商品」帳戶，貸記「生產成本」帳戶。

通過在產品成本的計算，生產費用在完工產品和月末在產品之間進行分配之後，就可以確定完工產品的成本。企業根據計算的完工產品成本，從有關產品成本計算單中轉出，編製完工產品成本匯總計算表，計算出完工產品總成本和單位成本。結轉時，企業應借記「產成品」帳戶，貸記「生產成本」帳戶。

第三節　期間費用

期間費用是指企業當期發生的，不能直接歸屬於某個特定產品成本的費用。由於難以判定其所歸屬的產品，因此不能列入產品製造成本，而在發生的當期直接計入當期損益。期間費用主要包括銷售費用、管理費用、財務費用。

一、銷售費用

（一）銷售費用的內容

銷售費用是指企業在銷售商品過程中發生的各項費用以及為銷售本企業商品而專設的銷售機構（含銷售網點、售後服務網點等）的經營費用。其具體項目包括：產品自銷費用，包括應由本企業負擔的包裝費、運輸費、裝卸費、保險費；產品促銷費用，包括展覽費、廣告費、經營租賃費、銷售服務費；銷售部門的費用，一般是指專設銷售機構的職工工資及福利費、類似工資性質的費用、業務費等經營費用（企業內部銷售部門發生的費用，不包括在銷售費用中，而應列入管理費用中）；委託代銷費用，主要指企業委託其他單位代銷，按代銷合同規定支付的委託代銷手續費；商品流通企業的進貨費用，即商品流通企業在進貨過程中發生的運輸費、裝卸費、包裝費、保險費、運輸途中的合理損耗和入庫前的挑選整理費等。

（二）銷售費用的核算

企業發生的銷售費用在「銷售費用」帳戶中核算，並按費用項目設置明細帳進行明細核算。企業發生的各項銷售費用，借記「銷售費用」帳戶，貸記「庫存現金」「銀行存款」「應付職工薪酬」等帳戶。月終，企業將借方歸集的銷售費用全部由「銷售費用」帳戶的貸方轉入「本年利潤」帳戶的借方，計入當期損益。結轉銷售費用後，「銷售費用」帳戶期末無餘額。

【例 12-2】甲股份有限公司 2×19 年 10 月發生的銷售費用包括：以銀行存款支付廣告費 6,000 元；以現金支付應由甲股份有限公司負擔的銷售 A 產品的運輸費 1,000 元；本月分配給專設銷售機構的職工工資 4,000 元，提取的職工福利費 560 元。月末，甲股份有限公司將全部銷售費用予以結轉。

根據上述資料，甲股份有限公司帳務處理如下：

（1）支付廣告費。

借：銷售費用——廣告費　　6,000
　貸：銀行存款　　6,000

（2）支付運輸費。

借：銷售費用——運輸費　　1,000
　貸：庫存現金　　1,000

（3）分配職工工資及提取福利費。

借：銷售費用——工資及福利費　　4,560
　貸：應付職工薪酬——工資　　4,000
　　　　　　　　　——福利費　　560

(4) 月末結轉銷售費用。

借：本年利潤　11,560

　貸：銷售費用　11,560

二、管理費用

(一) 管理費用的內容

管理費用主要包括以下內容：

(1) 企業管理部門發生的直接管理費用，如公司經費等。公司經費包括總部管理人員工資、職工福利費、差旅費、辦公費、折舊費、修理費、物料消耗、低值易耗品攤銷及其他公司經費。

(2) 用於企業直接管理之外的費用，主要包括董事會費、諮詢費、聘請仲介機構費、訴訟費等。

(3) 提供生產技術條件的費用，主要包括研究費用、無形資產攤銷、長期待攤費用攤銷。

(4) 業務招待費，即企業為業務經營的合理需要而支付的交際應酬費用。《中華人民共和國企業所得稅法實施條例》規定，企業發生的與生產經營活動有關的業務招待費支出，按照發生額的60%扣除，但最高不得超過當年銷售（營業）收入的0.5%。

(5) 其他費用，即不包括在以上各項之內又應列入管理費用的費用。

(二) 管理費用的核算

企業應設置「管理費用」帳戶，發生的管理費用在「管理費用」帳戶中核算，並按費用項目設置明細帳進行明細核算。企業發生的各項管理費用，借記「管理費用」帳戶，貸記「庫存現金」「銀行存款」「原材料」「應付職工薪酬」「累計折舊」「累計攤銷」「研發支出」和「應交稅費」等帳戶。期末，企業將「管理費用」帳戶借方歸集的管理費用全部由該帳戶的貸方轉入「本年利潤」帳戶的借方，計入當期損益。結轉管理費用後，「管理費用」帳戶期末無餘額。

【例 12-3】甲股份有限公司 2×19 年 10 月發生以下管理費用：以銀行存款支付業務招待費 8,000 元；計提管理部門使用的固定資產折舊費 9,000 元；分配管理人員工資 12,000 元，提取職工福利費 1,680 元；以銀行存款支付董事會成員差旅費 3,500 元；攤銷無形資產 2,000 元。月末，該公司結轉管理費用。

根據上述資料，甲股份有限公司帳務處理如下：

(1) 支付業務招待費。

借：管理費用——業務招待費　8,000

　貸：銀行存款　8,000

(2) 計提折舊費。

借：管理費用——折舊費　9,000

　貸：累計折舊　9,000

(3) 分配工資及計提福利費。

借：管理費用——工資及福利費　13,680

　貸：應付職工薪酬——工資　12,000

　　　　　　　　——福利費　1,680

(4) 支付董事會成員差旅費。

借：管理費用——董事會費　3,500

　貸：銀行存款　3,500

(5) 攤銷無形資產。

借：管理費用——無形資產攤銷　2,000

　貸：累計攤銷　2,000

(6) 結轉管理費用。

借：本年利潤　36,180

　貸：管理費用　36,180

三、財務費用

(一) 財務費用的內容

財務費用是指企業為籌集生產經營所需資金而發生的各項費用，具體包括的項目有利息淨支出（減利息收入後的支出）、匯兌淨損失（減匯兌收益後的損失）、金融機構手續費、企業發生的現金折扣或收到的現金折扣以及籌集生產經營資金發生的其他費用等。利息淨支出是指企業短期借款利息、長期借款利息、應付票據利息、票據貼現利息、應付債券利息、長期應付引進外國設備款利息等利息支出減去銀行存款等利息收入後的淨額；匯兌淨損失是指企業因向銀行結售或購入外匯而產生的銀行買入、賣出價與記帳所採用的匯率之間的差額以及月度終了各種外幣帳戶的外幣期末餘額按照期末匯率折合的記帳本位幣金額與帳面記帳本位幣金額之間的差額等；金融機構手續費是指發行債券所需支付的手續費、開出匯票的銀行手續費、調劑外匯手續費等；其他費用，如融資租入固定資產發生的融資租賃費用以及籌集生產經營資金發生的其他費用等。

(二) 財務費用的核算

企業發生的財務費用在「財務費用」帳戶中核算，並按費用項目設置明細帳進行明細核算。企業發生的各項財務費用，借記「財務費用」帳戶，貸記「銀行存款」等帳戶。企業發生利息收入、匯兌收益時，借記「銀行存款」等帳戶，貸記「財務費用」帳戶。月終，企業將借方歸集的財務費用全部由「財務費用」帳戶的貸方轉入「本年利潤」帳戶的借方，計入當期損益。結轉當期財務費用後，「財務費用」帳戶期末無餘額。

【例 12-4】甲股份有限公司 2×19 年 10 月發生如下事項：接銀行通知，已劃撥本月銀行借款利息 5,000 元；銀行轉來存款利息 2,000 元。月末，該公司結轉財務費用。

根據上述資料，甲股份有限公司帳務處理如下：

借：財務費用——利息支出　5,000

　貸：銀行存款　5,000

借：銀行存款　2,000

　貸：財務費用——利息收入　2,000

借：本年利潤　3,000

　貸：財務費用　3,000

第十三章 收入和利潤

第一節 收 入

一、收入及其分類

(一) 收入的概念與特徵

根據企業會計準則的規定，收入是指企業在日常活動中形成的、會導致所有者權益增加的、與所有者投入資本無關的經濟利益的總流入。收入具有如下特徵：

1. 收入從企業的日常活動中產生，而不是從偶發的交易或事項中產生

日常活動是指企業為完成其經營目標所從事的經常性活動及與之相關的其他活動。企業的有些活動屬於為完成其經營目標所從事的經常性活動，如工業企業製造並銷售產品、商業企業購進和銷售商品、租賃企業出租資產、商業銀行對外貸款、諮詢公司提供諮詢服務、軟件企業為客戶開發軟件、安裝公司提供安裝服務、廣告商提供廣告策劃服務等。企業還有一些活動屬於與經常性活動相關的其他活動，如工業企業出售不需用的原材料、轉讓無形資產使用權、利用閒置資金對外投資等，由此產生的經濟利益的總流入也構成收入。

除了日常活動以外，企業的有些活動不是為完成其經營目標所從事的經常性活動，也不屬於與經常性活動相關的其他活動，如企業處置報廢或毀損固定資產和無形資產、接受捐贈等活動，由此產生的經濟利益的總流入不構成收入，應當確認為營業外收入。

2. 收入是與所有者投入資本無關的經濟利益總流入

收入只包括企業通過自身活動獲得的經濟利益流入，而不包括企業的所有者向企業投入資本導致的經濟利益流入。所有者向企業投入的資本，在增加資產的同時直接增加所有者權益，不能作為企業的收入。

3. 收入必然能導致企業所有者權益的增加

收入形成的經濟利益總流入的形式多種多樣，既可能表現為資產的增加，如增加銀行存款、應收帳款；也可能表現為負債的減少，如減少預收帳款；還可能表現為兩者的組合，如銷售實現時，部分衝減預收帳款，部分增加銀行存款。根據會計恒等式「資產=負債+所有者權益」，收入最終必然導致所有者權益的增加，不符合這一特徵的經濟利益流入，不屬於企業的收入。

4. 收入只包括本企業經濟利益的流入，不包括為第三方或客戶代收的款項

代收是指企業根據各種憑證以客戶名義代替客戶收取款項的業務。例如，企業代稅務機關收取的稅款，旅行社代客戶購買門票、飛機票等收取的票款等，性質上屬於代收款項，不會導致企業所有者權益的增加，不屬於企業的收入，應作為暫收應付款計入相關的負債類科目，而不能作為收入處理。

(二) 收入的分類

1. 按交易性質不同分類

收入按企業從事日常活動的性質不同，分為轉讓商品收入和提供勞務收入。

(1) 轉讓商品收入。轉讓商品收入是指企業通過銷售產品或商品實現的收入，如工業企業銷售產成品和半成品實現的收入、商業企業銷售商品實現的收入、房地產開發商銷售自行開發的房地產實現的收入等。工業企業銷售不需用的原材料、包裝物等存貨實現的收入，也視同轉讓商品收入。

(2) 提供勞務收入。提供勞務收入是指企業通過提供各種服務實現的收入，如工業企業提供工業性勞務作業服務實現的收入、商業企業提供代購代銷服務實現的收入、交通運輸企業提供運輸服務實現的收入、諮詢公司提供諮詢服務實現的收入、軟件開發企業為客戶開發軟件實現的收入、安裝公司提供安裝服務實現的收入、服務性企業提供各類服務實現的收入等。

不同性質的收入，其交易過程和實現方式各具特點。企業應當根據收入確認和計量的要求，結合收入的性質，對各類收入進行合理的確認和計量。

2. 按企業經營業務的主次不同分類

收入按企業經營業務的主次不同，分為主營業務收入和其他業務收入。

(1) 主營業務收入。主營業務收入或稱基本業務收入，是指企業通過為完成其經營目標所從事的主要經營活動實現的收入。主營業務收入經常發生，並在收入中佔有較大的比重，不同行業的企業具有不同的主營業務。例如，工業企業的主營業務是製造和銷售產成品及半成品，商業企業的主營業務是銷售商品，商業銀行的主營業務是存貸款和辦理結算，保險公司的主營業務是簽發保單，租賃公司的主營業務是出租資產，諮詢公司的主營業務是提供諮詢服務，軟件開發企業的主營業務是為客戶開發軟件，安裝公司的主營業務是提供安裝服務，旅遊服務企業的主營業務是提供景點服務以及客房、餐飲服務等。企業通過主營業務形成的經濟利益的總流入，屬於主營業務收入。

(2) 其他業務收入。其他業務收入或稱附營業務收入，是指企業通過除主要經營業務以外的其他經營活動實現的收入。其他業務收入不經常發生，金額一般較小，在收入中所占比重較低。例如，工業企業出租固定資產、出租無形資產、出租週轉材料、銷售不需用的原材料等實現的收入。

在日常核算中，企業應當設置「主營業務收入」和「其他業務收入」科目，分別核算主營業務形成的經濟利益的總流入和其他業務形成的經濟利益的總流入。但在利潤表中，企業應將兩者合併為營業收入項目反應。

二、收入確認與計量的基本方法

企業確認收入的方式應當反應其向客戶轉讓商品或提供服務（以下將轉讓商品或提供服務簡稱為轉讓商品）的模式，收入的金額應當反應企業因轉讓這些商品或服務（以下將商品或服務簡稱為商品）而預期有權收取的對價金額。具體來說，收入的確認與計量應當採用五步法模型，即識別與客戶訂立的合同、識別合同中的單項履約義務、確定交易價格、將交易價格分攤至各單項履約義務、履行各單項履約義務時確認收入。其中，識別與客戶訂立的合同、識別合同中的單項履約義務、履行各單項履約義務時確認收入，主要與收入的確認有關；確定交易價格、將交易價格分攤至各單項履約義務，主要與收入的計量有關。

（一）識別與客戶訂立的合同

1. 確認收入的時點

企業應當在履行了合同中的履約義務，即在客戶取得相關商品控制權時確認收入。

合同是指雙方或多方之間訂立有法律約束力的權利義務的協議，包括書面形式、口頭形式以及其他可驗證的形式。

客戶是指與企業訂立合同以向該企業購買其日常活動產出的商品並支付對價的一方。

取得相關商品控制權是指能夠主導該商品的使用並從中獲得幾乎全部的經濟利益，也包括有能力阻止其他方主導該商品的使用並從中獲得經濟利益。取得相關商品控制權包括以下三個要素：

（1）能力，即客戶必須擁有主導該商品的使用並從中獲得幾乎全部經濟利益的現時權利。如果客戶只是在未來某一期間才具有主導該商品的使用並從中獲得經濟利益的權利，則在客戶實際取得對商品的控制權之前，企業不應確認收入。

（2）主導該商品的使用，即客戶擁有在其活動中使用該商品、准許其他方在其活動中使用該商品或阻止其他方使用該商品的權利。

（3）能夠獲得幾乎全部的經濟利益，即客戶能夠獲得該商品幾乎全部的潛在現金流量，既包括現金流入的增加，也包括現金流出的減少。客戶可以通過多種方式（如通過使用、消耗、出售、交換、抵押、持有等）直接或間接地獲得商品的經濟利益。

2. 確認收入的前提條件

企業履行了合同中的履約義務，即客戶取得了相關商品的控制權只是確認收入的時間節點，只有當企業與客戶之間的合同同時滿足下列條件時，企業才能在客戶取得相關商品控制權時確認收入：

（1）合同各方已批准該合同並承諾將履行各自義務。

（2）該合同明確了合同各方與所轉讓商品相關的權利和義務。

（3）該合同有明確的與所轉讓商品相關的支付條款。

（4）該合同具有商業實質，即履行該合同將改變企業未來現金流量的風險、時間分佈或金額。

（5）企業因向客戶轉讓商品而有權取得的對價很可能收回。

在評估企業與客戶之間的合同是否同時滿足上述條件時，企業應當著重關注以下三個方面的判斷：

一是合同約定的權利和義務是否具有法律約束力，需要根據企業所處的法律環境和實務操作進行判斷，包括合同訂立的方式和流程、具有法律約束力的權利和義務的時間等。對於合同各方都有權單方面終止完全未執行的合同，且無須對合同其他方做出補償的，企業應當視為該合同不存在。其中，完全未執行的合同是指企業尚未向客戶轉讓任何合同中承諾的商品，也尚未收取且尚未有權收取已承諾商品的任何對價的合同。

二是合同是否具有商業實質應當根據履行該合同是否會對企業未來現金流量在風險、時間分佈、金額任何一個方面或多個方面帶來顯著改變進行判斷，或者根據履行該合同對企業未來現金流量現值的改變是否重大進行判斷。

三是企業因向客戶轉讓商品而有權取得的對價是否很可能收回，判斷時僅應考慮客戶到期時支付對價的能力和意圖，即客戶的信用風險。企業預期很可能無法收回全部合同對價時，應當判斷是客戶的信用風險所致還是企業向客戶提供了價格折讓所致。

在合同開始日就能夠同時滿足上述條件的合同，企業在後續期間無須對其進行重新評估，除非有跡象表明相關事實和情況發生了重大變化；在合同開始日尚不能同時滿足上述條件的合同，企業應當對其進行持續評估，並在能夠同時滿足上述條件後，在客戶取得相關商品控制權時確認收入。合同開始日通常是指合同生效日。

對於不能同時滿足上述5個條件的合同，企業只有在不再負有向客戶轉讓商品的剩餘義務，且已向客戶收取的對價無須退回時，才能將已收取的對價確認為收入；否則，應當將已收取的對價作為負債進行會計處理。

【例 13-1】甲房地產開發公司（以下簡稱甲公司）與乙公司簽訂合同，向其銷售一棟建築物，合同價款為 100 萬元。該建築物的成本為 60 萬元，乙公司在合同開始日即取得了該建築物的控制權。根據合同約定，乙公司在合同開始日支付了 5%的保證金 5 萬元，並就剩餘 95%的價款與甲公司簽訂了不附追索權的長期融資協議，如果乙公司違約，甲公司可以重新擁有該建築物，即使收回的建築物不能涵蓋所欠款項的總額，甲公司也不能向乙公司索取進一步的賠償。乙公司計劃在該建築物內開設一家餐館。在該建築物所在的地區，餐飲行業面臨激烈的競爭，但乙公司缺乏餐飲行業的經營經驗。

乙公司計劃以該餐館產生的收益償還甲公司的欠款，除此之外並無其他的經濟來源，乙公司也未對該筆欠款設定任何擔保。如果乙公司違約，甲公司雖然可以重新擁有該建築物，但即使收回的建築物不能涵蓋所欠款項的總額，甲公司也不能向乙公司索取進一步的賠償。因此，甲公司對乙公司還款的能力和意圖存在疑慮，認為該合同不滿足合同價款很可能收回的條件。甲公司應當將收到的 5 萬元確認為一項負債。

3. 合同合併

有的資產建造雖然形式上簽訂了多項合同，但各項資產在設計、技術、功能、最終用途上是密不可分的，實質上是一項合同，在會計上應當作為一個核算對象。企業與同一客戶（或該客戶的關聯方）同時訂立或在相近時間內先後訂立的兩份或多份合同，在滿足下列條件之一時，應當合併為一份合同進行會計處理：

（1）該兩份或多份合同基於同一商業目的而訂立並構成一攬子交易。

（2）該兩份或多份合同中的一份合同的對價金額取決於其他合同的定價或履行情況。

（3）該兩份或多份合同中所承諾的商品（或每份合同中所承諾的部分商品）構成單項履約義務。

【例 13-2】為建造一個冶煉廠，某建造承包商與客戶一攬子簽訂了三項合同，分別建造一個選礦車間、一個冶煉車間和一個工業污水處理系統。根據合同的規定，這三項工程將由該建造承包商同時施工，並根據冶煉廠整體的施工進度統一辦理價款結算。

由於建造承包商與客戶簽訂的三項合同是基於同一商業目的而訂立並構成一攬子交易，因此滿足合同合併的條件，該建造承包商應將該組合同合併為一個合同進行會計交易核算。

4. 合同變更

合同變更是指經合同各方批准對原合同範圍或價格做出的變更。企業應當區分下列三種情形對合同變更分別進行會計處理：

（1）合同變更部分作為單獨合同進行會計處理的情形。合同變更增加了可明確區分的商品及合同價款，且新增合同價款反應了新增商品單獨售價的，應當將該合同變更作為一份單獨的合同進行會計處理。其中，單獨售價是指企業向客戶單獨銷售商品的價格。

【例 13-3】某建築公司與客戶簽訂了一項建造合同，為客戶設計並建造一棟辦公樓。合同履行了一段時間後，客戶決定追加建造一座地上車庫，並就追加建造地上車庫的工程造價等與該建築商進行協商並達成一致，變更了原合同內容。

由於建築公司為客戶追加建造的地上車庫在設計、技術和功能上與原合同的辦公樓存在重大差異，雙方就地上車庫的工程造價進行了專門協商並達成一致，表明合同變更增加了可明確區分的商品及合同價款，如果新增合同價款能夠反應新增地上車庫的單獨售價，則該建築公司應當將合同變更部分作為一份單獨的合同進行會計處理。

（2）合同變更作為原合同終止及新合同訂立進行會計處理的情形。合同變更不屬於上述第（1）種情形，且在合同變更日已轉讓商品與未轉讓商品之間可明確區分的，應當視為原合同終止，同時將原合同未履約部分與合同變更部分合併為新合同進行會計處理。

【例 13-4】甲股份有限公司（以下簡稱甲公司）與客戶簽訂合同，向其銷售 A 產品 200 件，合同價格為 20,000 元（每件 100 元），該合同將在 6 個月內履行完畢。甲公司向客戶銷售了 100 件 A 產品時，客戶提出再追加購買 50 件 A 產品，雙方對追加購買的 A 產品最初議定的價格為 4,500 元（每件 90 元），該價格反應了合同變更日 A 產品的單獨售價。在合同協商過程中，客戶發現前期已收到的 100 件 A 產品存在質量問題，要求甲公司給予補償，甲公司承諾給予 2,500 元的補償，雙方同意將補償額納入追加購買的 50 件 A 產品價格中。因此，追加購買的 50 件 A 產品最終商定的價格為 2,000 元（4,500-2,500），即每件 40 元。

由於客戶追加購買的 50 件 A 產品最終商定的價格不能反應合同變更日 A 產品的單獨售價，因此甲公司不能將合同變更部分作為一份單獨的合同進行會計處理；同時，由於在合同變更日已銷售的 A 產品與未銷售的 A 產品之間可以明確區分，因此甲公司應將合同的變更視為原合同的終止，並將原合同未履約部分與合同變更部分合併為新的合同進行會計處理，即新的合同為甲公司向客戶銷售 A 產品 150 件（100+50），合同價格為 12,000 元（10,000+2,000），即每件 80 元。

（3）合同變更部分作為原合同的組成部分進行會計處理的情形。合同變更不屬於上述第（1）種情形，且在合同變更日已轉讓的商品與未轉讓商品之間不可明確區分的，應當將該合同變更部分作為原合同的組成部分，在合同變更日重新計算履約進度，並調整當期收入和相應成本等。

【例 13-5】某建造承包商與客戶簽訂了一項建造實驗大樓的合同，建設期為 2 年。第二年，客戶要求將原設計中採用的鋁合金門窗改為塑鋼門窗，建造承包商提出須增加合同造價 100 萬元，客戶同意增加合同造價 100 萬元。

由於在合同變更日已提供的建造服務與未提供的建造服務之間不可明確區分，因此建造承包商應當將該合同變更部分作為原合同的組成部分進行會計處理，在合同變更日，按照變更後的合同總造價和重新估計的履約進度對已確認收入的影響，調整當期收入。

（二）識別合同中的單項履約義務

履約義務是指合同中企業向客戶轉讓可明確區分商品的承諾。履約義務既包括合同中明確的承諾，也包括由於企業已公開宣布的政策、特定聲明或以往的習慣做法等導致合同訂立時客戶合理預期企業將履行的承諾。企業為履行合同而應開展的初始活動，通常不構成履約義務，除非該活動向客戶轉讓了承諾的商品。

合同開始日，企業應當對合同進行評估，識別該合同包含的各單項履約義務。企業應當將下列向客戶轉讓商品的承諾作為單項履約義務：

1. 企業向客戶轉讓可明確區分商品（或商品組合）的承諾

可明確區分商品是指企業向客戶承諾的商品同時滿足下列條件：

（1）客戶能夠從該商品本身或從該商品與其他易於獲得的資源一起使用中受益，即該商品能夠明確區分。例如，企業通常會將該商品單獨銷售給客戶，則表明該商品能夠明確區分。在評估某項商品是否能夠明確區分時，企業應當基於該商品自身的特徵，而與客戶可能使用該商品的方式無關。

（2）企業向客戶轉讓該商品的承諾與合同中其他承諾可單獨區分，即轉讓該商品的承諾在合同中是可以明確區分的。在確定了商品本身能夠明確區分後，企業還應當在合同層面繼續評估轉讓該商品的承諾是否與合同中其他承諾彼此之間可明確區分。下列情形通常表明企業向客戶轉讓該商品的承諾與合同中的其他承諾不可明確區分：

①企業需要提供重大的服務以將該商品與合同中承諾的其他商品進行整合，形成合同約定的某個或某些組合產出轉讓給客戶。例如，企業為客戶建造寫字樓的合同中，企業向客戶提供的磚頭、水泥、人工等都能夠使客戶獲益，但是在該合同下，企業對客戶承諾的是為其建造一棟寫字樓，而並非提供這些磚頭、水泥和人工等，企業需提供重大的服務將這些商品進行整合，以形成合同約定的一項組合產出（寫字樓）轉讓給客戶。因此，在該合同中，磚頭、水泥和人工等商品或服務彼此之間不能單獨區分。

②該商品將對合同中承諾的其他商品予以重大修改或定制。例如，企業承諾向客戶提供其開發的一款現有軟件，並提供安裝服務，雖然該軟件無需更新或技術支持也可直接使用，但是企業在安裝過程中需要在該軟件現有基礎上對其進行定制化的重大修改，以使其能夠與客戶現有的信息系統相兼容。此時，轉讓軟件的承諾與提供定制化重大修改的承諾在合同層面是不可明確區分的。

③該商品與合同中承諾的其他商品具有高度關聯性。也就是說，合同中承諾的每一單項商品都受到合同中其他商品的重大影響。例如，企業承諾為客戶設計一種新產品並負責生產 10 個樣品，企業在生產和測試樣品的過程中需要對產品的設計進行不斷修正，導致已生產的樣品都可能需要進行不同程度的返工。此時，企業提供的設計服務和生產樣品的服務是不斷交替反覆進行的，兩者高度關聯，因此在合同層面是不可明確區分的。

需要說明的是，企業向客戶銷售商品時，往往約定企業需要將商品運送至客戶指定的地點。通常情況下，商品控制權轉移給客戶之前發生的運輸活動不構成單項履約義務；相反，商品控制權轉移給客戶之後發生的運輸活動可能表明企業向客戶提供了一項運輸服務，企業應當考慮該項服務是否構成單項履約義務。

2. 企業向客戶轉讓一系列實質相同且轉讓模式相同的、可明確區分商品的承諾

企業應當將實質相同且轉讓模式相同的一系列商品作為單項履約義務，即使這些商品可明確區分。其中，轉讓模式相同是指每一項可明確區分商品都滿足在某一時段內履行履約義務的條件，且採用相同方法確定其履約進度。例如，每天為客戶提供保潔服務的長期勞務合同等。

企業在判斷所轉讓的一系列商品是否實質相同時，應當考慮合同中承諾的性質：如果企業承諾的是提供確定數量的商品，需要考慮這些商品本身是否實質相同；如果企業承諾的是在某一期間內隨時向客戶提供某項服務，需要考慮企業在該期間內的各個時間段（如每天或每小時）的承諾是否相同，而並非具體的服務行為本身。

【例 13-6】甲公司與客戶簽訂一項為期 3 年的服務合同。合同約定，甲公司必須根據客戶的需要隨時為其寫字樓提供保潔、維修服務，但沒有具體的服務次數或時間要求。

甲公司每天為客戶提供的具體服務可能並不相同，但每天對客戶的服務承諾都是相同的，即隨時提供保潔、維修服務，符合「實質相同」的條件。因此，甲公司為客戶提供的保潔服務和維修服務屬於一系列實質上相同且轉讓模式相同、可明確區分的服務承諾。

（三）確定交易價格

交易價格是指企業因向客戶轉讓商品而預期有權收取的對價金額。企業代第三方收取的款項以及企業預期將退還給客戶的款項，應當作為負債進行會計處理，不計入交易價格。合同標價並不一定代表交易價格，企業應當根據合同條款，並結合以往的習慣做

法等確定易價格。企業在確定交易價格時，應當假定將按照現有合同的約定向客戶轉讓商品，且該合同不會被取消、續約或變更，同時考慮可變對價、合同中存在的重大融資成分、非現金對價、應付客戶對價等因素的影響。

1. 可變對價

企業與客戶在合同中約定的對價金額可能會因折扣、價格折讓、返利、退款、獎勵積分、激勵措施、業績獎金、索賠等因素而變化。此外，根據一項或多項或有事項的發生或不發生而收取不同對價金額的合同，也屬於可變對價的情形。

【例 13-7】甲公司與客戶簽訂了一項資產建造合同，客戶已承諾的合同對價為 600 萬元。合同同時規定，如果甲公司未能在合同指定的日期完工，則每延期完工一天，已承諾的合同對價將減少 2 萬元；但若甲公司能提前完工，則每提前完工一天，已承諾的合同對價將增加 2 萬元。此外，資產完工後，將由第三方對資產實施檢查並基於合同界定的標準給予評級。如果資產達到特定評級，甲公司將有權獲得獎勵性付款 30 萬元。

對甲公司來說，合同中包含了兩項可變對價：一項是已承諾合同對價 600 萬元加上或減去每天 2 萬元的提前完工獎勵或延期完工罰金；另一項是根據資產是否能達到特定評級而給予的金額為 30 萬元或 0 的獎勵性付款。

合同中存在可變對價的，企業應當按照期望值或最可能發生金額確定可變對價的最佳估計數，但包含可變對價的交易價格，應當不超過在相關不確定性消除時累計已確認收入極可能不會發生重大轉回的金額，以避免因某些不確定性因素的發生導致之前已經確認的收入發生轉回。其中，「極可能」是指發生的可能性遠高於「很可能」（發生的可能性大於 50%但小於或等於 95%）的下限，但不要求達到「基本確定」（發生的可能性大於 95%但小於 100%）。企業在評估累計已確認收入是否極可能不會發生重大轉回時，應當同時考慮收入轉回的可能性及其比重（指可能發生的收入轉回金額相對於包括固定對價和可變對價在內的合同總對價的比重）。每一資產負債表日，企業應當重新估計應計入交易價格的可變對價金額。

【例 13-8】2×19 年 1 月 1 日，甲公司與客戶簽訂了一項 A 產品銷售合同，合同售價為每件 100 元。為了鼓勵客戶多購商品，合同規定，如果客戶在 2×19 年度內累計購買 A 產品超過 5,000 件，則 A 產品售價將追溯調整為每件 90 元，即 A 產品的合同對價是可變的。2×19 年第一季度，甲公司向該客戶實際出售 A 產品 500 件。甲公司根據以往與該客戶交易的大量經驗，估計該客戶在 2×19 年度內累計購買的 A 產品數量不會超過 5,000 件。基於這一事實，甲公司認為在不確定性因素消除時（獲悉 2×19 年度客戶購買總量時），按合同售價每件 100 元確認的收入極有可能不會發生重大轉回。因此，甲公司 2×19 年第一季度確認收入 50,000 元（100×500）。2×19 年第二季度，客戶收購了另一家企業，擴大了營業規模，甲公司第二季度向該客戶出售 A 產品 2,000 件。基於這一新的事實，甲公司經過重新評估認為，該客戶在 2×19 年度內累計購買的 A 產品數量極可能會超過 5,000 件，即 A 產品的最終售價極可能為每件 90 元。

為了避免相關不確定性因素消除時發生轉回之前已經確認收入的情況，甲公司 2×19 年第二季度確認的收入金額應當為 175,000 元（90×2,000−10×500）。甲公司 2×19 年上半年累計確認的收入金額應當為 225,000 元［（50,000+175,000）或者（90×2,500）］。

2. 合同中存在重大融資成分

合同中存在重大融資成分的，企業應當按照假定客戶在取得商品控制權時即以現金支付的應付金額確定交易價格。該交易價格與合同對價之間的差額，應當在合同期間內採用實際利率法攤銷。

合同開始日，企業預計客戶取得商品控制權與客戶支付價款間隔不超過一年的，可以不考慮合同中存在的重大融資成分。

3. 非現金對價

非現金對價包括存貨、固定資產、無形資產、股權、客戶提供的廣告服務等。客戶支付非現金對價的，通常情況下，企業應當按照非現金對價在合同開始日的公允價值確定交易價格。非現金對價公允價值不能合理估計的，企業應當參照其承諾向客戶轉讓商品的單獨售價間接確定交易價格。非現金對價的公允價值因為其形式以外的原因而發生變動的，應當作為可變對價進行會計處理。非現金對價的公允價值計量日為合同開始日。

4. 應付客戶對價

企業應付客戶對價的，應當將該應付對價衝減交易價格，並在確認相關收入與支付（或承諾支付）客戶對價兩者孰晚的時點衝減當期收入，但應付客戶對價是為了向客戶取得其他可明確區分商品的除外。

【例 13-9】甲公司與一家大型連鎖超市簽訂了一項銷售 B 產品的一年期合同，客戶承諾在合同期內至少購買價值 2,000 萬元的 B 產品。合同同時規定，甲公司應在合同開始時，向客戶支付 200 萬元的不可返還款項，作為客戶改造貨架以適合擺放 B 產品的補償。

由於甲公司並未取得對客戶貨架的任何控制權，因此向客戶支付對價的目的並不是取得可明確區分的商品。甲公司應將該筆向客戶支付的對價作為對合同交易價格的抵減，在確認轉讓 B 產品的收入時，按應付客戶對價占商品交易價格的比例 10%（200÷2,000×100%）衝減收入。假定甲公司在合同期內的第一個月向客戶轉讓了發票金額為 250 萬元的 B 產品，則甲公司應確認的收入為 225 萬元（250−250×10%）。

企業應付客戶對價是為了向客戶取得其他可明確區分商品的，應當採用與本企業其他採購相一致的方式確認所購買的商品。企業應付客戶對價超過向客戶取得可明確區分商品公允價值的，超過金額應當衝減交易價格。向客戶取得的可明確區分商品公允價值不能合理估計的，企業應當將應付客戶對價全額衝減交易價格。

（四）將交易價格分攤至各單項履約義務

合同中包含兩項或多項履約義務的，企業應當在合同開始日，按照各單項履約義務所承諾商品的單獨售價的相對比例，將交易價格分攤至各單項履約義務，並按照分攤至各單項履約義務的交易價格計量收入。企業不得因合同開始日之後單獨售價的變動而重新分攤交易價格。

1. 確定單獨售價

企業在類似環境下向類似客戶單獨銷售商品的價格，應作為確定該商品單獨售價的最佳證據。單獨售價無法直接觀察的，企業應當綜合考慮其能夠合理取得的全部相關信息，採用市場調整法、成本加成法、餘值法等方法合理估計單獨售價。在估計單獨售價時，企業應當最大限度地採用可觀察的輸入值，並對類似的情況採用一致的估計方法。

（1）市場調整法。市場調整法是指企業根據某商品或類似商品的市場售價，對本企業的成本和毛利等進行適當調整後，確定其單獨售價的方法。

（2）成本加成法。成本加成法是指企業根據某商品的預計成本加上其合理毛利後的價格，確定其單獨售價的方法。

（3）餘值法。餘值法是指企業根據合同交易價格減去合同中其他商品可觀察的單獨售價後的餘值，確定某商品單獨售價的方法。企業在商品近期售價波動幅度巨大，或者因未定價且未曾單獨銷售而使售價無法可靠確定時，可採用餘值法估計其單獨售價。

2. 分攤合同折扣

合同折扣是指合同中各單項履約義務所承諾商品的單獨售價之和高於合同交易價格

的金額。合同折扣的分攤，需要區分以下三種情況：

（1）通常情況下，企業應當在各單項履約義務之間按比例分攤合同折扣。

【例 13-10】A 股份有限公司與客戶簽訂了一項合同，以 100,000 元的價格向客戶銷售甲、乙、丙三種產品。其中，甲產品是 A 公司定期單獨對外銷售的產品，單獨售價可直接觀察；乙產品和丙產品的單獨售價則不可直接觀察。A 公司採用市場調整法估計乙產品的單獨售價，採用成本加成法估計丙產品的單獨售價。單獨售價估計表如表 13-1 所示。

表 13-1　單獨售價估計表

合同產品	單獨售價（元）	方法
甲產品	66,000	直接觀察法
乙產品	18,000	市場調整法
丙產品	36,000	成本加成法
合計	120,000	

從表 13-1 可知，甲、乙、丙三種產品單獨售價之和超過了合同對價，因此 A 公司實際上是因為客戶一攬子購買商品而給予了客戶折扣。A 公司認為，沒有可觀察的證據表明該項折扣是針對一項或多項特定產品的，因此將該項折扣在甲、乙、丙三種產品之間按單獨售價的相對比例進行分攤。甲、乙、丙三種產品合同折扣分攤表如表 13-2 所示。

表 13-2　合同折扣分攤表　　單位：元

合同產品	單獨售價	交易價格
甲產品	66,000÷120,000×100,000	55,000
乙產品	18,000÷120,000×100,000	15,000
丙產品	36,000÷120,000×100,000	30,000
合計		100,000

（2）有確鑿證據表明合同折扣僅與合同中一項或多項（而非全部）履約義務相關的，企業應當將該合同折扣分攤至相關一項或多項履約義務。

【例 13-11】甲公司與客戶簽訂了一項合同，以 250,000 元的價格向客戶銷售 A、B、C 三種產品，三種產品都是甲公司定期單獨對外銷售的產品，單獨售價都可以直接觀察。甲公司確定的合同產品單獨售價估計表如表 13-3 所示。

表 13-3　單獨售價估計表

合同產品	單獨售價（元）	方法
A 產品	80,000	直接觀察法
B 產品	88,000	直接觀察法
C 產品	132,000	直接觀察法
合計	300,000	

甲公司在日常銷售中，以 80,000 元的價格銷售 A 產品，並定期以 170,000 元的價格將 B 產品和 C 產品一同銷售。甲公司認為，有證據證明該項合同折扣只是針對 B 產品和 C 產品的，因此只將合同折扣按單獨售價的相對比例分攤給 B 產品和 C 產品。B 產品、C 產品合同折扣分攤表如表 13-4 所示。

表 13-4　合同折扣分攤表　　單位：元

合同產品	按比例分攤	交易價格
B 產品	88,000÷（88,000+132,000）×170,000	68,000
C 產品	132,000（88,000+132,000）×170,000	102,000
合計		170,000

（3）合同折扣僅與合同中一項或多項（而非全部）履約義務相關，且企業採用餘值法估計單獨售價的，應當首先在該一項或多項（而非全部）履約義務之間分攤合同折扣，然後採用餘值法估計單獨售價。

【例 13-12】沿用**【例 13-11】**的資料，現假定甲公司以 280,000 元的價格向客戶銷售 A、B、C、D 四種產品。其中，D 產品因其近期售價波動幅度巨大而無法可靠地確定售價，甲公司採用餘值法估計其單獨售價，其他資料不變。甲公司對 A、B、C、D 四種產品的單獨售價估計表如表 13-5 所示。

表 13-5　單獨售價估計表

合同產品	單獨售價（元）	方法
A 產品	80,000	直接觀察法
B 產品	68,000	直接觀察法（已扣除折扣）
C 產品	102,000	直接觀察法（已扣除折扣）
D 產品	30,000	餘值法
合計	280,000	

3. 分攤可變對價

對於可變對價及可變對價的後續變動額，企業應當按照與分攤合同折扣相同的方法，將其分攤至與之相關的一項或多項履約義務，或者分攤至構成單項履約義務的一系列可明確區分商品中的一項或多項商品。

對於已履行的履約義務，其分攤的可變對價後續變動額應當調整變動當期的收入。

4. 分攤合同變更之後發生的可變對價後續變動

合同變更之後發生可變對價後續變動的，企業應當區分下列三種情形進行會計處理：

（1）合同變更屬於將合同變更部分作為一份單獨的合同進行會計處理的情況下，企業應當判斷可變對價後續變動與哪一項合同相關，並按照分攤可變對價的要求進行會計處理。

（2）合同變更屬於將原合同視為終止並將原合同未履約部分與合同變更部分合併為新合同進行會計處理的情況下，如果可變對價後續變動與合同變更前已承諾可變對價相關的，企業應當首先將該可變對價後續變動額以原合同開始日確定的基礎進行分攤，然後再將分攤至合同變更日尚未履行履約義務的該可變對價後續變動額以新合同開始日確定的基礎進行二次分攤。

（3）合同變更之後發生除上述第（1）種和第（2）種情形以外的可變對價後續變動的，企業應當將該可變對價後續變動額分攤至合同變更日尚未履行的履約義務。

【例 13-13】2×18 年 8 月 20 日，甲公司與乙公司簽訂合同，向其銷售 E 產品和 F 產品。合同約定，E 產品於 2×18 年 10 月 31 日前交付乙公司，F 產品於 2×19 年 1 月 31 日前交付乙公司；合同約定的對價包括 50,000 元的固定對價和估計金額為 6,000 元的可變對價，該可變對價應計入交易價格。E 產品的單獨售價為 36,000 元，F 產品的單獨售價為 24,000 元，兩者合計大於合同對價。因此，甲公司因為客戶一攬子購買商品而給予了客戶折扣。甲公司認為，沒有可觀察的證據表明可變對價和合同折扣是專門針對 E 產品或 F 產品的。因此，可變對價和合同折扣應在 E、F 兩種產品之間按比例進行分攤。合同開始日，甲公司的可變對價與合同折扣分攤表如表 13-6 所示。

表 13-6　可變對價與合同折扣分攤表　　單位：元

合同產品	按比例分攤	交易價格
E 產品	36,000÷(36,000+24,000)×56,000	33,600
F 產品	24,000÷(36,000+24,000)×56,000	22,400
合計		56,000

2×18 年 10 月 31 日，甲公司將 E 產品交付乙公司後，確認銷售收入 33,600 元。

2×18 年 12 月 25 日，甲公司與乙公司對合同進行了變更，甲公司向乙公司額外銷售一批 G 產品，G 產品於 2×19 年 5 月 31 日前交付乙公司。G 產品的單獨售價為 16,000 元，雙方確定的合同價格為 10,000 元。由於 G 產品的合同價格不能反應 G 產品的單獨售價，並且在合同變更日已轉讓的 E 產品與未轉讓的 F 產品之間可明確區分，因此甲公司將合同變更作為原合同終止，同時將原合同未履行部分與合同變更部分合併為新合同進行會計處理。在新合同下，合同交易價格為 32,400 元（22,400+10,000）。甲公司將新合同的交易價格在 F 產品和 G 產品之間的分攤，即交易價格分攤表如表 13-7 所示。

表 13-7　交易價格分攤表　　單位：元

合同產品	按比例分攤	交易價格
F 產品	24,000÷(24,000+16,000)×32,400	19,440
G 產品	16,000÷(24,000+16,000)×32,400	12,960
合計		32,400

2×18 年 12 月 31 日，甲公司對可變對價金額進行了重新估計，可變對價金額由原先估計的 6,000 元變更為 9,000 元，該可變對價的後續變動與合同變更前已承諾的可變對價相關，並且應計入交易價格。甲公司應當首先將該可變對價後續變動額 3,000 元在原合同的 E 產品和 F 產品之間進行分攤，然後再將分攤至合同變更日尚未履行履約義務的 F 產品的可變對價後續變動額在新合同的 F 產品和 G 產品之間進行二次分攤。

甲公司將可變對價後續變動額在 E 產品和 F 產品之間的分攤，可變對價後續變動額分攤表如表 13-8 所示。

表 13-8　可變對價後續變動額分攤表　　單位：元

合同產品	按比例分攤	可變對價後續變動額
E 產品	36,000÷(36,000+24,000)×3,000	1,800
F 產品	24,000÷(36,000+24,000)×3,000	1,200
合計		3,000

由於可變對價發生後續變動時，E 產品已經銷售並已確認了收入，因此甲公司應將分攤至 E 產品的可變對價後續變動額 1,800 元全部確認為變動當期的收入。同時，甲公司應將分攤至 F 產品的可變對價後續變動額 1,200 元，在 F 產品和 G 產品之間進行二次

分攤，可變對價後續變動額分攤表如表 13-9 所示。

表 13-9　可變對價後續變動額分攤表　　單位：元

合同產品	按比例分攤	可變對價變動額	交易價格
F 產品	24, 000÷(24, 000+16, 000)×1, 200	720	19, 440+720=20, 160
G 產品	16, 000÷(24, 000+16, 000)×1, 200	480	12, 960+480=13, 440
合計		1, 200	32, 400+1, 200=33, 600

假定可變對價在此後期間沒有再次發生變動，則 F 產品於 2×19 年 1 月 31 日交付給乙公司後，甲公司應確認銷售收入 20, 160 元；G 產品於 2×19 年 5 月 31 日交付乙公司後，甲公司應確認銷售收入 13, 440 元。

(五) 履行各單項履約義務時確認收入

合同開始日，企業應當在對合同進行評估並識別該合同包含的各單項履約義務的基礎上，確定各單項履約義務是在某一時段內履行，還是在某一時點上履行，然後在履行了各單項履約義務，即客戶取得相關商品控制權時分別確認收入。企業應當首先判斷履約義務是否滿足在某一時段內履行履約義務的條件，如果不能滿足，則屬於在某一時點履行履約義務。

滿足下列條件之一的，屬於在某一時段內履行履約義務：

(1) 客戶在企業履約的同時即取得並消耗企業履約帶來的經濟利益。如果企業在履約過程中是持續地向客戶轉移該服務控制權的，則表明客戶在企業履約的同時即取得並消耗企業履約帶來的經濟利益，該履約義務屬於在某一時段內履行的履約義務。

(2) 客戶能夠控制企業履約過程中在建的商品。企業在履約過程中在建的商品包括在產品、在建工程、尚未完成的研發項目、正在進行的服務等。如果在企業創建這些商品的過程中客戶就能夠控制這些在建商品，則表明該履約義務屬於在某一時段內履行的履約義務。

(3) 企業履約過程中產出的商品具有不可替代用途，且該企業在整個合同期間內有權就累計至今已完成的履約部分收取款項。具有不可替代用途是指因合同限制或實際可行性限制，企業不能輕易地將商品用於其他用途。有權就累計至今已完成的履約部分收取款項是指在由於客戶或其他方原因終止合同的情況下，企業有權就累計至今已完成的履約部分收取能夠補償其已發生成本和合理利潤的款項，並且該權利具有法律約束力。

三、合同成本

(一) 合同履約成本

企業為履行合同會發生各種成本，如果這些成本不屬於存貨、固定資產、無形資產等資產的取得成本且同時滿足下列三個條件的，應當作為合同履約成本確認為一項資產：

(1) 該成本與一份當前或預期取得的合同直接相關，包括直接人工、直接材料、製造費用（或類似費用）、明確由客戶承擔的成本以及僅因該合同而發生的其他成本。

(2) 該成本增加了企業未來用於履行履約義務的資源。

(3) 該成本預期能夠收回。

企業應當在下列支出發生時，將其計入當期損益：

(1) 管理費用。

(2) 非正常消耗的直接材料、直接人工和製造費用（或類似費用），這些支出為履行合同發生，但未反應在合同價格中。

（3）與履約義務中已履行部分相關的支出。

（4）無法在尚未履行的與已履行的履約義務之間區分的相關支出。

（二）合同取得成本

企業為取得合同發生的增量成本預期能夠收回的，應當作為合同取得成本確認為一項資產。但是，該資產攤銷期限不超過一年的，可以在發生時計入當期損益。

增量成本是指企業不取得合同就不會發生的成本（如銷售佣金等）。

企業為取得合同發生的、除預期能夠收回的增量成本之外的其他支出（如無論是否取得合同均會發生的差旅費、投標費等），應當在發生時計入當期損益，但是明確由客戶承擔的除外。

（三）與合同成本有關的資產的攤銷與減值

與合同成本有關的資產是指按合同履約成本確認的資產和按合同取得成本確認的資產。

與合同成本有關的資產應當採用與該資產相關的商品收入確認相同的基礎（按照履約進度或履約時點）進行攤銷，計入當期損益。

與合同成本有關的資產的帳面價值高於下列兩項的差額的，超出部分應當計提減值準備，並確認為資產減值損失：

（1）企業因轉讓與該資產相關的商品預期能夠取得的剩餘對價。

（2）為轉讓該相關商品估計將要發生的成本。

以前期間減值的因素之後發生變化，使得上述兩項的差額高於該資產帳面價值的，應當轉回原已計提的資產減值準備，並計入當期損益，但轉回後的資產帳面價值不應超過假定不計提減值準備情況下該資產在轉回日的帳面價值。

在確定與合同成本有關的資產的減值損失時，企業應先對與合同有關的存貨、固定資產、無形資產等資產確定減值損失，再按照上述與合同成本有關的資產減值要求確定與合同成本有關的資產的減值損失。

【例 13-14】甲公司與客戶簽訂了一項為期 5 年的合同，為客戶的信息中心提供管理服務。甲公司為取得合同發生的成本（合同取得成本表）見表 13-10。

表 13-10　合同取得成本表

成本項目	金額（元）
與盡職調查相關的外部法律費用	35, 000
參加投標發生的差旅費	40, 000
因簽訂合同而支付給員工的銷售佣金	25, 000
合計	100, 000

此外，甲公司基於年度銷售目標、企業整體盈利情況以及個人業績，酌情向銷售主管支付年度獎金 50, 000 元。

在向客戶提供服務之前，甲公司設計並搭建了一個供甲公司內部使用的與客戶信息系統相連接的技術平臺。該平臺並不會轉讓給客戶，但將用於向客戶提供信息中心管理服務。甲公司為搭建技術平臺發生的初始成本（搭建技術平臺的初始成本表）見表 13-11。

表 13-11　搭建技術平臺的初始成本表

成本項目	金額（元）
設計服務	100,000
硬件	300,000
軟件	200,000
數據中心測試	150,000
合計	750,000

除構建技術平臺的初始成本外，甲公司還委派兩名員工，主要負責向客戶提供日常服務，每月向其支付工資等費用 18,000 元。

甲公司對發生的上述支出所做的分析及相應的會計處理如下：

（1）外部法律費用和差旅費。由於無論企業是否取得合同均將發生，因此其不屬於增量成本，應當在發生時計入當期損益。

（2）銷售佣金。由於企業不取得合同就不會發生銷售佣金，因此其屬於取得合同的增量成本。甲公司預期將通過未來向客戶收取的信息中心管理服務費收回該成本，因此應將其確認為一項資產，計入「合同取得成本」科目，並在未來提供服務的 5 年內分期攤銷。

（3）向銷售主管支付的年度獎金。由於該獎金是基於年度銷售目標、企業整體盈利情況以及個人業績酌情支付的，並不能直接歸屬於所取得的合同，因此其應當作為職工薪酬，在發生時計入當期損益。

（4）購買的硬件應作為固定資產進行會計處理，購買的軟件應作為無形資產進行會計處理。

（5）設計服務成本和數據中心測試成本。由於其與企業取得的合同直接相關、增加了企業未來用於履行履約義務的資源並且甲公司預期能夠收回，因此應確認為一項資產，計入「合同履約成本」科目，並在未來提供服務的 5 年內分期攤銷。

（6）向負責日常管理的員工支付的工資，並不會增加企業未來用於履行履約義務的資源，屬於與履約義務中已履行部分相關的支出，應當作為職工薪酬，於發生時計入當期損益。

四、銷售業務的一般會計處理

收入確認與計量的五步法模型是為了滿足企業在各種合同安排下，特別是在某些包含多重交易、可變對價等複雜合同安排下，對相關收入進行確認和計量的需要而設定的。在會計實務中，企業轉讓商品的交易在相當多的情況下並不複雜，屬於履約義務相對單一、交易價格基本固定的簡單合同。對於簡單合同，企業在應用五步法模型時，可以簡化或省略其中的某些步驟，如在區分屬於在某一時段內履行的履約義務還是在某一時點履行的履約義務的前提下，重點關注企業是否已經履行了履約義務，即客戶是否已經取得了相關商品的控制權（確認收入的時點）、企業因向客戶轉讓商品而有權取得的對價是否很可能收回（確認收入的前提條件）等。

（一）在某一時段內履行的履約義務

對於在某一時段內履行的履約義務，企業應當在該段時間內按照履約進度確認收入，但是履約進度不能合理確定的除外。在資產負債表日，企業應當按照合同收入總額乘以履約進度再扣除以前會計期間累計確認的合同收入後的金額，確認當期收入；同時，按照履行合同估計發生的總成本乘以履約進度，再扣除以前會計期間累計確認的合同成本後的金額，結轉當期成本。其公式表示如下：

本期確認的收入＝合同總收入×到本期期末為止履約進度－以前期間已確認的收入

本期確認的成本＝合同總成本×到本期期末為止履約進度－以前期間已確認的成本

企業應當考慮商品的性質，採用產出法或投入法確定恰當的履約進度。其中，產出法是根據已轉移給客戶的商品對於客戶的價值（如實際測量的完工進度、已實現的結果、已達到的里程碑、已完成的時間進度、已生產或已交付的產品單位等）確定履約進度。投入法是根據企業為履行履約義務的投入（如已消耗的資源、已花費的工時、已發生的成本、已完成的時間進度等）確定履約進度。對於類似情況下的類似履約義務，企業應當採用相同的方法確定履約進度。

當履約進度不能合理確定時，企業已經發生的成本預計能夠得到補償的，應當按照已經發生的成本金額確認收入，直到履約進度能夠合理確定為止。

【例 13－15】2×16 年 8 月 20 日，甲公司與乙公司簽訂了一項為期 3 年的服務合同，為乙公司的寫字樓提供保潔、維修服務。合同約定的服務費總額為 1, 800, 000 元，乙公司在合同開始日預付 600, 000 元，其餘服務費分 3 次、於每年的 8 月 31 日等額支付。該合同於 2×16 年 9 月 1 日開始執行。甲公司為客戶提供的保潔服務和維修服務屬於一系列實質上相同且轉讓模式相同、可明確區分的服務承諾，因此應作為單項履約義務進行會計處理。由於甲公司在履約過程中是持續地向客戶提供服務的，表明客戶在企業履約的同時即取得並消耗企業履約帶來的經濟利益，因此該項服務屬於在某一時段內履行的履約義務。甲公司判斷，因向客戶提供保潔、維修服務而有權取得的對價很可能收回。甲公司按已完成的時間進度確定履約進度，並於每年的 12 月 31 日確認收入。假定不考慮相關稅費。甲公司帳務處理如下：

（1）2×16 年 9 月 1 日，收到合同價款。

借：銀行存款　　600, 000

　貸：合同負債——甲公司　　600, 000

其中，合同負債是指企業已收或應收客戶對價而應向客戶轉讓商品的義務。

（2）2×16 年 12 月 31 日，確認收入。

應確認收入＝1, 800, 000×［4÷（12×3）］＝200, 000（元）

借：合同負債——甲公司　　200, 000

　貸：主營業務收入　　200, 000

（3）2×17 年 8 月 31 日，收到合同價款。

應收合同價款＝（1, 800, 000－600, 000）÷3＝400, 000（元）

借：銀行存款　　400, 000

　貸：合同負債——甲公司　　400, 000

（4）2×17 年 12 月 31 日，確認收入。

應確認收入＝1, 800, 000×［（4+12）÷（12×3）］－200, 000≈600, 000（元）

借：合同負債——甲公司　　600, 000

　貸：主營業務收入　　600, 000

（5）2×18 年 8 月 31 日，收到合同價款。

借：銀行存款　　400, 000

　貸：合同負債——甲公司　　400, 000

（6）2×18 年 12 月 31 日，確認收入。

應確認收入＝1, 800, 000×［（4+12×2）÷（12×3）］－（200, 000+600, 000）≈600, 000（元）

借：合同負債——甲公司　　600, 000

　貸：主營業務收入　　600, 000

（7）2×19 年 8 月 31 日，合同到期，收到剩餘合同價款並確認收入。

借：銀行存款　400,000

　貸：合同負債——甲公司　400,000

應確認收入＝1,800,000－(20,000＋600,000×2)＝400,000（元）

借：合同負債——甲公司　400,000

　貸：主營業務收入　400,000

【例 13-16】2×18 年 11 月 25 日，甲公司與丙公司簽訂了一項設備安裝服務合同。丙公司將其購買的一套大型設備交由甲公司安裝。根據合同約定，設備安裝費總額為 200,000 元，丙公司預付 50%，其餘 50%待設備安裝完成、驗收合格後支付。2×18 年 12 月 1 日，甲公司開始進行設備安裝，並收到丙公司預付的安裝費。截至 2×18 年 12 月 31 日，甲公司實際發生安裝成本 60,000 元。其中，支付安裝人員薪酬 36,000 元，領用庫存原材料 5,000 元，以銀行存款支付其他費用 19,000 元。據合理估計，至設備安裝完成，甲公司還會發生安裝成本 90,000 元。2×19 年 2 月 10 日，設備安裝完成，本年實際發生安裝成本 92,000 元。其中，支付安裝人員薪酬 65,000 元，領用庫存原材料 2,000 元，以銀行存款支付其他費用 25,000 元。設備經檢驗合格後，丙公司如約支付剩餘安裝費。由於丙公司能夠控制甲公司履約過程中的在安裝設備，因此該項安裝服務屬於在某一時段內履行的履約義務。甲公司判斷，因向客戶提供安裝服務而有權取得的對價很可能收回。甲公司按已經發生的成本占估計總成本的比例確定履約進度。假定不考慮相關稅費。甲公司帳務處理如下：

（1）2×18 年 12 月 1 日，預收 50%的合同價款。

借：銀行存款　100,000

　貸：合同負債——丙公司　100,000

（2）支付 2×18 年實際發生的安裝成本。

借：合同履約成本——服務成本　36,000

　貸：應付職工薪酬　36,000

借：合同履約成本——服務成本　5,000

　貸：原材料　5,000

借：合同履約成本——服務成本　19,000

　貸：銀行存款　19,000

（3）2×18 年 12 月 31 日，確認收入並結轉成本。

履約進度＝60,000÷(60,000＋90,000)×100%＝40%

應確認收入＝200,000×40%＝80,000（元）

應結轉成本＝150,000×40%＝60,000（元）

借：合同負債——丙公司　80,000

　貸：主營業務收入　80,000

借：主營業務成本　60,000

　貸：合同履約成本——服務成本　60,000

（4）支付 2×19 年發生的安裝成本。

借：合同履約成本——服務成本　65,000

　貸：應付職工薪酬　65,000

借：合同履約成本——服務成本　2,000

　貸：原材料　2,000

借：合同履約成本——服務成本　25,000

　貸：銀行存款　25,000

(5) 設備經檢驗合格後，丙公司如約支付剩餘安裝費。

借：銀行存款　100,000

　貸：合同負債——丙公司　100,000

(6) 2×19 年 2 月 10 日，確認收入並結轉成本。

應確認收入＝200,000－80,000＝120,000（元）

應結轉成本＝152,000－60,000＝92,000（元）

借：合同負債——丙公司　120,000

　貸：主營業務收入　120,000

借：主營業務成本　92,000

　貸：合同履約成本——服務成本　92,000

【例 13-17】甲公司與客戶簽訂了一項總金額為 2,000 萬元的固定造價合同，承建一座橋樑，預計工期為 24 個月。合同價款每年按工程進度結算一次，對於已結算的合同價款，甲公司擁有無條件的收款權利。除非甲公司未能按承諾履約，否則客戶無權終止合同。如果由於客戶的原因終止合同，甲公司有權就累計至今已完成的履約部分收取能夠補償其已發生成本和合理利潤的款項。同時，客戶承諾，若橋樑能夠提前完工，每提前完工 1 天，獎勵甲公司 5 萬元。合同成本與價款結算及收取情況如表 13-12 所示。

表 13-12　合同成本與價款結算及收取情況　　單位：萬元

項目	2×17 年	2×18 年	2×19 年
累計實際發生成本	630	1,575	2,080
預計完成合同尚需發生成本	1,170	525	—
結算合同價款	900	900	500
實際收到價款	800	850	650

2×17 年 9 月 1 日，工程正式開工，甲公司最初預計的工程總成本為 1,800 萬元。2×18 年年末，由於受材料價格上漲等因素的影響，甲公司將工程預計總成本調增至 2,100 萬元。2×19 年 6 月，橋樑主體工程已基本完工，工程質量符合設計要求，極有可能提前 60 天竣工，客戶同意向甲公司支付獎勵款 300 萬元。由於甲公司履約過程中所建造的橋樑具有不可替代用途，且合同約定由於客戶的原因終止合同，甲公司有權就累計至今已完成的履約部分收取能夠補償其已發生成本和合理利潤的款項，因此該項橋樑建造工程屬於在某一時段內履行的履約義務。甲公司按照累計實際發生的成本占預計總成本的比例確定履約進度。該建造合同的對價包含兩部分：一部分是金額確定的已承諾合同對價 2,000 萬元，甲公司判斷很可能收回；另一部分是獎勵款導致的合同對價，其金額要視甲公司是否能夠提前完工以及提前完工的時間而定，甲公司判斷，如果能夠獲得獎勵款，則獲得的獎勵款很可能收回。假定不考慮相關稅費。

(1) 2×17 年，甲公司帳務處理如下：

①登記實際發生的合同成本。

借：合同履約成本——工程施工　6,300,000

　貸：原材料、應付職工薪酬、機械作業等　6,300,000

②登記已結算的合同價款。

借：應收帳款　9,000,000

　貸：合同結算——價款結算　9,000,000

③登記實際收到的合同價款。

借：銀行存款　　8,000,000
　貸：應收帳款　　8,000,000

④確認本年的合同收入與合同費用。

2×17 年的履約進度 = 630÷(630+1,170)×100% = 35%

2×17 年確認的合同收入 = 2,000×35% = 700（萬元）

2×17 年確認的合同費用 = (630+1,170)×35% = 630（萬元）

借：合同結算——收入結轉　　7,000,000
　貸：主營業務收入　　7,000,000

借：主營業務成本　　6,300,000
　貸：合同履約成本——工程施工　　6,300,000

(2) 2×18 年，甲公司帳務處理如下：

①登記實際發生的合同成本。

2×18 年發生的合同成本 = 1,575-630 = 945（萬元）

借：合同履約成本——工程施工　　9,450,000
　貸：原材料、應付職工薪酬、機械作業等　　9,450,000

②登記已結算的合同價款。

借：應收帳款　　9,000,000
　貸：合同結算——價款結算　　9,000,000

③登記實際收到的合同價款。

借：銀行存款　　8,500,000
　貸：應收帳款　　8,500,000

④確認本年的合同收入與合同費用。

2×18 年的履約進度 = 1,575÷(1,575+525)×100% = 75%

2×18 年確認的合同收入 = 2,000×75%-700 = 800（萬元）

2×18 年確認的合同費用 = (1,575+525)×75%-630 = 945（萬元）

2×18 年確認的合同預計損失 = (1,575+525-2,000)×(1-75%) = 25（萬元）

借：合同結算——收入結轉　　8,000,000
　貸：主營業務收入　　8,000,000

借：主營業務成本　　9,450,000
　貸：合同履約成本——工程施工　　9,450,000

借：資產減值損失　　250,000
　貸：合同履約成本減值準備　　250,000

(3) 2×19 年，甲公司帳務處理如下：

①登記實際發生的合同成本。

2×19 年發生的合同成本 = 2,080-1,575 = 505（萬元）

借：合同履約成本——工程施工　　5,050,000
　貸：原材料、應付職工薪酬、機械作業等　　5,050,000

②登記已結算的合同價款。

借：應收帳款　　5,000,000
　貸：合同結算——價款結算　　5,000,000

③登記實際收到的合同價款。

借：銀行存款　　6, 500, 000

　貸：應收帳款　　6, 500, 000

④確認本年的合同收入與合同費用。

2×19 年確認的合同收入 = (2, 000+300) - (700+800) = 800（萬元）

2×19 年確認的合同費用 = 2, 080 - (630+945) = 505（萬元）

借：合同結算——收入結轉　　8, 000, 000

　貸：主營業務收入　　8, 000, 000

借：主營業務成本　　5, 050, 000

　貸：合同履約成本　　5, 050, 000

同時，轉回已計提的資產減值準備。

借：合同履約成本減值準備　　250, 000

　貸：資產減值損失　　250, 000

⑤2×19 年項目完工，對沖「合同結算」明細科目的餘額。

借：合同結算——價款結算　　23, 000, 000

　貸：合同結算——收入結轉　　23, 000, 000

（二）在某一時點履行的履約義務

當一項履約義務不屬於在某一時段內履行的履約義務時，應當屬於在某一時點履行的履約義務。對於在某一時點履行的履約義務，企業應當在客戶取得相關商品控制權時點確認收入。在判斷客戶是否已取得商品控制權時，企業應當考慮下列跡象：

（1）企業就該商品享有現時收款權利，即客戶就該商品負有現時付款義務。

（2）企業已將該商品的法定所有權轉移給客戶，即客戶已擁有該商品的法定所有權。

（3）企業已將該商品實物轉移給客戶，即客戶已實際佔有該商品。

（4）企業已將該商品所有權上的主要風險和報酬轉移給客戶，即客戶已取得該商品所有權上的主要風險和報酬。

（5）客戶已接受該商品。

（6）其他表明客戶已取得商品控制權的跡象。

需要強調的是，在上述跡象中，並沒有哪一個或哪幾個跡象是決定性的，企業應當根據合同條款和交易實質進行分析，綜合判斷其是否將商品的控制權轉移給客戶及何時將商品的控制權轉移給客戶，從而確定收入確認的時點。

當客戶取得相關商品控制權時，企業應當按已收或預期有權收取的合同價款確認銷售收入，同時或在資產負債表日，按已銷商品的帳面價值結轉銷售成本。如果銷售的商品已經發出，但客戶尚未取得相關商品的控制權或尚未滿足收入確認的條件，則發出的商品應通過「發出商品」科目進行核算，企業不應確認銷售收入。資產負債表日，「發出商品」科目的餘額應在資產負債表的「存貨」項目中反應。

【例 13-18】2×19 年 1 月 20 日，天河公司與甲公司簽訂合同，向甲公司銷售一批 A 產品。A 產品的生產成本為 120, 000 元，合同約定的銷售價格為 150, 000 元，增值稅銷項稅額為 19, 500 元。天河公司開出發票並按合同約定的品種和質量發出 A 產品，甲公司收到 A 產品並驗收入庫。根據合同約定，甲公司須於 30 天內付款。

在這項交易中，天河公司已按照合同約定的品種和質量發出商品，甲公司也已將該批商品驗收入庫，表明天河公司已經履行了合同中的履約義務，甲公司也已經取得了該批商品的控制權；同時，天河公司判斷，因向甲公司轉讓 A 產品而有權取得的對價很可能收回。因此，天河公司應於甲公司取得該批商品控制權時確認收入。天河公司帳務處理如下：

借：應收帳款——甲公司　　169,500
　貸：主營業務收入　　150,000
　　應交稅費——應交增值稅（銷項稅額）　　19,500
借：主營業務成本　　120,000
　貸：庫存商品　　120,000

【例 13-19】沿用**【例 13-18】**的資料，現假定天河公司在向甲公司銷售 A 產品時，已知悉甲公司資金週轉發生困難，近期內難以收回貨款，但為了減少存貨積壓以及考慮到與甲公司長期的業務往來關係，仍將 A 產品發運給甲公司並開出發票帳單。甲公司於 2×19 年 12 月 1 日給天河公司開出並承兌一張面值為 169,500 元、期限為 6 個月的不帶息商業匯票。2×20 年 6 月 1 日，天河公司收回票款。

本例與**【例 13-18】**唯一不同的是，天河公司在向甲公司銷售 A 產品時已知悉甲公司資金週轉發生困難，近期內幾乎不可能收回貨款，而能否收回貨款及何時收回貨款尚存在重大不確定因素，即不能滿足「企業因向客戶轉讓商品而有權取得的對價很可能收回」的條件。因此，天河公司在發出商品時不能確認銷售收入，而應待將來滿足上述條件後再確認銷售收入。天河公司帳務處理如下：

（1）2×19 年 1 月 20 日，發出商品。

借：發出商品　　120,000
　貸：庫存商品　　120,000
借：應收帳款——甲公司（應收銷項稅額）　　19,500
　貸：應交稅費——應交增值稅（銷項稅額）　　19,500

（2）2×19 年 12 月 1 日，收到甲公司開來的不帶息商業匯票，天河公司判斷已經滿足「企業因向客戶轉讓商品而有權取得的對價很可能收回」的條件，因而據以確認銷售收入。

借：應收票據　　169,500
　貸：主營業務收入　　150,000
　　應收帳款——甲公司（應收銷項稅額）　　19,500
借：主營業務成本　　120,000
　貸：發出商品　　120,000

（3）2×20 年 6 月 1 日，收回票款。

借：銀行存款　　169,500
　貸：應收票據　　169,500

【例 13-20】2×19 年 4 月 1 日，天河公司與乙公司簽訂了一項合同，以 195,000 元的價格（不含增值稅）向乙公司出售 A、B、C 三種產品。A、B、C 三種產品的生產成本依次為 65,000 元、50,000 元和 35,000 元，單獨售價（不含增值稅）依次為 80,000 元、70,000 元和 50,000 元。天河公司按合同約定的品種和質量發出 A、B、C 三種產品，乙公司收到上述產品並驗收入庫。根據合同約定，乙公司須於 2×19 年 4 月 11 日、6 月 30 日、9 月 30 日和 12 月 31 日分四次等額付款（包括相應的增值稅），天河公司按付款進度給乙公司開具增值稅專用發票並產生增值稅納稅義務。

由於 A、B、C 三種產品單獨售價之和 200,000 元（80,000+70,000+50,000）超過了合同對價 195,000 元，因此天河公司實際上是因為乙公司一攬子購買商品而給予了乙公司折扣。天河公司認為，沒有可觀察的證據表明該項折扣是針對一項或多項特定產品的，因此將該項折扣在 A、B、C 三種產品之間按比例進行分攤。A、B、C 三種產品合同折扣分攤表如表 13-13 所示。

表 13-13 合同折扣分攤表 單位：元

合同產品	按比例分攤	單獨售價
A 產品	80, 000÷200, 0 000×195, 000	78, 000
B 產品	70, 000÷200, 0 000×195, 000	68, 250
C 產品	50, 000÷200, 0 000×195, 000	48, 750
合計		195, 000

在這項交易中，天河公司採用的是分期收款銷售方式。

分期收款銷售是指商品已經交付客戶，但貨款分期收回的一種銷售方式。在分期收款銷售方式下，如果企業僅僅是為了確保到期收回貨款而保留了商品的法定所有權，則企業保留的這項權利通常不會對客戶取得對所購商品的控制權形成障礙。因此，企業將商品交付給客戶，通常可以表明客戶已經取得了對商品的控制權，企業應於向客戶交付商品時確認銷售收入。需要注意的是，在分期收款銷售方式下，貨款按照合同約定的收款日期分期收回，強調的只是分期結算貨款而已，與客戶是否取得對商品的控制權沒有關係，企業不應當按照合同約定的收款日期分期確認收入。

天河公司帳務處理如下：

(1) 2×19 年 4 月 1 日，銷售商品並收到乙公司支付的貨款。

已收合同價款 = 195, 000÷4 = 48, 750（元）

已收增值稅銷項稅額 = 48, 750×13% = 6, 337. 50（元）

已收帳款 = 48, 750+6, 337. 50 = 55, 087. 50（元）

應收合同價款 = 195, 000−48, 750 = 146, 250（元）

應收增值稅銷項稅額 = 146, 250×13% = 19, 012. 50（元）

應收帳款 = 146, 250+19, 012. 50 = 165, 262. 50（元）

借：銀行存款 55, 087. 50
　　應收帳款——乙公司 165, 262. 50
　貸：主營業務收入——A 產品 78, 000
　　　　　　　　——B 產品 68, 250
　　　　　　　　——C 產品 48, 750
　　應交稅費——應交增值稅（銷項稅額） 6, 337. 50
　　　　　　——待轉銷項稅額 19, 012. 50

其中，「待轉銷項稅額」明細科目核算一般納稅人銷售貨物，提供加工修理修配勞務，銷售服務、無形資產或不動產，已確認相關收入（或利得）但尚未發生增值稅納稅義務而需要在以後期間確認為銷項稅額的增值稅稅額。

借：主營業務成本——A 產品 65, 000
　　　　　　　——B 產品 50, 000
　　　　　　　——C 產品 35, 000
　貸：庫存商品——A 產品 65, 000
　　　　　　——B 產品 50, 000
　　　　　　——C 產品 35, 000

(2) 2×19 年 6 月 30 日，收到乙公司支付的貨款。

借：銀行存款 55, 087. 50
　　應交稅費——待轉銷項稅額 6, 337. 50
　貸：應收帳款——乙公司 55, 087. 50
　　應交稅費——應交增值稅（銷項稅額） 6, 337. 50

(3) 2×19 年 9 月 30 日，收到乙公司支付的貨款。

借：銀行存款　　55,087.50
　應交稅費——待轉銷項稅額　　6,337.50
　貸：應收帳款——乙公司　　55,087.50
　　應交稅費——應交增值稅（銷項稅額）　　6,337.50

(4) 2×19 年 12 月 31 日，收到乙公司支付的貨款。

借：銀行存款　　55,087.50
　應交稅費——待轉銷項稅額　　6,337.50
　貸：應收帳款——乙公司　　55,087.50
　　應交稅費——應交增值稅（銷項稅額）　　6,337.50

【例 13-21】2×19 年 6 月 1 日，天河公司與丙公司簽訂了一項合同，以 30,000 元的價格（不含增值稅）向丙公司出售 A、B 兩種產品。A、B 兩種產品的生產成本依次為 13,500 元和 9,000 元，單獨售價（不含增值稅）依次為 18,000 元和 12,000 元。合同約定，A 產品於 6 月 1 日交付丙公司，B 產品於 7 月 1 日交付丙公司，只有當 A、B 兩種產品全部交付丙公司後，天河公司才有權收取 30,000 元的合同對價。天河公司按合同約定的日期先後發出 A 產品和 B 產品，丙公司收到上述產品並驗收入庫。

在這項交易中，天河公司於 6 月 1 日將 A 產品交付丙公司後，其收取對價的權利還要取決於時間流逝之外的其他因素——必須向丙公司交付 B 產品。因此，該項收款權利是有條件的，從而形成一項合同資產。

合同資產是指企業已向客戶轉讓商品而有權收取對價的權利，且該權利取決於時間流逝之外的其他因素。合同資產不同於應收款項。應收款項是企業擁有的無條件向客戶收取對價的權利，即企業僅僅隨著時間的流逝即可收款。

合同資產並不是一項無條件的收款權，該權利除了時間流逝之外，還取決於其他條件（如履行合同中的其他履約義務）是否得以滿足，只有當這些其他條件也得以滿足時，該項有條件的收款權利才能轉化為無條件的收款權利，即合同資產才能轉化為應收款項。因此，合同資產和應收款項的風險是不同的，兩者都面臨信用風險，但是合同資產同時還面臨其他風險，如履約風險。

天河公司帳務處理如下：

(1) 2×19 年 6 月 1 日，向丙公司交付 A 產品。

借：合同資產——丙公司　　20,340
　貸：主營業務收入　　18,000
　　應交稅費——應交增值稅（銷項稅額）　　2,340
借：主營業務成本　　13,500
　貸：庫存商品　　13,500

(2) 2×19 年 7 月 1 日，向丙公司交付 B 產品。

借：應收帳款——丙公司　　33,900
　貸：主營業務收入　　12,000
　　應交稅費——應交增值稅（銷項稅額）　　1,560
　　合同資產——丙公司　　20,340
借：主營業務成本　　9,000
　貸：庫存商品　　9,000

五、銷售折扣、折讓與退回的會計處理

企業在銷售商品時，有時還會附有一些銷售折扣條件，也會因售出的商品質量不符等原因而在價格上給予客戶一定的折讓或為客戶辦理退貨。當企業發生銷售折扣、銷售折讓以及銷售退回時，將會對收入金額及銷售成本、有關費用金額產生一定的影響。

（一）銷售折扣

銷售折扣是指企業在銷售商品時為鼓勵客戶多購商品或盡早付款而給予的價款折扣，包括商業折扣和現金折扣。

商業折扣是指企業為促進商品銷售而在商品標價上給予客戶的價格扣除。商業折扣的目的是鼓勵客戶多購商品，通常根據客戶不同的購貨數量而給予不同的折扣比率。商品標價扣除商業折扣後的金額，為雙方的實際交易價格，即發票價格。由於會計記錄是以實際交易價格為基礎的，而商業折扣是在交易成立之前予以扣除的折扣，只是購銷雙方確定交易價格的一種方式，因此並不影響銷售的會計處理。

【例 13-22】天河公司 A 商品的標價為每件 100 元。乙公司一次購買 A 商品 2,000 件，根據規定的折扣條件，可得到 10%的商業折扣，增值稅稅率為 13%。

發票價格＝100×2,000×(1-10%)＝180,000（元）

銷項稅額＝180,000×13%＝23,400（元）

天河公司應於乙公司取得該批商品的控制權時，做如下帳務處理：

借：應收帳款——乙公司　　203,400
　貸：主營業務收入　　180,000
　　　應交稅費——應交增值稅（銷項稅額）　　23,400

現金折扣是指企業為鼓勵客戶在規定的折扣期限內付款而給予客戶的價格扣除。現金折扣的目的是鼓勵客戶盡早付款，如果客戶能夠取得現金折扣，則發票金額扣除現金折扣後的餘額，為客戶的實際付款金額。現金折扣條件通常用一個簡單的公式表示。例如，一筆賒銷期限為 30 天的商品交易，企業規定的現金折扣條件為 10 天內付款可得到 2%的現金折扣，超過 10 天但在 20 天內付款可得到 1%的現金折扣，超過 20 天付款須按發票金額全額付款，則該現金折扣條件可表示為「2/10，1/20，N/30」。

在銷售附有現金折扣條件的情況下，應收帳款的未來收現金額是不確定的，可能是全部的發票金額，也可能是發票金額扣除現金折扣後的淨額，要視客戶能否在折扣期限內付款而定。因此，對於附有現金折扣條件的銷售，交易價格實際上屬於可變對價，企業的會計處理將面臨兩種選擇：一是按發票金額對應收帳款及銷售收入計價入帳，這種會計處理方法稱為總價法；二是按發票金額扣除現金折扣後的淨額對應收帳款及銷售收入計價入帳，這種會計處理方法稱為淨價法。企業選擇總價法還是淨價法進行會計處理，應當取決於對可變對價最佳估計數的判斷：如果企業判斷客戶在折扣期限內不是極可能取得現金折扣，即在相關不確定性消除時最終確定的交易價格極可能為發票價格，應當採用總價法；如果企業判斷客戶在折扣期限內極可能取得現金折扣，即在相關不確定性消除時最終確定的交易價格極可能為發票價格扣除現金折扣後的淨額，應當採用淨價法。在總價法下，如果客戶能夠在折扣期限內付款，企業應按客戶取得的現金折扣金額調減收入；在淨價法下，如果客戶未能在折扣期限內付款，企業應按客戶喪失的現金折扣金額調增收入。

【例 13-23】天河公司向乙公司賒銷一批產品，合同約定的銷售價格為 10,000 元，增值稅銷項稅額為 1,300 元。天河公司開出發票帳單並發出產品。根據合同約定，產品賒銷期限為 30 天，現金折扣條件為「2/10，1/20，N/30」，計算現金折扣時不包括增值稅。天河公司帳務處理如下：

1. 假定天河公司採用總價法進行帳務處理

(1) 賒銷產品。

借：應收帳款——乙公司　　11,300
　貸：主營業務收入　　10,000
　　　應交稅費——應交增值稅（銷項稅額）　　1,300

(2) 收回貨款。

①假定乙公司在 10 天內付款，可按 2%得到現金折扣。

現金折扣 = 10,000×2% = 200（元）

借：銀行存款　　11,100
　　主營業務收入　　200
　貸：應收帳款——乙公司　　11,300

②假定乙公司超過 10 天但在 20 天內付款，可按 1%得到現金折扣。

現金折扣 = 10,000×1% = 100（元）

借：銀行存款　　11,200
　　主營業務收入　　100
　貸：應收帳款——乙公司　　11,300

③假定乙公司超過 20 天付款，不能得到現金折扣。

借：銀行存款　　11,300
　貸：應收帳款——乙公司　　11,300

2. 假定天河公司採用淨價法進行帳務處理

(1) 賒銷產品。

現金折扣 = 10,000×2% = 200（元）

銷貨淨額 = 10,000−200 = 9,800（元）

應收帳款 = 11,300−200 = 11,100（元）

借：應收帳款——乙公司　　11,100
　貸：主營業務收入　　9,800
　　　應交稅費——應交增值稅（銷項稅額）　　1,300

(2) 收回貨款。

①假定乙公司在 10 天內付款，可按 2%得到現金折扣。

借：銀行存款　　11,100
　貸：應收帳款——乙公司　　11,100

②假定乙公司超過 10 天但在 20 天內付款，可按 1%得到現金折扣。

借：銀行存款　　11,200
　貸：應收帳款——乙公司　　11,100
　　　主營業務收入　　100

③假定乙公司超過 20 天付款，不能得到現金折扣。

借：銀行存款　　11,300
　貸：應收帳款——乙公司　　11,100
　　　主營業務收入　　200

(二) 銷售折讓

銷售折讓是指企業因售出商品的質量不合格等原因而給予客戶的價格減讓。銷售折讓可能發生在企業確認收入之前，也可能發生在企業確認收入之後。如果銷售折讓發生在企業確認收入之前，企業應直接從原定的銷售價格中扣除給予客戶的銷售折讓作為實際銷售價格，並據以確認收入；如果銷售折讓發生在企業確認收入之後，企業應按實際給予客戶的銷售折讓，衝減當期銷售收入。銷售折讓屬於資產負債表日後事項的，應當按照資產負債表日後事項的相關規定進行會計處理。

【例 13-24】2×19 年 12 月 15 日，天河公司向乙公司銷售一批產品。產品生產成本為 15,000 元，合同約定的銷售價格為 20,000 元，增值稅銷項稅額為 2,600 元。

（1）假定合同約定驗貨付款，天河公司於乙公司驗貨並付款後向其開具發票帳單。2×19 年 12 月 20 日，乙公司在驗貨時發現產品質量存在問題，要求天河公司給予 15%的銷售折讓，天河公司同意給予銷售折讓，乙公司按銷售折讓後的金額支付貨款。

在驗貨付款銷售方式下，天河公司在客戶驗貨並付款之前，無法判斷客戶是否會接受該批商品，也無法判斷因向客戶轉讓商品而有權取得的對價是否很可能收回，因此在發出產品時不能確認銷售收入，發出的產品應從「庫存商品」科目轉入「發出商品」科目核算；待乙公司驗貨並付款後，天河公司按扣除銷售折讓後的實際交易價格給乙公司開具發票帳單，並據以確認銷售收入。

天河公司帳務處理如下：

①2×19 年 12 月 15 日，天河公司發出產品。

借：發出商品　　15,000

　貸：庫存商品　　15,000

②2×19 年 12 月 20 日，乙公司按銷售折讓後的價格付款。

實際銷售價格＝20,000×(1－15%)＝17,000（元）

增值稅銷項稅額＝2,600×(1－15%)＝2,210（元）

借：銀行存款　　19,210

　貸：主營業務收入　　17,000

　　　應交稅費——應交增值稅（銷項稅額）　　2,210

借：主營業務成本　　15,000

　貸：發出商品　　15,000

（2）假定合同約定交款提貨，天河公司於乙公司付款後向其開具發票及提貨單。2×19 年 12 月 20 日，乙公司在驗貨時發現產品質量存在問題，要求天河公司給予 15%的銷售折讓，天河公司同意給予銷售折讓，並退回多收貨款。

在交款提貨銷售方式下，天河公司在向乙公司收取貨款並開具發票、提貨單時，已將商品的控制權轉移給了乙公司，可以確認銷售收入。待乙公司提出給予銷售折讓時，天河公司按給予乙公司的銷售折讓衝減銷售收入。天河公司帳務處理如下：

①2×19 年 12 月 15 日，天河公司收款後向乙公司開具發票、提貨單。

借：銀行存款　　22,600

　貸：主營業務收入　　20,000

　　　應交稅費——應交增值稅（銷項稅額）　　2,600

借：主營業務成本　　15,000

　貸：庫存商品　　15,000

②2×19 年 12 月 20 日，天河公司退回多收貨款。

銷售價格折讓＝20,000×15%＝3,000（元）

增值稅額折讓＝2,600×15%＝390（元）

借：主營業務收入　　3,000

　　應交稅費——應交增值稅（銷項稅額）　　390

　貸：銀行存款　　3,390

(3) 假定合同約定交款提貨，天河公司於乙公司付款後向其開具發票及提貨單。2×20 年 1 月 5 日，乙公司在驗貨時發現產品質量存在問題，要求天河公司給予 15%的銷售折讓，天河公司同意給予銷售折讓，並退回多收貨款。天河公司按淨利潤的 10%計提法定盈餘公積，企業所得稅稅率為 25%。

由於乙公司提出銷售折讓貨款的時間是 2×20 年 1 月 5 日，發生在年度資產負債表日至財務報告批准報出日之間，因此屬於資產負債表日後事項。天河公司帳務處理如下：

①2×19 年 12 月 15 日，天河公司收款後給乙公司開具發票、提貨單。

	借方	貸方
借：銀行存款	22,600	
貸：主營業務收入		20,000
應交稅費——應交增值稅（銷項稅額）		2,600
借：主營業務成本	15,000	
貸：庫存商品		15,000

②2×20 年 1 月 5 日，天河公司退回多收貨款。

銷售價格折讓 = 20,000×15% = 3,000（元）

增值稅額折讓 = 2,600×15% = 390（元）

銷售折讓影響所得稅金額 = 3,000×25% = 750（元）

銷售折讓影響淨利潤金額 = 3,000−750 = 2,250（元）

銷售折讓影響提取法定盈餘公積金額 = 2,250×10% = 225（元）

	借方	貸方
借：以前年度損益調整	3,000	
應交稅費——應交增值稅（銷項稅額）	390	
貸：銀行存款		3,390
借：應交稅費——應交所得稅	750	
貸：以前年度損益調整		750
借：利潤分配——未分配利潤	2,250	
貸：以前年度損益調整		2,250
借：盈餘公積——法定盈餘公積	225	
貸：利潤分配——未分配利潤		225

同時，調整 2×19 年度會計報表相關項目的數字，此處略。

(三) 銷售退回

銷售退回是指企業售出的商品由於質量、品種不符合要求等原因而發生的退貨。發生銷售退回時，如果企業尚未確認銷售收入，應將已計入「發出商品」等科目的商品成本轉回「庫存商品」科目。如果企業已經確認了銷售收入，則不論是本年銷售本年退回，還是以前年度銷售本年退回，除屬於資產負債表日後事項的銷售退回外，都應衝減退回當月的銷售收入和銷售成本。如果屬於資產負債表日後事項，企業應按照資產負債表日後事項的相關規定進行會計處理。

【例 13-25】2×19 年 12 月 10 日，天河公司向乙公司銷售一批產品，產品生產成本為 400,000 元，銷售價格為 500,000 元，增值稅銷項稅額為 65,000 元。

(1) 假定根據合同約定乙公司驗貨付款，天河公司於乙公司驗貨並付款後開出增值稅專用發票。2×19 年 12 月 20 日，乙公司在驗貨時發現產品質量存在問題，要求退貨，天河公司同意退貨，並於當日為乙公司辦理了退貨。

在驗貨付款銷售方式下，天河公司發出產品時不能確認銷售收入，發出的產品應從「庫存商品」科目轉入「發出商品」科目核算。待乙公司付款、天河公司給乙公司開具發票帳單後，天河公司再據以確認銷售收入。如果發生銷售退回，天河公司直接將發出商品轉回為庫存商品。天河公司帳務處理如下：

①2×19 年 12 月 10 日，發出產品。

借：發出商品　　400, 000

　貸：庫存商品　　400, 000

②2×19 年 12 月 20 日，為乙公司辦理退貨。

借：庫存商品　　400, 000

　貸：發出商品　　400, 000

（2）假定合同約定貨款採用托收承付方式進行結算。2×19 年 12 月 10 日，天河公司發出產品並向其開戶銀行辦妥托收手續。乙公司在驗貨時，發現產品的品種、規格與合同要求不符，向其開戶銀行提出拒付，並要求天河公司予以退貨，天河公司於 2×19 年 12 月 25 日為乙公司辦理了退貨。

托收承付是指收款人根據購銷合同發貨後委託其開戶銀行向異地付款人收取款項，付款人驗單或驗貨後向其開戶銀行承諾付款的一種結算方式。採用托收承付方式銷售商品，企業在發出商品並辦妥托收手續後，通常可以認為商品的控制權已經轉移給了客戶，並且銷售商品的價款很可能收回。因此，企業應當於發出商品並辦妥托收手續時確認收入。天河公司帳務處理如下：

①2×19 年 12 月 10 日，發出產品並辦妥托收手續。

借：應收帳款　　565, 000

　貸：主營業務收入　　50, 000

　　　應交稅費——應交增值稅（銷項稅額）　　65, 000

借：主營業務成本　　400, 000

　貸：庫存商品　　400, 000

②2×19 年 12 月 20 日，為乙公司辦理退貨。

借：主營業務收入　　500, 000

　　應交稅費——應交增值稅（銷項稅額）　　65, 000

　貸：應收帳款　　565, 000

借：庫存商品　　400, 000

　貸：主營業務成本　　400, 000

（3）假定合同約定採用賒銷方式銷售商品，賒銷期為 1 個月，乙公司應於 2×20 年 1 月 10 日之前付款。天河公司根據與乙公司以往的交易經驗，認為賒銷商品的價款很可能收回，因此在將商品的控制權轉移給乙公司後，確認了收入。乙公司在驗貨時，發現產品質量存在問題，要求退貨，天河公司於 2×20 年 1 月 5 日為乙公司辦理了退貨。另外，天河公司按應收帳款年末餘額的 5%計提壞帳準備（假定計提的壞帳準備不准許在所得稅前扣除），按淨利潤的 10%計提法定盈餘公積，企業所得稅稅率為 25%。

由於該項銷售退回發生在年度資產負債表日至財務報告批准報出日之間，因此屬於資產負債表日後事項。天河公司辦理退貨後，應做如下會計處理：

①調整銷售收入。

借：以前年度損益調整　　500, 000

　　應交稅費——應交增值稅（銷項稅額）　　65, 000

　貸：應收帳款　　565, 000

②調整銷售成本。

借：庫存商品　　400, 000

　貸：以前年度損益調整　　400, 000

③調整壞帳準備餘額。

調整金額＝565, 000×5%＝28, 250（元）

借：壞帳準備　28, 250

　貸：以前年度損益調整　28, 250

④調整應交所得稅。

調整金額＝(500, 000－400, 000)×25%＝25, 000（元）

借：應交稅費——應交所得稅　25, 000

　貸：以前年度損益調整　25, 000

⑤調整遞延所得稅。

調整金額＝28, 250×25%＝7, 062. 50（元）

借：以前年度損益調整　7, 062. 50

　貸：遞延所得稅資產　7, 062. 50

⑥將「以前年度損益調整」科目餘額轉入「利潤分配」科目。

以前年度損益調整科目餘額(借方)＝500, 000－400, 000－28, 250－25, 000＋7, 062. 50
＝53, 812. 50（元）

借：利潤分配——未分配利潤　53, 812. 50

　貸：以前年度損益調整　53, 812. 50

⑦調整利潤分配。

調整金額＝53, 812. 50×10%＝5, 381. 25（元）

借：盈餘公積——法定盈餘公積　5, 381. 25

　貸：利潤分配——未分配利潤　5, 381. 25

同時，調整2×19年度會計報表相關項目的數字，此處略。

六、特定交易的會計處理

企業交易的方式是多種多樣的，企業在將收入確認和計量的五步法模型運用於特定交易的會計處理時，應結合各種交易的特點，並注重交易的實質。

（一）合同中存在重大融資成分的銷售

當合同各方以在合同中（或者以隱含的方式）約定的付款時間為客戶或企業就該交易提供了重大融資利益時，則合同中存在重大融資成分。合同中存在重大融資成分的，企業應當按照現銷價格確定交易價格。現銷價格是指假定客戶在取得商品控制權時即以現金支付的應付金額。合同對價與現銷價格之間的差額應當在合同期間內採用實際利率法攤銷。

實際利率是指將合同對價折現為現銷價格使用的利率。實際利率一經確定，不得因後續市場利率或客戶信用風險等情況的變化而變更。

企業在評估合同中是否存在融資成分及該融資成分對於該合同而言是否重大時，應當考慮的因素包括：第一，合同對價與現銷價格之間的差額；第二，客戶受從取得商品控制權至支付價款的間隔時間和市場的現行利率兩個因素的共同影響。具體來說，如果合同對價與現銷價格之間存在差額，而該差額又是客戶從取得商品控制權至支付價款的間隔時間和市場現行利率兩個因素共同影響的結果，則表明合同中存在融資成分。至於該融資成分是否屬於重大，企業應當在單個合同層面而不是在合同組合層面予以評估。

合同開始日，企業預計客戶取得商品控制權與客戶支付價款的時間間隔不超過一年的，可以不考慮合同中存在的重大融資成分。

【例 13-26】2×15 年 1 月 1 日，天河公司向 A 公司賒銷一套大型設備，設備的生產成本為 500 萬元。根據合同約定，設備的銷售價格為 800 萬元，增值稅銷項稅額為 104 萬元；全部價款（包含增值稅）分 5 次於每年年末等額收取。天河公司按收款進度為 A 公司開具增值稅專用發票並產生增值稅納稅義務。2×15 年 1 月 1 日，天河公司履行了履約義務，將設備的控制權轉移給了 A 公司。在現銷方式下，該大型設備的銷售價格為 650 萬元（不含增值稅）。

在該項交易中，合同對價與現銷價格之間存在較大差額，天河公司判斷，該差額僅僅是為 A 公司提供了較長時間的延期付款期間和現行市場利率兩個因素共同影響所致，因此合同中存在重大融資成分。天河公司不能按照合同價款確認收入，而應當按照現銷價格確認收入。假定實際利率為 7.35%，計算過程此處略。天河公司帳務處理如下：

（1）編製融資收益分配表。天河公司採用實際利率法編製的融資收益分配表如表 13-14 所示。

表 13-14　融資收益分配表（實際利率法）　　單位：元

日期	分期應收款	應分配融資收益	應收本金減少額	應收本金餘額
2×15 年 1 月 1 日				6, 500, 000
2×15 年 12 月 31 日	1, 600, 000	477, 750	1, 122, 250	5, 377, 750
2×16 年 12 月 31 日	1, 600, 000	395, 265	1, 204, 735	4, 173, 015
2×17 年 12 月 31 日	1, 600, 000	306, 717	1, 293, 283	2, 879, 732
2×18 年 12 月 31 日	1, 600, 000	211, 660	1, 388, 340	1, 491, 392
2×19 年 12 月 31 日	1, 600, 000	108, 608	1, 491, 392	0
合計	8, 000, 000	1, 500, 000	6, 500, 000	—

（2）編製有關會計分錄如下：

①2×15 年 1 月 1 日，確認銷售商品收入並結轉銷售成本。

借：長期應收款——A 公司　　9, 040, 000
　貸：主營業務收入　　6, 500, 000
　　應交稅費——待轉銷項稅額　　1, 040, 000
　　未實現融資收益　　1, 500, 000
借：主營業務成本　　5, 000, 000
　貸：庫存商品　　5, 000, 000

②2×15 年 12 月 31 日，收取合同款並分配融資收益。

每年應收合同價款和增值稅 = 9, 040, 000÷5 = 1, 808, 000（元）

每年應確認增值稅銷項稅額 = 1, 040, 000÷5 = 208, 000（元）

借：銀行存款　　1, 808, 000
　應交稅費——待轉銷項稅額　　208, 000
　貸：長期應收款——A 公司　　1, 808, 000
　　應交稅費——應交增值稅（銷項稅額）　　208, 000
借：未實現融資收益　　477, 750
　貸：財務費用　　477, 750

③2×16 年 12 月 31 日，收取合同款並分配融資收益。

借：銀行存款　　1, 808, 000
　應交稅費——待轉銷項稅額　　208, 000

貸：長期應收款——A 公司　　1,808,000
　　應交稅費——應交增值稅（銷項稅額）　　208,000
借：未實現融資收益　　395,265
　貸：財務費用　　395,265

④2×17 年 12 月 31 日，收取合同款並分配融資收益。

借：銀行存款　　1,808,000
　　應交稅費——待轉銷項稅額　　208,000
　貸：長期應收款——A 公司　　1,808,000
　　　應交稅費——應交增值稅（銷項稅額）　　208,000
借：未實現融資收益　　306,717
　貸：財務費用　　306,717

⑤2×18 年 12 月 31 日，收取合同款並分配融資收益。

借：銀行存款　　1,808,000
　　應交稅費——待轉銷項稅額　　208,000
　貸：長期應收款——A 公司　　1,808,000
　　　應交稅費——應交增值稅（銷項稅額）　　208,000
借：未實現融資收益　　211,660
　貸：財務費用　　211,660

⑥2×19 年 12 月 31 日，收取合同款並分配融資收益。

借：銀行存款　　1,808,000
　　應交稅費——待轉銷項稅額　　208,000
　貸：長期應收款——A 公司　　1,808,000
　　　應交稅費——應交增值稅（銷項稅額）　　208,000
借：未實現融資收益　　108,608
　貸：財務費用　　108,608

【例 13-27】2×18 年 1 月 1 日，天河公司與 B 公司簽訂了一項出售資產的合同。合同約定，天河公司於 2×19 年 12 月 31 日將資產的控制權轉移給 B 公司。合同為 B 公司提供了兩種可供選擇的付款方式：一是在簽訂合同時支付 500 萬元，另支付增值稅 65 萬元；二是在 B 公司取得對資產的控制權時支付 561.8 萬元，另支付增值稅 73.034 萬元。B 公司選擇在簽訂合同時支付 500 萬元和相應的增值稅 65 萬元，天河公司為其開具了增值稅專用發票並產生增值稅納稅義務。

在該項交易中，按照上述兩種付款方式計算的內含利率為 6%。基於客戶為獲得資產進行付款至取得資產的控制權之間的時間間隔和現行市場利率，天河公司認為該合同包含重大融資成分。在確定交易價格時，天河公司應對合同承諾的對價金額進行調整，以反應該重大融資成分的影響。假定相關的融資費用不符合借款費用資本化的要求。天河公司帳務處理如下：

（1）2×18 年 1 月 1 日，收取價款並確認合同負債。

借：銀行存款　　5,650,000
　　未確認融資費用　　618,000
　貸：合同負債　　5,618,000
　　　應交稅費——應交增值稅（銷項稅額）　　650,000

（2）2×18 年 12 月 31 日，分攤融資費用。

融資費用 = 500×6% = 30（萬元）

借：財務費用 300,000
　貸：未確認融資費用 300,000

（3）2×19 年 12 月 31 日，分攤融資費用。

融資費用＝(500+30)×6%＝31.8（萬元）

借：財務費用 318,000
　貸：未確認融資費用 318,000

（4）2×19 年 12 月 31 日，向客戶交付資產，即客戶取得資產控制權。

借：合同負債 5,618,000
　貸：主營業務收入 5,618,000

（二）附有銷售退回條款的銷售

附有銷售退回條款的商品銷售是指購買方依照有關合同有權退貨的銷售方式。例如，企業為了推銷一項新產品，為該產品規定了一個月的試用期，凡對產品不滿意的購買者都可以在試用期內退貨。

對於附有銷售退回條款的銷售，企業向客戶收取的對價實際上是可變的。因此，企業在客戶取得相關商品控制權時，應當按照因向客戶轉讓商品而預期有權收取的對價金額（在不確定性消除時極可能不會發生重大轉回的金額）確認收入，按照預期因銷售退回將退還的金額確認負債；同時，按照預期將退回商品轉讓時的帳面價值，扣除收回該商品預計發生的成本（包括退回商品的價值減損）後的餘額，確認為一項資產，按照轉讓商品轉讓時的帳面價值，扣除上述資產成本的淨額結轉成本。

每一資產負債表日，企業應當重新估計未來銷售退回情況，如有變化，應當作為會計估計變更進行會計處理。

【例 13-28】2×18 年 9 月 15 日，天河公司向 D 公司銷售商品 2,000 件，單位售價 300 元，單位生產成本 250 元。天河公司發出商品並開出增值稅專用發票，專用發票上列明的增值稅銷項稅額為 78,000 元，貨款已如數收存銀行，該批商品的控制權同時轉移給了 D 公司。根據合同約定，天河公司給 D 公司提供了 6 個月的試銷期，在 2×19 年 3 月 15 日之前，D 公司有權將未售出的商品退回天河公司，天河公司根據實際退貨數量給 D 公司開具紅字的增值稅專用發票並退還相應的貨款。根據以往的經驗，天河公司在發出商品時估計該批商品的退貨率為 20%（退回 400 件商品）。2×18 年 12 月 31 日，天河公司對退貨率進行了重新評估，根據 D 公司對商品的銷售情況等最新證據，天河公司認為只有 5%的商品會被退回（退回 100 件商品）。天河公司帳務處理如下：

（1）2×18 年 9 月 15 日，天河公司發出商品並收到貨款。

預計應付退貨款（不含增值稅）＝300×400＝120,000（元）

應確認銷售收入＝300×2,000－120,000＝480,000（元）

預計應收退貨成本＝250×400＝100,000（元）

應確認銷售成本＝250×2,000－100,000＝400,000（元）

借：銀行存款 678,000
　貸：主營業務收入 480,000
　　　預計負債——應付退貨款 120,000
　　　應交稅費——應交增值稅（銷項稅額） 78,000

借：主營業務成本 400,000
　　應收退貨成本 100,000
　貸：庫存商品 500,000

（2）2×18 年 12 月 31 日，天河公司對退貨率進行重新評估。

調增銷售收入＝300×300＝90,000（元）

調增銷售成本＝250×300＝75, 000（元）

借：預計負債——應付退貨款　90, 000
　貸：主營業務收入　90, 000
借：主營業務成本　75, 000
　貸：應收退貨成本　75, 000

（3）2×19 年 3 月 15 日，退貨期屆滿。

①假定 D 公司沒有退貨。

借：預計負債——應付退貨款　30, 000
　貸：主營業務收入　30, 000
借：主營業務成本　25, 000
　貸：應收退貨成本　25, 000

②假定 D 公司實際退回 60 件商品。

調增銷售收入＝300×40＝12, 000（元）

調增銷售成本＝250×40＝10, 000（元）

退回商品應退價款＝300×60＝18, 000（元）

退回商品應退銷項稅額＝18, 000×13%＝2, 340（元）

退回商品的成本＝250×60＝15, 000（元）

借：預計負債——應付退貨款　30, 000
　　應交稅費——應交增值稅（銷項稅額）　2, 340
　貸：主營業務收入　12, 000
　　　銀行存款　20, 340
借：主營業務成本　10, 000
　　庫存商品　15, 000
　貸：應收退貨成本　25, 000

③假定 D 公司實際退回 100 件商品。

借：預計負債——應付退貨款　30, 000
　　應交稅費——應交增值稅（銷項稅額）　3, 900
　貸：銀行存款　33, 900
借：庫存商品　25, 000
　貸：應收退貨成本　25, 000

④假定 D 公司實際退回 120 件商品。

調減銷售收入＝300×20＝6, 000（元）

調減銷售成本＝250×20＝5, 000（元）

退回商品應退價款＝300×120＝36, 000（元）

退回商品應退銷項稅額＝36, 000×13%＝4, 680（元）

退回商品的成本＝250×120＝30, 000（元）

借：預計負債——應付退貨款　30, 000
　　應交稅費——應交增值稅（銷項稅額）　4, 680
　　主營業務收入　6, 000
　貸：銀行存款　40, 680
借：庫存商品　30, 000
　貸：主營業務成本　5, 000
　　　應收退貨成本　25, 000

（三）附有質量保證條款的銷售

對於附有質量保證條款的銷售，企業應當評估該質量保證是否在向客戶保證所銷售商品符合既定標準之外提供了一項單獨的服務。企業提供額外服務的，應當作為單項履約義務，按照收入確認的相關要求進行會計處理；否則，質量保證責任應當按照或有事項的要求進行會計處理。

在評估質量保證是否在向客戶保證所銷售商品符合既定標準之外提供了一項單獨的服務時，企業應當考慮的主要因素包括：

（1）該質量保證是否為法定要求。法定要求通常是為了保護客戶避免其購買瑕疵或缺陷商品的風險，而並非為客戶提供一項單獨的質量保證服務。

（2）質量保證期限。質量保證期限越長，越有可能是單項履約義務。

（3）企業承諾履行任務的性質。如果企業必須履行某些特定的任務以保證所轉讓的商品符合既定標準（如企業負責運輸被客戶退回的瑕疵商品），則這些特定的任務可能不構成單項履約義務。客戶能夠選擇單獨購買質量保證的，該質量保證構成單項履約義務。

【例 13-29】天河公司與 A 公司簽訂合同，向其銷售一套生產設備，合同售價為 285, 000 元，增值稅為 37, 050 元。A 公司收到設備並驗收無誤後，支付了全部合同價款。天河公司為其銷售的設備提供一年的產品質量保證，承諾生產設備在質量保證期間內若出現質量問題或與之相關的其他屬於正常範圍的問題，天河公司提供免費的維修或調換服務。同時，天河公司還承諾免費為客戶提供為期 3 天的設備操作培訓。

天河公司提供的產品質量保證服務是為了向客戶保證所銷售商品符合既定標準，不構成單項履約義務；天河公司免費為客戶提供的設備操作培訓服務，屬於在向客戶保證所銷售商品符合既定標準之外提供的額外服務，並且該服務與銷售的設備可明確區分，應作為單項履約義務。因此，該銷售合同存在兩項履約義務：銷售設備和提供設備操作培訓服務。假定合同售價反應了生產設備的單獨售價，設備操作培訓服務的單獨售價為 15, 000 元，則天河公司帳務處理如下：

（1）銷售生產設備時。

生產設備的交易價格 = 285, 000÷(285, 000+15, 000)×285, 000 = 270, 750（元）

設備操作培訓服務的交易價格 = 15, 000÷(285, 000+15, 000)×285, 000 = 14, 250（元）

	借	貸
借：銀行存款	322, 050	
貸：主營業務收入		270, 750
合同負債		14, 250
應交稅費——應交增值稅（銷項稅額）		37, 050

（2）提供設備操作培訓服務時。

	借	貸
借：合同負債	14, 250	
貸：主營業務收入		14, 250

（四）主要責任人和代理人

企業應當根據其在向客戶轉讓商品前是否擁有對該商品的控制權來判斷其從事交易時的身分是主要責任人還是代理人。企業在向客戶轉讓商品前能夠控制該商品的，該企業為主要責任人，應當按照已收或應收對價總額確認收入；否則，該企業為代理人，應當按照預期有權收取的佣金或手續費的金額確認收入，該金額應當按照已收或應收對價總額扣除應支付給其他相關方的價款後的淨額，或者按照既定的佣金金額或比例等確定。

企業與客戶訂立的包含多項可明確區分商品的合同中，企業需要分別判斷其在不同履約義務中的身分是主要責任人還是代理人。

當存在第三方參與企業向客戶提供商品時，企業向客戶轉讓特定商品之前能夠控制該商品，從而應當作為主要責任人的情形包括：

（1）企業自該第三方取得商品或其他資產控制權後，再轉讓給客戶。

（2）企業能夠主導該第三方代表本企業向客戶提供服務。

（3）企業自該第三方取得商品控制權後，通過提供重大的服務將該商品與其他商品整合成合同約定的某組合產出轉讓給客戶。

如果企業僅僅是在特定商品的法定所有權轉移給客戶之前，暫時性地獲得該特定商品的法定所有權，這並不意味著企業一定控制了該商品。實務中，企業在判斷其在向客戶轉讓特定商品之前是否已經擁有對該商品的控制權時，不應僅局限於合同的法律形式，而應當綜合考慮所有相關事實和情況進行判斷，這些事實和情況包括：

（1）企業承擔向客戶轉讓商品的主要責任。

（2）企業在轉讓商品之前或之後承擔了該商品的存貨風險。

（3）企業有權自主決定所交易商品的價格。

（4）其他相關事實和情況。

需要注意的是，企業在判斷其是主要責任人還是代理人時，應當以該企業在特定商品轉讓給客戶之前是否能夠控制這些商品為原則。上述「相關事實和情況」不能凌駕於控制權的判斷之上，也不構成一項單獨或額外的評估，而只是幫助企業在難以評估特定商品轉讓給客戶之前是否能夠控制這些商品的情況下進行相關判斷。企業應當根據相關商品的性質、合同條款的約定以及其他具體情況，綜合進行判斷。

【例 13-30】2×19 年 1 月，甲旅行社從 A 航空公司購買了一定數量的折扣機票，並對外銷售。甲旅行社向旅客銷售機票時，可以自行決定機票的價格等，未售出的機票不能退還給 A 航空公司。

甲旅行社向客戶提供的特定商品為機票，並在確定特定客戶之前已經預先從航空公司購買了機票，因此該權利在轉讓給客戶之前已經存在。甲旅行社從 A 航空公司購入機票後，可以自行決定該機票的價格、向哪些客戶銷售等，甲旅行社有能力主導該機票的使用並且能夠獲得其幾乎全部的經濟利益。因此，甲旅行社在將機票銷售給客戶之前，能夠控制該機票，甲旅行社的身分是主要責任人。

【例 13-31】甲公司經營購物網站，在該網站購物的消費者可以明確獲知在該網站上銷售的商品都為其他零售商直接銷售的商品，這些零售商負責發貨及售後服務等。甲公司與零售商簽訂的合同約定，該網站所售商品的採購、定價、發貨以及售後服務等都由零售商自行負責，甲公司僅負責協助零售商和消費者結算貨款，並按照每筆交易的實際銷售額收取 5%的佣金。

甲公司經營的購物網站是一個購物平臺，零售商在該平臺發布所銷售商品的信息，消費者可以從該平臺購買零售商銷售的商品。消費者在該網站購物時，向其提供的特定商品為零售商在網站上銷售的商品，除此之外，甲公司並未提供任何其他的商品或服務。這些特定商品在轉移給消費者之前，甲公司從未有能力主導這些商品的使用。例如，甲公司不能將這些商品提供給購買該商品的消費者之外的其他方，也不能阻止零售商向該消費者轉移這些商品，甲公司不能控制零售商用於完成該網站訂單的相關存貨。因此，消費者在該網站購物時，在相關商品轉移給消費者之前，甲公司並未控制這些商品，甲公司的履約義務是安排零售商向消費者提供相關商品，而並未自行提供這些商品，甲公司在該交易中的身分是代理人。

（五）委託代銷

委託代銷是指委託方根據合同，委託受託方代銷商品的一種銷售方式。

在委託代銷方式下，委託方可以通過下列跡象判斷一項合同安排是否在實質上屬於委託代銷安排：

(1) 在特定事件發生之前（如受託方向其客戶出售商品之前），委託方擁有對商品的控制權。

(2) 委託方能夠要求將委託代銷的商品退回或將其銷售給其他方（如其他經銷商）。

(3) 儘管受託方可能被要求向委託方支付一定金額的押金，但是受託方並沒有承擔對受託代銷商品無條件付款的義務。

受託方應當根據在向客戶轉讓商品前是否擁有對該商品的控制權，來判斷其向客戶轉讓商品時的身分是主要責任人還是代理人，從而確定其應當按照已收或應收客戶對價總額確認收入，還是應當按照預期有權收取的代銷手續費金額確認收入。

委託代銷具體又可分為視同買斷方式和支付手續費方式兩種。

1. 視同買斷方式

視同買斷方式是指委託方和受託方簽訂合同，委託方按合同價格收取代銷商品的貨款，實際售價可由受託方自定，實際售價與合同價之間的差額歸受託方所有的一種代銷方式。根據視同買斷方式的特點，一般可以認為委託方在向受託方交付代銷商品時，商品的控制權已經轉移給了受託方。從受託方來看，由於其已經取得了對代銷商品的控制權，因此在向客戶轉讓商品時，其身分是主要責任人，應當按照已收或應收客戶對價總額確認銷售商品收入；從委託方來看，其應當根據受託方是否承擔了對受託代銷商品無條件付款的義務等跡象，判斷該項合同安排是否在實質上屬於委託代銷安排，並進行相應的會計處理。

如果委託方和受託方之間的合同明確標明受託方在取得代銷商品後，無論是否能夠賣出、是否獲利都與委託方無關，則可以認為受託方實際上已經承擔了對受託代銷商品無條件付款的義務，委託方和受託方之間的代銷商品交易與委託方直接銷售商品給受託方沒有實質區別。委託方應於受託方取得代銷商品控制權時確認銷售收入，受託方應將取得的代銷商品作為購進商品處理。

【例 13-32】天河公司採用視同買斷方式委託 B 公司代銷一批商品。該批商品的成本為 12,000 元，合同價為 16,000 元，增值稅稅額為 2,080 元。B 公司在取得代銷商品後，無論是否能夠賣出、是否獲利都與天河公司無關，代銷商品的實際售價由 B 公司自定。B 公司將該批商品按 20,000 元的價格售出，收取增值稅 2,600 元，給天河公司開來代銷清單，並結清合同價款。

(1) 天河公司（委託方）帳務處理如下：

①發出委託代銷商品。

	借	貸
借：應收帳款——B 公司	18,080	
貸：主營業務收入		16,000
應交稅費——應交增值稅（銷項稅額）		2,080
借：主營業務成本	12,000	
貸：庫存商品		12,000

②收到 B 公司開來的代銷清單及匯入的貨款。

	借	貸
借：銀行存款	18,080	
貸：應收帳款——B 公司		18,080

(2) B 公司（受託方）帳務處理如下：

①收到受託代銷的商品。

	借	貸
借：庫存商品	16,000	
應交稅費——應交增值稅（進項稅額）	2,080	
貸：應付帳款——天河公司		18,080

②售出代銷商品。

借：銀行存款　22,600

　貸：主營業務收入　20,000

　　　應交稅費——應交增值稅（銷項稅額）　2,600

借：主營業務成本　16,000

　貸：庫存商品　16,000

③按合同價將貨款匯給天河公司。

借：應付帳款——天河公司　18,080

　貸：銀行存款　18,080

如果委託方和受託方之間的合同明確標明將來受託方沒有將商品售出時可以將商品退回給委託方，或者受託方因代銷商品出現虧損時可以要求委託方補償，在這種情況下，說明受託方並沒有承擔對受託代銷商品無條件付款的義務，因此該項合同安排不僅在形式上而且在實質上都屬於委託代銷安排。委託方在發出商品時不確認收入，發出的商品通過「發出商品」科目核算，也可以單獨設置「委託代銷商品」科目核算；受託方在收到商品時也不作為商品購進處理，收到的代銷商品通過「受託代銷商品」科目核算。隨後期間，受託方將受託代銷的商品售出後，按實際售價確認銷售收入，並向委託方開具代銷清單；委託方收到代銷清單時，根據代銷清單所列的已銷商品確認銷售收入。

【例 13-33】沿用**【例 13-32】**的資料，假定 B 公司將來沒有將受託代銷的商品售出時可以將商品退回給天河公司，其他條件不變。

（1）天河公司（委託方）帳務處理如下：

①發出委託代銷商品。

借：發出商品　12,000

　貸：庫存商品　12,000

②收到 B 公司開來的代銷清單。

借：應收帳款——B 公司　18,080

　貸：主營業務收入　16,000

　　　應交稅費——應交增值稅（銷項稅額）　2,080

借：主營業務成本　12,000

　貸：發出商品　12,000

③收到 B 公司匯入的貨款。

借：銀行存款　18,080

　貸：應收帳款——B 公司　18,080

（2）B 公司（受託方）帳務處理如下：

①收到受託代銷的商品。

借：受託代銷商品　16,000

　貸：受託代銷商品款　16,000

②售出代銷商品。

借：銀行存款　22,600

　貸：主營業務收入　20,000

　　　應交稅費——應交增值稅（銷項稅額）　2,600

借：主營業務成本　16,000

　貸：受託代銷商品　16,000

借：受託代銷商品款　16,000
　貸：應付帳款——天河公司　16,000
③收到增值稅專用發票。
借：應交稅費——應交增值稅（進項稅額）　2,080
　貸：應付帳款——天河公司　2,080
④按合同價將貨款匯給天河公司。
借：應付帳款——天河公司　18,080
　貸：銀行存款　18,080

2. 支付手續費方式

支付手續費方式是指委託方和受託方簽訂合同，委託方根據代銷商品的數量向受託方支付手續費的一種代銷方式。與視同買斷方式相比，支付手續費方式的主要特點是在受託方向其客戶出售商品之前，委託方擁有對商品的控制權；受託方一般應按照委託方規定的價格銷售商品，不得自行改變售價。

支付手續費方式是一種典型的委託代銷安排。因此，委託方向受託方交付代銷商品時，不能確認收入，應將發出的代銷商品轉入「發出商品」科目或「委託代銷商品」科目核算；待收到受託方開來的代銷清單時，再根據代銷清單所列的已銷商品金額確認收入，支付的代銷手續費計入當期銷售費用。從受託方來看，由於受託方在向客戶轉讓商品前並不擁有對該商品的控制權，其向客戶轉讓商品時的身分是代理人，因此對收到的代銷商品不能作為商品購進處理，應設置「受託代銷商品」科目單獨核算；受託方將受託代銷的商品售出後，應根據代銷商品的數量和合同約定的收費方式，計算應向委託方收取的手續費，作為提供代銷服務收入確認入帳，不確認銷售商品收入。

【例 13-34】天河公司採用支付手續費方式委託 C 公司代銷一批商品，商品成本 15,000 元。根據代銷合同，商品售價為 20,000 元，增值稅為 2,600 元，C 公司按商品售價（不包括增值稅）的 5%收取手續費，手續費適用的增值稅稅率為 6%。C 公司將該批商品售出後，給天河公司開來了代銷清單，天河公司根據代銷清單所列的已銷商品金額給 C 公司開具了增值稅專用發票。

（1）天河公司（委託方）帳務處理如下：
①發出委託代銷商品。
借：發出商品　15,000
　貸：庫存商品　15,000
②收到 C 公司開來的代銷清單。
借：應收帳款——C 公司　22,600
　貸：主營業務收入　20,000
　　　應交稅費——應交增值稅（銷項稅額）　2,600
借：主營業務成本　15,000
　貸：發出商品　15,000
③確認應付的代銷手續費。
代銷手續費 = 20,000×5% = 1,000（元）
增值稅稅額 = 1,000×6% = 60（元）
借：銷售費用　1,000
　　應交稅費——應交增值稅（進項稅額）　60
　貸：應收帳款——C 公司　1,060

④收到 C 公司匯來的貨款。

借：銀行存款 21,540

　貸：應收帳款——C 公司 21,540

（2）C 公司（受託方）帳務處理如下：

①收到受託代銷商品。

借：受託代銷商品——天河公司 20,000

　貸：受託代銷商品款——天河公司 20,000

②售出受託代銷商品。

借：銀行存款 22,600

　貸：受託代銷商品——天河公司 20,000

　　應交稅費——應交增值稅（銷項稅額） 2,600

③收到增值稅專用發票。

借：受託代銷商品款——天河公司 20,000

　應交稅費——應交增值稅（進項稅額） 2,600

　貸：應付帳款——天河公司 22,600

④計算代銷手續費並結清代銷商品款。

借：應付帳款——天河公司 22,600

　貸：銀行存款 21,540

　　其他業務收入 1,000

　　應交稅費——應交增值稅（銷項稅額） 60

（六）附有客戶額外購買選擇權的銷售

客戶免費或按折扣取得額外商品的選擇權有多種形式，如銷售激勵措施、客戶獎勵積分、續約選擇權、針對未來購買商品的折扣券等。

對於附有客戶額外購買選擇權的銷售，企業應當評估該選擇權是否向客戶提供了一項重大權利。如果客戶只有在訂立了一項合同的前提下才取得了額外購買選擇權，並且客戶行使該選擇權購買額外商品時，能夠享受到超過該地區或該市場中其他同類客戶所能夠享有的折扣，則通常認為該選擇權向客戶提供了一項重大權利。在考慮授予客戶的該項權利是否重大時，企業應根據其金額和性質綜合進行判斷。企業提供重大權利的，應當作為單項履約義務，按照各單項履約義務所承諾商品的單獨售價的相對比例，將交易價格分攤至該履約義務，在客戶未來行使購買選擇權取得相關商品控制權時，或者該選擇權失效時，按照分攤至該單項履約義務的交易價格確認相應的收入。客戶額外購買選擇權的單獨售價無法直接觀察的，企業應當綜合考慮客戶行使和不行使該選擇權所能獲得的折扣的差異、客戶行使該選擇權的可能性等全部相關信息後，予以合理估計。

客戶雖然有額外購買商品選擇權，但客戶行使該選擇權購買商品時的價格反應了這些商品單獨售價的，不應被視為企業向該客戶提供了一項重大權利。

【例 13-35】2×19 年 9 月，天河公司推出一項為期 1 個月的促銷計劃。根據該促銷計劃，客戶在 2×19 年 9 月 1 日至 30 日期間購物每滿 10 元可獲得 1 個積分，不足 10 元部分不予積分；從下月開始，每個積分在購物時可以抵減 1 元的購物款；積分於 2×19 年 12 月 31 日之前有效，過期作廢。2×19 年 9 月，天河公司銷售各類商品共計 9,190,000 元，授予客戶積分共計 900,000 分，天河公司預計顧客在有效期內將兌換 90%的積分。2×19 年 10 月，客戶使用積分 162,000 分，天河公司對積分的兌換率進行了重新估計，仍然預計積分的兌換率為 90%。2×19 年 11 月，客戶累計已使用積分 598,500 分，天河公司對積分的兌換率進行了重新估計，預計積分的兌換率將為 95%。2×19 年 12 月，客戶累計使用積分865,000分。假定不考慮相關稅費。天河公司帳務處理如下：

（1）2×19年9月，銷售商品並授予客戶積分。天河公司認為授予客戶積分為客戶提供了一項重大權利，應當作為一項單獨的履約義務。客戶購買商品的單獨售價合計為9,190,000元，考慮積分的兌換率，天河公司估計積分的單獨售價為810,000元（900,000×1×90%）。天河公司按單獨售價的相對比例分攤交易價格如下：

分攤至商品的交易價格＝9,190,000÷（9,190,000＋810,000）×9,190,000＝8,445,610（元）

分攤至積分的交易價格＝810,000÷（9,190,000+810,000）×9,190,000＝744,390（元）

借：銀行存款　　9,190,000

　貸：主營業務收入　　8,445,610

　　　合同負債　　744,390

（2）2×19年10月，客戶使用積分。

積分應確認收入＝162,000÷810,000×744,390＝148,878（元）

借：合同負債　　148,878

　貸：主營業務收入　　148,878

（3）2×19年11月，客戶使用積分。

預計累計兌換積分＝900,000×95%＝855,000（分）

積分應確認收入＝598,500÷855,000×744,390－148,878＝372,195（元）

借：合同負債　　372,195

　貸：主營業務收入　　372,195

（4）2×19年12月，客戶使用積分。由於積分於2×19年12月31日之前有效，過期作廢，因此應將分攤至積分的交易價格中尚未確認收入的部分全部確認為收入。

積分應確認收入＝744,390－148,878－372,195＝223,317（元）

借：合同負債　　223,317

　貸：主營業務收入　　223,317

企業在向客戶轉讓商品之前，如果客戶已經支付了合同對價或企業已經取得了無條件收取合同對價的權利，則企業應當在客戶實際支付款項與到期應支付款項孰早時，將該已收或應收的款項列示為合同負債。合同負債是指企業已收或應收客戶對價而應向客戶轉讓商品的義務。合同資產和合同負債應當在資產負債表中單獨列示，並按流動性分別列示為「合同資產」或「其他非流動資產」以及「合同負債」或「其他非流動負債」。同一合同下的合同資產和合同負債應當以淨額列示，不同合同下的合同資產和合同負債不能互相抵銷。

（七）向客戶授予知識產權許可

企業向客戶授予的知識產權，常見的包括軟件和技術、影視和音樂等的版權、特許經營權以及專利權、商標權和其他版權等。企業向客戶授予知識產權許可的，應當按照要求評估該知識產權許可是否構成單項履約義務。對於不構成單項履約義務的，企業應當將該知識產權許可和其他商品一起作為一項履約義務進行會計處理。授予知識產權許可不構成單項履約義務的情形包括：一是該知識產權許可構成有形商品的組成部分並且對於該商品的正常使用不可或缺。例如，企業向客戶銷售設備和相關軟件，該軟件內嵌於設備之中，該備必須安裝了該軟件之後才能正常使用。二是客戶只有將該知識產權許可和相關服務一起使用才能夠從中獲益，例如，客戶取得授權許可，但是只有通過企業提供的在線服務才能訪問相關內容。

對於構成單項履約義務的，企業應當進一步確定其是在某一時段內履行還是在某一時點履行，同時滿足下列條件時，應當作為在某一時段內履行的履約義務確認相關收入；否則應當作為在某一時點履行的履約義務確認相關收入：

（1）合同要求或客戶能夠合理預期企業將從事對該項知識產權有重大影響的活動。

（2）該活動對客戶將產生有利或不利影響。

（3）該活動不會導致向客戶轉讓商品。

企業向客戶授予知識產權許可，並約定按客戶實際銷售或使用情況收取特許權使用費的，應當在下列兩項孰晚的時點確認收入：

（1）客戶後續銷售或使用行為實際發生。

（2）企業履行相關履約義務。

【例 13-36】天河公司特許乙公司經營其連鎖店。根據雙方簽訂的合同，天河公司向乙公司收取特許權初始費用為 350,000 元，用於向乙公司提供家具、櫃臺等商品，並提供選址、店面裝潢、人員培訓、廣告等初始服務。連鎖店開業後，天河公司向乙公司持續提供經營指導、廣告營銷等後續服務，乙公司須於每年的 12 月 31 日按當年營業額的 5%向天河公司支付特許權使用費。合同簽訂當日，乙公司一次性付清特許權初始費用。2×17 年 12 月 5 日，天河公司開始提供初始服務，當月發生提供初始服務成本 126,000 元。2×18 年 2 月 20 日，天河公司向乙公司提供家具、櫃臺等商品，單獨售價為 85,000 元，成本為 72,000 元。2×18 年 3 月 10 日，連鎖店正式營業，天河公司本年發生提供初始服務成本 97,000 元。2×18 年度，連鎖店營業額為 1,500,000 元，天河公司提供後續服務的成本為 36,000 元。2×19 年度，連鎖店營業額為 2,000,000 元，天河公司提供後續服務的成本為 39,000 元。假定天河公司提供初始服務和後續服務的成本都以銀行存款支付。

天河公司判斷，上述合同包含轉讓商品、提供初始服務和提供後續服務三個單項履約義務。其中，轉讓商品屬於固定對價，且屬於在某一時點履行的履約義務；提供初始服務屬於固定對價，且屬於在某一時段內履行的履約義務；提供後續服務屬於可變對價，且屬於在某一時段內履行的履約義務。

天河公司以提供的家具、櫃臺等商品的單獨售價 85,000 元作為轉讓商品的交易價格，以特許權初始費用 350,000 元扣除轉讓商品的交易價格後的金額 265,000 元作為提供初始服務的交易價格。天河公司無法合理確定提供初始服務的履約進度，但已經發生的初始服務成本預計能夠得到補償。天河公司在向乙公司提供特許經營期間，按各年應收取的特許權使用費分期確認使用費收入，並按各年實際發生的提供後續服務的成本結轉成本。乙公司各年都如期支付了特許權使用費。假定不考慮相關稅費。天河公司帳務處理如下：

（1）收到乙公司支付的特許權初始費用 350,000 元。

	借方	貸方
借：銀行存款	350,000	
貸：合同負債		350,000

（2）2×17 年 12 月，支付初始服務成本 126,000 元。

	借方	貸方
借：合同履約成本——服務成本	126,000	
貸：銀行存款		126,000

（3）2×17 年 12 月 31 日，確認提供初始服務收入並結轉成本。

	借方	貸方
借：合同負債	126,000	
貸：主營業務收入		126,000
借：主營業務成本	126,000	
貸：合同履約成本——服務成本		126,000

(4) 2×18 年 2 月 20 日，確認轉讓商品收入並結轉成本。

借：合同負債　850,000

　貸：主營業務收入　850,000

借：主營業務成本　720,000

　貸：庫存商品　720,000

(5) 2×18 年 1 月 1 日至 3 月 10 日，支付初始服務成本 97,000 元。

借：合同履約成本——服務成本　97,000

　貸：銀行存款　97,000

(6) 2×18 年 3 月 10 日，確認提供初始服務收入 139,000 元（265,000-126,000）並結轉成本。

借：合同負債　139,000

　貸：主營業務收入　139,000

借：主營業務成本　97,000

　貸：合同履約成本——服務成本　97,000

(7) 2×18 年 3 月 10 日至 12 月 31 日，支付後續服務成本 36,000 元。

借：合同履約成本——服務成本　36,000

　貸：銀行存款　36,000

(8) 2×18 年 12 月 31 日，確認提供後續服務收入並結轉成本。

特許權使用費收入＝1,500,000×5%＝75,000（元）

借：銀行存款　75,000

　貸：主營業務收入　75,000

借：主營業務成本　36,000

　貸：合同履約成本——服務成本　36,000

(9) 2×19 年 1 月 1 日至 12 月 31 日，支付後續服務成本 39,000 元。

借：合同履約成本——服務成本　39,000

　貸：銀行存款　39,000

(10) 2×19 年 12 月 31 日，確認提供後續服務收入並結轉成本。

特許權使用費收入＝2,000,000×5%＝100,000（元）

借：銀行存款　100,000

　貸：主營業務收入　100,000

借：主營業務成本　39,000

　貸：合同履約成本——服務成本　39,000

(八) 售後回購

售後回購是指企業銷售商品的同時承諾或有權選擇日後再將該商品（包括相同或幾乎相同的商品，或者以該商品作為組成部分的商品）購回的銷售方式。對於不同類型的售後回購交易，企業應當區分下列兩種情形分別進行會計處理：

(1) 企業因存在與客戶的遠期安排而負有回購義務或企業享有回購權利的，表明客戶在銷售時點並未取得相關商品控制權，企業應當作為租賃交易或融資交易進行相應的會計處理。其中，回購價格低於原售價的，應當視為租賃交易，按照《企業會計準則第 21 號——租賃》的相關規定進行會計處理；回購價格不低於原售價的，應當視為融資交易，在收到客戶款項時確認金融負債，並將該款項和回購價格的差額在回購期間內確認為利息費用等。企業到期未行使回購權利的，應當在該回購權利到期時終止確認金融負債，同時確認收入。

【例 13-37】甲公司向乙公司銷售一臺設備，銷售價格為 200 萬元，同時雙方約定兩年之後，甲公司將以 120 萬元的價格回購該設備。假定不考慮貨幣時間價值等其他因素影響。

根據合同有關甲公司在兩年後回購該設備的規定，乙公司並未取得該設備的控制權。不考慮貨幣時間價值等影響，該交易的實質是乙公司支付了 80 萬元（200-120）的對價取得了該設備 2 年的使用權。因此，甲公司應當將該交易作為租賃交易進行會計處理。

（2）企業負有應客戶要求回購商品義務的，應當在合同開始日評估客戶是否具有行使該要求權的重大經濟動因。客戶具有行使該要求權重大經濟動因的，企業應當將售後回購作為租賃交易或融資交易，按照上述第（1）種情形進行會計處理；否則，企業應當將其作為附有銷售退回條款的銷售交易進行會計處理。

在判斷客戶是否具有行權的重大經濟動因時，企業應當綜合考慮各種相關因素，包括回購價格與預計回購時市場價格之間的比較以及權利的到期日等。例如，如果回購價格明顯高於該資產回購時的市場價值，則表明客戶有行權的重大經濟動因。

【例 13-38】甲公司向乙公司銷售其生產的一臺設備，銷售價格為 2,000 萬元，雙方約定乙公司在 5 年後有權要求甲公司以 1,500 萬元的價格回購該設備。甲公司預計該設備在回購時的市場價值將遠低於 1,500 萬元。

假定不考慮時間價值的影響，甲公司的回購價格低於原售價，但遠高於該設備在回購時的市場價值，甲公司判斷乙公司有重大的經濟動因行使其權利要求甲公司回購該設備。因此，甲公司應當將該交易作為租賃交易進行會計處理。

售後回購交易如果屬於融資交易，企業在銷售商品後，按實際收到的價款，借記「銀行存款」科目，按增值稅專用發票上註明的增值稅，貸記「應交稅費——應交增值稅（銷項稅額）」科目，按其差額，貸記「其他應付款」科目；計提利息費用時（通常採用直線法），借記「財務費用」科目，貸記「其他應付款」科目；依據合同約定日後重新購回該項商品時，按約定的商品回購價格，借記「其他應付款」科目，按增值稅專用發票上註明的增值稅，借記「應交稅費——應交增值稅（進項稅額）」科目，按實際支付的金額，貸記「銀行存款」等科目。如果所銷售的商品已實際發出，企業在發出商品時，還應按發出商品的成本，借記「發出商品」科目，貸記「庫存商品」科目；待日後回購該項商品時，再將其從發出商品轉為庫存商品。

【例 13-39】2×19 年 3 月 1 日，天河公司與 B 公司簽訂一項售後回購合同。合同約定，天河公司向 B 公司銷售一批商品，售價為 500,000 元，增值稅專用發票上註明的增值稅銷項稅額為 65,000 元；天河公司應於 2×19 年 12 月 31 日將所售商品購回，回購價格為 520,000 元，增值稅為 67,600 元。2×19 年 3 月 1 日，天河公司收到 B 公司支付的貨款，但所售商品並未發出；2×19 年 12 月 31 日，天河公司購回所售商品。

在上述售後回購交易中，由於回購價格高於原售價，因此該售後回購交易屬於融資交易。天河公司帳務處理如下：

（1）2×19 年 3 月 1 日，天河公司收到銷售價款。

借：銀行存款	565,000	
貸：應交稅費——應交增值稅（銷項稅額）		65,000
其他應付款——B 公司		500,000

（2）2×19 年 3 月 31 日，天河公司計提利息。

回購價格大於原售價的差額 = 520,000 - 500,000 = 20,000（元）

每月計提的利息費用 = 20,000÷10 = 2,000（元）

借：財務費用 2,000

貸：其他應付款——B公司 2,000

以後各月計提利息費用的會計處理同上，此處略。

(3) 2×19年12月31日，天河公司按約定的價格購回該批商品。

借：其他應付款——B公司 520,000

應交稅費——應交增值稅（進項稅額） 67,600

貸：銀行存款 587,600

(九) 預收款銷售

企業向客戶預收銷售商品款項的，應當首先將該款項確認為負債，待履行了相關履約義務時再轉為收入。

【例13-40】2×19年1月1日，天河公司與乙公司簽訂了一項合同對價為56,500元（含增值稅）的商品轉讓合同。合同約定，乙公司應於2×19年1月31日向天河公司預付全部合同價款，天河公司則於2×19年3月31日向乙公司交付商品。乙公司未能按合同約定的日期支付價款，而是推遲到2×19年3月1日才支付價款。天河公司於2×19年3月31日向乙公司交付了商品。

(1) 假定天河公司與乙公司簽訂的是一項可撤銷的合同，乙公司在向天河公司支付合同價款之前可以撤銷合同。

由於合同可以撤銷，因此在乙公司向天河公司支付合同價款之前，天河公司並不擁有無條件收取合同價款的權利。天河公司應將2×19年3月1日收到的款項確認為負債，待向乙公司交付商品時再轉為收入。

①2×19年3月1日，天河公司收到乙公司預付的價款。

借：銀行存款 56,500

貸：合同負債 56,500

②2×19年3月31，天河公司向乙公司交付商品。

借：合同負債 56,500

貸：主營業務收入 50,000

應交稅費——應交增值稅（銷項稅額） 6,500

(2) 假定天河公司與乙公司簽訂的是一項不可撤銷的合同。

由於合同不可撤銷，因此在合同約定的乙公司預付合同價款日（2×19年1月31日），天河公司就已擁有無條件收取合同價款的權利。天河公司應於2×19年1月31日確認應收帳款，同時確認合同負債；收到乙公司預付的價款時，作為應收帳款的收回；待向乙公司交付商品時，將合同負債轉為收入。

(1) 2×19年1月31日，天河公司確認應收帳款和合同負債。

借：應收帳款 56,500

貸：合同負債 56,500

(2) 2×19年3月1日，天河公司收到乙公司預付的價款。

借：銀行存款 56,500

貸：應收帳款 56,500

(3) 2×19年3月31日，天河公司向乙公司交付商品。

借：合同負債 56,500

貸：主營業務收入 50,000

應交稅費——應交增值稅（銷項稅額） 6,500

當企業預收款項無須退回，且客戶可能會放棄其全部或部分合同權利時，企業預期將有權獲得與客戶所放棄的合同權利相關金額的，應當按照客戶行使合同權利的模式按比例將上述金額確認為收入；否則，企業只有在客戶要求其履行剩餘履約義務的可能性極低時，才能將上述負債的相關餘額轉為收入。

（十）無須退回的初始費

企業在合同開始（或接近合同開始）日向客戶收取的無須退回的初始費（如俱樂部的入會費等）應當計入交易價格。企業應當評估該初始費是否與向客戶轉讓已承諾的商品相關。該初始費與向客戶轉讓已承諾的商品相關，並且該商品構成單項履約義務的，企業應當在轉讓該商品時，按照分攤至該商品的交易價格確認收入。該初始費與向客戶轉讓已承諾的商品相關，但該商品不構成單項履約義務的，企業應當在包含該商品的單項履約義務履行時，按照分攤至該單項履約義務的交易價格確認收入。該初始費與向客戶轉讓已承諾的商品不相關的，該初始費應當作為未來將轉讓商品的預收款，在未來轉讓該商品時確認為收入。

企業收取了無須退回的初始費且為履行合同應開展初始活動，但這些活動本身並沒有向客戶轉讓已承諾的商品的。例如，企業為履行會員健身合同開展了一些行政管理性質的準備工作，該初始費與未來將轉讓的已承諾商品相關，應當在未來轉讓該商品時確認為收入，企業在確定履約進度時不應考慮這些初始活動；企業為該初始活動發生的支出應按照要求確認為一項資產或計入當期損益。

【例 13-41】甲公司經營一家會員制健身俱樂部。甲公司與客戶簽訂了為期 2 年的合同，客戶入會之後可以隨時在該俱樂部健身。除俱樂部的年費 2,000 元之外，甲公司還向客戶收取了 50 元的入會費，用於補償俱樂部為客戶進行註冊登記、準備會籍資料以及製作會員卡等初始活動所花費的成本。甲公司收的入會費和年費都無須返還。

甲公司承諾的服務是向客戶提供健身服務，而甲公司為會員入會進行的初始活動並未向客戶提供其承諾的服務，而只是一些內部行政管理性質的工作。因此，甲公司雖然為補償這些初始活動向客戶收取了 50 元入會費，但是該入會費實質上是客戶為健身服務所支付的對價的一部分，因此應當作為健身服務的預收款與收取的年費一起在 2 年內分攤確認為收入。

第二節　利　潤

一、利潤及其構成

（一）利潤的概念

利潤是指企業在一定會計期間的經營成果，包括收入減去費用後的淨額、直接計入當期利潤的利得和損失等。其中，直接計入當期利潤的利得和損失是指應當計入當期損益、最終會引起所有者權益發生增減變動的、與所有者投入資本或向所有者分配利潤無關的利得或者損失。

收入減去費用後的淨額反應的是企業日常活動的業績，直接計入當期利潤的利得和損失反應的是企業非日常活動的業績。企業應當嚴格劃分收入和利得、費用和損失之間的界線，以更加準確地反應企業的經營業績。

利潤的確認主要依賴於收入和費用以及直接計入當期利潤的利得和損失的確認，利潤金額的計量主要取決於收入和費用金額以及直接計入當期利潤的利得和損失金額的計量。

（二）利潤的構成

在利潤表中，利潤的金額分為營業利潤、利潤總額和淨利潤三個層次計算確定。

1. 營業利潤

營業利潤是指企業通過一定期間的日常活動取得的利潤。營業利潤的具體構成可用如下公式表示：

營業利潤=營業收入-營業成本-稅金及附加-銷售費用-管理費用-研發費用-財務費用-資產減值損失-信用減值損失+其他收益±投資淨損益±公允價值變動淨損益±資產處置淨損益

其中，營業收入是指企業經營業務實現的收入總額，包括主營業務收入和其他業務收入；營業成本是指企業經營業務發生的實際成本總額，包括主營業務成本和其他業務成本；稅金及附加是指企業經營業務應負擔的稅金及附加費用，如消費稅、城市維護建設稅、資源稅、教育費附加、房產稅、城鎮土地使用稅、車船稅、印花稅等；研發費用是指企業在研究與開發過程中發生的費用化支出，是管理費用的一部分，在利潤表中應將其從管理費用當中分離出來，單獨列報；其他收益是指與企業日常活動相關但不宜衝減成本費用而應計入其他收益的政府補助，如增值稅即徵即退、與資產相關的政府補助確認為遞延收益後的分期攤銷額等；資產處置淨損益是指企業出售劃分為持有待售的非流動資產（金融資產、長期股權投資和投資性房地產除外）或處置組（子公司和業務除外）時確認的處置利得或損失以及處置（包括抵債、投資、非貨幣性資產交換、捐贈等）未劃分為持有待售的固定資產、在建工程、無形資產等而產生的處置利得或損失。

2. 利潤總額

利潤總額是指企業一定期間的營業利潤，加上營業外收入減去營業外支出後的所得稅前利潤總額，即利潤總額=營業利潤+營業外收入-營業外支出。

其中，營業外收入和營業外支出是指企業發生的與日常活動無直接關係的各項利得或損失。營業外收入與營業外支出雖然與企業日常生產經營活動無直接關係，但站在企業主體的角度來看，同樣是其經濟利益的流入或流出，從而構成利潤的一部分，對企業的盈虧狀況具有不可忽視的影響。

（1）營業外收入。營業外收入是指企業取得的與日常活動沒有直接關係的各項利得，主要包括非流動資產毀損報廢利得、債務重組利得、罰沒利得、政府補助利得、無法支付的應付款項、捐贈利得、盤盈利得等。

①非流動資產毀損報廢利得是指因自然災害等發生毀損、已喪失使用功能而報廢的固定資產等非流動資產產生的清理淨收益。

②債務重組利得是指企業在進行債務重組時，債務人重組債務的帳面價值高於用於償債的現金及非現金資產公允價值、債權人放棄債權而享有股份的公允價值、重組後債務的帳面價值的差額形成的利得。

③罰沒利得是指企業收取的滯納金、違約金以及其他形式的罰款，在彌補了由於對方違約而造成的經濟損失後的淨收益。

④政府補助利得是指企業取得的與其日常活動無關的政府補助，如企業因遭受重大自然災害而獲得的政府補助。

⑤無法支付的應付款項是指由於債權單位撤銷或其他原因而無法支付，按規定程序報經批准後轉入當期損益的應付款項。

⑥捐贈利得是指企業接受外部現金和非現金資產捐贈而獲得的利得。

⑦盤盈利得是指企業在財產清查中發現的庫存現金實存數超過帳面數額而獲得的資產溢餘利得。

需要注意的是如果企業接受控股股東（或控股股東的子公司）以及非控股股東（或非控股股東的子公司）直接或間接代為償債、債務豁免或捐贈，其經濟實質表明屬於股東對企業的資本性投入的，應當將相關利得計入所有者權益（資本公積——其他資本公積）。

（2）營業外支出。營業外支出是指企業發生的與日常活動沒有直接關係的各項損失，主要包括非流動資產毀損報廢損失、債務重組損失、罰款支出、捐贈支出、非常損失、盤虧損失等。

①非流動資產毀損報廢損失是指因自然災害等發生毀損、已喪失使用功能而報廢的固定資產等非流動資產產生的清理淨損失。

②債務重組損失是指企業在進行債務重組時，債權人重組債權的帳面價值高於接受抵債取得的現金及非現金資產公允價值、放棄債權而享有股份的公允價值、重組後債權的帳面價值的差額形成的損失。

③罰款支出是指企業由於違反合同、違法經營、偷稅漏稅、拖欠稅款等而支付的違約金、罰款、滯納金等支出。

④捐贈支出是企業對外進行公益性和非公益性捐贈付出資產的公允價值。

⑤非常損失是指業由於自然災害等客觀原因造成的財產損失，在扣除保險公司賠款和殘料價值後，應計入當期損益的淨損失。

⑥盤虧損失是指企業在財產清查中發現的固定資產實存數量少於帳面數量而發生的資產短缺損失。

營業外收入和營業外支出包括的收支項目互不相關，不存在配比關係，因此不得以營業外支出直接衝減營業外收入，也不得以營業外收入抵補營業外支出，兩者的發生金額應當分別核算。

3. 淨利潤

淨利潤是指企業一定期間的利潤總額減去所得稅費用後的淨額，即淨利潤=利潤總額-所得稅費用。

其中，所得稅費用是指企業按照企業會計準則的規定確認的應從當期利潤總額中扣除的當期所得稅費用和遞延所得稅費用。

【例 13-42】天河公司 2×19 年度取得主營業務收入 5,000 萬元，其他業務收入 1,800 萬元，其他收益 120 萬元，投資淨收益 800 萬元，營業外收入 250 萬元；發生主營業務成本 3,500 萬元，其他業務成本 1,400 萬元，稅金及附加 60 萬元，銷售費用 380 萬元，管理費用 340 萬元，其中研發費用 150 萬元，財務費用 120 萬元，資產減值損失 110 萬元，信用減值損失 90 萬元，公允價值變動淨損失 100 萬元，資產處置淨損失 160 萬元，營業外支出 210 萬元。本年度確認的所得稅費用為 520 萬元。

根據上述資料，天河公司 2×19 年度的利潤表（簡表）如表 13-15 所示。

表 13-15 利潤表（簡表）

編製單位：天河公司　　2×19 年度　　單位：元

項　目	本期金額
一、營業收入	68,000,000
減：營業成本	49,000,000
稅金及附加	600,000
銷售費用	3,800,000
管理費用	1,900,000
研發費用	1,500,000
財務費用	1,200,000

表13-15(續)

項　　目	本期金額
加：其他收益	1,200,000
投資收益（損失以「-」號填列）	8,000,000
公允價值變動收益（損失以「-」號填列）	-1,000,000
信用減值損失（損失以「-」號填列）	-900,000
資產減值損失（損失以「-」號填列）	-1,100,000
資產處置收益（損失以「-」號填列）	-1,600,000
二、營業利潤（虧損以「-」號填列）	14,600,000
加：營業外收入	2,500,000
減：營業外支出	2,100,000
三、利潤總額（虧損以「-」號填列）	15,000,000
減：所得稅費用	5,200,000
四、淨利潤（淨虧損以「-」號填列）	9,800,000

二、利潤的結轉與分配

(一) 利潤的結轉

企業應設置「本年利潤」科目用於核算企業當期實現的淨利潤或發生的淨虧損。利潤計算與結轉的基本會計處理程序如下：

(1) 會計期末，企業應將各損益類科目的餘額轉入「本年利潤」科目，結平各損益類科目，即將收入類科目貸方餘額轉入「本年利潤」科目的貸方，借記「主營業務收入」「其他業務收入」「其他收益」「營業外收入」等科目，貸記「本年利潤」科目；將支出類科目借方餘額轉入「本年利潤」科目的借方，借記「本年利潤」科目，貸記「主營業務成本」「其他業務成本」「稅金及附加」「銷售費用」「管理費用」「財務費用」「資產減值損失」「信用減值損失」「營業外支出」「所得稅費用」等科目。「投資收益」「公允價值變動損益」「資產處置損益」科目如為淨收益，企業應借記「投資收益」「公允價值變動損益」「資產處置損益」科目，貸記「本年利潤」科目；上述科目如為淨損失，企業應借記「本年利潤」科目，貸記「投資收益」「公允價值變動損益」「資產處置損益」科目。

期末結轉損益類科目餘額後，「本年利潤」科目如為貸方餘額，反應年初至本期期末累計實現的淨利潤；如為借方餘額，反應年初至本期期末累計發生的淨虧損。為了簡化核算，企業在中期期末也可以不進行上述利潤結轉，年內各期實現的利潤直接通過利潤表計算。年度終了時，企業再將各損益類科目全年累計金額一次轉入「本年利潤」科目。

(2) 年度終了，企業應將收入和支出相抵後結出的本年實現的淨利潤，轉入「利潤分配——未分配利潤」科目，借記「本年利潤」科目，貸記「利潤分配——未分配利潤」科目；如果為淨損失，借記「利潤分配——未分配利潤」科目，貸記「本年利潤」科目。結轉後，「本年利潤」科目應無餘額。

【例 13-43】沿用**【例 13-42】**的資料，假定天河公司中期期末不進行利潤結轉，年末一次結轉利潤。天河公司結轉利潤的帳務處理如下：

①2×19 年 12 月 31 日，天河公司結轉本年損益類科目餘額。

借：主營業務收入　　50,000,000
　　其他業務收入　　18,000,000
　　其他收益　　1,200,000
　　投資收益　　8,000,000
　　營業外收入　　2,500,000
　貸：本年利潤　　79,700,000
借：本年利潤　　69,900,000
　貸：主營業務成本　　35,000,000
　　　其他業務成本　　14,000,000
　　　稅金及附加　　600,000
　　　銷售費用　　3,800,000
　　　管理費用　　3,400,000
　　　財務費用　　1,200,000
　　　資產減值損失　　1,100,000
　　　信用減值損失　　900,000
　　　公允價值變動損益　　1,000,000
　　　資產處置損益　　1,600,000
　　　營業外支出　　2,100,000
　　　所得稅費用　　5,200,000

②2×19 年 12 月 31 日，天河公司結轉本年淨利潤。

借：本年利潤　　9,800,000
　貸：利潤分配——未分配利潤　　9,800,000

(二) 利潤的分配

企業當期實現的淨利潤，加上年初未分配利潤（或減去年初未彌補虧損）後的餘額，為可供分配的利潤。可供分配的利潤，一般按下列順序分配：

(1) 提取法定盈餘公積，即企業根據有關法律的規定，按照淨利潤的 10%提取的盈餘公積。法定盈餘公累積計金額超過企業註冊資本的 50%以上時，可以不再提取。

(2) 提取任意盈餘公積，即企業按股東大會決議提取的盈餘公積。

(3) 應付現金股利或利潤，即企業按照利潤分配方案分配給股東的現金股利，也包括非股份有限公司分配給投資者的利潤。

(4) 轉作股本的股利，即企業按照利潤分配方案以分派股票股利的形式轉作股本的股利，也包括非股份有限公司以利潤轉增的資本。

企業應當設置「利潤分配」科目，核算利潤的分配（或虧損的彌補）情況以及歷年積存的未分配利潤（或未彌補虧損）。該科目應當分別按「提取法定盈餘公積」「提取任意盈餘公積」「應付現金股利（或利潤）」「轉作股本的股利」「盈餘公積補虧」「未分配利潤」等進行明細核算。年度終了，企業應將「利潤分配」科目所屬其他明細科目餘額轉入「未分配利潤」明細科目。結轉後，除「未分配利潤」明細科目外，其他明細科目應無餘額。

企業按有關法律規定提取的法定盈餘公積，借記「利潤分配——提取法定盈餘公積」科目，貸記「盈餘公積——法定盈餘公積」科目；按股東大會或類似機構決議提取的任意盈餘公積，借記「利潤分配——提取任意盈餘公積」科目，貸記「盈餘公積——任意盈餘公積」科目；按股東大會或類似機構決議分配給股東的現金股利，借記「利潤分配——應付現金股利（或利潤）」科目，貸記「應付股利」科目；按股東大會或類似機構決議分配給股東的股票股利，在辦理增資手續後，借記「利潤分配——轉作股本的股利」科目，貸記「股本」或「實收資本」科目，如有差額，貸記「資本公積——股本溢價（或資本溢價）」科目。企業用盈餘公積彌補虧損，借記「盈餘公積——法定盈餘公積（或任意盈餘公積）」科目，貸記「利潤分配——盈餘公積補虧」科目。年度終了，企業將「利潤分配」科目所屬其他明細科目餘額轉入「未分配利潤」明細科目，借記「利潤分配——未分配利潤」科目，貸記「利潤分配——提取法定盈餘公積」「利潤分配——提取任意盈餘公積」「利潤分配——應付現金股利（或利潤）」「利潤分配——轉作股本的股利」等科目；或者借記「利潤分配——盈餘公積補虧」等科目，貸記「利潤分配——未分配利潤」科目。

【例 13-44】天河公司 2×19 年度實現淨利潤 980 萬元，按淨利潤的 10%提取法定盈餘公積，按淨利潤的 15%提取任意盈餘公積，向股東分派現金股利 350 萬元，同時分派每股面值 1 元的股票股利 250 萬股。天河公司帳務處理如下：

①提取盈餘公積。

	借方	貸方
借：利潤分配——提取法定盈餘公積	980,000	
——提取任意盈餘公積	1,470,000	
貸：盈餘公積——法定盈餘公積		980,000
——任意盈餘公積		1,470,000

②分配現金股利。

	借方	貸方
借：利潤分配——應付現金股利	3,500,000	
貸：應付股利		3,500,000

③分配股票股利，已辦妥增資手續。

	借方	貸方
借：利潤分配——轉作股本的股利	2,500,000	
貸：股本		2,500,000

④結轉「利潤分配」科目所屬其他明細科目餘額。

	借方	貸方
借：利潤分配——未分配利潤	8,450,000	
貸：利潤分配——提取任意盈餘公積		980,000
——提取法定盈餘公積		1,470,000
——應付現金股利		3,500,000
——轉作股本的股利		2,500,000

第三節　所得稅

一、所得稅會計概述

企業會計準則和稅法是基於不同目的、遵循不同原則分別制定的，兩者在資產與負債的計量標準、收入與費用的確認原則等諸多方面存在著一定的分歧，導致企業在一定期間按企業會計準則的要求確認的會計利潤往往不等於按稅法規定計算的應納稅所得額。所得稅會計是研究如何處理會計利潤和應納稅所得額之間差異的會計理論與方法。

（一）會計利潤與應納稅所得額之間的差異

會計利潤與應納稅所得額是兩個既有聯繫又有區別的概念。會計利潤是指企業根據企業會計準則的要求，採用一定的會計程序與方法確定的所得稅稅前利潤總額，其目的是向財務報告使用者提供關於企業經營成果的會計信息，為其決策提供相關、可靠的依據。應納稅所得額是指按照稅法的要求，以一定期間應稅收入扣減稅法准許扣除的項目後計算的應稅所得，其目的是為企業進行納稅申報和國家稅務機關對企業的經營所得徵稅提供依據。由於會計利潤與應納稅所得額的確定依據和目的不同，因此兩者之間往往存在一定的差異，這種差異按其性質可以分為永久性差異和暫時性差異兩個類型。

1. 永久性差異

永久性差異是指在某一會計期間，由於企業會計準則和稅法在計算收益、費用或損失時的口徑不同所產生的稅前會計利潤與應納稅所得額之間的差異。例如，企業購買國債取得的利息收入，在會計核算上作為投資收益，計入當期利潤表，但根據稅法的規定，不屬於應稅收入，不計入應納稅所得額。又如，企業支付的違法經營罰款、稅收滯納金等，在會計核算上作為營業外支出，計入當期利潤表，但根據稅法的規定，不准許在所得稅前扣除。永久性差異的特點是在本期發生，並且不會在以後期間轉回。

2. 暫時性差異

暫時性差異是指資產、負債的帳面價值與其計稅基礎不同產生的差異，該差異的存在將影響未來期間的應納稅所得額。例如，按照企業會計準則的規定，以公允價值計量且其變動計入當期損益的金融資產期末應以公允價值計量，公允價值的變動計入當期損益；但按照稅法的規定，金融資產在持有期間的公允價值變動不計入應納稅所得額，待處置金融資產時，按實際取得成本從處置收入中扣除，因而其計稅基礎保持不變，仍為初始投資成本，由此產生了該項金融資產的帳面價值與其計稅基礎之間的差異，該項差異將會影響處置金融資產期間的應納稅所得額。暫時性差異的特點是發生於某一會計期間，但在以後一期或若干期內能夠轉回。

（二）所得稅的會計處理方法

1. 應付稅款法與納稅影響會計法

如果會計利潤與應納稅所得額之間僅存在永久性差異，則根據確定的應納稅所得額和適用稅率計算當期應交所得稅，並確認為當期所得稅費用即可，不存在複雜的會計處理問題。但如果還存在暫時性差異，則所得稅的會計處理方法有應付稅款法和納稅影響會計法之分。

（1）應付稅款法。應付稅款法是指企業不確認暫時性差異對所得稅的影響金額，按照當期計算的應交所得稅確認當期所得稅費用的方法。在這種方法下，當期確認的所得稅費用等於當期應交所得稅。

採用應付稅款法進行所得稅的會計處理，不需要區分永久性差異和暫時性差異，本期發生的各類差異對所得稅的影響金額，都在當期確認為所得稅費用或抵減所得稅費用，不將暫時性差異對所得稅的影響金額遞延和分配到以後各期。

應付稅款法的會計處理比較簡便，但不符合權責發生制原則。因此，中國企業會計準則不准許採用這種方法。

（2）納稅影響會計法。納稅影響會計法是指企業確認暫時性差異對所得稅的影響金額，按照當期應交所得稅和暫時性差異對所得稅影響金額的合計確認所得稅費用的方法。

採用納稅影響會計法進行會計處理，暫時性差異對所得稅的影響金額需要遞延和分配到以後各期，即採用跨期攤配的方法逐漸確認和依次轉回暫時性差異對所得稅的影響金額。在資產負債表中，尚未轉銷的暫時性差異對所得稅的影響金額反應為一項資產或一項負債。

應付稅款法與納稅影響會計法對永久性差異的會計處理是一致的，如果本期發生的永久性差異已從會計利潤中扣除，但不能從應納稅所得額中扣除，永久性差異對所得稅的影響金額構成本期的所得稅費用；如果本期發生的永久性差異未從會計利潤中扣除，但可以從應納稅所得額中扣除，永久性差異對所得稅的影響金額可抵減本期的所得稅費用。

應付稅款法與納稅影響會計法的主要區別是應付稅款法不確認暫時性差異對所得稅的影響金額，直接以本期應交所得稅作為本期的所得稅費用；納稅影響會計法確認暫時性差異對所得稅的影響金額，在資產負債表中單獨作為遞延所得稅項目列示，同時在利潤表中增加或抵減本期的所得稅費用。

2. 遞延法與債務法

企業在採用納稅影響會計法進行所得稅的會計處理時，按照稅率變動時是否需要對已入帳的遞延所得稅項目進行調整，又可以分為遞延法和債務法兩種具體處理方法。

（1）遞延法。遞延法是指在產生暫時性差異時，都按當期的適用稅率計算對所得稅的影響金額並作為遞延所得稅項目確認入帳，在稅率發生變動的情況下，不需要按未來適用稅率調整已入帳的遞延所得稅項目，待轉回暫時性差異對所得稅的影響金額時，按照原確認遞延所得稅項目時的適用稅率計算並予以轉銷的一種會計處理方法。

企業採用遞延法進行會計處理，遞延所得稅項目的帳面餘額是按產生暫時性差異時的適用稅率而不是按未來適用稅率計算確認的，這使得遞延所得稅項目的帳面餘額不能完全代表企業未來收款的權利或付款的義務，不符合資產或負債的定義，因而只能將其視為一項遞延所得稅借項或遞延所得稅貸項。鑒於遞延法的不足，中國企業會計準則不准許採用這種方法進行所得稅的會計處理。

（2）債務法。債務法是指在產生暫時性差異時，都按當期的適用稅率計算確認對所得稅的影響金額並作為遞延所得稅項目確認入帳，在稅率發生變動的情況下，需要按未來轉回暫時性差異對所得稅的影響金額期間的適用稅率調整已入帳的遞延所得稅項目，待轉回暫時性差異對所得稅的影響金額時，都按照轉回期間適用稅率計算並予以轉銷的一種會計處理方法。

企業採用債務法進行會計處理，由於在稅率發生變動時需要對已入帳的遞延所得稅項目按未來適用稅率進行調整，因此其帳面餘額都是按未來適用稅率計算的。遞延所得稅項目的帳面餘額代表的是企業未來收款的權利或付款的義務，符合資產或負債的定義，因此可以分別稱為遞延所得稅資產或遞延所得稅負債。

在稅率沒有變動的情況下，遞延法與債務法的會計處理程序是相同的，兩者的區別僅在於稅率發生變動時，是否需要對已入帳的遞延所得稅項目按未來適用稅率進行調整。

3. 利潤表債務法和資產負債表債務法

按照確定暫時性差異對未來所得稅影響的目的不同，債務法又分為利潤表債務法和資產負債表債務法。

（1）利潤表債務法。利潤表債務法是從利潤表出發，將暫時性差異對未來所得稅的影響看成本期所得稅費用的一部分，首先據以確定本期的所得稅費用，並在此基礎上倒推出遞延所得稅負債或遞延所得稅資產的一種方法。利潤表債務法以「收入費用觀」為理論基礎，其主要目的是合理確認利潤表中的所得稅費用，遞延所得稅資產或遞延所得稅負債是由利潤表間接得出來的。

在利潤表債務法下，遞延所得稅項目設置「遞延稅款」科目核算，該科目的借方餘額反應預付稅款，貸方餘額反應應付稅款。在資產負債表上，該科目若為借方餘額，以「遞延稅款借項」項目反應；若為貸方餘額，以「遞延稅款貸項」項目反應。可見，在利潤表債務法下，企業是將遞延所得稅資產和遞延所得稅負債的數值直接抵銷後予以列示的，這就混淆了資產和負債的內涵，違背了財務報表中資產和負債項目不得相互抵銷後以淨額列報的基本要求，使得資產負債表無法真實、完整地揭示企業的財務狀況，也降低了會計信息的可比性，但不利於財務報表使用者對企業財務狀況的判斷和評價。因此，中國企業會計準則已不再准許採用利潤表債務法。

（2）資產負債表債務法。資產負債表債務法是從資產負債表出發，通過分析暫時性差異產生的原因及其性質，將其對未來所得稅的影響分別確認為遞延所得稅負債和遞延所得稅資產，並在此基礎上倒推出各期所得稅費用的一種方法。資產負債表債務法以「資產負債觀」為理論基礎，其主要目的是合理確認資產負債表中的遞延所得稅資產和遞延所得稅負債，所得稅費用是由資產負債表間接得出來的。

在資產負債表債務法下，遞延所得稅項目分別設置「遞延所得稅資產」和「遞延所得稅負債」科目核算，並以「遞延所得稅資產」和「遞延所得稅負債」項目分別列示於資產負債表中。這就將遞延所得稅資產和負債區分開來，使資產負債表可以清晰地反應企業的財務狀況，有利於財務報表使用者的正確決策。

綜上所述，所得稅的會計處理方法包括應付稅款法和納稅影響會計法。其中，納稅影響會計法又有遞延法和債務法之分，而債務法具體又分為利潤表債務法和資產負債表債務法。中國現行企業會計準則只准許採用資產負債表債務法進行所得稅的會計處理。

（三）資產負債表債務法的基本核算程序

在資產負債表債務法下，企業一般應於每一資產負債表日進行所得稅的核算。如果發生企業合併等特殊交易或事項，企業應在確認該交易或事項取得的資產、負債的同時，確認相關的所得稅影響。資產負債表債務法的基本核算程序如下：

1. 確定資產和負債的帳面價值

資產和負債的帳面價值是指按照企業會計準則的相關規定對資產、負債進行會計處理後確定的在資產負債表中應列示的金額。例如，某企業存貨的帳面餘額為 1,000 萬元，會計期末，企業對存貨計提了 50 萬元的跌價準備，則存貨的帳面價值為 950 萬元，該金額也是存貨在資產負債表中應列示的金額。資產和負債的帳面價值可以直接根據有關帳簿的記錄確定。

2. 確定資產和負債的計稅基礎

資產和負債的計稅基礎應按照企業會計準則中對資產和負債計稅基礎的確定方法，以適用的稅收法律法規為基礎進行確定。

3. 確定遞延所得稅

比較資產、負債的帳面價值和計稅基礎，對於兩者之間存在差異的，分析其性質，企業會計準則有規定的特殊情況外，應分別按照應納稅暫時性差異和適用稅率確定遞延所得稅負債的期末餘額，按照可抵扣暫時性差異和適用稅率確定遞延所得稅資產的期末餘額，然後與遞延所得稅負債和遞延所得稅資產的期初餘額進行比較，確定當期應予以進一步確認或應予以轉回的遞延所得稅負債和遞延所得稅資產金額，並將兩者的差額作為利潤表中所得稅費用的一個組成部分——遞延所得稅。

4. 確定當期所得稅

企業應按照適用稅法規定計算確定當期應納稅所得額，以應納稅所得額乘以適用的所得稅稅率計算確定當期應交所得稅，作為利潤表中所得稅費用的另一個組成部分——當期所得稅。

5. 確定利潤表中的所得稅費用

利潤表中的所得稅費用由當期所得稅和遞延所得稅兩部分構成。企業在計算確定當期所得稅和遞延所得稅的基礎上，將兩者之和（或之差）作為利潤表中的所得稅費用。

從資產負債表債務法的基本核算程序可以看出，所得稅費用的確認包括當期所得稅的確認和遞延所得稅的確認。當期所得稅可以根據當期應納稅所得額和適用稅率計算確定，而遞延所得稅則要根據當期確認（或轉回）的遞延所得稅負債和遞延所得稅資產的差額予以確認。遞延所得稅負債和遞延所得稅資產取決於當期存在的應納稅暫時性差異和可抵扣暫時性差異的金額，而應納稅暫時性差異和可抵扣暫時性差異是通過分析比較資產與負債的帳面價值和計稅基礎確定的。資產和負債的帳面價值可以通過會計核算資料直接取得，而其計稅基礎則需要根據會計人員的職業判斷，以適用的稅法為基礎，通過合理的分析和計算予以確定。因此，所得稅會計的關鍵在於確定資產和負債的計稅基礎。

二、資產、負債的計稅基礎

（一）資產的計稅基礎

資產的計稅基礎是指企業在收回資產帳面價值過程中，計算應納稅所得額時按照稅法規定可以自應稅經濟利益中抵扣的金額，即某一項資產在未來期間計稅時按照稅法規定可以稅前扣除的總金額。

通常情況下，企業取得資產的實際成本為稅法所認可，即企業為取得某項資產而支付的成本在未來收回資產帳面價值過程中准許稅前扣除。因此，資產在初始確認時，其計稅基礎一般為資產的取得成本，或者說資產初始確認的帳面價值等於計稅基礎。資產在持有期間，其計稅基礎是指資產的取得成本減去以前期間按照稅法規定已經從稅前扣除的金額後的餘額，因為該餘額代表的是按照稅法規定相關資產在未來期間計稅時仍然可以從稅前扣除的金額。例如，固定資產、無形資產等資產在持續使用期間某一資產負債表日的計稅基礎，是指其取得成本扣除按照稅法規定已經在以前期間從稅前扣除的累計折舊額或累計攤銷額後的金額。資產在後續計量過程中，如果企業會計準則與稅法的規定不同，將會導致資產的帳面價值與其計稅基礎之間產生差異。

1. 固定資產

企業以各種方式取得的固定資產，初始確認時按照企業會計準則規定確定的入帳價值基本上為稅法所認可，即固定資產在取得時的計稅基礎一般等於帳面價值。但固定資產在持續使用期間，由於企業會計準則規定按照成本→累計折舊→固定資產減值準備進行後續計量，而稅法規定按照成本→稅法規定已在以前期間從稅前扣除的累計折舊進行後續計量，由此導致固定資產的帳面價值與其計稅基礎之間產生差異，包括折舊方法及折舊年限不同導致的差異和計提固定資產減值準備導致的差異。

（1）折舊方法及折舊年限不同導致的差異。企業會計準則規定，企業應當根據與固定資產有關的經濟利益預期實現方式合理選擇折舊方法，可供選擇的折舊方法包括年限平均法、工作量法、雙倍餘額遞減法和年數總和法；稅法規定，固定資產一般按年限平均法計提折舊，由於技術進步等原因確需加速折舊的，也可以採用雙倍餘額遞減法或年數總和法計提折舊。另外，企業會計準則規定，折舊年限由企業根據固定資產的性質和使用情況自行合理確定，而稅法則對每一類固定資產的最低折舊年限做出了明確規定。如果企業進行會計處理時採用的折舊方法、折舊年限與稅法規定不同，將導致固定資產的帳面價值與其計稅基礎之間產生差異。

【例 13-45】2×18 年 12 月 25 日，天河公司購入一套環保設備，實際成本為 800 萬元，預計使用年限為 8 年，預計淨殘值為零，採用年限平均法計提折舊。假定稅法對該類固定資產折舊年限和淨殘值的規定與企業會計準則的規定相同，但可以採用加速折舊法計提折舊並於稅前扣除。天河公司在計稅時採用雙倍餘額遞減法計算折舊費用。2×19 年 12 月 31 日，天河公司確定的該項固定資產的帳面價值和計稅基礎如下：

帳面價值＝800－800÷8＝700（萬元）

計稅基礎＝800－800×25%＝600（萬元）

該項固定資產因會計處理和計稅時採用的折舊方法不同，導致其帳面價值大於計稅基礎 100 萬元，該差額將於未來期間增加企業的應納稅所得額。

【例 13-46】沿用**【例 13-45】**的資料，假定稅法規定的最短折舊年限為 10 年，並要求採用年限平均法計提折舊，其他條件不變，天河公司 2×19 年 12 月 31 日確定的該項固定資產的帳面價值和計稅基礎如下：

帳面價值 = 800-800÷8 = 700（萬元）

計稅基礎 = 800-800÷10 = 720（萬元）

該項固定資產因會計處理和計稅時採用的折舊年限不同，導致其帳面價值小於計稅基礎 20 萬元，該差額將於未來期間減少企業的應納稅所得額。

（2）計提固定資產減值準備導致的差異。企業會計準則規定，企業在持有固定資產期間，如果固定資產發生了減值，應當對固定資產計提減值準備；稅法規定，企業計提的資產減值準備在發生實質性損失前不准許稅前扣除，即固定資產的計稅基礎不會隨減值準備的提取發生變化，由此導致固定資產的帳面價值與其計稅基礎之間產生差異。

【例 13-47】2×17 年 12 月 25 日，天河公司購入一套管理設備，實際成本為 200 萬元，預計使用年限為 8 年，預計淨殘值為零，採用年限平均法計提折舊。假定稅法對該類設備規定的最短折舊年限、淨殘值和折舊方法與企業會計準則的規定相同。2×19 年 12 月 31 日，天河公司估計該設備的可收回金額為 100 萬元。2×19 年 12 月 31 日，天河公司確定的該項固定資產的帳面價值和計稅基礎如下：

計提減值準備前的帳面價值 = 200-200÷8×2 = 150（萬元）

應計提的減值準備 = 150-100 = 50（萬元）

計提減值準備後的帳面價值 = 150-50 = 100（萬元）

計稅基礎 = 200-200÷8×2 = 150（萬元）

該項固定資產因計提減值準備，導致其帳面價值小於計稅基礎 50 萬元，該差額將於未來期間減少企業的應納稅所得額。

2. 無形資產

除內部研究開發形成的無形資產以外，企業通過其他方式取得的無形資產，初始確認時按照企業會計準則的規定確定的入帳價值與按照稅法的規定確定的計稅基礎之間一般不存在差異。無形資產的帳面價值與其計稅基礎之間的差異主要產生於企業內部研究開發形成的無形資產、使用壽命不確定的無形資產和計提無形資產減值準備。

（1）企業內部研究開發形成的無形資產導致的差異。企業會計準則規定，企業內部研究開發活動中研究階段的支出和開發階段符合資本化條件前發生的支出應當費用化，計入當期損益；符合資本化條件後至達到預定用途前發生的支出應當資本化，計入無形資產成本。稅法規定，企業自行開發的無形資產，以開發過程中符合資本化條件後至達到預定用途前發生的支出為該資產的計稅基礎。因此，企業內部研究開發形成的無形資產，一般情況下初始確認時按照企業會計準則的規定確定的成本與計稅基礎是相同的。但是，企業為開發新技術、新產品、新工藝發生的研究開發費用，根據稅法的規定，未形成無形資產而計入當期損益的，在按照規定據實扣除的基礎上，按照研究開發費用的 50%加計扣除；形成無形資產的，按照無形資產成本的 150%攤銷。因此，對於開發新技術、新產品、新工藝發生的研發支出，在形成無形資產時，該項無形資產的計稅基礎應當在會計確定的成本的基礎上加計 50%確定，由此產生了內部研究開發形成的無形資產在初始確認時帳面價值與計稅基礎的差異。

【例 13-48】2×19 年 1 月 1 日，天河公司開發的一項新技術達到預定用途，作為無形資產確認入帳。天河公司將開發階段符合資本化條件後至達到預定用途前發生的支出

1, 000 萬元確認為該項無形資產的成本，並從 2×19 年度起分期攤銷。該項內部研究開發活動形成的無形資產在初始確認時的帳面價值和計稅基礎如下：

帳面價值＝入帳成本＝1, 000（萬元）

計稅基礎＝1, 000×150%＝1, 500（萬元）

該項自行研發的無形資產因符合稅法加計扣除的規定，其初始確認的帳面價值小於計稅基礎 500 萬元，該差額將於未來期間減少企業的應納稅所得額。

（2）使用壽命不確定的無形資產導致的差異。企業會計準則規定，無形資產在取得之後，應根據其使用壽命是否確定，分為使用壽命有限的無形資產和使用壽命不確定的無形資產兩類。對於使用壽命不確定的無形資產，不要求攤銷，但持有期間每年都應當進行減值測試。稅法沒有按使用壽命對無形資產分類，而是要求所有無形資產的成本都應按一定期限進行攤銷。對於使用壽命不確定的無形資產，會計處理時不予攤銷，但計稅時按照稅法規定確定的攤銷額准許稅前扣除，由此導致該類無形資產在後續計量時帳面價值與計稅基礎之間產生差異。

【例 13-49】2×19 年 1 月 1 日，天河公司以 200 萬元的成本取得一項無形資產，由於無法合理預計其使用壽命，將其劃分為使用壽命不確定的無形資產。2×19 年 12 月 31 日，天河公司對該項無形資產進行了減值測試，結果表明未發生減值。假定稅法規定，該無形資產應採用直線法按 10 年進行攤銷，攤銷金額准許稅前扣除。2×19 年 12 月 31 日，天河公司確定的該項無形資產的帳面價值和計稅基礎如下：

帳面價值＝入帳成本＝200（萬元）

計稅基礎＝200−200÷10＝180（萬元）

該項使用壽命不確定的無形資產因會計處理和計稅時的後續計量要求不同，導致其帳面價值大於計稅基礎 20 萬元，該差額將於未來期間增加企業的應納稅所得額。

（3）計提無形資產減值準備導致的差異。企業會計準則規定，企業在持有無形資產期間，如果無形資產發生了減值，應當對無形資產計提減值準備；稅法規定，企業計提的資產減值準備在發生實質性損失前不准許稅前扣除，即無形資產的計稅基礎不隨減值準備的提取而發生變化，由此導致無形資產的帳面價值與其計稅基礎之間產生差異。

【例 13-50】2×17 年 1 月 1 日，天河公司購入一項專利權，實際成本為 600 萬元，預計使用年限為 10 年，採用直線法分期攤銷。假定稅法有關使用年限、攤銷方法的規定與企業會計準則的規定相同。2×19 年 12 月 31 日，天河公司估計該專利權的可收回金額為 300 萬元。2×19 年 12 月 31 日，天河公司確定的該項無形資產的帳面價值和計稅基礎如下：

計提減值準備前的帳面價值＝600−600÷10×3＝420（萬元）

應計提的減值準備＝420−300＝120（萬元）

計提減值準備後的帳面價值＝420−120＝300（萬元）

計稅基礎＝600−600÷10×3＝420（萬元）

該項無形資產因計提減值準備，導致其帳面價值小於計稅基礎 120 萬元，該差額將於未來期間減少企業的應納稅所得額。

3. 以公允價值進行後續計量的資產

企業會計準則規定，以公允價值進行後續計量的資產（主要有以公允價值計量且其變動計入當期損益的金融資產、以公允價值計量且其變動計入其他綜合收益的金融資產、採用公允價值模式進行後續計量的投資性房地產等），某一會計期末的帳面價值為該時點的公允價值。稅法規定，以公允價值進行後續計量的金融資產、投資性房地產等，持有期間公允價值的變動不計入應納稅所得額，在實際處置時，處置取得的價款扣除其歷史成本或以歷史成本為基礎確定的處置成本後的差額計入處置期間的應納稅所得額。因此，根據稅法的規定，企業以公允價值進行後續計量的資產在持有期間計稅時不考慮公允價值的變動，其計稅基礎仍為取得成本或以取得成本為基礎確定的成本，由此導致該類資產的帳面價值與其計稅基礎之間產生差異。

【例 13-51】2×19 年 9 月 20 日，天河公司自公開市場購入 A 公司股票 200 萬股並分類為以公允價值計量且其變動計入當期損益的金融資產，支付購買價款（不含交易稅費）1,800 萬元。2×19 年 12 月 31 日，A 公司股票的市價為 1,500 萬元。2×19 年 12 月 31 日，天河公司確定的該項金融資產的帳面價值和計稅基礎如下：

帳面價值＝期末公允價值＝1,500（萬元）

計稅基礎＝初始入帳成本＝1,800（萬元）

該項金融資產因按公允價值進行後續計量，導致其帳面價值小於計稅基礎 300 萬元，該差額將於未來期間減少企業的應納稅所得額。

【例 13-52】天河公司的投資性房地產採用公允價值模式進行後續計量。2×19 年 1 月 1 日，天河公司將其一棟自用的房屋用於對外出租，房屋的成本為 1,600 萬元，預計使用年限為 20 年，轉為投資性房地產之前，已使用 4 年，按照年限平均法計提折舊，預計淨殘值為零。假定稅法規定的折舊年限、淨殘值以及折舊方法與企業會計準則的規定相同。2×19 年 12 月 31 日，該項投資性房地產的公允價值為 2,000 萬元。2×19 年 12 月 31 日，天河公司確定的該項投資性房地產的帳面價值和計稅基礎如下：

帳面價值＝期末公允價值＝2,000（萬元）

計稅基礎＝1,600－1,600÷20×5＝1,200（萬元）

該項投資性房地產因按公允價值進行後續計量，導致其帳面價值大於計稅基礎 800 萬元，該差額將於未來期間增加企業的應納稅所得額。

4. 採用權益法核算的長期股權投資

企業會計準則規定，長期股權投資在持有期間，應根據對被投資單位財務和經營政策的影響程度等，分別採用成本法和權益法進行核算。

長期股權投資採用權益法核算時，其帳面價值會隨著初始投資成本的調整、投資損益的確認、利潤分配、應享有被投資單位其他綜合收益及其他權益變動的確認而發生相應的變動。稅法中並沒有權益法的概念，稅法要求長期股權投資在處置時按照取得投資時確定的實際投資成本予以扣除，即長期股權投資的計稅基礎為其投資成本，由此導致了長期股權投資的帳面價值與計稅基礎之間產生差異。

5. 其他計提了減值準備的資產

如前所述，企業的固定資產、無形資產會因計提減值準備而導致其帳面價值與計稅基礎之間產生差異，企業的存貨、金融資產、長期股權投資、投資性房地產等，也同樣會因為計提減值準備而導致其帳面價值與計稅基礎之間產生差異。

【例 13-53】2×19 年 12 月 31 日，天河公司原材料的帳面餘額為 1,000 萬元，經減值測試，確定原材料的可變現淨值為 900 萬元，天河公司計提了存貨跌價準備 100 萬元。假定在此之前，天河公司從未對原材料計提過存貨跌價準備。2×19 年 12 月 31 日，天河公司確定的該項原材料的帳面價值和計稅基礎如下：

帳面價值＝1,000－100＝900（萬元）

計稅基礎＝入帳成本＝1,000（萬元）

該項存貨因計提減值準備，導致其帳面價值小於計稅基礎 100 萬元，該差額將於未來期間減少企業的應納稅所得額。

（二）負債的計稅基礎

負債的計稅基礎，是指負債的帳面價值減去未來期間計算應納稅所得額時按照稅法規定可予以抵扣的金額。用公式表示如下：

負債的計稅基礎=負債的帳面價值-未來期間按照稅法規定可予以稅前扣除的金額

在通常情況下，負債的確認與償還不會影響企業的損益，也不會影響企業的應納稅所得額，未來期間計算應納稅所得額時按照稅法規定可予以稅前扣除的金額為零。因此，負債的計稅基礎一般等於帳面價值。但是，在某些情況下，負債的確認可能會影響企業的損益，進而影響不同期間的應納稅所得額，導致其計稅基礎與帳面價值之間產生差額，如按照企業會計準則的規定確認的某些預計負債等。

1. 因提供產品售後服務等原因確認的預計負債

按照企業會計準則的規定，企業因提供產品售後服務而預計將會發生的支出，在滿足預計負債確認條件時，應於銷售商品當期確認預計負債，同時確認相關的費用。如果按照稅法的規定，與產品售後服務相關的支出未來期間實際發生時准許全額稅前扣除，則該類事項產生的預計負債的帳面價值等於未來期間按照稅法的規定可予以稅前扣除的金額，即該項預計負債的計稅基礎為零。

對於某些事項所確認的預計負債，如果稅法規定在未來期間實際發生相關支出時只准許部分稅前扣除，則其計稅基礎為預計負債的帳面價值減去未來期間計稅時按照稅法的規定可予以稅前扣除的部分，即其計稅基礎為未來期間計稅時按照稅法規定不准許稅前扣除的部分；如果稅法規定相關支出無論何時發生、是否實際發生，一律不准許稅前扣除，即按照稅法規定可予以稅前扣除的金額為零，則該預計負債的計稅基礎等於帳面價值。

【例 13-54】天河股份有限公司對銷售的產品承諾提供 3 年的保修服務。2×19 年 12 月 31 日，該公司資產負債表中列示的因提供產品售後服務而確認的預計負債金額為 200 萬元。假定按照稅法的規定，與產品售後服務相關的費用在實際發生時准許稅前扣除。2×19 年 12 月 31 日，天河公司確定的該項預計負債的帳面價值和計稅基礎如下：

帳面價值=入帳金額=200（萬元）

計稅基礎=200-200=0

該項預計負債的帳面價值與計稅基礎之間產生了 200 萬元的差額，該差額將於未來期間減少企業的應納稅所得額。

【例 13-55】2×17 年 8 月 20 日，天河公司與 B 公司簽訂擔保合同，為 B 公司一筆金額為 2,000 萬元的銀行借款提供全額擔保，該項擔保與天河公司的生產經營活動無關。借款到期時，因 B 公司未能如期還款，銀行已提起訴訟，天河公司成為該訴訟的第二被告，截至 2×19 年 12 月 31 日，法院尚未做出判決。由於 B 公司經營困難，天河公司估計很可能要承擔連帶還款責任。綜合考慮 B 公司目前的財務狀況、法院的審理進展並諮詢了公司的法律顧問後，天河公司預計最有可能承擔的還款金額為 1,000 萬元。為此，天河公司確認了 1,000 萬元的預計負債。根據稅法的有關規定，企業對外提供與本企業生產經營活動無關的擔保，相關擔保損失不得在所得稅前扣除。

由於天河公司提供的擔保與其生產經營活動無關，因此計入當期營業外支出的擔保損失不准許稅前扣除，並且在以後期間也不得從稅前扣除，即該項預計負債未來期間准許扣除的金額為零。該項預計負債的計稅基礎為 1,000 萬元，等於其帳面價值，兩者之間不存在差異。

2. 預收款項

企業預收的款項，因不符合企業會計準則規定的收入確認條件，會計上將其確認為負債。稅法中對於收入的確認原則一般與會計規定相同，即會計上未確認收入的，計稅時一般也不計入應納稅所得額。因此，預收款項形成的負債，其計稅基礎一般情況下等於帳面價值。

如果某些因不符合收入確認條件而未確認為收入的預收款項，按照稅法的規定應計入收款當期的應納稅所得額，則該預收款項在未來期間確認為收入時，就不再需要計算繳納所得稅，即未來期間確認的收入可以全額從稅前扣除。因此，在該預收款項產生期間，其計稅基礎為零。

【例 13-56】2×19 年 12 月 20 日，天河公司預收了一筆合同款，金額為 500 萬元，因不符合收入確認條件而作為合同負債入帳。假定按照稅法的規定，該款項應計入收款當期應納稅所得額計算應納所得稅。2×19 年 12 月 31 日，天河公司確定的該項合同負債的帳面價值和計稅基礎如下：

帳面價值＝入帳金額＝500（萬元）

計稅基礎＝500－500＝0

該項合同負債的帳面價值與計稅基礎之間產生了 500 萬元的差額，該差額將於未來期間減少企業的應納稅所得額。

3. 應付職工薪酬

企業會計準則規定，企業為獲得職工提供的服務給予的各種形式的報酬以及其他相關支出都應作為職工薪酬，根據職工提供服務的受益對象，計入有關成本費用，同時確認為負債（應付職工薪酬）。稅法規定，企業發生的合理的職工薪酬，准許稅前扣除，如支付給職工的工資薪金、按國家規定的範圍和標準為職工繳納的基本社會保險費、住房公積金、補充養老保險費、補充醫療保險費等。對有些職工薪酬，稅法規定了稅前扣除的標準，如企業發生的職工福利費支出，不超過工資薪金總額 14%的部分准許稅前扣除；還有一些職工薪酬，稅法規定不得稅前扣除，如企業為職工支付的商業保險費（企業為特殊工種職工支付的人身安全保險費等按規定可以稅前扣除的商業保險費除外）。

對於發生當期准許稅前扣除的職工薪酬，以後期間不存在稅前扣除問題，因此企業確認的負債的帳面價值等於計稅基礎；對於超過稅前扣除標準支付的職工薪酬及不得稅前扣除的職工薪酬，在以後期間一般也不准許稅前扣除，因此企業確認的負債的帳面價值也等於計稅基礎。

【例 13-57】2×19 年 12 月，天河公司計入成本費用的職工薪酬總額為 5, 600 萬元，其中應支付的工資薪金為 3, 500 萬元，應繳納的社會保險費和住房公積金為 1, 500 萬元，應支付的職工福利費為 600 萬元。上述職工薪酬至 2×19 年 12 月 31 日都未實際支付，形成資產負債表中的應付職工薪酬。按照稅法的規定，計入當期成本費用的職工薪酬中，工資薪金、社會保險費和住房公積金可予以稅前扣除，職工福利費可予以稅前扣除的金額為 490 萬元（3, 500×14%）。

工資薪金、社會保險費和住房公積金准許當期稅前扣除，不存在以後期間稅前扣除問題；職工福利費大於准許稅前扣除金額的差額 110 萬元（600－490）不准許當期稅前扣除，並且在以後期間也不得從稅前扣除，即應付職工薪酬未來期間准許扣除的金額為零。因此，應付職工薪酬的計稅基礎為 5, 600 萬元（5, 600－0），等於其帳面價值，兩者之間不存在差異。

三、暫時性差異

暫時性差異是指資產、負債的帳面價值與其計稅基礎不同產生的差額。暫時性差異按照對未來期間應納稅所得額的不同影響，分為應納稅暫時性差異和可抵扣暫時性差異。

（一）應納稅暫時性差異

應納稅暫時性差異是指在確定未來收回資產或清償負債期間的應納稅所得額時，將導致產生應稅金額的暫時性差異，即該項暫時性差異在未來期間轉回時，將會增加轉回期間的應納稅所得額和相應的應交所得稅。應納稅暫時性差異通常產生於下列情況：

1. 資產的帳面價值大於其計稅基礎。

資產的帳面價值代表的是企業在持續使用和最終處置該項資產時將取得的經濟利益總額，而計稅基礎代表的是資產在未來期間可予以稅前扣除的金額。如果資產的帳面價值大於其計稅基礎，則表明該項資產未來期間產生的經濟利益不能全部稅前抵扣，兩者之間的差額需要繳納所得稅，從而產生應納稅暫時性差異。例如，企業持有的一項以公允價值計量且其變動計入當期損益的金融資產，購買成本為2,000萬元，期末公允價值為2,500萬元，即其帳面價值為2,500萬元，計稅基礎為2,000萬元；期末帳面價值大於計稅基礎的差額500萬元，將導致出售該金融資產期間的應納稅所得額相對於會計收益增加500萬元，因此屬於應納稅暫時性差異。在前面的舉例中，**【例13-45】**、**【例13-49】**、**【例13-52】**所列舉的差異都屬於資產的帳面價值大於其計稅基礎導致的應納稅暫時性差異。

2. 負債的帳面價值小於其計稅基礎。

負債的帳面價值為企業預計在未來期間清償該項負債時的經濟利益流出，而其計稅基礎代表的是帳面價值在扣除稅法規定未來期間准許稅前扣除的金額之後的差額。負債的帳面價值與其計稅基礎不同產生的暫時性差異，本質上是與該項負債相關的費用支出在未來期間計稅時可予以稅前扣除的金額。

負債產生的暫時性差異＝負債的帳面價值－負債的計稅基礎

＝負債的帳面價值－（負債的帳面價值－未來期間計稅時按照稅法規定可予以稅前扣除的金額）

＝未來期間計稅時按照稅法規定可予以稅前扣除的金額

負債的帳面價值小於其計稅基礎，就意味著該項負債在未來期間計稅時可予以稅前扣除的金額為負數，即應在未來期間應納稅所得額的基礎上進一步增加應納稅所得額和相應的應交所得稅，產生應納稅暫時性差異。

（二）可抵扣暫時性差異

可抵扣暫時性差異是指在確定未來收回資產或清償負債期間的應納稅所得額時，將導致產生可抵扣金額的暫時性差異，即該項暫時性差異在未來期間轉回時，將會減少轉回期間的應納稅所得額和相應的應交所得稅。可抵扣暫時性差異通常產生於下列情況：

1. 資產的帳面價值小於其計稅基礎。

資產的帳面價值小於其計稅基礎，意味著資產在未來期間產生的經濟利益小於按照稅法規定准許稅前扣除的金額，兩者之間的差額可以減少企業在未來期間的應納稅所得額，從而減少未來期間的應交所得稅，產生可抵扣暫時性差異。例如，企業的一筆應收帳款，帳面餘額為1,000萬元，已計提壞帳準備為200萬元，即其帳面價值為800萬元，計稅基礎為1,000萬元；期末帳面價值小於計稅基礎的差額為200萬元，將導致應收帳款發生實質性損失期間的應納稅所得額相對於會計收益減少200萬元，因此屬於可抵扣暫時性差異。在前面的舉例中，**【例13-46】**、**【例13-47】**、**【例13-48】**、**【例13-50】**、**【例13-51】**、**【例13-53】**所列舉的差異都屬於資產的帳面價值小於其計稅基礎導致的可抵扣暫時性差異。

2. 負債的帳面價值大於其計稅基礎。

負債的帳面價值大於其計稅基礎，就意味著該項負債在未來期間可予以稅前抵扣的金額為正數，即按照稅法規定與該項負債相關的費用支出未來期間計稅時可以全部或部分自應稅經濟利益中扣除，從而減少未來期間的應納稅所得額和相應的應交所得稅，產生可抵扣暫時性差異。例如，企業因合同違約而被客戶提起訴訟，要求支付違約金，至年末時法院尚未做出判決，企業為此計提了100萬元的預計負債。由於稅法准許合同違約金在支付時從稅前扣除，因此該項預計負債的帳面價值為 100 萬元，計稅基礎為零；期末帳面價值大於計稅基礎的差額 100 萬元，將導致實際支付合同違約金期間的應納稅所得額相對於會計收益減少 100 萬元，因此屬於可抵扣暫時性差異。在前面的舉例中，**【例 13-54】**、**【例 13-56】**所列舉的差異都屬於負債的帳面價值大於其計稅基礎導致的可抵扣暫時性差異。

（三）特殊項目產生的暫時性差異

1. 未作為資產、負債確認的項目產生的暫時性差異

某些交易或事項發生以後，因為不符合資產、負債的確認條件而未確認為資產負債表中的資產或負債，但按照稅法規定能夠確定其計稅基礎的，其帳面價值與計稅基礎之間的差異也構成暫時性差異。例如，企業發生的廣告費和業務宣傳費支出按照企業會計準則的規定，在發生時應全部計入當期損益，不形成資產負債表中的資產，即其帳面價值為零；而根據稅法的規定，不超過當年銷售（營業）收入 15%的部分，准許扣除；超過部分，准許在以後納稅年度結轉扣除。因此，在廣告費和業務宣傳費支出超過當年銷售（營業）收入 15%的情況下，由於可以按超出部分確定其計稅基礎，因此在其支出期間形成一項可抵扣暫時性差異。

2. 可抵扣虧損及稅款抵減產生的暫時性差異

按照稅法的規定可以結轉以後年度的未彌補虧損及稅款抵減，雖然不是資產、負債的帳面價值與計稅基礎不同導致的，但與可抵扣暫時性差異具有同樣的作用，都能減少未來期間的應納稅所得額和相應的應交所得稅，應視同可抵扣暫時性差異。例如，某企業 2×14 年度發生經營虧損 1,000 萬元，根據稅法的規定，准許向以後年度結轉，用以後年度的所得彌補，但結轉年限最長不得超過 5 年。因此，該企業 2×14 年度的經營虧損可用 2×15 年至 2×19 年連續 5 個會計年度的應納稅所得額予以彌補，共計可以抵減該期間應納稅所得額 1,000 萬元，在 2×14 年發生經營虧損期間形成一項可抵扣暫時性差異。

四、遞延所得稅負債和遞延所得稅資產

資產負債表日，企業應通過比較資產、負債的帳面價值與計稅基礎，確定應納稅暫時性差異和可抵扣暫時性差異，進而按照企業會計準則規定的原則確認相關的遞延所得稅負債和遞延所得稅資產。

（一）遞延所得稅負債的確認和計量

應納稅暫時性差異在未來期間轉回時，會增加轉回期間的應納稅所得額和相應的應交所得稅，導致經濟利益流出企業，因此在其產生期間，相關的所得稅影響金額構成一項未來的納稅義務，應確認為一項負債，即遞延所得稅負債產生於應納稅暫時性差異。

1. 遞延所得稅負債的確認原則

為了充分反應交易或事項發生後引起的未來期間納稅義務，除企業會計準則中明確規定可不確認遞延所得稅負債的特殊情況外，企業對於所有的應納稅暫時性差異都應確認相關的遞延所得稅負債。

在確認應納稅暫時性差異形成的遞延所得稅負債的同時，由於導致應納稅暫時性差異產生的交易或事項在發生時大多會影響到會計利潤或應納稅所得額，因此相關的所得稅影響通常應增加利潤表中的所得稅費用，但與直接計入所有者權益的交易或事項相關的所得稅影響及與企業合併中取得的資產、負債相關的所得稅影響除外。

【例 13-58】2×18 年 9 月 20 日，天河公司購入 D 公司股票並分類為以公允價值計量且其變動計入當期損益的金融資產，成本為 200,000 元。2×18 年 12 月 31 日，天河公司

持有的 D 公司股票公允價值為 260,000 元。2×19 年 4 月 10 日，天河公司將持有的 D 公司股票全部售出，收到價款 280,000 元。假定除該項金融資產產生的會計與稅收之間的差異外，不存在其他會計與稅收的差異。天河公司適用的企業所得稅稅率為 25%。天河公司各年資產負債表日確認遞延所得稅負債的帳務處理如下：

（1）2×18 年 12 月 31 日。該項金融資產期末帳面價值大於計稅基礎的差額 60,000 元（260,000-20,000）屬於應納稅暫時性差異，天河公司應相應地確認遞延所得稅負債 15,000 元（60,000×25%）。

借：所得稅費用　　15,000

　貸：遞延所得稅負債　　15,000

（2）2×19 年 12 月 31 日。天河公司出售 D 公司股票時確認的收益為 20,000 元（280,000-260,000），而 2×19 年度計稅時，出售 D 公司股票應確定的應納稅所得額則為 80,000 元（280,000-200,000），兩者之差 60,000 元為 2×18 年度產生的應納稅暫時性差異在 2×19 年度全部轉回增加的本年應納稅所得額，並相應地增加了本年應交所得稅 15,000 元（60,000×25%）。由於 2×18 年度產生的應納稅暫時性差異在 2×19 年度已經全部轉回，即相應的遞延所得稅負債已經全部償付。因此，2×19 年資產負債表日，天河公司應將上年確認的遞延所得稅負債全部轉回。

借：遞延所得稅負債　　15,000

　貸：所得稅費用　　15,000

【例 13-59】2×14 年 12 月 25 日，天河公司購入一套生產設備，實際成本為 750,000 元，預計使用年限為 5 年，預計淨殘值為零，採用年限平均法計提折舊。假定稅法對折舊年限和淨殘值的規定與會計相同，但准許該設備採用加速折舊法計提折舊，天河公司在計稅時按年數總和法計提折舊費用。假定除該項固定資產產生的會計與稅收之間的差異外，不存在其他會計與稅收的差異。天河公司適用的企業所得稅稅率為 25%。

根據上述資料，天河公司各年年末有關遞延所得稅確認表如表 13-16 所示。

表 13-16　遞延所得稅確認表　　單位：元

項　　目	2×15 年	2×16 年	2×17 年	2×18 年	2×19 年
實際成本	750,000	750,000	750,000	750,000	750,000
累計會計折舊	150,000	300,000	450,000	600,000	750,000
期末帳面價值	600,000	450,000	300,000	150,000	0
累計計稅折舊	250,000	450,000	600,000	700,000	750,000
期末計稅基礎	500,000	300,000	150,000	50,000	0
應納稅暫時性差異	100,000	150,000	150,000	100,000	0
遞延所得稅負債期末餘額	25,000	37,500	37,500	25,000	0

由表 13-16 可知，天河公司各年資產負債表日確認遞延所得稅負債的帳務處理如下：

（1）2×15 年 12 月 31 日。

借：所得稅費用　　25,000

　貸：遞延所得稅負債　　25,000

（2）2×16 年 12 月 31 日。2×16 年資產負債表日，遞延所得稅負債期末餘額應為 37,500 元，遞延所得稅負債期初餘額為 25,000 元，因此本期應進一步確認遞延所得稅負債 12,500 元（37,500-25,000）。

借：所得稅費用　　12,500

　貸：遞延所得稅負債　　12,500

(3) 2×17 年 12 月 31 日。2×17 年資產負債表日，遞延所得稅負債期末餘額應為 37,500 元，遞延所得稅負債期初餘額為 37,500 元，因此本期不需確認遞延所得稅負債。

(4) 2×18 年 12 月 31 日。2×18 年資產負債表日，遞延所得稅負債期末餘額應為 25,000 元，遞延所得稅負債期初餘額為 37,500 元，因此本期應轉回原已確認的遞延所得稅負債 12,500 元 (37,500-25,000)。

借：遞延所得稅負債　　12,500

　貸：所得稅費用　　12,500

(5) 2×19 年 12 月 31 日。2×19 年資產負債表日，遞延所得稅負債期末餘額應為零，遞延所得稅負債期初餘額為 25,000 元，本期應將遞延所得稅負債帳面餘額全部轉回。

借：遞延所得稅負債　　25,000

　貸：所得稅費用　　25,000

2. 不確認遞延所得稅負債的特殊情況

在下列情況下，雖然資產、負債的帳面價值與其計稅基礎不同，產生了應納稅暫時性差異，但基於各種考慮，企業會計準則明確規定不確認相關的遞延所得稅負債。

(1) 商譽的初始確認。在非同一控制下的企業合併中，合併成本大於合併中取得的被購買方可辨認淨資產公允價值份額的差額，按照企業會計準則的規定應確認為商譽。對於企業合併的稅收處理，通常情況下，被合併企業應視為按公允價值轉讓、處置全部資產，計算資產的轉讓所得，依法繳納所得稅；合併企業接受被合併企業的有關資產，計稅時可以按經評估確認的公允價值確定計稅基礎。因此，商譽在初始確認時，其計稅基礎一般等於帳面價值，兩者之間不存在差異；該商譽在後續計量過程中因企業會計準則的規定與稅法的規定不同產生應納稅暫時性差異時，應確認相關的所得稅影響。但是，如果企業合併符合稅法規定的免稅合併條件，在企業按照稅法規定進行免稅處理的情況下，購買方在企業合併中取得的被購買方有關資產、負債應維持其原計稅基礎不變，被購買方原帳面上未確認商譽，計稅時也不認可商譽的價值，即商譽的計稅基礎為零，商譽初始確認的帳面價值大於其計稅基礎的差額形成一項應納稅暫時性差異。

對於商譽的帳面價值大於其計稅基礎產生的應納稅暫時性差異，企業會計準則規定不確認與其相關的遞延所得稅負債，原因在於：第一，如果確認該部分暫時性差異產生的遞延所得稅負債，則意味著購買方在企業合併中獲得的可辨認淨資產的價值量下降，企業應增加商譽的價值，而商譽的帳面價值增加以後，可能很快就要計提減值準備；同時，商譽帳面價值的增加還會導致進一步產生應納稅暫時性差異，使得遞延所得稅負債和商譽價值量的變化不斷循環。第二，商譽本身就是企業合併成本在取得的被購買方可辨認資產、負債之間進行分配後的剩餘價值，確認遞延所得稅負債進一步增加其帳面價值有違歷史成本原則，會影響會計信息的可靠性。

(2) 除企業合併以外的其他交易或事項中，如果該項交易或事項發生時既不影響會計利潤，也不影回應納稅所得額，則所產生的資產、負債的初始確認金額與其計稅基礎不同形成應納稅暫時性差異的，交易或事項發生時不確認相應的遞延所得稅負債。這種情況下不確認相關的遞延所得稅負債，主要是因為交易發生時既不影響會計利潤，也不影回應納稅所得額，確認遞延所得稅負債的直接結果是增加有關資產的帳面價值或減少有關負債的帳面價值，使得資產、負債在初始確認時不符合歷史成本原則，影響會計信息的可靠性。

(3) 與子公司、聯營企業、合營企業投資等相關的應納稅暫時性差異，一般應確認相關的遞延所得稅負債，但同時滿足以下兩個條件的除外：第一，投資企業能夠控制暫時性差異轉回的時間；第二，該暫時性差異在可預見的未來很可能不會轉回。滿足上述條件時，投資企業可以運用自身的影響力決定暫時性差異的轉回，如果不希望其轉回，則在可預見的未來不轉回該項暫時性差異，從而對未來期間不會產生所得稅影響，無須確認相應的遞延所得稅負債。

對於採用權益法核算的長期股權投資，其帳面價值與計稅基礎不同產生的暫時性差異是否需要確認相關的所得稅影響，應當考慮持有該投資的意圖。第一，企業擬長期持有該項長期股權投資，一般不需要確認相關的所得稅影響。長期股權投資採用權益法核算導致的暫時性差異中，因初始投資成本的調整而產生的暫時性差異和因確認應享有被投資單位其他綜合收益、其他權益變動而產生的暫時性差異，要待處置該項投資時才能轉回；因確認投資損益而產生的暫時性差異，一部分會隨著被投資單位分配現金股利或利潤而轉回，另一部分要待處置該項投資時才能轉回。如果企業擬長期持有該項長期股權投資，則意味著處置投資時才能轉回的暫時性差異在可預見的未來期間不會轉回，對未來期間沒有所得稅影響；因被投資單位分配現金股利或利潤而轉回的暫時性差異，如果分回的現金股利或利潤免稅，也不存在對未來期間的所得稅影響。因此，在企業擬長期持有該項長期股權投資的情況下，一般不需要確認相關的所得稅影響。第二，企業改變持有意圖擬近期對外出售該項長期股權投資，都應確認相關的所得稅影響。按照稅法的規定，企業在轉讓或處置投資資產時，投資資產的成本准許扣除，即長期股權投資的計稅基礎為其投資成本。如果企業擬近期對外出售該項長期股權投資，則意味著採用權益法核算導致的暫時性差異都將隨投資的出售而轉回，從而影響出售股權期間的應納稅所得額和相應的應交所得稅。因此，在企業改變持有意圖擬近期對外出售該項長期股權投資的情況下，都應確認相關的所得稅影響。

3. 遞延所得稅負債的計量

資產負債表日，遞延所得稅負債應當根據稅法的規定，按照預期清償該負債期間的適用稅率計量，即遞延所得稅負債應以相關應納稅暫時性差異轉回期間的適用稅率計量。無論應納稅暫時性差異的轉回期間如何，相關的遞延所得稅負債都不要求折現。

（二）遞延所得稅資產的確認和計量

可抵扣暫時性差異在轉回期間將減少企業的應納稅所得額和相應的應交所得稅，導致經濟利益流入企業，因而在其產生期間，相關的所得稅影響金額構成一項未來的經濟利益，應確認為一項資產，即遞延所得稅資產產生於可抵扣暫時性差異。

1. 遞延所得稅資產的確認原則

企業應當以可抵扣暫時性差異轉回的未來期間可能取得的應納稅所得額為限，確認可抵扣暫時性差異產生的遞延所得稅資產。

遞延所得稅資產能夠給企業帶來的未來經濟利益，表現在可以減少可抵扣暫時性差異轉回期間的應交所得稅。因此，該項經濟利益是否能夠實現，取決於在可抵扣暫時性差異轉回的未來期間內，企業是否能夠產生足夠的應納稅所得額用以利用可抵扣暫時性差異。如果企業有明確的證據表明在可抵扣暫時性差異轉回的未來期間能夠產生足夠的應納稅所得額，使得與可抵扣暫時性差異相關的經濟利益能夠實現的，應當確認可抵扣暫時性差異產生的遞延所得稅資產。如果企業在可抵扣暫時性差異轉回的未來期間無法產生足夠的應納稅所得額，使得與可抵扣暫時性差異相關的經濟利益無法全部實現的，則應當以可能取得的應納稅所得額為限，確認相應的可抵扣暫時性差異產生的遞延所得稅資產。如果企業在可抵扣暫時性差異轉回的未來期間無法產生應納稅所得額，使得與可抵扣暫時性差異相關的經濟利益無法實現的，就不應確認遞延所得稅資產。在判斷企業於可抵扣暫時性差異轉回的未來期間是否能夠產生足夠的應納稅所得額時，應考慮企業在未來期間通過正常的生產經營活動能夠實現的應納稅所得額和以前期間產生的應納稅暫時性差異在未來期間轉回時將增加的應納稅所得額兩方面的影響。

在確認可抵扣暫時性差異形成的遞延所得稅資產的同時，由於導致可抵扣暫時性差異產生的交易或事項在發生時大多會影響到會計利潤或應納稅所得額，因此相關的所得稅影響通常應減少利潤表中的所得稅費用，但與直接計入所有者權益的交易或事項相關的所得稅影響及與企業合併中取得的資產、負債相關的所得稅影響除外。

【例 13-60】2×18 年 12 月 31 日，天河公司庫存 A 商品的帳面餘額為 600 萬元，經減值測試，確定 A 商品的可變現淨值為 500 萬元，天河公司計提了存貨跌價準備 100 萬元。2×19 年度，天河公司將庫存 A 商品全部售出，收到出售價款（不包括收取的增值稅銷項稅額）480 萬元。假定除該項庫存商品計提存貨跌價準備產生的會計與稅收之間的差異外，不存在其他會計與稅收的差異。天河公司預計在未來期間能夠產生足夠的應納稅所得額用來抵扣可抵扣暫時性差異，適用的企業所得稅稅率為 25%。天河公司各年資產負債表日確認遞延所得稅資產的帳務處理如下：

（1）2×18 年 12 月 31 日。庫存 A 商品期末帳面價值小於計稅基礎的差額 100 萬元（600-500），屬於可抵扣暫時性差異。預計未來期間能夠產生足夠的應納稅所得額用來抵扣可抵扣暫時性差異，天河公司應確認遞延所得稅資產 25 萬元（100×25%）。

借：遞延所得稅資產　　250,000

　貸：所得稅費用　　250,000

（2）2×19 年 12 月 31 日。天河公司出售 A 商品時確認的損失為 20 萬元（500-480），而 2×19 年度計稅時，出售 A 商品准許從當期應納稅所得額中扣除的損失則為 120 萬元（600-480），兩者之差 100 萬元為 2×18 年度產生的可抵扣暫時性差異在 2×19 年度全部轉回所減少的本年應納稅所得額，並相應地減少了本年應交所得稅 25 萬元（100×25%）。由於 2×18 年度產生的可抵扣暫時性差異在 2×19 年度已經全部轉回，即與遞延所得稅資產相關的經濟利益已經全部實現，因此 2×19 年資產負債表日，天河公司應將上年確認的遞延所得稅資產全部轉回。

借：所得稅費用　　250,000

　貸：遞延所得稅資產　　250,000

【例 13-61】2×13 年 12 月 15 日，天河公司購入一套管理設備，實際成本為 300,000 元，預計使用年限為 4 年，預計淨殘值為零，採用年限平均法計提折舊。假定稅法對該類設備折舊方法和淨殘值的規定與企業會計準則相同，但規定的最短折舊年限為 6 年，天河公司在計稅時按稅法規定的最短折舊年限計提折舊費用。假定除該項固定資產因折舊年限不同導致的會計與稅收之間的差異外，不存在其他會計與稅收的差異。天河公司預計在未來期間能夠產生足夠的應納稅所得額用以抵扣可抵扣暫時性差異，適用的企業所得稅稅率為 25%。

根據上述資料，天河公司各年年末有關遞延所得稅確認表如表 13-17 所示。

表 13-17　遞延所得稅確認表　　單位：元

項　目	2×14 年	2×15 年	2×16 年	2×17 年	2×18 年	2×19 年
實際成本	300,000	300,000	300,000	300,000	300,000	300,000
累計會計折舊	75,000	150,000	225,000	300,000	0	0
期末帳面價值	225,000	150,000	75,000	0	0	0
累計計稅折舊	50,000	100,000	150,000	200,000	250,000	300,000
期末計稅基礎	250,000	200,000	150,000	100,000	50,000	0
可抵扣暫時性差異	25,000	50,000	75,000	100,000	50,000	0
遞延所得稅資產期末餘額	6,250	12,500	18,750	25,000	12,500	0

根據表 13-17 的資料，天河公司各年資產負債表日確認遞延所得稅資產的帳務處理如下：

（1）2×14 年 12 月 31 日。

借：遞延所得稅資產　　6,250

　貸：所得稅費用　　6,250

（2）2×15 年 12 月 31 日。2×15 年資產負債表日，遞延所得稅資產期末餘額應為 12,500 元，遞延所得稅資產期初餘額為 6,250 元，因而本期應進一步確認遞延所得稅資產 6,250 元（12,500-6,250）。

借：遞延所得稅資產　　6,250

　貸：所得稅費用　　6,250

（3）2×16 年 12 月 31 日。2×16 年資產負債表日，遞延所得稅資產期末餘額應為 18,750 元，遞延所得稅資產期初餘額為 12,500 元，因而本期應進一步確認遞延所得稅資產 6,250 元（18,750-12,500）。

借：遞延所得稅資產　　6,250

　貸：所得稅費用　　6,250

（4）2×17 年 12 月 31 日。2×17 年資產負債表日，遞延所得稅資產期末餘額應為 25,000 元，遞延所得稅資產期初餘額為 18,750 元，因而本期應進一步確認遞延所得稅資產 6,250 元（25,000-18,750）。

借：遞延所得稅資產　　6,250

　貸：所得稅費用　　6,250

（5）2×18 年 12 月 31 日。2×18 年資產負債表日，遞延所得稅資產期末餘額應為 12,500 元，遞延所得稅資產期初餘額為 25,000 元，因而本期應轉回原已確認的遞延所得稅資產 12,500 元（25,000-12,500）。

借：所得稅費用　　12,500

　貸：遞延所得稅資產　　12,500

（6）2×19 年 12 月 31 日。2×19 年資產負債表日，遞延所得稅資產期末餘額應為零，遞延所得稅資產期初餘額為 12,500 元，本期應將遞延所得稅資產帳面餘額全部轉回。

借：所得稅費用　　12,500

　貸：遞延所得稅資產　　12,500

2. 不確認遞延所得稅資產的特殊情況

除企業合併以外的其他交易或事項中，如果該項交易或事項發生時既不影響會計利潤，也不影回應納稅所得額，則產生的資產、負債的初始確認金額與其計稅基礎不同形成可抵扣暫時性差異的，交易或事項發生時不確認相應的遞延所得稅資產，其原因與這種情況下不確認應納稅暫時性差異的所得稅影響相同。例如，企業為開發新技術、新產品、新工藝發生的研究開發費用，在形成無形資產時，由於稅法規定可以按照無形資產成本的 150%計算每期攤銷額，由此產生了無形資產在初始確認時帳面價值小於計稅基礎的差異。由於該無形資產的確認不是產生於企業合併交易，同時在確認時既不影響會計利潤，也不影回應納稅所得額，按照企業會計準則的規定，不確認該項可抵扣暫時性差異的所得稅影響。

3. 遞延所得稅資產的計量

資產負債表日，遞延所得稅資產應當根據稅法的規定，按照預期收回該資產期間的適用稅率計量。無論可抵扣暫時性差異的轉回期間如何，遞延所得稅資產均不進行折現。

企業在確認了遞延所得稅資產以後，應當於資產負債表日對遞延所得稅資產的帳面價值進行復核。如果根據新的情況估計未來期間很可能無法取得足夠的應納稅所得額用以利用可抵扣暫時性差異，使得與遞延所得稅資產相關的經濟利益無法全部實現的，應當按預期無法實現的部分減計遞延所得稅資產的帳面價值。同時，除原確認時計入所有者權益的遞延所得稅資產的減計金額應計入所有者權益外，其他情況都應增加當期的所得稅費用。因估計無法取得足夠的應納稅所得額用以利用可抵扣暫時性差異而減計遞延所得稅資產帳面價值的，後續期間根據新的環境和情況判斷又能夠產生足夠的應納稅所得額利用可抵扣暫時性差異，使得遞延所得稅資產包含的經濟利益預計能夠實現的，應相應恢復遞延所得稅資產的帳面價值。

(三) 特殊交易或事項中涉及的遞延所得稅的確認

1. 與直接計入所有者權益的交易或事項相關的遞延所得稅

直接計入所有者權益的交易或事項主要有以公允價值計量且其變動計入其他綜合收益的金融資產確認的公允價值變動金額、會計政策變更採用追溯調整法調整期初留存收益、前期差錯更正採用追溯重述法調整期初留存收益、同時包含負債及權益成分的金融工具在初始確認時將分拆的權益成分計入其他資本公積等。暫時性差異的產生與直接計入所有者權益的交易或事項相關的，在確認遞延所得稅負債或遞延所得稅資產的同時，相關的所得稅影回應當計入所有者權益。

【例 13-62】2×18 年 3 月 20 日，天河公司自公開市場買入 B 公司債券並分類為以公允價值計量且其變動計入其他綜合收益的金融資產，初始投資成本為 500 萬元（等於債券面值）。稅法規定，企業在未來處置金融資產期間，計算應納稅所得額時應按初始投資成本抵扣。天河公司預計在未來期間能夠產生足夠的應納稅所得額用以抵扣可抵扣暫時性差異，適用的企業所得稅稅率為 25%。在下列不同情況下，天河公司對該項金融資產的公允價值變動及相應的遞延所得稅的帳務處理如下：

(1) 假定 B 公司債券 2×18 年 12 月 31 日的公允價值為 506 萬元。

①2×18 年 12 月 31 日，確認公允價值變動。

借：其他債權投資——公允價值變動	60,000	
貸：其他綜合收益		60,000

②2×18 年 12 月 31 日，確認遞延所得稅負債。

應納稅暫時性差異 = 506−500 = 6（萬元）

遞延所得稅負債 = 6×25% = 1.5（萬元）

借：其他綜合收益	15,000	
貸：遞延所得稅負債		15,000

③2×19 年 6 月 10 日，將 B 公司債券售出，收到價款 507 萬元。

借：銀行存款	5,070,000	
貸：其他債權投資——成本		5,000,000
——公允價值變動		60,000
投資收益		10,000
借：其他綜合收益	45,000	
遞延所得稅負債	15,000	
貸：投資收益		60,000

(2) 假定 B 公司債券 2×18 年 12 月 31 日的公允價值為 496 萬元。

①2×18 年 12 月 31 日，確認公允價值變動。

借：其他綜合收益	40,000	
貸：其他債權投資——公允價值變動		40,000

②2×18 年 12 月 31 日，確認遞延所得稅資產。

可抵扣暫時性差異 = 500−496 = 4（萬元）

遞延所得稅資產 = 4×25% = 1（萬元）

借：遞延所得稅資產　　10,000

　貸：其他綜合收益　　10,000

③2×19 年 6 月 10 日，將 B 公司債券售出，收到價款 495 萬元。

借：銀行存款　　4,950,000

　　其他債權投資——公允價值變動　　40,000

　　投資收益　　10,000

　貸：其他債權投資——成本　　5,000,000

借：投資收益　　40,000

　貸：其他綜合收益　　30,000

　　　遞延所得稅資產　　10,000

2. 與企業合併相關的遞延所得稅

企業會計準則與稅法對企業合併的處理不同，可能會造成企業合併中取得的資產、負債的帳面價值與其計稅基礎之間產生差異。暫時性差異的產生與企業合併相關的，在確認遞延所得稅負債或遞延所得稅資產的同時，相關的所得稅影回應調整購買日確認的商譽或計入合併當期損益的金額。

【例 13-63】天河公司以其增發的市場價值為 10,000 萬元的普通股 2,000 萬股作為合併對價，採用吸收合併方式取得 B 公司 100%的淨資產。合併前，天河公司與 B 公司不存在任何關聯方關係。假定該項企業合併符合稅法規定的免稅合併條件，天河公司按照稅法的規定對企業合併進行免稅處理。天河公司預計在未來期間能夠產生足夠的應納稅所得額用以抵扣企業合併產生的可抵扣暫時性差異，適用的企業所得稅稅率為 25%。購買日，B 公司原有各項可辨認資產、負債公允價值和計稅基礎一覽表（為簡化起見，表中各項可辨認資產、負債的公允價值與計稅基礎不存在差異的項目，以「其他資產」或「其他負債」總括）如表 13-18 所示。

表 13-18　B 公司原有各項可辨認資產、負債公允價值和計稅基礎一覽表

單位：萬元

項　目	公允價值	計稅基礎	暫時性差異	
			應納稅暫時性差異	可抵扣暫時性差異
資產				
固定資產	6,000	5,000	1,000	
存貨	1,000	1,200		200
其他資產	8,000	8,000		
資產合計	15,000	14,200	1,000	200
負債				
預計負債	400	0		400
其他負債	5,600	5,600		
負債合計	6,000	5,600	0	400
總計	9,000	8,600	1,000	600

根據上述資料，天河公司在合併日的有關帳務處理如下：

（1）企業合併中應確認的遞延所得稅及商譽計算表如表 13-19 所示。

表 13-19　遞延所得稅及商譽計算表　　單位：萬元

項　　目	金　　額
企業合併成本	10,000
B 公司原有可辨認淨資產公允價值	9,000
考慮遞延所得稅影響前的商譽	1,000
遞延所得稅負債（1,000×25%）	250
遞延所得稅資產（600×25%）	150
考慮所得稅影響商譽價值（250-150）	100
考慮遞延所得稅影響後的商譽（1,000+100）	1,100

（2）編製合併日相關會計分錄如下：

借：固定資產　60,000,000
　　存貨　10,000,000
　　其他資產　80,000,000
　　遞延所得稅資產　1,500,000
　　商譽　11,000,000
　貸：預計負債　4,000,000
　　　其他負債　56,000,000
　　　遞延所得稅負債　2,500,000
　　　股本　20,000,000
　　　資本公積——股本溢價　80,000,000

該項企業合併中確認的商譽帳面價值 1,100 萬元與其計稅基礎 0 之間產生的應納稅暫時性差異，按照企業會計準則的規定，不再進一步確認相關的所得稅影響。

（四）適用稅率變動時對已確認遞延所得稅項目的調整

遞延所得稅負債和遞延所得稅資產代表的是未來期間有關暫時性差異轉回時，導致轉回期間應交所得稅增加或減少的金額。因此，在適用的所得稅稅率發生變動的情況下，企業按照原稅率確認的遞延所得稅負債或遞延所得稅資產就不能反應有關暫時性差異轉回時對應交所得稅金額的影響。在這種情況下，企業應對原已確認的遞延所得稅負債和遞延所得稅資產按照新的稅率進行重新計量，調整遞延所得稅負債及遞延所得稅資產的金額，使之能夠反應未來期間應當承擔的納稅義務或可以獲得的抵稅利益。

在進行上述調整時，除對直接計入所有者權益的交易或事項產生的遞延所得稅負債及遞延所得稅資產的調整金額應計入所有者權益以外，其他情況下對遞延所得稅負債及遞延所得稅資產的調整金額應確認為稅率變動當期的所得稅費用（或收益）。

五、所得稅費用的確認和計量

所得稅會計的主要目的是確定當期應交所得稅及利潤表中的所得稅費用。在資產負債表債務法下，利潤表中的所得稅費用由當期所得稅和遞延所得稅兩部分組成。

（一）當期所得稅

當期所得稅是指企業對當期發生的交易和事項，按照稅法的規定計算確定的應向稅務部門繳納的所得稅金額，即當期應交所得稅。

企業在確定當期應交所得稅時，對於當期發生的交易或事項，會計處理與納稅處理不同的，應在會計利潤的基礎上，按照適用稅收法規的規定進行調整，計算出當期應納稅所得額，按照應納稅所得額與適用所得稅稅率計算確定當期應交所得稅。一般情況下，應納稅所得額可在會計利潤的基礎上，考慮會計處理與納稅處理之間的差異，按照下列公式計算確定：

應納稅所得額＝會計利潤+計入利潤表但不准許稅前扣除的費用±計入利潤表的費用與可予以稅前抵扣的費用之間的差額±計入利潤表的收入與計入應納稅所得額的收入之間的差額－計入利潤表但不計入應納稅所得額的收入±其他需要調整的因素

當期應交所得稅＝應納稅所得額×適用的所得稅稅率

（二）遞延所得稅

遞延所得稅是指按照企業會計準則的規定應當計入當期利潤表的遞延所得稅費用（或收益），其金額為當期應予以確認的遞延所得稅負債減去當期應予以確認的遞延所得稅資產的差額，用公式表示如下：

遞延所得稅＝（期末遞延所得稅負債－期初遞延所得稅負債）－（期末遞延所得稅資產－期初遞延所得稅資產）

其中：期末遞延所得稅負債＝期末應納稅暫時性差異×適用稅率

期末遞延所得稅資產＝期末可抵扣暫時性差異×適用稅率

上式中，期末遞延所得稅負債減去期初遞延所得稅負債，為當期應予以確認的遞延所得稅負債；期末遞延所得稅資產減去期初遞延所得稅資產，為當期應予以確認的遞延所得稅資產。當期應予以確認的遞延所得稅負債與當期應予以確認的遞延所得稅資產之間的差額，為當期應予以確認的遞延所得稅。其中，當期應予以確認的遞延所得稅負債大於當期應予以確認的遞延所得稅資產的差額，為當期應予以確認的遞延所得稅費用，遞延所得稅費用應當計入當期所得稅費用；當期應予以確認的遞延所得稅負債小於當期應予以確認的遞延所得稅資產的差額，為當期應予以確認的遞延所得稅收益，遞延所得稅收益應當抵減當期所得稅費用。

需要注意的是，由於遞延所得稅指的是應當計入當期利潤表的遞延所得稅費用（或收益），因此在計算遞延所得稅時，不應當包括直接計入所有者權益的交易或事項產生的遞延所得稅負債和遞延所得稅資產以及企業合併中產生的遞延所得稅負債和遞延所得稅資產。

（三）所得稅費用

企業在計算確定了當期所得稅及遞延所得稅的基礎上，將兩者之和確認為利潤表中的所得稅費用，即所得稅費用＝當期所得稅+遞延所得稅。

【例 13-64】天河公司適用的企業所得稅稅率為 25%，某年度按照稅法規定計算的應交所得稅為 1,200 萬元。期末，企業通過比較資產、負債的帳面價值與其計稅基礎，確定應納稅暫時性差異為 2,000 萬元，可抵扣暫時性差異為 1,500 萬元，上述暫時性差異都與直接計入所有者權益的交易或事項無關。天河公司不存在可抵扣虧損和稅款抵減，預計在未來期間能夠產生足夠的應納稅所得額用以抵扣可抵扣暫時性差異。

根據上述資料，在下列不同假定情況下，天河公司有關所得稅的帳務處理如下：

（1）假定天河公司的遞延所得稅資產和遞延所得稅負債都無期初餘額。

當期確認的遞延所得稅負債＝2,000×25%＝500（萬元）

當期確認的遞延所得稅資產＝1,500×25%＝375（萬元）

當期確認的遞延所得稅＝500－375＝125（萬元）

當期確認的所得稅費用＝1,200+125＝1,325（萬元）

借：所得稅費用——當期所得稅　　12,000,000
　貸：應交稅費——應交所得稅　　12,000,000
借：所得稅費用——遞延所得稅　　1,250,000
　　遞延所得稅資產　　3,750,000
　貸：遞延所得稅負債　　5,000,000

（2）假定天河公司的遞延所得稅資產期初帳面餘額為 300 萬元，遞延所得稅負債期初帳面餘額為 450 萬元。

當期確認的遞延所得稅負債＝500－450＝50（萬元）
當期確認的遞延所得稅資產＝375－300＝75（萬元）
當期確認的遞延所得稅＝50－75＝－25（萬元）
當期確認的所得稅費用＝1,200－25＝1,175（萬元）

借：所得稅費用——當期所得稅　　12,000,000
　貸：應交稅費——應交所得稅　　12,000,000
借：遞延所得稅資產　　750,000
　貸：遞延所得稅負債　　500,000
　　　所得稅費用——遞延所得稅　　250,000

（3）假定天河公司的遞延所得稅資產期初帳面餘額為 500 萬元，遞延所得稅負債期初帳面餘額為 550 萬元。

當期確認的遞延所得稅負債＝500－550＝－50（萬元）
當期確認的遞延所得稅資產＝375－500＝－125（萬元）
當期確認的遞延所得稅＝－50－（－125）＝75（萬元）
當期確認的所得稅費用＝1,200＋75＝1,275（萬元）

借：所得稅費用——當期所得稅　　12,000,000
　貸：應交稅費——應交所得稅　　12,000,000
借：遞延所得稅負債　　500,000
　　所得稅費用——遞延所得稅　　750,000
　貸：遞延所得稅資產　　1,250,000

【例 13-65】2×19 年 1 月 1 日，天河公司遞延所得稅負債期初餘額為 400 萬元，其中因其他債權投資公允價值變動而確認的遞延所得稅負債金額為 60 萬元；遞延所得稅資產期初餘額為 200 萬元。2×19 年度，天河公司發生下列帳務處理與納稅處理存在差別的交易和事項：

（1）本年會計計提的固定資產折舊費用為 560 萬元，按照稅法規定准許稅前扣除的折舊費用為 720 萬元。

（2）向關聯企業捐贈現金 300 萬元，按照稅法的規定，不准許稅前扣除。

（3）期末確認交易性金融資產公允價值變動收益 300 萬元。

（4）期末確認其他債權投資公允價值變動收益 140 萬元。

（5）當期支付產品保修費用 100 萬元，前期已對產品保修費用計提了預計負債。

（6）違反環保法有關規定支付罰款 260 萬元。

（7）期末計提存貨跌價準備和無形資產減值準備各 200 萬元。

2×19 年 12 月 31 日，天河公司資產、負債的帳面價值與計稅基礎比較表如表 13-20 所示。

表 13-20 資產、負債帳面價值與計稅基礎比較表　　單位：萬元

項　目	帳面價值	計稅基礎	暫時性差異	
			應納稅暫時性差異	可抵扣暫時性差異
交易性金融資產	5,000	4,000	1,000	
其他債權投資	2,500	2,120	380	
存貨	8,000	8,500		500
固定資產	6,000	5,200	800	
無形資產	3,400	3,600		200
預計負債	200	0		200
合計	—	—	2,180	900

2×19 年度，天河公司利潤表中的利潤總額為 6,000 萬元，該公司適用的企業所得稅稅率為 25%。假定天河公司不存在可抵扣虧損和稅款抵減，預計在未來期間能夠產生足夠的應納稅所得額用以抵扣可抵扣暫時性差異。天河公司有關所得稅的帳務處理如下：

（1）計算確定當期所得稅。

應納稅所得額＝6,000－(720－560)＋300－300－100＋260＋200＋200＝6,400（萬元）

應交所得稅＝6,400×25%＝1,600（萬元）

（2）計算確定遞延所得稅。

當期確認的遞延所得稅負債＝2,180×25%－400＝145（萬元）

其中，應計入其他綜合收益的遞延所得稅負債＝380×25%－60＝35（萬元）

當期確認的遞延所得稅資產＝900×25%－200＝25（萬元）

遞延所得稅＝(145－35)－25＝110－25＝85（萬元）

所得稅費用＝1,600＋85＝1,685（萬元）

（3）編製確認所得稅的會計分錄。

借：所得稅費用——當期所得稅　　16,000,000
　貸：應交稅費——應交所得稅　　16,000,000
借：所得稅費用——遞延所得稅　　850,000
　　遞延所得稅資產　　250,000
　貸：遞延所得稅負債　　1,100,000
借：其他綜合收益　　350,000
　貸：遞延所得稅負債　　350,000

第十四章　財務報告

第一節　財務報告概述

一、財務報告的內容

財務報告是企業正式對外揭示或表述財務信息的總結性書面文件。財務報告又稱財務會計報告，中國《企業會計準則——基本準則》將其定義為「企業對外提供的反應企業某一特定日期的財務狀況和某一會計期間的經營成果、現金流量等會計信息的文件」。在市場經濟條件下，由於所有權與經營權分離，企業必須面向市場開展籌資、投資和經營活動，這在客觀上要求企業向市場披露信息，以便幫助現在的和潛在的投資者、債權人和其他會計信息使用者對投資和信貸等做出正確的決策，並提供國家進行必要的宏觀調控時所需的基本數據。在企業對外披露的財務信息中，有些是通過財務報表提供的，另一些則是通過其他財務報告提供的。一般來說，財務報表是財務報告的核心，企業對外提供的主要財務信息都應納入財務報表。財務報告一般應當提供以下信息：

（1）提供企業的經濟資源，包括這些資源上的權利及引起資源和資源權利變動的各種交易、事項的信息。

（2）提供企業在報告期內的經營績效，即企業經營活動（包括投資活動和理財活動）中引起的資產、負債和所有者權益的變動及其結果的信息。

（3）提供企業現金流動的信息。因為一個企業過去、現在和未來的現金流動（尤其是淨現金流動）是現代企業在經濟上有無活力、在財務上有無彈性、在未來發展上有無後勁的重要標誌。就財務報告的外部使用者來說，其特別關注企業的到期利息與本金能否用現金償還、應付股利能否用現金分派以及表明影響企業變現能力或償債能力的其他信息。

（4）反應企業管理層（董事長、經理等）向資源提供者報告如何利用受託使用的資源進行資源的保值、增值活動並履行法律與合同規定的其他義務等有關受託責任的信息。

（5）根據社會經濟的發展，逐漸豐富財務報告信息的內容，包括非財務信息和未來信息，如企業未來經營預測和社會責任的履行情況。

二、財務報告的作用

財務報告的目標是向財務報告使用者提供與企業財務狀況、經營成果和現金流量等有關的會計信息，反應企業管理層受託責任的履行情況，有助於財務報告使用者做出經濟決策。財務報告使用者包括投資者、債權人、政府及其有關部門和社會公眾等。

這裡所說的財務報告，是通用的財務報告，它面向企業外部不同的使用者，所提供的應是外部集團共同關心且對其有用的信息，而不是滿足某類使用者需求的特定信息。財務報告的作用表現在以下幾個方面：

（1）財務報告有助於投資者和債權人等進行合理的決策。在企業外部集團中，投資者、債權人是財務報告最重要的使用者。對於投資者和債權人來說，利用企業有關經濟資源和經濟業務等方面的財務信息，判斷企業在競爭激烈的市場環境中生存、適應、成長與擴展的能力是非常有益的。雖然財務報告提供的信息主要是對過去財務狀況和經營成果的反應與總結，但反應過去是為了預測未來。由於事物的發展存在一定程度的連續性、系統性和規律性，因此財務報告對企業已發生的資金運動及其結果的反應，有助於投資者和債權人等預測企業未來時期的現金流入淨額、流入時間和不確定性。這些因素是外部使用者進行投資、信貸等決策時必須考慮的。

（2）財務報告反應企業管理層的受託經管責任。股份有限公司的「兩權分離」使股東和企業管理層之間出現委託與受託關係。股東把資金投入公司，委託管理人員進行經營管理。股東為了確保自己的切身利益，保證其投入資本的保值與增值，需要經常瞭解管理層對受託經濟資源的經營管理情況。通過公認會計原則或企業會計準則和其他一些法律規章的制約，財務報告能夠較全面、系統、連續、綜合地跟蹤反應企業投入資源的渠道、性質、分佈狀態以及資源的運用效果，從而有助於評估企業的財務狀況與經營成果以及管理層對受託資源的經營管理責任的履行情況。

（3）財務報告能夠幫助企業管理層改善經營管理，協調企業與相關利益集團的關係，促進企業快速、穩定地發展。在現代企業中，相關利益集團是企業各種資源的提供者，任何企業的生存與發展都必須依賴相關利益集團的貢獻、配合與協作。企業管理層的主要職能就是鼓勵和激發相關利益集團保持或擴大對企業的貢獻，協調企業與相關利益集團以及相關利益集團之間的關係。為此，管理人員不但要管理並有效地利用受託管理的各種資源，而且需要定期向相關利益集團全面、系統、連續和客觀地報告對受託資源的管理與利用情況以及利用這些資源所創造的效益及其分配情況。財務報告提供的信息，在這一領域發揮了不可替代的重要作用。

（4）財務報告能夠幫助國家有關部門實現其經濟與社會目標，並進行必要的宏觀調控，促進社會資源的有效配置。這一點在中國社會主義市場經濟體制下尤為重要。由於企業是國民經濟的細胞，通過對企業提供的財務報告資源進行匯總分析，國家有關部門可以考核國民經濟各部門的運行情況、各種財經法律制度的執行情況，一旦發現問題即可及時採取相應措施，通過各種經濟槓桿和政策傾斜，發揮政府在市場經濟優化資源配置中的補充作用。

三、財務報告的披露方式

財務報告不僅包括財務報表，而且包括與會計信息系統有關的其他財務報告。在中國，嚴格意義上的財務報告應當包括財務報表及其附註、審計報告和企業披露的信息四部分。其中，財務報表中的基本財務報表要符合會計準則的規定；財務報表中的附註要符合財政部和中國證監會的規定（針對上市公司）；審計報告是指由具有證券相關從業資格的註冊會計師遵循審計準則進行審計所出具的報告；企業披露的信息是指經註冊會計師審閱並發表的意見。

一般意義上的財務報告由財務報表和其他財務報告組成。財務報表主要提供反應過去的財務信息；其他財務報告主要提供未來的信息，且不限於財務信息。

雖然財務報告與財務報表的目的基本相同，在實務中人們對它們也沒有加以嚴格區分，但根據現有會計準則和慣例，有些財務信息只能通過財務報表呈報，有些財務信息則通過財務報表附註或其他財務報告披露。

（一）財務報表

財務報表是根據公認會計準則，以表格形式概括反應企業財務狀況、經營成果、現金流量情況以及所有者權益變動的書面文件。按照《企業會計準則第 30 號——財務報表列報》的規定，財務報表是對企業財務狀況、經營成果和現金流量的結構性表述。財務報表至少應當包括資產負債表、利潤表、現金流量表、所有者權益（或股東權益）變動表和附註。其中，資產負債表、利潤表、現金流量表和所有者權益（或股東權益）變動表屬於基本財務報表，而附註是對基本財務報表的信息進行進一步的說明、補充或解釋，以便幫助會計信息使用者理解和使用報表信息。在會計實務中，財務報表附註可採用附表和底註等形式。

財務報表格式和附註分別按照一般企業、商業銀行、保險公司、證券公司等企業類型予以規定。企業應當根據其經營活動的性質，確定本企業適用的財務報表格式和附註。

（二）其他財務報告

其他財務報告的編製基礎與方式可以不受企業會計準則的約束，而以靈活多樣的形式提供各種相關的信息，包括定性信息和非會計信息。其他財務報告作為財務報表的輔助報告，提供的信息十分廣泛。這種報告既包括貨幣性和定量信息，又包括非貨幣性和定性信息；既包括歷史性信息，又包括預測性信息。根據國際慣例，其他財務報告的內容主要包括管理層的分析與討論預測報告、物價變動影響報告、社會責任報告等。

四、財務報告的分類

前已述及，一般意義上的財務報告分為財務報表和其他財務報告，而這裡講的分類是指財務報表的分類。財務報表可以按照不同的標準進行分類。

（一）按財務報表不同編報期間分類

按編報期間的不同，財務報表可以分為中期財務報表和年度財務報表。中期財務報表是以短於一個完整會計年度的報告期間為基礎編製的財務報表，包括月報、季報和半年報等。中期財務報表至少應當包括資產負債表、利潤表、現金流量表和附註。其中，中期資產負債表、利潤表和現金流量表應當是完整報表，其格式和內容應當與年度財務報表相一致。與年度財務報表相比，中期財務報表中的附註披露可適當簡略。

（二）按財務報表不同編報主體分類

按編報主體的不同，財務報表可以分為個別財務報表和合併財務報表。個別財務報表是由企業在自身會計核算基礎上對帳簿記錄進行加工而編製的財務報表，主要用以反應企業自身的財務狀況、經營成果和現金流量情況。合併財務報表是以母公司和子公司組成的企業集團為會計主體，根據母公司和所屬子公司的財務報表，由母公司編製的綜合反應企業集團財務狀況、經營成果以及現金流量的財務報表。

五、財務報告的編製原則

（一）報表內容真實可靠

財務報表上的數據直接涉及許多集團的利益，也是許多外部集團進行經濟決策的依據。因此，真實可靠是編製財務報表的必備特徵，否則財務報表的作用就無從談起。財務報表披露的數據和信息必須遵守公認會計原則，從這個意義上講，要求報表內容真實可靠，既有必要，也有可能。財務報表提供的信息是通用信息，是不同使用者集團都能同時得到並為各自進行決策所共同需要的。真實可靠是財務報表信息的主要質量特徵，也就是說，報表中的數據應能由不同的會計人員在採用相同的方法下得出相同的結果。

（二）信息具有相關性

財務會計的目標是提供有助於使用者決策的信息，因此相關性也是編製財務報表的基本要求。從財務報表的內容選擇、指標體系設置到項目分類和排列順序等都應當考慮使用者的決策需要。相關性還要求報表反應的內容要充分完整。企業應將當期發生的交易與事項全部確認並通過報表披露。報表應填列的指標，包括附註和補充資料，都必須填列齊全，不得漏列，即充分披露（揭示）。只有這樣，財務報表的使用者才能全面瞭解企業的經營狀況及其結果。相關性還要求財務報表的編製與報送都必須及時進行。

（三）體現效益大於成本原則

從整個社會角度看，財務報表的編製、使用是具有效益的，但是必須付出一定的代價。財務報表應以最小的投入和有效的產出來產生。也就是說，我們編報並公布財務報表，從報表提供者和使用者目標一致的基礎而言，必須是值得的。編報財務報表及信息加工和輸出，不可能不付出代價，但應能達到較大的效用，即幫助使用者做出合理的經濟決策，從而促進社會資源的優化配置。與財務報表相關聯的成本代價包括：第一，財務數據的收集、加工、傳遞成本；第二，信息使用成本；第三，信息不足、超量、錯誤或不公允，給使用者帶來的損失或影響；第四，信息披露過量給企業帶來的競爭劣勢或給管理人員帶來額外的約束；等等。很顯然，無論是財務報表的成本還是效益都是比較難以確切計量的。但是當人們在確定財務報表內容、披露方式和披露頻率等問題時，總不能不考慮財務報表的成本效益問題。從理論上說，只有提供財務報表的效益超過其所費成本，財務報表才是一種可取的信息披露手段。

六、財務報告列報的基本要求

財務報告列報主要是指財務報表的列報。財務報告列報的基本要求主要是針對財務報表的列報要求提出的。

財務報表列報是指交易和事項在報表中的列示和在附註中的披露。在財務報表的列報中，「列示」通常反應資產負債表、利潤表、現金流量表和所有者權益（或股東權益，下同）變動表等報表中的信息，「披露」通常反應附註中的信息。財務報表應依據各項企業會計準則確認和計量的結果編製，除現金流量表外，按權責發生制編製其他財務報表。

（一）以持續經營為列報基礎

企業應當以持續經營為基礎，根據實際發生的交易和事項，按照《企業會計準則——基本準則》和其他各項企業會計準則的規定進行確認和計量，在此基礎上編製財務報表。企業不應以附註披露代替確認和計量，不恰當的確認和計量也不能通過充分披露相關會計政策而糾正。如果按照各項企業會計準則規定披露的信息不足以讓報表使用者瞭解特定交易或事項對企業財務狀況和經營成果的影響，企業還應當披露其他的必要信息。

在編製財務報表的過程中，企業管理層應當利用所有可獲得信息來評價企業自報告期末起至少 12 個月的持續經營能力。

評價需要考慮宏觀政策風險、市場經營風險、企業目前或長期的盈利能力、償債能力、財務彈性以及企業管理層改變經營政策的意向等因素。評價結果表明對持續經營能力產生重大懷疑的，企業應當在附註中披露導致對持續經營能力產生重大懷疑的因素及企業擬採取的改善措施。

企業如有近期獲利經營的歷史且有財務資源支持，則通常表明以持續經營為基礎編製財務報表是合理的。

企業正式決定或被迫在當期或將在下一個會計期間進行清算或停止營業的，則表明以持續經營為基礎編製財務報表不再合理。在這種情況下，企業應當採用其他基礎編製財務報表，並在附註中聲明財務報表未以持續經營為基礎編製的事實、披露未以持續經營為基礎編製的原因和財務報表的編製基礎。

（二）按重要性原則進行項目列報

財務報表是通過對大量的交易或其他事項進行處理而生成的，這些交易或其他事項按其性質或功能匯總歸類而形成財務報表中的項目。關於項目在財務報表中是單獨列報還是合併列報，應當依據重要性原則來判斷。

在合理預期下，財務報表某項目的省略或錯報會影響使用者據此做出經濟決策，則該項目具有重要性。重要性應當根據企業所處的具體環境，從項目的性質和金額兩方面予以判斷，且對各項目重要性的判斷標準一經確定，不得隨意變更。

判斷項目性質的重要性，應當考慮該項目在性質上是否屬於企業日常活動、是否顯著影響企業的財務狀況、經營成果和現金流量等因素；判斷項目金額大小的重要性，應當考慮該項目金額占資產總額、負債總額、所有者權益總額、營業收入總額、營業成本總額、淨利潤、綜合收益總額等直接相關項目金額的比重或所屬報表單列項目金額的比重。

性質或功能不同的項目，應當在財務報表中單獨列報，但不具有重要性的項目除外。性質或功能類似的項目，其所屬類別具有重要性的，應當按其類別在財務報表中單獨列報。某些項目的重要性程度不足以在資產負債表、利潤表、現金流量表或所有者權益變動表中單獨列示的，但對附註卻具有重要性，則應當在附註中單獨披露。

財務報表中的資產項目和負債項目的金額、收入項目和費用項目的金額、直接計入當期利潤的利得項目和損失項目的金額不得相互抵銷，但企業會計準則另有規定的除外。一組類似交易形成的利得和損失應當以淨額列示，但具有重要性的除外。資產或負債項目按扣除備抵項目後的淨額列示，不屬於抵銷。

非日常活動產生的利得和損失，以同一交易形成的收益扣減相關費用後的淨額列示更能反應交易實質的，不屬於抵銷。

規定在財務報表中單獨列報的項目，應當單獨列報。企業會計準則規定單獨列報的項目，應當增加單獨列報項目。

（三）可比期間的數據列報

當期財務報表的列報，至少應當提供所有列報項目上一個可比會計期間的比較數據以及與理解當期財務報表相關的說明，但企業會計準則另有規定的除外。

財務報表的列報項目發生變更的，應當至少對可比期間的數據按照當期的列報要求進行調整，並在附註中披露調整的原因和性質以及調整的各項目金額。對可比數據進行調整不切實可行的，應當在附註中披露不能調整的原因。

不切實可行是指企業在做出所有合理努力後仍然無法採用某項企業會計準則的規定。

（四）財務報表表首的列報要求與報告期間

財務報表一般分為表首、正表兩部分。其中，在表首部分企業應當在財務報表的顯著位置至少披露下列各項：

（1）編報企業的名稱。

（2）資產負債表日或財務報表涵蓋的會計期間。

（3）人民幣金額單位。

（4）財務報表是合併財務報表的，應當予以標明。

企業至少應當按年編製財務報表。根據《中華人民共和國會計法》（以下簡稱《會計法》）的規定，會計年度自公歷 1 月 1 日起至 12 月 31 日止。年度財務報表涵蓋的期間短於一年的，應當披露年度財務報表的涵蓋期間、短於一年的原因以及報表數據不具有可比性的事實。

第二節　資產負債表

一、資產負債表概述

(一) 資產負債表的概念及作用

資產負債表是反應企業在資產負債表日 (或報告期末) 全部資產、負債和所有者權益情況的報表。資產負債表是一張揭示企業在一定時點財務狀況的靜態報表。資產負債表的作用主要表現在以下幾個方面:

1. 反應企業的經濟資源及其分佈情況以及企業的資本結構

資產負債表將企業的經濟資源按經濟性質、用途以及目的加以分類, 如按其流動性劃分為流動資產和非流動資產。使用者通過資產負債表, 可以清楚地瞭解企業在某一特定時日所擁有的資產總量及其結構。企業的經濟資源來自債權人及股東, 債權人對企業的資產享有優先受償的權利, 股東享有剩餘權益。因此, 負債與股東權益相對比重的大小影響到債權人及股東的相對風險。負債比重越大, 債權人風險越高。

資本結構是指在企業的資金來源中負債和所有者權益的比值。資產負債表把企業的資金來源劃分為負債和所有者權益兩大類, 而後又進一步將負債劃分為流動負債和非流動負債, 將所有者權益劃分為股本或實收資本、資本公積、留存收益, 從而充分反應了企業的資本結構情況。

2. 可據以評價和預測企業的短期償債能力

企業的償債能力是指企業以其資產償付債務的能力, 分為短期償債能力和長期償債能力。短期償債能力主要體現在企業資產和負債的流動性上。流動性是指資產轉換成現金的速度或負債離到期清償日的時間, 也指企業資產接近現金的速度, 或者負債需要動用現金的期限。在資產項目中, 除現金外, 資產轉換成現金的時間越短, 速度越快, 表明流動性越強。例如, 可隨時上市交易的有價證券投資, 其流動性一般較應收款項強; 應收款項的流動性又較存貨項目強, 因為通常應收款項能在更短的時間內轉換成現金, 而存貨一般轉換成現金的速度較慢。負債到期日越短, 其流動性越強, 表明需要越早動用現金。短期債權人關注的是企業是否有足夠的資產可及時轉換成現金, 以清償短期內即將到期的債務。長期債權人及企業所有者也要評價和預測企業的短期償債能力。短期償債能力越弱, 企業越有可能破產, 越沒有獲取投資回報的保障, 越有可能收不回投資。資產負債表分門別類地列示流動資產與流動負債, 本身雖然未直接反應出短期償債能力, 但通過將流動資產與流動負債進行比較, 並借助報表, 可以評價和預測企業的短期償債能力。

3. 可據以評價和預測企業的長期償債能力

企業的長期償債能力主要指企業以全部資產清償全部負債的能力。一般認為資產越多, 負債越少, 其長期償債能力越強; 反之, 若資不抵債, 則企業缺乏長期償債能力。資不抵債往往由企業長期虧損、蝕耗資產引起, 還可能是舉債過多所致。因此, 企業的長期償債能力一方面取決於它的獲利能力, 另一方面取決於它的資本結構。資產負債表按資產、負債和所有者權益三大會計要素分類, 列示了重要項目, 可據以評價、預測企業的長期償債能力, 為管理部門和債權人信貸決策提供重要的依據。

4. 有助於評價、預測企業的財務彈性

財務彈性是指企業應對各種挑戰、適應各種變化的能力, 包括進攻性適應能力和防禦性適應能力。進攻性適應能力是指企業有能力和財力去抓住突如其來的獲利機會, 防禦性適應能力是指企業在經營危機中生存下來的能力。財務彈性大的企業不僅能從有利可圖的經營中獲取大量資金，而且可以借助債權人的長期資金和所有者的追加資本獲利，萬一需要償還巨額債務時也不至於陷入財務困境，遇到新的獲利前景更好的投資機會時，也能及時籌集所需資金，全力以赴。

財務彈性來自資產的流動性或變現能力、由經營產生資金流入的能力、向投資者和債權人籌措資金的能力、在不影響正常經營的前提下變賣現有資產取得現金的能力。資產負債表展示的資源分佈情形及對資源的請求權，有助於評價、預測企業的財務彈性。

5. 有助於評價、預測企業的經營績效

企業的經營績效主要反應在其獲利的能力上，獲利能力直接影響企業能否有穩定且逐步增長的盈利水準，能否按照約定向債權人還本付息，能否維持甚至逐步提高股東的投資報酬。衡量企業獲利的指標主要有資產報酬率、股東權益報酬率等。

（二）資產負債表的局限性

資產負債表雖然具有上述重要作用，但因為編製方法及其內容受到企業會計準則及會計慣例的影響，具有一定的局限性。資產負債表的局限性主要表現在以下幾個方面：

1. 資產項目的計價方法不統一

資產負債表中的資產項目，一般應以歷史成本為基礎報告，但實際上資產項目的計價，由於受到企業會計準則的制約，採用的方法各有不同。例如，應收帳款按扣除壞帳準備後的淨值列示，存貨按成本與可變現淨值孰低列示。由於不同的資產採取不同的計價方法，資產負債表上得出的合計數缺乏一致的基礎，影響會計信息的相關性。

此外，資產負債表中一些項目所列金額不一定是公允價值。例如，固定資產以歷史成本扣減累計折舊及減值準備計價，其帳面價值可能與公允價值相去甚遠。由於大部分資產與負債都不是按現值計價的，因此根據資產負債表進行分析，對獲利能力的評估將受到歪曲，對償債能力的評估也會出現偏差，且資產和負債的餘額也不一定代表能收到的與應償付的現金數額。

2. 部分有價值的經濟資源未能在資產負債表中報告

貨幣計量是會計的一大特點，會計信息主要是能用貨幣表述的信息。因此，資產負債表難免遺漏許多無法用貨幣計量的重要經濟資源和義務的信息，如企業的人力資源（包括員工人數、知識結構和工作態度），固定資產在全行業的先進程度，企業承擔的社會責任等。諸如此類的信息對決策都具有影響，卻無法數量化或至少無法用貨幣計量。在會計實務中，由於資產負債表中只包括能加以數量化並以貨幣表示的經濟資源，許多有價值的經濟資源都被排除在外。例如，高素質的經營團隊、優越的市場地位、良好的公共關係、旺盛的員工士氣、超強的研究能力等，都是企業極有價值的資源，但因為無法客觀地以貨幣計量，所以都不能在資產負債表中列報。這些信息對於企業獲利能力的評估也是很有幫助的，但是因為未在資產負債表中列報，所以使得資產負債表的功能受到限制。

3. 資產負債表的信息包含了許多主觀判斷及估計數

資產負債表中部分項目的計價，需要依據主觀的判斷與估計。例如，應收帳款壞帳準備的計提；固定資產累計折舊和無形資產攤銷，分別基於對壞帳損失百分比、固定資產使用年限和無形資產攤銷期限等因素的估計。估計的數據難免具有主觀性，從而影響信息的可靠性。

4. 理解資產負債表的含義必須依靠報表閱讀者的判斷

資產負債表有助於評價和預測企業的長期或短期償債能力和經營績效，然而資產負債表本身並不直接披露這些信息，而要靠報表用戶自己加以判斷。各家企業採用的會計政策可能完全不同，產生的信息當然有所區別，簡單地根據報表數據評價和預測償債能力與經營績效，並據以評判優劣，難免有失偏頗。因此，報表用戶理解資產負債表的含義，並做出正確的評價，並不能僅僅局限於資產負債表信息本身，而要借助其他相關信息。選擇哪些信息也要依靠報表用戶判斷，而這並非易事。

（三）資產負債表的列報

1. 資產負債表列報的總體要求

（1）分類別列報。資產負債表列報最根本的目標就是應如實反應企業在資產負債表日擁有的資源、承擔的負債以及所有者擁有的權益。因此，資產負債表應當按照資產、負債和所有者權益三大類別分類列報。

（2）資產和負債按流動性列報。資產和負債應當按照流動性分別按流動資產和非流動資產、流動負債和非流動負債列示。流動性通常按資產的變現或耗用時間長短、負債的償還時間長短來確定，企業應先列報流動性強的資產或負債，再列報流動性弱的資產或負債。

銀行、證券、保險等金融企業由於在經營內容上不同於一般的工商企業，導致其資產和負債的構成項目也與一般工商企業有所不同，具有特殊性。金融企業的有些資產或負債在無法嚴格區分為流動資產或負債和非流動資產或負債的情況下，按照流動性列示往往能夠提供可靠且相關的信息，因此金融企業可以大體按照流動性順序列示資產和負債。

（3）列報相關的合計、總計項目。資產負債表中的資產類至少應當列示流動資產和非流動資產的合計項目，負債類至少應當列示流動負債、非流動負債以及負債的合計項目，所有者權益類應當列示所有者權益的合計項目。

資產負債表遵循了「資產=負債+所有者權益」這一會計恒等式，把企業在特定時日擁有的經濟資源和與之相對應的企業承擔的債務及償債以後屬於所有者的權益充分反應出來。因此，資產負債表應當分別列示資產總計項目和負債與所有者權益之和的總計項目，並且這兩者的金額應當相等。

2. 資產的列報

資產負債表中的資產反應由過去的交易、事項形成並由企業在某一特定日期擁有或控制的、預期會給企業帶來經濟利益的資源。資產應當按照流動資產和非流動資產兩大類別在資產負債表中列示，在流動資產和非流動資產類別下進一步按性質分項列示。

（1）流動資產和非流動資產的劃分。資產負債表中的資產應當分別按流動資產和非流動資產列報，因此區分流動資產和非流動資產十分重要。資產滿足下列條件之一的，應當歸類為流動資產：第一，預計在一個正常營業週期中變現、出售或耗用。這主要包括存貨、應收帳款等資產。需要指出的是，變現一般針對應收帳款等而言，指將資產變為現金；出售一般針對產品等存貨而言；耗用一般指將存貨（如原材料）轉變成另一種形態（如產成品）。第二，主要為交易目的而持有。這主要是指交易性金融資產。第三，預計在資產負債表日起一年內（含一年）變現。第四，自資產負債表日起一年內，交換其他資產或清償負債的能力不受限制的現金及現金等價物。

（2）正常營業週期。判斷流動資產、流動負債時所稱的一個正常營業週期，是指企業從購買用於加工的資產起至實現現金或現金等價物的期間。正常營業週期通常短於一年。因為生產週期較長等導致正常營業週期長於一年的，儘管相關資產往往超過一年才變現、出售或耗用，但是仍應當劃分為流動資產。正常營業週期不能確定的，企業應當以一年（12 個月）作為正常營業週期。

3. 負債的列報

資產負債表中的負債反應在某一特定日期企業所承擔的、預期會導致經濟利益流出企業的現時義務。負債應當按照流動負債和非流動負債在資產負債表中進行列示，在流動負債和非流動負債類別下再進一步按性質分項列示。

（1）流動負債與非流動負債的劃分。流動負債的判斷標準與流動資產的判斷標準相類似。負債滿足下列條件之一的，應當歸類為流動負債：第一，預計在一個正常營業週期中清償。第二，主要為交易目的而持有。第三，自資產負債表日起一年內到期應予以清償。第四，企業無權自主地將清償推遲至資產負債表日後一年以上。

值得注意的是，有些流動負債，如應付帳款、應付職工薪酬等，屬於企業正常營業週期中使用的營運資金的一部分。儘管這些經營性項目有時在資產負債表日後超過一年才到期清償，但是仍應劃分為流動負債。

（2）資產負債表日後事項對流動負債與非流動負債劃分的影響。流動負債與非流動負債的劃分是否正確，直接影響到對企業短期償債能力和長期償債能力的判斷。如果混淆了負債的類別，將歪曲企業的實際償債能力，誤導報表使用者的決策。資產負債表日後事項對流動負債與非流動負債劃分的影響需要特別加以考慮。

總的原則是，企業在資產負債表上對債務流動和非流動的劃分，應當反應在資產負債表日有效的合同安排，考慮在資產負債表日起一年內企業是否必須無條件清償。資產負債表日之後、財務報告批准報出日前的再融資等行為，與資產負債表日判斷負債的流動性狀況無關。只要不是在資產負債表日或之前所做的再融資、展期或提供寬限期等，都不能改變對某項負債在資產負債表日的分類，因為資產負債表日後的再融資、展期或貸款人提供寬限期等，都不能改變企業應向外部報告的在資產負債表日合同性（契約性）的義務，該項負債在資產負債表日的流動性性質不受資產負債表日後事項的影響。劃分時還應注意以下兩點：

①資產負債表日起一年內到期的負責。對於在資產負債表日起一年內到期的負債，企業預計能夠自主地將清償義務展期至資產負債表日後一年以上的，應當歸類為非流動負債；不能自主地將清償義務展期的，即使在資產負債表日後、財務報告批准報出日前簽訂了重新安排清償計劃協議，從資產負債表日來看，此項負債仍應當歸類為流動負債。

②違約長期債務。企業在資產負債表日或之前違反了長期借款協議，導致貸款人可隨時要求清償的負債，應當歸類為流動負債。這是因為在這種情況下，債務清償的主動權並不在企業，企業只能被動地無條件歸還貸款，而且該事實在資產負債表日即已存在，所以該負債應當作為流動負債列報。但是，如果貸款人在資產負債表日或之前同意提供在資產負債表日後一年以上的寬限期，企業能夠在此期限內改正違約行為，且貸款人不能要求隨時清償時，在資產負債表日的此項負債並不符合流動負債的判斷標準，應當歸類為非流動負債。

4. 所有者權益的列報

資產負債表中的所有者權益是企業資產扣除負債後的剩餘權益，反應企業在某一特定日期股東投資者擁有的淨資產的總額。資產負債表中的所有者權益類一般按照淨資產的不同來源和特定用途進行分類，應當按照實收資本（或股本）、其他權益工具、資本公積、其他綜合收益、盈餘公積、未分配利潤等項目分項列示。

二、資產負債表的編製

（一）資產負債表的結構

資產負債表一般由表頭、表體兩部分組成。表頭部分應列明報表名稱、編製單位名稱、資產負債表日、報表編號和計量單位；表體部分是資產負債表的主體，列示了用以說明企業財務狀況的各個項目。

資產負債表的表體格式一般有兩種：報告式資產負債表和帳戶式資產負債表。報告式資產負債表是上下結構，上半部分列示資產各項目，下半部分列示負債和所有者權益各項目。帳戶式資產負債表是左右結構，左邊列示資產各項目，反應全部資產的分佈及存在形態；右邊列示負債和所有者權益各項目，反應全部負債和所有者權益的內容及構成情況。不管採取什麼格式，資產各項目的合計等於負債和所有者權益各項目的合計這一等式不變。

中國企業的資產負債表採用帳戶式結構，分為左右兩方，左方為資產項目，大體按資產的流動性大小排列，流動性大的資產如「貨幣資金」「以公允價值計量且其變動計入當期損益的金融資產」等排在前面，流動性小的資產如「長期股權投資」「固定資產」等排在後面。右方為負債及所有者權益項目，一般按要求清償時間的先後順序排列，「短期借款」「應付票據」「應付帳款」等需要在一年以內或長於一年的一個正常營業週期內償還的流動負債排在前面，「長期借款」等在一年以上才需償還的非流動負債排在中間，在企業清算之前不需要償還的所有者權益項目排在後面。

帳戶式資產負債表中的資產各項目的合計等於負債和所有者權益各項目的合計，即資產負債表左方和右方平衡。因此，帳戶式資產負債表可以反應資產、負債、所有者權益之間的內在關係，即「資產=負債+所有者權益」。中國企業資產負債表(格式)如表 14-1 所示。

表 14-1　資產負債表

會企 01 表

編製單位：甲股份有限公司　　2×19 年 12 月 31 日　　單位：元

資產	期末餘額	年初餘額	負債和所有者權益（或股東權益）	期末餘額	年初餘額
流動資產：			流動負債：		
貨幣資金	489, 078. 60	843, 780	短期借款	30, 000	180, 000
交易性金融資產	0	9, 000	交易性金融負債	0	0
衍生金融資產	0	0	衍生金融負債	0	0
應收票據	39, 600	147, 600	應付票據	60, 000	120, 000
應收帳款	358, 920	179, 460	應付帳款	572, 280	572, 280
應收款項融資	0	0	預收款項	0	0
預付款項	60, 000	60, 000	合同負債	0	0
其他應收款	3, 000	3, 000	應付職工薪酬	108, 000	66, 000
存貨	1, 490, 820	1, 548, 000	應交稅費	136, 038. 60	21, 960
合同資產	0	0	其他應付款	49, 329. 51	30, 600
持有待售資產	0	0	持有待售負債	0	0
一年內到期的非流動資產	0	0	一年內到期的非流動負債	0	600, 000
其他流動資產	60, 000	60, 000	其他流動負債	0	0
流動資產合計	2, 501, 418. 60	2, 850, 840	流動負債合計	955, 648. 11	1, 590, 840
非流動資產：			非流動負債：		
債權投資	0	0	長期借款	696, 000	360, 000
其他債權投資	0	0	應付債券	0	0
長期應收款	0	0	其中：優先股	0	0
長期股權投資	150, 000	150, 000	永續債	0	0
其他權益工具投資	0	0	租賃負債	0	0
其他非流動金融資產	0	0	長期應付款	0	0
投資性房地產	0	0	預計負債	0	0
固定資產	1, 320, 600	660, 000	遞延收益	0	0

表14-1(續)

資產	期末餘額	年初餘額	負債和所有者權益（或股東權益）	期末餘額	年初餘額
在建工程	436,800	900,000	遞延所得稅負債	0	0
生產性生物資產	0	0	其他非流動負債	0	0
油氣資產	0	0	非流動負債合計	696,000	360,000
使用權資產	0	0	負債合計	1,651,648.11	1,950,840
無形資產	324,000	360,000	所有者權益(或股東權益)：		
開發支出	0	0	實收資本（或股本）	3,000,000	3,000,000
商譽	0	0	其他權益工具	0	0
長期待攤費用	0	0	其中：優先股	0	0
遞延所得稅資產	4,500	0	永續債	0	0
其他非流動資產	120,000	120,000	資本公積	0	0
非流動資產合計	2,355,900	2,190,000	減：庫存股	0	0
			其他綜合收益	0	0
			專項儲備	0	0
			盈餘公積	74,862.24	60,000
			未分配利潤	130,808.25	30,000
			所有者權益（或股東權益）合計	3,205,670.49	3,090,000
資產總計	4,857,318.60	5,040,840	負債和所有者權益（或股東權益）總計	4,857,318.60	5,040,840

（二）資產負債表的編製

1. 資產負債表項目的填列方法

資產負債表各項目都需填列「年初餘額」和「期末餘額」兩欄。

資產負債表的「年初餘額」欄內各項數字，應根據上年年末資產負債表的「期末餘額」欄內所列數字填列。如果上年度資產負債表規定的各個項目的名稱和內容與本年度不相一致，應按照本年度的規定對上年年末資產負債表各項目的名稱和數字進行調整，填入本表「年初餘額」欄內。

資產負債表的「期末餘額」欄主要有以下幾種填列方法：

（1）根據總帳科目餘額填列。資產負債表中的有些項目，可直接根據有關總帳科目的餘額填列，如「交易性金融資產」「短期借款」「應付職工薪酬」等項目；有些項目需要根據幾個總帳科目的期末餘額計算填列，如「貨幣資金」項目，需要根據「庫存現金」「銀行存款」「其他貨幣資金」三個總帳科目的期末餘額的合計數填列。

（2）根據明細帳科目餘額計算填列。例如，「應付帳款」項目需要根據「應付帳款」和「預付帳款」兩個科目所屬的相關明細科目的期末貸方餘額計算填列。

（3）根據總帳科目和明細帳科目餘額分析計算填列。例如，「長期借款」項目需要根據「長期借款」總帳科目餘額扣除「長期借款」科目所屬的明細科目中將在一年內到期且企業不能自主地將清償義務展期的長期借款後的金額計算填列。

（4）根據有關科目餘額減去其備抵科目餘額後的淨額填列。例如，資產負債表中「應收票據」「應收帳款」「長期股權投資」「在建工程」等項目應當根據「應收票據」「應收帳款」「長期股權投資」「在建工程」等科目的期末餘額減去「壞帳準備」「長期股權投資減值準備」「在建工程減值準備」等備抵科目餘額後的淨額填列。

（5）綜合運用上述填列方法分析填列。例如，資產負債表中的「存貨」項目，需要根據「原材料」「委託加工物資」「週轉材料」「材料採購」「在途物資」「發出商品」

「材料成本差異」「生產成本」等總帳科目期末餘額的分析匯總數，再減去「存貨跌價準備」科目餘額後的淨額填列。

2. 資產負債表項目的填列說明

資產負債表中資產、負債和所有者權益主要項目的填列說明如下：

（1）資產項目的填列說明。

①「貨幣資金」項目反應企業庫存現金、銀行結算戶存款、外埠存款、銀行匯票存款、銀行本票存款、信用卡存款、信用證保證金存款等的合計數。該項目應根據「庫存現金」「銀行存款」「其他貨幣資金」科目期末餘額的合計數填列。

②「交易性金融資產」項目反應企業資產負債表日企業分類為以公允價值計量且其變動計入當期損益的金融資產以及企業持有的直接指定為以公允價值計量且其變動計入當期損益的金融資產的期末帳面價值。該項目應當根據「交易性金融資產」科目相關明細科目的期末餘額分析填列。自資產負債表日起超過一年到期且預期持有超過一年的以公允價值計量且其變動計入當期損益的非流動金融資產的期末帳面價值在「其他非流動金融資產」項目反應。

③「衍生金融資產」項目反應衍生金融工具的資產價值。該項目應根據「衍生金融資產」科目的期末餘額填列。

④「應收票據」項目反應資產負債表日以攤餘成本計量的、企業因銷售商品、提供勞務等收到的商業匯票。該項目應根據「應收票據」科目的期末餘額，減去「壞帳準備」科目中有關應收票據計提的壞帳準備期末餘額後的淨額填列。

⑤「應收帳款」項目反應資產負債表日以攤餘成本計量的、企業因銷售商品、提供勞務等經營活動應收取的款項。該項目應根據「應收帳款」和「預收帳款」科目所屬各明細科目的期末借方餘額合計數，減去「壞帳準備」科目中有關應收帳款和預收帳款計提的壞帳準備期末餘額後的淨額填列。如「應收帳款」科目所屬明細科目期末有貸方餘額的，應在資產負債表「預收款項」項目內填列。

⑥「應收款項融資」項目反應資產負債表日以公允價值計量且其變動計入其他綜合收益的應收票據和應收帳款等。該項目應根據「應收款項融資」科目的餘額分析填列。

⑦「預付款項」項目反應企業按照購貨合同規定預付給供應單位的款項等。該項目應根據「預付帳款」和「應付帳款」科目所屬各明細科目的期末借方餘額合計數，減去「壞帳準備」科目中有關預付帳款計提的壞帳準備期末餘額後的淨額填列。如「預付帳款」科目所屬明細科目期末有貸方餘額的，應在資產負債表「應付帳款」項目內填列。

⑧「其他應收款」項目反應企業除應收票據、應收帳款、預付帳款等經營活動以外的其他各種應收、暫付的款項。該項目應根據「其他應收款」「應收股利」「應收利息」科目的期末餘額分析填列。

⑨「存貨」項目反應企業期末在庫、在途和在加工中的各種存貨的可變現淨值或成本（成本與可變現淨值孰低）。存貨包括各種材料、商品、在產品、半成品、包裝物、低值易耗品、委託代銷商品等。該項目應根據「材料採購」「原材料」「庫存商品」「週轉材料」「委託加工物資」「委託代銷商品」「生產成本」「受託代銷商品」等科目的期末餘額合計數，減去「受託代銷商品款」「存貨跌價準備」科目期末餘額後的淨額填列。材料採用計劃成本核算以及庫存商品採用計劃成本核算或售價核算的企業，還應按加或減材料成本差異、商品進銷差價後的金額填列。

⑩「合同資產」項目反應企業已向客戶轉讓商品而有權收取對價的權利（該權利取決於時間流逝之外的其他因素）的價值。該項目應根據「合同資產」科目及相關明細科

目的期末餘額填列。同一合同下的合同資產和合同負債應當以淨額列示，其中淨額為借方餘額的，應當根據其流動性在「合同資產」或「其他非流動資產」項目中填列，已計提減值準備的，還應減去「合同資產減值準備」科目中相關的期末餘額後的金額填列。資產負債表日，「合同結算」科目的期末餘額在借方的，根據其流動性在「合同資產」或「其他非流動資產」項目中填列。

⑪「持有待售資產」項目反應資產負債表日劃分為持有待售類別的非流動資產及被劃分為持有待售類別的處置組中的流動資產和非流動資產的期末帳面價值。該項目應根據「持有待售資產」科目的期末餘額減去「持有待售資產減值準備」科目餘額後的金額填列。

⑫「一年內到期的非流動資產」項目反應企業預計自資產負債表日起一年內變現的非流動資產項目金額。該項目應根據有關科目的期末餘額分析填列。

⑬「其他流動資產」項目反應企業除貨幣資金、交易性金融資產、應收票據及應收帳款、存貨等流動資產以外的其他流動資產。該項目應根據有關科目的期末餘額填列。

⑭「債權投資」項目反應資產負債表日企業以攤餘成本計量的長期債權投資的帳面價值。該項目應根據「債權投資」科目的相關明細科目期末餘額，減去「債權投資減值準備」科目中相關減值準備的期末餘額後的金額分析填列。

⑮「其他債權投資」項目反應資產負債表日企業分類為以公允價值計量且其變動計入其他綜合收益的長期債權投資的期末帳面價值。該項目應根據「其他債權投資」科目的相關明細科目期末餘額分析填列。自資產負債表日起一年內到期的長期債權投資的期末帳面價值，在「一年內到期的非流動資產」項目反應。企業購入的以公允價值計量且其變動計入其他綜合收益的一年內到期的債權投資的期末帳面價值，在「其他流動資產」項目反應。

⑯「長期應收款」項目反應企業融資租賃產生的應收款項和採用遞延方式分期收款、實質上具有融資性質的銷售商品和提供勞務等經營活動產生的應收款項。該項目應根據「長期應收款」科目的期末餘額，減去相應的「未實現融資收益」科目和「壞帳準備」科目所屬相關明細科目期末餘額後的金額填列。

⑰「長期股權投資」項目反應投資方對被投資單位實施控制、重大影響的權益性投資以及對其合營企業的權益性投資。該項目應根據「長期股權投資」科目的期末餘額減去「長期股權投資減值準備」科目的期末餘額後的淨額填列。

⑱「其他權益工具投資」項目反應資產負債表日企業指定為以公允價值計量且其變動計入其他綜合收益的非交易性權益工具投資的期末帳面價值。該項目應根據「其他權益工具投資」科目的期末餘額填列。

⑲「其他非流動金融資產」項目反應企業自資產負債表日起超過一年到期且預期持有超過一年的以公允價值計量且其變動計入當期損益的非流動金融資產的期末帳面價值。該項目應根據「交易性金融資產」科目的發生額分析填列。

⑳「投資性房地產」項目反應為賺取租金或資本增值，或者兩者兼有而持有的房地產，主要包括已出租的土地使用權、持有並準備增值後轉讓的土地使用權和已出租的建築物。企業採用成本模式計量投資性房地產的，該項目應根據「投資性房地產」科目的期末餘額，減去「投資性房地產累計折舊（攤銷）」和「投資性房地產減值準備」科目期末餘額後的淨額填列。企業採用公允價值模式計量投資性房地產的，該項目應根據「投資性房地產」科目的期末餘額填列。

㉑「固定資產」項目反應資產負債表日企業固定資產的期末帳面價值和企業尚未清理完畢的資產清理淨損益。該項目應根據「固定資產」科目的期末餘額，減去「累計折

舊」和「固定資產減值準備」科目期末餘額後的金額以及「固定資產清理」科目的期末餘額填列。

㉒「在建工程」項目反應資產負債表日企業尚未達到預定可使用狀態的在建工程的期末帳面價值和企業為在建工程準備的各種物資的期末帳面價值。該項目應根據「在建工程」科目的期末餘額，減去「在建工程減值準備」科目的期末餘額後的金額以及「工程物資」科目的期末餘額，減去「工程物資減值準備」科目的期末餘額後的金額填列。

㉓「生產性生物資產」項目反應企業持有的生產性生物資產。該項目應根據「生產性生物資產」科目的期末餘額，減去「生產性生物資產累計折舊」和「生產性生物資產減值準備」科目期末餘額後的金額填列。

㉔「油氣資產」項目反應企業持有的礦區權益和油氣井及相關設施的原價減去累計折耗和累計減值準備後的淨額。該項目應根據「油氣資產」科目的期末餘額，減去「累計折耗」科目期末餘額和相應減值準備後的金額填列。

㉕「使用權資產」項目反應資產負債表日承租人企業持有的使用權資產的期末帳面價值。該項目應根據「使用權資產」科目的期末餘額，減去「使用權資產累計折舊」科目期末餘額和「使用權資產減值準備」科目的期末餘額後的金額填列。

㉖「無形資產」項目反應企業持有的專利權、非專利技術、商標權、著作權、土地使用權等無形資產的成本減去累計攤銷和減值準備後的淨值。該項目應根據「無形資產」科目的期末餘額，減去「累計攤銷」和「無形資產減值準備」科目期末餘額後的淨額填列。

㉗「開發支出」項目反應企業開發無形資產過程中能夠資本化形成無形資產成本的支出部分。該項目應當根據「研發支出」科目中所屬的「資本化支出」明細科目的期末餘額填列。

㉘「商譽」項目反應企業在合併中形成的商譽的價值。該項目應根據「商譽」科目的期末餘額，減去相應減值準備後的金額填列。

㉙「長期待攤費用」項目反應企業已經發生但應由本期和以後各期負擔的分攤期限在一年以上的各項費用。長期待攤費用中在一年內（含一年）攤銷的部分，在資產負債表「一年內到期的非流動資產」項目填列。該項目應根據「長期待攤費用」科目的期末餘額減去將於一年內（含一年）攤銷的數額後的金額分析填列。

㉚「遞延所得稅資產」項目反應企業確認的可抵扣暫時性差異產生的遞延所得稅資產。該項目應根據「遞延所得稅資產」科目的期末餘額填列。

㉛「其他非流動資產」項目反應企業除長期股權投資、固定資產、在建工程、無形資產等資產以外的其他非流動資產。該項目應根據有關科目的期末餘額填列。

（2）負債項目的填列說明。

①「短期借款」項目反應企業向銀行或其他金融機構等借入的期限在一年以下（含一年）的各種借款。該項目應根據「短期借款」科目的期末餘額填列。

②「交易性金融負債」項目反應資產負債表日企業承擔的交易性金融負債以及企業持有的指定以公允價值計量且其變動計入當期損益的金融負債的期末帳面價值。該項目應根據「交易性金融負債」科目的相關明細科目的期末餘額填列。

③「衍生金融負債」項目反應衍生金融工具的負債價值。該項目根據「衍生金融負債」科目的期末餘額填列。

④「應付票據」項目反應企業因購買材料、商品和接受勞務供應等而開出、承兌的商業匯票。該項目應根據「應付票據」科目的期末餘額填列。

⑤「應付帳款」項目反應企業因購買材料、商品和接受勞務供應等經營活動應支付的款項。該項目應根據「應付帳款」和「預付帳款」科目所屬的相關明細科目的期末貸方餘額合計數填列。

⑥「預收款項」項目反應企業按照銷貨合同規定預收購買單位的款項。該項目應根據「預收帳款」和「應收帳款」科目所屬各明細科目的期末貸方餘額合計數填列。如「預收帳款」科目所屬明細科目期末有借方餘額的，應在資產負債表「應收帳款」項目內填列。

⑦「合同負債」項目反應企業已收客戶對價而應向客戶轉讓商品的義務的價值。該項目應根據「合同負債」科目的期末餘額填列。同一合同下的合同資產和合同負債應當以淨額列示，其中，淨額為貸方餘額的，應當根據其流動性在「合同負債」或「其他非流動負債」項目中填列。資產負債表日，「合同結算」科目的期末餘額在貸方的，根據其流動性在「合同負債」或「其他非流動負債」項目中填列。

⑧「應付職工薪酬」項目反應企業為獲得職工提供的服務或解除勞動關係而給予的各種形式的報酬或補償。企業提供給職工配偶、子女、受贍養人、已故員工遺屬及其他受益人等的福利，也屬於職工薪酬。職工薪酬主要包括短期薪酬、離職後福利、辭退福利和其他長期職工福利。外商投資企業按規定從淨利潤中提取的職工獎勵及福利基金，也在該項目列示。該項目應根據「應付職工薪酬」科目的期末貸方餘額填列，如「應付職工薪酬」科目期末為借方餘額，應以「-」號填列。

⑨「應交稅費」項目反應企業按照稅法規定計算應繳納的各種稅費，包括增值稅、消費稅、城市維護建設稅、教育費附加、企業所得稅、資源稅、土地增值稅、房產稅、城鎮土地使用稅、車船稅、礦產資源補償費等。企業代扣代繳的個人所得稅也通過該項目列示。企業繳納的稅費不需要預計應交數的，如印花稅、耕地占用稅等，不在該項目列示。該項目應根據「應交稅費」科目的期末貸方餘額填列，如「應交稅費」科目期末為借方餘額，應以「-」號填列。

⑩「其他應付款」項目反應企業除應付票據、應付帳款、預收帳款、應付職工薪酬、應交稅費等經營活動以外的其他各項應付、暫收的款項。該項目應根據「其他應付款」「應付股利」「應付利息」科目的期末餘額合計數填列。

⑪「持有待售負債」項目反應資產負債表日處置組中與劃分為持有待售類別的資產直接相關的負債的期末帳面價值。該項目應根據「持有待售負債」科目的期末餘額填列。

⑫「一年內到期的非流動負債」項目反應企業非流動負債中將於資產負債表日後一年內到期部分的金額，如將於一年內償還的長期借款。該項目應根據有關科目的期末餘額分析填列。

⑬「其他流動負債」項目反應企業除短期借款、交易性金融負債、應付票據、應付帳款、應付職工薪酬、應交稅費等流動負債以外的其他流動負債。該項目應根據有關科目的期末餘額填列。

⑭「長期借款」項目反應企業向銀行或其他金融機構借入的期限在一年以上（不含一年）的各項借款。該項目應根據「長期借款」科目的期末餘額扣除「長期借款」科目所屬的明細科目中將在資產負債表日起一年內到期且企業不能自主地將清償義務展期的長期借款後的金額計算填列。

⑮「應付債券」項目反應企業為籌集長期資金而發行的債券本金和利息。該項目應根據「應付債券」科目的期末餘額填列。

⑯「租賃負債」項目反應資產負債日承租人企業尚未支付的租賃付款額的期末帳面

價值。該項目應根據「租賃負債」科目的期末餘額填列。自資產負債表日起一年內到期應予清償的租賃負債的期末帳面價值，在「一年內到期的非流動負債」項目反應。

⑰「長期應付款」項目反應除了長期借款和應付債券以外的其他各種長期應付款，主要包括應付補償貿易引進設備款、採用分期付款方式購入固定資產和無形資產發生的應付帳款、應付融資租入固定資產租賃費等。該項目應當根據「長期應付款」科目的期末餘額，減去「未確認融資費用」科目的期末餘額，再減去所屬相關明細科目中將於一年內到期的部分後的金額進行列示。

⑱「預計負債」項目反應企業根據《企業會計準則第 13 號——或有事項》等確認的各項預計負債，包括對外提供擔保、未決訴訟、產品質量保證、重組義務以及固定資產和礦區權益棄置義務等產生的預計負債。該項目應根據「預計負債」科目的期末餘額填列。

⑲「遞延收益」項目反應尚待確認的收入或收益。該項目核算包括企業根據《企業會計準則第 16 號——政府補助》確認的應在以後期間計入當期損益的政府補助金額、售後租回形成融資租賃的售價與資產帳面價值差額等其他遞延性收入。該項目應根據「遞延收益」科目的期末餘額填列。

⑳「遞延所得稅負債」項目反應企業根據《企業會計準則第 18 號——所得稅》確認的應納稅暫時性差異產生的所得稅負債。該項目應根據「遞延所得稅負債」科目的期末餘額填列。

㉑「其他非流動負債」項目反應企業除長期借款、應付債券等負債以外的其他非流動負債。該項目應根據有關科目的期末餘額減去將於一年內（含一年）到期償還數後的餘額分析填列。非流動負債各項目中將於一年內（含一年）到期的非流動負債，應在「一年內到期的非流動負債」項目內反應。

（3）所有者權益項目的填列說明。

①「實收資本（或股本）」項目反應企業各投資者實際投入的資本（或股本）總額。該項目應根據「實收資本（或股本）」科目的期末餘額填列。

②「其他權益工具」項目反應資產負債表日企業發行在外的除普通股以外分類為權益工具的金融工具的期末帳面價值。資產負債表日企業發行的金融工具，分類為金融負債的，應在「應付債券」項目填列，對於優先股和永續債，還應在「應付債券」項目下的「優先股」項目和「永續債」項目分別填列；分類為權益工具的，應在「其他權益工具」項目填列，對於優先股和永續債，還應在「其他權益工具」項目下設的「優先股」項目和「永續債」項目分別填列。

③「資本公積」項目反應企業收到投資者出資超出其在註冊資本或股本中所占的份額及直接計入所有者權益的利得和損失等。該項目應根據「資本公積」科目的期末餘額填列。

④「庫存股」項目反應企業持有尚未轉讓或註銷的本公司股份金額。該項目應根據「庫存股」科目的期末餘額填列。

⑤「其他綜合收益」項目反應企業其他綜合收益的期末餘額。該項目應根據「其他綜合收益」科目的期末餘額填列。

⑥「專項儲備」項目反應高危行業企業按國家規定提取的安全生產費的期末帳面價值。該項目應根據「專項儲備」科目的期末餘額填列。

⑦「盈餘公積」項目反應企業盈餘公積的期末餘額。該項目應根據「盈餘公積」科目的期末餘額填列。

⑧「未分配利潤」項目反應企業尚未分配的利潤。未分配利潤是指企業實現的淨利

潤經過彌補虧損、提取盈餘公積和向投資者分配利潤後留存在企業的、歷年結存的利潤。該項目應根據「本年利潤」科目和「利潤分配」科目的餘額計算填列。未彌補的虧損在該項目內以「-」號填列。

三、資產負債表的編製實例

【例 14-1】甲股份有限公司為增值稅一般納稅人，增值稅稅率為 13%，適用的企業所得稅稅率為 25%。2×18 年 12 月 31 日資產負債表（簡表）與 2×19 年 12 月 31 日的科目餘額表分別如表 14-2 和表 14-3 所示。

表 14-2　資產負債表（簡表）　　會企 01 表

編製單位：甲股份有限公司　　2×18 年 12 月 31 日　　單位：元

資產	期末餘額	年初餘額	負債和所有者權益（或股東權益）	期末餘額	年初餘額
流動資產：			流動負債：		
貨幣資金	843, 780		短期借款	180, 000	
交易性金融資產	9, 000		交易性金融負債	0	
衍生金融資產	0		衍生金融負債	0	
應收票據	147, 600		應付票據	120, 000	
應收帳款	179, 460		應付帳款	572, 280	
應收款項融資	0		預收款項	0	
預付款項	60, 000		合同負債	0	
其他應收款	3, 000		應付職工薪酬	66, 000	
存貨	1, 548, 000		應交稅費	21, 960	
合同資產	0		其他應付款	30, 600	
持有待售資產	0		持有待售負債	0	
一年內到期的非流動資產	0		一年內到期的非流動負債	600, 000	
其他流動資產	60, 000		其他流動負債	0	
流動資產合計	2, 850, 840		流動負債合計	1, 590, 840	
非流動資產：			非流動負債：		
債權投資	0		長期借款	360, 000	
其他債權投資	0		應付債券	0	
長期應收款	0		其中：優先股	0	
長期股權投資	150, 000		永續債	0	
其他權益工具投資	0		租賃負債	0	
其他非流動金融資產	0		長期應付款	0	
投資性房地產	0		預計負債	0	
固定資產	660, 000		遞延收益	0	
在建工程	900, 000		遞延所得稅負債	0	
生產性生物資產	0		其他非流動負債	0	
油氣資產	0		非流動負債合計	360, 000	
使用權資產	0		負債合計	1, 950, 840	
無形資產	360, 000		所有者權益（或股東權益）：		
開發支出	0		實收資本（或股本）	3, 000, 000	

表14-2(續)

資產	期末餘額	年初餘額	負債和所有者權益（或股東權益）	期末餘額	年初餘額
商譽	0		其他權益工具	0	
長期待攤費用	0		其中：優先股	0	
遞延所得稅資產	0		永續債	0	
其他非流動資產	120,000		資本公積	0	
非流動資產合計	2,190,000		減：庫存股	0	
			其他綜合收益	0	
			專項儲備	0	
			盈餘公積	60,000	
			未分配利潤	30,000	
			所有者權益（或股東權益）合計	3,090,000	
資產總計	5,040,840		負債和所有者權益（或股東權益）總計	5,040,840	

表 14-3　2×19 年 12 月 31 日科目餘額表　單位：元

科目名稱	借方餘額	科目名稱	貸方餘額
庫存現金	1,200	短期借款	30,000
銀行存款	483,498.6	應付票據	60,000
其他貨幣資金	4,380	應付帳款	572,280
交易性金融資產	0	其他應付款	49,329.51
應收票據	39,600	應付職工薪酬	108,000
應收帳款	360,000	應交稅費	136,038.6
壞帳準備	-1,080	長期借款	696,000
預付帳款	60,000	股本	3,000,000
其他應收款	3,000	盈餘公積	74,862.24
材料採購	165,000	未分配利潤	130,808.25
原材料	27,000		
週轉材料	22,830		
庫存商品	1,273,440		
材料成本差異	2,550		
其他流動資產	60,000		
長期股權投資	150,000		
固定資產	1,440,600		
累計折舊	-102,000		
固定資產減值準備	-18,000		
在建工程	256,800		
工程物資	180,000		
無形資產	360,000		

表14-3(續)

科目名稱	借方餘額	科目名稱	貸方餘額
累計攤銷	-36,000		
遞延所得稅資產	4,500		
其他非流動資產	120,000		
合計	4,857,318.6	合計	4,857,318.6

根據上述資料，甲股份有限公司編製2×19年12月31日的資產負債表如表14-1所示。

第三節　利潤表

一、利潤表概述

（一）利潤表的概念與作用

利潤表又稱收益表、損益表，是反應企業在一定會計期間的經營成果的財務報表。利潤表的作用表現在以下幾個方面：

（1）為企業外部投資者及信貸者做投資決策及貸款決策提供依據。通過利潤表，投資者及信貸者可以計算利潤的絕對值指標，也可以計算投資報酬率、資金利潤率等相對值指標，並通過前後兩個時期以及同一時期不同行業或企業的同類指標的比較分析，瞭解該企業的獲利水準、利潤增減變化趨勢，據此決定是否投資、是否追加投資以及是否改變投資方向。

（2）為企業內部管理層的經營決策提供依據。利潤表綜合地反應營業收入、營業成本以及期間費用等，披露利潤組成的各大要素，通過比較分析利潤的增減變化，可以尋求其根本原因，以便在價格、品種、成本、費用及其他方面揭露矛盾，找出差距，明確今後的工作重點，以便做出正確的決策。

（3）為企業內部業績考核提供重要的依據。企業一定時期的利潤總額集中地反應了各部門工作的結果，既是制訂各部門工作計劃的參考，又是考核各部門計劃執行結果的重要依據，利潤表內提供的相關數據可以用來評判各部門工作的業績，以便企業做出正確的獎罰決策。

（二）利潤表的局限性

（1）由於採用貨幣計量，許多管理層的努力雖然對企業的獲利能力有重大幫助或提升，卻因為無法可靠地量化而無法在利潤表中列示。例如，企業形象和顧客滿意度的提升。

（2）由於採用歷史成本計量屬性計價，耗用的資產按取得時的歷史成本轉銷，而收入按現行價格計量，進行配比的收入與費用未建立在同一時間基礎之上，因此使收益的計量缺乏內在的邏輯上的統一性，成本無法得到真正的回收，資本的完整性不能從實物形態或使用效能上得到保證。在物價上漲的情況下，企業無法區別持有收益與營業收益，常導致出現虛盈實虧、虛利實分的現象，進而影響企業持續經營能力。

（3）許多費用必須採用估計數，如壞帳費用、產品售後服務成本、折舊年限及殘值、或有損失等，可能在以後年度修正。

（4）由於一般公認會計原則准許採用不同的會計方法，如存貨計價按先進先出法或加權平均法，折舊按直線法或年數總和法，使不同企業收益的比較受到影響。

（5）目前利潤表多數按功能性分類，如營業成本、銷售費用、管理費用等，而非按活動水準分類，如固定費用、變動費用，不利於預測未來利潤及現金流量。

二、利潤表的編製

（一）利潤表的列報格式

目前通行於世界各國的利潤表格式有兩種：單步式利潤表和多步式利潤表。

1. 單步式利潤表

單步式利潤表是將當期所有的收入列在一起，再將所有的費用列在一起，兩者相減得出當期淨損益。單步式利潤表（格式）如表 14-4 所示。

表 14-4　利潤表

編製單位：　　2×19 年度　　單位：元

項目	本期金額	上期金額
一、收入		
營業收入	750,000	
投資收益	18,900	
營業外收入	30,000	
收入合計	798,900	
二、費用		
營業成本	450,000	
稅金及附加	1,200	
銷售費用	12,000	
管理費用	94,260	
財務費用	24,900	
資產減值損失	18,540	
營業外支出	11,820	
所得稅費用	51,180	
費用合計	663,900	
三、淨利潤	135,000	

單步式利潤表的優點是編製方式簡單，收入支出歸類清楚，缺點是收入、費用的性質不加區分，硬性歸為一類，不利於報表分析。

2. 多步式利潤表

多步式利潤表將不同性質的收入和費用進行對比，從而可以得出一些中間性的利潤數據，便於使用者理解企業經營成果的不同來源。企業可以分如下三個步驟編製利潤表：

第一步，以營業收入為基礎，減去營業成本、稅金及附加、銷售費用、管理費用、研發費用、財務費用、資產減值損失，加上投資收益（減去投資損失）、公允價值變動收益（減去公允價值變動損失）、資產處置收益（減去資產處置損失）和其他收益，計算出營業利潤。

第二步，以營業利潤為基礎，加上營業外收入，減去營業外支出，計算出利潤總額。

第三步，以利潤總額為基礎，減去所得稅費用，計算出淨利潤（或淨虧損）。普通股或潛在普通股已公開交易的企業及正處於公開發行普通股或潛在普通股過程中的企業，還應當在利潤表中列示每股收益信息。

根據《企業會計準則第 30 號——財務報表列報》的規定，企業需要提供比較利潤表，以使報表使用者通過比較不同期間利潤的實現情況，判斷企業經營成果的未來發展趨勢。因此，利潤表還就各項目再分為「本期金額」和「上期金額」兩欄分別填列。對於費用的列報，企業應當採用「功能法」列報，即按照費用在企業中發揮的功能進行分類列報，通常分為從事經營業務發生的成本、管理費用、銷售費用和財務費用等，並且將營業成本與其他費用分開披露。就企業而言，其活動通常可以劃分為生產、銷售、管理、融資等，每一種活動發生的費用的功能並不相同。因此，按照費用功能法將其分開列報，有助於使用者瞭解費用發生的活動領域。例如，企業為銷售產品發生了多少費用、為一般行政管理發生了多少費用、為籌措資金發生了多少費用等。這種方法通常能向報表使用者提供具有結構性的信息，能更清楚地揭示企業經營業績的主要來源和構成，提供的信息更為相關。

由於關於費用性質的信息有助於預測企業的未來現金流量，企業可以在附註中披露費用按照性質分類的利潤表補充資料。費用按照性質分類是指將費用按其性質分為耗用的原材料、職工薪酬費用、折舊費、攤銷費等，而不是按照費用在企業所發揮的不同功能分類。

普通股或潛在普通股已公開交易的企業及正處於公開發行普通股或潛在普通股過程中的企業，應當在利潤表中列示每股收益信息。中國利潤表（格式）如表 14-5 所示。

表 14-5　利潤表

編製單位：甲股份有限公司　　　　2×19 年度　　　　單位：元

項目	本期金額	上期金額(略)
一、營業收入	750,000	
減：營業成本	450,000	
稅金及附加	1,200	
銷售費用	12,000	
管理費用	94,260	
研發費用	0	
財務費用	24,900	
其中：利息費用		
利息收入		
加：其他收益		
投資收益（損失以「-」號填列）	18,900	
其中：對聯營企業和合營企業的投資收益		
以攤餘成本計量的金融資產終止確認收益（損失以「-」號填列）		
淨敞口套期收益（損失以「-」號填列）		
公允價值變動收益（損失以「-」號填列）		
信用減值損失（損失以「-」號填列）		
資產減值損失（損失以「-」號填列）	-18,540	
資產處置收益（損失以「-」號填列）		

表14-5(續)

項目	本期金額	上期金額(略)
二、營業利潤（虧損以「-」號填列）	168,000	
加：營業外收入	30,000	
減：營業外支出	11,820	
三、利潤總額（虧損以「-」號填列）	186,180	
減：所得稅費用	51,180	
四、淨利潤（淨虧損以「-」號填列）	135,000	
（一）持續經營淨利潤（淨虧損以「-」號填列）		
（二）終止經營淨利潤（淨虧損以「-」號填列）		
五、其他綜合收益的稅後淨額	（略）	
（一）不能重分類進損益的其他綜合收益		
1. 重新計量設定受益計劃變動額		
2. 權益法下不能轉損益的其他綜合收益		
3. 其他權益工具投資公允價值變動		
4. 企業自身信用風險公允價值變動		
……		
（二）將重分類進損益的其他綜合收益		
1. 權益法下可轉損益的其他綜合收益		
2. 其他債權投資公允價值變動		
3. 金融資產重分類計入其他綜合收益的金額		
4. 其他債權投資信用減值準備		
5. 現金流量套期儲備		
6. 外幣財務報表折算差額		
……		
六、綜合收益總額	135,000	
七、每股收益	（略）	
（一）基本每股收益		
（二）稀釋每股收益		

（二）利潤表的列報方法

1. 利潤表各項目的列報

（1）「營業收入」項目反應企業經營主要業務和其他業務確認的收入總額。該項目應根據「主營業務收入」和「其他業務收入」科目的發生額分析填列。

（2）「營業成本」項目反應企業經營主要業務和其他業務發生的成本總額。該項目應根據「主營業務成本」和「其他業務成本」科目的發生額分析填列。

（3）「稅金及附加」項目反應企業經營業務應負擔的消費稅、城市維護建設稅、資源稅、土地增值稅和教育費附加等。該項目應根據「稅金及附加」科目的發生額分析填列。

（4）「銷售費用」項目反應企業在銷售商品過程中發生的包裝費、廣告費等費用和為銷售本企業商品而專設的銷售機構的職工薪酬、業務費等經營費用。該項目應根據「銷售費用」科目的發生額分析填列。

(5)「管理費用」項目反應企業為組織和管理生產經營發生的管理費用。該項目應根據「管理費用」科目的發生額分析填列。

(6)「研發費用」項目反應企業進行研究與開發過程中發生的費用化支出及計入管理費用的自行開發無形資產的攤銷。該項目應根據「管理費用」科目下的「研究費用」明細科目的發生額及「管理費用」科目下的「無形資產攤銷」明細科目的發生額分析填列。

(7)「財務費用」項目下的「利息費用」項目反應企業為籌集生產經營所需資金等而發生的予以費用化的利息支出。「財務費用」項目下的「利息收入」項目反應企業按相關會計準則確認的應衝減財務費用的利息收入。「利息費用」和「利息收入」項目應根據「財務費用」科目的相關明細科目的發生額分析填列。這兩個項目作為「財務費用」項目的明細項目，以正數填列。

(8)「其他收益」項目反應計入其他收益的政府補助及其他與日常活動相關且計入其他收益的項目。該項目應根據「其他收益」科目的發生額分析填列。

(9)「投資收益」項目反應企業以各種方式對外投資所取得的收益。該項目應根據「投資收益」科目的發生額分析填列。如為投資損失，該項目以「-」號填列。其中「以攤餘成本計量的金融資產終止確認收益」項目反應企業因轉讓等情形導致終止確認以攤餘成本計量的金融資產而產生的利息或損失。該項目應根據「投資收益」科目的有關明細科目的發生額分析填列。如為損失，該項目以「-」號填列。

(10)「淨敞口套期收益」項目反應淨敞口套期下被套期項目累計公允價值變動轉入當期損益的金額或現金流量套期儲備轉入當期損益的金額。該項目應根據「淨敞口套期收益」科目的發生額分析填列。該項目如為套期損失，以「-」號填列。

(11)「公允價值變動收益」項目反應企業應當計入當期損益的資產或負債的公允價值變動收益。該項目應根據「公允價值變動損益」科目的發生額分析填列。如為淨損失，該項目以「-」號填列。

(12)「信用減值損失」項目反應企業計提的各項金融工具信用減值準備所確認的信用損失。該項目應根據「信用減值損失」科目的發生額分析填列。

(13)「資產減值損失」項目反應企業各項資產發生的減值損失。該項目應根據「資產減值損失」科目的發生額分析填列。

(14)「資產處置收益」項目反應企業出售劃分為持有待售的非流動資產或處置組時確認的處置利得或損失以及處置未劃分為持有待售資產的固定資產、在建工程、生產性生物資產以及無形資產而產生的處置利得或損失。該項目應根據「資產處置損益」科目的發生額分析填列。如為處置損失，該項目以「-」號填列。

(15)「營業利潤」項目反應企業實現的營業利潤。如為虧損，該項目以「-」號填列。

(16)「營業外收入」項目反應企業發生的與經營業務無直接關係的各項收入。該項目應根據「營業外收入」科目的發生額分析填列。

(17)「營業外支出」項目反應企業發生的與經營業務無直接關係的各項支出。該項目應根據「營業外支出」科目的發生額分析填列。

(18)「利潤總額」項目反應企業實現的利潤。如為虧損，該項目以「-」號填列。

(19)「所得稅費用」項目反應企業應從當期利潤總額中扣除的所得稅費用。該項目應根據「所得稅費用」科目的發生額分析填列。

(20)「淨利潤」項目反應企業實現的淨利潤。如為虧損，該項目以「-」號填列。其中，「(一) 持續經營淨利潤」和「(二) 終止經營淨利潤」項目分別反應淨利潤中與持續經營相關的淨利潤和與終止營業相關的淨利潤。如為淨虧損，該項目以「-」號填列。

(21)「其他綜合收益的稅後淨額」項目反應企業根據企業會計準則的規定未在當期損益中確認的各項利得和損失扣除所得稅影響後的淨額的合計數。其中，「其他權益工具投資公允價值變動」項目反應企業指定為以公允價值計量且其變動計入其他綜合收益的非交易性權益工具投資發生的公允價值變動。該項目應根據「其他綜合收益」科目的相關明細科目的發生額分析填列。

「企業自身信用風險公允價值變動」項目反應企業指定為以公允價值計量且其變動計入當期損益的金融負債，由企業自身信用風險變動引起的公允價值變動而計入其他綜合收益額的金額。該項目應根據「其他綜合收益」科目相關明細科目的發生額分析填列。

「金融資產重分類計入其他綜合收益的金額」項目反應企業將一項以攤餘成本計量的金融資產重分類為以公允價值計量且其變動計入其他綜合收益的金融資產時，計入其他綜合收益的原帳面價值與公允價值之間的差額。該項目應根據「其他綜合收益」科目的相關明細科目的發生額分析填列。

「其他債權投資信用減值準備」項目反應企業分類為以公允價值計量且其變動計入其他綜合收益的金融資產的損失準備。該項目應根據「其他綜合收益」科目下「信用減值準備」明細科目的發生額分析填列。

「現金流量套期儲備」項目反應企業套期工具產生的利得或損失中屬於套期有效的部分。該項目應根據「其他綜合收益」科目下「套期儲備」明細科目的發生額分析填列。

(22)「綜合收益總額」項目反應企業在某一期間除與所有者以其所有者身分進行的交易之外的其他交易或事項引起的所有者權益變動。「綜合收益總額」項目反應淨利潤和其他綜合收益稅後淨額的合計金額。

(23)「基本每股收益」項目只考慮當期實際發行在外的普通股股份，按照歸屬於普通股股東的當期淨利潤除以當期實際發行在外普通股的加權平均數計算確定。

在計算基本每股收益時，分子為歸屬於普通股股東的當期淨利潤，即企業當期實現的可供普通股股東分配的淨利潤或應由普通股股東分擔的淨虧損金額。發生虧損的企業，每股收益以負數列示。

在計算基本每股收益時，分母為當期發行在外普通股的算術加權平均數，即期初發行在外普通股股數根據當期新發行或回購的普通股股數與相應時間權數的乘積進行調整後的股數。其中，作為權數的已發行時間、報告期時間和已回購時間通常按天數計算，在不影響計算結果合理性的前提下，也可以採用簡化的計算方法，如按月數計算。公司庫存股不屬於發行在外的普通股，且無權參與利潤分配，應當在計算分母時扣除。

例如，某公司 2×19 年期初發行在外的普通股為 40,000 萬股；2 月 28 日新發行普通股 21,600 萬股；12 月 1 日回購普通股 9,600 萬股，以備將來獎勵職工之用。該公司當年實現淨利潤 13,000 萬元。2×19 年度基本每股收益計算如下：發行在外普通股加權平均數 $=40,000\times12\div12+21,600\times10\div12-9,600\times1\div12=57,200$ 萬股或者 $40,000\times2\div12+61,600\times9\div12+52,000\times1\div12=57,200$ 萬股。基本每股收益 $=13,000\div57,200=0.227$ 元。

(24)「稀釋每股收益」項目是以基本每股收益為基礎，假設企業所有發行在外的稀釋性潛在普通股都已轉換為普通股，從而分別調整歸屬於普通股股東的當期淨利潤與發行在外普通股的加權平均數計算而得的每股收益。

潛在普通股是指賦予其持有者在報告期或以後期間享有普通股權利的一種金融工具或其他合同。目前，中國企業發行的潛在普通股主要有可轉換公司債券、認股權證、股份期權等。

稀釋性潛在普通股是指假設當期轉換為普通股會減少每股收益的潛在普通股。對於虧損企業而言，稀釋性潛在普通股是指假設當期轉換為普通股會增加每股虧損金額的潛在普通股。計算稀釋每股收益時只考慮稀釋性潛在普通股的影響，不考慮不具有稀釋性的潛在普通股。

2. 上期金額欄的列報方法

利潤表「上期金額」欄內各項數字應根據上年該期利潤表「本期金額」欄內所列數字填列。如果上年該期利潤表規定的各個項目的名稱和內容同本期不一致，應對上年該期利潤表各項目的名稱和數字按本期的規定進行調整，填入利潤表「上期金額」欄內。

3. 本期金額欄的列報方法

利潤表「本期金額」欄內各項數字一般應根據損益類科目的發生額分析填列。

三、利潤表的編製實例

【例 14-2】甲股份有限公司 2×19 年度損益類科目的累計發生淨額如表 14-6 所示。

表 14-6　甲股份有限公司 2×19 年度損益類科目的累計發生淨額　　單位：元

科目名稱	借方發生額	貸方發生額
主營業務收入		750,000
主營業務成本	450,000	
稅金及附加	1,200	
銷售費用	12,000	
管理費用	94,260	
財務費用	24,900	
資產減值損失	18,540	
投資收益		18,900
營業外收入		30,000
營業外支出	11,820	
所得稅費用	51,180	

根據上述資料，編製甲股份有限公司 2×19 年度利潤表如表 14-5 所示。

第四節　現金流量表

一、現金流量表概述

（一）現金流量表的概念及作用

現金流量表是反應企業一定會計期間現金和現金等價物流入與流出的報表。編製現金流量表的主要目的是為財務報表使用者提供企業一定會計期間內現金和現金等價物流入與流出的信息，以便於財務報表使用者瞭解與評價企業獲取現金和現金等價物的能力，並據以預測企業未來現金流量。現金流量表的作用主要體現在以下幾個方面：

（1）現金流量表可以提供企業的現金流量信息，從而對企業整體財務狀況做出客觀評價。在市場經濟條件下，競爭異常激烈，企業要想站穩腳跟，不但要想方設法把自身的產品銷售出去，更重要的是要及時收回銷貨款，以便以後的經營活動能夠順利開展。除了經營活動以外，企業從事的投資和籌資活動同樣影響著現金流量，從而影響財務狀況。如果企業進行投資，而沒能取得相應的現金回報，就會對企業的財務狀況（如流動性、償債能力）產生不良影響。使用者從企業的現金流量情況可以大致判斷其經營週轉是否順暢。

（2）使用者通過現金流量表可以對企業的支付能力和償債能力，以及企業對外部資金的需求情況做出較為可靠的判斷。評估企業是否具有這些能力，最直接有效的方法是分析現金流量。現金流量表披露的經營活動淨現金流入本質上代表了企業自我創造現金的能力，儘管企業取得現金還可以通過對外籌資的途徑，但債務本金的償還最終取決於經營活動的淨現金流入。因此，經營活動的淨現金流入總來源的比例越高，企業的財務基礎越穩固，支付能力和償債能力才越強，現金流量表有助於實現這一目的。

（3）使用者通過現金流量表，不但可以瞭解企業當前的財務狀況，還可以預測企業未來的發展情況。如果現金流量表中各部分現金流量結構合理，現金流入和流出無重大異常波動，一般來說企業的財務狀況基本良好。企業最常見的失敗原因、症狀也可以在現金流量表中得到反應，如從投資活動流出的現金、籌資活動流入的現金和籌資活動流出的現金中，可以分析企業是否過度擴大經營規模；通過比較當期淨利潤與當期淨現金流量，可以看出非現金流動資產吸收利潤的情況，評價企業產生淨現金流量的能力是否偏低。

（4）現金流量表便於報表使用者評估報告期內與現金有關和無關的投資及籌資活動。現金流量表除披露經營活動的現金流量、投資及籌資活動的現金流量外，在全部資金概念下，還披露與現金無關的投資及籌資活動，這對報表使用者制定合理的投資與信貸決策、評估企業未來的現金流量同樣具有重要意義。

（二）現金流量表的編製基礎

現金流量表以現金及現金等價物為基礎，按照收付實現制原則編製。

1. 現金的含義和內容

現金是指企業庫存現金及可以隨時用於支付的存款。不能隨時用於支付的存款不屬於現金。現金主要包括：

（1）庫存現金。它是指企業持有可隨時用於支付的現金，與「庫存現金」科目的核算內容一致。

（2）銀行存款。它是指企業存入金融機構、可以隨時用於支取的存款，與「銀行存款」科目核算內容基本一致，但不包括不能隨時用於支付的存款。例如，不能隨時支取的定期存款等不應作為現金，而提前通知金融機構便可支取的定期存款則應包括在現金範圍內。

（3）其他貨幣資金。它是指存放在金融機構的外埠存款、銀行匯票存款、銀行本票存款、信用卡存款、信用證保證金存款和存出投資款等，與「其他貨幣資金」科目核算內容一致。

2. 現金等價物

現金等價物是指企業持有的同時滿足四個條件的投資。現金等價物雖然不是現金，但其支付能力與現金的差別不大，可視為現金。

投資作為現金等價物的四個條件如下：第一，期限短；第二，流動性強；第三，易於轉換為已知金額的現金；第四，價值變動風險很小。其中，期限短（一般是指從購買日起三個月內到期）、流動性強（指投資要能上市交易），強調了變現能力；而易於轉換為已知金額的現金、價值變動風險很小，則強調了支付能力的大小。現金等價物通常包括三個月內到期的短期債券投資。權益性投資因變現的金額通常不確定且價值變動風險較大，因此不屬於現金等價物。

(三) 現金流量的分類及列示

1. 現金流量及其影響因素

現金流量指企業現金和現金等價物的流入與流出。在現金流量表中，現金及現金等價物被視為一個整體，企業現金（含現金等價物，下同）形式的轉換不會產生現金的流入與流出。例如，企業從銀行提取現金是企業現金存放形式的轉換，並未流出企業，不構成現金流量。同樣，現金與現金等價物之間的轉換也不屬於現金流量。例如，企業用現金購買三個月內到期的國庫券。

影響現金流量的因素主要是企業的日常經營業務，但不是所有的業務都對現金流量有影響。企業的經營業務按其與現金流量的關係可以分為以下三類：

(1) 現金各項目之間的增減變動。這一類業務帳務處理的借方、貸方都是現金，因此不會影響現金流量的增減變動。

(2) 非現金各項目之間的增減變動。這一類業務帳務處理的借方、貸方都不是現金，當然也不會影響現金流量的增減變動。

(3) 現金各項目與非現金各項目之間的增減變動。這一類業務帳務處理的借方、貸方中，一方是現金，另一方不是現金，因此這一類業務必然影響現金流量的增減變動。

現金流量表主要反應上述第三類業務，即現金各項目與非現金各項目之間的增減變動對現金流量淨額的影響。非現金各項目之間的增減變動如屬於重要的投資和籌資活動，應在現金流量表的附註中予以披露。

2. 現金流量的分類

現金流量表中應當按照企業發生的經濟業務性質，將企業一定期間內產生的現金流量分為經營活動產生的現金流量、投資活動產生的現金流量和籌資活動產生的現金流量三類。

(1) 經營活動產生的現金流量。經營活動是指企業投資活動和籌資活動以外的所有交易與事項。各類企業由於行業特點不同，對經營活動的認定存在一定差異。對於工商企業而言，經營活動主要包括銷售商品、提供勞務、購買商品、接受勞務、支付稅費等。對於商業銀行而言，經營活動主要包括吸收存款、發放貸款等。對於保險公司而言，經營活動主要包括原保險業務和再保險業務等。對於證券公司而言，經營活動主要包括自營證券、代理承銷證券、代理兌付證券、代理買賣證券等。與企業經營活動相關的現金流量就是經營活動現金流量。

(2) 投資活動產生的現金流量。投資活動是指企業長期資產的購建和不包括在現金等價物範圍內的投資及其處置活動。長期資產是指固定資產、無形資產、在建工程、其他資產等持有期限在一年或一個營業週期以上的資產。這裡所講的投資活動，既包括實物資產投資，也包括金融資產投資。這裡之所以將「包括在現金等價物範圍內的投資」排除在外，是因為已經將包括在現金等價物範圍內的投資視同現金。不同企業由於行業特點不同，對投資活動的認定也存在差異。例如，交易性金融資產產生的現金流量，對於工商企業而言，屬於投資活動現金流量，而對於證券公司而言，屬於經營活動現金流量。與企業投資活動相關的現金流量就是投資活動現金流量。

(3) 籌資活動產生的現金流量。籌資活動是指導致企業資本及債務規模和構成發生變化的活動。這裡所說的資本，既包括實收資本（或股本），也包括資本溢價（或股本溢價）；這裡所說的債務，指對外舉債，包括向銀行借款、發行債券以及償還債務等。通常情況下，應付帳款、應付票據等屬於經營活動，不屬於籌資活動。與企業籌資活動相關的現金流量就是籌資活動現金流量。

企業日常活動之外的、不經常發生的特殊項目，如自然災害、保險賠款、捐贈等，應當歸並到相應類別中，並單獨反應。例如，對於自然災害損失和保險賠款，如果能夠確指屬於流動資產損失，企業應當列入經營活動產生的現金流量；屬於固定資產損失，應當列入投資活動產生的現金流量。如果不能確指，則可以列入經營活動產生的現金流量。捐贈收入和支出，可以列入經營活動產生的現金流量。如果特殊項目的現金流量金額不大，則可以列入現金流量類別下的「其他」項目，不單列項目。

3. 現金流量的列示

通常情況下，現金流量應當分別按照現金流入和現金流出總額列報，從而全面揭示企業現金流量的方向、規模和結構，但是下列各項可以按照淨額列報：

（1）代客戶收取或支付的現金以及週轉快、金額大、期限短的項目的現金流入和現金流出。例如，證券公司代收的客戶證券買賣交割費、印花稅等，旅遊公司代遊客支付的房費、餐費、交通費、文娛費、行李托運費、門票費、票務費、簽證費等費用。這些項目由於週轉快，在企業停留的時間短，企業加以利用的餘地比較小，淨額更能說明其對企業支付能力、償債能力的影響；反之，如果以總額反應，反而會對評價企業的支付能力和償債能力、分析企業的未來現金流量產生誤導。

（2）金融企業的有關項目，主要指期限較短、流動性強的項目。對於商業銀行而言，其主要包括短期貸款發放與收回的貸款本金、活期存款的吸收與支付、同業存款和存放同業款項的存取、向其他金融企業拆借資金等；對於保險公司而言，其主要包括再保險業務收到或支付的現金淨額；對於證券公司而言，其主要包括自營證券和代理業務收到或支付的現金淨額等。

4. 現金流量表的格式

現金流量表要求企業採用直接法表達經營活動的現金流量，同時揭示企業投資活動與籌資活動的現金流量。現金流量表附註資料要求揭示按間接法重新計算與表達經營活動現金流量及不涉及現金的重大投資和籌資活動。現金流量表（格式）如表 14-7 所示。

表 14-7　現金流量表　　會企 03 表

編製單位：甲股份有限公司　　2×19 年度　　單位：元

項目	本期金額	上期金額(略)
一、經營活動產生的現金流量		
銷售商品、提供勞務收到的現金	787, 500	
收到的稅費返還	0	
收到其他與經營活動有關的現金	0	
經營活動現金流入小計	787, 500	
購買商品、接受勞務支付的現金	235, 359. 60	
支付給職工以及為職工支付的現金	180, 000	
支付的各項稅費	104, 821. 80	
支付其他與經營活動有關的現金	48, 000	
經營活動現金流出小計	568, 181. 40	
經營活動產生的現金流量淨額	219, 318. 60	
二、投資活動產生的現金流量		
收回投資收到的現金	9, 900	
取得投資收益收到的現金	18, 000	

表14-7(續)

項目	本期金額	上期金額(略)
處置固定資產、無形資產和其他長期資產收回的現金淨額	180, 180	
處置子公司及其他營業單位收到的現金淨額	0	
收到其他與投資活動有關的現金	0	
投資活動現金流入小計	208, 080	
購建固定資產、無形資產和其他長期資產支付的現金	360, 600	
投資支付的現金	0	
取得子公司及其他營業單位支付的現金淨額	0	
支付其他與投資活動有關的現金	0	
投資活動現金流出小計	360, 600	
投資活動產生的現金流量淨額	-152, 520	
三、籌資活動產生的現金流量		
吸收投資收到的現金	0	
取得借款收到的現金	336, 000	
收到其他與籌資活動有關的現金	0	
籌資活動現金流入小計	336, 000	
償還債務支付的現金	750, 000	
分配股利、利潤或償付利息支付的現金	7, 500	
支付其他與籌資活動有關的現金	0	
籌資活動現金流出小計	757, 500	
籌資活動產生的現金流量淨額	-421, 500	
四、匯率變動對現金及現金等價物的影響	0	
五、現金及現金等價物淨增加額	-354, 701. 40	
加：期初現金及現金等價物餘額	843, 780	
六、期末現金及現金等價物餘額	489, 078. 60	

(四) 現金流量表的編製方法

1. 直接法和間接法

編製現金流量表時，列報經營活動現金流量的方法有兩種：一是直接法，二是間接法。這兩種方法通常也稱為編製現金流量表的方法。

所謂直接法，是指按現金收入和現金支出的主要類別直接反應企業經營活動產生的現金流量的方法，如直接列報「銷售商品、提供勞務收到的現金」「購買商品、接受勞務支付的現金」等。在直接法下，現金流量表的編製一般以利潤表中的營業收入為起算點，調節與經營活動有關項目的增減變動，然後計算出經營活動產生的現金流量。

所謂間接法，是指以淨利潤為起算點，調整不涉及現金的收入、費用、營業外收支等有關項目，剔除投資活動、籌資活動對現金流量的影響，據此計算出經營活動產生的現金流量。由於淨利潤是以權責發生制為核算基礎確定的，且包括了與投資活動和籌資活動相關的收益與費用，將淨利潤調節為經營活動現金流量，實際上就是將按權責發生制為核算基礎確定的淨利潤調整為現金淨流入，並剔除投資活動和籌資活動對現金流量的影響。

採用直接法編報現金流量表，便於分析企業經營活動產生的現金流量的來源和用途，預測企業現金流量的未來前景；採用間接法編報現金流量表，便於將淨利潤與經營活動產生的現金流量淨額進行比較，瞭解淨利潤與經營活動產生的現金流量差異的原因，從現金流量的角度分析淨利潤的質量。因此，《企業會計準則第 31 號——現金流量表》規定企業應當採用直接法編報現金流量表，同時要求在附註中提供以淨利潤為基礎調節到經營活動現金流量的信息。

2. 工作底稿法或 T 形帳戶法

在具體編製現金流量表時，企業可以採用工作底稿法或 T 形帳戶法，也可以根據有關科目記錄分析填列，這些方法都屬於技術上的輔助方法。

（1）工作底稿法。企業採用工作底稿法編製現金流量表，是以工作底稿為手段，以資產負債表和利潤表數據為基礎，對每一項目進行分析並編製調整分錄，從而編製現金流量表。工作底稿法的程序如下：

第一步，將資產負債表的年初數和期末數過入工作底稿的年初數欄和期末數欄。

第二步，對當期業務進行分析並編製調整分錄。在編製調整分錄時，企業要以利潤表項目為基礎從「營業收入」開始，結合資產負債表項目逐一進行分析。在調整分錄中，有關現金和現金等價物的事項，並不直接借記或貸記「庫存現金」科目，而是分別計入「經營活動產生的現金流量」「投資活動產生的現金流量」「籌資活動產生的現金流量」有關項目。借記表示現金流入，貸記表示現金流出。

第三步，將調整分錄過入工作底稿中的相應部分。

第四步，核對調整分錄，借方、貸方合計數均已經相等，資產負債表項目年初數加減調整分錄中的借貸金額以後，也等於期末數。

第五步，根據工作底稿中的現金流量表項目部分編製正式的現金流量表。

（2）T 形帳戶法。採用 T 形帳戶法編製現金流量表，是以 T 形帳戶為手段，以資產負債表和利潤表數據為基礎，對每一項目進行分析並編製調整分錄，從而編製現金流量表。T 形帳戶法的程序如下：

第一步，為所有的非現金項目（包括資產負債表項目和利潤表項目）分別開設 T 形帳戶，並將各自的期末期初變動數過入各相關帳戶。如果項目的期末數大於期初數，則將差額過入和項目餘額相同的方向；反之，過入相反的方向。

第二步，開設一個大的「現金及現金等價物」T 形帳戶，每邊分為經營活動、投資活動和籌資活動三個部分，左邊記現金流入，右邊記現金流出；與其他帳戶一樣，過入期末期初變動數。

第三步，以利潤表項目為基礎，結合資產負債表分析每一個非現金項目的增減變動，並據此編製調整分錄。

第四步，將調整分錄過入各 T 形帳戶並進行核對，該帳戶借貸相抵後的餘額與原先過入的期末期初變動數應當一致。

第五步，根據大的「現金及現金等價物」T 形帳戶編製正式的現金流量表。

二、現金流量表的編製

（一）經營活動現金流量的列報——直接法

1. 直接法的內涵

由於直接法是按現金收入和現金支出的主要類別直接反應企業經營活動產生的現金流量的，加之企業淨利潤主要來自企業的經營活動，因此直接法實際上是從利潤表的營業收入項目開始，逐項將與經營活動有關的利潤項目轉換為經營活動現金流入和經營活動現金流出項目。

但是，在實際操作時並不是所有的項目都需要這種「轉換過程」，因為直接法下經營活動現金流量的項目有時並不完全與利潤表項目逐一對應。根據《企業會計準則第 31 號——現金流量表》的規定，現金流量表中直接法下經營活動現金流入與現金流出的項目設置比較簡單，主要有「銷售商品、提供勞務收到的現金」「收到的稅費返還」「購買商品、接受勞務支付的現金」「支付給職工以及為職工支付的現金」「支付的各項稅費」「收到其他與經營活動有關的現金」和「支付其他與經營活動有關的現金」等項目，其中「支付給職工以及為職工支付的現金」項目，實際上分別與現行利潤表中「主營業務成本」「銷售費用」「管理費用」等諸多項目有關。

2. 直接法下各項目的內容及填列方法

直接法下比較難以填列的項目主要有「銷售商品、提供勞務收到的現金」「購買商品、接受勞務支付的現金」等。

(1)「銷售商品、提供勞務收到的現金」項目。「銷售商品、提供勞務收到的現金」項目反應企業銷售商品、提供勞務實際收到的現金，包括銷售收入和應向購買者收取的增值稅銷項稅額。其具體包括本期銷售商品、提供勞務收到的現金以及前期銷售商品、提供勞務本期收到的現金和本期預收的款項，減去本期銷售本期退回的商品和前期銷售本期退回的商品支付的現金。企業銷售材料和代購代銷業務收到的現金也在該項目反應。

企業在填列「銷售商品、提供勞務收到的現金」項目時，應考慮的因素有營業收入的發生額、應收帳款的增減變動、應收票據的增減變動、預收款項的增減變動、核銷壞帳引起的應收帳款的減少以及收回以前年度核銷的壞帳、銷售退回、應交增值稅銷項稅額的發生額等。

「銷售商品、提供勞務收到的現金」項目的填列有根據有關帳戶記錄的發生額資料填列和根據財務報表資料填列兩種思路。

①根據有關帳戶記錄的發生額資料填列的計算公式如下：

銷售商品、提供勞務收到的現金=本期銷售商品、提供勞務收到的現金+以前期間銷售商品、提供勞務在本期收到的現金+以後將要銷售商品、提供勞務在本期預收的現金+本期收回前期已核銷的壞帳-本期銷售退回支付的現金

【例 14-3】甲企業本期銷售一批商品，開出的增值稅專用發票上註明的銷售價款為 1,400,000 元，增值稅銷項稅額為 182,000 元，以銀行存款收訖；應收票據期初餘額為 135,000 元，期末餘額為 30,000 元；應收帳款期初餘額為 500,000 元，期末餘額為 200,000 元；年度內核銷的壞帳損失為 10,000 元。另外，本期因商品質量問題發生退貨，支付銀行存款 15,000 元，貨款已通過銀行轉帳支付。

本期銷售商品、提供勞務收到的現金計算如下：

本期銷售商品收到的現金	1,582,000
加：本期收到前期的應收票據（135,000-30,000）	105,000
本期收到前期的應收帳款（500,000-200,000-10,000）	290,000
減：本期因銷售退回支付的現金	15,000
本期銷售商品、提供勞務收到的現金	1,962,000

②根據財務報表資料（利潤表、資產負債表有關項目以及部分帳戶記錄）填列的計算公式如下：

銷售商品、提供勞務收到的現金＝營業收入＋應收票據項目（期初餘額－期末餘額）＋應收帳款項目（期初餘額－期末餘額）＋預收款項（期末餘額－期初餘額）－債務人以非現金資產抵債減少的應收票據及應收帳款－本期計提壞帳準備導致的應收票據及應收帳款項目減少數

說明：如果企業發生本期轉回的壞帳準備業務，還應將本期轉回的壞帳準備導致的應收帳款項目增加數做進一步的調整。

【例 14-4】甲企業 2×19 年有關資料如下：利潤表中「營業收入」為 300, 000 元；資產負債表中「應收帳款」項目年初餘額為 90, 000 元、年末餘額為 30, 000 元。本年度發生壞帳 3, 000 元已予以核銷。根據上述資料，2×19 年度現金流量表中「銷售商品、提供勞務收到的現金」項目的金額計算如下：

銷售商品、提供勞務收到的現金＝300, 000+(90, 000−30, 000)= 360, 000（元）

應注意的是，資產負債表中「應收帳款」項目是根據「應收帳款」科目餘額與有關「壞帳準備」餘額之差填列的，因此本年度核銷壞帳 3, 000 元對「應收帳款」項目的期末餘額影響數為零，本題計算中不應將這 3, 000 元予以扣減。

（2）「收到的稅費返還」項目。「收到的稅費返還」項目反應企業收到返還的各種稅費，如收到的增值稅、所得稅、消費稅、關稅和教育費附加返還款等。該項目可以根據「庫存現金」「銀行存款」「稅金及附加」「營業外收入」等科目的記錄分析填列。

【例 14-5】甲企業前期出口商品一批，已繳納增值稅，按規定應退增值稅 17, 000 元前期未退，本期以轉帳方式收訖；本期收到退回的稅款 36, 000 元、收到的教育費附加返還款 66, 000 元，款項已存入銀行。

本期收到的稅費返還計算如下：

本期收到的出口退增值稅額	17, 000
加：收到的退稅額	36, 000
收到的退教育費附加返還額	66, 000
本期收到的稅費返還	119, 000

（3）「收到其他與經營活動有關的現金」項目。「收到其他與經營活動有關的現金」項目反應企業除上述各項目外，收到的其他與經營活動有關的現金，如罰款收入、經營租賃固定資產收到的現金、流動資產損失中由個人賠償的現金收入、除稅費返還外的其他政府補助收入等。其他與經營活動有關的現金，如果金額較大，應單列項目反應。該項目可以根據「庫存現金」「銀行存款」「管理費用」「銷售費用」等科目的記錄分析填列。

（4）「購買商品、接受勞務支付的現金」項目。「購買商品、接受勞務支付的現金」項目反應企業購買材料、商品、接受勞務實際支付的現金，包括支付的貨款及與貨款一併支付的增值稅進項稅額，具體包括本期購買商品、接受勞務支付的現金以及本期支付前期購買商品、接受勞務的未付款項和本期預付款項，減去本期發生的購貨退回收到的現金。為購置存貨而發生的借款利息資本化部分，應在「分配股利、利潤或償付利息支付的現金」項目中反應。企業在填列「購買商品、接受勞務支付的現金」項目時，應考慮的因素有營業成本、存貨增減變動、應交增值稅（進項稅額）的發生額、應付票據及應付帳款增減變動、預付帳款增減變動以及購貨退回收到的現金等。根據報表資料填列的計算公式如下：

購買商品、接受勞務支付的現金＝營業成本＋存貨項目（期末餘額－期初餘額）＋應付票據項目（期初餘額－期末餘額）＋應付帳款項目（期初餘額－期末餘額）＋預付款項（期末餘額－期初餘額）

企業還要考慮與投資、交換非流動資產、抵償非流動負債等有關的存貨增減數，非現金抵債、非存貨抵債引起的應付帳款和應付票據減少數，直接購貨業務應交增值稅（進項稅額）的發生額及營業成本中的非外購存貨費用。

【例 14-6】甲企業本期購買原材料收到的增值稅專用發票上註明的材料價款為 300, 000 元，增值稅進項稅額為 39, 000 元，款項已通過銀行轉帳支付；本期支付應付票據 200, 000 元；購買工程用物資 150, 000 元，貨款已通過銀行轉帳支付。

本期購買商品、接受勞務支付的現金計算如下：

本期購買原材料支付的價款	300, 000
加：本期購買原材料支付的增值稅進項稅額	39, 000
本期支付的應付票據	200, 000
本期購買商品、接受勞務支付的現金	539, 000

【例 14-7】甲企業是商品流通企業，其 2×19 年度利潤表中「營業成本」為 1, 200, 000 元；資產負債表中「應付帳款」項目年初餘額為 60, 000 元、年末餘額為 40, 000 元，「預付款項」項目年初餘額為 0，年末餘額為 10, 000 元，「存貨」項目年初餘額為 1, 400, 000 元，年末餘額為 1, 800, 000 元；當年接受投資人投入存貨 160, 000 元。

根據上述資料，甲企業 2×19 年度現金流量表中「購買商品、接受勞務支付的現金」項目的計算如下：

購買商品、接受勞務支付的現金 = 1, 200, 000 +（60, 000 − 40, 000）+ 10, 000 +（1, 800, 000−1, 400, 000）−160, 000 = 1, 470, 000（元）

（5）「支付給職工以及為職工支付的現金」項目。「支付給職工以及為職工支付的現金」項目反應企業實際支付給職工的現金以及為職工支付的現金，包括企業為獲得職工提供的服務，本期實際給予的各種形式的報酬以及其他相關支出，如支付給職工的工資、獎金、各種津貼和補貼等以及為職工支付的其他費用，不包括支付給在建工程人員的工資。支付給在建工程人員的工資在「購建固定資產、無形資產和其他長期資產支付的現金」項目中反應。

企業為職工支付的醫療、養老、失業、工傷、生育等社會保險基金、補充養老保險、住房公積金，企業為職工繳納的商業保險金，因解除與職工勞動關係給予的補償、現金結算的股份支付以及企業支付給職工或為職工支付的其他福利費用等，應根據職工的工作性質和服務對象，分別在「購建固定資產、無形資產和其他長期資產支付的現金」和「支付給職工以及為職工支付的現金」項目中反應。

該項目可以根據「庫存現金」「銀行存款」「應付職工薪酬」等科目的記錄分析填列。

【例 14-8】甲企業本期實際支付工資 500, 000 元，其中經營人員工資 300, 000 元，在建工程人員工資 200, 000 元。

甲企業本期支付給職工以及為職工支付的現金為 300, 000 元。

（6）「支付的各項稅費」項目。「支付的各項稅費」項目反應企業按規定支付的各項稅費，包括本期發生並支付的稅費以及本期支付以前各期發生的稅費和預交的稅費，如支付的教育費附加、印花稅、房產稅、土地增值稅、車船稅、增值稅、所得稅等，不包括本期退回的增值稅、所得稅。本期退回的增值稅、所得稅等，在「收到的稅費返還」項目中反應。該項目可以根據「應交稅費」「庫存現金」「銀行存款」等科目分析填列。

【例 14-9】甲企業本期向稅務機關繳納增值稅 68, 000 元，本期發生的所得稅 6, 200, 000 元已全部繳納，期初未繳所得稅 560, 000 元，期末未繳所得稅 240, 000 元。

本期支付的各項稅費計算如下：

本期支付的增值稅稅額	68,000
加：本期發生並繳納的所得稅稅額	6,200,000
前期發生本期繳納的所得稅稅額（560,000-240,000）	320,000
本期支付的各項稅費	6,588,000

（7）「支付其他與經營活動有關的現金」項目。「支付其他與經營活動有關的現金」項目反應企業除上述各項目外，支付的其他與經營活動有關的現金，如罰款支出、支付的差旅費、業務招待費、保險費、經營租賃支付的現金等。其他與經營活動有關的現金，如果金額較大，應單列項目反應。該項目可以根據有關科目的記錄分析填列。

（二）經營活動現金流量的列報——間接法

間接法是以本期淨利潤（或淨損失）為起算點，調整不增加或不減少現金的收入與費用項目；調整屬於投資活動、籌資活動的收益與損失；調整與經營活動有關的非現金流動資產與流動負債的增減變動，從而計算出經營活動現金流量的一種方法。間接法的內容及具體填列方法將在現金流量表附註中解釋。

（三）投資活動現金流量的列報

1.「收回投資收到的現金」項目

「收回投資收到的現金」項目反應企業出售、轉讓或到期收回除現金等價物以外的交易性金融資產、債權投資、其他債權投資、其他權益工具投資、長期股權投資、投資性房地產而收到的現金，不包括債權性投資收回的利息、收回的非現金資產以及處置子公司及其他營業單位收到的現金淨額。債權性投資收回的本金，在該項目反應，債權性投資收回的利息，不在該項目反應，而在「取得投資收益收到的現金」項目中反應。該項目可以根據「交易性金融資產」「債權投資」「其他債權投資」「其他權益工具投資」「長期股權投資」「投資性房地產」「庫存現金」和「銀行存款」等科目的記錄分析填列。

【例 14-10】甲企業出售某項長期股權投資，收回的全部投資金額為 960,000 元；出售某項長期債權性投資收回的全部投資金額為 820,000 元，其中 120,000 元是債券利息。

本期收回投資收到的現金計算如下：

收回長期股權投資金額	960,000
加：收回長期債權性投資本金（820,000-120,000）	700,000
本期收回投資收到的現金	1,660,000

2.「取得投資收益收到的現金」項目

「取得投資收益收到的現金」項目反應企業因股權性投資而分得的現金股利，因債權性投資而取得的現金利息收入。該項目可以根據「應收股利」「應收利息」「投資收益」「庫存現金」「銀行存款」等科目的記錄分析填列。

【例 14-11】甲企業期初長期股權投資餘額 4,000,000 元，其中 3,000,000 元投資於聯營企業 A 企業，占其股本的 25%，採用權益法核算，另外 400,000 元和 600,000 分別投資於 B 企業和 C 企業，各占接受投資企業總股本的 5%和 10%，採用成本法核算。當年 A 企業盈利 4,000,000 元，分配現金股利 1,600,000 元；B 企業虧損沒有分配股利；C 企業盈利 1,200,000 元，分配現金股利 400,000 元。企業已如數收到現金股利。

本期取得投資收益收到的現金計算如下：

取得 A 企業實際分回的投資收益（1,600,000×25%）	400,000
加：取得 B 企業實際分回的投資收益	0
取得 C 企業實際分回的投資收益（400,000×10%）	40,000
本期取得投資收益收到的現金	440,000

3.「處置固定資產、無形資產和其他長期資產收回的現金淨額」項目

「處置固定資產、無形資產和其他長期資產收回的現金淨額」項目反應企業出售固定資產、無形資產和其他長期資產所取得的現金，減去為處置這些資產而支付的有關費用後的淨額。處置固定資產、無形資產和其他長期資產所收到的現金，與處置活動支付的現金，兩者在時間上比較接近，以淨額反應更能準確反應處置活動對現金流量的影響。由於自然災害等原因造成的固定資產等長期資產報廢、毀損而收到的保險賠償收入，在該項目中反應。如處置固定資產、無形資產和其他長期資產收回的現金淨額為負數，則應作為投資活動產生的現金流量，在「支付其他與投資活動有關的現金」項目中反應。該項目可以根據「固定資產清理」「庫存現金」「銀行存款」等科目的記錄分析填列。

【例 14-12】甲公司出售一臺不需用設備，收到價款 60,000 元，該設備原價 80,000 元，已提折舊 30,000 元。支付該項設備拆卸費用 400 元，運輸費用 160 元，設備已由購入單位運走。

本期處置固定資產、無形資產和其他長期資產收回的現金淨額計算如下：

本期出售固定資產收到的現金	60,000
減：支付出售固定資產的清理費用	560
本期處置固定資產、無形資產和其他長期資產收回的現金淨額	59,440

4.「處置子公司及其他營業單位收到的現金淨額」項目

「處置子公司及其他營業單位收到的現金淨額」項目反應企業處置子公司及其他營業單位取得的現金減去子公司或其他營業單位持有的現金和現金等價物以及相關處置費用後的淨額。該項目可以根據有關科目的記錄分析填列。

5.「收到其他與投資活動有關的現金」項目

「收到其他與投資活動有關的現金」項目反應企業除上述各項目外，收到的其他與投資活動有關的現金。其他與投資活動有關的現金，如果金額較大，應單列項目反應。該項目可以根據有關科目的記錄分析填列。

6.「購建固定資產、無形資產和其他長期資產（如投資性房地產）支付的現金」項目

「購建固定資產、無形資產和其他長期資產支付的現金」項目反應企業購買、建造固定資產，取得無形資產和其他長期資產支付的現金，包括購買機器設備支付的現金、建造工程支付的現金、支付在建工程人員的工資等現金支出，不包括為購建固定資產、無形資產和其他長期資產而發生的借款利息資本化部分以及融資租入固定資產支付的租賃費。為購建固定資產、無形資產和其他長期資產而發生的借款利息資本化部分，在「分配股利、利潤或償付利息支付的現金」項目中反應；融資租入固定資產支付的租賃費，在「支付其他與籌資活動有關的現金」項目中反應。該項目可以根據「固定資產」「在建工程」「工程物資」「無形資產」「庫存現金」「銀行存款」等科目的記錄分析填列。

【例 14-13】乙公司購入一幢房屋，價款 3,700,000 元，通過銀行轉帳 3,600,000 元，其他價款用公司產品抵償；為在建廠房購進建築材料一批，價值為 320,000 元，價款已通過銀行轉帳支付。

乙公司本期購建固定資產、無形資產和其他長期資產支付的現金計算如下：

購買房屋支付的現金	3,600,000
加：為在建工程購買材料支付的現金	320,000
本期購建固定資產、無形資產和其他長期資產支付的現金	3,920,000

7.「投資支付的現金」項目

「投資支付的現金」項目反應企業進行權益性投資和債權性投資支付的現金，包括企業取得的除現金等價物以外的交易性金融資產、債權投資、其他債權投資等而支付的現金以及支付的佣金、手續費等交易費用。企業購買債券的價款中含有債券利息的以及溢價或折價購入的，都按實際支付的金額反應。

企業在購買股票和債券時，實際支付的價款中包含的已宣告但尚未領取的現金股利或已到付息期但尚未領取的債券利息，應在「支付其他與投資活動有關的現金」項目中反應；企業在收回購買股票和債券時支付的已宣告但尚未領取的現金股利或已到付息期但尚未領取的債券利息，應在「收到其他與投資活動有關的現金」項目中反應。

該項目可以根據「交易性金融資產」「債權投資」「其他債權投資」「其他權益性工具投資」「投資性房地產」「長期股權投資」「庫存現金」「銀行存款」等科目的記錄分析填列。

【例 14-14】甲企業以銀行存款 5,000,000 元投資於 A 企業的股票；購買某銀行發行的金融債券，面值總額 400,000 元，票面利率 8%，實際支付金額為 408,000 元。

甲企業本期投資支付的現金計算如下：

投資於 A 企業的現金總額	5,000,000
加：投資於某銀行金融債券的現金總額	408,000
本期投資支付的現金	5,408,000

8.「取得子公司及其他營業單位支付的現金淨額」項目

「取得子公司及其他營業單位支付的現金淨額」項目反應企業取得子公司及其他營業單位購買出價中以現金支付的部分，減去子公司或其他營業單位持有的現金和現金等價物後的淨額。該項目可以根據有關科目的記錄分析填列。

9.「支付其他與投資活動有關的現金」項目

「支付其他與投資活動有關的現金」項目反應企業除上述各項目外，支付的其他與投資活動有關的現金。其他與投資活動有關的現金，如果金額較大，應單列項目反應。該項目可以根據有關科目的記錄分析填列。

（四）籌資活動現金流量的列報

1.「吸收投資收到的現金」項目

「吸收投資收到的現金」項目反應企業以發行股票、債券等方式籌集資金實際收到的款項淨額（發行收入減去支付的佣金等發行費用後的淨額）。以發行股票等方式籌集資金而由企業直接支付的審計、諮詢等費用，不在該項目中反應，而在「支付其他與籌資活動有關的現金」項目中反應。該項目可以根據「實收資本（或股本）」「資本公積」「庫存現金」「銀行存款」等科目的記錄分析填列。

【例 14-15】甲企業對外公開募集股份 2,000,000 股，每股 1 元，發行價每股 1.1 元，代理發行的證券公司為其支付的各種費用，共計 30,000 元。甲企業已收到全部發行價款。

甲企業本期吸收投資收到的現金計算如下：

發行股票取得的現金	2,170,000
其中：發行總額（2,000,000×1.1）	2,200,000
減：發行費用	30,000
本期吸收投資收到的現金	2,170,000

2.「借款收到的現金」項目

「借款收到的現金」項目反應企業舉借各種短期、長期借款而收到的現金。該項目可以根據「短期借款」「長期借款」「交易性金融負債」「應付債券」「庫存現金」「銀行存款」等科目的記錄分析填列。

3.「收到其他與籌資活動有關的現金」項目

「收到其他與籌資活動有關的現金」項目反應企業除上述各項目外，收到的其他與籌資活動有關的現金。其他與籌資活動有關的現金，如果金額較大，應單列項目反應。該項目可根據有關科目的記錄分析填列。

4.「償還債務支付的現金」項目

「償還債務支付的現金」項目反應企業以現金償還債務的本金，包括歸還金融企業的借款本金、償付企業到期的債券本金等。企業償還的借款利息、債券利息，在「分配股利、利潤或償付利息支付的現金」項目中反應。該項目可以根據「短期借款」「長期借款」「交易性金融負債」「應付債券」「庫存現金」「銀行存款」等科目的記錄分析填列。

5.「分配股利、利潤或償付利息支付的現金」項目

「分配股利、利潤或償付利息支付的現金」項目反應企業實際支付的現金股利、支付給其他投資單位的利潤或用現金支付的借款利息、債券利息。不同用途的借款，其利息的開支渠道不一樣，如在建工程、財務費用等，都在該項目中反應。該項目可以根據「應付股利」「應付利息」「利潤分配」「財務費用」「在建工程」「製造費用」「研發支出」「庫存現金」「銀行存款」等科目的記錄分析填列。

【例 14-16】甲企業期初應付現金股利為 42,000 元，本期宣布並發放現金股利 100,000 元，期末應付現金股利 24,000 元。

本期分配股利、利潤或償付利息支付的現金計算如下：

本期宣布並發放的現金股利	100,000
加：本期支付的前期應付股利（42,000-24,000）	18,000
本期分配股利、利潤或償付利息支付的現金	118,000

6.「支付其他與籌資活動有關的現金」項目

「支付其他與籌資活動有關的現金」項目反應企業除上述各項目外，支付的其他與籌資活動有關的現金，如以發行股票、債券等方式籌集資金而由企業直接支付的審計、諮詢等費用，融資租賃支付的現金、以分期付款方式購建固定資產以後各期支付的現金等。其他與籌資活動有關的現金，如果金額較大，應單列項目反應。該項目可以根據有關科目的記錄分析填列。

（五）「匯率變動對現金及現金等價物的影響」項目的列報

匯率變動對現金及現金等價物的影響指企業在將外幣現金流量及境外子公司的現金流量折算成記帳本位幣時，採用的匯率是現金流量發生日的匯率或按照系統合理的方法確定的、與現金流量發生日即期匯率近似的匯率，而現金流量表「現金及現金等價物淨增加額」項目中外幣現金淨增加額是按資產負債表日的即期匯率折算的。這兩者的差額即為匯率變動對現金及現金等價物的影響。

在編製現金流量表時，企業應當將企業外幣現金流量及境外子公司的現金流量折算成記帳本位幣。《企業會計準則第 31 號——現金流量表》規定，外幣現金流量及境外子公司的現金流量應當採用現金流量發生日的即期匯率或按照系統合理的方法確定的、與現金流量發生日即期匯率近似的匯率折算。匯率變動對現金及現金等價物的影響額應當作為調節項目，在現金流量表中單獨列報。

三、現金流量表附註

現金流量表附註也是現金流量表的補充資料，分為三部分：第一部分是將淨利潤調節

為經營活動現金流量；第二部分是不涉及現金收支的重大投資和籌資活動；第三部分是現金及現金等價物淨變動情況。《企業會計準則第 31 號——現金流量表》規定，企業應當採用間接法在現金流量表附註中披露將淨利潤調節為經營活動現金流量的信息。因此，將淨利潤調節為經營活動現金流量也是本部分的重點。現金流量表附註如表 14-8 所示。

表 14-8　現金流量表附註　　單位：元

補充資料	本期金額	上期金額(略)
1. 將淨利潤調節為經營活動現金流量		
淨利潤	135, 000	
加：資產減值準備	18, 540	
固定資產折舊、油氣資產折耗、生產性生物資產折舊	60, 000	
無形資產攤銷	36, 000	
長期待攤費用攤銷	0	
處置固定資產、無形資產和其他長期資產的損失（收益以「-」號填列）	-30, 000	
固定資產報廢損失（收益以「-」號填列）	11, 820	
公允價值變動損失（收益以「-」號填列）	0	
財務費用（收益以「-」號填列）	6, 900	
投資損失（收益以「-」號填列）	-18, 900	
遞延所得稅資產減少（增加以「-」號填列）	-4, 500	
遞延所得稅負債增加（減少以「-」號填列）	0	
存貨的減少（增加以「-」號填列）	57, 180	
經營性應收項目的減少（增加以「-」號填列）	-72, 000	
經營性應付項目的增加（減少以「-」號填列）	19, 278. 60	
其他	0	
經營活動產生的現金流量淨額	219, 318. 60	
2. 不涉及現金收支的重大投資和籌資活動		
債務轉為資本	0	
一年內到期的可轉換公司債券	0	
融資租入固定資產	0	
3. 現金及現金等價物淨變動情況		
現金的期末餘額	489, 078. 60	
減：現金的期初餘額	843, 780	
加：現金等價物的期末餘額	0	
減：現金等價物的期初餘額	0	
現金及現金等價物淨增加額	-354, 701. 40	

（一）將淨利潤調節為經營活動現金流量

1. 將淨利潤調節為經營活動現金流量的原因

將淨利潤調節為經營活動現金流量是經營活動現金流量的又一種表達方式，即間接法。間接法與直接法一樣，都是從利潤表項目入手，但間接法以利潤表的最後一項「淨利潤」為起算點，調整不涉及經營活動的淨利潤項目、不涉及現金的淨利潤項目、與經營活動有關的非現金流動資產的變動、與經營活動有關的流動負債的變動等，據此計算出經營活動現金流量淨額。為什麼從淨利潤開始調整？因為淨利潤主要來自經營活動。

因此,「淨利潤」與「經營活動現金流量」有著必然的聯繫，但是「淨利潤」與「經營活動現金流量」又存在著金額差異。「淨利潤」與「經營活動現金流量」之間的差異主要表現在：與淨利潤有關的交易或事項不一定涉及現金，如計提的資產減值準備等；與淨利潤有關的交易或事項不一定都與經營活動有關，如投資損益等；有些交易或事項雖然與淨利潤沒有直接關係，但屬於經營活動，如用現金購買存貨等。因此，只有將以上這些導致「淨利潤」和「經營活動現金流量」兩者不一致的因素在「淨利潤」的基礎上進行調整，才能計算出經營活動現金流量淨額。可見，間接法能夠說明為什麼企業一定期間淨利潤與經營活動現金流量淨額不一致。

2. 將淨利潤調節為經營活動現金流量的公式

間接法下，將淨利潤調節為經營活動現金流量的方法用計算公式表示如下：

經營活動產生的現金流量淨額=淨利潤+實際沒有支付現金的費用和損失-實際沒有收到現金的收益+不涉及經營活動的費用和損失-不涉及經營活動的收益±與經營活動有關的非現金流動資產的減少數或增加數±與經營活動有關的流動負債的增加數或減少數

對公式的進一步解釋如下：

(1)「實際沒有支付現金的費用和損失」包括計提的資產減值準備、計提的固定資產折舊、油氣資產折耗、生產性生物資產折舊，無形資產的攤銷，長期待攤費用的攤銷、遞延所得稅資產的減少或遞延所得稅負債的增加等。

(2)「實際沒有收到現金的收益」包括衝銷已計提的資產減值準備、遞延所得稅資產的增加或遞延所得稅負債的減少等。

(3)「不涉及經營活動的費用和損失」包括投資損失、財務費用、非流動資產處置損失、固定資產報廢損失以及與投資性房地產、生產性生物資產有關的公允價值變動損失等。

(4)「不涉及經營活動的收益」包括投資收益、財務收益、非流動資產處置收益、固定資產報廢收益以及與投資性房地產、生產性生物資產有關的公允價值變動收益等。

(5)「與經營活動有關的非現金流動資產」項目、「與經營活動有關的流動負債」項目是指存貨、應收帳款等經營性應收項目、應付帳款等經營性應付項目的增加（或減少)。

這裡的非現金流動資產、流動負債的變動，必須是與經營活動有關的。因此，與接受投資、進行債務性和權益性投資、固定資產、無形資產、長短期借款、應付債券、股本等投資活動和籌資活動有關的交易或事項引起的非現金流動資產、流動負債等的增減變動金額，不能在這裡作為調整數。

3. 將淨利潤調節為經營活動現金流量項目的填列

(1) 資產減值準備。資產減值準備包括壞帳準備、存貨跌價準備、投資性房地產減值準備、長期股權投資減值準備、債權投資減值準備、固定資產減值準備、在建工程減值準備、工程物資減值準備、生產性生物資產減值準備、無形資產減值準備、商譽減值準備等。企業計提的各項資產減值準備，包括在利潤表中，屬於利潤的減除項目，但沒有發生現金流出。因此，在將淨利潤調節為經營活動現金流量時，企業需要予以加回。該項目可以根據「資產減值損失」和「信用減值損失」科目的記錄分析填列。

(2) 固定資產折舊、油氣資產折耗、生產性生物資產折舊。企業計提的固定資產折舊，有的包括在管理費用中，有的包括在製造費用中。計入管理費用中的部分，作為期間費用在計算淨利潤時從中扣除，但沒有發生現金流出，在將淨利潤調節為經營活動現金流量時，企業需要予以加回。計入製造費用中的已經變現的部分，在計算淨利潤時通過銷售成本予以扣除，但沒有發生現金流出；計入製造費用中的沒有變現的部分，既不涉及現金收支，也不影響企業當期淨利潤。由於在調節存貨時，已經從中扣除，企業在此處將淨利潤調節為經營活動現金流量時，需要予以加回。同理，企業計提的油氣資產折耗、生產性生物資產折舊，也需要予以加回。該項目可以根據「累計折舊」「累計折耗」「生產性生物資產折舊」科目的貸方發生額分析填列。

（3）無形資產攤銷和長期待攤費用攤銷。企業在對使用壽命有限的無形資產計提攤銷時，計入管理費用或製造費用。長期待攤費用攤銷時，有的計入管理費用，有的計入營業費用，有的計入製造費用。計入管理費用等期間費用和計入製造費用中的已變現的部分，在計算淨利潤時已從中扣除，但沒有發生現金流出；計入製造費用中的沒有變現的部分，在調節存貨時已經從中扣除，但不涉及現金收支，因此企業在此處將淨利潤調節為經營活動現金流量時，需要予以加回。該項目可以根據「累計攤銷」「長期待攤費用」科目的貸方發生額分析填列。

（4）處置固定資產、無形資產和其他長期資產的損失（減收益）。企業處置固定資產、無形資產和其他長期資產發生的損益，屬於投資活動產生的損益，不屬於經營活動產生的損益，因此企業在將淨利潤調節為經營活動現金流量時，需要予以剔除。如為損失，企業在將淨利潤調節為經營活動現金流量時，應當予以加回；如為收益，企業在將淨利潤調節為經營活動現金流量時，應當予以扣除。該項目可以根據「營業外收入」「營業外支出」等科目所屬有關明細科目的記錄分析填列，如為收益，以「－」號填列。

（5）固定資產報廢損益。企業發生的固定資產報廢損益，屬於投資活動產生的損益，不屬於經營活動產生的損益，因此企業在將淨利潤調節為經營活動現金流量時，需要予以扣除。同樣，投資性房地產發生報廢、毀損而產生的損失，也需要予以扣除。如為損失，企業在將淨利潤調節為經營活動現金流量時，應當予以加回。如為收益，企業在將淨利潤調節為經營活動現金流量時，應當予以扣除。該項目可以根據「營業外支出」「營業外收入」等科目所屬有關明細科目的記錄分析填列。

（6）公允價值變動損益。公允價值變動損益反應企業在初始確認時劃分為以公允價值計量且其變動計入當期損益的交易性金融資產或金融負債、衍生工具、套期等業務中公允價值變動形成的計入當期損益的利得或損失。企業發生的公允價值變動損益，通常與企業的投資活動或籌資活動有關，而且並不影響企業當期的現金流量。因此，企業應當將其從淨利潤中剔除。該項目可以根據「公允價值變動損益」科目的發生額分析填列。如為持有損失，企業在將淨利潤調節為經營活動現金流量時，應當予以加回；如為持有利得，企業在將淨利潤調節為經營活動現金流量時，應當予以扣除。

（7）財務費用。企業發生的財務費用中不屬於經營活動的部分，應當將其從淨利潤中扣除。該項目可以根據「財務費用」科目的本期借方發生額分析填列；如為收益，以「－」號填列。

在實務中，企業的「財務費用」明細帳一般是按費用項目設置的，為了編製現金流量表，企業可以在此基礎上，再按「經營活動」「籌資活動」「投資活動」分設明細分類帳。每一筆財務費用發生時，即將其歸入「經營活動」「籌資活動」「投資活動」中。

（8）投資損益。企業發生的投資損益，屬於投資活動產生的損益，不屬於經營活動產生的損益，因此企業在將淨利潤調節為經營活動現金流量時，需要予以剔除。如為損失，企業在將淨利潤調節為經營活動現金流量時，應當予以加回；如為收益，企業在將淨利潤調節為經營活動現金流量時，應當予以扣除。該項目可以根據利潤表中「投資收益」項目的數字填列；如為投資收益，以「－」號填列。

（9）遞延所得稅資產減少或增加。如果遞延所得稅資產減少使計入所得稅費用的金額大於當期應交的所得稅金額，其差額沒有發生現金流出，但在計算淨利潤時已經扣除，企業在將淨利潤調節為經營活動現金流量時，應當予以加回。如果遞延所得稅資產增加使計入所得稅費用的金額小於當期應交的所得稅金額，兩者之間的差額並沒有發生現金流入，但在計算淨利潤時已經包括在內，在將淨利潤調節為經營活動現金流量時，應當扣除。該項目可以根據資產負債表「遞延所得稅資產」項目期初、期末餘額分析填列。

（10）遞延所得稅負債增加或減少。如果遞延所得稅負債增加使計入所得稅費用的金額大於當期應交的所得稅金額，其差額沒有發生現金流出，但在計算淨利潤時已經扣除，企業在將淨利潤調節為經營活動現金流量時，應當予以加回。如果遞延所得稅負債減少使計入當期所得稅費用的金額小於當期應交的所得稅金額，其差額並沒有發生現金流入，但在計算淨利潤時已經包括在內，企業在將淨利潤調節為經營活動現金流量時，應當予以扣除。該項目可以根據資產負債表「遞延所得稅負債」項目期初、期末餘額分析填列。

（11）存貨的減少或增加。期末存貨比期初存貨減少，說明本期生產經營過程耗用的存貨有一部分是期初的存貨，耗用這部分存貨並沒有發生現金流出，但在計算淨利潤時已經扣除，因此企業在將淨利潤調節為經營活動現金流量時，應當予以加回。期末存貨比期初存貨增加，說明當期購入的存貨除耗用外，還剩餘了一部分，這部分存貨也發生了現金流出，但在計算淨利潤時沒有包括在內，因此企業在將淨利潤調節為經營活動現金流量時，需要予以扣除。當然，存貨的增減變化過程還涉及應付項目，這一因素在「經營性應付項目的增加」中考慮。該項目可以根據資產負債表中「存貨」項目的期初數、期末數之間的差額填列；期末數大於期初數的差額，以「-」號填列。如果存貨的增減變化過程屬於投資活動，如在建工程領用存貨，企業應當將這一因素剔除。

（12）經營性應收項目的減少或增加。經營性應收項目包括應收票據、應收帳款、預付款項、長期應收款和其他應收款中與經營活動有關的部分以及應收的增值稅銷項稅額等。經營性應收項目期末餘額小於經營性應收項目期初餘額，說明本期收回的現金大於利潤表中確認的銷售收入，因此企業在將淨利潤調節為經營活動現金流量時，需要予以加回。經營性應收項目期末餘額大於經營性應收項目期初餘額，說明本期銷售收入中有一部分沒有收回現金，但是在計算淨利潤時這部分銷售收入已包括在內，因此企業在將淨利潤調節為經營活動現金流量時，需要予以扣除。該項目應當根據有關科目的期初、期末餘額分析填列；如為增加，以「-」號填列。

（13）經營性應付項目的增加或減少。經營性應付項目包括應付票據、應付帳款、預收款項、應付職工薪酬、應交稅費、應付利息、長期應付款、其他應付款中與經營活動有關的部分以及應付的增值稅進項稅額等。經營性應付項目期末餘額大於經營性應付項目期初餘額，說明本期購入的存貨中有一部分沒有支付現金，但是在計算淨利潤時卻將銷售成本包括在內，企業在將淨利潤調節為經營活動現金流量時，需要予以加回；經營性應付項目期末餘額小於經營性應付項目期初餘額，說明本期支付的現金大於利潤表中確認的銷售成本，企業在將淨利潤調節為經營活動產生的現金流量時，需要予以扣除。該項目應當根據有關科目的期初、期末餘額分析填列；如為減少，以「-」號填列。

（二）不涉及現金收支的重大投資和籌資活動

不涉及現金收支的重大投資和籌資活動反應企業一定期間內影響資產或負債但不形成該期現金收支的所有投資和籌資活動的信息。這些投貨和籌資活動雖然不涉及當期現金收支，但對以後各期的現金流量有重大影響。例如，企業融資租入設備，將形成的負債計入「長期應付款」帳戶，當期並不支付設備款及租金，但以後各期必須為此支付現金，從而在一定期間內形成了一項固定的現金支出。

《企業會計準則第 31 號——現金流量表》規定，企業應當在附註中披露不涉及當期現金收支但影響企業財務狀況或在未來可能影響企業現金流量的重大投資和籌資活動。其主要包括：

（1）債務轉為資本，反應企業本期轉為資本的債務金額。

(2) 一年內到期的可轉換公司債券，反應企業一年內到期的可轉換公司債券的本息。

(3) 融資租入固定資產，反應企業本期融資租入的固定資產。

(三) 現金及現金等價物淨變動情況

現金及現金等價物淨變動情況可以通過現金的期末、期初差額進行反應，用以檢驗用直接法編製的現金流量淨額是否準確。《企業會計準則第 31 號——現金流量表》將現金等價物定義為企業持有的期限短、流動性強、易於轉換為已知金額現金、價值變動風險很小的投資。其中，期限短指自購買日起三個月內到期。企業可據此設定現金等價物的標準，根據期末、期初餘額分析填列。若企業的現金等價物期末、期初餘額相差不大，可以忽略不計。

四、現金流量表及附註的平衡關係

現金流量表中用直接法填列的經營活動產生的現金流量淨額等於現金流量表附註中用間接法調節得出的經營活動產生的現金流量淨額。

現金流量表中由「經營活動產生的現金流量淨額」「投資活動產生的現金流量淨額」「籌資活動產生的現金流量淨額」「匯率變動對現金及現金等價物的影響」之和得出的「現金及現金等價物淨增加額」等於現金流量表附註中通過「庫存現金」「銀行存款」「其他貨幣資金」帳戶的期末、期初餘額的差額以及現金等價物的差額得出的「現金及現金等價物淨增加額」。

以上平衡關係是檢驗現金流量表編製正確性的最重要的兩個依據，也是基本的平衡關係。

五、現金流量表編製實例

【例 14-17】沿用甲股份有限公司 2×19 年 12 月 31 日的資產負債表（見表 14-1）和 2×19 年度的利潤表（見表 14-5）的資料，甲股份有限公司的其他相關資料如下：

(一) 本年度資產負債表有關項目的明細資料

(1) 存貨中製造費用、生產成本的組成為固定資產折舊費用 48,000 元，職工薪酬 194,940 元。

(2) 本期用銀行存款購買固定資產 60,600 元，購買工程物資 180,000 元。

(3) 本期收回交易性股票投資本金 9,000 元，公允價值變動 600 元，同時實現投資收益 300 元。

(4) 應付職工薪酬的期初數沒有應付在建工程人員的部分，應付職工薪酬的期末數中應付在建工程人員的職工薪酬為 16,800 元，本期實際支付在建工程人員職工薪酬 120,000 元（本例中涉及的職工薪酬都為貨幣性薪酬）。

(5) 應交稅費的組成為本期增值稅進項稅額 25,479.60 元，本期增值稅銷項稅額 127,500 元，已交增值稅 60,000 元，應交所得稅期初餘額為 0，應交所得稅期末餘額為 12,058.20 元，應交稅費期末數中應由在建工程人員負擔的部分為 60,000 元。

(6) 應付利息都為短期借款利息，其中本期計提利息 6,900 元，支付利息 7,500 元。

(7) 本期用銀行存款償還短期借款 150,000 元，償還一年內到期的長期借款 60,000 元，借入長期借款 336,000 元。

(二) 本年度利潤表有關項目的明細資料

(1) 管理費用的組成為職工薪酬 10,260 元，無形資產攤銷 36,000 元，固定資產折舊費用 12,000 元，支付其他費用 36,000 元。

(2) 財務費用的組成為計提借款利息 6, 900 元，應收票據貼現利息 18, 000 元。

(3) 利潤表中的銷售費用 12, 000 元至期末已經全部支付。

(4) 資產減值損失的組成為上年年末壞帳準備餘額 540 元，本年計提壞帳準備 540 元，本年計提固定資產減值準備 18, 000 元。

(5) 投資收益的組成為收到股息收入 18, 000 元，與本金一起收回的交易性股票投資收益 300 元，自公允價值變動損益結轉的投資收益 600 元。

(6) 營業外收入的組成為處置固定資產淨收益 30, 000 元，所報廢固定資產原價為 240, 000 元，累計折舊 90, 000 元，收到處置收入 180, 000 元（假定不考慮與固定資產處置有關的稅費）。

(7) 營業外支出的組成為報廢固定資產淨損失 11, 820 元，所報廢固定資產原價為 120, 000 元，累計折舊 108, 000 元，支付清理費用 300 元，收到殘值收入 480 元。

(8) 所得稅費用的組成為當期所得稅費用 55, 680 元，遞延所得稅收益 4, 500 元。

(三) 根據以上資料編製甲股份有限公司 2×19 年度現金流量表

(1) 甲股份有限公司 2×19 年度現金流量表各項目金額分析確定如下：

①銷售商品、提供勞務收到的現金

=營業收入+應交稅費(應交增值稅——銷項稅額)+應收票據或應收帳款項目(期初餘額-期末餘額)-本期計提壞帳準備-票據貼現利息

=750, 000+ 127, 500+(327, 060-398, 520)-540-18, 000=787, 500（元）

②購買商品、接受勞務支付的現金

=營業成本+應交稅費（應交增值稅——進項稅額）+存貨項目（期末餘額-期初餘額）+應付票據或應付帳款項目（期初餘額-期末餘額）+預付款項（期末餘額-期初餘額）-當期列入生產成本、製造費用的固定資產折舊費用和修理費-當期列入生產成本、製造費用的職工薪酬

=450, 000+25, 479. 60+(1, 490, 820-1, 548, 000)+(692, 280-632, 280)+(60, 000- 60, 000) -48, 000-194, 940=235, 359. 60（元）

③支付給職工以及為職工支付的現金

=生產成本、製造費用及管理費用中的職工薪酬+應付職工薪酬項目(期初餘額-期末餘額)-(應付職工薪酬中在建工程部分的期初餘額-應付職工薪酬中在建工程部分的期末餘額)

= 194, 940+10, 260+(66, 000-108, 000)-(0-16, 800)= 180, 000（元）

④支付的各項稅費

=當期所得稅費用+稅金及附加+應交稅費(應交增值稅——已交稅額)+應交所得稅(期初餘額-期末餘額)

= 55, 680+1, 200+60, 000+(0-12, 058. 20)= 104, 821. 80（元）

⑤支付其他與經營活動有關的現金

=銷售費用+其他管理費用=12, 000+36, 000=48, 000（元）

⑥收回投資收到的現金

=交易性金融資產貸方發生額+與交易性金融資產一起收回的投資收益

=9, 600+300=9, 900（元）

⑦取得投資收益收到的現金=收到的股息收入=18, 000（元）

⑧處置固定資產、無形資產和其他長期資產收回的現金淨額

=180, 000+(480-300)= 180, 180（元）

⑨購建固定資產、無形資產和其他長期資產支付的現金

=以銀行存款購買固定資產、工程物資+支付在建工程人員職工薪酬

=60, 600+180, 000+120, 000=360, 600（元）

⑩取得借款收到的現金=336, 000（元）

⑪償還債務支付的現金=150, 000+600, 000=750, 000（元）

⑫分配股利、利潤和償付利息支付的現金=7, 500（元）

（2）將淨利潤調節為經營活動現金流量各項目的計算分析如下：

①資產減值準備=540+18, 000=18, 540（元）

②固定資產折舊=48, 000+12, 000=60, 000（元）

③無形資產攤銷=36, 000（元）

④處置固定資產、無形資產和其他長期資產的損失（減收益）=-30, 000（元）

⑤報廢固定資產淨損失=11, 820（元）

⑥財務費用=6, 900（元）

⑦投資損失（減收益）=-18, 900（元）

⑧遞延所得稅資產減少（減增加）=-4, 500（元）

⑨存貨的減少=1, 548, 000-1, 490, 820=57, 180（元）

⑩經營性應收項目的減少（減增加）

=（147, 600-39, 600）+[（179, 460-358, 920）-（1, 080 -540）]=-72, 000（元）

⑪經營性應付項目的增加（減減少）

=（60, 000-120, 000）+（572, 280-572, 280）+[（108, 000-16, 800）-66, 000]+[（136, 038. 60-60, 000）-21, 960]=19, 278. 60（元）

（3）根據上述數據編製現金流量表（見表 14-7）及現金流量表附註（見表 14-8）。

第五節　所有者權益變動表

一、所有者權益變動表概述

（一）所有者權益變動表的概念及作用

所有者權益變動表是反應構成所有者權益的各組成部分當期的增減變動情況的報表，所有者權益變動表應當全面反應一定時期所有者權益變動的情況，不僅包括所有者權益總量的增減變動，還包括所有者權益增減變動的重要結構性信息，讓報表使用者準確理解所有者權益增減變動的根源。

（二）所有者權益變動表的列報格式

1. 以矩陣的形式列報

為了清楚地表明構成所有者權益的各組成部分當期的增減變動情況，所有者權益變動表應以矩陣的形式列示。一方面，列示導致所有者權益變動的交易或事項，改變了以往僅僅按照所有者權益的各組成部分反應所有者權益變動情況，而是按所有者權益變動的來源對一定時期所有者權益變動情況進行全面反應；另一方面，按照所有者權益各組成部分（包括實收資本、資本公積、盈餘公積、其他綜合收益、未分配利潤和庫存股）及其總額列示交易或事項對所有者權益的影響。

2. 列示所有者權益變動的比較信息

根據《企業會計準則第 30 號——財務報表列報》的規定，企業需要提供比較所有者權益變動表，因此所有者權益變動表還就各項目再分為「本年金額」和「上年金額」兩欄分別填列。所有者權益（股東權益）變動表如表 14-9 所示。

表 14-9　所有者權益（股東權益）變動表

會企 04 表

2×19 年度

編製單位：甲股份有限公司　　　　單位：元

項目	本年金額											上年金額（略）										
	實收資本（或股本）	其他權益工具			資本公積	減：庫存股	其他綜合收益	專項儲備	盈餘公積	未分配利潤	所有者權益合計	實收資本（或股本）	其他權益工具			資本公積	減：庫存股	其他綜合收益	專項儲備	盈餘公積	未分配利潤	所有者權益合計
		優先股	永續股	其他									優先股	永續股	其他							
一、上年年末餘額	3, 000, 000								60, 000	30, 000	3, 090, 000											
加：會計政策變更																						
前期差錯更正																						
其他																						
二、本年年初餘額	3, 000, 000								60, 000	30, 000	3, 090, 000											
三、本年增減變動金額（減少以「-」號填列）																						
（一）綜合收益總額										135, 000	135, 000											
（二）所有者投入和減少資本																						
1. 所有者投入的普通股																						
2. 其他權益工具持有者投入資本																						
3. 股份支付計入所有者權益的金額																						
4. 其他																						
（三）利潤分配																						
1. 提取盈餘公積									14, 862. 24	-14, 862. 24	0											
2. 對所有者（或股東）的分配										-19, 329. 51	-19, 329. 51											

表14-9(續)

項目	本年金額										上年金額（略）									
	實收資本（或股本）	其他權益工具			資本公積	減：庫存股	其他綜合收益	專項儲備	盈餘公積	未分配利潤	所有者權益合計	實收資本（或股本）	其他權益工具			資本公積	減：庫存股	其他綜合收益	專項儲備	盈餘公積	未分配利潤	所有者權益合計
		優先股	永續股	其他									優先股	永續股	其他							
3. 其他																						
（四）所有者權益內部結轉																						
1. 資本公積轉增資本（或股本）																						
2. 盈餘公積轉增資本（或股本）																						
3. 盈餘公積彌補虧損																						
4. 設定受益計劃變動額結轉留存收益																						
5. 其他綜合收益結轉留存收益																						
6. 其他																						
四、本年年末餘額	3, 000, 000								74, 862. 24	130, 808. 25	3, 205, 670. 49											

二、所有者權益變動表的列報

（一）所有者權益變動表各項目的列報說明

（1）「上年年末餘額」項目反應企業上年資產負債表中實收資本（或股本）、其他權益工具、資本公積、庫存股、其他綜合收益、盈餘公積、未分配利潤的上年年末餘額。

（2）「會計政策變更」和「前期差錯更正」項目分別反應企業採用追溯調整法處理的會計政策變更的累積影響金額和採用追溯重述法處理的會計差錯更正的累積影響金額。

為了體現會計政策變更和前期差錯更正的影響，企業應當在上期期末所有者權益餘額的基礎上進行調整，得出本期期初所有者權益，根據「盈餘公積」「利潤分配」和「以前年度損益調整」等科目的發生額分析填列。

（3）「本年增減變動金額」項目分別反應如下內容：

①「綜合收益總額」項目反應企業在某一期間除與所有者以其所有者身分進行的交易之外的其他交易或事項引起的所有者權益變動，其金額為淨利潤和其他綜合收益扣除所得稅影響後的淨額相加後的合計金額。

②「所有者投入和減少資本」項目反應企業當年所有者投入的資本或減少的資本。其中，「所有者投入的普通股」項目反應企業接受投資者投入形成的股本和股本溢價，並對應列在「實收資本」和「資本或股本溢價」欄。「其他權益工具持有者投入資本」項目反應持有的優先股、永續債等轉入的股份，對應列示在「優先股」「永續債」等欄；「股份支付計入所有者權益的金額」項目反應企業處於等待期中的權益結算的股份支付當年計入資本公積的金額，並對應列示在「資本或股本溢價」欄。

③「利潤分配」項下各項目反應當年對所有者（或股東）分配的利潤（或股利）金額和按照規定提取的盈餘公積金額，並對應列示在「未分配利潤」和「盈餘公積」欄。其中，「提取盈餘公積」項目反應企業按照規定提取的盈餘公積。「對所有者（或股東）的分配」項目反應對所有者（或股東）分配的利潤（或股利）金額。

④「所有者權益內部結轉」項下各項目反應不影響當年所有者權益總額的所有者權益各組成部分之間當年的增減變動，包括「資本公積轉增資本（或股本）」「盈餘公積轉增資本（或股本）」「盈餘公積彌補虧損」等項的金額。為了全面反應所有者權益各組成部分的增減變動情況，所有者權益內部結轉也是所有者權益變動表的重要組成部分，主要指不影響所有者權益總額、所有者權益的各組成部分當期的增減變動。其中，「資本公積轉增資本（或股本）」項目反應企業以資本公積轉增資本（或股本）的金額。「盈餘公積轉增資本（或股本）」項目反應企業以盈餘公積轉增資本（或股本）的金額。「盈餘公積彌補虧損」項目反應企業以盈餘公積彌補虧損的金額。「其他綜合收益結轉留存收益」項目主要反應：第一，企業指定為以公允價值計量且其變動計入其他綜合收益的非交易性權益工具投資終止確認時，之前計入其他綜合收益的累計利得或損失從其他綜合收益中轉入留存收益的金額；第二，企業指定為以公允價值計量且其變動計入當期損益的金融負債終止確認時，之前由企業自身信用風險變動引起而計入其他綜合收益的累計利得或損失從其他綜合收益中轉入留存收益的金額。上述第一、第二項目根據「其他綜合收益」科目的相關明細科目的發生額分析填列。

（二）上年金額欄的列報方法

所有者權益變動表「上年金額」欄內各項數字應根據上年度所有者權益變動表「本年金額」欄內所列數字填列。如果上年度所有者權益變動表規定的各個項目的名稱和內容同本年度不相一致，企業應對上年度所有者權益變動表各個項目的名稱和數字按本年度的規定進行調整，填入所有者權益變動表「上年金額」欄內。

（三）本年金額欄的列報方法

所有者權益變動表「本年金額」欄內各項數字一般應根據「實收資本（或股本）」「資本公積」「盈餘公積」「利潤分配」「庫存股」和「以前年度損益調整」等科目的發生額分析填列。

第六節　財務報表附註

一、財務報表附註概述

（一）提供財務報表附註的原因

附註是財務報表不可或缺的組成部分，是對在資產負債表、利潤表、現金流量表和所有看權益變動表等報表中列示項目的文字描述或明細資料以及對未能在這些報表中列示項目的說明等。由於企業日常發生的經濟業務千差萬別、數量繁多，每個企業都必須按照一定的程序、方法，把日常發生的大量的、不同性質的經濟交易和事項進行分類、匯總、加工成系統的會計核算記錄，並定期編製以表格形式表現的財務報表。為了便於使用者理解，一些在報表中被高度濃縮的項目需要進一步分解、解釋或補充，這樣附註就逐漸成為財務報表的組成部分。

提供財務報表附註的原因主要有以下三個方面：

（1）突出財務報表信息的重要性。財務報表中所含有的數量信息已比較全面，但內容繁多，報表用戶可能抓不住重點，對其中的重要信息可能瞭解得不夠全面、詳細。通過註釋，企業可以將財務報表中的重要數據進一步分解、說明，有助於報表用戶瞭解哪些是重要的信息，應當引起注意，並在決策中有所考慮。

（2）提高報表內信息的可比性。財務報表通常依據企業會計準則的規定編製而成，企業會計準則在許多方面規定了多種會計處理方法，並准許企業根據本行業特點及其所處的經濟環境選擇能最恰當、公允地反應財務狀況與經營成果的會計原則、程序和方法，結果導致不同行業或同一行業各企業所提供的會計信息產生較大的差異。此外，為使財務報表編製所採用的方法具有一貫性，使產生的信息具有可比性，企業會計準則要求企業慎重選擇其採用的會計原則、程序和方法，不得隨意變更，但這並不意味著這些原則、程序和方法在確定後就絕對不能變更。只要新的經濟環境表明採用另一種會計原則、程序和方法能更為恰當地反應企業的經濟情況，那麼改變原來的會計原則、程序和方法就是合理的。這種改變會影響信息的可比性，因此在財務報告中用適當的方式通過註釋來說明企業採用的會計方法及其變更，有助於提高財務報表的可比性。

（3）增加報表內信息的可理解性。企業財務報表的使用者為數頗多，其知識結構必然有異，信息需求及側重點各不相同，僅有財務報表肯定不能滿足所有報表用戶的需要。對表中數據進行解釋，將一個抽象的數據分解成若干的具體項目，並說明產生各項目的會計方法，有助於報表用戶理解財務報表中的信息。

由於會計管理機構加強了對企業信息披露的管理，近年來，附註中提供的信息有日益增多的趨勢。儘管附註技術性很強，不易為非專業人員所理解，但附註確實向報表用戶提供了許多富有意義的信息。

必須指出，儘管附註與表內信息不可分割，共同組成財務報表的整體，但是附註中的定量或定性說明都不能用來更正表內的錯誤，也不能用以代替報表正文中的正常分類、計價和描述，或者與正文數據發生矛盾。此外，附註作為一種會計信息的披露手段，還存在以下缺陷：第一，如果使用者對附註不做認真研究，便難以閱讀和理解，從而可能忽視這項資料；第二，附註的文字敘述，比報表中匯總的數據資源更難以用於決策；第三，隨著企業業務複雜性的增加，存在著過多地使用附註的危險，這樣勢必會削弱基本報表的作用。

（二）財務報表附註披露的基本要求

（1）附註披露的信息應是定量、定性信息的結合，從而能從量和質兩個角度對企業經濟事項完整地反應，也才能滿足信息使用者的決策需求。

（2）附註應當按照一定的結構進行系統合理的排列和分類，有順序地披露信息。由於附註的內容繁多，因此更應按邏輯順序排列，分類披露，條理清晰，具有一定的組織結構，以便於使用者理解和掌握，也更好地實現財務報表的可比性。

（3）附註中的相關信息應當與資產負債表、利潤表、現金流量表和所有者權益變動表等報表中列示的項目相互參照，有助於使用者聯繫相關聯的信息，並由此從整體上更好地理解財務報表。

（三）財務報表附註的形式

在會計實務中，財務報表附註可採用旁註、附表和底註等形式。

1. 旁註

旁註是指在財務報表的有關項目旁直接用括號加註說明。旁註是最簡單的報表註釋方法，如果報表上有關項目的名稱或金額受到限制或需簡要補充時，可以直接用括號加註說明。為了保持報表項目的簡明扼要、清晰明了，旁註只適用個別只需簡單補充的信息項目。

2. 附表

附表是指為了保持財務報表的簡明易懂而另行編製的一些反應其構成項目及年度內的增減來源與數額的表格。附表反應的內容，有些已直接包括在腳註之內，有些則附在報表和腳註之後，作為財務報告的一個單獨組成部分。必須注意的是，附表與補充報表的含義並不相同。附表反應的是財務報表中某一項目的明細信息，而補充報表則往往反應一些附加的信息或按不同基礎編製的信息。最常見的補充報表是揭示物價變動對企業財務狀況和經營成果影響的附表。

3. 底註

底註也稱腳註，是指在財務報表後面用一定文字和數字所做的補充說明。一般而言，每一種報表都可以有底註，其篇幅大小隨各種報表的複雜程度而定。底註的主要作用是揭示那些不便於列入報表正文的有關信息。但是，底註作為財務報表的組成部分，僅是對報表正文的補充，不能取代或更正報表正文中的正常分類、計價和描述。凡列入財務報表正文部分的信息項目都必須符合會計要素的定義和一系列確認與計量的標準。財務報表正文主要是以表格形式描述有關企業財務狀況與經營成果的定量信息，這一特徵使報表正文所能包含的信息受到限制。底註則比較靈活，可提供有關報表編製基礎等方面的定性信息、報表項目的性質、比報表正文更為詳細的信息、一些相對次要的信息，這些信息對理解和使用報表信息是十分有益的。由於這一優點，底註在財務報表中發揮越來越重要的作用。

二、財務報表附註的內容

根據《企業會計準則第 30 號——財務報表列報》的規定，財務報表附註披露的內容如下：

（一）企業的基本情況

例如，企業註冊地、組織形式和總部地址；企業的業務性質和主要經營活動，如企業所處的行業、所提供的主要產品或服務、客戶的性質、銷售策略、監管環境的性質等；母公司以及集團最終母公司的名稱；財務報告的批准報出者和財務報告的批准報出日，或者以簽字人及其簽字日期為準；營業期限有限的企業，還應當披露有關其營業期限的信息。

（二）財務報表的編製基礎

財務報表的編製基礎包括會計年度、記帳本位幣、會計計量運用的計量基礎、現金和現金等價物的構成。

（三）遵循企業會計準則的聲明

企業應當明確說明編製的財務報表符合企業會計準則體系的要求，真實、完整地反應企業的財務狀況、經營成果和現金流量等有關信息。

（四）重要會計政策和會計估計

重要會計政策的說明包括財務報表項目的計量基礎和在運用會計政策過程中所做的重要判斷等。重要會計估計的說明包括可能導致下一個會計期間內資產、負債帳面價值重大調整的會計估計的確定依據等。

企業應當披露採用的重要會計政策和會計估計，並結合企業的具體實際披露其重要會計政策的確定依據和財務報表項目的計量基礎及其會計估計採用的關鍵假設和不確定因素。

（五）會計政策和會計估計變更以及差錯更正的說明

企業應當按照《企業會計準則第 28 號——會計政策、會計估計變更和差錯更正》的規定，披露會計政策、會計估計變更和差錯更正的情況。

（1）企業應當在附註中披露與會計政策變更有關的下列信息：

①會計政策變更的性質、內容和原因。

②當期和各個列報前期財務報表中受影響的項目名稱和調整金額。

③無法進行追溯調整的，說明該事實和原因以及開始應用變更後的會計政策的時點、具體應用情況。

（2）企業應當在附註中披露與會計估計變更有關的下列信息：

①會計估計變更的內容和原因。

②會計估計變更對當期和未來期間的影響數。

③會計估計變更的影響數不能確定的，披露這一事實和原因。

（3）企業應當在附註中披露與前期差錯更正有關的下列信息：

①前期差錯的性質。

②各個列報前期財務報表中受影響的項目名稱和更正金額。

③無法進行追溯重述的，說明該事實和原因以及對前期差錯開始進行更正的時點、具體更正情況。

（六）報表重要項目的說明

企業應當按照資產負債表、利潤表、現金流量表、所有者權益變動表及其項目列示的順序，對報表重要項目的說明採用文字和數字描述相結合的方式進行披露。報表重要項目的明細金額合計，應當與報表項目金額相銜接。

此外，財務報表附註應披露有助於財務報表使用者評價企業管理資本的目標、政策以及程序的信息，其他需要披露的說明。

第十五章　會計調整

第一節　會計政策及其變更

一、會計政策

(一) 會計政策的概念

會計政策是指企業在會計確認、計量和報告中採用的原則、基礎和會計處理方法。會計政策包括的會計原則、基礎和處理方法是指導企業進行會計確認和計量的具體要求。

其中，原則是指按照企業會計準則的規定、適合於企業會計核算所採用的具體會計原則；基礎是指為了將會計原則應用於交易或事項而採用的基礎，如計量基礎（計量屬性），包括歷史成本、重置成本、可變現淨值、現值和公允價值等；處理方法是指企業在會計核算中按照法律、行政法規或國家統一的會計制度等規定採用或選擇的、適合於本企業的具體會計處理方法，如發出存貨計價的先進先出法、加權平均法、個別計價法等。

(二) 會計政策的特點

在中國，企業會計準則屬於法規，會計政策包括的會計原則、基礎和處理方法由企業會計準則規定。企業基本上是在法規准許的範圍內選擇適合本企業實際情況的會計政策。因此，會計政策具有強制性和多層次的特點。

1. 會計政策的強制性

由於企業經濟業務的複雜性和多樣性，某些經濟業務在符合會計原則和基礎的要求下，可以有多種會計處理方法。例如，存貨的計價有先進先出法、加權平均法、個別計價法等。但是，企業在發生某項經濟業務時，必須從准許的會計原則、基礎和會計處理方法中選擇出適合本企業特點的會計政策。

2. 會計政策的層次性

會計政策包括會計原則、基礎和處理方法三個層次，三者是一個具有邏輯性且密不可分的整體，通過這個整體，會計政策才能得以應用和落實。

(三) 重要的會計政策

判斷會計政策是否重要，應當主要考慮與會計政策相關項目的性質和金額：一是判斷該項目在性質上是否屬於企業日常活動，二是判斷項目金額大小的重要性。企業應當披露重要的會計政策，不具有重要性的會計政策可以不予披露，企業應當披露的重要會計政策如下：

(1) 發出存貨成本的計量，即企業確定發出存貨成本採用的會計處理方法。例如，企業發出存貨成本的計量是採用先進先出法，還是採用其他計量方法。

(2) 長期股權投資的後續計量，即企業取得長期股權投資後的會計處理。例如，企業對被投資單位的長期股權投資是採用成本法，還是採用權益法。

(3) 投資性房地產的後續計量，即企業對投資性房地產進行後續計量採用的會計處理方法。例如，企業對投資性房地產的後續計量是採用成本模式，還是公允價值模式。

(4) 固定資產的初始計量，即企業對取得的固定資產初始成本的計量。例如，企業取得的固定資產初始成本是以購買價款為基礎進行計量，還是以購買價款的現值為基礎進行計量。

（5）生物資產的初始計量，即企業對取得的生物資產初始成本的計量。例如，企業為取得生物資產而產生的借款費用，是應當予以資本化，還是計入當期損益。

（6）無形資產的確認，即企業對無形項目的支出是否確認為無形資產。例如，企業內部研究開發項目開發階段的支出確認為無形資產，還在發生時計入當期損益。

（7）非貨幣性資產交換的計量，即企業在非貨幣性資產交換事項中對換入資產的計量。例如，非貨幣性資產交換是以換出資產的公允價值作為確定換入資產成本的基礎，還是以換出資產的帳面價值作為確定換入資產成本的基礎。

（8）收入的確認，即企業收入確認採用的會計方法。例如，企業確認收入時是按照從購貨方已收的合同或協議價款確定銷售商品收入金額，還是按照應收的合同或協議價款的公允價值確定銷售商品收入金額。

（9）借款費用的處理，即企業借款費用的會計處理方法，是採用資本化方法，還是採用費用化方法。

（10）其他重要會計政策等。

二、會計政策變更

會計政策變更是指企業對相同的交易或事項由原來採用的會計政策改用另一會計政策的行為。為保證會計信息的可比性，使財務報表使用者在比較企業一個以上期間的財務報表時，能夠正確判斷企業的財務狀況、經營成果和現金流量的趨勢。在一般情況下，企業採用的會計政策，在每一會計期間和前後各期應保持一致，不得隨意變更。否則，這勢必削弱會計信息的可比性。企業只有在以下兩種情況下才可以變更會計政策：

（一）依法變更

這種情況是指按照法律、行政法規以及國家統一的會計制度的規定，要求企業採用新的會計政策，則企業應當按照法律、行政法規以及國家統一的會計制度的規定改變原會計政策，按照新的會計政策執行。例如，按照企業會計準則的規定，從 2007 年開始，不准許企業採用後進先出法計量發出存貨的成本，這就要求企業將原來以後進先出法計量的發出存貨成本改為現行企業會計準則規定的可以採用的會計政策。

（二）自行變更

這種情況是指由於經濟環境、客觀情況的改變，企業原來採用的會計政策提供的會計信息，已不能恰當地反應企業的財務狀況、經營成果和現金流量等情況。在這種情況下，企業應改變原有會計政策，按變更後新的會計政策進行會計處理，以便對外提供更可靠、更相關的會計信息。例如，某企業一直採用成本模式對投資性房地產進行後續計量，如果該企業能夠從房地產交易市場上持續地取得同類或類似房地產的市場價格及其他相關信息，從而能夠對投資性房地產的公允價值做出合理的估計，此時採用公允價值模式對投資性房地產進行後續計量可以更好地反應其價值。在這種情況下，該企業可以將投資性房地產的後續計量方法由成本模式變更為公允價值模式。

需要注意的是，除法律、行政法規以及國家統一的會計制度要求變更會計政策的，應當按照國家的相關規定執行外，企業因滿足上述自行變更條件變更會計政策時，必須有充分、合理的證據表明其變更的合理性，並說明變更會計政策後，能夠提供關於企業財務狀況、經營成果和現金流量等更可靠、更相關的會計信息的理由。對會計政策的變更，企業仍應經股東大會或董事會、經理（廠長）會議或類似機構批准，並按照法律、行政法規等的規定報送有關各方備案。如無充分、合理的證據表明會計政策變更的合理性，或者未經股東大會或董事會、經理（廠長）會議或類似機構批准擅自變更會計政策的，或者連續、反覆地自行變更會計政策的，視為濫用會計政策，按照前期差錯更正的方法進行處理。

上市公司的會計政策目錄及變更會計政策後重新制定的會計政策目錄，除應當按照信息披露的要求對外公布外，還應當報公司上市地交易所備案。未報公司上市地交易所備案的，視為濫用會計政策，按照前期差錯更正的方法進行處理。

企業在以下兩種情況下改變會計政策，不屬於會計政策變更：一是企業本期發生的交易或事項與以前相比具有本質的差別而採用新的會計政策。例如，企業以往租入的設備都為臨時需要而租入的，因此按經營租賃會計處理方法核算，但自本年度起租入的設備都採用融資租賃方式，則該企業自本年度起對新租賃的設備採用融資租賃會計處理方法核算。由於該企業原租入設備都為經營性租賃，本年度起租賃的設備都改為融資租賃，經營租賃和融資租賃有著本質差別，因此改變會計政策不屬於會計政策變更。二是對初次發生的或不重要的交易或事項採用新的會計政策。例如，企業原在生產經營過程中使用少量的低值易耗品，並且價值較低，因此企業在領用低值易耗品時一次計入費用。該企業於近期投產新產品，所需低值易耗品比較多，且價值較大，企業對領用的低值易耗品處理方法改為五五攤銷法。該企業低值易耗品在企業生產經營中所占費用比例並不大，改變低值易耗品處理方法後，對損益的影響也不大，屬於不重要的事項，會計政策在這種情況下的改變不屬於會計政策變更。

三、會計政策變更的會計處理

（一）會計政策變更的會計處理原則

企業會計政策變更要根據具體情況，分別按以下規定進行會計處理：

（1）在按照法律、行政法規以及國家統一的會計制度等要求變更的情況下，企業應當分別按規則進行處理：

①國家發布了相關的會計處理辦法的，按照國家發布的相關的會計處理規定進行處理。

②國家沒有發布相關的會計處理辦法的，採用追溯調整法進行會計處理。

（2）在會計政策變更能夠提供更可靠、更相關的會計信息的情況下，企業應當採用追溯調整法進行會計處理，用會計政策變更的累積影響數去調整列報最早期初留存收益，其他相關項目的期初餘額和列表前期披露的其他比較數據也一併調整。

（3）確定會計政策變更對列報前期影響數不切實可行的，企業應當從可追溯調整的最早期間期初開始應用變更後的會計政策。

（4）當期期初確定會計政策變更對以前各期累計影響數不切實可行的，企業應當採用未來適用法進行處理。例如，企業因帳簿法定保存期限期滿而銷毀等，可能使得當期期初確定會計政策變更對以前各期累計影響數無法計算，即不切實可行，在這種情況下，會計政策變更應當採用未來適用法。

（二）追溯調整法

追溯調整法是指對某項交易或事項變更會計政策，視同該項交易或事項初次發生時就採用變更後的會計政策，並以此對財務報表相關項目進行調整的方法。追溯調整法的運用通常由以下幾步構成：

第一步，計算會計政策變更的累積影響數。

第二步，編製相關項目的調整分錄。

第三步，調整列報前期最早期初財務報表相關項目及其金額。

第四步，附註說明。

企業採用追溯調整法時，對於比較財務報表期間的會計政策變更，應調整各期間淨損益各項目和財務報表其他相關項目，視同該政策在比較財務報表期間內一直採用。對於比較財務報表可比期間以前的會計政策變更的累積影響數，企業應調整比較財務報表最早期間的期初留存收益，財務報表其他相關項目的數字也應一併調整。因此，追溯調整法是用會計政策變更的累積影響數調整列報前期最早期初留存收益，而不計入當期損益。

【例 15-1】天河公司 2×17 年、2×18 年分別以 900, 000 元和 1, 120, 000 元的價格從股票市場購入 A、B 兩種以交易為目的的股票，市價一直高於購入成本。假定不考慮相關稅費，且天河公司採用成本與市價孰低法對購入的股票進行計量。自 2×19 年起天河公司對其以交易為目的的股票由以成本與市價孰低法計量改為以公允價值計量。天河公司保存的會計資料比較齊備，可以通過會計資料追溯計算。天河公司適用的企業所得稅稅率為 25%。天河公司按淨利潤的 10%計提盈餘公積，按淨利潤的 5%提取任意盈餘公積。2×18 年天河公司發行在外的普通股加權平均數為 900 萬股。A、B 股票的有關成本及公允價值如表 15-1 所示。

表 15-1　A、B 股票的有關成本及公允價值　　單位：元

	購入成本	2×17 年年末公允價值	2×18 年年末公允價值
A 股票	900, 000	1, 020, 000	1, 020, 000
B 股票	220, 000	—	260, 000

根據上述資料，天河公司帳務處理如下：

第一步，計算改變交易性金融資產計量方法後的累積影響數（見表 15-2）。

表 15-2　改變交易性金融資產計量方法後的累計影響數　　單位：元

時間	公允價值	成本與市價孰低	稅前差異	所得稅影響	稅後差異
2×17 年年末	1, 020, 000	900, 000	120, 000	30, 000	90, 000
2×18 年年末	1, 280, 000	1, 120, 000	160, 000	40, 000	120, 000

天河公司 2×19 年 12 月 31 的比較財務報表最早期初為 2×18 年 1 月 1 日。

第二步，編製有關項目的調整分錄如下：

（1）調整交易性金融資產。

借：交易性金融資產——公允價值變動　　160, 000

　貸：利潤分配——未分配利潤　　120, 000

　　遞延所得稅負債　　40, 000

（2）調整利潤分配。

借：利潤分配——未分配利潤　　18, 000

　貸：盈餘公積　　18, 000

其中，18, 000 = 120, 000×15%（天河公司按淨利潤的 10%提取法定盈餘公積，按淨利潤的 5%提取任意盈餘公積）。

第三步，財務報表調整和重述（財務報表略）。

天河公司在列報 2×19 年度的財務報表時，應調整 2×19 年年末資產負債表有關項目的年初餘額、利潤表有關項目的上年金額以及所有者權益變動表有關項目的上年餘額和本年金額。

（1）資產負債表項目的調整。調增交易性金融資產年初餘額 160, 000 元；調增遞延

所得稅負債年初餘額 40, 000 元；調增盈餘公積年初餘額 18, 000 元；調增未分配利潤年初餘額 102, 000 元（120, 000−18, 000）。

（2）利潤表項目的調整。調增公允價值變動收益上年金額 40, 000 元（160, 000−120, 000）；調增所得稅費用上年金額 10, 000 元（40, 000−30, 000）；調增淨利潤上年金額 30, 000 元（120, 000−90, 000）；調增基本每股收益上年金額 0. 003, 3 元。

（3）所有者權益變動表項目的調整。調增會計政策變更項目中盈餘公積上年金額 13, 500 元（90, 000×15%）；未分配利潤上年金額 76, 500 元（90, 000−13, 500）；所有者權益合計上年金額 90, 000 元。這裡的上年金額要結合所有者權益變動表中欄目內容理解。

調增本年金額欄下上年年末餘額下的會計政策變更項目中盈餘公積 4, 500 元，未分配利潤 25, 500 元。

第四步，附註說明。天河公司 2×19 年按照企業會計準則的規定，對交易性金融資產計量由以成本與市價孰低改為以公允價值計量，此項會計政策變更採用追溯調整法，2×19 年的比較財務報表已重新表述。2×18 年年初運用新會計政策追溯計算的會計政策變更累積影響數為 90, 000 元。調增 2×18 年的年初留存收益 90, 000 元。其中，調增未分配利潤 76, 500 元，調增盈餘公積 13, 500。會計政策變更對 2×19 年度報告財務報表的影響為調增本年年初未分配利潤 102, 000 元、盈餘公積 18, 000 元，調增淨利潤上年數 30, 000 元。

（三）未來適用法

未來適用法是指將變更後的會計政策應用於變更日及以後發生的交易或事項，或者在會計估計變更當期和未來期間確認會計估計變更影響數的方法。

在未來適用法下，企業不需要計算會計政策變更產生的累積影響數，也無須重編以前年度的財務報表。企業在變更之日仍保留企業會計帳簿記錄及財務報表上反應的原有金額，不因會計政策變更而改變以前年度的既定結果，並在現有金額的基礎上再按新的會計政策進行會計處理。

【例 15−2】天河公司 2×19 年以前存貨計價採用後進先出法。該公司從 2×19 年 1 月 1 日起改用先進先出法，當期淨利潤的影響數計算表見表 15−3。天河公司依法改變存貨計價方法，因此屬於會計政策變更。假設天河公司對以前年度的存貨成本不能進行合理的調整，因此採用未來適用法進行處理，即對存貨採用先進先出法從 2×19 年及以後年度才適用，不需要計算 2×19 年 1 月 1 日以前按先進先出法計算的存貨應有餘額以及對留存收益的影響金額。會計政策變更對當期淨利潤的影響數計算表見表 15−3。

表 15−3　當期淨利潤的影響數計算表　　單位：元

項 目	後進先出法	先進先出法
銷售收入	10, 000, 000	10, 000, 000
減：銷售成本	7, 320, 000	6, 400, 000
其他費用	480, 000	480, 000
利潤總額	2, 200, 000	3, 120, 000
減：所得稅費用	550, 000	780, 000
淨利潤	1, 650, 000	2, 340, 000
差 額	690, 000	

由於會計政策變更，天河公司 2×19 年淨利潤增加了 690, 000 元。

四、會計政策變更的披露

企業應當在財務報表附註中披露與會計政策變更有關的下列信息：

第一，會計政策變更的性質、內容和原因，包括對會計政策變更的簡要闡述、變更的日期、變更前採用的會計政策和變更後採用的新會計政策及會計政策變更的原因。例如，依據法律或企業會計準則等行政法規、規章的要求變更會計政策時，在財務報表附註中應當披露所依據的文件，如對於因執行企業會計準則而發生的變更，應在財務報表附註中說明「按《企業會計準則第××號——××》的要求變更會計政策」。

第二，當期和各個列報前期財務報表中受影響的項目名稱和調整金額，包括採用追溯調整法時，計算出的會計政策變更的累積影響數；當期和各個列報前期財務報表中需要調整的淨損益及其影響金額以及其他需要調整的項目名稱和調整金額。

第三，無法進行追溯調整的，應說明該事實和原因以及開始應用變更後的會計政策的時點、具體應用情況，包括無法進行追溯調整的事實、確定會計政策變更對列報前期影響數不切實可行的原因、在當期期初確定會計政策變更對以前各期累積影響數不切實可行的開始應用新會計政策的時點和具體應用情況。

需要注意的是，企業在以後期間的財務報表中，不需要重複披露在以前期間的附註中已披露的會計政策變更的信息。

五、會計政策變更與會計估計變更的劃分

企業應當以變更事項的會計確認、計量基礎和列報項目是否發生變更作為判斷標準，用以正確劃分會計政策變更與會計估計變更。

（一）會計確認發生變更

企業對會計確認的指定或選擇是會計政策，其相應的變更是會計政策變更。會計確認的變更一般會引起報表項目的變更，如無形資產研究開發費用由費用化改為符合條件的資本化，不但涉及會計確認發生了變更，也引起報表項目發生了變更。

例如，某企業在前期將某項內部研發項目開發階段的支出計入當期損益，而當期按照企業會計準則的規定，該項支出符合無形資產的確認條件，應當確認為無形資產。該事項的會計變更是會計政策變更，即前期將開發費用確認為一項費用，而當期將其確認為一項資產，因此該政策變更屬於會計政策變更。

（二）計量基礎發生變更

企業對計量基礎的指定或選擇是會計政策，其相應的變更是會計政策變更，如存貨期末計量改為成本與可變現淨值孰低計量，固定資產初始計量由成本改為現值計量等。

例如，某企業在前期對購入的價款超過正常信用條件延期支付的固定資產初始計量採用歷史成本，而當期按照企業會計準則的規定，該類固定資產的初始成本應以購買價款的現值為基礎確定，因此該變更屬於會計政策變更。

（三）列報項目發生變更

企業對列報項目的指定或選擇是會計政策，其相應的變更是會計政策變更。例如，某商業企業在前期將商品採購費用列入銷售費用，當期根據企業會計準則的規定，將採購費用列入成本，因為列報項目發生了變化，所以該變更是會計政策變更。

需要特別注意的是，如果企業為取得與某項目有關的金額或數值所採用的處理方法，不是會計政策，而是會計估計，其相應的變更屬於會計估計變更。

例如，企業原採用雙倍餘額遞減法計提固定資產折舊，根據固定資產使用的實際情況，企業決定改用年限平均法計提固定資產折舊。該事項前後採用的兩種計提折舊方法

都是以歷史成本作為計量基礎，其會計確認和列報項目未發生變更，只是固定資產折舊、固定資產淨值等相關金額發生了變化。因此，該事項屬於會計估計變更。

如果企業通過判斷會計政策變更和會計估計變更的劃分基礎仍然難以對某項變更進行區分，應當將其作為會計估計變更處理。

第二節　會計估計及其變更

一、會計估計

（一）會計估計的概念

會計估計是指企業對結果不確定的交易或事項以最近利用的信息為基礎所做的判斷。由於受商業活動中內在的不確定性因素影響，許多財務報表中的項目無法精確地計量，而只能加以估計。估計涉及以最近可利用的、可靠的信息為基礎所做的判斷。例如，以下項目可能要求估計：壞帳、陳舊過時的存貨、應折舊資產的使用壽命或體現在應折舊資產中的未來經濟利益的預期消耗方式、擔保債務等。

（二）會計估計的特點

1. 會計估計的存在是由於經濟活動中內在的不確定性因素的影響

在會計核算中，企業總是力求保持會計核算的準確性，但有些經濟業務本身具有不確定性（如壞帳、固定資產折舊年限、固定資產殘餘價值、無形資產攤銷年限、收入確認等），因此需要根據經驗做出估計。可以說，在進行會計核算和相關信息披露的過程中，會計估計是不可避免的，並不削弱會計確認和計量的可靠性。

2. 在進行會計估計時，往往以最近可利用的信息或資料為基礎

企業在會計核算中，由於經營活動中內在的不確定性，不得不經常進行估計。一些估計的主要目的是確定資產或負債的帳面價值，如壞帳準備、擔保責任引起的負債；另一些估計的主要目的是確定將在某一期間記錄的收益或費用的金額，如某一期間的折舊、攤銷的金額。企業在進行會計估計時，通常應根據當時的情況和經驗，以一定的信息或資料為基礎。但是，隨著時間的推移、環境的變化，進行會計估計的基礎可能會發生變化，因此進行會計估計依據的信息或資料不得不經常發生變化。由於最新的信息是最接近目標的信息，以其為基礎所做的估計最接近實際，因此在進行會計估計時，應以最近可利用的信息或資料為基礎。

3. 進行會計估計並不會削弱會計確認和計量的可靠性

企業為了定期、及時地提供有用的會計信息，將延續不斷的經營活動人為劃分為一定的期間，並在權責發生制的基礎上對企業的財務狀況和經營成果進行定期確認和計量。例如，在會計分期的情況下，許多企業的交易跨越若干會計年度，以至於需要在一定程度上做出決定：某一年度發生的開支，哪些可以合理地預期能夠產生其他年度以收益形式表示的利益，從而全部或部分向後遞延；哪些可以合理地預期在當期能夠得到補償，從而確認為費用。也就是說，需要在結算日決定，哪些開支可以在資產負債表中處理，哪些開支可以在損益表中作為當年費用處理。因此，由於會計分期和貨幣計量的前提，企業在確認和計量過程中，不得不對許多尚在延續中、其結果尚未確定的交易或事項予以估計入帳。

（三）會計估計的判斷

企業會計估計的判斷，應當考慮與會計估計相關項目的性質和金額。在通常情況下，下列情況屬於會計估計：

(1) 存貨可變現淨值的確定。

（2）採用公允價值模式下的投資性房地產公允價值的確定。
（3）固定資產的預計使用壽命、預計淨殘值和折舊方法的確定。
（4）生產性生物資產的使用壽命與預計淨殘值、各類生產性生物資產的折舊方法的確定。
（5）使用壽命有限的無形資產預計使用壽命與淨殘值和攤銷方法的確定。
（6）非貨幣性資產公允價值的確定。
（7）固定資產、無形資產、長期股權投資等非流動資產可收回金額的確定。
（8）職工薪酬金額的確定。
（9）與股份支付相關的公允價值的確定。
（10）與債務重組相關的公允價值的確定。
（11）預計負債金額的確定。
（12）收入金額的確定和提供服務完工進度的確定。
（13）與政府補助相關的公允價值的確定。
（14）一般借款資本化金額的確定。
（15）應納稅暫時性差異和可抵扣暫時性差異的確定。
（16）與非同一控制下的企業合併相關的公允價值的確定。

二、會計估計變更

會計估計變更是指由於資產和負債的當前狀況及預期經濟利益與義務發生了變化，從而對資產或負債的帳面價值，或者資產的定期消耗金額進行調整。由於企業在經營活動中內在的不確定性因素，許多財務報表項目不能準確地計量，只能加以估計，估計過程涉及以最近可以得到的信息為基礎所做的判斷。但是，估計畢竟是就現有資料對未來所做的判斷，隨著時間的推移，如果賴以進行估計的基礎發生變化，或者由於取得了新的信息、累積了更多的經驗、後來的發展可能不得不對估計進行修訂，但會計估計的變更依據應當真實、可靠。會計估計變更的情形如下：

第一，賴以進行估計的基礎發生了變化。企業進行會計估計，總是依賴於一定的基礎。依賴的基礎發生了變化，則會計估計也應相應發生變化。例如，某企業的一項無形資產攤銷年限原定為 10 年，以後發生的情況表明，該資產的受益年限已不足 10 年，企業應相應調減攤銷年限。

第二，取得了新的信息、累積了更多的經驗。企業進行會計估計是根據現有資料對未來所做的判斷。隨著時間的推移，企業有可能取得新的信息、累積更多的經驗，在這種情況下，企業可能不得不對會計估計進行修訂，即發生會計估計變更。例如，某企業根據當時能夠得到的信息，對應收帳款計劃每年按其餘額的 5%計提壞帳準備。現在企業掌握了新的信息，判定不能收回的應收帳款比例已達 15%，則應按 15%的比例計提壞帳準備。

會計估計變更並不意味著以前期間會計估計是錯誤的，只是由於情況發生變化，或者掌握了新的信息，累積了更多的經驗，變更會計估計能夠更好地反應企業的財務狀況和經營成果。如果以前期間的會計估計是錯誤的，則屬於會計差錯，按會計差錯更正的會計處理辦法進行處理。

三、會計估計變更的會計處理

企業對會計估計變更應當採用未來適用法處理，其具體處理方法如下：

第一，會計估計變更僅影響變更當期的，其影響數應當在變更當期予以確認。例如，某企業原按應收帳款餘額的 5%提取壞帳準備，由於企業不能收回的應收帳款的比例已達到 10%，則企業改按應收帳款的 10%提取壞帳準備。這類會計估計變更，只影響變更當期，因此應於變更當期確認。

第二，既影響變更當期又影響未來期間的，其影響數應當在變更當期和未來期間予以確認。例如，某企業的一項可計提折舊的固定資產的有效使用年限或預計淨殘值的估計發生變更，影響了變更當期及資產以後使用年限內各個期間的折舊費用，這項會計估計的變更應於變更當期及以後各期確認，並將會計估計變更的影響數計入變更當期與以後各期相同的項目中。為了保證不同期間的財務報表具有可比性，如果會計估計變更的影響數以前包括在企業日常經營活動的損益中，則以後也應包括在相應的損益類項目中；如果會計估計變更的影響數以前包括在特殊項目中，則以後也相應作為特殊項目予以反應。

【例 15-3】天河公司有一臺於 2×15 年 1 月 1 日起計提折舊的管理用設備，價值 67, 200 元，估計使用年限為 8 年，淨殘值為 3, 200 元，按直線法計提折舊。至 2×19 年年初，由於新技術的發展等原因，天河公司需要對原估計的使用年限和淨殘值進行修改，修改後該設備的使用年限為 6 年，淨殘值為 1, 600 元。天河公司對上述會計估計變更的帳務處理如下：

（1）不調整以前各期折舊，不計算累積影響數。

（2）變更日以後發生的經濟業務改按新估計使用年限及淨殘值提取折舊。天河公司按原會計估計每年折舊額為 8, 000 元，已提折舊 4 年共計 32, 000 元，固定資產淨值為 35, 200 元。改變估計使用年限後，2×19 年起每年計提的折舊費用為 16, 800 元［(35, 200-1, 600)÷(6-4)］，2×19 年不必對以前年度已提折舊進行調整，按重新預計的使用年限和淨殘值計算年折舊費用，編製會計分錄如下：

借：管理費用　16, 800
　貸：累計折舊　16, 800

四、會計估計變更的披露

企業應當在財務報表附註中披露與會計估計變更有關的下列信息：

第一，會計估計變更的內容和原因，包括變更的內容、變更日期以及會計估計變更的原因。

第二，會計估計變更對當期和未來期間的影響數，包括會計估計變更對當期和未來期間損益的影響金額以及對其他各項目的影響金額。

第三，會計估計變更的影響數不能確定的，披露這一事實和原因。

以**【例 15-3】**的資料為例，天河公司對其會計估計變更應在附註中披露信息如下：

本公司一臺管理用設備，原始價值為 67, 200 元，原估計使用年限為 8 年，預計淨殘值為 3, 200 元，按直線法計提折舊。由於新技術的發展，該設備已不能按原估計使用年限計提折舊，本公司於 2×19 年年初變更該設備的使用年限為 6 年，預計淨殘值為 1, 600 元，以反應該設備的真實使用年限和淨殘值。此會計估計變更影響本年度淨利潤減少數為 6, 600 元［(16, 800-8, 000)×(1-25%)］。

第三節　前期差錯及其更正

一、前期差錯的概念及類型

（一）前期差錯的概念

前期差錯是指由於沒有運用或錯誤運用下列兩種信息，而對前期財務報表造成省略或錯報：一是編報前期財務報表時預期能夠取得並加以考慮的可靠信息，二是前期財務報告批准報出時能夠取得的可靠信息。

（二）前期差錯的類型

前期差錯通常包括計算錯誤，應用會計政策錯誤，疏忽或曲解事實以及舞弊產生的影響，存貨、固定資產盤盈等。沒有運用或錯誤運用上述兩種信息而形成前期差錯的情形主要如下：

（1）計算及帳戶分類錯誤。例如，企業購入的五年期國債，意圖長期持有，但在記帳時計入了交易性金融資產，導致帳戶分類上的錯誤，並導致在資產負債表上流動資產和非流動資產的分類有誤。

（2）採用法律、行政法規或國家統一的會計制度等不准許的會計政策。例如，按照《企業會計準則第 17 號——借款費用》的規定，為購建固定資產的專門借款而發生的借款費用滿足一定條件的，在固定資產達到預定可使用狀態前發生的應予以資本化，計入所購建固定資產的成本；在固定資產達到預定可使用狀態後發生的計入當期損益。如果企業將固定資產已達到預定可使用狀態後發生的借款費用，也計入該項固定資產的價值，則屬於採用企業會計準則等不准許的會計政策。

（3）對事實的疏忽或曲解以及舞弊。例如，企業對某項建造合同收入應按投入法或產出法確認營業收入，但該企業卻按一般確認商品銷售收入的原則確認收入。

（4）在期末對應計項目與遞延項目未予以調整。例如，企業應在本期攤銷的長期待攤費用在期末未予以攤銷。

（5）漏記已完成的交易。例如，企業銷售一批商品，商品已經發出，開出增值稅專用發票，商品銷售收入確認條件都已滿足，但企業在期末未將已實現的銷售收入入帳。

（6）提前確認尚未實現的收入或不確認已實現的收入。例如，企業在採用委託代銷商品的銷售方式下，應在收到代銷單位的代銷清單時確認商品銷售收入的實現。企業在發出委託代銷商品時即確認為收入，則為提前確認尚未實現的收入。

（7）資本性支出與收益性支出劃分差錯等。例如，企業發生的管理人員的工資一般作為收益性支出，而發生的在建工程人員的工資一般作為資本性支出。如果企業將發生的在建工程人員的工資計入了當期損益，則屬於資本性支出與收益性支出的劃分差錯。

二、前期差錯重要性的判斷

如果財務報表項目的遺漏或錯誤表述可能影響財務報表使用者根據財務報表做出的經濟決策，則該項目的遺漏或錯誤是重要的。重要的前期差錯，足以影響財務報表使用者對企業財務狀況、經營成果和現金流量做出正確判斷。不重要的前期差錯是指不足以影響財務報表使用者對企業財務狀況、經營成果和現金流量做出正確判斷的前期差錯。

前期差錯的重要性取決於在相關環境下對遺漏或錯誤表述的規模和性質的判斷。前期差錯所影響的財務報表項目的金額或性質是判斷該前期差錯是否具有重要性的決定性因素。一般來說，前期差錯影響的財務報表項目的金額越大，性質越嚴重，其重要性水準越高。

企業應當嚴格區分會計估計變更和前期差錯更正，對於前期根據當時的信息假設等做了合理估計，在當期按照新的信息假設等需要對前期估計金額做出變更的，應當作為會計估計變更處理，不應作為前期差錯更正處理。

三、前期差錯更正的會計處理

會計差錯產生於財務報表項目的確認、計量、列報或披露的會計處理過程中，如果財務報表中包含重要差錯，或者差錯不重要但屬於故意造成的（以便形成對企業財務狀況、經營成果和現金流量等會計信息某種特定形式的列報），即認為該財務報表未遵循企業會計準則的規定進行編報。在當期發現的當期差錯應當在財務報表發布之前予以更正。當重要差錯直到下一期間才被發現，就形成了前期差錯。

企業應當採用追溯重述法更正重要的前期差錯，但確定前期差錯累積影響數不切實可行的除外。追溯重述法是指在發現前期差錯時，視同該項前期差錯從未發生過，從而對財務報表相關項目進行更正的方法。

（一）不重要的前期差錯的處理

對於不重要的前期差錯，企業不需調整財務報表相關項目的期初數，但應調整發現當期與前期相同的相關項目。屬於影響損益的，企業應直接計入本期與前期相同的淨損益項目；屬於不影響損益的，企業應調整本期與前期相同的相關項目。

【例 15-4】2×19 年 12 月 31 日，甲公司發現 2×18 年度的一臺管理用設備少計提折舊 5,400 元。這筆折舊相對於折舊費用總額而言金額不大，因此直接計入 2×19 年有關項目。其更正的會計分錄如下：

借：管理費用　　5,400
　貸：累計折舊　　5,400

【例 15-5】甲公司在 2×19 年發現 2×18 年漏計了管理人員工資 5,000 元。2×19 年更正此差錯的會計分錄如下：

借：管理費用　　5,000
　貸：應付職工薪酬　　5,000

【例 15-6】甲公司於 2×19 年發現 2×18 年從銀行存款中支付全年機器設備商品展銷費 12,000 元，帳上借記「財務費用」12,000 元，貸記「銀行存款」12,000 元。則 2×19 年發現時更正此項差錯的會計分錄如下：

借：銷售費用　　12,000
　貸：財務費用　　12,000

【例 15-7】甲公司 2×19 年發現，2×18 年從承租單位收到兩個年度的房屋租金收入 18,000 元，帳上借記「銀行存款」18,000 元，貸記「預收帳款」18,000 元。甲公司 2×18 年年底未做任何調整分錄，則 2×19 年更正此差錯的會計分錄如下：

借：預收帳款　　9,000
　貸：其他業務收入　　9,000

【例 15-8】甲公司在 2×19 年 12 月 31 日發現，2×18 年 1 月 1 日開始計提折舊的一臺價值 8,000 元的管理用設備，其 2×18 年的折舊費計入了當期管理費用。甲公司對固定資產折舊採直線法，該設備估計使用年限為 4 年，假設不考慮淨殘值因素。甲公司在 2×19 年 12 月 31 日更正此差錯的會計分錄如下：

借：固定資產　　8,000
　貸：管理費用　　4,000
　　　累計折舊　　4,000

（二）重要的前期差錯的處理

對於重要的前期差錯，企業應當在其發現當期的財務報表中，調整前期比較數據。具體來說，企業應當在重要的前期差錯發現當期的財務報表中，通過下述處理對其進行追溯更正：第一，追溯重述差錯發生期間列報的前期比較金額。第二，如果前期差錯發生在列報的最早前期之前，則追溯重述列報的最早前期的資產、負債和所有者權益相關項目的期初餘額。

對於發生的重要前期差錯，如影響損益，企業應將其對損益的影響數調整發現當期的期初留存收益，財務報表其他相關項目的期初數也應一併調整；如不影響損益，企業應調整財務報表相關項目的期初數。

在編製比較財務報表時，對於比較財務報表期間的重要的前期差錯，企業應調整各該期間的淨損益和其他相關項目，視同該差錯在產生的當期已經更正；對於比較財務報表期間以前的重要的前期差錯，企業應調整比較財務報表最早期間的期初留存收益，財務報表其他相關項目的數字也應一併調整。

確定前期差錯影響數不切實可行的，可以從可追溯重述的最早期間開始調整留存收益的期初餘額，財務報表其他相關項目的期初餘額也應當一併調整，也可以採用未來適用法。當企業確定前期差錯對列報的一個或多個前期比較信息的特定期間的累積影響數不切實可行時，應當追溯重述切實可行的最早期間的資產、負債和所有者權益相關項目的期初餘額；當企業在當期期初確定前期差錯對所有前期的累積影響數不切實可行時，應當從確定前期差錯影響數切實可行的最早日期開始採用未來適用法追溯重述比較信息。

需要注意的是，為了保證經營活動的正常進行，企業應當建立健全內部控制制度，保證會計資料的真實、完整。對於年度資產負債表日至財務報告批准報出日之間發現的報告年度的會計差錯及報告年度前不重要的前期差錯，企業應按照資產負債表日後事項的規定進行處理。

【例 15-9】天河公司在 2×19 年發現，2×18 年漏記一項固定資產的折舊費用 300, 000 元，企業所得稅納稅申報表中未扣除該項折舊費用，稅法准許調整應交所得稅。假設 2×18 年適用的企業所得稅稅率為 25%，無其他納稅調整事項。天河公司按淨利潤的 10%提取法定盈餘公積，按淨利潤的 5%提取任意盈餘公積。天河公司 2×18 年發行在外的普通股加權平均數為 3, 600, 000 股。

（1）分析差錯的影響數。天河公司於 2×18 年少計折舊費用 300, 000 元，少計累計折舊 300, 000 元；多計所得稅費用 75, 000 元（300, 000×25%）；多計淨利潤 225, 000 元，多計應交稅費 75, 000 元（300, 000×25%）；多提法定盈餘公積金 22, 500（225, 000×10%），多提任意盈餘公積金 11, 250 元（225, 000×5%）。

（2）編製有關項目的調整分錄如下：

①補提折舊。

借：以前年度損益調整　　300, 000

　貸：累計折舊　　300, 000

②調整應交所得稅。

借：應交稅費——應交所得稅　　75, 000

　貸：以前年度損益調整　　75, 000

③將「以前年度損益調整」科目的餘額轉入利潤分配。

借：利潤分配——未分配利潤　　225, 000

　貸：以前年度損益調整　　225, 000

④調整利潤分配有關數字。

借：盈餘公積　　337,500

　貸：利潤分配——未分配利潤　　337,500

（3）財務報表調整和重述（財務報表略）。天河公司在列報 2×19 年財務報表時，應調整 2×19 年年末資產負債表有關項目的年初餘額、利潤表有關項目的上年金額以及所有者權益變動表有關項目的上年金額。

①資產負債表項目的調整。調減固定資產 300,000 元；調減應交稅費 75,000 元；調減盈餘公積 33,750 元；調減未分配利潤 191,250 元。

②利潤表項目的調整。調增營業成本上年金額 300,000 元；調減所得稅費用上年金額 75,000 元；調減淨利潤上年金額 225,000 元；調減基本每股收益 0.062,5 元。

③所有者權益變動表項目的調整。調減前期差錯更正項目中盈餘公積上年金額 33,750 元，未分配利潤上年金額 191,250 元，所有者權益合計上年金額 225,000 元。

（4）附註說明。本年度發現 2×18 年漏記固定資產折舊 300,000 元，在編製 2×18 年與 2×19 年可比財務報表時，已對該項差錯進行了更正。更正後，調減 2×18 年淨利潤及留存收益 225,000 元，調減固定資產 300,000 元。

四、前期差錯更正的披露

企業應當在附註中披露與前期差錯更正有關的下列信息：第一，前期差錯的性質。第二，各個列報前期財務報表中受影響的項目名稱和更正金額。第三，無法進行追溯重述的，說明該事實和原因以及對前期差錯開始進行更正的時點、具體更正情況。

在以後期間的財務報表中，企業不需要重複披露在以前期間的附註中已披露的前期差錯更正的信息。

第四節　資產負債表日後事項

一、資產負債表日後事項的概念及涵蓋期間

資產負債表日後事項是指資產負債表日至財務報告批准報出日之間發生的有利或不利事項。

1. 資產負債表日

資產負債表日是指會計年度末和會計中期期末。其中，年度資產負債表日是指公歷 12 月 31 日。會計中期通常包括半年度、季度和月度等，會計中期期末相應地指公歷半年末、季末和月末等。

如果母公司或子公司在國外，無論該母公司或子公司如何確定會計年度和會計中期，其向國內提供的財務報告都應根據《中華人民共和國會計法》和企業會計準則的要求確定資產負債表日。

2. 財務報告批准報出日

財務報告批准報出日是指董事會或類似機構批准財務報告報出的日期，通常是指對財務報告的內容負有法律責任的單位或個人批准財務報告對外公布的批准日期。

財務報告的批准者包括所有者及所有者中的多數、董事會或類似機構和個人。公司制企業的董事會有權批准對外公布財務報告，因此公司制企業的財務報告批准報出日是指董事會批准財務報告報出的日期。對於非公司制企業，財務報告批准報出日是指經理

（廠長）會議或類似機構批准財務報告報出的日期。

3. 有利或不利事項

資產負債表日後事項涵蓋的期間是自資產負債表次日起至財務報告批准報出日止的一段時間，具體是指報告年度次年的 1 月 1 日或報告期下一期間的第一天至董事會或類似機構批准財務報告對外公布的日期。財務報告批准報出以後，實際報出之前又發生與資產負債表日後事項有關的事項，並由此影響財務報告對外公布日期的，應以董事會或類似機構再次批准財務報告對外公布的日期為截止日期。

二、資產負債表日後事項的內容

資產負債表日後事項包括資產負債表日後調整事項（以下簡稱調整事項）和資產負債表日後非調整事項（以下簡稱非調整事項）兩類。

（一）調整事項

資產負債表日後調整事項是指對資產負債表日已經存在的情況提供了新的或進一步證據的事項。如果資產負債表日及所屬會計期間已經存在某種情況，但當時並不知道其存在或不能知道確切結果，資產負債表日後發生的事項能夠證實該情況的存在或確切結果，則該事項屬於資產負債表日後事項中的調整事項。調整事項能對資產負債表日的存在情況提供追加的證據，並會影響編製財務報表過程中的內在估計。調整事項有兩個特點：一是在資產負債表日或以前已經存在，資產負債表日後得以證實的事項；二是對按資產負債表日存在狀況編製的財務報表產生重大影響的事項。

【例 15-10】甲企業與乙企業簽訂合同，合同中註明乙企業在 2×18 年內給甲企業提供指定數量的電力。由於乙企業延遲了修建新發電廠的計劃，乙企業沒有履行合同規定的義務，甲企業不得不以明顯較高的價格從另一供電單位購買電力。在 2×18 年內，甲企業通過法律手段要求乙企業賠償由於其對供電合同的違約造成的經濟損失。在 2×18 年的後期，法院做出了乙企業賠償甲企業全部損失的判決。在編製 2×18 年 12 月 31 日的資產負債表時，甲企業與其法律顧問協商後得出結論認為，其有法定權力獲取賠償款，並且乙企業的任何上訴都不會獲勝，甲企業已將可能收到的賠款作為一項應收款項列示在資產負債表上。在 2×19 年 1 月，乙企業建議用現金結算大部分賠款。餘下的賠款不再支付。甲企業接受了以此全部結案的建議。對此，甲企業應對 2×18 年 12 月 31 日做出的估計進行調整，調整財務報表相關項目的數字。

【例 15-11】甲企業與丁企業簽訂的經濟合同中註明甲企業應於 2×18 年 8 月 2 日提供給丁企業一批商品，由於甲企業未按合同規定按時提供商品，丁企業產生經濟損失。丁企業於 2×18 年 10 月提出起訴，要求甲企業賠償違約經濟損失 100 萬元。由於案件尚在審理過程中，並未做出最終判決，甲企業於 2×18 年 12 月 31 日根據當時的資料判斷可能會敗訴，估計賠償金額為 60 萬元，並按此估計金額計入了損益。但在 2×19 年 3 月 1 日財務報告批准報出前經一審判決，甲企業需賠償丁企業經濟損失 90 萬元，甲企業和丁企業均接受此判決，不再上訴。這一事項表明，資產負債表日後至財務報告批准報出日之間有了最終的結果，因此對資產負債表日存在的狀況提供了進一步證據。這一新的證據如果表明對資產負債表日所做估計需要調整的，甲企業應對資產負債表日編製的財務報表進行調整。

【例 15-12】甲企業應收乙企業帳款 56 萬元，按合同約定乙企業應在 2×18 年 11 月 10 日前償還。在 2×18 年 12 月 31 日結帳時甲企業尚未收到這筆應收帳款，並已知乙企業財務狀況不佳，近期內難以償還債務，甲企業對該項應收帳款提取 2%的壞帳準備。2×19 年 2 月 10 日，甲企業在報出財務報告之前收到乙企業通知，乙企業已宣告破產，無法償付部分欠款。從此例可見，甲企業於 2×18 年 12 月 31 日結帳時已經知道乙企業財務狀況不佳，即在 2×18 年 12 月 31 日，乙企業財務狀況不佳的事實已經存在，但未得到乙企業破產的確切證據。2×19 年 2 月 10 日甲企業正式收到乙企業通知，得知乙企業已破產，並且無法償付部分貨款，即 2×19 年 2 月 10 日對 2×18 年 12 月 31 日存在的情況提供了新的證據，表明根據 2×18 年 12 月 31 日存在情況提供的資產負債表所反應的應收乙企業帳款中已有部分成為壞帳。據此，甲企業應對財務報表相關項目的數字進行調整。

【例 15-13】2×18 年，某建築公司對當年承建的合同總收入 1,000 萬元、合同總成本 800 萬元的一項建築合同，在年度資產負債表日按估計的 20%的完工進度確認報告的年度收入為 200 萬元、毛利為 40 萬元。2×19 年 2 月根據修訂後的工程進度報告書，該工程在 2×18 年 12 月 31 日已完成 30%。在這種情況下，該建築公司應對根據 2×18 年 12 月 31 日的估計確認的 2×18 年度的收益進行調整。

【例 15-14】甲公司於 2×18 年 10 月銷售給乙公司一批產品，銷售價款 100 萬元，增值稅 17 萬元，該批產品的生產成本 60 萬元，貨款在 2×18 年 12 月 31 日尚未收到。2×18 年 12 月 20 日，甲公司接到乙公司通知，乙公司在驗收貨物時發現該批產品存在嚴重質量問題，要求退貨。甲公司希望協商解決問題，並與乙公司共同尋找解決辦法。甲公司在 2×18 年 12 月 31 日編製資產負債表時，將該應收帳款 117 萬元減去已計提的壞帳準備後的金額（甲公司按應收帳款年末餘額的 5%計提壞帳準備）列示於資產負債表中的「應收帳款」項目內，並將 100 萬元的貨款作為收入列入利潤表。2×19 年 1 月 28 日雙方協商未達成協議，甲公司收到乙公司通知，該批產品已全部退回。甲公司在 2×19 年 2 月 5 日收到乙公司退回的產品和增值稅專用發票的發票聯、稅款抵扣聯。在這種情況下，甲公司就需要對該項退貨作為資產負債表日後調整事項進行處理。

（二）非調整事項

資產負債表日後非調整事項是指表明資產負債表日後所發生情況的事項。非調整事項的發生不影響資產負債表日企業的財務報表數字，只說明資產負債表日後發生了某些情況。對於財務報告使用者來說，非調整事項說明的情況有的重要，有的不重要。重要的非調整事項雖然與資產負債表日的財務報表數字無關，但可能影響資產負債表日以後的財務狀況和經營成果，因此應在財務報表附註中適當披露。

【例 15-15】債務人乙公司財務情況惡化導致債權人甲公司發生壞帳損失。2×19 年 12 月 31 日乙公司財務狀況良好，甲公司預計應收帳款可按時收回，乙公司一週後發生重大火災，導致甲公司 50%的應收帳款無法收回。導致甲公司 2×19 年度應收帳款損失的因素是乙公司發生火災，應收帳款發生損失這一事實在資產負債表日以後才發生，因此乙公司發生火災導致甲公司應收帳款發生壞帳的事項屬於非調整事項。

綜上所述，調整事項和非調整事項的區別在於調整事項是事項存在於資產負債表日或以前，資產負債表日後提供了證據對以前已存在的事項所做的進一步說明；非調整事項是在資產負債表日尚未存在，但在財務報告批准報出日之前發生或存在。這兩類事項的共同點在於調整事項和非調整事項都是在資產負債表日後至財務報告批准報出日之間發生或存在的，對報告年度的財務報告所反應的財務狀況、經營成果都將產生重大影響。

如何確定資產負債表日後發生的某一事項是調整事項還是非調整事項，是運用《企業會計準則第 29 號——資產負債表日後事項》的關鍵。某一事項究竟是調整事項還是非調整事項，取決於該事項表明的情況在資產負債表日或資產負債表日以前是否已經存在。若該情況在資產負債表日或之前已經存在，則屬於調整事項；反之，則屬於非調整事項。

三、資產負債表日後調整事項的會計處理

（一）資產負債表日後調整事項的處理原則

企業發生資產負債表日後調整事項，應當調整資產負債表日已編製的財務報表。對於年度財務報表而言，由於資產負債表日後事項發生在報告年度的次年，報告年度的有關帳目已經結轉，特別是損益類科目在結帳後已無餘額，因此年度資產負債表日後發生的需調整事項，應分別按以下情況進行處理：

（1）涉及損益的事項，企業通過「以前年度損益調整」科目處理。企業調整增加以前年度利潤或調整減少以前年度虧損的事項，記入「以前年度損益調整」科目的貸方；反之，記入「以前年度損益調整」科目的借方。

需要注意的是，涉及損益的調整事項如果發生在資產負債表日所屬年度（報告年度）所得稅匯算清繳前，應調整報告年度應納稅所得額和應納所得稅額；如果發生在報告年度所得稅匯算清繳後，應調整本年度（報告年度的次年）應納稅所得額和應納所得稅額。

（2）涉及利潤分配調整的事項，企業直接在「利潤分配——未分配利潤」科目中處理。

（3）不涉及損益以及利潤分配的事項，企業應調整相關科目。

（4）通過上述帳務處理後，企業應同時調整財務報表相關項目的數字，包括資產負債表日編製的財務報表相關項目的期末餘額或本年金額，當期編製的財務報表相關項目的期初餘額或上年數。經過上述調整後，如果涉及財務報表附註內容的，企業還應當調整報表附註相關項目的數字。

（二）資產負債表日後調整事項舉例

【例 15-16】甲公司因違約於 2×18 年 12 月被乙公司告上法庭。乙公司要求甲公司賠償其 160 萬元。2×18 年 12 月 31 日法院尚未判決，甲公司按《企業會計準則第 13 號——或有事項》對該訴訟事項確認預計負債 100 萬元。2×19 年 3 月 10 日，經法院判決甲公司應賠償乙公司 120 萬元，甲、乙公司均服從判決。判決當日甲公司向乙公司支付賠償款 120 萬元。甲、乙公司 2×18 年所得稅匯算清繳工作在 2×19 年 4 月 10 日完成（假定該項預計負債產生的損失不准許稅前扣除）。甲、乙公司財務報告批准報出日是 2×19 年 3 月 31 日，企業所得稅稅率為 25%，按淨利潤的 10%提取法定盈餘公積，提取法定盈餘公積後不再做其他分配；調整事項按稅法規定都可調整應繳納的所得稅。

2×19 年 3 月 10 日的判決證實了甲、乙公司在資產負債表日（2×18 年 12 月 31 日）分別存在現時賠償義務和獲賠權利，因此甲、乙公司都應將「法院判決」這一事項作為調整事項進行處理。

1. 甲公司帳務處理如下：

（1）2×19 年 3 月 10 日，記錄支付的賠款，並調整遞延所得稅資產。

	借	貸
借：以前年度損益調整	200, 000	
貸：其他應付款		200, 000
借：應交稅費——應交所得稅	50, 000	
貸：以前年度損益調整（200, 000×25%）		50, 000
借：應交稅費——應交所得稅	250, 000	
貸：以前年度損益調整		250, 000
借：以前年度損益調整	250, 000	

貸：遞延所得稅資產　250,000

註：2×18 年年末，甲公司因確認預計負債 100 萬元時已確認相應的遞延所得稅資產，日後事項發生後遞延所得稅資產不復存在，因此應衝銷相應記錄。

借：預計負債　1,000,000

貸：其他應付款　1,000,000

借：其他應付款　1,200,000

貸：銀行存款　1,200,000

註：借記「其他應付款」科目，貸記「銀行存款」科目這筆分錄，由於涉及現金，不需要調整報告年度的財務報表項目。

（2）將「以前年度損益調整」科目餘額轉入未分配利潤。

借：利潤分配——未分配利潤　150,000

貸：以前年度損益調整　150,000

（3）因淨利潤變動調整盈餘公積。

借：盈餘公積（150,000×10%）　15,000

貸：利潤分配——未分配利潤　15,000

（4）調整報告年度財務報表。

①資產負債表項目年末數的調整：調減遞延所得稅資產 250,000 元；調減預計負債 1,000,000 元；調增其他應付款 1,200,000 元；調減應交稅費 300,000 元；調減盈餘公積 15,000 元；調減未分配利潤 135,000 元。

②利潤表項目的調整：調增營業外支出 200,000 元；調減所得稅費用 50,000 元。

③所有者權益變動表項目的調整：調減淨利潤 150,000 元，提取盈餘公積項目中盈餘公積一欄調減 15,000 元；未分配利潤一欄調增 15,000 元。

2. 乙公司帳務處理如下：

（1）2×19 年 3 月 10 日，記錄收到的賠款。

借：其他應收款　1,200,000

貸：以前年度損益調整　1,200,000

借：以前年度損益調整（1,200,000×25%）　300,000

貸：應交稅費——應交所得稅　300,000

借：銀行存款　1,200,000

貸：其他應收款　1,200,000

註：借記「銀行存款」科目，貸記「其他應收款」科目這筆分錄，由於涉及現金，不需要調整報告年度的財務報表項目。

（2）將「以前年度損益調整」科目餘額轉入未分配利潤。

借：以前年度損益調整　900,000

貸：利潤分配未——分配利潤　900,000

（3）因淨利潤增加，補提盈餘公積。

借：利潤分配——未分配利潤　90,000

貸：盈餘公積（900,000×10%）　90,000

（4）調整報告年度財務報表（財務報表略）。

①資產負債表項目年末數的調整：調增其他應收款 1,200,000 元；調增盈餘公積 90,000 元；調增未分配利潤 810,000 元，調增應交稅費 300,000 元。

②利潤表項目的調整：調增營業外收入 1,200,000 元；調增所得稅費用 300,000 元。

③所有者權益變動表項目的調整：調增淨利潤 900,000 元，提取盈餘公積項目中盈

餘公積一欄調增 90,000 元；未分配利潤一欄調減 90,000 元。

【例 15-17】2×18 年 5 月甲公司銷售給乙公司一批產品，貨款為 113,000 元（含增值稅），乙公司於 6 月收到所購物資並驗收入庫。按合同規定，乙公司應於收到所購物資後一個月內付款。乙公司由於財務狀況不佳，到 2×18 年 12 月 31 日仍未付款。甲公司於 2×18 年 12 月 31 日編製 2×18 年度財務報表時，已為該項應收帳款提取壞帳準備 5,650 元。2×18 年 12 月 31 日資產負債表上「應收帳款」項目的金額為 152,000 元，其中 107,350 元為該項應收帳款。甲公司於 2×19 年 2 月 2 日（所得稅匯算清繳前）收到法院通知，乙公司已宣告破產清算，無力償還所欠部分貨款。甲公司預計可收回應收帳款的 40%。甲公司財務報告批准報出日是 2×19 年 3 月 31 日，企業所得稅稅率為 25%，按淨利潤的 10%提取法定盈餘公積，提取法定盈餘公積後不再做其他分配；調整事項按稅法規定都可調整應繳納的所得稅。

甲公司在收到法院通知後，首先可以判斷該事項屬於資產負債表日後調整事項，然後應根據調整事項的處理原則進行處理。

（1）補提壞帳準備。

應補提的壞帳準備 = 113,000×60% - 5,650 = 62,150（元）

借：以前年度損益調整　　62,150

　貸：壞帳準備　　62,150

（2）調整遞延所得稅資產。

借：遞延所得稅資產　　15,537.50

　貸：以前年度損益調整（62,150×25%）　　15,537.50

（3）將「以前年度損益調整」科目的餘額轉入利潤分配。

借：利潤分配——未分配利潤　　46,612.50

　貸：以前年度損益調整（62,150-15,537.50）　　46,612.50

（4）調整利潤分配有關數字。

借：盈餘公積（46,612.50×10%）　　4,661.25

　貸：利潤分配——未分配利潤　　4,661.25

（5）調整報告年度財務報表相關項目的數字（財務報表略）。

①資產負債表項目的調整：調減應收帳款年末數 62,150 元；調增遞延所得稅資產 15,537.50 元；調減盈餘公積 4,661.25 元；調減未分配利潤 41,951.25 元。

②利潤表項目的調整：調增資產減值損失 62,150 元；調減所得稅費用 15,537.50 元。

③所有者權益變動表項目的調整：調減淨利潤 46,612.50 元；提取盈餘公積項目中盈餘公積一欄調減 4,661.25 元；未分配利潤一欄調增 4,661.25 元。

四、資產負債表日後非調整事項的處理

（一）資產負債表日後非調整事項的處理原則

資產負債表日後發生的非調整事項是表明資產負債表日後發生的情況的事項，與資產負債表日的存在狀況無關，不應當調整資產負債表日的財務報表。但有的非調整事項會對財務報告使用者會產生重大影響，如不加以說明，將不利於財務報告使用者做出正確估計和決策。因此，資產負債表日後非調整事項應在財務報表附註中披露重要的非調整事項的性質、內容及其對財務狀況和經營成果的影響。

（二）資產負債表日後非調整事項的處理方法

對於資產負債表日後發生的非調整事項，企業不必調整資產負債表日編製的年度財

務報表中已確認的金額，但需要在財務報表附註中披露每項重要的資產負債表日後非調整事項的性質、內容及其對財務狀況和經營成果的影響。無法做出估計的，應當說明原因，

資產負債表日後非調整事項主要如下：

(1) 資產負債表日後發生重大訴訟、仲裁、承諾。資產負債表日後發生的重大訴訟等事項對企業影響較大，為防止誤導投資者及其他財務報告使用者，企業應當在財務報表附註中進行相關披露。

(2) 資產負債表日後資產價格、稅收政策、外匯匯率發生重大變化。

(3) 資產負債表日後因自然災害導致資產發生重大損失。

【例 15-18】甲公司擁有某外國乙企業 15%的股權，無重大影響。投資成本為 400 萬元。乙企業的股票在國外的某家股票交易所上市交易。在編製 2×18 年 12 月 31 日資產負債表時，甲公司對乙企業投資的帳面價值按初始投資成本反應，2×19 年 1 月，乙企業所在國發生海嘯，乙企業的股票市場價值大幅下跌，甲公司對乙企業的股權投資遭受重大損失。

自然災害導致的資產重大損失對企業資產負債表日後財務狀況的影響較大，如果不加披露，有可能使財務報告使用者做出錯誤的決策，因此應作為非調整事項在財務報表附註中進行披露。本例中的海嘯發生在 2×19 年 1 月，屬於資產負債表日後才發生或存在的事項，應當作為非調整事項在 2×18 年度財務報表附註中進行披露。

(4) 資產負債表日後發行股票和債券以及其他巨額舉債。企業發行股票、債券以及向銀行或非銀行金融機構舉巨額債務都是比較重要的事項，雖然這一類事項與企業資產負債表日的存在狀況無關，但這一事項的披露能使財務報告使用者瞭解與此有關的情況及可能帶來的影響，因此應予以披露。

(5) 資產負債表日後資本公積轉增資本。企業資本公積轉增資本將會改變企業的資本（或股本）結構，影響較大，需要在財務報表附註中進行披露。

(6) 資產負債表日後發生巨額虧損。企業資產負債表日後發生巨額虧損將會對企業報告期以後的財務狀況和經營成果產生重大影響，應當在報表附註中及時披露該事項，以便為投資者或其他財務報告使用者做出正確決策提供信息。

(7) 資產負債表日後發生企業合併或處置子公司。企業合併或處置子公司的行為可以影響股權結構、經營範圍等方面，對企業未來生產營活動能產生重大影響，因此企業應在附註中披露處置子公司的信息。

(8) 資產負債表日後，企業利潤分配方案中擬分配的及經審議批准宣告發放的股利或利潤。資產負債表日後，企業制訂利潤分配方案，擬分配或經審議批准宣告發放股利或利潤的行為，並不會致使企業在資產負債表日形成現時義務，因此雖然發生該事項可能導致企業負有支付股利或利潤的義務，但支付義務在資產負債表日尚不存在，不應該調整資產負債表日的財務報告，因此該事項為非調整事項。但由於該事項對企業資產負債表日後的財務狀況有較大影響，可能導致現金較大規模流出、企業股權結構變動等，為便於財務報告使用者更充分地瞭解相關信息，企業需要在財務報告中適當披露該信息。

中級財務會計

作　　者：徐蓉 著
發 行 人：黃振庭
出 版 者：財經錢線文化事業有限公司
發 行 者：財經錢線文化事業有限公司
E-mail：sonbookservice@gmail.com
粉 絲 頁：https://www.facebook.com/sonbookss/
網　　址：https://sonbook.net/
地　　址：台北市中正區重慶南路一段六十一號八樓 815 室
Rm. 815, 8F., No.61, Sec. 1, Chongqing S. Rd., Zhongzheng Dist., Taipei City 100, Taiwan (R.O.C)
電　　話：(02)2370-3310
傳　　真：(02) 2388-1990
印　　刷：京峯彩色印刷有限公司（京峰數位）

定　　價：750 元
發行日期： 2020 年 12 月第一版
◎本書以 POD 印製

國家圖書館出版品預行編目資料

中級財務會計 / 徐蓉著 . -- 第一版 . -- 臺北市：財經錢線文化事業有限公司 , 2020.12
　面；　公分
POD 版
ISBN 978-957-680-482-3(平裝)
1. 財務會計
495.4　　109016911

官網

臉書